Compte

VIII Congrès

Géologique

International

1900

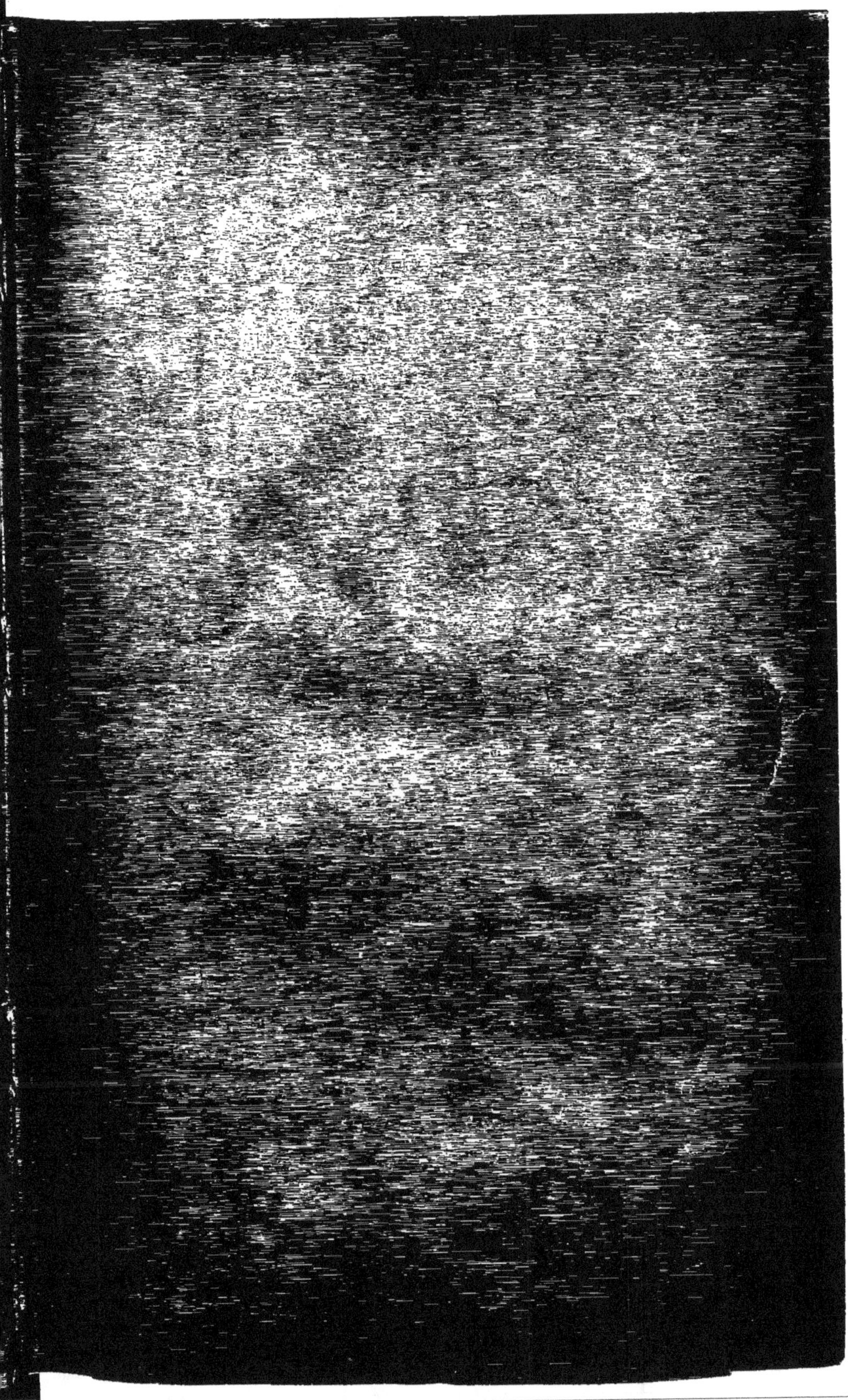

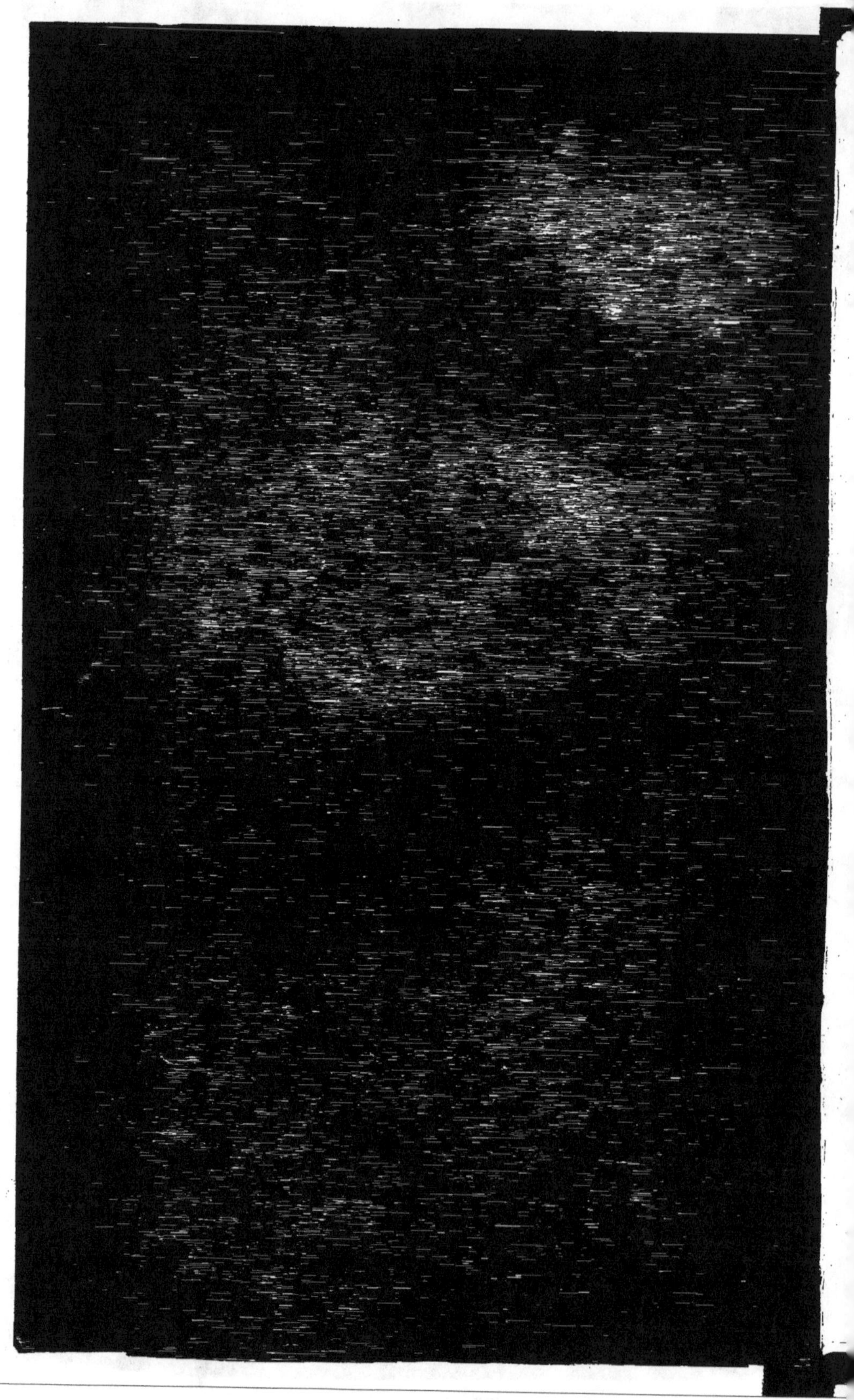

CONGRÈS

GÉOLOGIQUE INTERNATIONAL

HUITIÈME SESSION

1900

CONGRÈS

GÉOLOGIQUE INTERNATIONAL

COMPTES RENDUS

DE LA

VIIIe SESSION, EN FRANCE

PREMIER FASCICULE

Pages 1 à 672, Planches I à XI

PARIS

IMPRIMERIE LE BIGOT FRÈRES, LILLE

1901

PRÉFACE

Le Compte Rendu de la VIIIe session du Congrès géologique international a dû être scindé en deux volumes, à cause de l'abondance des matières.

Il paraît moins d'un an après les séances de Paris; ainsi il nous a été possible de nous conformer au vœu exprimé avec tant d'insistance dans tous les Congrès antérieurs de présenter assez tôt le Compte Rendu pour conserver aux communications un caractère d'actualité et pour mettre à la disposition des commissions nommées par le Congrès les documents indispensables à la préparation de leurs rapports pour la session suivante. Nous avons tout subordonné à ce résultat.

Le Compte Rendu est divisé en 7 parties :

La première partie comprend la liste de tous les membres du Congrès, des membres du Bureau, des membres du Conseil et des Délégués.

La seconde partie fait connaître les travaux préparatoires de la VIIIe session du Congrès.

La troisième partie est consacrée aux procès-verbaux des séances du Conseil, des séances générales et des séances de section; elle retrace leur physionomie, en même temps qu'elle rappelle l'ordre et la date des communications. Des procès-verbaux provisoires des séances avaient été imprimés et distribués pendant le Congrès aux membres présents. Une seconde édition de ces mêmes procès-verbaux a été adressée en Avril, par l'Administration générale des Congrès, à tous les membres. Il a été tenu compte dans la présente publication des observations parvenues à la suite de ces envois.

La quatrième partie présente les rapports des Commissions et les communications relatives aux œuvres collectives des Congrès.

La cinquième partie a été réservée aux mémoires présentés

dans les séances et rédigés par les auteurs eux-mêmes. Ces mémoires ont été insérés dans l'ordre de l'arrivée au Secrétariat des manuscrits ou des épreuves corrigées, sans égard pour les dates de présentation aux sections et sans préoccupation de classement méthodique. Nous devons prier les membres dont les communications sont arrivées après la date du 1er avril 1901 de se contenter des résumés faits par nos Secrétaires et insérés dans les procès-verbaux. Sans cette manière de procéder, il nous eut été impossible de publier aussi rapidement ce Compte Rendu. Les lecteurs trouveront dans la Table des matières le groupement systématique de tous les mémoires.

La sixième partie renferme un résumé très succinct des excursions. L'importance donnée dans le Livret Guide aux itinéraires et notices explicatives des excursions suivies par les membres du Congrès a paru suffisante à la majorité des conducteurs de ces excursions, pour rendre inopportun tout résumé de leurs courses. Il leur a semblé que les relations de ces excursions publiées par des participants dans diverses Revues de langue allemande, anglaise et française suppléaient à leurs exposés où les redites seraient difficiles à éviter.

La septième partie est occupée par le Lexique pétrographique. Le Congrès, en votant ce lexique, a laissé aux pétrographes la faculté de conserver jusqu'au 1er Avril 1901 les épreuves à corriger, qui leur avaient été adressées par le Comité d'organisation ; c'est pour cette raison que nous l'avons imprimé à la fin du second volume.

Pour la publication du Compte Rendu, les matériaux ont été rassemblés, collationnés et classés par le Secrétaire-général, qui en a surveillé l'impression. Pour se conformer au précédent établi par le premier congrès, les mémoires envoyés ont été publiés en français : la traduction du mémoire de M. Weinschenk sur la piézocristallisation est due à l'obligeance de M. Gentil ; tous les autres mémoires ont été traduits soit par les auteurs eux-mêmes, soit par les Secrétaires, MM. Cayeux et Thevenin, ou par le Secrétaire-général. Les Secrétaires, en envoyant aux auteurs les épreuves d'impression, ont dégagé leur responsabilité et prié leurs confrères étrangers de revoir soigneusement leurs mémoires : ils se sont bornés à veiller à l'exécution des corrections indiquées sur les épreuves et à établir une orthographe uniforme pour tous les termes géographiques employés.

M. Thevenin, Secrétaire, a bien voulu se charger de diriger l'exécution de toutes les illustrations, contenues dans ces volumes.

Il nous reste un devoir à accomplir, avant de clore cette préface, celui de remercier tous ceux qui ont contribué au succès du Congrès, et qui nous ont aidés à maintenir la haute situation des congrès internationaux. Le Gouvernement de la République n'a mis aucun crédit à notre disposition ; les géologues français sont heureux d'avoir pu développer assez dans leur pays l'estime de la géologie pour que l'initiative privée de souscripteurs bénévoles ait pourvu à tous les besoins. Ils remercient les donateurs généreux, individus, sociétés savantes, minières ou industrielles, dont le concours leur a permis, non seulement de publier les volumes du Livret Guide et du Compte Rendu, et de pouvoir fêter leurs confrères étrangers, mais encore de doter trois commissions internationales nommées par le Congrès, et de continuer ainsi son œuvre dans l'intervalle des sessions.

Plusieurs villes, diverses corporations, se sont fait un devoir de recevoir les congressistes : les géologues français leur sont reconnaissants de s'être jointes à eux, pour accueillir avec cordialité leurs confrères de tous pays, leur faire mieux connaître et aimer davantage la France.

Paris, le 1er Juillet 1901.

Le Président du Congrès,
membre de l'Institut,
ALBERT GAUDRY.

Le Secrétaire général,
CHARLES BARROIS.

PREMIÈRE PARTIE

COMPOSITION DU CONGRÈS

LISTE GÉNÉRALE DES MEMBRES

ALGÉRIE-TUNISIE

*BERNARD (Augustin), Professeur à l'École supérieure d'Alger, 12, boulevard Bon-Accueil, Alger-Mustapha. — D.

BRIVES (Abel), Préparateur à l'École des Sciences, École supérieure des Sciences, Alger.

*FICHEUR (Émile), Professeur de géologie à l'École des Sciences, Directeur-adjoint du Service de la Carte géologique de l'Algérie, 77, rue Michelet, Alger-Mustapha. — D.

*FLAMAND (G.-B.-M.), Chargé du cours de géographie physique à l'École supérieure des Sciences d'Alger, 6, rue Barbès, Alger-Mustapha.

GOUX, Agrégé de l'Université, Professeur au Lycée d'Alger, Alger.

JORDAN (Paul), Ingénieur au Corps des Mines, Chef du service des Mines de la Régence, Tunis.

*PALLARY (Paul-Maurice), Instituteur, Eckmühl, Oran.

TRAPET (Louis-Joseph), Pharmacien-major de 1re classe, Hôpital militaire du Dey, Alger.

* Désigne les Membres présents à la Session de Paris.
Les Membres donateurs sont indiqués par la lettre — D.

ALLEMAGNE

AMMON (Dr Ludwig von), Géologue en chef, 16, Ludwigstrasse, München.

ANGERMANN (E.), Dr phil., Institut de Paléontologie, Alte Akademie, München.

*AUERBACH (Richard), 24, Oranienburgerstrasse, 60/63. Berlin N.

*BERGEAT (Dr Alf.), Professeur de minéralogie et de géologie, Clausthal, Harz.

*BEYSCHLAG (Dr Franz), Professeur à l'Institut Royal géologique de Prusse et à l'École des Mines, 44, Invalidenstrasse, Berlin N.

BLANCKENHORN (Dr Max.), Privatdocent, Breitestrasse, 2, Pankow, près Berlin.

BORNE (Dr von dem), Berneuchen, près Cüstrin.

*BROILI (Dr Ferdinand), Assistant à l'Institut de Paléontologie, Alte Akademie, Neuhausenstrasse, München.

*BRUNHUBER (A.), Docteur en médecine, Regensburg.

CRAPLA, Bergassessor, Saarbrücken.

*CREDNER (Dr H.), Professeur à l'Université, Geh. Bergrath, Directeur du Service géologique de Saxe, Carl Tauchnitzstrasse, 27, Leipzig.

*CREDNER (R.), Professeur de géographie à l'Université, Bahnhofstrasse, 48, Greifswald.

*CREDNER (Madame Hélène), Bahnhofstrasse, 48, Greifswald.

DANNENBERG (Dr), Privatdocent à la Technische Hochschule, Aachen.

*DEECKE (Dr W.), Professeur de géologie à l'Université, Papenstrasse, 4, Greifswald.

*DIESELDORFF (Arthur), Membre de l'Institut Américain des Mining Enginers, Marburg, Hessen.

DREVERMANN (F.), Assistant à l'Institut géologique, Schulstrasse, 16, Marburg.

DRYGALSKI (Erich von), Dr phil., Professeur de géographie, Kurfürstenstrasse, 40, Berlin W.

*DZIÙK (August), Ingénieur des mines diplômé, Membre de la Société géologique Allemande, 1, Herschelstrasse, Hannover.

ESCH (Dr Ernest), Kirchstrasse, 14, Berlin N. W.

FELIX (Dr Joh.), Professeur à l'Université, Gellertstrasse, 3, Leipzig.

FINSTERWALDNER (Dr S.), Professeur à l'Université, München.

*FRAAS (Dr E.), Professeur, Conservateur du Musée royal, Urbanstrasse, 86, Stuttgart.

*FRAAS (Madame), Urbanstrasse, 86, Stuttgart.

*FRECH (Dr F.), Professeur à l'Université, Schuhbrücke, 38, Breslau.

*FRECH (Madame Vera), Schuhbrücke, 38, Breslau.

*FRIEDERICHSEN (Dr M.), Neuerwall, 61, Hamburg.

*FUTTERER (Dr Carl), Professeur à la Technische Hochschule, Karlsruhe, Baden.

*GÄBERT (Dr Carl), Géologue du Service Royal de la Carte géologique de Saxe, Thalstrasse 35, II, Leipzig.

*GEINITZ (Dr F. Eugen), Professeur à l'Université, Rostock Mecklenburg.

*GOTTSCHE (Dr C.), Conservateur des Collections géologiques au Musée d'histoire naturelle, Hamburg.

*GRAEFF (François), Professeur à l'Université, Freiburg-in-Breisgau.

*GREIM (Dr G.), Professeur de géographie physique à la Technische Hochschule, Alicestrasse, 19, Darmstadt.

*GREIM (Mademoiselle Mathilde), Alicestrasse, 19, Darmstadt.

*GROSSER (Dr Paul), Kaiser Friedrich Strasse, 9, Bonn.

*GROSSER (Madame), Kaiser Friedrich Strasse, 9, Bonn.

*GROTH (P.), Professeur de minéralogie à l'Université, München VI.

HAAS (Hippolyte), Dr sc., Professeur à l'Université royale, 28, Moltkestrasse, Kiel.

*HAHN (A.), Idar.

*HAHN (Madame A.), Idar.

*HALBFASS (Dr), Membre de la Société géologique allemande, Neuhaldensleben.

HAMM (Dr H.), Krahnstrasse, 3, Osnabrück.

HAUSER (A.-A.), Ingénieur civil, Klingenthal, Graslitz.

*HAZARD (Joseph-Nicolas), Géologue agronome de la Station agricole de Möckern, Politzstrasse, 32, Leipzig.

HECKMANN (Dr Carl), Professeur à Elberfeld.

*HEIMBRODT (F. L. F.), Étudiant, Emilienstrasse, 40, Leipzig.

*HESS VON WICHDORFF (Hans Curt), Étudiant, Harkortstrasse, 7, Leipzig.

*HEUSLER (Conrad), Geheimer Bergrath, Bonn.

*HOLZAPFEL (Dr), Professeur de géologie à la Technische Hochschule, Aachen.

HOYNINGEN HUENE (Dr), baron F. R., Assistant de géologie à l'Université, Tübingen.

KALKOWSKY (Dr E.), Professeur à l'Université, Directeur du Musée royal de Minéralogie et Géologie, Franklinstrasse, 32, Dresden.

KAYSER (Dr Emanuel), Professeur de géologie à l'Université, Marburg, Hessen.

*KEILHACK (Dr K.), Géologue de l'Etat, Professeur à l'Ecole des mines, Bingerstrasse, 59, Wilmersdorf, près Berlin.

KIRCHHOFF (H.), Directeur des charbonnages, Bergamtstrasse, 7, Dortmund.

*KLOCKMANN (Dr F.), Professeur à l'Ecole Polytechnique, Aachen.

KOCH (Prof. Dr Max), Géologue de l'État, Invalidenstrasse, 44, Berlin N.

*KOENEN (A. von), Geheimen-Bergrath, Professeur de géologie à l'Université, Goettingen.

KOSMANN (Dr B.), Bergmeister a. D., Preuzlauer Strasse, 17, Berlin C.

*Krahmann (Max E. J.), Editeur de la *Zeitschrift f. prakt. Geologie*, Weidendamm, 1, Berlin N.W.

Krantz (Dr F.), Herwarthstrasse, 36, Bonn.

Krause (Dr P. G.), Géologue du Service de la Carte géologique de Prusse, Invalidenstrasse, 44, Berlin N.

Leiss (C.), Représentant de la maison R. Fuess, Düntherstrasse, 7 et 8, Steglitz, près Berlin.

Lenk (Dr Hans), Professeur de géologie à l'Université, Erlangen.

*Leppla (Dr A.), Géologue du Service de la Carte géologique de Prusse, Invalidenstrasse, 44, Berlin N.

*Lepsius (Dr R.), Professeur, Geh. Oberbergrath, Goethestrasse, 15, Darmstadt.

Linck (Dr Gotlob), Professeur à l'Université, Iena.

Linck (Madame G.), à l'Université, Iena.

*Lindstow (von), Bergreferendar et Assistant, Invalidenstrasse, 44, Berlin.

*Loeschmann (Émile), Dessinateur à l'Institut géologique de l'Université, Schuhbrücke, 38, Breslau.

*Lorenz (Theodor), Dr phil., Papenhedderstrasse, 5, Hamburg-Hohenfelde.

Macco (Albrecht), Bergreferendar, Siegen, Westfalen.

Magery (J.), Directeur de la Aachener Hütten Actien-Vereins, Rothe Erde, près Aachen.

Maurer (Fr.), Heinrichstrasse, 109, Darmstadt.

*Mueller (W.), Dr phil., Professeur à la Technische Hochschule, Schlüterstrasse, 2, Charlottenburg, près Berlin.

*Müller (Gottfried), Géologue du service Royal de la Carte géologique de Prusse, 44, Invalidenstrasse, Berlin, N.

*Naumann (Dr Edmund), Chef du Service minier géologique de la Société métallurgique de Francfort, Rossertstrasse, 15, Frankfurt-am-Mein.

*Oebbeke (Dr K.), Professeur de minéralogie à l'École polytechnique, München.

*Oppenheim (Dr Paul), Kantstrasse, 158, Charlottenburg, près Berlin.

Paulcke (Willy), Dr phil., Waldseestrasse, 3, Freiburg-in-Breisgau.

*Philippi (Dr E.), Invalidenstrasse, 43, Berlin N.

Philippson (Dr Alfred), Professeur à l'Université, Moltkestrasse, 19, Bonn.

*Plagemann (Dr A.), Besenbinderhof, 68, Hamburg.

Plieninger (Dr F.), Institut de Paléontologie, Alte Akademie, München.

*Pompecky (J.-F.), Dr phil., Privatdocent à l'Université, Conservateur à l'Institut de Paléontologie, Alte Akademie, München.

*Potonié (Dr H.), Géologue et Professeur de paléontologie végétale à l'École Royale des mines, Potsdamer Strasse, 35, Gr. Lichterfelde, près Berlin.

*Potonié (Madame H.), 35, Potsdamer Strasse, gr. Lichterfelde, près Berlin.

*Reinach (baron Albert von), Taunus Anlage, Frankfurt-am-Mein.

Reuter (August), Homburg a. d. Höhe.

*Richthofen (Baron F. von), Correspondant de l'Institut de France, Professeur à l'Université, 117, Kurfürstenstrasse, Berlin W.

Rinne (Dr Fritz), Professeur à la Technische Hochschule, Hannover.

*Romberg (Dr Jul.), Kurfürstenstrasse, 123', Berlin W. .

*Rothpletz (Dr A.), Professeur à l'Université, Prinzregentenstrasse, 26, München.

Salomon (Wilhelm), Privatdocent à l'Université, Seegartenstrasse, 4, Heidelberg.

Sauer (Ludwig), Professeur, Lindenstrasse, 3, Stettin.

*Scheibe (Dr R.), Professeur de minéralogie à l'Ecole des mines, Invalidenstrasse, 44, Berlin N.

*Schenck (Adolf), Dr phil., Professeur, Schillerstrasse, 7, Halle-am-Saale.

*Schlüter (Dr Otto), Assistant à la Société de Géographie de Berlin, Bülowstrasse, 68, Berlin W.

*Schmeisser, Oberbergrath, Directeur du Service géologique Royal de Prusse et de la Bergakademie, Invalidenstrasse, 44, Berlin N.

*Schneider (Hermann), Cand. geol., Sternwartenstrasse, 38, Leipzig.

Schottler (Dr Wilh.), Membre du Service de la Carte géologique de Hesse, Gross Umstadt, Odenwald.

*Schubart, Lieutenant au 13e d'infanterie, 5, Bulowstrasse, Berlin W.

*Schunke (Theodor Huldreich), Dr phil., Professeur, Waldparkstrasse, 2, Blasewitz, près Dresden.

*Scupin (Hans), Dr phil., Privatdocent, Jägerplatz, 7, Halle-am-Saale.

*Seligmann (G.), Coblenz.

*Steinmann (G.), Professeur à l'Université, Mozartstrasse, 20, Freiburg-in-Breisgau.

*Stuebel (Dr Alphonse), 10, Feldgasse, Dresden.

Uhlig (Carl), Dr phil., Professeur au Gymnase, Victoriastrasse, 2, Karlsruhe.

*Vogelsang (Madame Antonia), Königstrasse, 2, Bonn.

*Vorwerg (Oskar), Hauptmann a. D., Oberherischdorf, bei Warmbrunn.

*Wagner (Dr Hermann), Professeur de géologie à l'Université, 8, Grünerweg, Goettingen.

Wagner (Paul), Dr phil., 19, Hueblerstrasse, Dresden.

Walther (J.), Professeur de géologie et paléontologie, Kaiser Wilhelmstrasse, 3, Iena.

*Weber (M.), Dr med. et phil., Institut de Minéralogie, München.

*Weinschenk (Dr E.), Professeur à l'Université, Bavariaring, 23, München.

*Weise (H. E.), Professeur, Neundorferstrasse, 66[1], Plauen, Saxe.

WEISSERMEL (Dr Waldemar), Géologue du Service Royal de la Carte géologique de Prusse, 44, Invalidenstrasse, Berlin.

WILCKENS (Otto), Étudiant, Zahringerstrasse, 9, Bremen.

*WITTICH (Dr E.), au Musée d'État du grand duché de Hesse, Darmstadt.

*WOROBIEFF (Victor de), Licencié ès-sciences à l'Institut de minéralogie, München.

WYSOGORSKI (Dr Jean), Assistant à l'Institut géologique de l'Université, 38, Schubbrücke, Breslau.

*ZEISE (Dr Oskar), Géologue de l'État, Invalidenstrasse, 44, Berlin N.

*ZIMMERMANN (Dr Ernest), Géologue du Service Royal de Prusse, Bergakademie, Nauheimer Strasse, Wilmersdorf, près Berlin.

*ZIRKEL (Dr Ferd.), Professeur à l'Université, Conseiller privé des mines, Thalstrasse, 33, Leipzig.

*ZITTEL (Carl von), Professeur à l'Université, Ludwigstrasse, 17 1/2, München.

ALSACE-LORRAINE

BARY (Émile de), Guebwiller. — D.

*BENECKE (Dr E. Wilhelm), Professeur à l'Université, Goethestrasse, 43, Strassburg.

BRUHNS (Dr W.). Privatdocent à l'Université, Ruprechtsauer Allee, 10, Strassburg.

BÜCKING (Dr), Professeur à l'Université, Brantplatz, 3, Strassburg.

LAUTH-SCHEURER (Auguste), Ingénieur des Ponts-et-Chaussées en retraite, Manufacturier, Thann. — D.

MIEG (Mathieu), 48, avenue de Modenheim, Mulhausen. — D.

*OSANN (Dr A.), Professeur à l'École de chimie, Mulhausen.

SCHUMACHER (Dr Eugène), Géologue de l'État, Nicolaüsring, 9, Strassburg.

Société d'histoire naturelle de Colmar, Musée des Unterlinden, Colmar. — D.

Société industrielle de Mulhouse (M. le Président de la), Mulhausen. — D.

*Tornquist (Dr A.), Privatdocent à l'Institut géologique de l'Université, Strassburg.

Von Seyfried (Dr Ernst), Sitziltigheimer Platz, 2, Strassburg.

*Weigand (Dr Br.), Professeur, Schiessrain, 7, Strassburg.

Wendel et Cie (Les Petits-Fils de F. de), Maîtres de forges, Hayange. — D.

ARGENTINE (République)

*Gallardo (Angel), Ingénieur civil, Professeur suppléant à l'Université de Buenos-Ayres, 15, rue Dumont-d'Urville, Paris.

Tello (Alfredo), Ingénieur, San Juan.

AUSTRALIE

*Holroyd (Arthur), à St-Kilda, Melbourne.

Liversidge (Archibald), L.-L.-D., F.-R.-S., Professeur à l'Université de Sydney, Sydney.

*Sweet (George), F. G. S., Melbourne.

AUTRICHE-HONGRIE

*Arthaber (Dr Gustav von), Privatdocent de paléontologie à l'Université, Heugasse, 10, Wien IV.

*Barvir (Dr Henri), Professeur de pétrographie à l'École Industrielle, Prag-Zirkov.

Becke (Friedrich), Professeur à l'Université, Landongasse, 39, Wien VIII.

*Bela von Inkey, Propriétaire, Dönötöri, Hongrie.

*Bene (Geza), Ingénieur en chef des mines de Vaskow, Hongrie.

*Böckh (Jean), Conseiller royal de section au Ministère de l'Agriculture, Directeur de l'Institut géologique Royal de Hongrie, Stefania ùt, 14, Budapest VII.

*Daneš (Georges), Étudiant en géographie à l'Université tchèque, Křemencová ut, 6, Prag.

Doelter (Dr Cornelio), Professeur à l'Université, Graz.

*Dreger (Julius), géologue de l'Institut géologique Impérial et Royal d'Autriche, Wien.

*Franzenau (Dr A.), Conservateur de la Section de Minéralogie et Paléontologie au Musée national de Hongrie, Budapest.

*Hinterlechner (Dr Karl), Géologue de l'Institut géologique Impérial et Royal d'Autriche, 23, Rasumofskygasse, Wien III/2.

*Hlawatsch (Dr C.), 93, Mariahilferstrasse, Wien VI/2.

*Hoernes (Dr R.), Professeur de géologie et de paléontologie à l'Université, Graz.

*Jahn (Dr Jaroslav J.), Professeur à l'École polytechnique tchèque, Brünn.

Katzer (Dr Friedrich), Géologue au Service géologique de Bosnie-Herzégovine, Sarajevo, Bosnie.

*Kittl (Ernst), A.-L., Conservateur au Musée Impérial et Royal d'Histoire naturelle, Burgring, 7, Wien 1.

*Limanowski (Miesislas), Étudiant à l'École Polytechnique, Leopol.

Lóczy (Dr Louis de), Professeur de géographie à l'Université, Budapest.

Lozinski (Valérien), Membre de la Société Impériale et Royale de géographie de Vienne, 12, rue Czarniecki, Lemberg.

*Makowsky (Alex.), Professeur, Brünn.

Moser (Dr L., Charles), Professeur au Gymnase, Via del Lavatojo, 1, Triest.

*Mojsisovics von Mojsvar (Edmond), Conseiller aulique, Membre de l'Académie impériale des Sciences, Strohgasse, 26, Vienne III/3.

Musée Impérial et Royal d'Histoire naturelle, Burgring, 7, Wien I.

*Niedzwiedzki (Dr Julien), Professeur de minéralogie et de géologie à l'École polytechnique, Lemberg.

*Nikolau (Stanislas). Étudiant en géographie à l'Université tchèque, Karlovo nam, 285, Prag.

*Palacký (Dr Jean), Professeur à l'Université de Prague, rue de Coménius, 7, Prag.

*Pelikan (Dr Anton), Professeur de minéralogie à l'Université allemande, Weinbergstrasse, 3, Prag.

*Perner (Dr J.), Conservateur au Musée de Bohême, Wenzelsplatz, Prag.

Pethö (Jules), Dr Ph., géologue en chef de l'Institut géologique, VII rue Stefánia, 14, Budapest.

Pocta (Dr Philipps), Professeur de paléontologie à l'Université tchèque, Prag.

*Richter (Dr Eduard), Professeur à l'Université, Körblergasse, 1b, Graz.

*Rzehak (Ant.), Professeur, Brünn.

*Schafarzik (François), Dr phil., Géologue de Section à l'Institut géologique Royal de Hongrie, Stefania ut, 14, Budapest VII.

*Schafarzik (Madame Valérie), 14, Stefània ut, Budapest VII.

Schaffer (Dr F.), Burgring, 7, Wien.

*Sieger (Dr Robert), Professeur, 1, Wollzeile, 12, Wien I.

*Söhle (Dr F. Ulrich), Géologue à l'Institut géologique Impérial et Royal d'Autriche, Wien.

Stache (Guido), Directeur de l'Institut géologique Impérial et Royal d'Autriche, Rasumofskygasse, 23, Wien III.

*Sýambera (Dr Václav), Assistant de géographie à l'Université tchèque, Prag, II-285.

*Szádeczky de Szádeczne (Dr J. de), Professeur à l'Université, Kolozsvar.

*Szádeczky de Szádeczne (Madame de), Kolozsvar.

TEISSEYRE (Dr W.), Professeur agrégé à l'Université, 25, rue Kraszewski, Lemberg.

*TIETZE (Dr E.), Conseiller supérieur des mines et Géologue en chef de l'Institut géologique Impérial et Royal d'Autriche, 23, Rasumofskygasse, Wien.

*WOLDRICH (Dr J. N.), Prodoyen, Professeur de géologie à l'Université tchèque, 21, Karlsplatz, Prag.

*WOLDRICH (Ph. C. Jos.), Karlovo, 21, Prag.

BELGIQUE

*ARCTOWSKI (Henryk), Membre de l'Expédition Antarctique Belge, 2, rue du Jardin-Botanique, Liège.

BAYET (Louis), Ingénieur, Walcourt (province de Namur).

*BODART (Maurice), Élève ingénieur, Dison.

BOLLE (Jules), Ingénieur au corps des Mines, 41, Grand' rue, Mons.

BOULANGÉ (l'Abbé V. A.), Hydrologue, Château de Cruyshautem, Cruyshautem, Flandre orientale.

*BROUWER (Michel de), Attaché au Service géologique de Belgique, rue d'Ostende, Bruges.

BUTTGENBACH (Henri), Ingénieur, Liège.

CAMBIER (René), Ingénieur aux Charbonnages Réunis, Charleroi.

*CORNET (J.), D^r ès-sciences, Professeur de géologie à l'École des Mines du Hainaut, 46, boulevard Dolez, Mons.

DELVAUX (Émile), Géologue, Membre de la Commission géologique de Belgique. avenue Brugman, 456, Bruxelles.

DENEUS (Alfred), I. J. C., rue Longue-des-Violettes, 60, Gand.

*DORLODOT (M. le chanoine de), Professeur de paléontologie à l'Université, 44, rue de Bériot, Louvain.

FORIR (Henri), Ingénieur, Conservateur des collections minéralogiques et Répétiteur à l'Université, 25, rue Nysten, Liège.

*HABETS, Ingénieur des Mines, Professeur à l'Université, rue Paul-Devaux, 4, Liège.

*Habets, Ingénieur des mines, Professeur à l'Université, Bruxelles.

*Kruseman (Henri), Ingénieur, rue Africaine, 22, Bruxelles.

Lambert (Paul), 11, place de la Liberté, Bruxelles.

*Latinis (Léon), Ingénieur, Seneffe.

*La Vallée Poussin (Charles de), Professeur à l'Université, rue de Namur, 190, Louvain.

*Lejeune de Schiewel (Charles), Assistant au Service géologique de Belgique, 23, rue du Luxembourg, Bruxelles.

*Lohest (Max), Ingénieur honoraire des mines, Professeur à l'Université de Liège, Mont Saint-Martin, 49ter, Liège.

*Malaise (Constantin), Professeur, Membre de l'Académie Royale de Belgique, Gembloux.

*Mourlon (Michel), Directeur du Service géologique de Belgique, Membre de l'Académie Royale des Sciences, rue Belliard, 107, et rue Latérale, 2, Bruxelles.

Paquet (Gérard-Théodore), Capitaine d'infanterie retraité, 92, Chaussée de Forest, Saint-Gilles-lez-Bruxelles.

*Renard (L'abbé A. F.), Professeur à l'Université de Gand, 14, avenue Ernestine, Ixelles.

*Renier (Armand), Ingénieur des mines, 34, rue des Vieillards, Verviers.

*Rutot (Aimé-Louis), Conservateur au Musée Royal d'Histoire naturelle de Belgique, 177, rue de la Loi, Bruxelles.

Schmitz (le R. P. Gaspar), S. J., Directeur du Musée géologique des bassins houillers belges, Louvain.

Simoens (Guillaume), Docteur en sciences minérales, Chef de section au Service géologique de Belgique, rue Latérale, 2, Bruxelles.

Société Belge de géologie, paléontologie et hydrologie, 39, place de l'Industrie, Bruxelles.

*Stainier (Xavier), Professeur à l'Institut agronomique de l'État, Gembloux.

Storms (Raymond), Oirbeck, près Tirlemont (Décédé).

*Uhlenbroek (Gysbert Diederick), Ingénieur, 383, avenue Louise, Bruxelles.

*Vaës (Henry), Ingénieur, rue Melsens, 17, Louvain.

*Van den Broeck (Ernest), Secrétaire-général de la Société Belge de géologie, place de l'Industrie, 39, Bruxelles.

*Van de Wiele (Dr C.), 13, boulevard Militaire, Bruxelles.

Warnier (Émile), Ingénieur, 53, rue du St-Esprit, Liège.

*Willems (Joseph), Capitaine commandant du génie, rue de Robiano, 60, Bruxelles.

BRÉSIL

Hussak (Eugen), Dr phil., Commission géographique et géologique de Saô Paulo, Saô Paulo.

BULGARIE

*Zlatarski (G. N.), Professeur de géologie et Recteur à l'École des hautes études, Sofia.

CANADA

*Adams (Frank D.), Professeur de géologie à l'Université Mac Gill, Montreal.

*Adams (Madame Frank), Mac Gill University, Montreal.

Ami (Henry M.), M. A. Assistant de paléontologie au Service géologique du Canada, Sussex street, Ottawa.

*Choquette (l'abbé C. P.), Professeur au Collège St-Hyacinthe, Québec.

*Coleman (Arthur P.), Professeur de géologie à l'Université de Toronto, Toronto.

Faribault (E. Rodolphe), Géologue attaché à la Commission géologique du Canada, Délégué par la Commission à l'Exposition de Paris de 1900, Ottawa.

Kennedy (Geo. F.), Professeur de géologie à King's College, Windsor, Nova-Scotia.

Laflamme (Mgr J. C. K.), Professeur à l'Université Laval, Quebec.

*Low (Albert), P., Ottawa.

Matthew (G. F.), St-John, New-Brunswick.

Sands (H. Hayden), à l'Université Mac Gill, Montreal.

Willmott (Arthur B.), Professeur de géologie à l'Université Mac Master, Toronto.

COLOMBIE (Amérique du Sud)

Saenz (Nicolas), Professeur de sciences naturelles, Casa de los Señores Saenz Hermanos, Apartado 240, Bogota.

DANEMARK

Schibbye (Dr William), Membre de la Société géologique, Vertre Bouleward, 15, Kjøbenhavn.

Ussing (Niels Viggo), Dr phil., Professeur de minéralogie à l'Université, Mineralogisk Museum, Kjøbenhavn.

ÉGYPTE

Barron (T.), Membre du Service géologique, Public Works Department, Le Caire.

Beadnell (Hugh), F.G.S., F.R.G.S., J. Ll., Membre du Service géologique, Public Works Department, Le Caire.

Fourtau (René), Ingénieur civil, Faubourg de Choubrah, Le Caire.

*Hume (W. F.), D. Sc., Assoc. R. C. S., Assoc. R. S. M., Membre du Service géologique, Public Works Department, Hélouan.

ESPAGNE

Adan de Yarza (R.), Ingénieur des mines à Lequeitio, Lequeitio, Vizcaya.

*ALMERA (Chanoine Jaime), Sagristans, 1, Barcelona.

*BOFILL (Arthur), Secrétaire perpétuel de l'Académie des sciences de Barcelone, Barcelona.

MACPHERSON (J.), 4, Calle de la Exposicion, Barrio del Monasterio, Madrid.

SOCORRO (Mis del), Professeur de géologie à l'Université, 41, rue de Jacometrezo, Madrid.

VIDAL (Luis Mariano), Diputacion, 382, Barcelona.

ÉTATS-UNIS D'AMÉRIQUE

BASCOM (Miss Florence), Professeur de géologie, Bryn Mawr College, Bryn Mawr, Pennsylvania.

BEYER (S. W.), Professeur de géologie, Iowa State agricultural College, Ames, Iowa.

*BICKMORE (Albert), American Museum of natural History, New-York-City.

*BICKMORE (Madame Albert), American Museum of natural History, New-York-City.

BROOKS (A. H.), Géologue, U. S. geological Survey, Washington (D. C.).

CHAMBERLIN (T. C.), Président de l'Université de Chicago, Chicago, Illinois.

CLARK (William Bullock), Professeur de géologie, Géologue de l'État, Johns Hopkins University, Baltimore, Maryland.

COBB (Collier), Professeur de géologie, University of North Carolina, Chapel Hill, North Carolina.

COX (Charles-F.), Trésorier de l'Académie des Sciences de New-York, New-York-City.

CROOK (A. R.), Dr phil., Professeur de minéralogie, Northwestern University, Evanston, Illinois

*CROSS (Dr Whitman), U. S. geological Survey, Washington (D. C.).

*DAY (David T.), U. S. geological Survey, Washington (D.C.).

DUMBLE (Edwin S.), Géologue de la Southern Pacific C°, 1708, Prairie Avenue, Houston, Texas.

EMMONS (S. F.), Géologue des États-Unis, Washington (D. C.).

*FLEMING (Miss Mary), Membre de l'Association Américaine pour l'avancement des sciences, 432, Pearl street, Buffalo, New-York.

FOOTE (W. M), 1317, Archstreet, Philadelphia, Pennsylvania.

FRAZER (Persifor), Docteur ès-sciences naturelles, 1042, Drexel Building, Philadelphia, Pennsylvania.

GILBERT (G. K.), Géologue des États-Unis, Washington (D. C.).

*HAGUE (Arnold), Géologue des États-Unis, U. S. geological Survey, Washington (D. C.).

*HAGUE Madame, U. S. geological Survey, Washington (D. C.).

HALL BISHOP (Madame Joséphine), 2309, Washington street, San-Francisco, California.

*HEIKES (Victor), Care of Smithsonian Institution, Washington (D. C.).

HITCHCOCK (Charles H.), Professeur de géologie à Darmouth College, Hanover, New-Hampshire.

HOVEY (Dr E. O.), F. G S. A., Conservateur adjoint, Geol. Dep't, American Museum of natural History, New-York City.

HOVEY (Madame E. O.), American Museum of natural History, New-York City.

*HOWE (Ernest), U. S. geological Survey, Washington (D. C.).

IDDINGS J. P.), Professeur de pétrologie, University of Chicago, Chicago, Illinois.

KEMP (J. J.), Professeur de géologie, Columbia University, New-York City.

KEYES (C. R.), Ph. Dr, Des Moines, Iowa.

*KUNZ (George F.), Président du Mineralogical Club de New-York, Pavillon Tiffany, Section Américaine des Invalides, à l'Exposition Universelle, Paris, France.

LANE (Alfred-C.), Géologue de l'État, Lansing, Michigan.

LEVERETT (Franck), Denmark, Iowa.

*MARBUT (Curtis F.), Professeur de géologie à l'Université de Missouri, Columbia, Missouri.

MARSDEN MANSON (C. E.), Ph. Dr, 530, California street, San-Francisco, California.

MATHEWS (Edward-B.), Professeur adjoint de minéralogie et de pétrographie, Johns Hopkins University, Baltimore, Maryland.

*MATTHEW (Dr W. D.), Conservateur-adjoint de paléontologie des Vertébrés, à l'American Museum of natural History, Central Park, New-York.

MERRILL (Frederick, J. H.), Directeur du New-York State Museum, et géologue de l'État, Albany, New-York.

New-York Academy of Sciences, Grand Central Depot, New-York City.

New-York mineralogical Club, New-York City.

*OSBORN (H. F.), Professeur, American Museum of natural History, Department of Vertebrate Paleontology, New-York City.

*OSBORN (Madame L. P.), American Museum, New-York City.

PROSSER (Ch. Smith), Professeur de géologie à l'Université de l'État d'Ohio, Columbus, Ohio.

RAND (Theodore D.), 17, 3rd Street, Philadelphia, Pennsylvania.

RANSOME (F. L.), Ph. Dr, Géologue des États-Unis, Washington (D. C.).

*REID (Harry-Fielding), Professeur à Johns Hopkins University, Baltimore, Maryland.

*RICE (W. North), Professeur de géologie, Wesleyan University, Middletown, Connecticut.

RIES (H.), Ph. D., Professeur de géologie économique, Cornell University, Ithaca, New-York.

ROTHWELL (R. P.), Éditeur du *Mining-Journal*, Ingénieur, 253, Broadway (27 P. O., box 1833), New-York City.

SCHOOLER (Louis), Des Moines, Iowa.

SCHULAK (Rev. Francis X.), Professeur d'histoire naturelle (minéralogie et géologie), Saint-Ignatius College, Chicago, Illinois.

*Scott (W.-B.), Professeur de paléontologie à l'Université, Princeton, New-Jersey.

Smock (John Conover), Géologue de l'Éat de New-Jersey, Trenton, New-Jersey.

*Stevenson (Archibald E.), Étudiant, University Heights, New-York City.

*Stevenson (John James), Professeur de géologie, New-York University, University Heights, New-York City.

Strong (Miss A.), 115, West 84th Street, New-York City.

*Todd (James E.), Professeur de géologie et de minéralogie, Géologue de l'État, Vermillion, South Dakota.

Walcott (C. D.), Directeur du Service géologique des États-Unis, Washington (D. C.).

*Ward (Lester F.), The Magnolia, 1321 W. Street, Washington (D. C.).

*Ward (Madame L. F.), The Magnolia, 1321, W. Street, Washington (D. C.).

Washington (H. S.), Dr phil., Locust, New-Jersey.

Westgate Lewis (G.), Dr phil., Professeur, Delaware, Ohio.

*White (I. C), Dr phil., Géologue de l'État de West-Virginia, Morgantown, West-Virginia.

Whitfield (R.), Professor, M. A., F. G S. A., Conservateur du Geological Department, American Museum natural History, New-York City.

Williams (H. S.), Dr phil., Professeur de géologie, Yale University, New-Haven, Connecticut.

Willis (Bailey), Sous-Directeur du U. S. Geological Survey, Washington (D. C.).

Winchell (H. V.), Géologue, Anaconda Copper Mining Company, Butte, Montana.

Winchell (N.), Géologue de l'État de Minnesota, Minneapolis.

*Wolff (J. E.), Professeur de pétrographie et de minéralogie à l'Université d'Harvard, Cambridge, Massachusetts.

Woodworth (J. B.), Professeur de géologie à l'Université d'Harvard, 27, Dana Street, Cambridge, Massachusetts.

FRANCE

AGNIEL (Georges), Ingénieur de la Compagnie des Mines de Vicoigne-Nœux, Nœux-les-Mines, Pas-de-Calais.

*AGUER-BARHENDY (Martin), Instituteur, 10, avenue Mac-Mahon, Paris.

ALBERTINI (L.), Ingénieur civil des mines, 97, rue St-Lazare, Paris.

ALLARD (Joseph-Alexandre), Ingénieur des Arts et Manufactures, Voreppe, Isère. — D.

ALLIER, frères, Imprimeurs, 26, Cours St-André, Grenoble, Isère.

*ALLORGE (Maurice), Licencié ès-sciences et en droit, 83, boulevard St-Michel, Paris.

*ARDAILLON (Édouard), Professeur de géographie à l'Université de Lille, 53, rue de Lens, Lille, Nord.

ARMAND (Adrien), Meunier, 2, rue Alsace-Lorraine, Grenoble, Isère.

ARMAND (Albert), Directeur de la Société civile des Mines de Valdonne (Michel, Armand et Cie), 11, rue Lafon, Marseille, Bouches-du-Rhône.

ARNAUD (F.), Notaire, Barcelonnette, Basses-Alpes. — D.

ARNAUD (H.), Avocat, 23, rue Froide, Angoulême, Charente. — D.

ARNÉ (Paul-François), Étudiant, 121, rue Judaïque, Bordeaux, Gironde.

*ARRAULT, Ingénieur des Arts et Manufactures, 69, rue Rochechouart, Paris. — D.

ARSANDAUX, Henri, Étudiant au Muséum, 6, rue Flatters, Paris.

AUBIN, Émile, 8, rue d'Athènes, Paris.

AUDEBERT DE LAPINSONIE, Antoine-Charles, Fabricant de plâtres à Montmagny, 140, rue Lafayette, Paris.

*AULT-DUMESNIL (d'), 228, faubourg St-Honoré, Paris.

*Auric (André), Ingénieur des Ponts-et-Chaussées, Valence, Drôme.

*Authelin (Charles), Préparateur à la Faculté des Sciences, Place Carnot, Nancy, Meurthe-et-Moselle.

Babinet (Jacques-André), Ingénieur en chef des Ponts-et-Chaussées, 5, rue Washington, Paris.

Badoureau (Albert), Ingénieur en chef des Mines, 18, rue de la Banque, Chambéry, Savoie.

Bardou (Paul-Marie), Pharmacien de 1re classe, Étudiant en sciences, Grand'Rue, Ault, Somme.

Barral (Étienne), Professeur agrégé à la Faculté de médecine de Lyon, Chargé de cours de minéralogie, 2, quai Fulchiron, Lyon, Rhône.

*Barrois (Charles), 37, rue Pascal, Lille, Nord. — D.

*Barthélemy (François), 2, place Sully, à Maisons-Laffitte, Seine-et-Oise.

*Bayle (Paul), Directeur des Mines et Usines de la Société lyonnaise, Autun, Saône-et-Loire.

Beigbeder (David), Ingénieur, 125, avenue de Villiers, Paris. — D.

*Bel (M.-J.-Marc), Ingénieur civil des Mines, ancien élève de l'École polytechnique, 4, place Denfert-Rochereau, Paris.

Bellanger (Pierre-Alphonse-Edmond), Ingénieur au corps des Mines, Le Mans, Sarthe.

Béranger (Charles), Éditeur, 15, rue des Saints-Pères, Paris.

Berge (René), Ingénieur civil des Mines, 12, rue Pierre-Charron, Paris.

*Bergeron (Jules), Docteur ès-sciences, Professeur à l'École centrale des Arts et Manufactures, Directeur-adjoint du laboratoire des recherches de Géologie à l'Université (Faculté des sciences, Sorbonne), 157, boulevard Haussmann, Paris. — D.

Berthelot (Anatole), Fabricant de ciments, Le Gua, près Vif, Isère. — D.

*BERTRAND (Charles-Eugène), Professeur de botanique à la Faculté des sciences de Lille, 6, rue d'Alger, Amiens, Somme.

*BERTRAND (Léon), Docteur ès-sciences, Chargé de cours de géologie à l'Université (Faculté des sciences), Toulouse, Haute-Garonne.

*BERTRAND (Marcel), Membre de l'Institut, Ingénieur en chef des Mines, Professeur à l'École des Mines, 75, rue de Vaugirard, Paris. — D.

BEYLIÉ (Jules de), Juge au Tribunal de commerce, 4, rue Général-Marchand, Grenoble, Isère.

BÉZIER (Toussaint), Directeur-conservateur du Musée d'histoire naturelle, Rennes, Ille-et-Vilaine.

*BIGOT, Professeur de géologie à l'Université (Faculté des sciences), Caen, Calvados. — D.

BILLY (Charles de), Conseiller référendaire à la Cour des comptes, 56, rue de Boulainvilliers, Paris.

BINET (Auguste-Hilaire-Adolphe), I. E. C. P., Directeur du Service des eaux, Tourcoing, Nord (Décédé).

BIOCHE (Alphonse), Trésorier du Ier Congrès géologique international, rue de Rennes, 53, Paris.

BIZARD (René), Chargé de cours à la Faculté Libre des Sciences, 23, rue des Arènes, Angers, Maine-et-Loire. — D.

*BLANCHARD (Raoul-Marcel), Professeur au Lycée, 6, rue de la Comédie, Douai, Nord.

BLANCHET frères et KLÉBER, Fabricants de papier, Rives, Isère.

*BLAYAC, Préparateur à la Sorbonne (Faculté des Sciences), Paris. — D.

*BLEICHER, Professeur d'histoire naturelle à l'Université (École supérieure de pharmacie), 9, Cours Léopold, Nancy, Meurthe-et-Moselle. — D.

BOISFLEURY, Albert-Joseph-Prosper de, Ingénieur au Corps des Mines, rue Camille-Douls, Rodez, Aveyron.

*BONAPARTE (le Prince Roland), 10, avenue d'Iéna, Paris. — D.

*Bonnet (André), Paléontologue, 55, boulevard Saint-Michel, Paris.

Bonnet-Eymard (Gustave), Négociant, 2, rue de France, Grenoble, Isère. — D.

Bonneton (Anselme), Entrepreneur, 19, rue Alsace-Lorraine, Grenoble, Isère.

*Boubée, 3, Place St-André-des-Arts, Paris.

Boreau-Lajanadie (Charles), 30, Pavé des Chartrons, Bordeaux, Gironde.

Bouchez (Maurice), Ingénieur des Mines, Cambrin, Pas-de-Calais.

*Boule (Marcellin), Assistant au Muséum d'histoire naturelle (Laboratoire de paléontologie), 3, place Valhubert, Paris.

Boulenger (Paul-Hippolyte), Manufacturier, Choisy-le-Roi, Seine. — D.

Bourdot (Jules), Ingénieur civil, 44, rue de Château-Landon, Paris.

*Bourgeat (l'abbé), Doyen de la Faculté des sciences de l'Institut catholique, rue Charles-de-Muyssaert, Lille, Nord.

Bourgeois (Léon), Assistant au Museum, 1, boulevard Henri IV, Paris.

*Boursault, Géologue-chimiste au Chemin de fer du Nord, 10, rue Stephenson, Paris. — D.

Brenier (Casimir), Président de la Chambre de commerce, 20, avenue de la Gare, Grenoble, Isère. — D.

Bréon (René), Semur, Côte-d'Or.

*Breton (Ludovic), Ingénieur, Directeur des travaux de la Compagnie des chemins de fer sous-marins entre la France et l'Angleterre, 18, rue Royale, Calais, Pas-de-Calais.

*Brongniart (Jean-Baptiste-Marcel), 1, rue Villersexel, Paris.

Brustlein (Henri-Aimé), Ingénieur, Unieux, Loire. — D.

Bureau (Edouard), Professeur au Muséum d'Histoire naturelle, 24, Quai de Béthune, Paris.

Bureau (Louis), Directeur du Muséum d'histoire naturelle, 15, rue Gresset, Nantes, Loire-Inférieure.

Busquet (Horace), Directeur des Mines de Decize, Collaborateur-adjoint à la Carte géologique, La Machine, Nièvre. — D.

*Caillas (E.), 33, rue du Docteur Blanche, Paris.

Cambessédès (Félix), Ingénieur civil, 4, rue Cuvelle, Douai, Nord.

Cambronne (Paul), Préparateur de géologie à la Faculté des sciences de Paris, Paris (Décédé).

*Camena d'Almeida (P.), Professeur de géographie à l'Université, rue François de Sourdis, 147 bis, Bordeaux, Gironde.

Caméré (A.), Inspecteur général des Ponts-et-Chaussées, 17, Avenue d'Aligre, Chatou, Seine-et-Oise.

Cannat (Paul), Président de la Société d'études des sciences naturelles de Béziers, à l'Hôtel-de-Ville, Béziers, Hérault.

*Canu (Ferdinand), 10, avenue de l'Asile, Saint-Maurice, Seine. — D.

*Cappe de Baillon, 122, rue du Bac, Paris.

*Capitan, 5, rue des Ursulines, Paris.

Capitant, Professeur à la Faculté de droit, Grenoble, Isère.

*Carez (Léon), Docteur ès-sciences, 18, rue Hamelin, Paris. — D.

*Carez (Madame Léon), 18, rue Hamelin, Paris.

Carnot (Adolphe), Membre de l'Institut, Inspecteur général des Mines, 60, boulevard Saint-Michel, Paris.

Castellan (Fernand), Ingénieur civil des Mines, 52, quai de Billy, Paris.

*Cayeux (Lucien), Docteur ès-sciences, Préparateur à l'École des Mines et des Ponts et Chaussées, Répétiteur à l'Institut agronomique, 60, boulevard Saint-Michel, Paris. — D.

CAZIOT, Chef d'escadron d'artillerie en retraite, 29, rue Barla, Nice, Alpes-Maritimes.

CHALMETON, Administrateur-directeur de la Compagnie houillère de Bessèges, 17, rue Jeanne-d'Arc, Nîmes, Gard. — D.

CHARPENAY et REY, Banquiers, Grenoble, Isère.

*CHARPENTIER (Henri-Paul-Émile), Ingénieur civil des Mines, 12, boulevard Montebello, Lille, Nord.

*CHARTRON (C.), rue Sainte-Marguerite, Luçon, Vendée.

CHARVET (Henri), Ingénieur civil, 5, place Marengo, Saint-Étienne, Loire.

CHAUMONT (Charles André), D[r] en médecine, 63, rue de Vaugirard, Paris.

*CHAUVET, Notaire, Ruffec, Charente.

CHAUVET (Charles), Ingénieur, 59, boulevard Victor-Hugo, Béthune, Pas-de-Calais

*CHEDEVILLE, Inspecteur de la voie, Gisors, Eure.

CHION-DUCOLLET, Maire, La Mure, Isère.

CHIPART, Ingénieur au corps des Mines, Douai, Nord.

CHUDEAU (René), Professeur au Lycée, 39, rue Port-Neuf, Bayonne, Basses-Pyrénées.

CIVET, POMMIER et Cie, Propriétaires, exploitants de carrières, 5, rue de l'Aqueduc, Paris.

CLAUDE-LAFONTAINE (Lucien), Banquier, 32, rue de Trévise, Paris.

*CLOËZ (Charles-Louis), Répétiteur à l'École polytechnique, 9, rue Guy-de-la-Brosse, Paris.

CLOUET DES PESRUCHES, Ingénieur-agronome, Lambersart, près Lille, Nord.

*COGNARD (Louis), 30, quai du Louvre, Paris.

*COGNARD (Madame Louis), 30, quai du Louvre, Paris.

COLLOT (Louis), Professeur de géologie à l'Université, 41, rue Tillot, Dijon, Côte-d'Or.

COMBES (André), Ingénieur civil des Mines, 212, rue Saint-Antoine, Paris.

Comité central des Houillères de France, 55, rue de Chateaudun, Paris. — D.

Comité des houillères de la Loire, 10, rue du Palais-de-Justice, Saint-Étienne, Loire. — D.

Comité des Salines, M. Bourdot, 44, rue de Château-Landon, Paris. — D.

Compagnie anonyme des Houillères d'Ahun, Creuse, 15, rue de la Chaussée-d'Antin, Paris. — D.

Compagnie des Mines de houille d'Aniche (M. l'Ingénieur-gérant), Aniche, Nord. — D.

Compagnie des Mines de houille d'Anzin, Nord. — D.

Compagnie houillère de Bességes, 17, rue Jeanne-d'Arc, Nîmes, Gard. — D.

Compagnie des Mines de houille de Béthune, Bully-Grenay, Pas-de-Calais. — D.

Compagnie des Mines de houille de Blanzy, Montceau-les-Mines, Saône-et-Loire. — D.

Compagnie des Mines de houille de Bruay, Pas-de-Calais. — D.

Compagnie des Mines de houille de Campagnac à Cransac (M. Siebel, Directeur), Cransac, Aveyron. — D.

Compagnie des Mines de houille de Carvin, Pas-de-Calais. — D.

Compagnie des Houillères de Champagnac (Cantal), 97, rue de Montceau, Paris. — D.

Compagnie des Forges de Chatillon, Commentry et Neuves-Maisons, 19, rue de La Rochefoucauld, Paris. — D.

Compagnie des Mines de houille de Courrières, Billy-Montigny, Pas-de-Calais. — D.

Compagnie des Mines de houille de Douchy, Lourches, Nord. — D.

Compagnie des Mines de houille de Dourges, Hénin-Liétard, Pas-de-Calais. — D.

Compagnie des Mines de houille de Drocourt, Hénin-Liétard, Pas-de-Calais. — D.

Compagnie des Mines de houille de l'Escarpelle, Flers-en-Escrebieux, Pas-de-Calais. — D.

Compagnie des Mines de houille de Ferfay-Cauchy, Auchel, Pas-de-Calais. — D.

Compagnie des Quatre-mines-réunies de Graissessac, Montpellier, Hérault. — D.

Compagnie (Société) anonyme des minerais de fer de Krivoï-rog, 26, avenue de l'Opéra, Paris. — D.

Compagnie des Mines de houille de Lens, Pas-de-Calais. – D.

Compagnie des Mines de houille de Liévin, Pas-de-Calais.—D.

Compagnie (Société) anonyme des Mines de houille de Ligny-lez-Aire, Fléchinelle, par Estrée-Blanche, Pas-de-Calais. — D.

Compagnie des Mines de houille de Marles, Pas-de-Calais.— D.

Compagnie des minerais de fer magnétique de Mokta-El-Hadid, 26, avenue de l'Opéra, Paris. — D.

Compagnie des Mines de houille d'Ostricourt, Oignies, Pas-de-Calais. — D.

Compagnie Parisienne d'éclairage et de chauffage par le gaz, 6, rue Condorcet, Paris. — D.

Compagnie des Mines de houille de la Péronnière, 8, rue Victor-Hugo, Lyon, Rhône. — D.

Compagnie des Mines de houille de Flines-lez-Raches, Nord.

Compagnie des Mines de houille de Roche-la-Molière et Firminy-Loire (M. Honoré Voisin, Directeur), Firminy, Loire. — D.

Compagnie des Mines de houille de Vicoigne-Nœux, Nœux-les-Mines, Pas-de-Calais. — D.

Compagnie des Mines de houille de Villebœuf, Saint-Étienne, Loire. — D.

*Constant Mario, Ingénieur civil des Mines, Attaché au Service d'études financières du Comptoir national d'Escompte, 14, rue Bergère, Paris.

Corbel (L'abbé Pierre), Curé du Bodéo, par Quintin, Côtes-du-Nord.

*Cossmann (Maurice), Ingénieur-Chef des services techniques de la Compagnie du chemin de fer du Nord, 95, rue de Maubeuge, Paris. — D.

*Cottron, Professeur d'Histoire naturelle au Lycée Faidherbe, Lille, Nord.

*Coulon (L.), Directeur du Musée d'histoire naturelle, 23, rue Isidore-Lecerf, Elbeuf, Seine-Inférieure.

Cousin (Henri), Ingénieur en chef des Mines, 30, rue du Gué-de-Maulny, Le Mans, Sarthe. — D.

Crédit Lyonnais (Succursale de Grenoble), Grenoble, Isère.

Crouzel (A.), Bibliothécaire de l'Université, rue des 36 Ponts, 82, Toulouse.

Damour (A.), Membre de l'Institut, 10, rue Vignon, Paris — D.

*Davy (Louis-Paul), Ingénieur, Chef de service des Forges de Trignac, Chateaubriant, Loire-Inférieure.

Delafond (Frédéric), Inspecteur général des Mines, boulevard Montparnasse, 108, Paris.

Delage (A.), Professeur de géologie et de minéralogie à la Faculté des sciences, Montpellier, Hérault.

Delage, Bijoutier, Grand'Rue, Grenoble, Isère.

*Delahaye (L'abbé Constant), Institution St-Vincent, Rennes, Ille-et-Vilaine.

*Delahodde (V.), 19, rue Gauthier-de-Chatillon, Lille.

*Delaunay (Alexis), Professeur de Sciences au Petit-Séminaire de St-Gaultier, Indre.

Delebecque (André), Ingénieur des Ponts-et-Chaussées, 35, boulevard des Tranchées, Genève, Suisse. — D.

Delune et Cie, Fabricants de ciments, Grenoble, Isère. — D.

Demarty (Prosper), Directeur du Comptoir géologique du Plateau Central, 9, rue Saint-Louis, Clermont-Ferrand, Puy-de-Dôme. — D.

*Depéret, Correspondant de l'Institut, Doyen de la Faculté des sciences, Lyon, Rhône. — D.

Desailly, Ingénieur en chef de la Société houillère de Liévin, Pas-de-Calais.

Desroziers (E.), Ingénieur civil, 10, avenue Frochot, Paris.

Detroyat (Arnaud), Bayonne, Basses-Pyrénées. — D.

*Deville (Jules), 42, rue des Jeûneurs, Paris.

*Deville (Madame Jules), née d'Orbigny, 42, rue des Jeûneurs, Paris.

*Deville (Mademoiselle Marguerite), 42, rue des Jeûneurs, Paris.

*Dollfus (Adrien), 35, rue Pierre-Charron, Paris.

*Dollfus (Madame Adrien), 35, rue Pierre-Charron, Paris.

*Dollfus (Gustave F.), Collaborateur principal au Service de la Carte géologique de France, 45, rue de Chabrol, Paris. — D.

*Dollot (Aug.), Ingénieur, Correspondant du Muséum d'Histoire naturelle, 136, boulevard Saint-Germain, Paris.

Doncieux, Préparateur à la Faculté des sciences (laboratoire de géologie), Lyon, Rhône.

Donnezan (Dr Albert), 5, rue Font-Froide, Perpignan, Pyrénées-Orientales.

Doumerc (Jean), Ingénieur civil des Mines, 61, rue Alsace-Lorraine, Toulouse, Haute-Garonne.

Dourille (Antonin), Hôtel des Trois-Dauphins, Grenoble, Isère.

*Douvillé (Henri), Ingénieur en chef des Mines, Professeur à l'École des mines, 207, boulevard St-Germain, Paris — D.

Douxami (Henri), Agrégé de l'Université, Professeur au lycée Ampère, 73, avenue de Saxe, Lyon, Rhône.

Drouelle (E.), 7, rue Drouot, Paris.

Dru (Léon), Ingénieur, 28, boulevard Malesherbes, Paris.

Dubuisson (Anicet-Gabriel-Henri), Élève à l'École normale supérieure, 5, rue Forest, Paris.

Düeil (A.), à Ay, Marne.

*Duhamel (Henri), Gières, Isère. — D.

Dumas, Inspecteur à la Compagnie des chemins de fer d'Orléans, place Dumoustier, 1 *bis*, Nantes, Loire-Inférieure.

*Dumont (Émile-Henri), Ingénieur des arts et manufactures, 61, rue Louis-Blanc, Paris.

Durand (Louis), Pradines, par Regny, Loire.

DURAND (Urbain-Jean-Baptiste), Ingénieur civil, Pont d'Aubenas, par Aubenas, Ardèche.

DURASSIER (L. G. A.), Ingénieur civil des Mines, 5, Place des Ternes, Paris.

DUVERGIER DE HAURANNE (Emmanuel), Château d'Herry, Cher.

EVRARD (Charles), Notaire, Varennes, Meuse.

EYSSÉRIC (J.), Explorateur, 90, rue d'Assas, Paris.

*FABRE (Georges), Ancien élève de l'École polytechnique, Inspecteur des Eaux et Forêts, 28, rue Ménard, Nîmes, Gard.

*FABRE (Lucien), Inspecteur des Eaux et Forêts, 17, rue Berbisey, Dijon, Côte-d'Or.

FAVRE (Louis), Ingénieur agronome, 18, rue des Écoles, Paris.

*FALLOT (Emmanuel), Professeur de géologie à l'Université (Faculté des sciences), 56, rue Turenne, Bordeaux, Gironde.

FALQUE et PERRIN, Librairie Dauphinoise, Grenoble, Isère.

*FAURE (Joseph), Ingénieur civil des Mines, 94, avenue Henri-Martin, Paris.

*FAYOL (Henri), Directeur général de la Société de Commentry-Fourchambault, 49, rue Bellechasse, Paris. — D.

*FAYOL (Mademoiselle), 49, rue Bellechasse, Paris.

FÈVRE (Lucien-Francis), Ingénieur au corps des Mines, 38, rue Baudimont, Arras, Pas-de-Calais. — D.

*FILHOL, Membre de l'Institut, Professeur d'anatomie comparée au Muséum d'histoire naturelle, rue Guénégaud, Paris.

FLICHE, Professeur à l'École forestière, rue Saint-Dizier, 9, Nancy, Meurthe-et-Moselle. — D.

FLIPO, Propriétaire, Membre de la Société géologique du Nord, Deûlémont, par Quesnoy-sur-Deûle, Nord. — D.

FORTIN (Raoul), Manufacturier, rue du Pré, 24, Rouen, Seine-Inférieure.

FOSSEY (Paul), Étudiant, 138, Boulevard Montparnasse, Paris.

Fouqué (F.), Membre de l'Institut, Professeur au Collège de France, 23, rue Humboldt, Paris.

*Fouqué (Mademoiselle), 23, rue Humboldt, Paris.

*Fouquet, 161, Boulevard Haussmann, Paris.

Fredet (Alfred), Fabricant de papier, Brignoud, Isère.

Freiwald (Isidore), 43, rue de Courcelles, Paris. — D.

*Frémont (Mademoiselle), Licenciée ès-sciences, Professeur de l'enseignement secondaire, 124, rue de Clignancourt, Paris.

*Friedel (Georges), Ingénieur au corps des Mines, Professeur à l'École des Mines, 11, place Fourneyron, Saint-Étienne, Loire.

Froidevaux, 12, rue N.-D.-des Champs, Paris.

Frossard (Charles-Louis), Pasteur de l'Église Réformée, 3, avenue de Campan, Bagnères-de-Bigorre, Hautes-Pyrénées.

Gaillard, père, fils et Cie, Banquiers, 5, Grande-Rue, Grenoble, Isère. — D.

*Gallois (Lucien), Maître de Conférences à l'École normale supérieure, 59, rue Claude-Bernard, Paris.

*Ganal, 6, rue de Seine, Paris.

*Gatin, Ingénieur agronome, 13, rue Jean-Jacques Rousseau, Versailles.

Gauchery (P.), Ingénieur-architecte, Vierzon, Cher.

*Gaudry (Albert), Membre de l'Institut, Professeur de paléontologie au Muséum d'histoire naturelle, 7 *bis*, rue des Saints-Pères, Paris. — D.

*Gaudry (Madame Valérie Albert), 7 *bis*, rue des Saints-Pères, Paris.

*Gaudry (Jules), 2, rue de Constantinople, Paris.

Gauthier-Dumon (Pierre), 5, rue d'Arcole, Saint-Étienne, Loire. — D.

Gauthiot (Charles), Secrétaire-Général de la Société de géographie commerciale, 8, rue de Tournon, Paris.

Geandey (F.), rue de Sèze, 11, Lyon, Rhône.

GENDRE (Ernest), 157, rue Bertrand-de-Goth, Bordeaux, Gironde.

*GENNES (Adolphe de), Ingénieur civil des Mines, 42, rue des Perchamps, Paris.

GENSSE (Jean-Baptiste-Jules-Adrien), Ingénieur à la Compagnie Parisienne du gaz, 146, rue Lafayette, Paris.

*GENTIL (Louis), Chargé de Conférences à la Faculté des Sciences de l'Université, 11, rue des Feuillantines, Paris. — D.

*GEVREY (Frédéric-Charles-Alfred), Conseiller à la Cour d'Appel, 9, place des Alpes, Grenoble, Isère. — D.

*GIRAUD (Jean-Louis), Agrégé des Sciences naturelles, 4, rue Guy-de-la-Brosse, Paris.

*GIRAUX (Louis), Négociant, 22, rue Saint-Blaise, Paris.

*GLANGEAUD (Ph.), Docteur ès-sciences, Maître de conférences de minéralogie à l'Université, Clermont-Ferrand, Puy-de-Dôme. — D.

GOBLET (Alfred), Ingénieur, Croix, Nord.

GODBILLE (Eugène), Médecin-vétérinaire, Wignehies, Nord.

*GOSSELET, Correspondant de l'Institut, Professeur à la Faculté des sciences, rue d'Antin, 18, Lille, Nord. — D.

GOURBINE (Charles-Alfred), Membre des Soc. géologique et astronomique de France, 71, rue de l'Université, Paris. — D.

GOURDON (Maurice-Marie), Membre de la Société géologique de France, 19, rue de Gigant, Nantes, Loire-Inférieure.

GRAMMONT (Alexandre), Industriel, Pont-de-Chéruy, Isère. — D.

GRAMONT (Antoine-Arnaud, comte de), Docteur ès-sciences physiques, 81, rue de Lille, Paris.

*GRAND'EURY (Cyrille), Correspondant de l'Institut, Ingénieur civil, Professeur à l'École des Mines, 5, Cours Victor-Hugo, St-Étienne, Loire. — D.

GRATIER, Libraire, Grenoble, Isère.

GRENIER (René), Ingénieur civil des Mines, Pocancy, par Vertus, Marne.

*GRISEL (Dr Alfred), Cluses, Haute-Savoie.

*GROSSOUVRE (A. de), Ingénieur en chef des Mines, Bourges, Cher. — D.

Grossouvre (de), Commandant au 155e régiment d'infanterie, 6, rue de Rigny, Nancy, Meurthe-et-Moselle.

Gruner (Édouard), Ingénieur civil des Mines, Secrétaire général du Comité central des Houillères, 6, rue Férou, Paris.

*Guébhard (Adrien), Agrégé de Physique des Facultés de médecine, St-Vallier-de-Thiey, Alpes-Maritimes. — D.

Guerreau (Auguste-Charles), Ingénieur civil des Mines, 4, rue de Lorraine, Nancy, Meurthe-et-Moselle.

Guillemet, Ingénieur agricole, Labruguière, Tarn.

*Haug (Émile), Professeur adjoint de géologie à l'Université (Faculté des Sciences), Sorbonne, Paris. — D.

Hautefeuille (Paul Gabriel), Membre de l'Institut, Professeur à l'Université (Faculté des sciences), 28, rue du Luxembourg, Paris.

Henry (César-Louis), Docteur en médecine, 89, boulevard Exelmans, Paris.

Hermann, Libraire, 8, rue de la Sorbonne, Paris.

Herse, Professeur au Collège de Condé-sur-Aisne, par Vailly, Aisne.

Hollande (Dr), Directeur de l'École préparatoire de l'enseignement supérieur, 19, rue de Boigne, à Chambéry, Savoie.

Hugot (Adolphe), Directeur de la Société anonyme des Aciéries et Forges de Firminy, Loire.

*Humbert (Hippolyte-Adolphe), Ingénieur des Ponts et Chaussées en retraite, ancien Ingénieur de la Compagnie des chemins de fer du Midi, 31, rue Bayard, Toulouse, Haute-Garonne

*Humbert (Madame A.), 31, rue Bayard, Toulouse, Haute-Garonne.

Hunebelle (Édouard), Ingénieur civil, 16, avenue Bugeaud, Paris.

*Janet (Armand), ancien Ingénieur de la Marine, 29, rue des Volontaires, Paris. — D.

JANET (Charles), Ingénieur des Arts et Manufactures, Président de la Société zoologique de France, Villa des Roses, près Beauvais, Oise.

*JANET (Léon), Ingénieur au corps des Mines, 87, boulevard Saint-Michel, Paris. — D.

JANNETTAZ (Édouard), Assistant au Muséum d'histoire naturelle de Paris, 83, boulevard St-Germain, Paris (Décédé).

JANNETTAZ (Paul), Ingénieur, Répétiteur à l'École Centrale, 68, rue Claude-Bernard, Paris.

JUDENNE (Léon), 1, rue Louis-Borel, Beauvais, Oise.

JULIEN (Pierre-Alphonse), Professeur de géologie et de minéralogie, à la Faculté des Sciences, à Clermont-Ferrand, Puy-de-Dôme.

*KAUFMANN (Willy), 169, boulevard Malesherbes, Paris.

*KILIAN (W.), Docteur ès-sciences, Professeur à l'Université (Faculté des sciences), 7, boulevard Gambetta, Grenoble, Isère. — D.

KUSS (Henri), Ingénieur en chef des Mines, Douai, Nord.

LABAT, Dr en médecine, 149, boulevard St-Germain, Paris.

LABOUR-PERRON (Madame veuve), Fabricante de plâtre, Marœuil-lez-Meaux, par Meaux, Seine-et-Marne. — D.

*LACAU (P.), 50, rue Étienne-Marcel, Paris.

*LACROIX (Alfred), Professeur de Minéralogie au Muséum d'histoire naturelle, 8, quai Henri IV, Paris. — D.

*LACROIX (Madame A.), 8, quai Henri IV, Paris.

LAMBERT (Jules-Mathieu), Président du Tribunal civil, 57, rue St-Martin, Troyes, Aube.

*LAMOTHE (Léon-Jean-Benjamin de), Colonel d'artillerie, commandant le 5e régiment, Besançon, Doubs.

*LANGLASSÉ (René), rue Jacques-Dulud, 50, Neuilly, Seine.

LAPORTE (Auguste), Ingénieur-directeur des Mines de la Gardette, Bourg d'Oisans, Isère. — D.

*LAPPARENT (Albert de), Membre de l'Institut, ancien Ingénieur au corps des Mines, Professeur à l'Institut catholique, 3, rue Tilsitt, Paris. — D.

*Launay (Louis de), Ingénieur au corps des Mines, Professeur à l'École nationale des Mines, 134, boulevard Haussmann, Paris.

*Laville (André), Préparateur de paléontologie à l'École des Mines, 41, rue de Buffon, Paris.

*Lebel, Professeur au Petit-Séminaire, 19, rue Notre-Dame-des-Champs, Paris.

Lebesconte, Pharmacien, place du Bas-des-Lices, 15, Rennes, Ille-et-Vilaine.

Leborgne, 7, boulevard Gambetta, Grenoble, Isère.

Lebrun (Albert-François), Ingénieur au corps des Mines, 7, place Saint-Jean, Nancy, Meurthe-et-Moselle.

*Lecœuvre (Francis), Ingénieur, 229, faubourg St-Honoré, Paris.

*Le Coin (Albert), Docteur, 15, rue Guénégaud, Paris.

*Le Coin (Madame), née d'Orbigny, 15, rue Guénégaud, Paris.

*Leenhardt (Franz), Professeur agrégé à la Faculté de théologie, 12, faubourg du Moustier, Montauban, Tarn-et-Garonne. — D.

Legay (Gustave), Receveur de l'Enregistrement et des Domaines, 22, rue de Flahaut, Boulogne-sur-Mer, Pas-de-Calais.

Léger (Louis), Professeur à l'Université, Grenoble, Isère.

*Le Marchand, 2, rue Traversière, Petit-Quevilly, Seine-Inférieure.

*Lemière (Léonce), Ingénieur civil des Mines, Ingénieur principal à Montvicq, Montvicq, Allier.

*Lemoine (Paul), Licencié ès-sciences naturelles, 76, rue Notre-Dame-des-Champs, Paris.

*Lennier, Conservateur du Muséum d'histoire naturelle, Le Havre, Seine Inférieure. — D.

*Léon (Paul), Ancien élève de l'École normale supérieure, Agrégé d'histoire et de géographie, 127, Boulevard Haussmann, Paris.

Le Paire, frères, Fabricants de plâtre, Lagny, Seine-et-Marne.

*Leriche (Maurice), Préparateur de géologie à la Faculté des Sciences de Lille, 159, rue Brûle-Maison, Lille, Nord.

Letellier (Georges), Fabricant de plâtres, 123, quai de Valmy, Paris.

Levat (David), Ingénieur civil des Mines, 9, rue du Printemps, Paris. — D.

Lévy (Raphaël Georges), 20, rue Taitbout, Paris.

Lez (Achille), Conducteur des Ponts et Chaussées, Lorrez-le-Bocage, Seine-et-Marne. — D.

L'Hote, 16, rue Chanoinesse, Paris. — D.

Linder, Oscar, Inspecteur général des Mines, en retraite, 38, rue du Luxembourg, Paris.

*Lonquéty (Maurice), Ingénieur civil des Mines, Outreau, près Boulogne-sur-Mer, Pas-de-Calais

*Lory (Pierre Charles), Sous-Directeur du laboratoire des recherches géologiques de l'Université (Faculté des sciences), Grenoble, Isère. — D.

Maisonville (F. de), Grenoble, Isère.

Malatray (Antoine), Ingénieur en chef des Mines de Béthune, Bully-Grenay, Pas-de-Calais.

Manhès (Pierre), Ingénieur métallurgiste, 3, rue Sala, Lyon, Rhône. — D.

*Marboutin (Félix), Sous-Chef à l'observatoire de Montsouris, 78, Boulevard St-Michel, Paris.

*Margerie (Emm. de), 132, rue de Grenelle, Paris. — D.

*Marie, Préparateur au lycée Charlemagne, 5, rue Basse-des-Carmes, Paris.

*Martel (Édouard-Alfred), Secrétaire-général de la Société de spéléologie, 8, rue Ménars, Paris. — D.

Martonne (E. de), Chargé de cours de géographie à l'Université de Rennes, Ille-et-Vilaine.

Mauroy (de), Ingénieur des Mines, Vassy, Haute-Marne.

MEMIN (Louis), Vice-secrétaire de la Société géologique, 169, rue St-Jacques, Paris.

*MERCEY (N. de), à La Faloise, Somme.

METTRIER (Maurice), Ingénieur au corps des Mines, Montpellier, Hérault.

MEUNIER (H.), Fabricant de liqueurs, rue Épailly, Voiron, Isère.

*MEUNIER (Stanislas), Professeur de géologie au Muséum d'Histoire naturelle, 7, boulevard Saint-Germain, Paris.— D.

*MEUNIER (Madame Stanislas), 7, boulevard Saint-Germain, Paris.

*MEUNIER (Mademoiselle Alice Stanislas), 7, boulevard Saint-Germain, Paris.

MICHEL (Léopold), Maître de conférences à l'Université de Paris, Sorbonne, 128, avenue de Neuilly, Neuilly, Seine.

*MICHEL-LÉVY (A.), Membre de l'Institut, Inspecteur général des Mines, Directeur du Service de la *Carte géologique de la France*, 26, rue Spontini, Paris. — D.

MIGNOT (André), Ingénieur en chef à la Société des aciéries de France, 4, avenue des Tilleuls, Paris, Auteuil.

MILNE-EDWARDS (Alph.), Membre de l'Institut, Paris (Décédé).

MONTHIERS (Maurice), Ingénieur civil des Mines, 50, rue Ampère, Paris. — D.

MOTTET, à la Préfecture, Grenoble, Isère.

*MOUREAU, à Montigny-les-Vesoul, près Vaivre, Hte-Saône.

*MUNIER-CHALMAS, Professeur de géologie à l'Université (Faculté des Sciences), 75, rue Notre-Dame-des-Champs, Paris. — D.

Muséum d'Histoire naturelle (Laboratoire de paléontologie du), Place Valhubert, Paris.

NEUFVILLE (H. de), Ingénieur des Mines, 6, rue Halévy, Paris.

*NICKLÈS (René), Docteur ès-sciences, Chargé d'un cours à la Faculté des sciences de Nancy, 27 *bis*, rue des Tiercelins, Nancy, Meurthe-et-Moselle. — D.

*Nivoit, Inspecteur général des Mines, Professeur de géologie à l'École des Ponts-et-Chaussées, 2, rue de la Planche, Paris. — D.

*Œhlert (D.-P.), Correspondant de l'Institut, Conservateur du Musée d'Histoire naturelle, 29, rue de Bretagne, Laval, Mayenne. — D.

*Œhlert (Mme D.-P.), 29, rue de Bretagne, Laval, Mayenne.

*Offret (A.), Professeur de minéralogie à l'Université de Lyon, villa Sans-Souci, 53, chemin des Pins, Lyon, Rhône.

*Olivier (E.), Directeur de la *Revue scientifique du Bourbonnais et du Centre de la France*, 10, Cours de la Préfecture, Moulins-sur-Allier, Allier.

Olry (Albert), Ingénieur en chef des Mines, 23, rue Clapeyron, Paris, Seine.

Orieulx de la Porte (Joseph), Secrétaire général de la Cie des Mines de Vicoigne et de Nœux, Nœux, Pas-de-Calais.

Pange (P. de), 7, boulevard Jules Janin, St-Étienne, Loire.

Papuchon (Alexis), Colonel commandant le Génie de la sixième région, Cours d'Ormesson, Châlons-sur-Marne, Marne.

*Paquier (Victor-Lucien), Préparateur de géologie à l'Université (Faculté des Sciences), 6, rue Paul-Bert, Grenoble, Isère. — D.

*Parat (L'abbé Alexandre), Curé de Bois-d'Arcy, par Brosses, Yonne. — D.

*Parran (Alphonse), Ingénieur en chef des Mines, 56, rue des Saints-Pères, Paris. — D.

*Pellat (Ed.), Inspecteur général honoraire des établissements de bienfaisance au Ministère de l'Intérieur, 19, avenue du Maine, Paris. — D.

Pelloux, père et fils et Cie, Fabricants de ciments Grenoble, Isère. — D.

Périn frères, Fabricants de chaux hydraulique, Charleville, Ardennes. — D.

*Peron (Alphonse), Correspondant de l'Institut, Intendant militaire au cadre de réserve, 11, avenue de Paris, Auxerre, Yonne. — D.

*Pervinquière (Léon), Préparateur du cours de géologie de la Sorbonne, 40, rue de Vaugirard, Paris.

Petin (Charles), Château de Vourey, Isère.

Petitclerc (Paul), 17, rue de l'Aigle-Noir, Vesoul, Haute-Saône.

*Picou, père, 123, rue de Paris, St-Denis.

*Picou, fils, 123, rue de Paris, St-Denis.

Pinat (Charles-Eugène), Maître de forges, Allevard, Isère.

Pitard (Charles-Joseph), Chef des travaux de botanique à la Faculté des Sciences, Bordeaux, Gironde.

Potier, Membre de l'Institut, Ingénieur en chef des Mines, professeur à l'École des Mines, 89, boulevard Saint-Michel, Paris. — D.

Priem, Professeur au Lycée Henri IV, 135, boulevard Saint-Germain, Paris. — D.

*Primat (Jean-Antoine), Ingénieur au corps des Mines, 5 *bis*, boulevard Gambetta, Grenoble, Isère. — D.

Prudhomme (Félix), Négociant, 7, rue Gustave-Flaubert, Le Havre, Seine-Inférieure.

*Ramond (G.), Assistant de géologie au Muséum d'Histoire naturelle, 18, rue Louis-Philippe, Neuilly-sur-Seine. — D.

Ramu et Cie, Maîtres de carrières, Raon-l'Étape, Vosges. — D.

Raspail (Julien), 19, Avenue Laplace, Arcueil, Seine.

*Raulin (Victor), Professeur honoraire de la Faculté des Sciences de Bordeaux, Montfaucon d'Argonne, Meuse.

*Raveneau (Louis), Agrégé d'histoire et de géographie, 76, rue d'Assas, Paris. — D.

Raymond (Pierre-Albert), Manufacturier, 113, Cours Berriat, Grenoble, Isère.

*Regnault (Édouard), 30, boulevard du Roi, Versailles, Seine-et-Oise. — D.

Rejaudry (Émile), Propriétaire, 14, Rempart du Midi, Angoulême, Charente.

*Renault (Bernard), Assistant au Muséum d'Histoire naturelle, Botanique, 1, rue de la Collégiale, Paris.

*Renty (Camille de), Ingénieur des Arts et Manufactures, 11, avenue de Boufflers, Paris.

Repelin (J.), Docteur ès-sciences, Chargé d'un cours à la Faculté des Sciences, Marseille, Bouches-du-Rhône.

Rérolle, Directeur du Muséum, Grenoble, Isère.

Reumaux (Élie), Ingénieur, Agent général de la Compagnie de Lens, Pas-de-Calais.

Revelière (Louis), Ingénieur aux Mines de Marles, Auchel, Pas-de-Calais (Décédé).

Reymond (Ferdinand), Membre de la Société géologique de France, Veyrins, Isère. — D.

*Reymond (Marcel), place de la Constitution, Grenoble, Isère.

Reyt (Pierre-Anselme-Louis), Préparateur à la Faculté des Sciences de Bordeaux, Bouliac, Gironde.

Riaz (de), Banquier, 10, quai de Retz, Lyon, Rhône. — D.

Richard (Henri-Charles-Constant-Adolphe), 73, rue Cardinal Lemoine, Paris.

*Riche (Attale), Docteur ès-sciences, Chef des travaux de géologie à la Faculté des Sciences, 9, rue Saint-Alexandre, Lyon, Rhône.

*Rigaux (Edmond), 15, rue Simoneau, Boulogne-sur-Mer, Pas-de-Calais.

Risler (Eug.), Directeur honoraire de l'Institut national agronomique, 106 bis, rue de Rennes, Paris.

Rivoire-Vicat (Marc), Ingénieur en chef des Ponts-et-Chaussées, 1, rue de la Liberté, Grenoble, Isère.

Robert (Eugène), Papetier, 13, rue Saint-Jacques, Grenoble, Isère.

*Robien (Comte André de), Conseiller général de la Loire-Inférieure, Château de Montgiroux, par Alexain, Mayenne.

Robineau (Théophile), Ancien Avoué, 4, avenue Carnot, Paris. — D.

*Roman (Frédéric), Docteur ès-sciences, Préparateur à la Faculté des Sciences, 2, quai Saint-Clair, Lyon, Rhône. — D.

Rossignol et Delamarche, Fabricants de ciments, 5 *bis*, boulevard Gambetta, Grenoble, Isère. — D.

Rouault, Professeur d'agriculture, rue Doudart-de-Lagrée, Grenoble, Isère.

*Roussel (Joseph), Dr ès-sciences, Professeur au Collège, 5, Chemin de Velours, Meaux, Seine-et-Marne.

Routier (Gaston), 13, rue Voltaire, La Garenne-Colombes, Seine.

Rouville (Paul-Gervais de), Doyen et Professeur honoraire de la Faculté des Sciences de Montpellier, 10, rue Henri-Garnier, Montpellier, Hérault. — D.

*Rouyer (Charles-Henri-Camille), Avocat, Membre de la Société géologique de France, 25, rue de Vaugirard, Paris.

Sage (Henri), 6bis, rue du Cloître-Notre-Dame, Paris.

Sage (Madame), place St-Nicolas, Bastia, Corse.

Sainjon (Henri), Inspecteur général des Ponts-et-Chaussées, en retraite, Directeur du Musée d'Histoire naturelle, 14 *bis*, rue des Bouteilles, Orléans, Loiret.

Sainson (Louis-Gustave), Bijoutier, 5, rue J.-J.-Rousseau, Grenoble, Isère.

*Sauvage (Dr Émile), Conservateur des Musées, Boulogne-sur-Mer, Pas-de-Calais.

Savin (Léon-Héli), Chef de bataillon au 97e régiment d'infanterie, Chambéry, Savoie.

*Sayn (Gustave), Montvendre, Drôme.

*Schlumberger (Charles), Ingénieur de la marine en retraite, 16, rue Christophe-Colomb, Paris. — D.

Schneider et Cie, Le Creusot, Saône-et-Loire. — D.

Schneider (P.), Président du Creusot, 1, boulevard Malesherbes, Paris.

Sebelin, Entrepreneur, Square des Postes, Grenoble, Isère.

Seunes (Jean), Professeur à la Faculté des Sciences, 40, Faubourg de Fougères, Rennes, Ille-et-Vilaine.

Simon (Auguste), Ingénieur, Agent général de la Cie de Liévin, Pas-de Calais. — D.

Société anonyme des Aciéries de France, 29, quai de Grenelle, Paris. — D.

Société anonyme des mines d'Albi, Tarn (G. Petitjean, Administrateur délégué), 5, rue Chauchat, Paris. — D.

Société des Amis de l'Université de Normandie, Caen Calvados. — D.

Société lyonnaise des schistes bitumineux d'Autun, Saône-et-Loire (Bayle, directeur), 6, rue Le Peletier, Paris. — D.

Société nouvelle des charbonnages des Bouches-du-Rhône, 55, rue de Châteaudun, Paris. — D.

Société anonyme des ciments français, Boulogne-sur-Mer, et 80, rue Taitbout, Paris. — D.

Société anonyme des mines de Carmaux, 35, rue Pasquier, Paris. — D.

Société anonyme de Commentry-Fourchambault, 16, place Vendôme, Paris. — D.

Société anonyme des houillères et du chemin de fer d'Epinac (Saône-et-Loire), à Epinac, et 13, rue de Londres, Paris. — D.

Société de l'Industrie minérale, Saint-Etienne, Loire. — D.

Société anonyme des Aciéries et Forges de Firminy (A. Hugot, directeur), Firminy, Loire. — D.

Société de Géographie de Lille (M. le Président de la), Lille, Nord.

Société Géologique du Nord, 159, rue Brûle-Maison, Lille, Nord.

*Société anonyme des glaces et produits chimiques de St-Gobain, Chauny et Cirey, 9, rue Ste-Cécile, Paris. — D.

Société anonyme des mines de la Loire, 47, rue Joubert, Paris. — D.

Société des Anthracites de La Mure, La Mure, Isère. — D.

Société anonyme des houillères de Montrambert et la Béraudière, 9, rue de la République, Lyon, Rhône. — D.

Société des Sciences naturelles de la Charente-Inférieure. (A. Dollot, délégué), La Rochelle, Charente-Inférieure.

Société anonyme des mines de charbon minéral de la Mayenne et de la Sarthe, 42, rue Crossardière, Laval, Mayenne.

Société Géologique de Normandie (M. le Président de la), au Muséum d'Histoire naturelle, Le Hâvre, Seine-Inférieure.

Société des Hauts-Fourneaux et Fonderies de Pont-à-Mousson, Pont-à-Mousson, Meurthe-et-Moselle. — D.

Société des houillères de Ronchamp (M. Poussigue, directeur), Ronchamp, Haute-Saône. — D.

Société des Sciences naturelles de Saône-et-Loire, Châlon-sur-Saône, Saône-et-Loire.

Société scientifique et littéraire d'Alais, Alais, Gard.

Société de Vézin-Aulnoye (M. Victor Sépulchre, représentant, directeur des établissements de l'Est de la), Maxéville, près Nancy, Meurthe-et-Moselle. — D.

Soubeiran (Alfred), Ingénieur des mines, Conseil de la Société des Ciments français, 80, rue Taitbout, Paris.

*Stuer (Alexandre), Comptoir français géologique et minéralogique, 4, rue de Castellane, Paris — D.

*Stuer (Madame A.), 4, rue de Castellane, Paris.

Tardy (Charles), Membre de la Société Géologique de France, 6, rue des Cordeliers, Bourg, Ain.

Tardy (Madame), 12, rue Lalande, Bourg, Ain. — D.

Tardy, 12, rue Lalande, Bourg, Ain.

*Termier, Ingénieur en chef au corps des Mines, Professeur de Minéralogie à l'École des Mines, 164, rue de Vaugirard, Paris. — D.

Terray (Alphonse), Industriel, Grenoble, Isère.

*THEVENIN (Armand), Préparateur au Laboratoire de Paléontologie du Muséum d'Histoire naturelle, 43, boulevard Henri IV, Paris. — D.

THIBAUD, Maître d'hôtel, Grand-Hôtel, Grenoble, Isère.

THIÉRY (Adolphe), rue Corneille, 7, Paris. — D. (Décédé).

THIRIET (Auguste), Professeur, Conservateur du Musée de Sedan, Balan-Sedan, Ardennes.

*THOMAS (H.), Chef des travaux graphiques au Service de la Carte géologique de France, boulevard Saint-Michel, 62, Paris.

*THOMAS (Philadelphe), Docteur en médecine, Tauziès, par Gaillac, Tarn.

THOMAS (Philippe), Vétérinaire principal de 1re classe de l'Armée, 22 bis, avenue Rapp, Paris.

THORRAND et Cie, Fabricants de ciments, rue de la Liberté, Grenoble, Isère. — D.

THOUVARD-MARTIN et Cie, Banquiers, Grenoble, Isère.

TORCAPEL (Alfred), Ingénieur en retraite de la Compagnie P.-L.-M., rue Joseph Vernet, 36bis, Avignon, Vaucluse. — D.

*TOURNOUER (André), 43, rue de Lille, Paris.

TRILLAT (Madame veuve), Maîtresse d'hôtel, Hôtel Monnet, Grenoble, Isère.

TRUC (Victor), Imprimeur, 5, rue Denfert-Rochereau, Grenoble, Isère.

Université de Caen, Calvados, laboratoire de géologie.

Université de Grenoble, Isère. — D.

Université de Lille, Nord. — D.

VAILLANT (Léon), Professeur au Muséum d'Histoire naturelle, 36, rue Geoffroy-St-Hilaire, Paris. — D.

VALLIER, Directeur de la Succursale de la Société générale, Grenoble, Isère.

*VASSEUR (Gaston), Docteur ès-sciences, Professeur de géologie à la Faculté des Sciences, boulevard Longchamps, 110, Marseille, Bouches du-Rhône. — D.

Védier (Edmond), Administrateur délégué de la Société des Carrières des Charentes, 4, Rempart de l'Est, Angoulême, Charente. — D.

*Vélain (Charles), Professeur de géographie physique à l'Université (Faculté des Sciences, Sorbonne), 9, rue Thénard, Paris. — D.

Vernière, Directeur de la *Revue d'Auvergne*, rue Fontgière, Clermont-Ferrand, Puy-de-Dôme.

Viallet (Félix), Ingénieur-Constructeur, 2, rue d'Échirolles, Grenoble, Isère. — D.

Viallet (Paul), Brasseur, 33, avenue Alsace-Lorraine, Grenoble, Isère.

Vicat et Cie, Fabricants de ciments, Grenoble, Isère. — D.

Vidal de La Blache, Professeur de géographie à l'Université (Faculté des Lettres, Sorbonne), 6, rue de Seine, Paris. — D.

Villain (François), Ingénieur au Corps des Mines, 57, rue Stanislas, Nancy, Meurthe-et-Moselle.

Voisin (Honoré), Ingénieur en chef des Mines, Ingénieur en chef de la Compagnie des Mines de la Roche-Molière et Firminy, Firminy, Loire. — D.

*Wallerant (F.), Maître de conférences à l'École normale supérieure, 45, rue d'Ulm, Paris.

Wührer, Graveur, 4, rue de l'Abbé-de-l'Épée, Paris. — D.

*Zeiller (René), Ingénieur en chef des Mines, Professeur à l'École des Mines, 8, rue du Vieux-Colombier, Paris.

Zipperlen (Adolphe), Ingénieur, 21, rue Ballu, Paris.

*Zürcher (Ph.), Ingénieur en chef des Ponts-et-Chaussées, Digne, Basses-Alpes. — D.

GRANDE-BRETAGNE

Adiassewich (A.), 5, Fen Court, London, E. C.

Bather (Francis-Arthur), M. A., British Museum (Natural History), South Kensington, Cromwell Road, London S. W.

Bauerman (Hilary), Professeur de métallurgie à l'Ordnance College, 14, Cavendish Road, Balham, London S.W.

*Blanford (W.-T.), Bedford Gardens, 72, Campden Hill, W., London.

Bowman (Herbert-L.), University Museum, Oxford.

British Museum Library, London.

British Museum of natural History, Geological Department, London.

*Cole (A. J. Grenville), Professeur de géologie au Collège Royal de Science d'Irlande, Royal College of Science, Dublin.

Coomara-Swamy (A. K.), Walden, Worplesdon, Guildford.

Ekin (Charles-Fieldhead), Corkran Road, Surbiton, Kingston-on-Thames.

*Evans (sir John), D. C. L., F. R. S., F. G. S., Correspondant de l'Institut de France, à Nash Mills, Hemel-Hempstead, Hertfordshire.

*Evans (Lady John), Nash Mills, Hemel-Hempstead.

*Geikie (Sir Archibald), Correspondant de l'Institut de France, Directeur général du Service géologique de la Grande-Bretagne, 28, Jermyn street, London S. W.

Graves (Henry-George), Ingénieur, 5, Robert street, Adelphi, London W. C.

*Green (Upfield), 8, Bramshill Road Harlesden, London N. W.

*Hardy (Marcel), Géologue, Geological Survey Office, Sheriff Court Buildings, Edinburgh.

Herries (R. S.), 24, Gloucester Street, London S. W.

Hinton (Henry Arthur), Professeur de géologie, Royal College of Science, 7, Cranhurst Road, Willesden Green, London N. W.

*Hobson (Bernard), M. Sc., Professeur de géologie à Owens College, Manchester.

Hudleston (W. H.), M. A., F. R. S., F. L. S., F. G. S., 8, Stanhope Gardens, South Kensington, London S. W.

Hull (Edward), F. R. S., 20, Arundel Gardens, Notting Hill, London W.

*Johnston (Miss Mary), Hazelwood, Wimbledon Hill, Surrey.

*Joly (J.), D. Sc., F. R. S., Professeur de géologie et minéralogie à Trinity College, Dublin.

Jukes Browne (Alfred John), Etruria Kents Road, Torquay.

Justen (F. W.) (Dulau and C°), 37, Soho Square, London W.

Kynaston (Herbet), B. A., Service géologique d'Écosse, Glenlyon House, Dalmally, Argyllshire.

*Llanos (Eduardo), 96, Leadenhall Street, London E. C.

*Louis, D. A., 77, Shirland gardens, London W.

Lubbock (The Rt. Hon. Sir John), Bart., P. C., M. P., D. C. L., LL. D., F. R. S., F. L. S., F. S. A., 15, Lombard Street, London E. C.

Medlicott (H. B.), M. A., F. R. S., Directeur du Service géologique de l'Inde. Care of MM. H. S. King et C°, 65, Cornhill, London E. C.

Owen's College Museum, Manchester.

*Palmer (G. W.), M. A., Clifton Cottage, Clifton, Bristol.

*Pentecost (Rev. Harold), M. A., Clifton College, 32, College Road, Clifton, Bristol.

Public Library of Manchester, Manchester.

*Read (Motte Alston), Géologue et paléontologue, Union Bank of London, 2, Prince's Street, London E. C.

*Reynolds (Sidney H.), M. A., Professeur de géologie et zoologie, University College, Bristol.

Sollas (W. J.), D. Sc., LL. D., M. A., F. R. S. L. et E., Fellow of St. John's College (Cambridge), Professeur de géologie à l'Université d'Oxford, 169, Woodstock Road, Oxford.

*Stirrup (M.), Ancien Président de la Société géologique de Manchester, High Thorn, Stamford Road, Bowdon, Cheshire.

Stodges-Figgis, 104, Grapton Street, Dublin, Irlande.

Teal L. (J.-H.), F. R. S., Président de la Société géologique de Londres, 28, Jermyn street, London S. W.

Temple (Miss Mary), London.

*White (Joseph Fletcher), F. G.-S., 15, Wentworth street, St-John, Wakefield.

*Whitley (Miss Eva), 18, Westbourne Terrace Road, Hyde Park, London W.

Woodward (Henry), LL.D., F.R.S., Conservateur de la section de géologie au British Museum, 129, Beaufort street, Chelsea, London S. W.

Young (Alfred C.), Chimiste industriel, 64, Pyrwhitt Road, St-John's, London S. E.

ITALIE

*Ambrosioni (Michelangelo), Dr Sc. nat., Merate, Milano.

*Baldacci (Luigi), Ingénieur en chef des mines, Reale Ufficio geologico, 1, Via Santa Suzanna, Roma.

Bassani (François), Professeur de géologie et de paléontologie à l'Université royale, Napoli.

*Bonarelli (Dr Guido), Reale Museo geologico, Palazzo Carignano, Torino.

Bossi (Carlo), Ingénieur des Mines, Via due Macelli, 66, Roma.

Botti (U.), Reggio, Calabria.

*Canavari (Mario), Professeur de géologie à l'Université, Pisa.

Capacci (Celso), Ingénieur des Mines, Valfonda, 7, Firenze.

*Capellini (Giovanni), Sénateur, Professeur de géologie à l'Université, Bologna.

Cattaneo (Roberto), Administrateur délégué de la Société de Monteponi, 51, via Ospedale, Torino.

Cocchi (J.), Professeur à l'Institut des Hautes Études, 51, Via Pinti, Firenze, Italie.

*Crema (Camillo), Ingénieur au Corps Royal des mines d'Italie, 32, rue Saluzzo, Torino.

*D'ACHIARDI (Giovanni), Libero Docente de minéralogie à l'Université, Pisa.

*DAINELLI (Giotto), Dr es-sc., 12, Via La Marmora, Firenze.

*DE ANGELIS D'OSSAT (G.), Assistant au Cabinet géologique de l'Université à Rome, Roma.

DE GREGORIO (marquis Antoine), Directeur des *Annales de géologie et de paléontologie*, 128, rue Molo, Palermo.

*DE MARCHI (M.), Membre de la Société géologique d'Italie, 23, Via Borgo-Nuovo, Milano.

DERVIEUX (l'abbé Ermanno), Professeur, 34, Via Massena, Torino.

*DE STEFANI (Charles), Professeur de géologie à l'Institut des Hautes-Études, Firenze.

*DI-STEFANO (Giovanni), Paléontologue du Comité géologique d'Italie, 1, Via Santa-Susanna, Roma.

FERRARIS (Erminio), Ingénieur des Mines, Directeur de la Société de Monteponi, Monteponi, Sardaigne.

*FRANCHI (Secondo), Ingénieur du corps royal des Mines, Via Santa Susanna, 1, Roma.

LEVI (Baron A. S.), Membre de la Société géologique d'Italie, 7, Piazza Azeglio, Firenze.

MARCHI (P.), Professeur, Président de l'Institut Royal technique, Firenze.

*MATTIROLO (Hector), Ingénieur des Mines, Via Santa Susanna, 1, Roma.

*MATTIROLO (Madame Sophie), via Carlo Alberto, 45, Torino.

MELI (Romolo), Professeur de géologie à l'École Royale des Ingénieurs, Via Teatro Valle, 51, Roma.

*NICOLIS (Enrico), Corte quaranta, Verona.

NOVARESE (V.), Ingénieur au Corps Royal des Mines, 1, Via Santa Susanna, Roma.

OMBONI (Giovanni), Professeur de géologie à l'Université, Padova,

PALOPOLI (A.), Élève ingénieur des Mines, Roma.

PARONA (Carlo Fabrizio), Professeur de géologie, Palazzo Carignano, Torino.

*PLATANIA (Gaetano), Professeur d'histoire naturelle au Lycée, Acireale, Sicile.

PORTIS (Alessandro), Docteur ès-sciences, Professeur de géologie et paléontologie, à l'Université de Rome, Roma.

*RIVA (Dr Carlo), Libero Docente au Cabinet minéralogique de l'Université de Pavie, Pavia.

*SABATINI (Venturino), Ingénieur au Corps Royal des Mines d'Italie, Attaché au Service du Bureau géologique, 1, via Santa Susanna, Roma.

*SACCO (Federico), Professeur de paléontologie à l'Université, Palazzo Carignano, Torino.

Société géologique italienne (Aug. Statuti, Ingénieur, Trésorier), Via Santa Susanna, 1, Roma.

*STELLA, 1, via Santa Susanna, Roma.

TASCONE (Luigi), Ingénieur assistant à l'Observatoire du Vésuve, Napoli-Résina.

*TELLINI (Achille), Professeur, Dr Sc. nat., Institut Royal technique, Udine.

VINASSA DE RÉGNY (Dr Paul), Libero Docente de géologie et paléontologie, Rédacteur de la *Rivista Italiana di Paleontologia*, Institut géologique de l'Université, Bologna.

*ZACCAGNA (Dominique), Ingénieur au Corps Royal des Mines, Via Santa Susanna, 1, Roma.

JAPON

*KOCHIBE (Tadatsugu), Ingénieur, Directeur du Service géologique Impérial du Japon, Tokyo.

*OGAWA (Takudzi), Géologue au Service géologique Impérial, Tokyo.

*SUZUKI (Toshi), Directeur des Houillères Wakamatsu, Kiushu.

*YAMASAKI (Dr Naomasa), Tokyo.

LUXEMBOURG (GRAND-DUCHÉ DE)

Dondelinger (Victor), Ingénieur des Mines, Luxembourg.

MEXIQUE

*Aguilera (José-G.), Directeur de l'Institut géologique national du Mexique, calle del Paseo Nuevo, 2, Mexico (D. F.).

*Böse (Dr Emilio), Géologue de l'Institut géologique du Mexique, Calle del Paseo Nuevo 2, Mexico (D. F.).

*Sellerier (Carlos), Inspecteur général des Mines, Mexico (D. F.).

MONACO

S. A. S. le Prince Albert Ier de Monaco, au Palais de Monaco. — D.

NORWÈGE

*Brögger (W. C.), Dr Ph., Professeur de géologie à l'Université de Christiania.

*Homan (C.-H.), 24, Oscars Gade, Christiania.

*Kolderup (C.-F.), Conservateur au Musée, Bergen.

*Reusch (Dr H.), Directeur du Service géologique de la Norwège, Christiania.

*Vogt (J. H. L.), Professeur de métallurgie à l'Université de Christiania.

PAYS-BAS

*Lorié (Dr J.), Utrecht.

*Martin (K.), Professeur de géologie à l'Université, Leiden.

*Van Calker (F. J. P.), Professeur à l'Université, Groningue.

*Van der Veur (Guillaume-Jean-George), Capitaine d'artillerie, Willemstad.

*Van der Veur-Van Walbeck (Madame), à Willemstad.

Wichmann (Arthur), Professeur à l'Université, Utrecht.

PORTUGAL

*Choffat (Paul), Attaché à la section des Travaux géologigiques, rua do Arco a Jesu, 113, Lisboa.

Delgado (J.-F.-N.), Directeur des Travaux géologiques du Portugal, rua do Arco a Jesu, 113, Lisboa.

*Mendes Guerreiro (J.-V.), Ingénieur en chef de 1re classe, 14, Calçada do Sacramento, Lisboa.

Rego Lima (J. M. do), Ingénieur des Mines, Professeur de géologie et d'exploitation des Mines à l'École militaire, Lisboa.

RÉPUBLIQUE SUD-AFRICAINE

Molengraaff (Dr G. A. F.), Géologue de l'État de la République Sud-Africaine, Postbus, 436, Pretoria.

ROUMANIE

*Alimanestiano (C.), Chef du service des mines, 27, strada Dómnei, Bucuresci.

*Alimanestiano (Madame Constantin), 27, strada Dómnei, Bucuresci.

Bottea (C.), Professeur à l'École des Ponts-et-Chaussées, 7, rue Pitar Mosu, Bucuresci.

*Butureanu (Vasile-Constantin), Professeur de minéralogie et pétrographie, à l'Université de Jassy, Aleca Princesa Maria, Iași.

*Costin Vellea (G.), Professeur de géographie au Lycée national, Iași.

Licherdopol (J.-P.), Professeur de sciences à l'École de commerce, rue Dorobanti, 183, Bucuresci.

MRAZEC (Louis), Professeur de minéralogie à l'Université, Calea Dorobantilor, 16, Bucuresci.

*MUNTEANU-MURGOCI (Georges), Assistant de minéralogie et paléontologie, Bucuresci.

*POPOVICI-HATZEG, Chef du Service géologique des mines au Ministère des Domaines, 10, Strada Monataria, Bucuresci.

*SAABNER-TUDURI (Dr A.), rue Sälcülor, 26, Bucuresci.

*SAABNER-TUDURI (Madame Hélène), rue Sälcülor, Bucuresci.

*STEFANESCU (Gregoriu), Professeur de géologie à l'Université, strada Verde, 18, Bucuresci.

STEFANESCU (Sabba), Professeur, Lycée Saint-Sava, rue Fanlawi, Bucuresci.

RUSSIE

ABRAMOFF (Théodore), Ingénieur des Mines, rue Kirpitchnaia, Novotcherkask.

AGABABOFF, Ingénieur des Mines, St-Pétersbourg.

AMALITZKY (Vladimir), Professeur de géologie à l'Université, Varsovie.

ANDROUSSOW (Nicolas), Professeur de géologie, Mühlenstrasse, 4, Iouriew.

ARMACHEWSKY (P.), Professeur à l'Université, Kieff.

*BOCK (Jean), Conseiller d'État actuel, 56, Perspective Anglaise, St-Pétersbourg.

BOGOLIOUBOW (Nicolas), Assistant au Laboratoire de géologie de l'Université, Moscou.

CHOVANSKY (Jacob), Ingénieur des Mines du district de Taganrog-Makeevka (Gouvernement du Don), Novotcherkask.

Comité géologique de Russie, St-Pétersbourg.

DE VOGDT (Constantin), Conservateur au Cabinet géologique de l'Université, au Musée géologique de l'Université, St-Pétersbourg.

*FEGRÆUS (Dr Torbern), Société Nobel Frères, St-Pétersbourg.

GHÉRACIMOW (Alexandre), Ingénieur des Mines, Comité géologique, St-Pétersbourg.

GOUROW (Alexandre), Professeur de géologie à l'Université, Kharkow.

*HACKMANN (Victor-Axel), Docent de minéralogie, Fredsgatan, 13, Helsingfors

INOSTRANZEFF (Alexandre), Professeur de géologie à l'Université, au Musée géologique de l'Université, St-Pétersbourg.

*IWANOFF (Dimitry Lwowitch), Ingénieur des Mines, Conseiller d'État actuel, Directeur en chef des Mines de la Sibérie orientale, Irkoutsk.

*JACOBLEW, Ingénieur des Mines, Géologue du Comité géologique, St-Pétersbourg.

*JAKOWLEFF (Demetrius de), Professeur de géographie aux Instituts du ressort de la chancellerie de S. M. l'Empereur de Russie, St-Pétersbourg.

*JAKOWLEFF (Madame Anne de), Membre de la Société russe d'Antropologie, St-Pétersbourg.

*JACZEWSKY (Léonard von), Professeur à l'Ecole des Mines, Ekhatherinoslaw.

*KARAKASCH (Dr Nicolas), Privat-docent et Conservateur au Musée géologique de l'Université, St-Pétersbourg.

*KARPINSKY (Alexandre), Directeur du Comité géologique de Russie, St-Pétersbourg.

LAMANSKY (Vladimir), Conservateur au Cabinet géologique de l'Université, au Musée géologique de l'Université, St-Pétersbourg.

LAZAREFF (Waldemar), Ingénieur des Mines, Novotcherkask.

LEBEDEFF (Nicolas), Ingénieur des Mines, Bakou, Caucase.

*LISTOW (Juri), Membre des Sociétés Imp. de minéralogie et de géographie russes, Tscherkassy, Gouvernement de Kiew.

*LOEWINSON-LESSING (François), Professeur de minéralogie à l'Université, Iouriew.

MAKEROW (Jacques), Candidat des sciences naturelles de l'Université de St-Pétersbourg, Krasnoïarsk.

MARKOW (Eugène), Dr phil., 23, Grande Italianskaja, St-Pétersbourg.

MEISTER (Alexandre), Ingénieur des Mines, Comité géologique St-Pétersbourg.

*MICHALSKY (Alexandre), géologue en chef du Comité géologique de Russie, St-Pétersbourg.

*MOUCHKETOFF (Jean), Ingénieur des Mines, Professeur de géologie à l'Institut des Mines, Wassili Ostrow, St-Pétersbourg.

*MOUCHKETOFF (Dimitri), Étudiant à l'Institut des Mines, Wassili Ostrow, St-Pétersbourg.

NIKITIN (S. N.), Géologue en chef du Comité géologique, St-Pétersbourg.

*NORPÉ (Magnus), Ingénieur des Mines, ex-Professeur de minéralogie, quai de l'Amirauté, 6, St-Pétersbourg.

*OBROUTSCHEFF (Wladimir), Géologue, Ingénieur des Mines, Zerkownaja, 13, St-Pétersbourg.

*OTTO (C.-M.), Consul, Helsingfors.

*PALMÉN (Baron Hjalmar-Philippe). Secrétaire à la Chancellerie de S. M. l'Empereur pour la Finlande, Galernaja, 67, St-Pétersbourg.

*PAVLOW (Alexandre-W.), Privatdocent de géologie à l'Université, Sadowaja, Spassky pereoulok, maison Lebedeff, 3, Moscou.

*PAVLOW (Alexis Petrovitch), Professeur de géologie à l'Université de Moscou, maison Cheremetiev, 34, Chemeretievski pereoulok, Moscou.

*PAVLOW (Madame Marie W.), Membre de la Société Imp. des Naturalistes de Moscou, maison Cheremetiev, 34, Chemeretievski pereoulok, Moscou.

*PIATNITZKY (Dr Porphiri), Agrégé à l'Université de Kharkow, Kharkow.

PODGAÏETSKY (Louis), Ingénieur au corps des Mines, Directeur de la Société minière du Midi, 66, Myronositskaja, Kharkow.

*Pontiatin (Prince Paul Arsenievitch), Membre de l'Institut archéologique de Russie, St-Pétersbourg.

Ritter (Nicolas), Littérateur, Publiciste, Géologue-naturaliste, Ekhatherinoslaw.

Romanowski (Eugène), Affilié à la Chambre de tutelle de la Noblesse du District de St-Pétersbourg, 83, rue Sadovaya, St-Pétersbourg.

*Schnabl (Jean), Docteur en médecine, Membre de la Société des Naturalistes de Varsovie, etc., 59, rue Faubourg de Cracovie, Varsovie.

*Schokalsky (Jules de), Lieutenant-colonel de la Marine Impériale Russe, Professeur de géographie physique, Canal Catherine, 144, St-Pétersbourg.

*Sederholm (Jakob-Johannes), Directeur de la Commission géologique de Finlande, Boulevardsgatan, 29, Helsingfors.

*Skrinnikoff (Al.), Attaché au Cabinet géologique de l'Université, Varsovie.

*Soustchinsky (Pierre de), Conservateur au Musée minéralogique de l'Université Impériale de St-Pétersbourg, St-Pétersbourg.

Stahl (Alexandre), Ingénieur des Mines, Puschkinskaja, 4, St-Pétersbourg.

Stchirovsky (Wladimir), Conservateur des collections géologiques de l'Université, Moscou

Timofeef, 4, rue Kusnechnaja, Kharkow.

*Tolmatchew (Madame Eugénie), née Karpinsky, 1, Quai Nicolas, St-Pétersbourg.

*Toutkowski (Paul), Ex-assistant à la chaire de géologie de l'Université de Kiew, boulevard de Bibikow, 62, Kiew.

*Trüstedt (Otto), Pitkaranta, Finlande.

*Tschernyschew (Théodore), N., Géologue en chef du Comité géologique, St-Pétersbourg.

*Tzwetaev (Mademoiselle Marie), Professeur au gymnase des Demoiselles, IV, Moscou.

Venukoff (Paul), Professeur à l'Université de St-Wladimir, Cabinet géologique de l'Université, Kiew.

*Vernadsky (Wladimir), Professeur de minéralogie à l'Université de Moscou.

*Wannary (Pierre), Physicien de l'Observatoire physique central, Institutskaja, dom Janovitch, St-Pétersbourg.

Zemiatschensky (Pierre), Professeur de minéralogie à l'Université, au Musée géologique de l'Université, St-Pétersbourg.

SERBIE

*Antoula (Dimitri-J.), Dr phil., Géologue du service des Mines, Visnueva ut, G., Belgrade.

Zujovic (J. M.), Professeur, Belgrade.

SUÈDE

*Högbom (Arvid-Gustaf), Professeur de minéralogie et géologie, à l'Université d'Upsal, Upsala.

Johansson (K.), Ingénieur des Mines, Wikmanshyttan.

*Lindvall (Carl August), Ingénieur, 186, Hornsgatan, Stockholm.

*Sjögren (Hjalmar), Professéur de minéralogie à l'Université, Upsala.

SUISSE

*Baltzer (A.), Professeur de géologie à l'Université, Bern.

*Bonard (Arthur), Assistant au laboratoire de minéralogie de l'Université, Lausanne.

Brunhes, Professeur à l'Université, 314, rue St-Pierre, Fribourg.

Duparc (Louis), Professeur à l'Université, Genève.

*Field (Haviland), Directeur du Concilium bibliographicum, Zürich.

Forel (Dr F.-A.), Professeur honoraire à l'Université de Lausanne, Morges.

GOLL (Hermann), Paléontologue, avenue de la Gare, 1, Lausanne.

GOLLIEZ (H.), Professeur à l'Université, Villa Bonaventure, Lausanne.

GRUBENMANN (Dr Ulric), Professeur à l'École polytechnique et à l'Université, Tidmattstrasse, 55, Zürich V.

GUTZVILLER (A.), D^r phil., Professeur, Ober-Realschule, Weiherweg, 22. Basel

*HUGI (Emil), Assistant à l'Institut géologique de l'Université, Bern.

JACCARD (Frédéric), Étudiant en sciences, Avenue de la Gare, 17, Lausanne.

*LASKAREW (Wladimir), 271, boulevard de Plaimpalais, Genève.

LUGEON (Maurice), Professeur à l'Université, 3, place Montbenon, Lausanne.

*MAYER-EYMAR (Ch.), D^r Sc., Professeur de paléontologie, Limmatplatz, 34, Zürich.

MINOD (Henri), Directeur du Comptoir minéralogique et géologique Suisse, 6, rue St-Léger, Genève.

RENEVIER (E.), Professeur de géologie à l'Université, Lausanne.

SCHARDT (Hans), Professeur de géologie à la Faculté des Sciences de Neuchâtel, Veyteaux, près Montreux, Vaud.

*SCHMIDT (Dr Carl), Professeur de géologie à l'Université, Hardtstrasse, 107, Basel.

STEHLIN (Dr Jean Georges), au Musée, Basel.

ZOLLINGER (D^r Ph., Edwin), St-Johannringweg, 104, Basel

Récapitulation de la liste générale des Membres

	Membres inscrits	Membres présents
Algérie-Tunisie	8	4
Allemagne	124	80
Alsace-Lorraine	14	4
Argentine (République)	2	1
Australie	3	2
Autriche-Hongrie	45	33
Belgique	38	23
Brésil	1	0
Bulgarie	1	1
Canada	12	5
Colombie (Amérique du Sud)	1	0
Danemarck	2	0
Égypte	4	1
Espagne	6	2
États-Unis d'Amérique	69	24
France	470	167
Grande-Bretagne	45	17
Italie	43	22
Japon	4	4
Luxembourg (Grand Duché de)	1	0
Mexique	3	3
Monaco (Principauté de)	1	0
Norwège	5	5
Pays-Bas	6	5
Portugal	4	2
République Sud-Africaine	1	0
Roumanie	13	9
Russie	63	36
Serbie	2	1
Suède	4	3
Suisse	21	7
Totaux	1.016	461

Liste des Anciens Présidents des Congrès

MM. E. Hébert †, 1878.
G. Capellini, 1881.
E. Beyrich †, 1885.
J. Prestwich †, 1888.

MM. J. S. Newberry †, 1891.
(E. Renevier), 1894.
A. Karpinsky, 1897.

I. BUREAU DE LA SESSION DE 1900.

Anciens Présidents des Congrès

M. G. Capellini. M. A. Karpinsky.

Président

M. Albert Gaudry.

Vice-Présidents

Allemagne. . . . . MM. Credner, H.
Lepsius, R.
(von Richthofen, Baron F.).
Schmeisser.
Zirkel, F.
Von Zittel, K.

Australie . . . . (Liversidge, A.).

Autriche-Hongrie. . . . Böckh, J.
Mojsisovics von Mojsvar, E.
Tietze, E.

Belgique. . . . . Mourlon, M.
Renard, A.

Bulgarie. . . . . Zlatarski, G. N.

Canada . . . . Adams, Frank.

Colombie . . . . (Saënz, A.).

Danemarck . . . . . (Ussing, N. V.).

Espagne. . . . . (Almera, J.).

Les parenthèses indiquent les Présidents et Vice-Présidents, qui n'ont pas assisté aux réunions du Congrès. † indique les Présidents décédés.

Etats-Unis . . . . MM.	Hague, A.
	Osborn, H. F.
	Stevenson, J. J.
France	Marcel Bertrand.
	Michel-Lévy.
Grande-Bretagne . . .	Evans, Sir John.
	Geikie, Sir Archibald.
	(Teall, J. J. H.).
Indes Britanniques. . .	Blanford, W. T.
Italie	(Baldacci, L.).
	Cocchi, I.
	Mattirolo, H.
Japon	Kochibe, T.
Mexique.	Aguilera, J. G.
Monaco (Pté de). . . .	(Monaco, S. A. S. le Prince de).
Norwège.	Brögger, W. C.
Pays-Bas	Martin, K.
Portugal	Choffat, P.
	Mendès-Guerreiro, J. V.
Roumanie	Stefanescu, G.
Russie.	Lœwinson-Lessing, F.
	Pavlow, A. P.
	Sederholm, J. J.
	Tschernyschew, T. N.
Serbie	(Zujovic, J. M.).
Sud-Africaine (Rque) . .	(Molengraaf, G. A. F.).
Suède	Högbom, A. G.
Suisse	Baltzer, A.
	Schmidt, C.

Secrétaire général

M. Charles Barrois.

Secrétaires

MM. Cayeux, L.
Crema, C.
Gäbert, C.
Pavlow, A. W.

MM. Thevenin, A.
Thomas, H.
Von Arthaber, G.
Zimmermann, E.

Trésorier

M. Léon Carez.

Membres du Conseil de 1900

MM. Bergeron, J. (Comité d'organisation).
Beyschlag, F. (Allemagne).
Bigot (Comité d'organisation).
Bonaparte (le Prince Roland) (Comité,d'organisation).
Boule, M. (Comité d'organisation).
Canavari, M. (Italie).
Choquette, Abbé C. P, (Canada).
Damour, A. (Comité d'organisation).
Depéret (Comité d'organisation).
Dollfus, G. (Comité d'organisation).
Douvillé, H. (Comité d'organisation).
Fabre, G. (Comité d'organisation).
Fallot, E. (Comité d'organisation).
Fayol, H. (Comité d'organisation).
Ficheur, E. (Comité d'organisation).
Franzenau, A. (Autriche-Hongrie).
Gosselet, J. (Comité d'organisation).
Grand'Eury, C. (Comité d'organisation).
De Grossouvre, A. (Comité d'organisation).
Groth, P. (Allemagne).
Haug, E. (Comité d'organisation).
Janet, L. (Comité d'organisation).
Joly, John, (Grande-Bretagne).
Kilian, W. (Comité d'organisation).
Lacroix, A. (Comité d'organisation).
de Lapparent, A. (Comité d'organisation).
de Launay, L. (Comité d'organisation).
Malaise, C. (Belgique).
de Margerie, E. (Comité d'organisation).
Martel, E. (Comité d'organisation).
Meunier, Stanislas (Comité d'organisation).
Moser, L. (Autriche-Hongrie).
Munier-Chalmas (Comité d'organisation).
Nivoit (Comité d'organisation).
Oebbeke, K. (Allemagne).
Œhlert, D. P. (Comité d'organisation).
Parran, A. (Comité d'organisation).
Pellat, E. (Comité d'organisation).

MM. Péron, A. (Comité d'organisation).
Popovici-Hatzeg (Roumanie).
Reinach, A. von (Allemagne).
Reusch, H. (Norwège).
Richter, E. (Autriche-Hongrie).
Ries, H. (États-Unis).
Rutot, A. (Belgique).
Sauvage, E. (Comité d'organisation).
Schlumberger, C. id.
Steinmann, G. (Allemagne).
Szadeczky, J. (Autriche-Hongrie).
Termier, P. (Comité d'organisation).
Van den Broeck, E. (Belgique).
Vasseur, G. (Comité d'organisation).
Vélain, C. id.
Ward, Lester F. (États-Unis).
White, I. C. (États-Unis).
Woldrich, J. N. (Autriche-Hongrie).
Zeiller, R. (Comité d'organisation).

II. DÉLÉGATIONS

Algérie

Gouvernement général de l'Algérie, Service géologique : *Ficheur*.

Allemagne

Grossherzogthum Baden : Dr *Buchrucker*.
Grossherzogliche Hessische Geologische Landesanstalt : *R. Lepsius*.
Königliche Bayrische Ludwig-Maximilians-Universität zu München : *P. Groth*, *K. von Zittel*.
Königliche Sachsische Regierung : *H. Credner*.
Königliche technische Hochschule zu München : Dr *K. Oebbeke*.
Senckenbergische Naturforschende Gesellschaft zu Frankfurt-am-Mein : *Baron von Reinach*.

Argentine (République)

Université nationale de Buenos-Ayres : Dr *Angel Gallardo*.

Autriche-Hongrie

Gouvernement impérial : *E. Tietze.*
K. K. Geologische Reichsanstalt : *E. Tietze.*
Ministère royal hongrois de l'agriculture : *J. de Böckh.*
Musée national Hongrois, Budapest : *A. Franzenau.*
Université François-Joseph, à Kolozsvar (Hongrie) : Dr *Jules Szadeczky.*
Université tchèque de Prague : Dr *J.-N. Woldrich.*

Australie

Geological Survey of Western Australia, Perth: *Hon. H. W. Venn.*

Belgique

Ministère de l'Industrie et du Travail : *M. Mourlon.*
Société belge de Géologie, Paléontologie et Hydrologie : *Michel Mourlon, Rutot, Van den Broeck.*

Bulgarie

Gouvernement de Bulgarie : *G. Zlatarski,*
Université de Sofia : *G. Zlatarski.*

Canada

Commission géologique du Canada : *A. P. Low.*
Gouvernement du Canada : *Abbé C. P. Choquette.*
Mac Gill University à Montreal : *F. Adams.*

États-Unis

American Museum of natural History, New York : *H. F. Osborn.*
Commission américaine de l'Exposition : *V. C. Heikes.*
Gouvernement des États-Unis d'Amérique : *Bailey Willis, Arnold Hague, Lester F. Ward.*
New-York Academy of Sciences : *J. J. Stevenson, H. F. Osborn.*
New-York Mineralogical Club : *J.-J. Stevenson, George F. Kunz.*
Société géologique d'Amérique : *Frank D. Adams, Arthur P. Coleman, Arnold Hague, George F. Kunz, Joseph Le Conte, Albert P. Low, Henry F. Osborn, Heinrich Ries, John J. Stevenson, Israël C. White, A. B. Wilmott.*

France

Académie des sciences : *Fouqué*, *de Lapparent*.
Ministère de l'Agriculture : *G. Fabre*, *Henry*.
Ministère de la Guerre : Capitaine *Jullien*.
Ministère de l'Instruction publique et des Beaux-Arts : *Munier-Chalmas*.
Muséum d'histoire naturelle : *Lacroix*, *Stanislas Meunier*.
Société des Agriculteurs de France : *E. Caillas*.
Société de Géographie de Lille : *Delahodde*.
Société normande de Géographie : *Gaston Routier*.
Société des Sciences naturelles des Ardennes, à Charleville : *Bestel*.
Société géologique du Nord : *Gosselet*.

Grande-Bretagne

Geological Society of London : *Sir John Evans*; *J.-J. Harris Teall*.
Royal Society of London : *Sir Archibald Geikie*, *John Joly*, *J.-J. Harris Teall*.

Indes Britanniques

Gouvernement des Indes britanniques : *W. T. Blanford*.

Italie

Académie royale des sciences et des arts de Palerme : *Marquis A. de Gregorio*.
Ministère de l'agriculture : *Capellini*.
Société géologique : *Capellini*, *De Angelis*, *Di Stefano*.

Japon

Ministère de l'Agriculture et du Commerce : *T. Kochibe*.
Société géologique de Tokyo : *Yamasaki*.

Mexique

Gouvernement du Mexique : *José G. Aguilera*, *Carlos Sellerier*.

Norwège

Gouvernement royal de Norwège : *W. C. Brögger*, *H. Reusch*.
Service géologique de Norwège : *H. Reusch*.

Pays-Bas

Académie royale des sciences d'Amsterdam : Dr *K. Martin*.

Portugal

Gouvernement du Portugal : *Mendès-Guerreiro.*

Roumanie

Gouvernement royal de Roumanie : *Popovici Hatzeg.*
Ministère du commerce et de l'industrie : *C. Alimanestiano, L. Sihleanu.*
Académie roumaine de Bucharest : *Gregoire Stefanescu.*

Russie

Gouvernement de la Russie : *A. Karpinsky ; T. Tschernyschew.*
Société impériale des naturalistes de Moscou : *Alexis P. Pavlow.*
Université impériale de Moscou : *A. P. Pavlow.*

Siam

Gouvernement Siamois : *Warington Smyth.*

Sud-Africaine (République)

Gouvernement de la République Sud-Africaine : *G. Molengraaff.*

Suède

Gouvernement royal de Suède : *A. G. Högbom ; P. G. Rosen.*

Suisse

Société géologique suisse : Dr *G. Schmidt.*

DEUXIÈME PARTIE

PRÉPARATION DU CONGRÈS

Historique

PRÉPARATION DU CONGRÈS

La VIIIe Session du Congrès géologique international fut préparée par les soins des géologues français. Le Comité d'organisation, délégué à cet effet, fit paraître successivement les circulaires suivantes, dont 5.000 exemplaires furent distribués, avant le Congrès.

CONGRÈS GÉOLOGIQUE INTERNATIONAL

(VIIIe SESSION 1900).

1re circulaire. Paris, le 8 janvier 1899.

Sur la proposition des géologues français, le VIIe Congrès géologique international réuni à Saint-Pétersbourg a décidé, dans la séance du 3 septembre 1897, que sa VIIIe Session se tiendrait à Paris en 1900.

Les géologues français ont constitué un Comité d'organisation. Dans une première séance, ce comité a nommé un bureau et décidé de s'adjoindre les personnes qui pourraient être utiles à l'organisation du Congrès.

La composition actuelle du Comité d'organisation est la suivante :

Président :

M. Albert Gaudry, membre de l'Institut, professeur au Muséum d'histoire naturelle.

Vice-Présidents :

M. Michel-Lévy, membre de l'Institut, directeur du Service de la carte géologique.

M. Marcel Bertrand, membre de l'Institut, professeur à l'École des mines.

Secrétaire général :

M. Charles BARROIS, ancien président de la Société géologique.

Premier secrétaire :

M. CAYEUX, préparateur à l'École des mines et à l'École des ponts et chaussées.

Secrétaires :

M. Léon BERTRAND, maître de conférences à l'Université de Paris.
M. THEVENIN, préparateur au Muséum d'histoire naturelle.
M. THOMAS, chef des travaux graphiques au Service de la carte géologique.

Trésorier :

M. L. CAREZ, directeur de l'*Annuaire géologique*.

Membres :

MM. BRÉON, collaborateur au Service de la carte géologique.
BERGERON, professeur à l'École Centrale.
BIGOT, professeur à l'Université de Caen.
BONAPARTE (le prince Roland).
BOULE (Marcellin), assistant au Muséum d'histoire naturelle.
CARNOT, membre de l'Institut, professeur à l'École des mines.
DAMOUR, membre de l'Institut.
DEPÉRET, correspondant de l'Institut, doyen de la Faculté des sciences de l'Université de Lyon.
DOLLFUS, ancien président de la Société géologique.
DOUVILLÉ, professeur à l'École des mines.
FABRE, inspecteur des forêts.
FAYOL, directeur de la Société de Commentry-Fourchambault.
FILHOL, membre de l'Institut, professeur au Muséum.
FALLOT, professeur à l'Université de Bordeaux.
FOUQUÉ, membre de l'Institut, professeur au Collège de France.
GROSSOUVRE (DE), ingénieur en chef des mines à Bourges.
GLANGEAUD, collaborateur au Service de la carte géologique.
GOSSELET, correspondant de l'Institut, doyen de la Faculté des sciences de l'Université de Lille.
HAUG, professeur-adjoint à l'Université de Paris.
HAUTEFEUILLE, membre de l'Institut, professeur à l'Université de Paris.
JANET (Léon), ingénieur au corps des mines.
JANNETTAZ, ancien président de la Société géologique.
KILIAN, professeur à l'Université de Grenoble.
LACROIX, professeur au Muséum d'histoire naturelle.
LAPPARENT (DE), membre de l'Institut, professeur à l'Institut catholique de Paris.
LAUNAY (DE), professeur à l'École des mines.
LÉENHARDT, professeur à la Faculté de Montauban.

MM. LINDER, inspecteur général des mines, vice-président du Conseil supérieur des mines.
LORY, sous-directeur du Laboratoire de géologie de l'Université de Grenoble.
MARGERIE (DE), collaborateur au Service de la carte géologique.
MEUNIER (Stanislas), professeur au Muséum d'histoire naturelle.
MICHEL (Léopold), maître de conférences à l'Université de Paris, Sorbonne.
MILNE-EDWARDS, membre de l'Institut, directeur du Muséum d'histoire naturelle.
MUNIER-CHALMAS, professeur à l'Université de Paris.
NIVOIT, inspecteur général des mines, professeur à l'École des ponts et chaussées.
OEHLERT, correspondant de l'Institut, collaborateur au Service de la carte géologique.
PAQUIER, préparateur à la Faculté des sciences de Grenoble.
PARRAN, ingénieur en chef des mines.
PELLAT, ancien président de la Société géologique.
PERON, intendant militaire en retraite.
RIGAUX, géologue à Boulogne-sur-Mer.
RISLER, directeur de l'Institut agronomique.
ROUVILLE (DE), doyen honoraire de la Faculté des Sciences de l'Université de Montpellier.
SAUVAGE (Dr E.), directeur des musées de Boulogne.
SCHLUMBERGER, ancien président de la Société géologique.
TERMIER, professeur à l'École des Mines.
VASSEUR, professeur à l'Université de Marseille.
VÉLAIN, professeur à l'Université de Paris.
WALLERANT, maître de conférences à l'École normale supérieure.
ZEILLER, professeur à l'École des Mines.
ZÜRCHER, ingénieur en chef des ponts et chaussées à Digne.
LE PRÉSIDENT de la Société géologique du Nord.
LE PRÉSIDENT de la Société géologique de Normandie.

Le Comité, réuni les 11 janvier, 23 février, 13 avril 1898, a adopté les bases suivantes pour l'organisation du Congrès géologique international de 1900.

SESSION

Les séances du Congrès s'ouvriront à Paris le 16 août et se termineront le 28 août 1900. La durée de la session permettra aux congressistes de visiter l'Exposition universelle, d'étudier les musées géologiques et de suivre des courses organisées aux environs de Paris.

Les séances du Congrès se tiendront dans un pavillon

spécial dépendant de l'Exposition : il n'y sera pas organisé d'exposition permanente. Les membres du Congrès qui voudraient exposer des cartes géologiques, coupes, photographies, échantillons, sont priés de s'adresser au commissaire de leur pays, qui réservera à leur exposition particulière une place dans la classe correspondante.

EXCURSIONS

Le Comité d'organisation, assuré de pouvoir compter sur le concours de tous les géologues français, sera en mesure de montrer la géologie de la France entière aux membres du Congrès. Pour éviter de trop grandes affluences et faciliter les études de détail des spécialistes, il a décidé d'organiser un grand nombre d'excursions simultanées, qui auront lieu avant, pendant et après le Congrès.

Les excursions seront de deux sortes : *générales*, ouvertes au plus grand nombre de membres possible; *spéciales*, réservées aux géologues et auxquelles ne pourront prendre part plus de vingt personnes.

Les plans des diverses excursions feront l'objet d'une circulaire ultérieure, qui sera envoyée en 1899, quand les inscriptions individuelles seront demandées. Dès à présent, le Comité peut soumettre à titre documentaire, et sauf modifications, une liste des excursions qui seront organisées et les noms des savants qui en ont accepté la direction.

EXCURSIONS GÉNÉRALES

I. **Bassin tertiaire parisien**

Des courses de 1 à 2 jours seront faites sous la conduite de MM. Munier-Chalmas, Dollfus, L. Janet, dans les gisements fossilifères principaux des environs de Paris.

M. Stanislas Meunier conduira une excursion dans le parc de l'École d'agriculture de Grignon avec des conditions exceptionnellement favorables à la récolte des fossiles.

Ces excursions dans le bassin parisien auront lieu *pendant* la durée du Congrès, dans les intervalles des jours de séances.

II. **Boulonnais et Normandie,** sous la conduite de MM. Gosselet, Munier-Chalmas, Bigot, Cayeux, Pellat, Rigaux

Étude des falaises de la Manche et des gisements classiques fossilifères des terrains crétacé et jurassique de Boulogne à Caen. — Formations paléozoïques du Boulonnais et de la Normandie (10 jours).

III. **Massif central**, sous la conduite de MM. Michel-Lévy, Marcellin Boule, Fabre.

Étude comparée, au point de vue géologique et de la géographie physique, des trois grandes régions volcaniques du massif central. Chronologie complète des éruptions depuis le Miocène jusqu'à la fin du Quaternaire. M. Fabre continuera l'excursion par les Causes de la Lozère, les gorges du Tarn et la montagne de l'Aigoual (10 jours).

EXCURSIONS SPÉCIALES

I. **Ardennes**, sous la conduite de M. Gosselet.

Étude stratigraphique du terrain cambrien; succession des étages dévoniens, leurs faunes et leurs faciès. Phénomènes de métamorphisme (huit jours).

II. **Picardie**, sous la conduite de MM. Gosselet, Cayeux, Ladrière.

Phosphates crétacés de Picardie. Limons quaternaires du Nord de la France (6 jours).

III. **Bretagne**, sous la conduite de M. Charles Barrois.

Succession des formations paléozoïques fossilifères, leurs modifications sous l'influence des granites. Massifs volcaniques précambriens et cambriens du Trégorrois. Massifs volcaniques siluriens du Menez-Hom. Kerzanton de Brest (10 jours).

IV. **Mayenne**, sous la conduite de M. D. P. Oehlert.

Coupe du bassin de Laval : succession des formations silurocambriennes, étude des principales faunes dévoniennes; série carbonifère. Roches cristallines paléozoïques des Coëvrons : roches éruptives, filons. Relations stratigraphes des terrains secondaires et tertiaires avec les formations paléozoïques sous-jacentes (8 jours).

V. **Types du Turonien de Touraine et du Cénomanien du Mans**, sous la conduite de M. de Grossouvre.

Succession des étages turoniens et sénoniens de la Touraine : vallée du Cher, Vendôme, Saint-Paterne. Cénomanien de la Sarthe (6 jours).

VI. **Faluns de Touraine**, sous la conduite de M. Dollfus.

Visite des gisements célèbres les plus fossilifères des Faluns de Touraine : Pont-Levoy, Manthelan. Leur faune, leur faciès, leur stratigraphie (4 jours).

VII. **Morvan**, sous la conduite de MM. Vélain, Peron, Bréon.

Terrains secondaires de la vallée de l'Yonne et région de l'Avallonnais (Auxerre, Vezelay, Mailly-la-Ville). Série liasique et infraliasique de Semur. Traversée du Morvan, failles limitatives, structure zonaire, succession des formations éruptives. Bassin permien d'Autun; massif volcanique de la Chaume, près d'Igornay (10 jours).

VIII. **Bassins houillers de Commentry et de Decazeville,** sous la conduite de M. Fayol.

Particularités diverses et mode de formation du terrain houiller. Commentry (3 jours); Decazeville (4 jours).

IX. **Massif du Mont-Dore, chaîne des Puys et Limagne,** sous la conduite de M. Michel-Lévy.

Étude des volcans à cratères des environs de Clermont; soubassement granitique avec enclaves de schistes et quarzites métamorphiques; phénomènes endomorphes subis par le granite d'Aydat. Succession des éruptions du Mont-Dore. Étude des environs d'Issoire et de Péricr; pépérites, basaltes, basaltes et phonolites de la Limagne (10 jours).

X. **Charentes,** sous la conduite de M. Glangeaud.

Terrain jurassique des Charentes et ses divers faciès, à céphalopodes, à oolites et à récifs coralliens. Terrain crétacé des falaises des Charentes et leurs faunes de rudistes (8 jours).

XI. **Bassin de Bordeaux,** sous la conduite de M. Fallot.

Succession des couches du Lutétien au Miocène; principaux gisements fossilifères: Roque-de-Tau et Blaye, Sainte-Croix-du-Mont et Bazadais. Faluns de Léognan, vallée de Saucats, Salles (6 jours).

XII. **Bassins tertiaires du Rhône, terrains secondaires et tertiaires des Basses-Alpes,** sous la conduite de MM. Depéret et Haug.

Bresse méridionale (Pliocène); Bas-Dauphiné (Miocène supérieur); bassin de Bollène (Pliocène, Miocène, Éocène); bassin pliocène de Théziers, bassin oligocène et miocène de Manosque et de Forcalquier (8 jours).

Série jurassique fossilifère des environs de Digne, mollasse rouge et Miocène marin de Tanaron, dislocations à la limite de la zone du Gapençais et du Diois (4 jours).

XIII. **Alpes du Dauphiné et Mont Blanc,** sous la conduite de MM. Marcel Bertrand et Kilian.

Grenoble; chaînes subalpines (Vercors, l'Échaillon, Aizy). Chaîne de Belledonne; la Grave. Zone intrà-alpine (grand Galibier). Albertville; plis couchés du mont Joly et extrémité de la chaîne du Mont Blanc (10 jours).

XIV. **Massif du Pelvoux (Hautes-Alpes),** sous la conduite de M. Termier.

Du Bourg d'Oisans à Vénosc, Saint-Christophe, La Bérarde, Ailefroide, Vallouise, Monêtier, le Lautaret, la Grave et le Freney.

Schistes métamorphiques et gneiss; massifs granitiques avec syénites, diabases et lamprophyres; Houiller avec éruptions d'orthophyres; Trias et Lias avec éruptions de mélaphyres (spilites); Jurassique supérieur; Nummulitique et Flysch; nombreux problèmes tectoniques (10 à 12 jours).

XV. **Mont Ventoux et Montagne de Lure,** sous la conduite de MM. Kilian, Léenhardt, Lory, Paquier.

Orange ; mont Ventoux (Urgonien). Montagne de Lure (horizons du Barrémien). Sisteron ; terrasses fluvio-glaciaires. Devoluy et Diois ; transgressions et discordance du Crétacé supérieur, de l'Éocène et de l'Oligocène. Cobonne (Mr Sayn) [10 jours].

XVI. **Basse-Provence,** sous la conduite de MM. Marcel Bertrand, Vasseur et Zürcher.

Toulon et le Beausset ; série fossilifère, nappe de recouvrement. Marseille ; gisements de la Bedoule et des Martigues ; bassin de Fuveau (Crétacé lacustre). Nappe générale de recouvrement (10 jours).

XVII. **Massif de la Montagne-Noire,** sous la conduite de M. Bergeron.

Saint-Pons, Saint-Chinian, Cabrières ; Paléozoïque fossilifère et métamorphisé ; Jurassique inférieur fossilifère ; Tertiaire fossilifère ; plis en éventail, écailles (8 jours).

XVIII. **Pyrénées (roches cristallines),** sous la conduite de M. Lacroix.

La lherzolite de l'étang de Lherz. Ophites de la Haute-Ariège. Granite et phénomènes de contact de la haute vallée de l'Oriège : Quérigut (10 jours).

XIX. **Pyrénées (terrains sédimentaires),** sous la conduite de M. Carez.

Succession et tectonique des formations éocènes, crétacées et jurassiques des Corbières, de Foix et des Petites-Pyrénées de la Haute-Garonne ; nombreux gîtes fossilifères. Série nummulitique et crétacée de Lourdes, Glaciaire, roches éruptives crétacées. Cirque de Gavarnie, Dévonien fossilifère et Houiller, Crétacé supérieur et Nummulitique. L'excursion à Gavarnie pourrait être remplacée par une course dans le Trias, le Crétacé supérieur et le Nummulitique de Biarritz (10 jours).

Un livret-guide sommaire, écrit par les directeurs des diverses excursions, sera mis en vente au commencement de 1900.

Au nom du Comité général d'organisation :

Charles BARROIS,
Secrétaire général.

Albert GAUDRY,
Membre de l'Institut, *président.*

2me CIRCULAIRE ENVOYÉE AVANT LE CONGRÈS

Paris, le 15 novembre 1899.

Nous avons l'honneur de vous adresser le programme du prochain Congrès géologique international, annoncé dans notre première circulaire de janvier 1899.

Le Comité d'organisation fait appel aux géologues et aux personnes qui, dans tous les pays, s'intéressent aux applications de la géologie. Il vient aujourd'hui solliciter votre adhésion et vos communications.

La séance d'ouverture aura lieu le jeudi 16 août, après-midi, dans un pavillon de l'Exposition. Les séances suivantes se tiendront les 17, 18, 21, 23, 25, 27, 28 août. Les journées des 19, 20, 22, 24, 26 août seront réservées pour permettre de visiter l'Exposition, d'étudier les musées géologiques, et de suivre les courses organisées aux environs de Paris.

Nous proposerons qu'outre les Assemblées générales, il y ait des séances de sections, ainsi réparties :

1re SECTION : Géologie générale et Tectonique.
2e SECTION : Stratigraphie et Paléontologie.
3e SECTION : Minéralogie et Pétrographie.
4e SECTION : Géologie appliquée et Hydrologie.

Les congressistes ayant des communications à présenter sont priés d'en aviser le Comité, qui soumettra au Conseil les ordres du jour des séances.

La cotisation des membres du futur Congrès est fixée à 20 francs : elle donne droit au volume des *comptes rendus* du Congrès, qui leur sera envoyé gratuitement.

Les excursions organisées par le Comité du Congrès sont de deux sortes : les unes, générales, ouvertes au plus grand nombre possible ; les autres, réservées aux spécialistes et auxquelles ne pourront prendre part plus de vingt personnes.

Ces excursions ont été groupées en plusieurs séries, avant, pendant et après le Congrès, afin de permettre de suivre successivement 2 ou 3 excursions différentes. De plus, les conducteurs de quelques-unes des excursions proposées sont disposés à les refaire une seconde fois, si cela était nécessité par le trop grand nombre des inscriptions.

Un *livret-guide* des excursions contenant les programmes scientifiques, cartes, coupes et descriptions régionales sera adressé, franc de port, aux membres du Congrès qui en feront la demande, moyennant le prix de 10 francs.

Les prix indiqués pour les excursions ont été établis de façon à comprendre tous les frais prévus au cours du voyage, à l'exception des deux routes en chemin de fer, aller et retour, de Paris ou de la frontière, aux centres d'excursion. Cette dépense devra être ajoutée à celles qui sont spécifiées dans la circulaire.

Sur la demande du Comité d'organisation, les compagnies françaises de chemins de fer ont bien voulu accorder une réduction de demi-place, pour les excursionnistes, membres du Congrès.

La date des rendez-vous assignés dans cette lettre est seule définitive. Le nombre des journées de course et leurs itinéraires pourront être modifiés, suivant le temps et les circonstances, par entente entre les géologues inscrits et les conducteurs de chaque excursion.

Les personnes qui veulent faire partie du Congrès sont priées d'envoyer leur adhésion le plus tôt possible au Secrétaire (M. Charles Barrois, boulevard Saint-Michel, 62, à Paris) par le moyen du Bulletin ci-inclus, qu'il leur suffira de signer, en indiquant les excursions qu'elles désirent suivre. Les mandats postaux devront être inscrits au nom de M. Léon Carez, trésorier du Congrès, qui en accusera réception, en envoyant la carte de membre du Congrès. Le nombre des places étant limité dans les excursions spéciales, les géologues sont priés de numéroter les excursions qu'ils désirent suivre, afin de s'assurer un 2e ou un 3e choix, dans le cas où le cadre de l'excursion choisie par eux en première ligne serait déjà rempli.

Pour l'organisation des excursions et la préparation des billets de chemin de fer, il est nécessaire que nous connaissions d'avance le nombre des participants. Les privilèges réservés aux congressistes ne seront assurés qu'à ceux qui se seront fait inscrire avant le 1er juin.

Suivant une décision du Conseil du Congrès de Saint-Pétersbourg, ceux-là seuls seront considérés comme inscrits aux excursions, qui auront effectué à ce sujet un versement préalable, indépendant du prix de la cotisation et du livret-guide. Ce nouveau versement a été fixé à 20 francs par le Comité d'organisation du Congrès de Paris ; cette somme sera portée au compte de ceux qui suivront effectivement les excursions ; elle diminuera pour eux la dépense des excursions ; elle sera, au contraire, perdue définitivement pour les personnes inscrites qui n'auraient pas suivi les excursions.

Les futures circulaires du Comité, donnant des renseignements détaillés sur les séances, les excursions et les logements ne seront adressés dorénavant qu'aux personnes qui auront fait parvenir leur adhésion. Nous pouvons, dès à présent, faire savoir, à titre documentaire, que par suite d'une convention avec la *Société des Voyages Modernes* (1, rue de l'Echelle, à Paris), les membres du Congrès pourront s'assurer, par son intermédiaire, un séjour à Paris, dans des hôtels confortables, lors du Congrès, aux prix suivants :

Chambre à coucher : depuis 6 francs par jour.

Journée complète : déjeuner, dîner, coucher, depuis 13 francs par jour.

Le Secrétaire général du Comité d'organisation,
CHARLES BARROIS.

Le Président du Comité d'organisation, Membre de l'Institut,
ALBERT GAUDRY.

EXCURSIONS AVANT LE CONGRÈS.

EXCURSIONS SPÉCIALES.

I. — Ardennes,

sous la conduite de M. GOSSELET.

Stratigraphie des Terrains primaires, carbonifères, dévoniens et siluriens : leur métamorphisme. Tectonique du plateau ardennais. Coût approximatif : 180 francs.

Lundi.... 6 août : Rendez-vous le soir à *Avesnes*, hôtel du Nord (1).
Mardi.... 7 — Avesnes, Maubeuge, Ferrières, Bachant, *Avesnes*.
Mercredi. 8 — Avesnelles, Baldaquin, *Givet*.
Jeudi .... 9 — Hastières, Dinant, *Givet*.
Vendredi. 10 — Fromelennes, Vodelée, Romedenne, *Givet*.
Samedi... 11 — Vireux, Haybes, *Charleville*.
Dimanche 12 — Fumay, Laifour, Deville, *Charleville*.

(1) Les noms écrits en italiques indiquent les localités où l'on passera la nuit.

Lundi.... 13 août : Monthermé, Bogny Château-Renaud, Levrezy, Braux, Nouzon, Aiglemont, *Charleville*.
Mardi.... 14 — Monthermé, Hautes-Rivières, Linchamp, Cense-Jacob, Franchois, *Charleville*.

II. — **Gironde et Touraine.**

II*a*. — **Gironde,** sous la conduite de M. E. Fallot.

Succession des couches du Lutétien au Miocène du bassin de la Gironde : principaux gisements fossilifères. Coût approximatif : 130 francs.

Vendredi. 3 août : Rendez-vous à la Faculté des sciences de Bordeaux, 3 heures du soir. Visite des collections. Cenon, *Bordeaux*.
Samedi... 4 — Bordeaux à Roque-de-Tau, Plassac, Blaye, *Bordeaux*.
Dimanche 5 — Cérons, Landiras, Langon, Sainte-Croix-du-Mont, *Langon*.
Lundi.... 6 — Villandrant et environs, *Bordeaux*.
Mardi.... 7 — Labrède, Saucats, *Bordeaux*.
Mercredi. 8 — Sarcignan, Léognan, *Bordeaux*.
Jeudi.... 9 — Salles, *Bordeaux* ou Arcachon, à volonté.

II *b*. — **Touraine**, sous la conduite de M. G. Dollfus.

Visite des gîtes du Miocène typique. Coût approximatif : 70 fr.

Samedi... 11 août : Rendez-vous à *Tours* (hôtel de l'Univers), à 8 h. du matin. Le Louroux, Louhans, Manthelan, *Ligneil*.
Dimanche 12 — Ferrière-l'Arcan, Paulmy, *Tours*.
Lundi..... 13 — Montrichard, Thenay, *Pontlevoy*.
Mardi... 14 — Pontlevoy, Sambin, Blois, *Paris*.

III. — **Pyrénées (Roches cristallines),**
sous la conduite de M. Lacroix.

Granite et phénomènes de contact de la Haute-Vallée de l'Oriège et du pic d'Arbizon (Hautes-Pyrénées). Lherzolite de l'étang de Lherz, etc., gisement et phénomènes de contact. Ophites de la Haute-Ariège. Syénite néphélinique et ophite de Pouzac. Coût approximatif : 200 francs.

Samedi... 4 août : Rendez-vous à *Ax-les-Thermes (Ariège)*, hôtel Boyer, le soir.
Dimanche 5 — Col de l'Estagnet, *Ax-les-Thermes*.
Lundi.... 6 — Ascension à Baxouillade, *Ax-les-Thermes*.
Mardi.... 7 — Prades, Causson, *Tarascon*.
Mercredi. 8 — Arnave, Arignac, *Vicdessos*.

Jeudi .... 9 août : Sem, Croix-de-Sainte-Tanoque, Rancié, *Vicdessos*.
Vendredi. 10 — Vallée de Suc, Étang de Lherz, *Massat*.
Samedi... 11 — Massat, Saint-Girons, *Bagnères-de-Bigorre*.
Dimanche 12 — Pouzac, Campan, *Payole*.
Lundi.... 13 — Cirque d'Arbizon, *Payole*.
Mardi.... 14 — *Bagnères-de-Bigorre*.

IV. — Aquitaine (Charentes et Dordogne),
sous la conduite de M. Ph. GLANGEAUD.

Jurassique et Crétacé de l'Aquitaine : Lias et Jurassique à Céphalopodes; Jurassique oolitique à récifs coralliens. Portlandien saumâtre. Faciès divers du Crétacé : zones à Rudistes. Plissements de la région, failles limites du Plateau central. Coût approximatif : 200 francs.

Lundi.... 5 août : Rendez-vous à *Saint-Saviol (Vienne)*, hôtel de la Gare, le soir.
Mardi.... 7 — Montalembert, Sauzé, Raix, *Ruffec*. Visite des collections préhistoriques de M. Chauvet.
Mercredi.. 8 — Luxé, Échoizy, Ruelle, *Angoulême*.
Jeudi..... 9 — Environs d'*Angoulême*.
Vendredi. 10 — La Rochefoucauld, *Angoulême*.
Samedi... 11 — Nontron, *Mareuil*.
Dimanche. 12 — Environs de *Mareuil*.
Lundi.... 13 — Ribérac, *Saint-Cyprien*.
Mardi.... 14 — Environs de Saint-Cyprien, *Le Bugne*.

V. — Types du Turonien de Touraine et du Cénomanien du Mans,
sous la conduite de M. DE GROSSOUVRE.

Succession des étages turoniens et sénoniens de la Touraine; série cénomanienne de la Sarthe. Coût approximatif : 80 francs.

Vendredi. 10 août : Rendez-vous à *Tours*, le soir, à l'Hôtel de Bordeaux.
Samedi... 11 — Vallée de la Loire aux environs de *Tours*, Langeais.
Dimanche 12 — Saint-Paterne, *Le Mans* ou *La Ferté-Bernard*.
Lundi.... 13 — Saint-Uphace, Launay, *La Ferté-Bernard*.
Mardi.... 14 — Connerré, Coudrecieux, *Paris*.

VI. — Mayenne,
sous la conduite de M. D.-P. ŒHLERT.

Bassin de Laval. Terrains paléozoïques du Précambrien au Carbonifère, étude de leur faune, de leur succession. Sables éocènes et pliocènes. Cambrien des Coëvrons. Roches éruptives : granites, diabases, microgranulites, orthophyres. Métamorphisme. Coût approximatif : 100 francs.

Jeudi..... 9 août : Rendez-vous à *Laval*, hôtel de Paris, le soir.
Vendredi. 10 — Sacé, Andouillé, Saint-Germain-le-Fouilloux, *Laval*.
Samedi... 11 — Laval, Changé, *Laval*.
Dimanche 12 — Entrammes, Meillé-sur-Vicoin, Montigné, *Laval*.
Lundi... 13 — Voutré, *Sillé*.
Mardi.... 14 — Sillé, Fresnay, *Paris*.

VII. — **Bretagne,**
sous la conduite de M. Charles Barrois.

Succession des formations paléozoïques fossilifères, leur métamorphisme. Granites et Gneiss granulitiques. Diorites et Gneiss amphiboliques. Roches d'épanchement précambriennes et siluriennes, Laccolites et roches filoniennes carbonifères : aplites et kerzantons. Coût approximatif : 220 francs.

Samedi.. 4 août : Rendez-vous à *Quimperlé* (Finistère), le soir, à l'Hôtel du Lion-d'Or.
Dimanche 5 — Départ de la gare, 9 h. matin. Falaises du Pouldu, *Quimperlé*.
Lundi.... 6 — Quimper, Douarnenez, Menez-Hom, *Morgat*.
Mardi.... 7 — En mer, par bateau au Cap la Chèvre, Fort du Diable, Camaret, *Morgat*.
Mercredi.. 8 — Étude en bateau des falaises dévoniennes de la rade de Brest, *Brest*.
Jeudi..... 9 — Landerneau, La Roche-Maurice, La Forêt, *Brest*.
Vendredi. 10 — Yffiniac, Plédran, *Saint-Brieuc*.
Samedi.. 11 — Guingamp, Pontrieux, Roche-Jagu, *Saint-Brieuc*.
Dimanche 12 — Plerin, Cesson, *Saint-Brieuc*.
Lundi.... 13 — Pontivy, Salles de Rohan, Bon Repos, *Auray*.
Mardi.... 14 — Vallée de l'Evel ou monuments mégalithiques du Morbihan. Visite des Collections du comte de Limur. *Vannes*. Clôture.

EXCURSIONS PENDANT LE CONGRÈS

VIII. — **Bassin tertiaire parisien.**

Des courses de un à deux jours seront faites, pendant les intervalles des jours de séances du Congrès, dans les gisements fossilifères principaux des environs de Paris.

VIII *a*. — Sous la conduite de M. Munier-Chalmas.

Dimanche 19 août : Gisors, Mont-Javoult, Parnes. Sénonien, Thanétien, Yprésien, Lutétien, Bartonien, Ludien, Oligocène.

Lundi .... 20 août : Beauvais, pays de Bray. Néocomien, Barrémien, Albien, Cénomanien, Turonien, Sénonien, Thanétien, tourbes actuelles.
Vendredi. 24 — Cuise-la-Motte. Yprésien, Lutétien.
Dimanche 26 — Mont-Bernon. Sparnacien, Lutétien.

VIII *b*. — Sous la conduite de M. Léon Janet.

Lundi .... 20 août : Argenteuil.
Mercredi . 22 — Romainville.

VIII *c*. — Sous la conduite de M. Stanislas Meunier.

Mercredi . 22 août : Parc de Grignon.

VIII *d*. — Sous la conduite de M G. Dollfus.

Dimanche 19 août : Arcueil-Cachan, Bagneux, Bicêtre.
Vendredi. 24 — Étrechy, Morigny, Étampes.
Dimanche 26 — Méry-sur-Oise, Auvers.

EXCURSIONS APRÈS LE CONGRÈS

EXCURSIONS GÉNÉRALES

IX. — **Boulonnais et Normandie**,

Sous la conduite de MM. Gosselet, Munier-Chalmas, Pellat, Rigaux, Bigot, Cayeux.

Boulonnais : Terrains primaires, jurassiques et crétacés : succession des niveaux fossilifères. Tectonique générale, formation du ridement et de la dénudation du Bas-Boulonnais.
Coût approximatif : 90 francs.

Normandie : Étude des falaises jurassiques et crétacées de la Manche : Précambrien, Cambrien, Ordovicien, Gothlandien, Sinémurien, Charmouthien, Toarcien, Bajocien, Bathonien, Callovien, Oxfordien, Séquanien, Kimméridien. Coût approximatif : 120 francs.

Jeudi..... 30 août : Rendez-vous à 7 heures du matin, place Saint-Pierre, à Calais. Départ à 7 heures pour le Blanc-Nez, Escalles, Wissant, Marquise, *Boulogne*.
Vendredi. 31 — Boulogne, Haut-Banc, Ferques, Blecquenecques, Caffiers, *Boulogne*.
Samedi... 1er sept. : Boulogne, Belle, Le Waast, Pays de Licques, *Boulogne*.
Dimanche 2 — Visite du musée de Boulogne avec le concours du Dr Sauvage. Excursion au mont Lambert ou à Alpreck, *Boulogne*.

Lundi .... 3 sept. : Falaises de Boulogne à Wimereux, Wimille. Route de Boulogne au *Havre*.
Mardi .... 4 — Visite du musée, course aux environs du *Havre*, avec le concours de M. Lennier.
Mercredi . 5 — Trouville, *Villers-sur-Mer*.
Jeudi..... 6 — Villers-sur-Mer, Beuzeval, Rauville, *Caen*.
Vendredi. 7 — Tilly-sur-Seulles, Bayeux, Sully, Port-en-Bessin, *Caen*.
Samedi... 8 — Vallée de la Laize, May, *Caen*.

X. — **Massif central,**
sous la conduite de MM. Michel-Lévy, Marcellin Boule, Fabre.

Étude comparée, au point de vue géologique et de la géographie physique, des trois grandes régions volcaniques du Massif central. Chronologie complète des éruptions depuis le Miocène jusqu'à la fin du Quaternaire. M. Fabre continuera l'excursion par les causses de la Lozère, les gorges du Tarn, et la montagne de l'Aigoual. Coût approximatif : 300 francs.

Mercredi . 29 août : Rendez-vous à *Clermont-Ferrand* le soir : Hôtel de la Poste.
Jeudi. ... 30 — Clermont-Ferrand, Puy de Dôme, *Clermont-Ferrand* : Visite des collections de M. Paul Girod.
Vendredi. 31 — Laqueuille, La Bourboule, Mont-Dore, ascension du Sancy, *Mont-Dore*.
Samedi... 1er sept. : Mont-Dore à *Bort*.
Dimanche 2 — Bort à *Aurillac*.
Lundi.... 3 — Aurillac, Vic-sur-Cère, *Murat*.
Mardi.... 4 — Puy-Mary, *Murat*.
Mercredi . 5 — Murat, *Le Puy*.
Jeudi..... 6 — Le Mézenc. *Le Puy*.
Vendredi. 7 — Le Mézenc, *Le Puy*.
Samedi... 8 — Le Puy, Langogne, *Mende*.
Dimanche 9 — Le Valdonnez, col de Montmirat, Ispagnac, *Sainte-Enimie*.
Lundi.... 10 — Descente du cañon du Tarn, *Le Rozier*.
Mardi.... 11 — Gorge de la Jonte, grotte de Dargilan, *Meyrueis*.
Mercredi . 12 — Causse Noir. Perte du Bramabiau, *Observatoire de l'Aigoual*.
Jeudi..... 13 — Plateau de l'Esperon, cascade d'Orgon, *Le Vigan*.

XI. — **Bassins houillers du Centre de la France,**
étudiés en deux excursions successives, sous la conduite de MM. Fayol, Grand'Eury.

XI *a*. — **Bassins houillers de Commentry et de Decazeville,**
sous la conduite de M. Fayol.

Particularités diverses et mode de formation du terrain houiller de ces bassins. Coût approximatif : 120 francs.

Mercredi . 29 août : Rendez-vous à *Commentry*, hôtel de la Couronne, à 7 heures du soir.
Jeudi..... 30 — Visite du bassin houiller de Commentry. *Montluçon* (hôtel de France).
Vendredi. 31 — Départ de Montluçon, à 6 h. 12 matin, pour *Decazeville*, à 5 h. 23 soir.
Samedi... 1er sept. : } Visite du bassin houiller de *Decazeville* (hôtel des Houillères.)
Dimanche 2 —
Lundi.... 3 —
Mardi.... 4 — Départ de Decazeville, 6 h. 15 matin, pour *Saint-Etienne*.

XI *b*. — **Bassin houiller de la Loire**,
sous la conduite de M. C. Grand'Eury.

Composition et structure du bassin houiller de la Loire. Tiges enracinées. Sol de végétation. Formation des couches de houille. Flore fossile. Végétaux silicifiés. Coût approximatif : 50 francs.

Mercredi . 5 sept. : Montrambert, Saint-Priest, Le Cros, *Saint-Etienne*.
Jeudi..... 6 — Grand'Croix, Rive-de-Gier, *Saint-Etienne*.
Vendredi. 7 — Firminy, La Béraudière, Montmartre, Quartier Gaillard, l'Eparre, *Saint-Etienne*.

EXCURSIONS SPÉCIALES

XII. — **Bassins tertiaires du Rhône, Terrains secondaires et tertiaires des Basses-Alpes**.

XII *a* — **Bassins tertiaires du Rhône**,
sous la conduite de M. Depéret.

Bresse, Bas-Dauphiné, Bollène, bassin d'Apt, Durance et bassin de Forcalquier. Coût approximatif : 125 francs.

Jeudi..... 30 août : Rendez-vous à 2 heures à la Faculté des sciences de *Lyon*.
Vendredi. 31 — Mollon, Meximieux, *Lyon*.
Samedi... 1er sept. : Saint-Fons, Heyrieu, La Grive Saint-Alban, *Lyon*.
Dimanche 2 — Saint-Paul-Trois-Châteaux. Saint-Ferréol, Saint-Restitut, *Bollène*.
Lundi.... 3 — Théziers, *Avignon*.
Mardi... 4 — Gargas, *Apt*.
Mercredi . 5 — Mont-Léberon, Cucuron, *Pertuis*.
Jeudi..... 6 — Forcalquier ou *Digne*.

XII *b*. — **Environs de Digne et de Sisteron**,
sous la conduite de M. Haug.

Région de contact des Chaînes Subalpines et des Hautes-Chaînes, à l'est de Digne et de Sisteron (Série jurassique des

Basses-Alpes, Oligocène et Miocène de Tanaron, tectonique). Coût approximatif : 75 francs.

Vendredi. 7 sept. : Environs de *Digne*.
Samedi... 8 — Digne, Entrages, *Digne*.
Dimanche 9 — Digne, Tanaron, *Digne*.
Lundi.... 10 — Sisteron, La Motte-du-Caire, Faucon, *Sisteron*.
Mardi.... 11 — Sisteron, Bayons, *Sisteron*.

XIII. — **Alpes du Dauphiné**
autour de Grenoble.

Grenoble a été choisi comme le point de départ et le centre des quatre excursions suivantes. Rendez-vous à *Grenoble* le 29 août au soir (hôtels d'Angleterre, Monnet, Primat, Savoie, Trois-Dauphins).

Jeudi .... 30 août : Réunion le matin à la Faculté des sciences. Visite des collections. Conférence de M. Primat, ingénieur des mines, sur l'industrie des ciments en Dauphiné.

XIII *a*. — **Alpes du Dauphiné et Mont-Blanc,**
sous la conduite de MM. Marcel BERTRAND et W. KILIAN.

1re partie, sous la conduite de M. W. Kilian.

Chaînes subalpines (cluses de l'Isère et du Vercors, série jurassique supérieure et crétacée à faciès variés). Massifs centraux de la zone dauphinoise (schistes cristallins, granite, plis anciens et alpins). Zone du Briançonnais (structure imbriquée, flysch, série sédimentaire à faciès briançonnais, malm alpin). Coût approximatif (30 août au 5 septembre) : 110 francs.

Vendredi. 31 août : Cluse de l'Isère, Aizy, L'Echaillon, *Saint-Nazaire*.
Samedi .. 1er sept. : Vercors, Rencurel, *Villard-de-Lans*.
Dimanche 2 — La Fange, Col de l'Arc au Sassenage, *Grenoble*.
Lundi ... 3 — Bourg d'Oisans, Cluse de la Romanche, Freney, *La Grave*.
Mardi ... 4 — Col du Lautaret, La Ponsonnière, *Le Lautaret*.
Mercredi. 5 — Col du Galibier, Valloise, Tunnel du Télégraphe, Saint-Michel-de-Maurienne, *Albertville*.

2e partie, sous la conduite de M. Marcel Bertrand : Albertville; plis couchés du mont Joly et extrémité de la chaîne du Mont-Blanc. Coût approximatif : 70 francs.

Jeudi .... 6 sept. : Albertville, Beaufort, Haute-Luce, Lac de la Girotte.
Vendredi. 7 — Col du Mont Jolly, Nant Borrant.
Samedi .. 8 — Col du Bonhomme, Sud du massif du Mont-Blanc, *Saint-Gervais*.
Dimanche 9 — Excursion facultative dans la vallée de l'Arve ou à *Chamonix*.

XIII *b*. — **La Mure, Dévoluy et Diois,**
sous la conduite de MM. P. Lory, Paquier et Sayn.

Massif central de la Mure (Schistes cristallins, Houiller, Trias, Lias). Chaînes subalpines du Bauchaîne, Dévoluy, nord-est des Baronnies et Diois : Jurassique supérieur, Crétacé, Nummulitique et Oligocène ; gisements du Tithonique et du Néocomien. Plis et dômes d'âges divers, aires synclinales du Diois. Coût approximatif (3 au 12 septembre) : 120 francs.

Jeudi..... 30 août au dimanche 2 septembre : comme XIII *a* (coût 60 francs).
Lundi.... 3 sept. : Grenoble, La Motte, *La Mure* (M. Lory).
Mardi.... 4 — Laffrey, Champ, *Lus*.
Mercredi. 5 — Cluse du Buëch, *Saint-Julien-en-Bauchaîne*.
Jeudi .... 6 — Veynes, Entrée du Dévoluy, Montmaur, *Veynes*.
Vendredi. 7 — Villards de Montmaur, *Serres* (M. Paquier).
Samedi .. 8 — Monclus, Col des Tourettes, La Charce, *La Motte-Chalançon*.
Dimanche 9 — Establet, Bellegarde, Col de Prémol, *Luc-en-Diois*.
Lundi.... 10 — Châtillon, Menglon, Les Gas, *Die*.
Mardi.... 11 — Sud du Vercors, Gorges de la Roanne, Saillans, *Crest*.
Mercredi. 12 — Cobonne, *Livron* (M. Sayn).

XIII *c*. — **Mont Ventoux et montagne de Lure,**
sous la conduite de MM. W. Kilian et P. Léenhardt.

Montagne de Lure. Ventoux ; étude de la série crétacée inférieure et de ses variations de faciès. Gisements du Barrémien et de l'Aptien à céphalopodes. Coût approximatif (du 11 au 20 septembre) : 150 fr.

Jeudi 30 août au lundi 10 septembre (voir les excursions précédentes XIII *a*, *b*).
Mardi.... 11 sept. : Rendez-vous à Grenoble, à la Faculté des Sciences.
Mercredi. 12 — Veynes, *Sisteron*.
Jeudi .... 13 — Pas de Madame, *Saint-Étienne-les-Orgues*.
Vendredi. 14 — Montagne de Lure, *Saint-Étienne-les-Orgues*.
Samedi .. 15 — Banon, Carniol, *Banon*.
Dimanche 16 — Apt, *Cavaillon*.
Lundi.... 17 — Orgon, *Carpentras*.
Mardi.... 18 — Sault, *Montbrun*.
Mercredi. 19 — Ventoux, Vaison ou *Orange*.
Jeudi .... 20 — Vaison, Orange.

XIII *d*. — **Massif du Pelvoux et Briançonnais,**
sous la conduite de M. P. Termier.

Schistes métamorphiques et gneiss ; massifs granitiques avec syénites, diabases et lamprophyres ; Houiller avec éruptions d'orthophyres ; Trias et Lias avec éruptions de mélaphyres (spilites); Jurassique supérieur ; Nummulitique et Flysch. Nombreux problèmes tectoniques. Coût approximatif : 200 francs.

Jeudi..... 30 août : Comme dans l'excursion XIII *a*.
Vendredi . 31 — *Bourg-d'Oisans.*
Samedi... 1er sept. : Venosc, Saint-Christophe, l'Alpe du Pin, *Saint-Christophe.*
Dimanche 2 — L'Alpe de Vénosc, *Le Freney.*
Lundi.... 3 — Le Freney à la Grave, glacier de la Meije, *La Grave.*
Mardi.... 4 — L'Alpe Villard-d'Arène. Bord du massif de Combeynot, *Le Lautaret.*
Mercredi. 5 — Le Monêtier, col de l'Eychauda, *Ailefroide.*
Jeudi .... 6 — Vallouise, col de la Pousterle, *Vallouise.*
Vendredi. 7 — Col de Terre-Déserte, monts de l'Eychauda, *Granges de Fréjus.*
Samedi .. 8 — Montagnes de Serre-Chevalier et de Prorel, *Briançon.*
Dimanche 9 — Mont Genèvre, clôture à *Césanne.*

XIV. — **Massif du Mont-Dore, chaîne des Puys et Limagne,**
sous la conduite de M. MICHEL-LÉVY.

Etude des volcans à cratères des environs de Clermont; soubassement granitique avec enclaves de schistes et quarzites métamorphiques; phénomènes endomorphes subis par le granite d'Aydat. Succession des éruptions du Mont-Dore. Etude des environs d'Issoire et de Perrier; pépérites, basaltes et phonolites de la Limagne. Coût approximatif : 180 francs.

Mercredi. 29 août : Rendez-vous le soir à Clermont-Ferrand, hôtel de la Poste.
Jeudi... 30 — Clermont au Puy de Dôme par Royat, Font du Berger, Pariou, Puy Chopine, Cressigny, plateau de Prudelles, *Clermont* (comme l'excursion X).
Vendredi. 31 — Clermont à Romagnat, Opme, Gergovie, Puy de la Piquette, Veyre-Mouton, Puy de Marman, *Clermont.* Visite des collections de M. Paul Girod.
Samedi... 1er sept. : Clermont, Aydat, *Murols.*
Dimanche 2 — Murols, Saut de la Pucelle, Saint-Nectaire, Reignat, *Champeix.*
Lundi .... 3 — Champeix, Puy de Saint-Sandoux, Perrier, Issoire, *Clermont.*
Mardi .... 4 — Clermont, La Queuille, Lusclade, la Bourboule, plateau de Rigollet, *Mont-Dore.*

Mercredi . 5 sept. : Mont-Dore, lac de Guéry, *Mont-Dore*.
Jeudi..... 6 — Mont-Dore, Grande Cascade, val d'Enfer, Sancy, *Mont-Dore*.

XV. — Morvan,

sous la conduite de MM. Vélain, Péron, Bréon.

Terrains secondaires de la vallée de l'Yonne et région de l'Avallonais. Série liasique et infra-liasique de Semur. Collections paléontologiques d'Auxerre, de Semur. Traversée du Morvan, failles limitatives, structure zonaire; succession des formations éruptives. Bassin permien d'Autun ; massif volcanique de la Chaume, près d'Igornay. Coût approximatif : 160 francs.

Mercredi . 29 août : Rendez-vous à Auxerre, Hôtel de l'Epée, à 7 heures du soir.
Jeudi..... 30 — Environs d'Auxerre et visite des collections locales, *Auxerre*.
Vendredi. 31 — Mailly-la-Ville, Mailly-le-Château, Merry, *Chatel-Censoir*.
Samedi... 1er sept : Cravant, Arcy-sur-Cure, Voutenay, *Avallon*.
Dimanche 2 — Pontaubert, Vezelay; Pierre-Perthuis, Grand-Island, *Avallon*.
Lundi.... 3 — Chastellux, Saint-Martin. Cervon, *Lormes*.
Mardi.... 4 — Lormes, Brassy, Dun-les-Places, Saint-Brisson, *Saulieu*.
Mercredi . 5 — Les Gravelles, Alligny, Lucenay-l'Evêque, *Saulieu*.
Jeudi..... 6 — Villargoix, Thoisy-la-Berchère, La Motte, Montlay, *Semur*.
Vendredi. 7 — Venarey, Saint-Euphrone, Montigny, Brianny, *Semur*.
Samedi... 8 — Époisses, Genay, Pont de Chevigny, visite du musée, *Semur*.

XVI. — Picardie,

sous la conduite de M. Gosselet. Cayeux, Ladrière.

Phosphates crétacés de Picardie. Limons quaternaires du nord de la France. Coût approximatif : 80 francs.

Lundi.... 3 sept. : Rendez-vous à *Amiens*, le soir, Hôtel de France.
Mardi.... 4 — Amiens, Saint-Acheul, Boves, *Doullens*.
Mercredi . 5 — Doullens, Auxy-le-Château, *Amiens*.
Jeudi..... 6 — Amiens, Péronne, Hem-Monacu, Roisel, Hargicourt, *Saint-Quentin*.
Vendredi. 7 — Saint-Quentin, Etaves, Le Cateau, *Maubeuge*.
Samedi... 8 — Environs de *Bavai*.

XVII. — **Cavernes de la région des Causses,**
sous la conduite de M. E.-A. MARTEL.

Principales cavernes découvertes et explorées depuis 1888; étude spéléologique de ces diverses cavités. Coût approximatif : 150 francs.

Mercredi . 29 août : Rendez-vous à *Meyrueis* (Lozère), Hôtel Rey, le soir.
Jeudi..... 30 — Bramabiau, *Meyrueis.*
Vendredi. 31 — Dargilan, *Meyrueis.*
Samedi... 1er sept.: Aven Armand, *Millau.*
Dimanche 2 — Tindoul de la Vaissière et rivière souterraine de Salles-la-Source, *Alvignac.*
Lundi.... 3 — Gouffres du Réveillon et de Padirac, *Gramat.*
Mardi.... 4 — Gouffres de Bède, les Vitarelles, les Besans, clôture.

XVIII. — **Massif de la Montagne-Noire,**
sous la conduite de M. BERGERON.

Succession des assises paléozoïques fossilifères du Cambrien à faune primordiale jusqu'au Permien. Métamorphisme de cette série. Tectonique : plis en éventail, écailles. Coût approximatif : 180 francs.

Mercredi . 29 août : Rendez-vous à *Saint-Pons,* hôtel de Notre-Dame, le soir.
Jeudi..... 30 — *Saint-Pons.*
Vendredi. 31 — Saint-Pons, Poussarou, *Saint-Chinian.*
Samedi... 1er sept.: Saint-Chinian, Mont-Peyroux, Roquebrun, Mons-la-Trivalle, *Bédarieux.*
Dimanche 2 — Laurens, Gabian, *Bédarieux.*
Lundi .... 3 — *Vailhan.*
Mardi et Mercredi 4 et 5 sept. : Cabrières, *Clermont-l'Hérault.*
Jeudi..... 6 sept. : *Lodève.*

XIX. — **Pyrénées (terrains sédimentaires),**
sous la conduite de M. L. CAREZ.

Terrains dévonien, houiller, crétacé supérieur et nummulitique du cirque de Gavarnie. Série crétacée et nummulitique de Lourdes; Glaciaire; roches éruptives d'âge crétacé. Succession et tectonique des formations jurassiques, crétacées et éocènes de Bagnères-de-Bigorre, de la Haute-Garonne, de Foix et des Corbières.

Variante : au lieu des environs de Gavarnie, on pourrait visiter le Trias, le Crétacé supérieur et le Nummulitique de Biarritz. Les personnes qui s'inscriront pour cette excursion des Pyrénées sont priées d'indiquer si elles préfèrent la course de Gavarnie ou celle de Biarritz; on fera celle qui sera demandée par la majorité des adhérents. Coût approximatif : 200 francs.

Jeudi..... 30 août : Rendez-vous à Pierrefitte-Nestalas, à la gare, à 12 h. 45. En voiture à *Gavarnie.*
Vendredi. 31 — Port de Bouchero, le Taillon, brèche de Roland, cirque, *Pierrefitte.*
Samedi... 1er sept. : Argelès, Osseu, Lourdes, Adé, Loucrup, *Bagnères-de-Bigorre.*
Dimanche 2 — Pouzac, Nodrets, Orignac, Capvern, *Saint-Gaudens.*
Lundi.... 3 — Saint-Marcet, Tuco, Auzas, Saint-Martory, Salies-du-Salat, Betchat, *Toulouse.*
Mardi.... 4 — Pech-de-Foix, Bastié, *Foix.*
Mercredi. 5 — Leychert, Villeneuve-d'Olmes, Benaïx, Lavelanet, *Quillan.*
Jeudi..... 6 — Rennes-les-Bains, montagne des Cornes, Sougraigne, *Rennes.*
Vendredi. 7 — Source salée, col de Capella, pic de Bugarach, *Saint-Paul-de-Fenouillet.*
Samedi... 8 — Gorges de Saint-Antoine, Cubières, *Saint-Paul-de-Fenouillet* (clôture).

Variante proposée pour les trois premières journées :

Jeudi..... 30 août : Rendez-vous à la gare de Bayonne, à 11 h. 05 matin. Visite des falaises au nord de *Biarritz.*
Vendredi. 31 — Falaises de Biarritz à Bidart, *Pau.*
Samedi... 1er sept. : Adé, Lourdes, Osseu, Lugagnan, Juncalas, Bagnères-de-Bigorre.

XX. — **Basse-Provence,**

sous la conduite de MM. Marcel Bertrand, Vasseur, Zürcher.

Série triasique normale de Toulon ; chevauchements du Beausset, de la Sainte-Beaume. Série fluvio-lacustre crétacée et tertiaire : chevauchements de l'Étoile. Coût approximatif : 150 francs.

Rendez-vous à *Toulon,* le dimanche 23 septembre, au soir, au Grand Hôtel.

Lundi..... 24 septembre : Toulon, *le Beausset.*
Mardi et Mercredi 25 et 26 septembre : *Le Beausset.*
Jeudi..... 27 sept. : *Sainte-Beaume.*
Vendredi. 28 — *Saint-Zacharie.*
Samedi... 29 — *Marseille.*
Dimanche 30 — Falaises de la Ciotat, en bateau. *Marseille.*
Lundi et Mardi, 1er et 2 octobre : *Marseille.*

3me CIRCULAIRE ENVOYÉE AVANT LE CONGRÈS

Paris, le 15 Juin 1899.

Nous avons l'honneur de vous communiquer les détails suivants relatifs à la prochaine session du Congrès géologique international.

La séance d'ouverture aura lieu le jeudi 16 août, à 4 heures, dans le Palais des Congrès à l'Exposition (Place de l'Alma); il y sera procédé à l'élection du Bureau et du Conseil ; les ordres du jour pour toute la session y seront arrêtés.

Les réunions ordinaires du Congrès se tiendront à 2 heures les 17, 18, 21, 23, 25, 27, 28 août, dans le même local, ouvert aux membres du Congrès pendant toute la journée. Ils trouveront, à proximité, un bureau de poste, et leur courrier devra être adressé, *Poste restante, Bureau de l'Alma, N° 112, à l'Exposition.* Ils pourront encore se réunir, en dehors des séances, dans une salle réservée à cet effet, au *Restaurant des Congrès.*

Les cartes de Membre du Congrès, visées par le Commissariat général de l'Exposition, donneront droit à l'entrée gratuite à l'Exposition pour toute la durée de la session (Entrée par les deux portes de la Ville de Paris et des Congrès). A cause des difficultés qu'il y aurait à obtenir des duplicata de ces cartes, revêtues du visa, elles ne seront pas expédiées aux Membres du Congrès, par la poste ; elles leur seront remises, 62, boulevard Saint-Michel, à Paris, à partir du 13 août, en même temps que la médaille de membre, sur la présentation des cartes de membres antérieurement envoyées par le trésorier du Congrès.

Le Conseil (1) est invité à se réunir avant l'ouverture de la session, le 16 août, à 10 heures, dans la salle du Congrès à l'Exposition, pour préparer la constitution du bureau définitif et fixer l'ordre du jour général de la session.

(1) Le Conseil, dans cette séance, avant l'ouverture du Congrès, se compose, aux termes du règlement général, des congressistes ayant siégé dans les précédents Conseils, des délégués des divers pays ou sociétés dûment accrédités, et des membres du comité régional d'organisation.

PROGRAMME DU CONGRÈS

L'ordre du jour des séances du Congrès comprendra :

1. Rapport du Comité de la Carte géologique d'Europe.
2. Rapport de la Commission de Classification stratigraphique.
3. Rapport de la Commission de Nomenclature des roches.
4. Rapport de la Commission des Glaciers.
5. Rapport de la Commission pour la fondation d'un journal international de pétrographie.

Le Comité d'organisation de la VIIIe session recommande à la considération des sections du Congrès, les discussions sur les propositions suivantes, qui leur seront remises imprimées, avant l'ouverture du Congrès.

Sir Archibald Geikie : De la coopération internationale dans les investigations géologiques.

T. C. Chamberlin : Patronage des recherches tendant à déterminer les faits fondamentaux sur lesquels devra reposer la classification finale.

Commission internationale de pétrographie : Publication d'un lexique pétrographique international.

D. P. Œhlert et W. Kilian : Réédition, par voie d'abonnement et par le moyen de la photographie, des types des espèces fossiles.

Les communications annoncées permettent, dès à présent, d'indiquer les questions suivantes, parmi celles qui fixeront l'attention du Congrès.

Sur les plus anciennes faunes du globe : MM. *C. D. Walcott, Matthew, Ami.*

De l'histoire géologique du carbone ; formation de la houille et du terrain houiller : MM. *C. E. Bertrand, Fayol, Gosselet, Grand'-Eury, Lemière, Weinschenk.*

Sur la formation des océans ; l'Atlantique : MM. *Hudleston, Hull.*

Géologie des régions nouvellement explorées : Egypte (MM. *Hume, Barron, Beadnell*), Oasis sahariennes (M. *Flamand*), Sahara algérien (M. *Rolland*), Madagascar (MM. *Douvillé, Zeiller, Boule*), Tonkin (M. *Zeiller*).

D'autres communications, sur des sujets divers, ont été annoncées par MM. Bleicher, Gosselet, Marquis de Gregorio, Arnold Hague, J. Joly, Kunz, de Lapparent, Lohest et Forir,

Malaise, Stanislas Meunier, Munier-Chalmas, H. F. Osborn, Parat, V. Raulin, Sabatini, F. Sacco, Vanderveur, Vorwerg.

Une séance pourra être consacrée à des résumés sommaires, présentés par les conducteurs d'excursions, de la géologie des régions visitées par le Congrès.

LIVRET-GUIDE

Le Livret-Guide des excursions fournira diverses indications pratiques pour l'emploi du temps dans les intervalles des séances, telles que, liste des collections géologiques de l'Exposition, visites aux musées et aux écoles, excursions aux environs de Paris. Il forme un volume de 1.032 pages, renfermant 342 figures intercalées dans le texte, et est accompagné de 25 planches, phototypies, héliogravures ou chromolithographies. Il est adressé franco à tous les membres du Congrès au prix de 10 francs, versés à M. Carez, trésorier du Congrès (18, rue Hamelin). Il est vendu en librairie au prix de 30 francs.

Ce volume fournit, par le nombre et le choix des contrées visitées, une description du sol français. Il s'adresse ainsi non seulement aux excursionnistes pour lesquels il a été écrit, mais aux bibliothèques, à tous ceux qui, à des titres divers, désirent posséder un résumé des connaissances actuelles sur la géologie détaillée de la France. Il comprend 25 notices, rédigées par les savants chargés de diriger les excursions, et est le résultat de la collaboration de nombreux géologues français.

EXCURSIONS

Les inscriptions reçues jusqu'ici (1er juin) atteignent presque le chiffre de 700; ce nombre permet d'augurer que l'importance du Congrès ne le cèdera pas à celle des assemblées précédentes.

Le nombre des congressistes inscrits aux diverses excursions, qui auront lieu avant et après le Congrès, est dès à présent suffisant pour décider que toutes les excursions préparées seront exécutées. Le Secrétaire général a eu l'honneur d'aviser individuellement tous les membres intéressés : il a été possible au Comité, grâce aux préparatifs des conducteurs des excursions spéciales et en forçant dans quelques cas le nombre réglementaire des inscriptions, de ranger tous les congressistes dans les excursions choisies par eux en premier rang. Il n'a été fait d'exception que pour l'excursion VII (Bretagne), en raison du nombre trop considérable des demandes.

Le Comité s'est vu contraint, à son grand regret, d'offrir aux personnes inscrites à cette excursion spéciale de suivre, en août, les excursions choisies par elles en deuxième ou troisième rang, ou l'excursion supplémentaire aux gîtes minéraux métallifères, proposée plus loin. Toutefois, le conducteur de l'excursion VII se met personnellement à la disposition des congressistes inscrits pour refaire une seconde fois la même tournée, si le nombre des adhérents est suffisant, avant ou après le Congrès.

Aux excursions précédemment énumérées et dont le programme détaillé a été inséré dans le Livret-Guide, le Comité d'organisation est aujourd'hui en mesure d'ajouter trois nouvelles excursions :

Excursion géologique dans l'Exposition : Une visite sera organisée par les soins du Comité, le 24 août, dans les sections présentant des échantillons intéressants pour la géologie.

Excursion dans les gîtes minéraux métallifères du Plateau central, *sous la conduite de M. L. de Launay :*

Lundi 6 août : Rendez-vous à Bourges, au train de 5 heures du matin, pour la Chapelle-Saint-Ursin.

Visite des minerais de fer en grains du Berry. Ancienne mine d'étain et exploitation d'amblygonite de Montebras. Coucher à *Montluçon.*

Mardi 7 août : Source thermale d'Évaux, exemple de grand décrochement quarzeux de Château-sur-Cher ; antimoine de la Petite-Marche. Coucher à *Commentry.*

Mercredi 8 août : Kaolin des Colettes ; tripoli de Ménat. Coucher à *Clermont-Ferrand.*

Jeudi 9 août : Antimoine de Massiac, ou bitume du Pont-du-Château.

Vendredi 10 août : Mine de manganèse de Romanèche (Saône-et-Loire).

Coût approximatif de l'excursion, de Bourges à Romanèche : 110 francs.

Cette excursion sera organisée définitivement si dix adhésions arrivent au Secrétariat avant le 10 juillet. L'itinéraire pourrait être aisément modifié, d'un commun accord, pour introduire l'examen des gîtes de houille de Saint-Éloi, le plomb de Pontgibaud, les sources thermales de Saint-Nectaire, etc.

Excursion aux Baux, *sous la conduite de M. E. Pellat :* La visite des Baux se rattache, à titre facultatif, à l'excursion XX, en Provence; elle aura lieu les 4 et 5 octobre.

Séjour a Paris : En raison du nombre des agences privées qui s'occupent de trouver des logements à Paris, le Comité d'organisation a reconnu qu'il n'y avait point avantage à ce qu'il se chargeât du logement des congressistes à Paris pendant le Congrès. Il invite les membres du Congrès à entrer individuellement en relation avec les agences ; il ne peut que rappeler les conditions avantageuses consenties par la *Société des Voyages modernes* (1, rue de l'Échelle, à Paris), dont les prix minima ont été insérés dans notre dernière circulaire.

Les géologues français seront heureux de se mettre personnellement à la disposition des congressistes qui désireraient visiter des collections locales en province, ou des localités non comprises dans le programme officiel, ou ces mêmes localités à un autre moment. Le comité d'organisation s'efforcera de satisfaire les desiderata qui lui seraient exprimés par un nombre suffisant de congressistes.

Au nom du Comité d'organisation du Congrès :

Charles BARROIS,
Secrétaire général.

Albert GAUDRY,
Membre de l'Institut,
Président.

Le « Livret-guide » donnant l'itinéraire détaillé des excursions prédédentes et la description des terrains rencontrés, fut envoyé aux Souscripteurs, en Juin, par les soins des Secrétaires.

Le Comité d'organisation proposa le programme suivant au Conseil du Congrès, avant l'ouverture de la session.

PROGRAMME

DU

VIIIe CONGRÈS GÉOLOGIQUE INTERNATIONAL

voté par le Conseil

Jeudi 16 août

4 heures. — Séance d'ouverture au Palais des Congrès (salle C).

a). Discours d'ouverture par M. Karpinsky, président sortant du Congrès.

b). Constitution du bureau de la 8e Session et du Conseil.

c). Adresse Présidentielle.

d). Rapport du Secrétaire général sur les travaux du Comité d'organisation.

Après la séance, distribution du programme, des listes des membres, des rapports des commissions, des mémoires de divers membres imprimés d'avance par les soins du Comité d'organisation.

8 heures 1/2. — Réception des Congressistes par la Société géologique de France, dans son nouveau local, rue Serpente, 28.

Vendredi 17 août

9 heures. — (Salle B.) Séance du Conseil au Palais des Congrès.

Les salles B et D seront à la disposition des Membres du Congrès, en dehors des heures de séance, pour leur correspondance, les 17 et 18 août.

1 heure. — Séance de la Section I de Géologie générale et de Tectonique.

Sir A. Geikie. — De la coopération internationale dans les investigations géologiques.

T. C. Chamberlin. — Patronage des investigations fondamentales.

J. Joly. — Mécanisme interne de la sédimentation marine.

Age géologique de la terre fixé par la teneur en sodium de la mer.

Sur l'écoulement visqueux des minéraux des roches à des températures inférieures à leur point de fusion.

Expériences relatives à la dénudation en eau douce et dans l'eau salée.

A. de Lapparent. — Définition, pour chacune des périodes de l'histoire du globe, des contrées où doivent être recherchés de préférence les arguments sur lesquels on peut fonder la délimitation précise des étages et sous-étages géologiques.

MUNIER-CHALMAS. — Tertiaire parisien. Délimitation des formations secondaires et tertiaires.

G. ROLLAND. — Minerai de fer oolithique de l'arrondissement de Briey.

STANISLAS MEUNIER. — Structure du diluvium de la Seine. — Phénomènes de la sédimentation souterraine.

RAULIN. — Terrains tertiaires de l'Aquitaine. — Leur classification et leur faune d'eau douce.

BLEICHER. — Dénudation du plateau lorrain et ses conséquences.

3 heures. (Salle D.). — Séance de la Section III de Minéralogie et de Pétrographie.

LACROIX. — Rapport de la Commission de pétrographie.

CH. BARROIS. — Présentation des épreuves du Lexique pétrographique de M. LŒWINSON-LESSING.

Samedi 18 août

10 heures. — Réunion de la Commission de la carte géologique d'Europe, 62, Boulevard Saint-Michel.

10 heures. — (Salle B.). — Séance de la Section IV de Géologie appliquée.

MOURLON. — Les voies nouvelles de la géologie belge.

GOSSELET. — Minéralisation des eaux profondes.

VAN DER VEUR. — Agrandissement du royaume des Pays-Bas par le dessèchement du Zuyderzée.

L. FABRE. — Les plateaux des Hautes-Pyrénées et les dunes de Gascogne.

1 heure. — (Salle B.). — Séance de la Section II de Stratigraphie et de Paléontologie.

Propositions de MM. ŒHLERT et KILIAN sur la réédition des types.

C.-E. BERTRAND. — Mode de formation de la houille.

FAYOL. — Terrains houillers du centre de la France.

GOSSELET. — Terrain houiller.

GRAND'EURY. — Formation des couches de houille des bassins houillers du centre de la France : Tiges dressées et souches enracinées.

LEMIÈRE. — Transformations des végétaux en combustibles fossiles : rôle des distances et des ferments.

DE GREGORIO. — Communication d'ordre général.

AMI. — Succession des faunes paléozoïques du Canada.

MALAISE. — Le Cambrien et le Silurien de Belgique.

P. CHOFFAT. — Terrain crétacés du Portugal.

B. RENAULT. — Du rôle géologique des Bactériacés fossiles.

3 heures. — Visites au Muséum d'Histoire naturelle :
3 heures. — Minéralogie (Anciennes galeries).
3 heures 1/2. — Géologie.
4 heures. — Plantes fossiles.
4 heures 1/2. — Paléontologie (Nouvelles galeries).

Dimanche 19 août

Réception, au Palais de l'Élysée, des congressistes étrangers, invités à la fête offerte par le Président de la République.

Excursion à Gisors, Mont-Javoult, Parnes, sous la conduite de M. Munier-Chalmas, avec le concours de M. Godin, Maire de Mont-Javoult, et de M. Pezant. — Départ de Paris (Gare Saint-Lazare) pour Gisors, à 6 h. 10 du matin, arrivée à 8 h. 23 ; déjeuner et dîner au Mont Javoult. Départ pour Beauvais le 19 au soir, par le train de 9 h. 54 du soir. Arrivée à Beauvais à 10 h. 53.

Excursion à Arcueil-Cachan, Bagneux, Bicêtre, sous la direction de M. Gustave Dollfus. — Départ (ayant déjeuné) de la gare du Luxembourg (ligne de Sceaux), à 1 h. 2. Retour à Paris à 5 h. 16 ou 5 h. 46.

Lundi 20 août

Excursion à Beauvais et au Pays de Bray, sous la conduite de M. Munier-Chalmas, avec le concours de M. Charles Janet. Déjeuner et dîner à Beauvais. Retour de Beauvais par le train de 10 h. 5 du soir arrivant à Paris à 11 h. 25.

Mardi 21 août

9 heures (Salle A). — Séance du Conseil au Palais des Congrès.
10 heures (Salle E). — Séance de la Commission des Glaciers.
10 heures (Salle A). — Séance de la Section II de Stratigraphie et de Paléontologie.

Zittel : Rapport de la Commission de nomenclature géologique.
W.-F. Hume. — Le Sinaï oriental
W.-F. Hume et Barron. — Géologie du désert oriental.
H.-J.-L. Beadnell. — Géologie du désert lybien.
G. Rolland, Flamand. — Géologie de la région S. de l'Algérie.
Douvillé, Boule. — Géologie de Madagascar.
Zeiller. — Plantes fossiles du Tonkin.
Lohest et Forir. — Notation chiffrée des terrains.

A.-P. Pavlow. — Portlandien de Russie comparé à celui du Boulonnais et d'Angleterre.

Elaboration de la classification génétique des fossiles.

2 heures (Salle A). — Séance de la Section III de Minéralogie et de Pétrographie.

Becke. — Rapport de la Commission du Journal international de Pétrographie.

Sacco. — Essai d'une classification générale des roches.

Salomon. — Nomenclature des roches de contact.

Weinschenk. — Sur le dynamométamorphisme et la piézocristallisation.

Hague. — Sur les volcans tertiaires de l'Absaroka-Range.

V. Sabatini. — Etat actuel des recherches sur les volcans de l'Italie centrale.

Grenville J. Cole. — Nomenclature des roches.

Frank Rutley. — Nomenclature de diverses roches.

9 heures 1/2. — Soirée chez M. et Mme Albert Gaudry, 7 bis, rue des Saints-Pères.

Mercredi 22 août

Excursion au Parc de Grignon sous la conduite de M. Stanislas Meunier. — Départ de la Gare Montparnasse, à 8 heures 45. Retour à Paris à 7 heures 30. Coût approximatif : 6 francs.

Excursion à Argenteuil sous la conduite de M. Léon Janet. — Étude des gypses parisiens. Départ de Paris (Gare Saint-Lazare) pour Argenteuil, à 8 heures 35 du matin. On prendra individuellement ses billets. Retour à Paris à 6 heures 13 ou à 6 heures 40 du soir. Coût de l'excursion : environ 5 francs 50.

Visites à l'École des Mines, à la Sorbonne et à l'Institut catholique.

Jeudi 23 août

2 heures (Salle A). — Séance de la Section I de Géologie générale.

Richter. — Rapport de la Commission internationale des glaciers.

E. Hull. — Terrasses subocéaniques et vallées des rivières de la côte occidentale d'Europe.

W. H. Hudleston. — La bordure orientale de l'Atlantique.

Rabot. — Sur les glaciers.

ARCTOWSKY. — Le phénomène glaciaire dans la région antarctique.

MRAZEC. — Terrains salifères de Roumanie.

POPOVICI-HATZEG. — Présentation de la carte géologique de Roumanie.

VORWERG. — Sur le pendage des couches.

ABBÉ PARAT. — Observations géologiques dans les grottes de la Cure. Plateau du N.-W. du Morvan.

GUÉBHARD. — Recoupement et étoilement des plis dans les Alpes de France.

4 heures. (Salle E). — Séance de la Section IV de Géologie appliquée.

VAN DEN BROECK. — Géologie appliquée.

KUNZ. — Progrès de la production des pierres précieuses aux États-Unis.

LÉON JANET. — Communication sur le captage des eaux potables et sur l'excursion de Montigny-sur-Loing.

DE RICHARD. — Théorie sur la formation du pétrole.

9 heures 1/2. — Réception chez le prince Roland Bonaparte, Avenue d'Iéna, 10.

Vendredi 24 août

Excursions dans les sections géologiques de l'Exposition sous la conduite de MM. DE LAUNAY, RAMOND et THEVENIN.

Excursion à Montigny-sur-Loing, sous la conduite de M. LÉON JANET. — Visite des travaux de captage des sources des vallées du Loing et du Lunain. — Départ de Paris (Gare de Lyon) pour Montigny, à 9 heures 10 du matin. Un billet collectif sera pris pour les Congressistes inscrits. Rendez-vous devant le buffet de la Gare à 8 h. 40. Retour à Paris à 5 h. 37 du soir. Coût de l'excursion : environ 13 francs.

Excursion à Cuise-la-Motte, sous la conduite de M. MUNIER-CHALMAS. — Départ de Paris (Gare du Nord) pour Lamotte-Breuil, à 7 h. 15 du matin. Changement de train à Compiègne pour prendre celui de Lamotte-Breuil à 9 heures 25, arrivée à 9 heures 45. Déjeuner à Cuise-la-Motte : dîner à Pierrefonds. Départ de Pierrefonds pour Paris par le train de 8 h. 50, arrivée à Paris à 11 h. 23.

Excursion à Étrechy, Morigny, Étampes, sous la conduite de M. GUSTAVE DOLLFUS. — Départ de la Gare d'Orléans à 7 h. 16 du matin. Déjeuner à Morigny, retour à Paris à 6 h. 30 ou à 6 h. 59.

Samedi 25 août

10 heures (Salle A). — Séance du Conseil au Palais des Congrès.

1 heure (Salle A). — Séance générale, présentation des rapports préparés :

1° par la Commission de nomenclature géologique,
2° par la Commission de la carte géologique d'Europe,
3° par la Commission de pétrographie,
4° par la Commission des glaciers.

Mise aux voix des propositions d'intérêt général de Sir Arch. Geikie et de MM. Chamberlin, Œhlert et Kilian.

5 heures. — Réception à l'Hôtel-de-Ville par le Conseil municipal de Paris.

8 heures. — Banquet offert à l'Hôtel du Palais d'Orsay par le Comité d'organisation du Congrès.

Dimanche 26 août

Excursions dans les sections minéralogiques de l'Exposition, sous la conduite de M. A. Lacroix, et dans les sections géologiques, sous la conduite de M. de Lapparent.

Excursion à Auvers, sous la conduite de M. Gustave Dollfus. — Départ (ayant déjeuné) de la Gare du Nord à 1 heure. Retour à Paris à 6 h. 20 ou à 6 h. 50.

Excursion au Mont-Bernon, sous la conduite de M. Munier-Chalmas. — Départ de Paris (Gare de l'Est), pour Épernay, à 8 h. 30 du matin. Arrivée à Épernay à 10 h. 42. Déjeuner et dîner à Épernay. Départ d'Épernay pour Paris par le train de 8 h. 50, arrivée à Paris à 11 h. 23.

Excursion à Romainville, sous la conduite de M. Léon Janet. — *Étude des gypses parisiens.* Départ de Paris (Gare de l'Est) pour Noisy-le-Sec, à 1 h. 20 du soir. On prendra individuellement ses billets (aller seulement). Retour à Paris, par le tramway de Romainville, vers 6 h. 1/2 du soir. Coût de l'excursion environ 1 franc.

Lundi 27 août

10 heures (Salle A). — Séance du Conseil au Palais des Congrès.

2 heures. — Séance générale de clôture.

Osborn. — Corrélation des formations tertiaires d'Europe et du Nord de l'Amérique.

Scott. — Faune de Patagonie.

Matthew. — Les plus anciennes faunes paléozoïques.

Walcott. — Formations précambriennes fossilifères.

Propositions pour le prochain Congrès.

Une séance générale, dont la date sera fixée ultérieurement, sera réservée aux congressistes qui désireraient montrer des projections.

Martel. — Sur les récentes découvertes de grandes cavernes et d'abîmes.

Arctowski. — Les glaciers, les terres antarctiques et les glaces du Pôle Sud.

H.-F. Reid. — Sur le mouvement et la stratification des glaciers.

Pendant toute la durée du Congrès, les membres seront admis, sur la présentation de leur carte, à visiter les galeries, serres et jardins du Muséum d'Histoire naturelle. .

Ils seront admis gratuitement dans toutes les sections de l'Exposition.

TROISIÈME PARTIE

PROCÈS-VERBAUX DES SÉANCES

PROCÈS-VERBAUX DES SÉANCES

I. — PROCÈS-VERBAUX DES SÉANCES DU CONSEIL

PREMIÈRE SÉANCE

16 août 1900

La séance est ouverte à 10 heures, au Palais des Congrès de l'Exposition Universelle.

Le Président du Comité d'organisation souhaite la bienvenue aux membres du Conseil.

Étaient présents :

Allemagne.

MM. H. Credner.
P. Groth.
Lepsius.
Oebbeke.
Steinmann.
Von Zittel.

Autriche-Hongrie.

MM. Böckh.
Mojsisovics von Mojsvar.
Moser.
Tietze.

Belgique.

MM. Malaise.
Mourlon.
Renard.
Rutot.
Van den Broeck.

Canada.

M. l'Abbé C. P. Choquette.

États-Unis.

MM. Hague.
Osborn.

France.

MM. Barrois.
Léon Bertrand.
Marcel Bertrand.
Bigot.
Boule.
Carez.
Cayeux.
Douvillé.
Fallot.
Albert Gaudry.
Haug.
Léon Janet.

France (suite)

MM. Kilian.
de Lapparent.
Stanislas Meunier.
Michel Lévy.
Œhlert.
Pellat.
Thevenin.
Thomas.
Zeiller.

Grande-Bretagne.

Sir John Evans.
Sir Archibald Geikie.

Italie.

M. Canavari.

Japon.

M. Kochibe.

Mexique.

M. Aguilera.

Portugal.

MM. Choffat.
Mendès-Guerreiro.

Roumanie.

MM. Popovici-Hatzeg.
G. Stefanescu.

Russie.

MM. Karpinsky.
Lœwinson-Lessing.
A. P. Pavlow.
Sederholm.
Tschernyschew.

Suède et Norwège.

M. Brögger.

Sur la demande du Président, le Secrétaire général donne lecture de la liste des délégués. Cette liste rectifiée (1), est donnée plus haut (page 65).

Le Président prie le Secrétaire général de faire connaître les propositions du Comité d'organisation pour la composition du Bureau du Congrès. Cette liste, après diverses modifications, est adoptée par le Conseil qui décide qu'elle sera soumise à l'approbation des membres du Congrès.

Dans la liste, que nous donnons ci-dessous, les noms des Vice-Présidents absents, n'ayant pas pris part au Congrès, sont mis entre parenthèses; l'astérisque indique les anciens Présidents décédés.

Anciens Présidents des Congrès

MM. E. Hébert †, 1878.
E. Beyrich †, 1885.
J. Prestwich †, 1888.
MM. J. S. Newberry †, 1891.
(E. Renevier), 1894.

(1) Par suite d'une inadvertance regrettable, la Société des Sciences naturelles de la Charente-Inférieure figure page 45, au lieu de figurer parmi les délégations page 67, bien qu'ayant délégué un de ses membres, M. Aug. Dollot, auprès du Congrès.

BUREAU DE LA VIIIe SESSION

Anciens Présidents

M. Capellini. M. Karpinsky.

Président

M. Albert Gaudry.

Secrétaire général

M. Charles Barrois.

Vice-Présidents

Allemagne	MM. H. Credner.
	Lepsius.
	(Baron F. von Richthofen).
	Schmeisser.
	Zirkel.
	Von Zittel.
Australie	(Liversidge).
Autriche-Hongrie	Böckh.
	Mojsisovics von Mojsvar.
	Tietze.
Belgique	Mourlon.
	Renard.
Bulgarie	Zlatarski.
Canada	Frank Adams.
Colombie	(Saënz).
Danemarck	(Ussing).
Espagne	(Almera).
Etats-Unis	Hague.
	Osborn.
	Stevenson.
France	Michel Lévy.
	Marcel Bertrand.
Grande-Bretagne	Sir Archibald Geikie.
	Sir John Evans.
	(J. H. Teall).
Indes Britanniques . . .	Blanford.
Italie	(Baldacci).
	Cocchi.
	Mattirolo.

Japon. . . . . MM. Kochibe.
Mexique . . . . Aguilera.
Monaco (Pté de) . . . . (Prince de Monaco).
Norwège . . . . Brögger.
Pays-Bas . . . . Martin.
Portugal . . . . Choffat.
Mendès-Guerreiro.
Roumanie . . . . G. Stefanescu.
Russie. . . . . Lœwinson-Lessing.
A. P. Pavlow.
Sederholm.
Tschernyschew.
Serbie. . . . . (Zujovic).
Sud-Africaine (Rque) . . . (Molengraaf).
Suède. . . . . Högbom.
Suisse. . . . . Baltzer.
C. Schmidt.

Secrétaires

MM. Cayeux.
Crema.
Gäbert.
A. W. Pavlow.
MM. Thevenin.
Thomas.
Von Arthaber.
Zimmermann.

Trésorier

M. Léon Carez.

Avant de soumettre au Conseil le programme détaillé des séances du Congrès, le Président propose de répartir les communications entre les quatre sections suivantes :

I. Géologie générale et tectonique ;
II. Stratigraphie et paléontologie ;
III. Minéralogie et pétrographie ;
IV. Géologie appliquée.

Il propose comme présidents de ces sections : MM. Geikie, Karpinsky, Schmeisser et Zirkel. Ces propositions sont acceptées par acclamation.

M. Karpinsky s'étant récusé, M. Zittel est choisi comme président de la section de stratigraphie et de paléontologie.

L'ordre du jour appelle ensuite la discussion du programme provisoire élaboré par le Comité et dont le Secrétaire général donne lecture.

Ce programme est adopté par le Congrès.

Le Secrétaire général :
Ch. Barrois.

DEUXIÈME SÉANCE DU CONSEIL

17 août 1900

La séance est ouverte à 10 heures du matin, sous la présidence de M. Albert Gaudry, président.

Étaient présents : MM. von Arthaber, Barrois, Léon Bertrand, Marcel Bertrand, Blanford, Böckh, Brögger, Carez, Crema, Sir John Evans, Gaudry, Sir Arch. Geikie, Gosselet, Grand'Eury, Hague, Karpinsky, de Lapparent, Mayer-Eymar, Mendès-Guerreiro, Stanislas Meunier, Mojsisovics von Mojsvar, Mourlon, Œhlert, A. P. Pavlow, Pellat, Popovici Hatzeg, Renard, Schmeisser, G. Stefanescu, Stevenson, Tietze, Thevenin, Tschernyschew, Zittel.

Le procès-verbal de la séance du 16 août est lu et adopté.

Le Président demande au Conseil de fixer la durée des communications qui seront faites aux séances. Après discussion, il est décidé que les communications orales ne pourront pas dépasser 15 minutes.

Pour conserver au volume du Compte-Rendu du Congrès son caractère d'intérêt général, le Conseil vote, après discussion, qu'une feuille d'impression, au maximum, sera accordée dans ce volume, pour les communications individuelles qui ne se rapportent pas aux questions générales posées par le Congrès.

M. Karpinsky présente le rapport de la Commission russe sur le prix Léonide Spendiaroff et le projet de règlement que cette Commission a préparé pour l'attribution du prix. Le rapport de M. Karpinsky sera imprimé et remis aux membres du Conseil avant la prochaine séance, qui aura lieu lundi 21 août, à 9 heures du matin.

Le Secrétaire : A. Thevenin.

Rapport sur le Prix Spendiaroff

Présenté par la Commission russe.

Dans une des séances de la VIIe session du Congrès géologique, M. Spendiaroff a offert au Comité géologique de Russie la somme de quatre mille roubles, à charge, pour ce corps, de verser les intérêts de la dite somme aux futurs congrès, pour leur permettre de décerner un prix, en mémoire du fils du donateur, décédé pendant cette session.

En vertu du vote exprimé par les membres présents, le soin de proposer un règlement pour ce prix a été confié au bureau de la session de Saint-Pétersbourg.

La somme libéralement donnée par M. Spendiaroff a été déposée au Trésor, en octobre 1897, sous forme de fonds perpétuel inaliénable.

Le Comité géologique, en sa qualité d'institution officielle, a sollicité la sanction de Sa Majesté l'Empereur pour l'acceptation dans son administration de la somme précitée. En raison de cette autorisation, M. le Ministre de l'Agriculture et des Domaines a stipulé les clauses suivantes, concernant le prix à instituer ; elles fixent les conditions sur la base desquelles la donation a été faite.

Ces clauses sont les suivantes :

1° Les intérêts du capital de quatre mille roubles, offert par M. Spendiaroff, constitueront un prix, qui portera le nom du géologue Léonide Spendiaroff.

2° Ce capital, consistant en billets de la Commission d'Amortissement des Dettes de l'État, et formant un fonds perpétuel, est déposé au Trésor, et doit y rester à tout jamais inaliénable.

3° La gérance des intérêts du capital appartiendra de droit, au Comité géologique, ou, en cas de suppression ou de transformation de ce Comité, à l'institution du gouvernement à laquelle seraient confiés les travaux géologiques dans l'Empire.

4° Les intérêts de ce capital accumulés pendant trois années, c'est-à-dire dans l'intervalle de deux sessions consécutives du Congrès géologique international, constitueront un prix triennal.

5° Le droit de décerner ce prix est conféré au Congrès géologique international.

6° Il sera accordé sans aucune distinction de nationalité, aux auteurs des meilleures œuvres concernant la géologie, *ou* aux travaux scientifiques les plus remarquables, sur des questions proposées à cet effet, par les Congrès internationaux.

7° Dans les sessions où le Congrès ne décernerait pas le prix, la somme affectée serait conservée et contribuerait à augmenter le capital.

8° Tout changement dans les présents « statuts » ne serait valable qu'avec l'assentiment du donateur, M. Spendiaroff, ou celui des descendants de son fils Léonide Spendiaroff.

Le bureau de la VIIe session, n'ayant pas profité, vu le manque de temps, du droit que lui avait conféré le Congrès, d'indiquer les thèmes et les conditions exigées pour prendre part à un concours, propose d'ajouter au capital de fondation les intérêts arriérés, et de décerner seulement le prix dans la prochaine session.

Enfin le Bureau de la session de Saint-Pétersbourg, propose aux suffrages du Congrès les dispositions suivantes, comme complémentaires des statuts énoncés :

1° Le prix sera décerné par le Congrès, sur les conclusions d'un jury élu, à chaque session, sur la proposition du Conseil, pour choisir les lauréats, ou examiner les travaux présentés au concours pendant l'intervalle d'une session à l'autre. Le nombre des membres de ce jury sera déterminé chaque fois par le Congrès ;

2° Les mémoires destinés aux concours devront être remis au bureau du dernier Congrès, au nombre de deux exemplaires, et au moins un an avant l'ouverture de la session suivante ;

3° Les œuvres traitant les thèmes mis au concours par le Congrès auront toujours, pour le Jury, un droit de priorité ;

4° Si les œuvres de cette catégorie ne sont pas jugées dignes du prix, on pourra, sur l'avis du Congrès, couronner les ouvrages qui auront été reconnus les plus importants par leur portée scientifique, pendant les cinq dernières années.

TROISIÈME SÉANCE DU CONSEIL

20 août 1900.

La séance est ouverte à 10 heures du matin, sous la présidence de M. Albert Gaudry, président.

Étaient présents : MM. Alimanestiano, Barrois, Marcel Bertrand, Böckh, Brögger, Credner. Fayol, Gaudry, Grand' Eury, Karpinsky, de Lapparent, Lœwinson-Lessing, Pavlow, Renard, Gr. Stefanescu, Stevenson, Tietze, Thevenin, Tschernyschew, Zittel.

Le procès-verbal de la séance du 17 août est lu et adopté.

Le conseil est appelé à rédiger le règlement du *Prix Léonide Spendiaroff*.

M. Karpinsky, dont le rapport imprimé par les soins du secrétariat a été distribué aux membres du Conseil, fait observer que si les termes de la donation et notamment l'article 6 sont formels, les motions de la Commission russe peuvent, au contraire, être discutées.

Tous les articles sont successivement examinés et après observations de MM. Tschernyschew, Marcel Bertrand, Gr. Stefanescu, de Lapparent, la rédaction suivante est adoptée :

Art. 1er. — L'attribution du prix par le Congrès doit être fondée sur les conclusions d'un jury, élu, sur la proposition du Conseil, à chaque session en vue du prix à décerner dans la session suivante. Le nombre des membres de ce jury est déterminé, chaque fois, par le Congrès.

Art. 2. — Les ouvrages présentés pour le concours doivent être envoyés au secrétaire général du dernier Congrès, au nombre de deux exemplaires au moins. L'envoi sera fait au plus tard une année avant la session suivante.

Art. 3. — Le droit de priorité pour obtenir le prix appartient aux œuvres traitant les sujets proposés par le Congrès.

Art. 4. — Si les œuvres de cette catégorie ne sont pas jugées dignes du prix, le Congrès peut, sur la proposition du jury, choisir parmi les ouvrages publiés pendant les cinq années précédentes ceux qui seront reconnus les plus importants par leur portée scientifique.

M. Barrois propose que ce prix porte le nom de *prix international Spendiaroff*. La motion de M. Barrois, mise aux voix, est adoptée.

Le Conseil, sur la proposition de M. Karpinsky, décide que le prix sera décerné dès cette année. Exceptionnellement et, pour cette session, le Conseil, fonctionnant comme jury, désignera le lauréat du prix Spendiaroff.

M. M. Bertrand demande qu'un premier vote ait lieu pour servir d'indication à une prochaine réunion du Conseil. Sur la proposition de *M. Renard*, le vote a lieu au scrutin secret. Le nombre des votants est de 16. M. Karpinsky obtient 9 voix, M. Brögger 4, M. Osborn 1, Bulletins blancs 2.

M. Karpinsky remercie le Conseil, mais il exprime le désir qu'un nouveau vote ait lieu et que le prix ne soit pas attribué au président du précédent Congrès.

M. Gaudry se fait l'interprète des membres présents en insistant pour que M. Karpinsky accepte le prix.

Il est naturel, dit *M. de Lapparent*, de choisir le premier lauréat dans le pays du donateur et de décerner le prix Spendiaroff au géologue russe qui a rendu de si grands services à la science.

Le nom de M. Karpinsky sera proposé aux suffrages du prochain Conseil fonctionnant comme jury international.

Le Secrétaire : A. THEVENIN.

QUATRIÈME SÉANCE DU CONSEIL

21 août 1900.

La séance est ouverte à 9 heures du matin, sous la présidence de M. Albert Gaudry, président.

Étaient présents : MM. Aguilera, Barrois, Marcel Bertrand, Blanford, Böckh, Brögger, Carez, Cayeux, Choffat, Gaudry, Geikie, Mendès-Guerreiro, Hague, Karpinsky, de Lapparent, Loewinson-Lessing, Martin, Stanislas Meunier, Mojsisovics von Mojsvar, Pavlow, Pellat, Popovici-Hatzeg, Renard, Sederholm, Stefanescu, Stirrup, Thevenin, Tietze, Tschernyschew, Zirkel, Zittel.

Le procès-verbal de la séance du 20 août est lu et adopté.

L'ordre du jour appelle la désignation du lauréat du prix Léonide Spendiaroff.

M. Karpinsky, désigné comme lauréat, par le vote du Conseil, à la précédente séance, insiste pour que le prix soit attribué à un autre géologue. Il croit pouvoir invoquer les termes de l'article VI de la donation.

M. de Lapparent exprime à M. Karpinsky les sentiments du Conseil qui a estimé que l'œuvre scientifique accomplie, sous la direction de M. Karpinsky, par l'ensemble des géologues russes est de celles auxquelles convient à merveille la désignation énoncée par l'article VI. En acceptant cette récompense, tant en son nom personnel que comme représentant autorisé de la géologie de son pays, M. Karpinsky peut à la fois rendre service au Congrès, en lui épargnant de faire cette année un choix difficile et contribuer au progrès de la géologie, s'il attribue, comme il en a exprimé l'intention, le montant du prix à un jeune géologue de sa nation, en vue d'un travail destiné à faire avancer la connaissance du sol russe.

Le président met aux voix la proposition suivante, qui est adoptée d'une façon unanime :

Le prix international Léonide Spendiaroff est attribué à M. Karpinsky, président du Comité géologique de Russie.

M. Karpinsky remercie le Conseil. L'honneur, dit-il, ne s'adresse pas à lui, mais à tous ses confrères du Comité géologique de Russie. Il demande que le Conseil dispose de la somme d'argent, montant du prix, en faveur d'un jeune géologue français ou qu'elle soit réservée pour être décernée à la session suivante. Il met cette somme à la disposition du Conseil.

M. Marcel Bertrand insiste pour que, suivant l'intention du donataire, le montant du prix reçoive une attribution dès cette année.

Le Président, après observation de *M. Lepsius*, prie le Comité géologique de Russie de désigner un jeune géologue. *M. Karpinsky* demande que cette désignation soit faite par le Conseil du Congrès et de préférence en faveur d'un jeune géologue français.

M. Tschernyschew propose que la Société géologique de France fasse cette attribution. *M. Pavlow* exprime le vœu que le président du Congrès se charge de ce soin ; *M. A. Gaudry* déclare que les géologues français ne sauraient accepter pour eux-mêmes l'attribution proposée par les savants russes.

Les conditions du prix Spendiaroff pour 1903 seront réglées dans la séance du Conseil du 25 août.

Le Secrétaire : A. THEVENIN.

CINQUIÈME SÉANCE DU CONSEIL

23 août 1900

La séance est ouverte à 9 heures du matin, sous la présidence de M. Albert Gaudry, président.

Étaient présents : MM. Alimanestiano, Barrois, Marcel Bertrand, Bigot, Blanford, Böckh, Carez, Cayeux, Choffat, Gaudry, Geikie, Mendès-Guerreiro, Haug, Karpinsky, Kilian, de Lapparent, Mattirolo, Mojsisovics von Mojsvar, A.-P. Pavlow, Pellat, Popovici-Hatzeg, Renard, Schmeisser, Sederholm, G. Stefanescu, Thevenin, Tietze, Tschernyschew.

Le procès-verbal de la dernière séance est lu et adopté.

M. Tietze, au nom du gouvernement et des géologues autrichiens, invite le Congrès à tenir sa neuvième session en 1903 à Vienne. Un Comité d'organisation est déjà constitué ayant pour président M. Suess et dont M. Tietze est secrétaire général.

M. Albert Gaudry rappelle que c'est par la courtoisie des savants autrichiens que la session de 1900 a lieu à Paris, il leur exprime les remerciements des géologues français.

La proposition de M. Tietze, est adoptée à l'unanimité par le Conseil.

L'invitation des géologues autrichiens sera soumise à l'approbation du Congrès, dans sa dernière séance générale.

M. Marcel Bertrand demande que le Conseil émette un vœu relatif au lieu de réunion du Congrès en 1906. Le président fait observer qu'il est difficile d'émettre un vœu pour une date si lointaine. Un grand nombre de géologues ont, dans leurs conversations, désigné la Scandinavie, d'autres le Japon, d'autres le Mexique.

M. Karpinsky présente un ouvrage intitulé : *Aperçu des explorations géologiques et minières le long du Transsibérien*, publié à l'occasion de l'Exposition de 1900. Il met à la disposition des membres du Congrès un certain nombre d'exemplaires de cet ouvrage.

Le Conseil doit examiner et discuter les conclusions pratiques de l'allocution prononcée par *Sir Archibald Geikie* à la première séance de géologie générale.

La première proposition de Sir Archibald Geikie, formulée de la façon suivante, est votée à l'unanimité :

Le Congrès est d'avis qu'il y a lieu d'établir une plus grande uniformité dans les études relatives aux lignes de rivages de l'hémisphère nord. Pour établir cet accord, le Conseil propose la nomination d'une Commission internationale composée de MM. Brögger, Reusch, de Geer, Sederholm, Ramsay, Högbom, Tschernyschew, Barrois, Chamberlin, G. M. Dawson, Geikie, Horne.

Cette Commission pourra, si elle le juge utile, s'adjoindre de nouveaux membres (droit de cooptation), toutes les fois qu'elle le jugera nécessaire.

Par suite de ce vote du Conseil, la *Commission des lignes de rivages* se trouve constituée. Elle est composée par les membres suivants :

Angleterre.

Sir Archibald Geikie.
M. Horne.

Canada.

M. G. M. Dawson.

Russie.

MM. Tschernyschew.
Sederholm.
Ramsay.

États-Unis.

M. Chamberlin.

Norwège.

MM. Brögger.
Reusch.

Suède.

MM. de Geer.
Högbom.

France.

M. Ch. Barrois.

M. de Lapparent, se faisant l'interprète de la plupart des membres de cette Commission, demande que le Congrès désigne *Sir Archibald Geikie* comme président, avec mission d'activer les travaux de la Commission. Cette proposition est adoptée.

Sir Archibald Geikie fait une deuxième proposition relative à la création d'une commission internationale de coopération pour les investigations géologiques.

Le Congrès ayant chargé le Conseil de nommer une commission pour rendre effective sa proposition de coopération internationale dans les investigations géologiques, il importe de procéder à la nomination de cette Commission.

Les questions qui seront soumises à cette Commission sont les suivantes :

1° Quelles sont les branches des recherches géologiques dans lesquelles l'action internationale paraît la plus désirable ?

2° Quelles sont les meilleurs moyens pour assurer l'uniformité de méthode dans les recherches ? Il importe en effet que les résultats des investigations poursuivies dans les divers pays puissent être comparables et coordonnés entre eux, tandis que d'autre part il faut assurer aux savants des divers pays une complète liberté de procédure et de publication.

Les dépenses entraînées par les recherches entreprises sur les indications de la Commission ne devront pas incomber au Congrès, mais resteront à la charge des pays qui les auront exécutées.

La Commission pourra s'adjoindre des nouveaux membres et devra faire un rapport pour le prochain Congrès.

Il propose de composer cette Commission comme suit :

Allemagne : H. Credner, von Zittel. *Autriche-Hongrie :* Mojsisovics von Mojsvar, Tietze. — *Angleterre :* Geikie, Teall. — *Belgique :* Renard. — *États-Unis :* Walcott, Chamberlin. — *France :* Barrois, de Lapparent. — *Italie :* Capellini. — *Russie :* Karpinsky, Alexis Pavlow. — *Scandinavie :* Brögger. — *Suisse :* Renevier.

Sir Archibald Geikie insiste pour que la commission laisse à chacun toute liberté ; ce n'est pas une direction, mais une orientation qu'elle donnera aux travaux.

La proposition de Sir Archibald Geikie, mise aux voix, est adoptée. Mais la nomination des membres de cette Commission est remise à une autre séance. Sir *Archibald Geikie* demande qu'elle ne soit pas trop nombreuse.

Le Secrétaire général donne lecture du mémoire de *M. Chamberlin : Patronage des investigations fondamentales en géologie* qui a été imprimé et distribué. Après observations de MM. de Lapparent, Barrois, Choffat, Tietze, la motion suivante est votée par le Conseil :

Le Congrès rend hommage aux intentions qui ont inspiré la proposition de M. Chamberlin, mais ne croit pas qu'il soit possible d'y donner suite dans les circonstances actuelles.

M. Karpinsky donne les informations suivantes sur l'enseignement de la géologie en Russie :

Le Congrès géologique international, réuni à Saint-Pétersbourg, a voté à l'unanimité le vœu que les gouvernements de tous les pays établissent l'enseignement de la géologie dans les classes supérieures des lycées et gymnases. Ce vœu, exposé à l'assemblée générale de la session par M. Albert Gaudry, est déja réalisé en France. En Russie, où depuis longtemps dans plusieurs écoles les diverses données géologiques font partie des cours de géographie physique, de cosmographie, etc., on a établi dernièrement une commission pour la réforme générale des gymnases et autres écoles d'enseignement moyen. D'après la demande du Bureau du Congrès, M. le ministre de l'Instruction publique de Russie a transmis la proposition du Congrès à cette commission, qui a formé une sous-commission sous la présidence de notre confrère M. Pavlow, professeur à l'Université de Moscou. Le vœu du Congrès est donc en bonne voie de réalisation, et on ne peut maintenant douter du résultat positif.

Le président remercie M. Karpinsky de ses efforts et le félicite du résultat déjà obtenu.

M. Gregorio Stefanescu annonce que le vœu du Congrès est pleinement réalisé en Roumanie où la géologie figure dans les programmes d'enseignement à tous les degrés.

M. Karpinsky présente un rapport sur la création d'un *Institut flottant international* dont le Congrès a voté le principe à une précédente session, sur la proposition de M. Androussow.

M. Tietze croit que le conseil doit exprimer le regret de ne pouvoir donner suite à ce projet.

M. de Lapparent est également d'avis que la fondation de cet institut présente des difficultés insurmontables, les chiffres même des dépenses à prévoir, cités par M. Karpinsky dans son rapport, le prouvent. Mais puisque les géologues sont d'accord sur le principe de la nécessité d'une coopération dans les recherches relatives aux sédiments, il pense qu'il conviendrait de renvoyer la question à la Commission dont Sir Archibald Geikie a demandé la nomination.

M. Tschernyschew fait remarquer qu'il existe déjà une Commission internationale pour de semblables recherches dans la mer du Nord et qu'une conférence a eu lieu à Stockholm.

M. Karpinsky ayant donné lecture des propositions de M. Androussow, concernant l'Institut flottant, leur étude est renvoyée à l'examen de la Commission de perfectionnement de l'œuvre des Congrès, qui sera nommée dans la prochaine séance.

Le Secrétaire : A. THEVENIN.

SIXIÈME SÉANCE DU CONSEIL

25 août 1900

La séance est ouverte à 10 heures, sous la présidence de *M. Mojsisovics von Mojsvar*, vice-président.

Étaient présents : MM. Adams, Aguilera, Alimanestiano, Barrois, Léon Bertrand, Marcel Bertrand, Bigot, Blanford, Böckh, Brögger, Carez, Cayeux, H. Credner, Depéret, Gaudry, Geikie, Gosselet, Mendès-Guerreiro, Hague, Haug, Högbom, Kilian, de Lapparent, Lepsius, Lœwinson-Lessing, Mattirolo, Stanislas Meunier, Mojsisovics von Mojsvar, Mourlon, Œhlert, Pavlow, Pellat, Popovici-Hatzeg, Reusch, Renard, Sederholm, Stefanescu, Stevenson, Thevenin, Tietze, Tsernyschew, Van den Broeck, Lester Ward, Zlatarski, Zirkel.

Le procès-verbal de la précédente séance est lu et adopté.

Le Conseil approuve les rapports des commissions internationales qui seront présentés à la séance générale du 25 août.

Conformément à la décision prise dans la séance du 23, le Conseil procède à l'élection de la Commission qui doit rendre effective la proposition de coopération internationale dans les investigations géologiques et de perfectionnement de l'œuvre des Congrès, faite par sir Archibald Geikie.

La liste suivante mise aux voix, est adoptée à une forte majorité.

Angleterre.

Sir Arch. Geikie, Président.
M. J.-J. H. Teall.

Allemagne.

MM. H. Credner.
K. von Zittel.

Autriche-Hongrie.

MM. E. Mojsisovics von Mojsvar.
E. Tietze.

Belgique.

M. A. Renard.

États-Unis.

MM. T. C. Chamberlin.
C. D. Walcott.

France.

MM. Ch. Barrois.
A. de Lapparent.

Italie.

M. Capellini.

Norwège et Suède.

M. W. C. Brögger.

Russie.

MM. A. Karpinsky.
A. Pavlow.

Suisse.

M. Renevier.

Cette Commission, présidée par Sir Archibald Geikie, aura le pouvoir de s'adjoindre des membres si elle le juge nécessaire.

M. Œhlert demande que le Conseil nomme une Commission chargée d'examiner sa proposition relative à la réédition par des procédés photographiques des types des espèces fossiles et de préparer la réalisation de ce projet pour la prochaine session du Congrès en 1903.

M. Kilian, qui avait soumis antérieurement au Comité d'organisation un projet similaire, se rallie à la proposition de M. Œhlert pour la publication des types, mais présente deux autres desiderata qui pourraient être soumis à la même Commission et qui lui paraissent d'une réalisation plus facile : 1° Publication de catalogues et synopsis sous les auspices du Congrès ; 2° Reproduction photographique des planches des ouvrages paléontologiques rares.

M. Depéret émet le vœu que chaque grand établissement scientifique publie le catalogue des types paléontologiques que renferment ses collections.

La proposition de M. Œhlert, mise aux voix, est adoptée.

La séance, suspendue à 11 heures et demie, est reprise à 1 heure.

A la reprise de la séance, *M. Œhlert* demande que la Commission chargée d'examiner sa proposition se réunisse avant 1903, pour pouvoir présenter à Vienne un commencement d'exécution du travail. Il serait désirable que cette Commission hâtât ses travaux autant que l'a fait jusqu'à présent la Commission de pétrographie.

La Commission chargée de donner suite à la proposition de M. Œhlert sera composée par les personnes suivantes, dont la liste sera soumise par le Conseil, à la sanction du Congrès.

Angleterre

MM. Bather.
Woodward.

Allemagne.

MM. Frech.
Von Zittel.

Autriche-Hongrie.

MM. Mojsisovics von Mojsvar.
Uhlig.

Belgique.

MM. Van den Broeck.
Fraipont.

États-Unis.

MM. Walcott.
Williams.

Espagne.

M. Almera.

France.

MM. A. Gaudry.
Œhlert.

Italie.

M. Canavari.

Norwège.

M. J. Kjöer.

Roumanie.

M. G. Stefanescu.

Russie.

MM. A. Pavlow.
Tschernyschew.

Portugal.

M. Choffat.

Suède.

M. Lindström.

Suisse.

M. De Loriol.

Le Conseil choisit comme président de la Commission M. von Zittel, et comme secrétaire M. Œhlert.

Sir *Archibald Geikie* se fait l'interprète du désir manifesté par un grand nombre de membres, qu'une prochaine session du Congrès ait lieu en Scandinavie.

M. Capellini appuie cette motion qui est mise aux voix et adoptée sous la forme suivante :

« Un grand nombre de membres du Congrès expriment le désir qu'une très prochaine session ait lieu dans les pays scandinaves (Suède, Norwège, Danemark). »

M. Brögger veut bien se charger d'exprimer aux géologues scandinaves. le vœu formulé par le Conseil du Congrès.

M. Tschernyschew soumet à l'approbation du Conseil la liste suivante pour la composition du jury du prix international Spendiaroff :

MM. Albert Gaudry président, Marcel Bertrand, Sir Arch. Geikie, Karpinsky, Tschernyschew, Zirkel, von Zittel.

Le Secrétaire : A. Thevenin.

SEPTIÈME SÉANCE DU CONSEIL

27 août 1900.

La séance est ouverte à 10 heures du matin, sous la présidence de *M. Albert Gaudry*, président.

Étaient présents : MM. Adams, Aguilera, Alimanestiano, De Angelis d'Ossat. Barrois, Léon Bertrand, Marcel Bertrand,

Böckh, Carez, Cayeux, Credner, Gaudry, Haug, de Lapparent, Mattirolo, Mourlon, Œhlert, Pavlow, Pellat, Péron, Sederholm, Gr. Stefanescu, Di Stefano, Stevenson, Thevenin, Tietze, Ward, Zirkel, Zlatarski.

Le Secrétaire donne lecture du procès-verbal de la dernière séance.

Le *Secrétaire général* rappelle que, dans cette session du Congrès, diverses propositions de coopération internationale ont été faites. Il demande s'il n'y aurait pas lieu de désigner une Commission internationale permanente qui réaliserait la continuité de l'œuvre des Congrès, orienterait les travaux de la future session, sans toutefois les diriger ; elle aiderait ainsi, dans une certaine mesure, le Comité d'organisation souvent trop absorbé par des questions d'ordre matériel.

M. de Lapparent estime qu'il ne faut pas intervenir dans la direction intellectuelle du Congrès d'une façon trop sensible ; il demande seulement que, dans l'intervalle de deux sessions, le Bureau de la précédente session soit chargé de continuer son œuvre et de veiller à l'exécution des décisions du Congrès.

MM. Marcel Bertrand et *Tietze* appuient cette proposition, qui est mise aux voix et adoptée : « Le Bureau sortant est chargé de veiller à l'exécution des décisions du précédent Congrès, jusqu'à la réunion suivante. »

Le Conseil approuve l'ordre du jour de la séance de clôture du Congrès, présenté par le Secrétaire général.

Le Secrétaire : A. Thevenin.

II. — PROCÈS-VERBAUX DES SÉANCES GÉNÉRALES

SÉANCE D'OUVERTURE

16 août 1900.

La séance est ouverte à quatre heures, au palais des Congrès, sous la présidence de M. Leygues, Ministre de l'Instruction publique.

M. Karpinsky, président de la dernière session du Congrès à Saint-Pétersbourg, prononce l'allocution suivante :

Mesdames et Messieurs,

En payant mon tribut d'admiration à ce beau pays, mon premier devoir et mon meilleur plaisir sont de saluer tous les confrères qui s'y trouvent réunis et d'exprimer, au nom de cette nombreuse et savante assemblée, notre profonde reconnaissance aux organisateurs du VIIIe Congrès géologique, nos éminents collègues, MM. Albert Gaudry, Michel-Lévy, Marcel Bertrand, Charles Barrois et leurs collaborateurs.

En passant dans les rues de cette ville admirable, on aperçoit souvent des inscriptions où le mot « fraternité » resplendit comme une devise nationale des Français. Cette douce parole peut servir aussi de devise internationale aux hommes de la science.

S'il est parfois difficile, dans les travaux historiques et dans certaines œuvres des sciences politiques, d'éviter diverses influences accessoires, extra-scientifiques, nos méthodes dans les sciences positives ne donnent définitivement place qu'à la vérité absolue ; la vraie science ne connaît aucun préjugé national.

Aussi, quelle joie unanime suscitent, dans le monde entier, les grandes découvertes, quelle que soit la nationalité du savant qui les a faites ; et quelle haute considération recueillent les grands noms scientifiques, sans qu'on s'enquière même du pays d'origine du savant qui les porte ! Et il est souvent arrivé que des hommes de science acquéraient d'abord les honneurs qu'ils méritaient, en dehors de leur patrie. Il est connu d'ailleurs que les recherches scientifiques rencontrent quelquefois dans les pays de leurs auteurs une critique plus sévère et moins juste que dans la littérature étrangère.

C'est le besoin de travailler fraternellement qui a créé les Congrès, entre confrères scientifiques de toutes nations ; c'est ce besoin, comme l'a dit l'un des maîtres de notre science à propos de la précédente session géologique, qui augmente chaque année le nombre de nos adeptes.

Les vrais savants sont des partisans de la vérité dans toutes ses manifestations, et, par suite, de la justice même.

Nous pouvons nous compter heureux, nous, qui, réunis ici pour nos buts scientifiques spéciaux, faisons en même temps un travail plus haut, tendant à la confirmation de la fraternité générale.

N'est ce pas un témoignage particulier de sympathie des géologues français envers leurs collègues étrangers que, pendant la courte période de l'existence des Congrès géologiques, ils nous offrent l'hospitalité pour la seconde fois!

L'organisation d'un Congrès géologique, nous le savons par expérience, présente de telles difficultés qu'on peut s'étonner de la décision de nos hôtes, d'accepter la charge de ce labeur une fois encore.

Je ne peux m'abstenir d'exprimer encore une fois, en terminant, notre profonde reconnaissance aux organisateurs du Congrès, les géologues français.

M. Karpinsky donne alors la parole à M. Albert Gaudry, qui lit le télégramme suivant qu'il vient de recevoir de S. A. I. le Grand-Duc Constantin de Russie, président d'honneur du Congrès de Saint-Pétersbourg.

Paris, rue des Saints-Pères, 7 bis, Albert Gaudry (de l'Institut). Veuillez transmettre aux Membres du Congrès géologique, mes salutations cordiales et vœux sincères.

Le Grand-Duc Constantin de Russie,
Saint-Pétersbourg, 16 août 1900.

M. Gaudry exprime la reconnaissance de tous les géologues réunis au Congrès pour cette marque de haute bienveillance.

M. Albert Gaudry lit une lettre de M. Capellini s'excusant de ne pas assister au Congrès, et rappelant combien S. M. le regretté Roi Humbert avait montré d'intérêt aux travaux des géologues réunis à Bologne. L'assemblée s'associe au deuil des géologues italiens.

M. Karpinsky donne lecture de la liste des membres du bureau, élaborée le matin par le Conseil, et demande à l'assemblée de ratifier cette liste, qui est votée par acclamation.

M. Albert Gaudry, nouveau Président, prononce le discours d'ouverture :

Monsieur le Ministre,
Mesdames, Messieurs,

Le 29 août 1878, d'après une inspiration partie des États-Unis, il se tint à Paris un Congrès où furent convoqués les géologues de tous les pays ; ils répondirent à notre appel, et le Président du Congrès, Hébert, put dire : « Jamais on ne vit réunis en si grand nombre les savants auxquels la géologie, la paléontologie et la minéralogie doivent les immenses progrès qu'elles ont accomplis dans ce siècle. »

Après le Congrès de Paris, il y a eu ceux de Bologne, de Berlin, de Londres, de Washington, de Zurich, de Saint-Pétersbourg, dont les succès ont été si grands, et voilà qu'après vingt-deux ans vous revenez dans notre vieille ville de Paris. La liste de nos congressistes comprend les noms de savants qui représentent l'Allemagne, la République Argentine, l'Australie, l'Autriche-Hongrie, la Belgique, le Brésil, la Bulgarie, le Canada, la Colombie, le Danemark, l'Égypte, l'Espagne, les États-Unis, la Grande-Bretagne, l'Italie, le Japon, le Mexique, la Principauté de Monaco, les Pays-Bas, le Portugal, la Roumanie, la Russie, la Serbie, la Suède et la Norvège, la Suisse, la République Sud-Africaine. Vraiment, c'est belle chose de voir tant d'hommes de toute nation, de toute religion, de toutes idées philosophiques, rassemblés dans un même sentiment, le pur amour de la science. Vous nous faites grand honneur : au nom des géologues français, je vous souhaite la bienvenue, et je vous dis merci de tout cœur.

La mort a retranché plus de la moitié des membres du Conseil qui a dirigé le Congrès de 1878. Depuis notre session de 1897, nous avons perdu plusieurs de nos meilleurs confrères. Parmi eux, je vous citerai : le général Tillo, éminent géographe en même temps que géologue, dont vous vous rappelez l'aimable accueil au Congrès de Saint-Pétersbourg ; Hauchecorne, qui, avec Beyrich, avait tant contribué à l'éclat du Congrès de Berlin, et dirigeait la carte géologique de l'Europe où vos idées sur la nomenclature des terrains sont habilement condensées; Jannettaz, le dévoué secrétaire général du premier Congrès géologique international; James Hall, un des créateurs de la paléontologie américaine, que vous avez vu à l'âge de quatre-vingt-cinq ans arriver d'Albany en Russie et suivre les excursions du Congrès jusque dans l'Oural; Marsh, qui a découvert les plus étonnants fossiles et a fait don à son pays de ses collections acquises par tant de fatigues, tant d'argent, tant de génie. Je vous propose, Messieurs, de nous lever tous pour honorer la mémoire de ces grands amis.

Sentant combien notre vie est éphémère, nos jeunes confrères vénèrent davantage leurs anciens, qui bientôt vont leur être enlevés ; les anciens, désireux que leur œuvre se continue, s'intéressent aux succès des jeunes comme à leurs propres succès. Ainsi, à chaque Congrès, nos liens se resserrent, et, quand, après trois ans de séparation, nous vous retrouvons, nous sommes en joie. Oui, nous avons douce joie de penser que nous allons vous entendre dans nos réunions, et qu'ensemble nous irons, à travers monts et vallées, chercher des pierres, des fossiles, nous aidant à scruter le mystère des origines de notre monde.

Une inquiétude pourtant traverse notre esprit. Au dernier Congrès, l'empereur de Russie, le grand-duc Constantin, le ministre, M. Yermolof, les municipalités de Saint-Pétersbourg et de Moscou, d'éminents savants russes ayant à leur tête M. Karpinsky, et une foule d'amis des sciences nous ont reçus d'une manière inimitable. Leur succéder est une difficile tâche; nous vous demandons votre indulgence.

Outre les jouissances de l'amitié, nos Congrès apportent d'évidents avantages scientifiques. Ils préparent la solution des plus hautes questions; ils ont commencé à établir un accord pour le figuré des terrains et leur nomenclature. Dans les cartes à petite échelle, on adopte aujourd'hui les mêmes couleurs, de sorte qu'à première vue, sans recourir aux légendes, on reconnaît les terrains. Vous avez fixé les noms des principales divisions géologiques; vous verrez si vous voulez aller plus loin dans la classification ou vous en tenir à l'avis de Prestwich qui nous disait au Congrès de Londres : *Il faut avoir soin de ne pas mettre à notre science des liens trop serrés qui, au lieu de développer, pourraient bien retarder ses progrès. Il convient que les liens soient assez élastiques pour s'ajuster au développement rapide auquel il faut s'attendre dans le savoir géologique.*

Au Congrès de Bologne, vous avez proposé des règles de nomenclature paléontologique ; et, notamment, désirant diminuer le nombre des noms d'espèces, vous avez dit : *L'espèce peut présenter un certain nombre de modifications, reliées entre elles dans le temps ou dans l'espace.... Les modifications seront indiquées, quand il y aura lieu, par un troisième terme, précédé, suivant le cas, des mots Variété, Mutation ou Forme.* On a peu suivi cet avis.

Vous avez émis quelques vœux. Ainsi, au Congrès de Saint-Pétersbourg, vous avez exprimé celui que les gouvernements des divers États fassent enseigner la géologie et la paléontologie dans les classes supérieures des lycées. Le gouvernement français a déféré à votre vœu ; vous avez rendu un signalé service à la géologie et à la paléontologie dans notre pays. Il faut espérer que vos autres vœux inspirés uniquement par l'intérêt de la science seront exaucés.

On vous demandera d'appuyer par votre haute autorité l'idée de reproduire au moyen de la photographie ou de la gravure, sur des fiches séparées, les figures des types des espèces paléontologiques.

Un de nos plus éminents confrères vous proposera d'établir un comité permanent pour suivre des observations qui exigent une action continue. Ce projet me semble fécond ; notre Congrès, comme certains couvents au moyen âge, deviendrait une institution permanente, poursuivant s'il le faut pendant un siècle les œuvres qu'une courte vie humaine ne peut accomplir. Des hommes de n'importe quelle nation se transmettraient la recherche d'une vérité scientifique : ce serait là une belle forme de l'internationalisme.

Les sciences géologiques, qui embrassent la nature organique et la nature inorganique à travers tous les âges, sont si vastes que leur étude demande des spécialistes divers. Aussi nous vous proposons de constituer dans notre Congrès quatre sections :

Section de géologie générale et de tectonique. — Dans ces dernières années, quelques-uns d'entre vous ont brillamment repris les questions de mouvement du sol naguère mises en honneur par Élie de Beaumont. La tectonique chaque jour révèle de nouveaux secrets, on scrute avec ardeur les anticlinaux, les synclinaux, les couches relevées, les plis couchés : on tâche de comprendre comment notre globe a pris son relief actuel ; mais un seul homme ne peut étudier toute sa surface, les tectoniciens sont obligés de se communiquer leurs observations; nos Congrès leur donnent pour cela des facilités. Je pense, en outre, que plusieurs de nos excursions leur offriront des remarques intéressantes.

A l'étude des mouvements du sol, vous joindrez peut-être celle des dénudations qui devient en ce moment une des branches curieuses de la géologie. Depuis les travaux des Anglais sur les dénudations du Weald et des Américains sur les Cañons du Colorado, sur les Bad Lands du Nebraska, on s'est aperçu que des masses énormes de roches ont été dissoutes par les eaux. La France en fournit des exemples très frappants, non seulement dans les Causses que vous visiterez, mais dans des pays, comme l'Est de la France, où récemment M. Bleicher a montré des enlèvements extraordinaires de roches, jusqu'alors inaperçus. Ces phénomènes supposent des temps immenses : pour juger de leur importance dans l'histoire de la terre, il faut consulter les géologues de diverses contrées.

Section de minéralogie et de pétrographie. — Cette section va sans doute présenter un intérêt tout spécial dans la session de cette année ; car les savants les plus habiles ont réuni d'avance des matériaux, afin d'établir une entente au sujet de la nomenclature pétrographique. Il y a quelques mois, ils sont venus de pays éloignés, tels que la Norvège, la Russie, pour constituer une réunion préparatoire sous la présidence de M. Michel Lévy.

Votre Comité d'organisation a fait imprimer un lexique de M. Lœwinson-Lessing qui facilitera vos déterminations. A côté des questions de nomenclature, vous en rencontrerez d'autres dont vous pourrez préparer la solution, soit dans les séances du Congrès, soit durant les excursions. Par exemple, plusieurs géologues constatent que, dans leurs régions, la nature des roches ignées et les métamorphismes qu'elles ont déterminés ont varié suivant l'époque de leur émission. Pour savoir si, dans les différentes contrées, il y a concordance entre la nature des roches ignées et le moment où elles sont arrivées à la surface du sol, il est nécessaire d'interroger de nombreux pétrographes. Suivant ce qu'ils vont nous répondre, nous apprendrons dans quelle mesure la pétrographie peut aider à marquer les âges du monde.

Section de géologie appliquée et d'hydrologie. — Les sociétés industrielles nous ont donné pour notre Congrès le plus généreux concours : nous remplissons un devoir très doux en leur adressant nos plus vifs remerciements. Le siècle qui finit a dû en partie sa grandeur à l'union de la science et de l'industrie ; notre Exposition universelle de 1900 en est la preuve éclatante. Il faut que cette union grandisse tous les jours ; en y travaillant les uns et les autres, nous travaillerons au progrès de l'humanité.

Parmi les branches de la géologie utiles par leurs applications à l'industrie et à l'hygiène, il en est une qui pendant longtemps a été peu cultivée, c'est l'hydrologie. Les travaux de nos vaillants amis de la Société de géologie de Bruxelles, où l'hydrologie a une si large part, formeront la base de discussions instructives, et les abîmes dans lesquels M. Martel vous introduira vous montreront que la France fournit de magnifiques sujets d'études d'hydrologie souterraine.

Section de stratigraphie et de paléontologie. — Ces deux branches de la science sont étroitement liées. C'est surtout par le moyen des fossiles qu'on détermine les terrains sédimentaires. Nous devons avouer que ce moyen est souvent difficile, car aussitôt qu'un être passe d'un étage à un autre ou d'un pays à un autre, il subit fréquemment quelque mutation, et, comme la plupart des paléontologistes ont pris l'habitude de créer un nom d'espèce ou même de genre pour la moindre nuance, la nomenclature devient énorme ; quand notre science ne sera plus à ses débuts, elle sera inabordable. Heureusement, nous pouvons espérer que l'étude de l'évolution du monde animé va nous donner des facilités pour déterminer les terrains. Si l'histoire des êtres est l'histoire d'un développement soumis à un plan général, chacun des stades de ce développement doit correspondre à un âge géologique déterminé ; par conséquent on reconnaîtra la date des terrains d'après le degré d'évolution des êtres qui y sont enfouis. Mais pour établir le plan qui a présidé à l'ensemble de la création, nous avons besoin de nous unir tous.

Messieurs, j'ai la confiance que, grâce à vous, on finira par connaître ce plan. Comprenant que là où l'on avait cru voir des entités isolées, il n'y a que des formes fugitives de types qui poursuivent leur évolution, les savants s'attacheront à ces types, et étudieront leurs enchaînements à travers les âges. L'histoire de la nature passée se simplifiera, sa beauté suprême sera comprise par tous : ce sera là un heureux résultat, car il est peu de sciences plus grandioses et plus dignes d'exciter la pensée humaine que la science géologique dont vous êtes les fondateurs.

Notre secrétaire général M. Barrois va vous soumettre le programme de notre VIIIe session. Avant que je lui donne la parole, vous trouverez bien sans doute que je le remercie des soins avec lesquels il a préparé ce Congrès ; tout dernièrement frappé par le malheur le plus affreux qui puisse atteindre un homme, il n'a pas laissé fléchir son dévouement. Vous me permettrez aussi de remercier les secrétaires qui l'ont si bien secondé, MM. Cayeux, Thevenin, Thomas, notre trésorier M. Carez, les deux vice-présidents du Comité, nos éminents amis MM. Michel Lévy, Marcel Bertrand, et enfin les 43 géologues français auxquels nous devons, soit la rédaction de notre livret-guide, soit la préparation des excursions. Chacun de nous, mesdames et messieurs, comprend l'honneur que vous nous faites en venant parmi nous. Nous souhaitons que vous ayez autant de plaisir à vous trouver ici que nous en avons à vous recevoir.

Le Président donne la parole à M. Charles Barrois, secrétaire général, qui lit son rapport sur l'œuvre du Comité d'organisation.

MESDAMES, MESSIEURS,

Les fonctions de secrétaire général, que vous avez bien voulu me confier, m'assignent la mission ardue de succéder à des géologues éminents, dont les noms vous sont familiers et chers, à des collègues qui, en Amérique comme en Europe, ont renoncé à leur individualité pendant des années, afin de préparer pour vous, et par votre union fraternelle, la conquête plus rapide du globe terrestre, avec ses trésors et ses mystères.

Notre Président vous a dit nos sentiments et nos aspirations ; j'ai à vous retracer simplement la vie et l'œuvre de notre Comité d'organisation.

C'est à Vienne que vous deviez vous réunir cette année pour collaborer au progrès des sciences géologiques, M. Stache, directeur de l'Institut impérial de géologie d'Autriche, d'accord avec M. Suess, professeur à l'Université de Vienne, et M. de Hauer, intendant du Musée impérial d'histoire naturelle de Vienne, a informé en 1897 les géologues français que, si une session du Congrès géologique international pouvait être tenue à Paris en 1900, les géologues autrichiens accepteraient de remettre à une date ultérieure la session de Vienne. Très reconnaissants de la bienveillante proposition des savants autrichiens, les géologues français constituèrent un Comité, sous les auspices de la Société géologique de France ; et M. Albert Gaudry, acclamé président de ce Comité, fut chargé de transmettre son invitation au 7e Congrès géologique international, en Russie.

Il fut décidé à Saint-Pétersbourg, dans la séance du 3 septembre 1897, que le Congrès se réunirait, en 1900, à Paris.

Quelques mois plus tard, notre Comité d'organisation fonctionnait d'une façon définitive, adopté par la Société géologique de France, qui une fois de plus mettait son influence et son vieux renom au service de la géologie internationale. Le concours de tous les géologues français nous était acquis, et cette union nous a mis en mesure de montrer la géologie de la France entière aux membres du Congrès.

Trente excursions différentes furent organisées, et groupées de telle sorte, avant et après la session, que chaçun d'entre vous puisse en suivre successivement quatre, et faire ainsi, à son choix, une tournée en France de huit jours, ou son tour de France en deux mois. Le Comité s'est de plus conformé à un vœu, formulé par le Conseil du Congrès de Saint-Pétersbourg, en établissant deux séries d'excursions : les unes largement ouvertes aux amis de la géologie, les autres spéciales, ouvertes aux discussions d'un nombre limité de praticiens.

Le programme de ces excursions vous a été soumis, suivant l'usage constant de nos Congrès, sous forme d'un livret-guide ; la collaboration dévouée des géologues français a permis au secrétariat de vous adresser en juin ce volume, qui constitue une sorte de résumé de la géologie de notre pays. Sa publication a été facilitée par la générosité de divers donateurs, particuliers ou Société privées, minières et industrielles : votre secrétaire a l'agréable devoir de leur exprimer vos remerciements, comme aussi aux six Compagnies de chemins de fer qui nous ont si libéralement facilité le parcours de leurs réseaux.

Le Comité d'organisation a cru devoir concentrer son effort sur la préparation de ces excursions. Il lui a semblé que les voyages organisés systématiquement par les Congrès avaient déjà eu un résultat positif très appréciable, celui de généraliser parmi les spécialistes la connaissance des travaux stratigraphiques de détail. La vue des faits, l'exposé des théories sur le terrain même, lui a paru remplacer avantageusement la lecture trop aride des descriptions régionales. Il a espéré que la comparaison de tant de résultats, rapidement acquis dans des excursions bien menées, permettrait à un plus grand nombre de s'élever individuellement et librement aux systèmes et aux synthèses, et qu'ainsi nos excursions hâteraient le moment où la stratigraphie sortira de la phase d'observation, pour prendre une place plus haute parmi les sciences positives.

La durée de la session, plus longue qu'aucune des précédentes, nous permettra de visiter l'Exposition universelle, d'étudier les musées géologiques et de suivre des courses conduites aux environs de Paris. Le Comité n'ayant pu installer d'exposition permanente au sein de l'Exposition, les échantillons intéressants pour la géologie sont disséminés dans les diverses sections ; l'étude vous en sera facilitée par une notice spéciale et par un certain nombre d'excursions dans l'Exposition, organisées par les soins du Comité.

Les rapports des commissions nommées par les congrès antérieurs formeront la base naturelle des discussions de vos séances ; elles ont fonctionné avec une grande activité et non sans succès ; comme nous l'apprendront les mémoires de M. Renevier, président de la Commission de nomenclature, M. Richter, président de la Commission des glaciers, M. Becke, président de la Commission du journal international de pétrographie, M. Michel Lévy, président de la Commission de pétrographie. Cette dernière s'est particulièrement signalée par l'importance des divers rapports et communications dont les épreuves préliminaires ont déjà été soumises à tous ceux d'entre vous qui s'occupent de cette branche de la science.

Le Comité d'organisation s'est adressé à plusieurs d'entre vous pour dresser une liste des questions qui seraient soumises à l'examen du Congrès, et les réponses qui nous sont parvenues vous seront présentées au cours de vos séances. Nous avons cru devoir imprimer un certain nombre de communications d'un intérêt général, dues à Sir A. Geikie, MM. Chamberlin, Hudleston, Matthew, Œhlert, Salomon, Walcott, Weinschenk, qui vous seront distribuées après la séance, au bureau du Congrès, en même temps que les rapports imprimés des diverses commissions. Elles donneront un point de départ à l'œuvre des sections, dont notre Président vous a exposé le but, et dont le groupement est tracé sur le programme de la session, que nous aurons l'honneur de vous remettre.

Nous vous proposons de consacrer les quatre premiers jours de vos séances aux travaux des Sections; une séance sera réservée pour les communications accompagnées de projections. Les deux derniers jours seront occupés par des séances générales, où les Présidents des sections porteront à la connaissance du Congrès les rapports des commissions et les communications d'un intérêt général. Les votes des Sections et ceux du Conseil y seront sanctionnés par le Congrès.

Avant de vous séparer, vous devrez faire revivre, dans une de vos séances, le souvenir de ce jeune confrère, enlevé si inopinément à l'affection des siens et aux espérances de la science, au milieu de nous, lors du Congrès de Saint-Pétersbourg, qu'il avait contribué à organiser. Vous serez appelés à régler, suivant les propositions de nos confrères russes, les conditions du prix international Spendiaroff, fondé par un père en mémoire de son fils.

Tel est, Messieurs, le résumé succinct des mesures prises par notre Comité d'organisation pour faciliter votre œuvre. Puissent-elles vous aider efficacement à développer l'autorité et le crédit de nos réunions internationales, et à aplanir la voie qui relie la géologie aux sciences exactes.

M. le Ministre de l'Instruction publique, dans une allocution très applaudie, apporte le salut du gouvernement de la République aux géologues du monde entier réunis au Congrès de Paris.

Le Ministre définit le rôle de la géologie et des différentes branches de la science qui s'y rattachent. Il rappelle ses origines et ses différentes étapes jusqu'à nos jours. Il insiste sur l'utilité des Congrès qui servent la science universelle et qui rendent plus confiantes et plus faciles les relations internationales. « Si tous les hommes éminents des différents pays du monde se pouvaient bien connaître, a ajouté M. Leygues, l'opinion des différents pays serait garantie contre bien des entraînements fâcheux, contre bien des malentendus regrettables. Les savants qui accourent de tous les points du monde pour s'entretenir de science pure font donc en même temps de bonne politique.

M. Leygues termine en adressant aux membres du Congrès, au nom du gouvernement et en son nom personnel, les souhaits les plus chaleureux de bienvenue.

Le Président du Congrès annonce que M. le Président de la République a envoyé des cartes pour les membres du Congrès géologique international, qui désireraient assister à la fête de l'Élysée le 19 août.

Il transmet l'invitation du prince Roland Bonaparte qui recevra dans son hôtel de l'avenue d'Iéna, le 23 août, les membres du Congrès géologique ; le prince accueillera avec plaisir les cartes, coupes géologiques ou échantillons qu'on voudra exposer à sa soirée.

Le Président rappelle aussi que Mme Albert Gaudry et lui seront très honorés de recevoir les membres du Congrès géologique mardi soir, 21 août, rue des Saints-Pères.

La séance est levée à 6 heures.

Le Secrétaire général : Ch. Barrois.

DEUXIÈME SÉANCE GÉNÉRALE

25 août 1900

La séance est ouverte à 1 heure 45, sous la présidence de *M. Mojsisovics von Mojsvar*, vice-président.

M. Gaudry informe l'assemblée qu'il a reçu un télégramme de M. Karpinsky, rappelé par un deuil à Saint-Pétersbourg.

M. Capellini propose d'envoyer un télégramme de condoléances à M. Karpinsky. Cette proposition est adoptée.

M. de Lapparent, président de la Société géologique de France, se met à la disposition des Congressistes pour leur montrer la nouvelle bibliothèque de la Société après la réception de l'Hôtel de Ville ; il ajoute qu'il serait heureux que cette bibliothèque fût inaugurée par ses confrères du Congrès de 1900.

M. Pellat rappelle qu'il est disposé à montrer la géologie des environs de Saint-Remy et des Baux, les 4 et 5 octobre, aux Congressistes qui lui en feraient la demande.

M. de Stefani présente, de la part de *M. Canavari*, le volume V (1899) de *Paleontografia italica*.

Le Président présente une brochure intitulée : « Les Mines, Carrières, Eaux minérales et thermales de Bulgarie, » dont il existe au Secrétariat un grand nombre d'exemplaires à la disposition des Congressistes.

Le Secrétaire général dépose sur le bureau, de la part des auteurs, les brochures suivantes :

E. de Margerie et *L. Raveneau* : « La Cartographie à l'Exposition universelle de 1900 ».

Adrien Dollfus : « Notice sur l'Exposition universelle ».

G. Ramond : « Notice sur l'Exposition universelle. — Diverses notes sur le bassin de Paris. — Géologie des Indes anglaises, d'après le manuel d'Oldham. — Notice nécrologique sur M. J. Prestwich ».

L. Raveneau : « Neuvième Bibliographie géographique annuelle des *Annales de Géographie* (1899) ».

Les Directeurs des *Annales de Géographie* adressent au Congrès un certain nombre d'exemplaires d'un article sur *La Cartographie à l'Exposition universelle*, publié dans ce recueil par nos confrères, MM. E. de Margerie et L. Raveneau.

La plupart des cartes, reliefs et autres documents graphiques exposés dans les différentes sections françaises et étrangères, et intéressant la géologie aussi bien que la géographie physique, sont mentionnés et souvent appréciés dans ce compte-rendu, qui pourra ainsi servir de complément aux notices, déjà distribuées, de MM. Ramond et Thevenin.

Est offert également le numéro des *Annales de Géographie* consacré à la Bibliographie annuelle. Ce répertoire analytique, le *neuvième* de la série et s'appliquant aux ouvrages ou mémoires publiés en 1899, a été rédigé, comme les précédents, par un grand nombre de professeurs et de savants de tous les pays, sous la direction de M. L. Raveneau. Les travaux relatifs à la Physique terrestre, à la Morphologie et à la Tectonique y occupent une large place.

Pour faciliter la tâche des rédacteurs et réduire le plus possible, à l'avenir, les lacunes inséparables d'une pareille entreprise, M. Raveneau fait appel à tous les membres du Congrès en les priant de lui faire parvenir désormais le tirage à part de ceux de leurs travaux qui rentreraient dans le cadre de la *Bibliographie* en question.

Le Secrétaire général prie les Congressistes d'envoyer leurs publications à M. Raveneau, pour lui faciliter la préparation de sa bibliographie annuelle.

L'ordre du jour appelle ensuite la présentation des rapports et des propositions d'intérêt général adoptés par le Conseil.

L'Assemblée adopte successivement les rapports suivants, et nomme les Commissions proposées à cet effet, par le Conseil et les Sections (voir plus haut, dans les Séances du Conseil, la composition de ces Commissions) :

1° Rapport de la Commission de nomenclature géologique présenté par *M. Tschernyschew*, sous le bénéfice des observations faites en séance de section.

2° Rapport de la Commission de la carte géologique d'Europe, présenté au nom de la direction, par *M. Capellini.*

3° Rapport de la Commission de pétrographie, présenté par *M. Zirkel.*

4° Rapport de la Commission des glaciers, présenté par *M. Richter.*

5° Proposition de *Sir Archibald Geikie* : Sur la coopération internationale dans les investigations géologiques.

6° Proposition de *M. Œhlert* : Sur la reproduction des types.

L'Assemblée adopte la composition du jury du prix Spendiaroff fixée comme il suit : MM. Albert Gaudry, président ; Marcel Bertrand, Sir Archibald Geikie, Karpinsky, Tschernyschew, Zirkel et von Zittel.

M. Albert Gaudry, annonce que le Président de la République et le Ministre de l'Instruction publique lui ont envoyé, pour les membres étrangers du Congrès, des billets pour les principaux théâtres : Grand-Opéra, Opéra-Comique, Français.

La séance est levée à 3 heures 20.

Le Secrétaire : L. Cayeux.

TROISIÈME SÉANCE GÉNÉRALE

Séance de Clôture

27 août 1900

La séance est ouverte à 3 heures 10, sous la présidence de *M. Albert Gaudry*, président.

Le Secrétaire donne lecture du procès-verbal de la dernière séance générale. Le Président fait remarquer que le rapport de la Commission internationale de classification stratigraphique n'a été accepté, dans la séance de section du 18 août, que sous bénéfice des observations faites en séance. Il exprime le désir que cette réserve figure à la suite du vote de ce rapport à la séance générale du 25 août. Ce vœu est adopté.

M. Tietze propose à l'assemblée, de la part du gouvernement austro-hongrois, d'organiser à Vienne, dans trois ans, la neuvième session des Congrès géologiques internationaux. Il fait connaître l'état d'avancement des travaux préparatoires de ce Congrès et énumère les nombreuses excursions qui seront offertes aux congressistes.

L'invitation du gouvernement austro-hongrois est acceptée à l'unanimité, et *M. Tietze* remercie le Congrès du chaleureux accueil fait à sa proposition.

M. Matthew fils présente, de la part de son père, une note imprimée par les soins du Congrès, *Sur les plus anciennes faunes paléozoïques.*

M. Ch. Barrois résume une note de *M. Walcott* sur les *Formations précambriennes fossilifères.* Il appelle l'attention de l'assemblée sur un passage de cette note, où M. Walcott, en s'appuyant sur le témoignage de M. Rauff, met en doute l'existence des organismes décrits par M. Cayeux dans le précambrien de Bretagne.

A la suite de la communication de M. Walcott, *M. Rothpletz* fait remarquer qu'il a vu, avec *M. Renard* et d'autres congressistes, quelques-unes des sections faites par M. Cayeux dans les phtanites précambriens de Bretagne. Avec M. Renard, il considère l'existence des Radiolaires dans ces préparations comme indubitable. Il ajoute qu'il y a malentendu en ce qui touche l'opinion que l'on prête à M. Rauff sur ces Radiolaires. M. Cayeux n'a soumis à M. Rauff qu'une seule section ne renfermant que des spicules de Spongiaires et aucun Radiolaire. M. Rauff n'a donc vu aucune des formes que M. Cayeux a décrites comme Radiolaires. Quant aux corps considérés par M. Cayeux comme des spicules d'Éponges, M. Rothpletz ajoute qu'on peut discuter sur leur nature.

M. Cayeux se félicite de voir MM. Rothpletz et Renard, venir confirmer l'existence d'organismes dans le précambrien de Bretagne. Il maintient tout ce qu'il a écrit sur les spicules d'Éponges de ce terrain. Il ajoute qu'il vient de montrer quelques-unes de ses préparations de Radiolaires et de spicules d'Éponges à de nombreux congressistes : MM. Frech, Kilian, Lepsius, Pompecky, Renard, Reusch, Rothpletz, Steinmann, Tschernyschew, de la Vallée-Poussin, Van den Broeck, Von Arthaber et Von Zittel, qui ont ainsi pu se faire une opinion sur la nature des débris dont la nature organique avait été contestée.

M. A. P. Pavlow fait une première communication *Sur le Portlandien de Russie comparé à celui du Boulonnais*. M. Pavlow informe l'Assemblée que l'étude qu'il a faite des coupes classiques du Jurassique du Boulonnais et de celles de Gorodische sur la Volga lui a permis de constater la même succession des zones d'Ammonites dans les deux contrées.

M. A. P. Pavlow fait une seconde communication *Sur quelques moyens qui pourraient contribuer à l'élaboration de la classification génétique des fossiles.* L'auteur fait remarquer que, malgré le grand épanouissement des idées évolutionnistes et le rôle qu'elles jouent dans nos recherches zoologiques et paléontologiques, la classification des organismes vivants et fossiles reste toujours fidèle aux termes taxonomiques qui ont pris naissance à une autre époque du développement de la science, sous l'influence d'idées toutes différentes. L'auteur fait remarquer qu'il serait peut-être plus rationnel de conserver une valeur essentiellement morphologique aux termes *genre* et *espèce*, employés dans le sens primitif de Linné, et de se servir d'autres termes pour exprimer les rapports génétiques des formes. Il y aurait une classification morphologique et une classification génétique.

En ce qui concerne les moyens qui peuvent guider dans la définition des lois génétiques entre les différents groupes, M. Pavlow appelle l'attention sur les erreurs qui peuvent être commises sous l'empire de cette idée, que l'on a dans le jeune âge de tel ou tel fossile, des indications sur les caractères de ses ancêtres. D'après ses observations sur les Ammonites, les caractères ancestraux affectent non pas les tours internes de la coquille, mais les derniers tours correspondant à un état de dégénérescence. Dans un grand nombre de cas qu'il a étudiés, les jeunes tours des Ammonites ne montrent pas les caractères ancestraux, mais ceux de l'avenir ; ils ne correspondent donc pas à une phase *atavique*, mais à une phase *prophétique*. Il insiste sur l'importance de cette observation pour les recherches sur la succession des formes organiques sur la terre.

M. Van den Broeck fait une communication *Sur le Bernissartien.* L'auteur croit utile, comme suite à l'exposé fait par M. Pavlow des corrélations existant entre les couches portlandiennes et aquiloniennes de Russie et du Boulonnais, de fournir quelques données sur l'âge des dépôts continentaux qui, en Belgique, étaient jusqu'ici considérés comme le représentant du Wealdien et à l'horizon desquels on avait, jusqu'au moment des récentes recherches de M. Munier-Chalmas, rattaché les dépôts fluviaux prétendument wealdiens du Boulonnais. Il s'agit des dépôts à Iguanodons de Bernissart, soit du *Bernissartien*, autrefois englobés dans la série complexe de l'Aachénien du Hainaut. Ces dépôts continentaux, que d'importantes lacunes stratigraphiques séparent, surtout inférieurement, des termes sédimentaires d'âge déterminable, ne peuvent être définis par la stratigraphie. C'est donc à la paléontologie que s'est adressé M. Van den Broeck et bien que tous les éléments de la faune de Bernissart ne soient pas encore publiés, il lui a été possible d'arriver à une précision de résultats assez inattendue.

C'est en prenant comme base de son étude la recherche du *degré d'évolution* des divers types de vertébrés : dinosauriens, crocodiliens, amphibiens, chéloniens et poissons, composant la faune du Bernissartien, ainsi que ceux de sa flore, que M. Van den Broeck est parvenu à constater très nettement : 1° que le gîte célèbre de Bernissart appartient à la série jurassique et non à la série crétacée ; 2° que la faune de Bernissart présente un caractère de plus grande ancienneté que celle du niveau des Sables d'Hastings, ou Wealdien inférieur ; 3° que cette faune paraît se rapporter fort exactement à celle du Purbeckien type, ou anglais.

La seconde partie d'une étude détaillée, que M. Van den

Broeck vient de consacrer à ces recherches, dans le *Bulletin de la Société belge de Géologie*, paraîtra d'ici peu de mois, et ce travail sera mis par l'auteur à la disposition de tous ceux que l'âge des dépôts de Bernissart pourrait intéresser comme contribution aux études de relation ou de synchronisme des formations portlandienne, purbeckienne, aquilonienne et wealdienne de la région anglo-franco-belge spécialement.

M. A. Guébhard parle *Des phénomènes tectoniques des Alpes-Maritimes*. Il signale, comme le fait saillant de ses observations détaillées dans la partie sud-ouest des Alpes-Maritimes provençales, la fréquente tendance qu'ont les axes synclinaux à se recourber, tantôt en simple croix, avec accidents de plissottement secondaire ou de rupture anticlinale dans les angles (exemples : Saint-Vallier de Thiey ; les Aubarides, près Mons, etc.), tantôt en faisceaux homocentriques ou *patte d'oie* couvrant une moitié du plan, en dessous d'une grande *barre* discontinue (exemple : Clars, près Escragnolles) ; tantôt en étoilement complet ou rosace couvrant de ses rayons le plan dans tous les azimuths, comme autour du Saut-du-Loup. La multiplicité des exemples particuliers de fasciation palmée ou stellaire montre qu'il doit s'agir d'un fait tectonique d'intérêt plus que régional.

M. A. Grenier excuse *MM. Lohest* et *Forir* de ne pouvoir assister à la séance, et annonce l'envoi d'une communication écrite, au sujet de leur *méthode de notation chiffrée des terrains*. L'intérêt qui s'attache à ce travail provient de ce qu'il répond à la critique de l'enseignement aride des classifications, faite par M. de Launay, à la seconde séance de la section de géologie appliquée. Le programme préconisé par M. de Launay est point pour point identique à celui que professe M. Lohest depuis le début de son professorat.

M. Stanislas Meunier fait une communication *sur la structure du diluvium de la Seine*. L'état de la structure du diluvium de la Seine, qui semble une question très spéciale, est cependant susceptible de conséquences très larges et jette une lumière très vive sur le grand problème du creusement des vallées. Elle démontre, contrairement aux idées de Belgrand, si longtemps admises et qui sont inspirées par le point de vue cataclysmien, que les eaux dont ce diluvium est le dépôt n'ont jamais été torrentielles. La structure du diluvium est, en effet, admirable de délicatesse ; on y retrouve le reflet des vicissitudes du cours de la rivière, qui dépendent en chaque point non seulement des influences saisonnières, mais aussi du déplacement véritablement *physiologique* des méandres. Au-dessus de la zone macrolithique (graviers de fond de Belgrand), qui consiste en résidu de lavage, susceptible de masses superposées et dont les matériaux sont, les uns des blocs descendus verticalement au fur et à mesure des progrès de la dénudation, et les autres des fragments charriés par les glaces flottantes et les souches d'arbres arrachés des rives au moment de la dénudation. On voit la zone lenticulaire ou *amygdaloïde* qui représente l'alternance du régime sédimentaire et du régime érosif dont chaque point a été le théâtre. Chacune des lentilles constitutives, reste d'une formation plus ou moins étendue, a pour substratum une couche de galets qui témoigne de l'érosion qui l'a précédée. Elle est formée de lits horizontaux ou inclinés dans un sens ou dans l'autre, et dont chacun est réglé quant à la grosseur de ses matériaux constitutifs, d'une façon rigoureuse, d'après la nature des courants d'eau qui l'ont engendré. Un petit appareil, mis sous les yeux de l'assemblée, permet de matérialiser pour ainsi dire les phases de cette formation.

Le système est couronné par les assises horizontales très limoneuses (sables de débordement de Belgrand) qui datent de la dernière période du régime sédimentaire de la région considérée. On assiste à sa production lors des inondations, et l'on constate alors, en hiver, l'importance de la collaboration que lui fournissent les glaces au moment du dégel. C'est par le lavage de ce terrain de débordement, par la substitution d'une anse concave à une anse convexe, à la suite des divagations de la rivière, que des lentilles nouvelles seront constituées.

Ces considérations sont du nombre de celles qui justifient l'application d'une doctrine géologique nouvelle succédant au *cataclysmisme* de Cuvier, à l'*uniformitarisme* de Lyell et même à l'*actualisme* de Constant Prévost, qu'elle complète dans bien des points et qui, sous le nom d'*activisme*, fait intervenir surtout la vie intense et jamais ralentie du milieu géologique, théâtre incessant de remaniement et de substitution de substances qui ressemblent d'une façon intime à la physiologie des organismes animaux et végétaux.

Le Secrétaire général résume une note manuscrite de *M. Hull*, intitulée : *Terrasses subocéaniques et vallées des rivières occi-*

dentales d'Europe.. Le travail de M. Hull est un résumé des investigations récentes sur les vallées subocéaniques et sur les traits physiques de l'ouest de l'Europe. Il insiste sur les plateaux continentaux et sur les grandes déclivités qui les limitent vers le large. Les plates-formes continentales sont ravinées par le prolongement des grandes rivières actuelles. Il en conclut que ces terrains ont été exondés à une époque peu éloignée et que ce changement de niveau a eu une influence sur la période glaciaire.

Le Secrétaire général présente une note de *M. Hudleston* sur *la bordure orientale de l'Atlantique.* Cette note a été imprimée et distribuée aux congressistes.

M. *E.-A. Martel* résume les *résultats géologiques et hydrologiques généraux des explorations souterraines qu'il a entreprises depuis 1888*, tant en France qu'à l'étranger, à l'aide de nouveaux procédés, notamment l'emploi du téléphone et des bateaux démontables, et qui depuis une douzaine d'années ont pris une extension considérable et provoqué diverses découvertes.

M. G. Dollfus étudie les *derniers phénomènes géologiques* dont les bassins de la Seine et de la Loire ont été le théâtre. Il prend pour point de départ le lac du calcaire de Beauce qui forme un vaste plan horizontal. Ce calcaire s'est trouvé rompu par des failles W. S. au début du miocène ; c'est alors que le plateau central s'est soulevé. Cet événement a amené l'apparition de vastes alluvions sableuses granitiques qui ont été nommées sables de la Sologne, d'étendue très vaste, descendant de la région de l'Allier dans celle de la Seine et se déversant dans la Manche, vers le Havre. Ce dépôt caractérise le miocène inférieur ; il a pris fin par l'arrivée de la mer des faluns au miocène moyen qui s'est avancée, par suite d'un long effondrement central de l'axe précambrien breton. La mer falunienne est venue capter la Loire granitique et l'a détournée de son écoulement à la Seine. Le bassin de la Seine s'est alors plissé transversalement de l'est à l'ouest, la mer des faluns s'est reculée au delà de la Maine et le miocène supérieur a débuté. Il est discordant sur le miocène moyen ; il occupe dans l'ouest une surface très différente et descend du Cotentin au bassin de Rennes, à celui de Nantes et s'étend sur la Vendée. J'ai donné le nom de *Redonien* à ce miocène supérieur nouvellement délimité. Le pliocène n'occupe réellement qu'une toute petite étendue ; il pénétrait seulement par quelques fjords en Bretagne et en Normandie.

M. A. P. Pavlow se fait l'interprète de ses confrères pour remercier les organisateurs du VIIIe Congrès géologique international. Il exprime l'opinion que si l'idée des Congrès a pris naissance en Amérique, la France peut être considérée comme le berceau des Congrès géologiques internationaux. Il déclare, après avoir énuméré les nombreux savants français qui ont illustré les sciences naturelles, que la France a vu naître plusieurs grands embranchements de la géologie et que Paris est le foyer le plus lumineux des sciences modernes. Il remercie le président M. Gaudry, le secrétaire général M. Barrois, les secrétaires et le Comité d'organisation qui ont rendu le séjour des étrangers en France aussi agréable qu'utile.

Le Président remercie *M. A. P. Pavlow;* puis, s'adressant à l'assemblée, s'exprime ainsi :

Chers Confrères,

Nous vous remercions des bonnes paroles que vous venez de nous dire. Il vous a été facile de constater dans nos réunions tenues à Paris, que nos géologues étaient heureux de vous voir, de vous entendre. Les excursions géologiques que vous avez déjà faites et celles que vous allez entreprendre vous montreront que, dans toutes les parties de la France comme à Paris, vous trouverez des amis heureux et honorés de recevoir votre visite,

Il me semble que nous avons bien travaillé. Les séances de nos quatre sections : Section de géologie générale et de tectonique, section de stratigraphie et de paléontologie, section de minéralogie et de pétrographie, section de géologie appliquée et d'hydrologie, ont été suivies, aussi bien que nos séances générales, par de très nombreux travailleurs. Vous avez fait d'importantes communications qui attestent les progrès incessants de notre science.

Il y a douze jours, lorsque vous êtes arrivés, nous vous avons dit : c'est grande joie de vous revoir ; aujourd'hui nous éprouvons de la tristesse en pensant que les membres de la famille des géologues vont de nouveau se disperser dans toutes les parties du monde.

Heureusement, nous allons encore, pendant plus d'un mois, garder beaucoup d'entre vous, et faire ensemble des excursions géologiques. Puis, nous avons l'espérance de nous revoir dans trois ans dans la ville si savante de Vienne. En clôturant la session de Paris, je peux répéter les paroles que nous disait M. Karpinsky en clôturant la session de Saint-Pétersbourg : « Au revoir, dans trois ans. Soyez persuadés que vous laissez ici de vrais amis qui ne vous oublieront jamais. »

Le Secrétaire : L. CAYEUX.

III. — PROCÈS-VERBAUX DES SÉANCES DE SECTIONS

Section de Géologie générale et de Tectonique

PREMIÈRE SÉANCE

17 août 1900

La séance est ouverte à 1 heure, sous la présidence de Sir *Archibald Geikie*, président de la section.

Sir *Archibald Geikie* donne lecture de son allocution présidentielle sur *la coopération internationale dans les investigations géologiques*. Cette allocution, en raison de son importance, avait été imprimée, in extenso, et remise aux membres du Congrès à l'issue de la séance du 16 août.

M. *Marcel Bertrand*, après avoir remercié Sir A. Geikie, demande que le Conseil du Congrès nomme une commission chargée de donner suite à ces propositions de coopération internationale : la proposition, mise aux voix, est adoptée.

M. *Barrois*, secrétaire général, donne lecture d'une communication de M. Chamberlin, empêché d'assister au Congrès, sur *le patronage par le Congrès des investigations fondamentales en géologie*.

Cette communication sera imprimée et remise aux congressistes dans la prochaine séance.

M. *Marcel Bertrand* demande que la proposition de M. Chamberlin soit, comme celle de Sir Archibald Geikie, renvoyée à une commission nommée par le Conseil.

M. *J. Joly* fait les communications suivantes :

1° *Age géologique de la terre fixé par la teneur en sodium de la mer*. L'auteur montre que le sodium dans l'océan provient surtout des roches par dissolution. D'après ses données, il faudrait une période de 90 à 100 millions d'années pour que les cours d'eau dans les conditions actuelles fournissent à l'océan la quantité de sodium qu'il contient maintenant.

2° *Sur des expériences relatives à la dénudation dans l'eau douce et dans l'eau salée*. Les expériences ont eu lieu pendant trois ou quatre mois sur le basalte, l'orthose, la hornblende et l'obsidienne. La quantité de ces substances dissoutes par l'eau de mer est de 2 1/2 à 14 fois plus considérable que la quantité dissoute par l'eau douce dans les mêmes conditions. Dans ces mesures ne sont pas compris les alcalis et la magnésie dissous dans l'eau de mer ; son effet dissolvant est donc plus marqué encore.

3° *Ordre de formation des silicates dans les roches ignées.* L'auteur étudie à nouveau les points de fusion du quarz et des principaux silicates constituant les roches et trouve que ces points de fusion sont inférieurs à ceux actuellement admis. La différence est plus petite pour les silicates moins riches en silice que pour ceux qui en renferment une grande proportion ; comme résultat final, M. Joly trouve que ces points de fusion sont en complète harmonie avec l'ordre de consolidation, des silicates dans les roches.

Les anomalies dans l'ordre de formation, le phénomène d'accroissement intra-tellurique, aussi bien que l'instabilité magmatique, peuvent être expliqués par les variations de stabilité des silicates soumis à la chaleur prolongée.

L'auteur trouve que la recristallisation partielle du quarz de fusion s'effectue à une température qui descend de 1200° à 900° C.

4° *Mécanisme interne de la sédimentation marine.* M. Joly montre que la précipitation des sédiments par les sels en solution obéit approximativement aux mêmes lois et montre des phénomènes semblables à ceux qu'on observe dans la coagulation des substances colloïdes. On peut l'expliquer par des considérations électro-chimiques que l'expérience confirme. L'auteur termine par des applications à la géologie.

M. *de Lapparent* fait la communication suivante, *sur la limite des Étages géologiques :*

Les discussions, si souvent renouvelées entre les géologues, sur la limite des étages, reposent en général sur une appréciation différente de la valeur qui doit être attribuée aux arguments de fait invoqués. Les uns se fondent sur la continuité paléontologique qu'ils ont constatée entre deux assises ; les autres invoquent une discordance que les mêmes assises présenteraient en d'autres points. Quand les concordances se produisent dans des régions synclinales où la sédimentation paraît avoir été continue, elles ne peuvent, semble-t-il, être invoquées en faveur de telle ou telle solution ; car les limites géologiques ne peuvent être fondées que sur des épisodes locaux, d'importance plus ou moins grande, mais incapables d'affecter dans son ensemble le milieu marin, essentiellement continu à travers les âges.

En conséquence, M. de Lapparent pense que, dans la question de la fixation des limites, les contrées qui doivent fournir les arguments décisifs sont celles où les limites de la terre ferme ont subi, aux époques correspondantes, les modifications les plus profondes. Il se dissimule d'autant moins les difficultés d'application de cette méthode, qu'il a eu récemment l'occasion de les constater pour son compte, en cherchant à réunir les éléments des ébauches paléogéographiques jointes à la dernière édition de son traité. Il lui semble néanmoins que c'est ce genre d'études qu'il faut poursuivre et que, si les régions synclinales fournissent de précieuses données sur la succession régulière des formes de céphalopodes, ce n'est pas à ces régions de sédimentation continue qu'on doit demander les éléments des divisions ou dates de l'histoire géologique.

M. *Marcel Bertrand* demande que pour établir les limites des étages, on applique davantage la loi de priorité, à défaut d'autre moyen, et il est d'avis que la recherche de cette priorité pourrait être un des travaux utiles du Congrès.

M. *Albert Gaudry* croit qu'il faut attendre beaucoup du progrès des études paléontologiques. C'est d'après les stades de l'évolution des êtres vivants que sera faite la délimitation des étages. Les paléontologistes qui ont étudié les mammifères, connaissent leur importance pour fixer l'âge des assises tertiaires.

M. *Stanislas Meunier* fait une communication *sur la dénudation souterraine :*

Dans une foule de localités. la décalcification du sol a amené la production successive de lits de résidus qui se sont formés progressivement les uns au-dessous des autres, les plus récents étant les plus profonds. Une coupe prise aux environs de Mortagne montre cette catégorie de formations sur plus de 20 mètres d'épaisseur. Les assises de sédimentation souterraine sont ordinairement chargées de minéraux, résultat de concrétions postérieures au dépôt initial et les tests de coquilles silicifiées y sont mêlés avec des grains de quarz dont la trouvaille a souvent induit les géologues en erreur quant à l'origine des couches qui les contiennent.

Un des titres des terrains de sédimentation souterraine à l'intérêt des géologues consiste dans le facies continental des formations de tous les âges. Bien des lits de cailloux et des sables des assises de nodules phosphatés et les bone-beds doivent être considérés comme des produits de la sédimentation souterraine.

Des expériences de laboratoire ont permis de reproduire les productions des assises de cette nature avec toutes leurs particularités.

M. *Bleicher* fait une communication *sur la dénudation des Vosges :*

Des recherches poursuivies, depuis plus de trente années, des deux côtés des Vosges, permettent aujourd'hui à l'auteur de résumer et de présenter sous la forme d'une carte *schématique*, les résultats de son enquête sur la répartition des éléments de destruction ou de déchets de cette chaîne, pour le versant lorrain et les régions avoisinantes du bassin de la Saône.

Il s'est particulièrement occupé des éléments qui, par leur situation topographique, leur nature à l'état de caillou, sable, argile, leur absence de fossiles, sont attribuables aux temps préquaternaires. Il constate qu'ils s'échelonnent sur les plateaux et les pentes du plateau lorrain de l'altitude de 417 mètres (plateaux de Haye, 160 mètres au-dessus de la Moselle) jusqu'à une altitude de 1020 mètres au-dessus des cours d'eau actuels, et que, en somme, ils se montrent généralement indépendants des reliefs actuels formant une bande de terrain qui s'appuye sur les Hautes Vosges cristallines, se prolonge en s'amincissant vers le bassin inférieur de la Meuse, suit la direction future des cours d'eau actuels, Meuse, Meurthe, Moselle.

En général ces formations souvent remaniées et réduites à l'état de simples traînées de cailloux, sont surtout riches en cailloux quarzitiques de décomposition du grès vosgien et les roches granitiques y sont rares.

Quoi qu'il en soit, on peut par l'étude de ces dépôts suivis pas à pas, reconstituer l'état du plateau lorrain aux époques préquaternaires. C'était une région de ruissellement, de charriage, en particulier sur le front des Vosges cristallines. Sur le reste de la surface, des dépôts locaux se sont produits, aux dépens des roches sous-jacentes, et le ruissellement a pu amener ces déchets, étape par étape, à une certaine distance de leur point d'origine. Le plateau lorrain préquaternaire nous apparaît comme un pays dont la faune et la flore nous sont encore inconnues, peut-être par suite de la destruction rapide de tout débris organique, et cette pauvreté en fossiles se retrouve dans les formations homologues de la vallée du Rhin.

Les Secrétaires : A. THEVENIN,
CREMA.

Section de Géologie générale et de Tectonique

DEUXIÈME SÉANCE

23 août 1900

La séance est ouverte à 2 heures 1/2, sous la présidence de *Sir Archibald Geikie,* président de la section.

Le procès-verbal de la précédente séance a été imprimé et distribué. Il est mis aux voix et adopté.

M. Richter lit le *Rapport sur les travaux de la Commission des Glaciers.*

Sir Archibald Geikie félicite la Commission des glaciers du progrès de ses travaux et remercie *M. Richter.* Les conclusions de ce Rapport seront transmises au Conseil et présentées à la séance générale du 25 août.

M. H.-F. Reid fait une communication *sur les mouvements des glaciers.*

M. Arctowski fait part à l'assemblée de ses *Observations relatives à l'ancienne extension des glaciers dans la région des terres découvertes par l'expédition antarctique belge.*

Il entretient ensuite l'assemblée de la *géologie* et des *glaciers de la même région* et des *glaces du pôle sud.* Cette seconde communication est accompagnée de nombreuses projections.

A la suite de ces communications, *M. Richter* montre la grande importance des observations de l'Expédition belge pour l'étude des phénomènes glaciaires. Il ajoute que M. Axel Amberg a déjà observé au Spitzberg des glaciers finissant à la côte sans que le névé soit transformé en glace ; les icebergs ne sont pas, par suite, formés de glace comme au Grönland, mais de névé.

M. Popovici-Hatzeg présente la *nouvelle carte géologique de la Roumanie* à l'échelle de 1 : 300 000. Cette carte, qui comprend trente-sept subdivisions géologiques, a été faite au laboratoire de géologie du Ministère des Domaines à Bucharest. M. Popovici-Hatzeg se propose de publier prochainement un texte explicatif.

M. Vorwerg donne lecture d'une note intitulée : *Proposition tendant à simplifier la notation du pendage et de la direction des couches.*

M. l'abbé Parat a étudié *les grottes de la Cure* (Département de l'Yonne). L'auteur ayant fait de nombreuses fouilles dans les grottes des vallées de la Cure et de l'Yonne, présente le résultat de ses recherches sur le creusement de ces grottes, les dépôts qu'elles contiennent et leur faune, ainsi que sur le régime de ces rivières.

Il résume ensuite une note sur des dépôts albiens, crétacés et tertiaires, disséminés sur la bordure calcaire du nord-ouest du Morvan ; et fait observer que ces dépôts sont totalement absents sur le massif granitique.

Les Secrétaires : A. THEVENIN.
CREMA.

Section de Stratigraphie et de Paléontologie

PREMIÈRE SÉANCE

18 août 1900

La séance est ouverte à une heure 1/4, sous la présidence de M. *von Zittel*, président. A la demande de M. *Renevier*, empêché par la maladie d'assister au Congrès, M. *von Zittel* présente à l'Assemblée le *rapport de la Commission internationale de classification stratigraphique* dont M. Renevier était le président. Ce rapport ayant été distribué, imprimé avant la séance, est connu en détail des congressistes ; le président se borne à énumérer les conclusions, pour les faire ratifier par le Congrès.

L'article 1 ne donne lieu à aucune observation.

Article 2

« *Il serait désirable, dans la division des systèmes pour lesquels il n'y a pas de noms usités, comme Dogger, Lias, etc., d'introduire les expressions : Paléo... Méso... Néo...*

N.-B. La préfixe *Eo...* pourrait être substitué à *Paléo...*, pour abréger les noms trop longs, p. ex. *Eocrétacique.* »

« *Lorsqu'un terme, donné à un ensemble de couches, doit être restreint à la désignation d'une partie seulement de ces couches, on ne doit le conserver que pour les couches les mieux caractérisées paléontologiquement* » **et correspondant à la définition primitive.** »

M. *Depéret* se déclare sceptique quant aux résultats des votes sur les principes ; il serait préférable à son avis de tenter un essai pratique de classification des terrains.

L'article 2 est adopté sans objection.

Article 3

En ce qui concerne les questions d'ordre général qui font partie de cet article,

a) L'Assemblée se range à l'avis de la Commission de ne pas s'occuper pour le moment de fixer les limites stratigraphiques, suivant le désir de M. Williams.

b) Elle est d'avis, comme la Commission, de laisser à l'initiative personnelle le projet de notation chiffrée des terrains élaboré par MM. Lohest et Forir.

c) Elle adopte encore l'avis de la Commission sur les désinences homomorphes et sur les noms nouveaux.

Article 4

Le Président déclare ensuite que le principal objet des délibérations de la Commission a été d'établir les bases de la nomenclature des cinq ordres de subdivisions admis au Congrès de Bologne, et qu'elle a surtout envisagé la question au point de vue chronologique. Il appelle l'attention de l'Assemblée successivement sur les cinq ordres de subdivisions.

a) Divisions de 1er ordre. — Ères

« La Commission consacre les grands groupes, généralement admis, et propose de leur attribuer dans la classification internationale les noms usités de *Paléozoïque*, *Mésozoïque et Cénozoïque*, et d'en exclure les termes de *Primaire*, *Secondaire* et *Tertiaire*, d'usage aussi très habituel. »

b) Divisions de 2ᵉ ordre. — **Périodes** = Systèmes

« Les Systèmes (Périodes) auront une valeur très générale. Leurs caractères paléontologiques doivent indiquer une évolution organique, particulièrement caractérisée par l'étude des animaux pélagiques. »

« Pour qu'une division soit érigée en Système (Période), il convient que la succession des faunes s'y montre susceptible de subdivisions bien marquées. »

« Conformément à ces principes, la Commission admettrait comme division de 2ᵉ ordre les Systèmes généralement en usage, au nombre d'une dizaine, mais en laissant une certaine latitude aux auteurs qui veulent en admettre plus ou moins.

» L'Ère paléozoïque pourrait se subdiviser en 4 périodes : **Cambr***ique*, **Silur***ique*, **Dévon***ique* et **Carbon***ique*. La Commission ne se prononce pas sur l'opportunité d'en admettre une cinquième pour le Permien.

» L'Ère mésozoïque se subdiviserait en 3 périodes : **Trias***ique*, **Jurass***ique*, **Crétac***ique*, mais il resterait loisible d'en admettre quatre en séparant, par exemple, le Lias du Jurassique, pour l'ériger en période distincte.

» L'Ère cénozoïque pourrait comprendre 2 périodes : **Tertiaire** et **Moderne**. »

M. *Albert Gaudry* se déclare partisan de conserver les termes primaire, secondaire et tertiaire. Il admet avec la Commission stratigraphique que *les caractères paléontologiques des systèmes (Périodes) doivent indiquer une évolution organique*, mais il ne comprend pas que la Commission, lorsqu'il s'agit d'évolution, prenne particulièrement pour base l'étude des animaux pélagiques.

Dans l'état actuel de la science, dit M. Gaudry, il est manifeste que la connaissance de l'évolution des animaux pélagiques fournit moins de secours que celle des animaux continentaux pour la détermination des terrains. Un des résultats les plus inattendus et les plus frappants de la paléontologie, depuis quelques années, a été de mettre en lumière les services que l'état d'évolution des mammifères rend aux géologues pour fixer les âges tertiaires. Nos confrères américains sont d'accord en cela avec les savants européens. Lorsqu'on nous apporte des restes de mammifères, nous pouvons, sans nous préoccuper de l'espèce et du genre auxquels ils appartiennent, reconnaître leur date par leur état d'évolution. Suivant, par exemple, que les herbivores ont des dents plus ou moins compliquées et des pattes plus ou moins simplifiées, suivant que les dents des carnivores sont plus ou moins différenciées, et, d'une manière générale, suivant que nous trouvons des animaux plus ou moins majestueux, plus ou moins rapides à la course, plus ou moins adroits pour saisir, possédant des cerveaux plus ou moins développés, nous reconnaissons qu'ils sont plus récents ou moins récents. Les êtres supérieurs, à cause de la multiplicité de leurs fonctions, ont des organismes complexes, délicats, impressionnables aux moindres changements chronologiques ; ce sont eux qui marquent le mieux l'heure au grand calendrier des temps passés. Nous commençons aussi à entrevoir la lumière que la recherche de l'évolution des oiseaux et des reptiles terrestres jettera sur la succession des âges. Sans doute, quand on aura étudié les phases d'évolution des autres êtres et des plantes, comme on a étudié celles des mammifères terrestres, elles fourniront de précieux éléments pour les déterminations d'âges. En attendant, il importe d'appeler l'attention sur les secours qu'apporte dès à présent l'examen des stades d'évolution des mammifères pour reconnaître le commencement de l'Éocène, la seconde partie de l'Éocène, l'Oligocène, le Miocène, le Pliocène, le Quaternaire.

Je pense que la méthode naturelle créée par de Jussieu est celle qui convient le mieux pour établir les classifications ; tous les faits du monde physique et du monde organique devront concourir à dresser la chronologie. Mais, sans être exclusif, il me semble qu'on peut admettre que ce qu'il y a de meilleur, ce qu'il y a de plus rapproché de la Divinité, c'est la vie, surtout la vie des êtres supérieurs ; par conséquent les études de son perfectionnement sont les plus puissants moyens pour distinguer ce qu'on est convenu d'appeler les ères, les périodes, les époques, les âges.

M. Gosselet appuie le vœu de M. Gaudry ; il exprime le désir que les noms anciens soient employés concurremment avec les nouveaux. Il est d'avis, ainsi que M. Gaudry, que la classification proposée fait une place trop petite au Tertiaire; suivant lui ce terrain est plus vaste au point de vue de l'évolution des êtres que chacune des divisions du Secondaire auxquelles il serait assimilé. M. Gosselet pense que le Congrès ne doit pas être trop dogmatique sous peine de perdre son autorité.

Le Président M. *von Zittel* explique à l'assemblée que les termes Paléozoïque, Mésozoïque et Cénozoïque sont en réalité très anciens et qu'ils ont été fixés par Mc Coy; ils ont été adoptés en Angleterre à peu près unanimement depuis lors. Il insiste sur ce point que Primaire, Secondaire et Tertiaire sont maintenant employés dans un sens très différent de celui qu'ils avaient à l'origine.

c) Divisions de 3e ordre. — **Époques** = Séries

« Pour la subdivision des Périodes (ou Systèmes) la Commission s'est montrée très favorable à la méthode, préconisée par M. Frech, d'utiliser les préfixes *Paléo*..., *Méso*..., *Néo*....

La Commission constate que cette méthode des préfixes avait été proposée, en 1894, par M. H.-S. Willams sous la forme : *Eo*..., *Méso*..., *Néo*.... Elle pense qu'en la recommandant, on peut laisser aux auteurs la latitude d'user suivant les cas des préfixes *Paléo*... ou *Eo*.... La seconde, étant plus brève, sera souvent plus commode. — Si l'on distingue trois époques dans une période, on utilisera les trois préfixes. Si l'on n'en reconnaît que deux, on se servira seulement des deux extrêmes. Enfin en vue d'abréger les noms, on pourrait dans ces subdivisions supprimer les désinences et n'ajouter à la préfixe que le radical du nom de la période.

Exemples : La Période dévonique se subdiviserait en trois Époques ou Séries : *Eodévon.*, *Mésodévon.*, *Néodévon.*

La Période crétacique pourrait comprendre trois Époques : *Eocrét.*, *Mésocrét.*, *Néocrét.*

Tandis que pour ceux qui voudraient admettre une Période liasique, ne comportant que deux divisions, on aurait seulement *Eolias* et *Néolias* ».

M. Albert Gaudry insiste pour que le langage des géologues soit aussi simple que possible. Il me semble, dit-il, que nous nous comprenons bien les uns les autres. Mais le public nous comprend peu, et il nous comprendra de moins en moins, si nous compliquons notre langage. Or, nous avons des devoirs vis-à-vis de lui. Notre science géologique est si nécessaire à une foule d'industries, elle ouvre aux artistes et aux philosophes des horizons si magnifiques que nous n'avons pas le droit d'en jouir pour nous seuls. La Paléontologie éprouve un préjudice immense de la création de noms inutiles qui attribuent une importance exagérée à la moindre mutation de forme et rendent tellement compliquées les choses les plus simples que beaucoup de bons esprits en sont effrayés. Il est à désirer qu'en géologie nous ne multipliions pas les noms outre mesure. Il faut aussi prendre garde de changer les noms existants : la reconnaissance que nous devons aux fondateurs de notre science nous commande de ne pas supprimer sans nécessité les dénominations qui rappellent leurs découvertes.

d) Divisions de 4e ordre. — **Ages** = Étages

« La Commission reconnaît que les divisions de 4e ordre n'ont plus qu'une valeur régionale, et ne sont donc pas absolument nécessaires à la classification internationale.

Toutefois, comme dans chaque pays on aura besoin de divisions de cet ordre, lesquelles ne seront pas partout les mêmes, il est bon de leur appliquer une terminologie uniforme. Aussi, sur la proposition de M. de Zittel, la Commission recommande de baser leurs noms sur des localités ou des régions prises pour types ; par exemple : *Astien*, *Bartonien*, *Portlandien*.

Il est bien entendu que la désinence uniforme de ces noms pourra être modifiée suivant le génie de chaque langue. Ainsi le gisement d'Asti étant pris pour type, l'étage sera nommé *Astien*, *Astian*, *Astiano* ou *Astistufe* suivant la langue. »

e) Divisions de 5e ordre. — **Phases.** = Zones.

Quant à ces subdivisions, encore plus locales, il sera encore plus difficile d'avoir une terminologie fixe ; mais au moins est-il à désirer que la forme du nom rappelle l'ordre de la subdivision et soit, autant que possible, la même pour les différentes Périodes ou les différentes régions.

Aussi la Commission, tenant compte de l'usage très général des zones paléontologiques, pour les terrains de l'ère mésozoïque, recommande de désigner autant que possible les divisions de 5e ordre d'après un fossile caractéristique essentiel au niveau en question :

Exemples : Zone à *Amaltheus margaritatus*.
Zone à *Psiloceras planorbis*.
Zone à *Productus horridus*.
Zone à *Cardiola interrupta*.

M. Marcel Bertrand constate que la Commission n'a proposé la suppression que de 3 noms Primaire, Secondaire et Tertiaire ; il estime qu'elle ne devrait pas prendre la responsabilité de cette suppression et que les trois termes seront employés malgré tout.

L'ensemble du rapport est accepté par l'Assemblée sous le bénéfice des observations précédentes.

L'ordre du jour appelle ensuite différentes communications :

M. Scott entretient l'Assemblée de *la faune de la Patagonie*. De nouvelles études ont été faites par M. J.-B. Hatcher dans ces quatre dernières années sur la géologie de la Patagonie. La série des couches est ainsi fixée :

Gault : renfermant des ammonites qui montrent une complète ressemblance avec la faune synchronique du Sud de l'Afrique.

Magellanien : terrain d'âge éocène ou oligocène.

Patagonien : miocène très fossilifère dont les fossiles marquent une étroite parenté avec le miocène de l'Australie et de la Nouvelle-Zélande.

Couches de Santa Cruz : miocène d'eau douce, fossilifère, avec mammifères dont la faune se relie plus à la faune australienne du Sud de l'Afrique qu'à celle du Nord de l'Amérique.

Couches du Cap Fairweather : formation d'âge pliocène.

M. Depéret présente les observations suivantes :

Il paraît maintenant bien certain que M. Ameghino avait un peu trop vieilli les horizons à Mammifères de la Patagonie, en particulier l'*étage de Santa-Cruz*, que ce savant paléontologiste attribuait à l'Eocène. M. Scott, suivant en cela les suggestions de M. Hatcher, rajeunit singulièrement ce même horizon Santa-Cruzien en le rapportant au terrain Miocène. Il y a peut-être là une exagération en sens inverse de celle de M. Ameghino. La grande analogie que montre la famille des *Protherotheridés* avec les *Palæotherium* européens, dont elle représente sensiblement le même degré d'évolution au point de vue de l'adaptation des membres et de la structure des molaires, paraît devoir faire pencher plutôt pour l'âge oligocène de ces couches. C'est aussi l'opinion qui a été défendue par M. le professeur von Zittel, dans son *Traité de paléontologie*.

M. von Zittel a reçu une collection de M. Ameghino ; son étude et surtout celle des Rongeurs qu'on y trouve, lui ont permis de conclure que la faune de Santa-Cruz n'est pas ancienne et qu'elle est d'âge oligocène ou miocène sans qu'il soit possible de préciser davantage.

M. Raulin fait une communication *sur les terrains tertiaires de l'Aquitaine et sur leur classification.* Les dépôts tertiaires de ce bassin, presque tous marins dans la partie occidentale, sont mixtes dans la partie moyenne sur le méridien d'Agen, et tous lacustres dans la partie orientale au fond du bassin. M. Raulin donne une classification des diverses assises, ainsi que leur comparaison avec celles du bassin de Paris.

M. C. Eg. Bertrand fait une communication *sur les charbons gélosiques et les charbons humiques.*

Comme introduction à l'étude des charbons, M. Bertrand présente le résumé de ses recherches sur les deux types de combustibles que l'industrie nomme bogheads et schistes bitumineux. Les premiers sont formés par des algues gélosiques comparables aux fleurs d'eaux enfouies dans une gelée brune. L'accumulation d'algues s'est faite rapidement en une saison, car il n'y a ni interruption dans la couche, ni propagation de la décomposition au voisinage des coprolithes. La fossilisation s'est faite en présence du bitume. Les charbons humiques ou schistes bitumineux sont des accumulations de gelée brune, faites dans les mêmes conditions que celle des bogheads, mais les corps figurés n'y interviennent que pour une part insignifiante. Ils sont le fond commun dans lequel se forment les autres charbons organiques. L'addition d'algues en fait des bogheads, l'addition de spores en fait un charbon de spores, l'addition de coprolithes peut en faire un charbon animal. Dans tous les types qu'il présente, M. Bertrand montre l'existence de ces divers caractères.

M. de Lapparent demande à M. Bertrand ce qu'il entend par bitume.

M. C. Eug. Bertrand répond que le terme bitume implique pour lui l'idée de corps chargés de carbone et d'hydrogène, intervenant tout formés dans la roche.

M. Grand'Eury : *Sur les tiges enracinées des terrains houillers.* L'auteur présente des dessins nombreux à l'appui des communications qu'il a faites à l'Académie des sciences, tendant à démontrer que les tiges enracinées ont vécu là où on les trouve, que les végétaux qui ont le plus contribué à former la houille étaient des plantes de marécages, s'étant développées le pied dans l'eau. Il explique, se fondant sur les rapports des tiges et souches enracinées au toit, au mur et dans les entre-deux des couches de houille, que ces couches se sont généralement formées par faible transport, des marais bordant les bassins de dépôt, dans ceux-ci. Il en est de même des couches de houille brune. En somme, des formations tourbeuses de tous les temps géologiques, il n'est resté que cette partie transportée qu'a pu recouvrir le limon et qui nous a été ainsi conservée.

Quant au mécanisme de formation des bassins houillers, il dit que les tiges enracinées se trouvant, bien qu'irrégulièrement distribuées, dans toute l'étendue et à toute profondeur, le bassin s'est creusé pendant sa formation par des mouvements d'affaissements lents et brusques. Enfin, relativement au mode du remplisage du bassin, il remarque que les changements d'étages sont marqués par des changements de nature et de grosseur des roches, qui supposent l'intervention de grands mouvements orogéniques pendant la formation.

M. Lemière expose une théorie d'*enchaînement méthodique expliquant la formation chimique des divers combustibles fossiles.* Cette transformation est due à l'action des ferments sur la cellulose ; or, ces ferments ont été plus ou moins abondants et plus ou moins actifs suivant la période géologique considérée ; toute accumulation végétale a apporté avec elle les éléments de sa transformation, mais il importe qu'une action antiseptique soit intervenue pour empêcher la destruction totale de la cellulose et limiter l'action des ferments.

Parmi les preuves principales qui sanctionnent cette manière de voir, il faut citer le parallélisme complet qui existe entre les phases de la fermentation alcoolique et celle que l'on est en droit de reconstituer dans la fermentation houillère.

Le Secrétaire général informe l'Assemblée que le Geological Survey des États-Unis a mis à la disposition des Congressistes un certain nombre de volumes faisant connaître les ressources minérales des États-Unis pour les années 1897-1898 et 1898-1899.

La séance est levée à 4 heures.

Les Secrétaires : L. Cayeux,
Von Arthaber.

Section de Stratigraphie et de Paléontologie

DEUXIÈME SÉANCE

21 août 1900

La séance est ouverte à 10 heures, sous la présidence de *M. Von Zittel*, président de la Section.

Le procès-verbal de la dernière séance, ayant été imprimé et distribué, est adopté sans observation.

Le *Secrétaire général* annonce, au nom de la rédaction, la publication d'une nouvelle revue géologique, *Geologisches Centralblatt*, publiée sous la direction de M. Keilhack.

Il annonce, au nom du professeur Koken, que les *Palaeontologische Abhandlungen* de M. Koken porteront désormais le titre de *Geologische und palaeontologische Abhandlungen*, et contiendront géologie et paléontologie.

Le Secrétaire général fait part de l'invitation du Congrès national des Sociétés de Géographie, qui prie les membres du Congrès d'assister le 22 août, neuf heures du soir, à une séance où seront exposés les résultats techniques et géologiques de la mission Leclère en Indo-Chine.

M. Osborn fait deux communications :

1° *Progrès des méthodes en paléontologie.*

La technique de la paléontologie a fait, depuis quelques années, de grands progrès. Une série de photographies, présentées au Congrès, commençant par les travaux sur le terrain pour la recherche et l'enlèvement des fossiles, et se terminant par des squelettes complètement montés tels qu'ils sont dans le *American Museum of natural History* (Acerotherium fossiger, Phenacodus primævus, P. Wortmanni, etc.), rend sensibles ces progrès dans les méthodes de recherches.

2° *Corrélation entre les faunes de mammifères et les horizons tertiaires d'Europe et d'Amérique.*

L'auteur a pu faire, avec une précision nouvelle, en coopération avec plusieurs paléontologistes européens, une comparaison très exacte des faunes d'Europe et d'Amérique, particulièrement pour l'éocène. Ces recherches ont prouvé que dans ces deux régions de l'hémisphère nord, la paléontologie et la stratigraphie concordent, que la marche de l'évolution y a été parallèle, sinon identique et qu'on y peut admettre les mêmes divisions en étages. M. Osborn sera heureux que son travail, publié tout récemment, par l'Académie des Sciences de New-York, provoque la coopération de tous les paléontologistes pour ces essais de synchronisme.

M. Albert Gaudry montre l'intérêt de la communication de M. Osborn pour le Congrès géologique.

En laissant de côté quelques types spéciaux, la marche de l'évolution a été la même en Amérique et en Europe. La paléontologie et la stratigraphie se prêtent toujours un mutuel appui, et on peut espérer qu'un jour c'est d'après l'état d'évolution des êtres qu'on établira les divers âges du monde.

M. Depéret insiste sur la précision et la science du travail de M. Osborn. Tous les paléontologistes qui s'occupent de Vertébrés fossiles accueilleront avec un vif sentiment de satisfaction le beau travail de M. Osborn sur la corrélation des faunes d'Europe et de l'Amérique du Nord. Si, en effet, nous sommes fixés depuis longtemps déjà sur le synchronisme *en gros* du *Wasatch* avec notre Eocène inférieur, du *Bridger* avec notre Eocène moyen, de l'*Uinta* avec notre Eocène supérieur, du *White River* avec l'Oligocène, du *John Day* avec le Miocène, des couches à *Pliohippus* et à *Equus* avec notre Pliocène, il n'en est pas moins vrai que la comparaison détaillée établie par M. Osborn *entre tous les gisements* d'Europe et d'Amérique à la fois au point de vue stratigraphique et paléontologique, a amené le savant paléontologiste de New-York à un degré de précision tout-à-fait remarquable dans ces rapprochements à distance. Malgré quelques petites rectifications de détail sans grande importance, le travail de M. Osborn restera le point de départ de toute étude de paléontologie stratigraphique sur les Mammifères de l'hémisphère nord.

M. Ficheur présente la *troisième édition de la Carte géologique d'Algérie au 800 000e.*

Les travaux des collaborateurs de 1890 à 1899 ont permis de combler les lacunes des éditions antérieures de la carte géologique au 800.000^e, en sorte que la carte actuelle peut être présentée comme un document d'une certaine précision.

Les modifications les plus importantes portent sur les terrains anté-jurassiques et les terrains tertiaires.

Les schistes primaires (siluriens ?), séparés antérieurement sous le nom de *Schistes des Traras* se montrent, en lambeaux plus ou moins importants, au voisinage de l'axe de la dépression miocène du Chélif jusque dans le massif de Blida. Le *Permien*, conglomérats et grès du Djebel-Kahar, accompagne ces schistes sur plusieurs points.

Le *Trias*, reconnu d'abord aux environs de Constantine en 1896, a été signalé et délimité dans une série de lambeaux plus ou moins étendus, de l'est à l'ouest, dans le Tell, et dans la chaîne saharienne.

L'extension des terrains *éocènes* a été reconnue presque sans interruption de la Tunisie au Maroc. Enfin les dépôts *oligocènes* d'origine continentale jouent un rôle très important dans les bassins lacustres de la province de Constantine, dans les chotts oranais, et dans les dépressions de l'Atlas saharien, dans l'Aurès, et jusqu'à l'extrémité occidentale de la chaîne.

M. von Zittel rappelle qu'une réunion extraordinaire de la Société géologique de France en Algérie a permis de constater la rigueur du travail de M. Ficheur et de ses collaborateurs et les beaux résultats auxquels ils sont parvenus.

M. Flamand fait une communication *sur la géologie du sud de l'Algérie (hauts plateaux et montagnes des Ksour) et des régions sahariennes*. Le territoire étudié s'étend de Saïda (province d'Oran) à In-Salah (Tidikelt). Une coupe subméridienne rencontre sensiblement toutes les formations de ce vaste ensemble : schistes inférieurs noirs de Tefreb = Poudingues gris et marron assimilés au Permien du Tell, substratum de la série jurassique qui se montre ici très complète : Infralias jusqu'aux couches à *Cypricardia porrecta*, arkoses, argiles et calcaires correspondant aux trois étages de l'infralias sur lesquels repose toute la série liasique : Lias inférieur à *Spiriferina Walcotti*, Lias moyen à brachiopodes. Lias supérieur à *Harp. radians* qui supportent les dolomies bajo-bathoniennes auxquelles succèdent les couches oxfordiennes de Saïda.

L'auteur indique brièvement les autres points de ces régions où la série jurassique (bajocien inférieur moyen et supérieur, bathonien, etc.) montre les étages bien différenciés et bien spécifiés.

Plus au sud, la chaîne des Ksour montre les mêmes terrains auxquels succèdent, très développées, les formations crétacées. Ce n'est que dans l'Hinterland algérien, vers In-Salah, à l'Aïn Kahla, que se montrent de nouveau les formations jurassiques (assises infraliasiques à *Cypricardia porrecta*).

Les terrains tertiaires, oligocène-pliocène, sont bien développés sur les Hauts Plateaux ; dans le Sahara, l'oligocène forme le substratum des terrains de Houmada (Pliocène).

Le Pleistocène est, contrairement à ce qui était admis, relativement restreint en surface et en puissance, dans toutes ces régions sahariennes du Sud-Oranais et de la partie méridionale du bassin de l'Oued Rir.

Le plateau de Tedmaït, qui succède à la Chebka du Mzab dans le sud, est constitué par les couches crétacées moyennes cénomano-turoniennes et sénoniennes fossilifères.

Les strates, vers le sud, reposent sur des grès d'âge indéterminé, qui eux-mêmes ont pour substratum des couches infraliasiques. A ces dernières succèdent en concordance et bien relevées des couches gréseuses puissantes. Tout à fait dans l'axe de l'anticlinal qui met ces couches à jour, apparaissent les schistes cristallins gréseux à noyaux granitiques.

M. Douvillé fait une communication sur *le terrain jurassique de Madagascar*. Le jurassique forme une zone plus ou moins large dans le Bas Pays, à l'ouest de l'Imerina. La série est à peu près complète depuis le Trias gréseux, équivalent possible des grès de Karoo jusqu'à l'Oxfordien ; le Lias supérieur, cité par M. Boule au cap Saint-André, a été retrouvé par M. Willaume aux environs de Nossi-Bé, associé à des couches charbonneuses à végétaux.

Les terrains de Madagascar présentent la plus grande analogie avec ceux des colonies allemandes de l'Afrique orientale qui se prolongent par le pays des Somalis dans l'Abyssinie. Il y a beaucoup d'analogies avec la province de Cutch, les couches à plantes de l'Inde. Cette dépression jurassique correspond au golfe éthiopien de Neumayr et vient se rattacher à la Tethys de Suess comme l'a signalé cet auteur.

M. Douvillé fait une deuxième communication *sur les résultats géologiques de l'exploration de M. de Morgan en Perse (1889-1899) :*

M. de Morgan a exploré : 1° la chaîne d'Elbours ; 2° la région de Kachan à Ispahan ; 3° celle d'Ispahan à Dizfoul ; le pays des Baktyaris. Les fossiles qu'il a remis à M. Douvillé se rapportent à la plupart des étages, du Carboniférien jusqu'au Danien.

M. Douvillé a pu étudier à nouveau les *Loftusia*, foraminifères géants, que M. de Morgan a trouvés associés à des radiolites et biradiolites d'âge probablement santonien. Ces formes ont été rapprochées à tort des alvéolines dont elles ont la forme, il faut les placer dans le groupe exclusivement crétacé des Spirocyclinidés de M. Munier-Chalmas.

M. Gaudry prie l'assemblée d'excuser *M. Boule*, qui, retenu au Muséum d'histoire naturelle pour faire les honneurs des collections paléontologiques, a le regret de ne pouvoir présenter aujourd'hui le résultat de ses études sur la géologie de Madagascar.

M. Zeiller fait une communication *sur les plantes fossiles du Tonkin.*

Il résume les résultats que lui a fournis l'étude des nombreuses séries d'empreintes végétales recueillies dans les gîtes de combustibles minéraux du bas Tonkin, principalement à Honguy et à Kébao La flore se compose, outre quelques espèces propres, d'un mélange d'espèces identiques à celles du Rhétien d'Europe, et d'espèces indiennes, les unes du Permo-trias, les autres du Lias; l'âge rhétien de ces couches paraît donc bien établi. Il y a été trouvé une ammonite, malheureusement impossible à déterminer spécifiquement, mais qui paraît du moins voisine de certaines formes triasiques.

Dans le haut Tonkin, les gisements de combustibles de Yen-Baï ont fourni un *Salvinia*, des feuilles de Palmier et des Dicotylédones rappelant beaucoup les formes actuelles; à ces gîtes sont associés des calcaires avec Paludines très voisines de celles de l'étage Levantin d'Europe; il n'est guère douteux qu'on ait affaire là au Tertiaire supérieur.

M. Malaise fait une communication *sur le Cambrien et le Silurien de Belgique.*

Il cite les quelques espèces rencontrées dans le Cambrien de l'Ardenne, rappelle qu'il a trouvé dans l'ancien massif ardoisier du Brabant *Oldhamia radiata* et *O. antiqua* du Cambrien. Il a rencontré la faune de Caradoc dans l'Ordovicien, et les niveaux de Llandovery, Tarannon, Wenlock et Ludlow. Dans la bande de Sambre-et-Meuse, il a signalé les niveaux de l'Arenig, Llandeilo, Caradoc, Llandovery, Wenlock et Ludlow; et dans ceux-ci la plupart des zones à graptolites des îles Britanniques.

M. D.-P. Œhlert propose au Congrès la *fondation d'une publication internationale destinée à rééditer les types des espèces décrites antérieurement à une époque déterminée.* Cette publication, faite sur fiches mobiles, aurait pour but de reproduire d'une façon exacte et inaltérable la figure type, le type lui-même, s'il existe encore, et la diagnose originale ; M. Œhlert pense que cette publication viendrait compléter utilement les Index bibliographiques, puisqu'elle donnerait non seulement l'indication de la source, mais le document lui-même auquel ceux-ci renvoient. Après avoir résumé les observations qui lui ont été envoyées par MM. Bather, Dall, Schuchert, Walcott, Williams, etc., M. D.-P. Œhlert croit devoir résumer la question en ces termes :

1° Est-il utile de rééditer les types des espèces anciennes ?

2° Le mode de publication sur fiches mobiles semble-t-il pratique ?

3° N'y aurait-il pas lieu de nommer une commission internationale chargée d'examiner et d'élaborer ce projet, de façon à le présenter prêt à être mis à exécution au prochain Congrès qui se tiendra à Vienne ?

M. von Zittel montre toute l'importance du projet de M. Œhlert et demande le renvoi de ses propositions au Conseil qui les étudiera à la séance du 25 août et pourra leur donner suite. La motion de M. von Zittel est adoptée.

M. W.-F. Hume fait, en son nom et au nom de *MM. Barron* et *Beadnell*, les communications suivantes :

Les Rift-Valleys du Sinaï.

L'auteur considère ici les vallées longitudinales qui existent dans le Sinaï oriental. Ce sont des fractures parallèles au golfe de l'Akaba. Il y a cinq de ces vallées parallèles les unes aux autres et les couches sédimentaires ont descendu au moins de 400 m., entourées des deux côtés par les roches granitiques. Ce grand changement tectonique est la cause de ces grandes rift-valleys.

On peut reconnaître trois systèmes principaux : l'un, parallèle au golfe de l'Akaba, s'étend probablement à travers le nord de l'Arabie : un autre, parallèle au golfe de Suez, est la cause de plusieurs vallées dans le Sinaï de l'ouest, et enfin un système transverse qui ne peut être nettement prouvé, mais qui est en apparence générale tout à fait semblable aux autres.

MM. T. Barron et W.-F. Hume : Notes sur la géologie du désert oriental de l'Égypte.

Première partie : Couches sédimentaires.

Seconde partie : Roches ignées et métamorphiques.

Dans les études du désert arabique, dans la partie comprise entre Jebel Gharib et Gena Gosseir, MM. Barron et Hume ont reconnu des séries de roches métamorphiques et volcaniques et des couches sédimentaires. Les roches métamorphiques sont plus anciennes que les roches ignées. Dans cette série vient d'abord les gneiss de *Meeteg*, puis les schistes, suivis de grauwackes, de diabases et de dolérites. L'action volcanique a commencé à se manifester pendant la période de formation des grauwackes. Mais la masse principale des dolérites et des andésites est postérieure aux schistes ardoisiers. Ces roches sont recouvertes et, en beaucoup de cas, injectées de diorites quarzifères, de granites gris, souvent gneissiques. A travers les roches volcaniques et le granite gris, s'élèvent des masses de granite rouge, qui sont elles-mêmes fréquemment traversées par des dykes de diabase. Cet ensemble de roches métamorphiques et volcaniques a été aplani par l'érosion marine, et le grès nubien repose sur leur surface arasée.

Le grès nubien appartient au crétacé supérieur (Santonien). Des calcaires crétacés (Sénonien inférieur, Campanien) recouvrent le grès, et offrent trois faciès :

1° Faciès de Duni, avec *Ostrea Villei* et *Trigonoarca multidentata*.
2° Faciès de Hammâma, riches en Céphalopodes.
3° Faciès de Mellaha, avec *Gryphea vesicularis* et *Plicatula spinosa*.

Les couches éocènes se divisent, au point de vue lithologique, en un groupe supérieur de calcaires noduleux et crayeux (calcaires de Serrai), et un groupe inférieur d'argiles, marnes et calcaires marneux (schistes d'Esna..., etc.). Leur uniformité est remarquable dans toute la partie du désert arabique étudiée par MM. Barron et Hume.

Les couches oligocènes semblent manquer totalement.

Les couches miocènes avec de grandes huîtres, sont développées près du rivage occidental du golfe de Suez : elles ont un caractère septentrional et méditerranéen.

Le pliocène semble avoir été une époque de troubles, qui a abouti notamment à la formation des collines de la mer Rouge. C'est à cette période qu'appartiennent les conglomérats de la vallée et les calcaires de Wadi Quena.

Le pleistocène est marqué par le retrait de la mer et par plusieurs dislocations. Les récifs coralliens ont été relevés pour former par exemple la chaîne d'Esh, parallèle au golfe de Suez. Il est probable que ces changements étaient accompagnés par le passage graduel d'un régime pluvial à un régime désertique actuel.

M. Hume fait une communication sur :

Les vallées du Sinaï oriental.

M. Hume a surtout étudié, dans la campagne de 1898-1899, la partie sud-est du Sinaï, entre Dahab et Sherm. Les résultats essentiels de son étude sont les suivants :

La chaîne principale des montagnes du Sinaï au Eth Thebt ne concorde pas avec la ligne de partage des eaux, qui se trouve d'ordinaire à une petite distance à l'est.

La chaîne principale, d'Eth Thebt à Ras Mohammed, ne concorde pas non plus avec la ligne de partage des eaux, qui se trouve alors à l'ouest.

Le système principal de la péninsule du Sud est constitué par de longues crêtes, de direction N.-S.-S.-E. A l'est de Fersch Sheikh el Arab, un système transversal court d'ouest en est, vers le golfe d'Akaha. Au nord de cette chaîne, un pays septentrional, en forme de plateau d'une élévation de 1.200 mètres, un pays méridional, très accidenté de chaînons et de pics. Les vallées constituent des dépressions profondes étroites, avec des versants très rapides. Au sud de la chaîne transversale, elles courent vers le sud-est ; au nord, elles se dirigent vers le nord-est.

Les traits essentiels du Sinaï méridional sont dus à des dislocations plutôt qu'à l'érosion. Les fractures sont dirigées dans trois orientations, et c'est de là que découle la structure générale de la contrée.

M. *Fraas* ajoute aux observations de M. Hume quelques remarques personnelles qu'il a faites en Égypte sur le grès nubien et sur des roches éruptives récentes et anciennes traversant des grauwackes d'âge inconnu ; il décrit des failles, d'un rejet qui peut dépasser 150 mètres, qui jalonnent les bords de la mer Rouge et sont d'âge pliocène supérieur.

Le Président propose, en raison de l'heure avancée, de remettre à la prochaine séance de géologie générale les communications de MM. Lohest, Forir et Pavlow.

Les Secrétaires : A. THEVENIN,
VON ARTHABER,
ZIMMERMANN.

Section de Minéralogie et de Pétrographie

PREMIÈRE SÉANCE

17 août 1900

La séance est ouverte à 3 heures 1/2, sous la présidence de *M. Zirkel.*

Sur la proposition de *M. Michel-Lévy*, *MM. Rosenbusch* et *Fouqué* sont élus *Présidents d'honneur* de la section de Minéralogie et Pétrographie.

M. Michel-Lévy, en qualité de président de la Commission internationale de pétrographie, déclare que cette commission s'est bornée à recueillir les opinions des savants étrangers et à émettre des vœux. Il fait remarquer que le Comité français a fait d'importantes concessions pour faciliter l'entente avec les pétrographes étrangers.

M. Lacroix donne lecture des vœux adoptés par la Commission internationale de pétrographie dans ses séances des 25 et 26 octobre 1899.

L'assemblée procède ensuite à l'étude de ces vœux.

1er VŒU

« *Les noms d'auteur devront toujours être indiqués à la suite des noms de roches, comme cela est d'usage en zoologie et en botanique.* »

M. Zirkel fait remarquer que, pour un grand nombre de roches, il sera impossible d'indiquer le nom d'auteur; c'est le cas pour le granite, par exemple.

Sur le désir exprimé par *M. Michel-Lévy*, *M. Brögger* explique ce qu'il entend par granite; il déclare qu'un malentendu s'est produit au sujet de l'emploi qu'il fait du mot granite. Il l'applique à la fois comme nom d'espèce et pour désigner tout le groupe. Les détails dans lesquels il entre peuvent se résumer en disant que c'est la composition chimique qui doit servir comme première ligne de base à la distinction des groupes, et que c'est la roche profonde qui doit servir de base pour établir le nom du groupe.

M. Michel-Lévy fait remarquer, en choisissant l'exemple des diabases, qu'il y aurait utilité dans certains cas à ne pas mettre le nom de l'auteur à la suite du nom de roche.

M. Lœwinson-Lessing exprime le vœu que le nom des variétés de roches soit accompagné du nom de genre.

M. Zirkel propose d'ajouter le nom d'auteur quand on pourrait craindre une confusion.

M. Sederholm est d'avis de laisser chacun libre à cet égard.

M. Brögger demande que dorénavant on ajoute le nom d'auteur quand il s'agira d'un nom de roche nouveau.

MM. Scheibe et *Brögger* se prononcent en faveur de la rédaction proposée par le Comité.

Le premier vœu, mis aux voix tel qu'il a été proposé, est adopté.

2e VŒU

« *Il y a lieu de proposer au Congrès de 1900 de nommer une Commission internationale chargée de publier les noms nouveaux des roches avec leur description aussi précise que possible, avec leur analyse chimique et, au besoin, avec un dessin reproduisant leur structure. Cette publication aurait lieu dans le volume des comptes rendus des Congrès internationaux.* »

M. Michel-Lévy est partisan d'éliminer les noms nouveaux dont la nécessité n'est pas absolue ; la Commission choisirait les nouveaux noms dont la description figurerait aux comptes rendus.

M. Lœwinson-Lessing estime que tous les nouveaux noms doivent être enregistrés et soumis à une étude critique.

Le 2e vœu de la Commission, mis aux voix, est adopté.

Le Secrétaire général transmet à la section un projet de liste de pétrographes, pour former la Commission internationale, chargée de publier les noms nouveaux.

M. Zirkel donne lecture de cette liste, complétée en séance.

Allemagne.

MM. Rosenbusch.
Weinschenk.
Zirkel.

Autriche-Hongrie.

MM. Becke.
Dœlter.
Tschermak.

Angleterre.

Sir Arch. Geikie.
MM. Judd.
H. Teall.

Australie.

M. Twelvetrees.

Belgique.

M. Renard.

Brésil.

M. Hussak.

Canada.

M. Frank Adams.

Danemark.

M. Ussing.

Espagne.

M. S. Calderon.

États-Unis.

MM. Hague.
Iddings.
Pirsson.

France.

MM. Fouqué.
Lacroix.
Michel-Lévy.
Barrois.

Finlande.

MM. Ramsay.
Sederholm.

Italie.

MM. Sabatini.
Strüver.
Viola.

Japon.

M. Koto.

Norvège.

MM. Brögger.
Reusch.

Pays-Bas.

M. Wichmann.

Roumanie.

M. Mrazec.

Russie.

MM. Karpinsky.
Lagorio.
Lœwinson-Lessing.

Serbie.

M. Zujovic.

Suisse.

MM. Duparc.
Schmidt.

Suède.

MM. Bäckström.
Törneböhm.

Cette Commission a le droit de s'adjoindre d'autres membres; l'ancienne Commission internationale de pétrographie est déclarée dissoute.

3e VŒU

« *Il est avant tout désirable de régulariser la nomenclature des roches éruptives où le manque d'unité est particulièrement sensible. Différents auteurs attribuent une signification et un sens différents à un seul et même nom, et inversement diverses dénominations sont employées pour désigner une même roche, un même groupe de roches ou une même structure. Tous les inconvénients de la nomenclature actuelle peuvent et doivent être écartés, tout au moins pour les grands groupes.* »

M. Brögger fait remarquer qu'un vote sur cette question serait un vœu platonique et de nature à nuire à l'autorité du Congrès.

M. Michel-Lévy estime que la science pétrographique est trop en voie de transformation pour appliquer maintenant le vœu de la Commission ; c'est un vœu pour l'avenir.

M. de Lapparent pense qu'on ne doit pas changer un nom parce que sa signification s'est modifiée.

Le vœu, mis aux voix par *M. Zirkel*, est adopté.

4e VŒU

« *La caractéristique des grands groupes (par ex. des familles) doit se baser sur la composition minéralogique appuyée sur la composition chimique et la structure.* »

M. Brögger fait observer au sujet de ce vœu que la pétrographie fondée sur la composition minéralogique n'est pas en rapport avec les progrès de cette science. Il admet avec les écoles américaine et allemande que la base de classification doit être la composition chimique. On devrait à son avis ne pas maintenir ce vœu.

M. Lœwinson-Lessing estime également que la composition chimique doit servir de caractéristique, mais il est partisan de maintenir le vœu.

M. Michel-Lévy fait ressortir l'insuffisance de la donnée chimique et énumère les cas où elle peut induire en erreur ; il souligne les avantages de l'analyse minéralogique.

M. Lœwinson-Lessing s'appuie sur l'exemple des andésites à olivine et des basaltes sans olivine, pour montrer combien l'analyse chimique est indispensable ; il demande qu'on fasse ressortir dans le vœu que la composition chimique doit être prise en considération d'une manière toute spéciale.

M. Vorwerg est d'avis que cette question est de celles qui ne doivent, ni ne peuvent, être tranchées par un vote du Congrès.

M. Zirkel met aux voix les trois questions suivantes :

1° L'assemblée accepte-t-elle la rédaction de la Commission?

2° Doit-on ajouter l'amendement de M. Lœwinson-Lessing ?

3° Faut-il supprimer le vœu ? comme le demande M. Brögger.

22 suffrages admettent le vœu de la Commission.

9 suffrages adoptent l'amendement de M. Lœwinson-Lessing.

17 suffrages contre 25, se prononcent pour la suppression du vœu de la Commission.

M. Zirkel constate que la majorité est favorable au maintien du vœu.

Suivant le désir exprimé par *M. Brögger*, la première et la troisième question sont l'objet d'un vote nominal.

Ont voté pour le maintien du 4e vœu :

Allorge, Léon Bertrand, Buturcanu, Cayeux, Grenville J. Cole, Foucher, Gäbert, Gentil. Karpinsky, Kunz, Lacroix, de Lapparent, Lecœuvre, Leppla, Michel-Lévy, G. Munteanu-Murgoci, Œbbeke, Piatnitzky, Renard, Romberg, Sabatini, Zirkel.

Ont voté contre le maintien de ce vœu :

Ch. Barrois, Barvir, Brögger, Hlawatsch, Kolderup, Obroutcheff, Ogawa, Reusch, Riva, Scheibe, Termier, Vernadsky, Vorwerg, Vogt, Weinschenk.

M. Lœwinson-Lessing émet le vœu que la caractéristique des grands groupes soit basée en première ligne sur la composition chimique. Sa motion est appuyée par neuf membres.

Les vœux suivants sont adoptés :

5e VŒU

« *Les grands groupes peuvent être fixés dès à présent, sans gêner le développement ultérieur de la classification, et le démembrement de ces groupes en subdivisions.* »

7e VŒU

« *Il est désirable de désigner les principaux types de structure par des noms spéciaux.* »

9e VŒU

« *Il est nécessaire d'éviter l'emploi d'une même dénomination (d'un même terme) dans des sens différents.* »

10e VŒU

« *On devrait éviter autant que possible l'emploi et la création de différents termes pour désigner la même notion, la même roche ou le même groupe de roches.* »

13e VŒU

« *Il faut éviter autant que possible, pour les nouveaux types de roches, l'emploi de noms préexistants, en leur assignant un nouveau sens, en restreignant ou en élargissant leur signification.* »

On passe ensuite à la deuxième question de l'ordre du jour. A la demande du Président, le Secrétaire général présente les épreuves du Lexique pétrographique de M. Lœwinson-Lessing.

Sur le désir de la Commission, M. Barrois a traduit le Lexique, et il en a envoyé des épreuves aux membres de la Commission, ainsi qu'à quelques autres pétrographes désignés par la Commission : 75 exemplaires ont été ainsi expédiés; une préface du Secrétaire indiquait le désir de la Commission de voir ces exemplaires retournés avec des annotations pour l'ouverture du Congrès; 10 exemplaires seulement lui ont été renvoyés annotés.

Sur la proposition de *M. Brögger*, appuyée par MM. Zirkel, Scheibe et M. Michel-Lévy, il est décidé que le Secrétaire général sollicitera les observations des pétrographes qui n'ont pas répondu à son appel.

M. Michel-Lévy insiste sur la nécessité de faire des suppressions.

Il est décidé, à l'unanimité de la section, que ce Lexique sera inséré dans les comptes rendus des Congrès.

MM. Barrois et Lœwinson-Lessing sont chargés de centraliser toutes les annotations et observations qui leur seraient adressées par les membres de la Commission jusqu'au 1er avril 1901. L'impression du Lexique ainsi modifié, devrait être mise en mains à cette époque et l'œuvre de M. Lœwinson-Lessing serait publiée en français, sous les auspices du Congrès géologique international.

Sur la demande de *M. Brögger*, la Commission émet le vœu qu'une deuxième édition en allemand puisse être faite dans trois ans à l'occasion du Congrès de Vienne.

Le *Secrétaire-général* insiste en terminant, auprès des congressistes, pour que toutes les annotations relatives au Lexique, soient expédiées pour le 1er avril, aux deux savants chargés de la publication.

La séance est levée à 5 heures.

Les Secrétaires : L. Cayeux,
Gäbert,
Zimmermann.

Section de Minéralogie et de Pétrographie

DEUXIÈME SÉANCE

21 août 1900.

La séance est ouverte à 2 heures, sous la présidence de *M. Zirkel*, président.

M. Zirkel présente, de la part de *M. Keilhack*, la nouvelle Revue qu'il dirige, le *Geologisches Centralblatt.*

L'Assemblée procède à l'élection d'un Président de la Commission de Pétrographie. *M. Zirkel* est élu à une grande majorité.

Sur la proposition du président, il sera établi un Comité d'action, au sein de la Commission internationale de pétrographie. Ce sous-comité est composé de la façon suivante, en conformité du vote de la section :

MM. Becke pour l'Autriche et l'Allemagne.
Barrois pour la France.
Brögger pour la Scandinavie.
Lœwinson-Lessing pour la Russie.
Pirsson pour l'Angleterre et l'Amérique.

Le *Secrétaire-général* présente le rapport de la *Commission chargée de la fondation d'un Journal international de Pétrographie.* Outre le rapport imprimé de *M. Becke*, sur la fondation du *Journal international de Pétrographie*, ce savant a envoyé au Secrétaire général un manuscrit, qui est un nouveau programme, et dont *M. Zimmermann* donne lecture à la Section.

M. Zirkel fait remarquer qu'il est impossible de soumettre à la discussion un travail aussi long et qu'il vaut mieux charger la Commission de son examen.

M. Brögger demande que l'on commence immédiatement la discussion et que l'on porte l'attention sur les points suivants :

1° Le Journal de Pétrographie contiendra-t-il des comptes-rendus et des travaux originaux ?

2° Le Comité devra-t-il se charger de réunir les fonds nécessaires et de trouver un éditeur ?

3° *M. Becke* deviendra-t-il le rédacteur du journal ?

M. Zirkel informe l'assemblée que *M. Becke* lui a écrit pour lui proposer de fusionner le nouveau journal avec les

Mittheilungen de Tschermak ; il fait remarquer qu'on est aujourd'hui en présence d'un nouveau programme.

Sur la proposition de *M. Zirkel*, le Comité formé à Saint-Pétersbourg sera chargé de trancher les questions énumérées par *M. Brögger*.

M. Brögger demande si le journal sera essentiellement un journal renfermant des comptes-rendus ou s'il sera surtout consacré à la publication de mémoires originaux.

Après discussion, l'assemblée décide que le journal ne renfermera que des résumés et des travaux extrêmement courts.

A la demande de *M. Brögger*. le Comité est autorisé à demander aux gouvernements des subsides au nom du Congrès.

M. *Sacco* fait une communication sur un *Essai de classification générale des Roches* en se plaçant à un point de vue essentiellement didactique. Comme les roches sont des associations et non des unités, comme les unités biologiques et minéralogiques. il est préférable de les grouper en familles en s'appuyant spécialement sur la composition chimique qui est le caractère fondamental et en grande partie indépendant de la constitution minéralogique, de l'âge et du mode de formation. Il présente ensuite sa classification qui paraîtra dans les comptes rendus du Congrès.

Le Secrétaire général présente une note de *M. W. Salomon* sur un *Essai de nomenclature des roches métamorphiques*. Cette note, imprimée par les soins du Secrétaire général, a été distribuée avant le Congrès.

M. Weinschenk présente une note *Sur le dynamo-métamorphisme et la piezocristallisation.*

Il fait ensuite une autre communication, sur la *formation du graphite*. Les gisements de graphite de l'île de Ceylan, de Passau (Bavière) et de Bohême montrent que ce minéral n'est pas primordial dans les roches qui le renferment, mais qu'il a été apporté par des « agents anorganiques » sous des influences volcaniques.

Des fumerolles principalement composées d'anhydride carbonique, de carbonyles et de cyanures métalliques, ont déposé d'une part le graphite, de l'autre des oxydes de fer, de titane et de manganèse, tout en décomposant la roche encaissante. D'un autre côté les gisements de graphite des Alpes résultent du métamorphisme de houilles carbonifères par le contact du granite central. Par conséquent, dans l'un et l'autre cas, on constate que le graphite ne provient pas d'organismes antérieurs aux terrains fossilifères, ainsi que l'ont voulu la plupart des auteurs.

Le Secrétaire général lit une communication de *M. Hague, sur les volcans tertiaires de l'Absaroka-Range.* Cette région montagneuse consiste presque entièrement en roches tertiaires ignées d'une épaisseur de plus de 1800 mètres, traversées par des roches intrusives granitoïdes (granites, diorites, etc.), dont l'éruption est contemporaine des mouvements orogéniques qui ont soulevé l'Absaroka-Range.

M. Sabatini fait une communication sur *l'état actuel des études sur les volcans de l'Italie centrale.*

M. Sabatini, après des généralités sur la région, parle sur la question controversée des origines des tufs romains et de leur mode de formation. Ensuite, au sujet des laves, il signale plusieurs phénomènes, comme l'altération de la leucitite latiale en *sperone,* due aux fumerolles à chlorures volatiles, et sur la transformation de la leucite en feldspaths calco-sodiques. Il explique la formation du lac de Bolsena à *cratères emboîtés* : il ne s'agit pas d'effondrement. Enfin il dit quelques mots sur la rapidité de l'érosion dans ces tufs romains et dans l'argile sous-jacente, et signale un bel exemple de *vallées à coulisses* près Bagnora.

Le Secrétaire général informe l'assemblée que les communications de *MM. Grenville Cole* et *Frank Rutley*, inscrites à la fin de l'ordre du jour, consistent en une série d'observations sur le Lexique de M. Lœwinson-Lessing dont il sera tenu compte lors de l'impression du Lexique publié sous les auspices du Congrès géologique.

La séance est levée à 4 heures 1/2.

Les Secrétaires : CAYEUX.
ZIMMERMANN.

Section de Géologie appliquée et d'Hydrologie

PREMIÈRE SÉANCE

18 août 1900

La séance est ouverte à dix heures, sous la présidence de *M. Schmeisser,* président de la section.

Le Président annonce que le Geological Survey des États-

Unis met à la disposition des membres du Congrès un certain nombre de volumes : 19th et 20th *Annual Report Mineral Resources of the United States.*

M. Mourlon fait une communication sur les *voies nouvelles de la Géologie belge*, qui donnent d'importants résultats, tant sous le rapport du progrès de la science, que des applications; il termine en ces termes :

« En agissant comme nous l'avons fait, nous croyons servir les intérêts de la géologie, non seulement en Belgique, mais même en tous pays. Aussi, nos visées s'étendent-elles beaucoup plus loin encore, et, en présence du mouvement colonial qui, depuis quelques années, a pris chez nous, comme un peu partout ailleurs, un développement qui ne fera que s'accentuer par la suite et qui réclame le concours d'un si grand nombre de géologues de profession, et malheureusement le plus souvent en vain, faute de préparation spéciale suffisante, je me demande s'il ne me serait point permis d'exprimer un vœu devant cette assemblée, aussi remarquable par le nombre que par la compétence des illustrations qui la composent.

» Ce vœu serait de voir la session actuelle du Congrès international de géologie nous donner, par l'approbation du programme que nous nous sommes tracé et que nous nous efforçons de réaliser, la consécration qui nous est si nécessaire pour inspirer encore davantage la confiance en haut lieu et pour triompher des résistances et des difficultés qui ne manquent jamais de se produire lorsqu'on entre dans des voies nouvelles ou tout au moins peu explorées. »

M. Gosselet fait ensuite une communication *sur les eaux salines que l'on rencontre dans les nappes aquifères du Nord de la France.*

Dans le terrain houiller, les eaux sont chargées de chlorure de sodium, tandis que, dans le calcaire carbonifère, elles sont encore sodiques, mais sulfatées ou carbonatées. Ces eaux sodiques se rencontrent aussi dans la craie et même dans le terrain tertiaire. On a fait plusieurs hypothèses pour expliquer leur origine. On l'a attribuée à des pénétrations de la mer et aussi à des eaux fossiles contenues dans des portions du sol qui n'ont pas encore été lavées par des eaux de la nappe supérieure. Mais la présence des nappes aquifères salines au-dessus du niveau de la mer rend ces deux hypothèses bien peu probables.

M. Stirrup signale qu'aux environs de Manchester, il y a

dans les vallées, des teintureries, dont les puits, creusés dans les graviers, à quelques mètres de distance, donnent tantôt des eaux fraîches, tantôt des eaux salées. Il ne saurait leur appliquer l'explication donnée par M. Gosselet. Dans le terrain houiller de la même région, il y a aussi des eaux salées, dont l'origine est inconnue.

M. Marboutin a tracé, pour le service de l'Observatoire de Montsouris, dans la région parisienne, les courbes d'égal degré hydrotimétrique. Il a ensuite cherché à connaître la vitesse des eaux souterraines et tracé des courbes isochronochromatiques. Pour tracer ces courbes il a employé une méthode nouvelle et intéressante qui permet de suivre les nappes aquifères sans inquiéter la population : Il verse une quantité très faible de fluorescéine dont il décèle ensuite la présence au fluoroscope avec beaucoup de précision. En rapprochant ces deux sortes de courbes, on voit que les degrés hydrotimétriques élevés se trouvent dans les régions où l'eau est stagnante.

M. Choffat a reconnu dans les eaux du Portugal une grande quantité de chlorure de sodium auquel on ne peut attribuer qu'une origine aérienne. Le carbonate de sodium a été trouvé seulement dans les sondages et toujours plus bas que le niveau de la mer.

M. Van der Veur fait une communication sur *l'agrandissement du royaume des Pays-Bas par le desséchement du Zuyderzée.*

Il rend compte des grands projets actuellement à l'étude pour l'établissement d'une digue gigantesque qui permettrait de gagner sur la mer 200.000 hectares de terres nouvelles, 4.000 fermes pour l'État, d'avoir de l'eau douce à Amsterdam et dans le lac d'Issel, et cela sans inconvénient pour la salubrité du pays. Il remercie la presse étrangère de son concours à ce projet grandiose de conquête pacifique d'un immense territoire.

Le président remercie M. Van der Veur de sa communication et exprime les vœux de l'Assemblée pour la réalisation de ce grand projet.

M. Thevenin, secrétaire, donne lecture de la communication de *M. L. Fabre* sur : *Les plateaux des Hautes-Pyrénées et les dunes de Gascogne.*

Selon l'auteur, les deux phénomènes d'érosion submontagneuse et d'apports littoraux dans un même bassin ne sauraient être indépendants, et aucune des théories jusqu'ici émises pour la formation des dunes gasconnes ne lui paraît pleinement satisfaisante. Il est conduit à voir dans le sable des dunes le résultat d'apports continentaux plutôt que d'érosions marines. Les abrasions puissantes, dont les plateaux sous-pyrénéens ont été et sont encore l'objet, lui paraissent avoir une importance prépondérante dans ces formations côtières arénacées. On peut considérer la diversité d'âge des dunes comme une répercussion littorale de la multiplicité des périodes glaciaires pyrénéennes. La conclusion de l'auteur est que le reboisement des landes de Lannemezan s'impose non seulement pour préserver des inondations la plaine d'Armagnac, mais encore pour ralentir le perpétuel ensablement de la côte gasconne.

Les Secrétaires : Crema,
A. Thevenin,
Zimmermann.

Section de Géologie appliquée et d'Hydrologie

DEUXIÈME SÉANCE

23 août 1900

La séance est ouverte à quatre heures vingt, sous la présidence de *M. Schmeisser*. Aucune observation n'est présentée au procès-verbal de la deuxième séance, qui a été imprimé et distribué.

Le président met à la disposition des congressistes des exemplaires d'un catalogue de profils, cartes et plans relatifs à l'hydrologie de l'Alsace-Lorraine, que *MM. Schumacher* et *Van Werveke* ont préparés pour l'exposition du ministère de ce pays. Ces objets sont visibles à l'exposition collective allemande pour l'hygiène.

M. Van den Broeck, dans une communication *sur les applications de la géologie*, commence par faire l'historique de cette voie d'études spéciales qui est moins nouvelle que beaucoup le croient. Constant Prévost, le premier fondateur de la Société géologique de France, avait tellement en vue, — divers documents en font foi, — l'épanouissement des applications de la géologie, que ses amis et collègues de la première heure durent insister vivement pour ne pas faire de la Société naissante une sorte d'office scientifique, technique, et commercial.

Si en 1830 cette thèse de l'opportunité des applications ne pourrait recevoir de sanction pratique, c'est, comme le montre M. Van den Broeck, parce que les temps n'étaient pas venus et que le sagace, mais trop zélé précurseur, était en avance de trois quarts de siècle.

Le motif en est qu'une première phase d'élaboration purement scientifique doit précéder la période des applications. C'est celle de l'évolution et de l'épanouissement naturel de la géologie qui, tout d'abord, doit s'occuper exclusivement de l'étude détaillée locale et régionale des terrains.

Il pourrait être fâcheux de détourner, pendant cette période d'évolution normale des progrès de l'étude géologique d'une région donnée, les forces vives que réclament les recherches scientifiques pures.

C'est surtout dans les régions industrielles et à richesse minérales exploitées que l'on constate, fait observer l'orateur, les progrès rapides des connaissances géologiques et cela s'explique aisément par la multiplicité des travaux publics et privés qui criblent et perforent de tant de manières le sol et le sous-sol de ces régions. Le département du Nord en est un exemple frappant et un heureux hasard y a précisément conduit, depuis 1865, M. le Professeur J. Gosselet, un des plus fervents disciples de Constant Prévost qui eut, depuis son arrivée dans la région, la joie d'être à même, dans un milieu bien approprié, de pouvoir avec persévérance et énergie, réaliser dans ses multiples directions le programme conçu par son illustre maître.

Ces mêmes conditions favorables de milieu ont aussi facilité la tâche des géologues belges qui, déjà en 1851, possédaient, grâce à A. Dumont, de remarquables cartes géologiques du sol et du sous-sol à l'échelle de $\frac{1}{160000}$.

En Belgique aussi, on utilise depuis longtemps, un précieux canevas topographique au $\frac{1}{20000}$ qui constitue pour les travaux de géologie détaillée un précieux élément, facilitant des levés géologiques à grande échelle. Si, à ces avantages matériels, on ajoute la diversité des éléments du sol et les richesses minérales si nombreuses et si variées de la Belgique, et si enfin l'on se rend compte des innombrables travaux de recherche et d'exploitation auxquels elles ont donné naissance, on comprendra aisément que les géologues belges soient arrivés, avant bien d'autres, à s'occuper activement de géologie appliquée.

Après avoir rendu hommage au précurseur français et à son disciple de Lille, dont la Belgique suit l'exemple, M. Van den Broeck retrace à grands traits le rôle et l'action convergente dans cette direction des deux sociétés : géologique de Belgique, dont le siège est à Liège, et belge de géologie, dont le siège est à Bruxelles. Il rappelle également les travaux similaires des géologues de la commission de la carte belge et ceux du service géologique, dirigé par M. Mourlon.

Il insiste enfin sur l'importance et l'intérêt de ces travaux d'application, qui, dans une contrée où la géologie régionale est arrivée à la phase d'épanouissement des levés et des études détaillés, non seulement ne sont pas, comme d'aucuns le croient, en opposition avec les progrès de la science, mais constituent au contraire un puissant adjuvant du progrès géologique.

M. Kunz fait une communication sur les *progrès de la production des pierres précieuses aux États-Unis.* Il appelle l'attention sur les nombreux minéraux intéressants trouvés, et sur les problèmes géologiques qu'ils présentent pour la recherche des pierres précieuses. Il signale les recherches faites par un grand nombre de géologues américains pour déterminer le gisement des diamants trouvés dans le Wisconsin et que l'on croyait exister dans la région du Labrador et de James Bay. La carte préparée par M. Kunz pour le service géologique des États-Unis indique vingt-quatre localités dans trois régions distinctes. La tourmaline, le saphir, la turquoise et autres gemmes sont mentionnés par M. Kunz. Le produit des gemmes américains a été de 1.000.000 de francs en 1899. Le catalogue de la collection visible dans le palais des mines de la section des États-Unis, et appartenant à l'American Museum of Natural History, est offert aux savants qui en font la demande.

M. Léon Janet fait une communication *sur le captage et la protection des sources d'eaux potables.*

Le *captage* d'une source d'eau potable a pour but essentiel de la mettre à l'abri de toutes les contaminations pouvant se produire au voisinage du point d'émergence et spécialement dans le trajet que l'eau effectue entre le gisement géologique de la nappe et la surface du sol.

Un bon captage d'une source consistera généralement à aller chercher l'eau dans son gisement géologique au moyen de puits, de forages ou de galeries, en faisant abstraction du point naturel d'émergence.

La *protection* d'une source d'eau potable a pour but d'éviter la contamination de l'eau de la nappe souterraine au point où celle-ci quitte son gisement géologique pour gagner la surface du sol.

Elle nécessite d'abord la détermination approximative du *périmètre d'alimentation* de la source, c'est-à-dire de la zone dans laquelle une molécule d'eau, tombant à la surface du sol, peut se retrouver au point d'émergence de la source.

Elle consiste ensuite à examiner le mode d'absorption de l'eau dans ce périmètre d'alimentation, soit par petits filets sans ruissellement, soit par engouffrement du cours d'eau dans des *bétoires*.

La manière dont l'eau engouffrée dans un bétoire se répartit dans la nappe et la communication entre un bétoire et une source peuvent être étudiées au moyen de matières colorantes. comme la *fluorescéine*, en construisant des courbes dites *isochronochromatiques* passant par les points où la matière colorante arrive au bout d'un temps déterminé.

Le danger d'une communication entre une source et un bétoire est établi au moyen de micro-organismes inoffensifs, ne se trouvant pas dans les sources, et d'une dimension analogue à celle des principales bactéries pathogènes.

On remédiera à la situation en empêchant les eaux de s'engouffrer dans les bétoires reconnus dangereux.

M. de Launay expose quelques réflexions *sur l'enseignement de la géologie pratique*. Il se produit actuellement, en faveur de la géologie appliquée, un mouvement d'opinion qui correspond évidemment à un désir et à un besoin. La géologie pratique peut être enseignée scientifiquement, d'une façon approfondie ; mais elle peut être aussi, et c'est sur ce point que l'orateur voudrait insister, être enseignée d'une façon plus humble, plus modeste, en vue de mettre la masse du public à même d'utiliser, sans connaissances spéciales, les résultats de la géologie. Pour y arriver il serait peut-être nécessaire de juxtaposer à l'enseignement ordinaire de la géologie scientifique qui est surtout fondé sur la détermination précise de l'âge des terrains un enseignement pratique, où l'on se passerait de ces déterminations difficiles pour utiliser seulement la nature physique, chimique et minéralogique des terrains, leurs mouvements de dislocation et de plissement, leurs altérations à la surface, etc.

C'est ce que M. de Launay a essayé de faire dans un petit ouvrage sur la géologie pratique, qui doit paraître prochainement et où il a tour à tour envisagé les connaissances générales de géologie pratique utiles à toutes les professions, puis les applications spéciales à l'art de l'ingénieur, à l'agriculture, à la recherche des minerais et des combustibles, du captage des sources thermales, à la topographie.

Le Président présente, de la part de M. *A. de Richard*, une brochure sur *l'origine du pétrole*.

M. Mourlon estime qu'il existe peut-être un certain équivoque quant à ce qu'il faut entendre par géologie *appliquée*. Dans notre pensée, dit-il, c'est synonyme de géologie *détaillée*. Si en chimie, par exemple, la science pure ne bénéficie pas des applications, c'est le contraire qui a eu lieu pour la géologie qui doit tant aux applications et dont dépend maintenant leur grande extension.

Nous sommes bien un peu réunis ici, en congrès, pour nous concerter au sujet des intérêts de notre science et de ceux qui en sont les représentants en tous pays. Et à ce point de vue ne convient-il pas de se demander ce qu'il en adviendra lorsque les travaux de levés de cartes, par exemple, qui touchent à leur fin dans certains petits pays, comme la Belgique, ne seront plus là pour entretenir le mouvement scientifique ? Il est bien vrai que les cartes devront être tenues à jour de manière à pouvoir bénéficier de tous les travaux intéressant la géologie, mais, pour atteindre ce résultat, il faut une institution spéciale pour bien coordonner tous les faits avérés et les résultats acquis.

Le service géologique de Belgique prend ses dispositions pour en faire l'office et devenir aussi une école pratique destinée à fournir des « géologues conseils » en tous pays, absolument comme certains instituts forment des électriciens en France, en Allemagne, et en Belgique à l'Institut Montefiore de Liège et à celui de Louvain.

M. Boursault insiste sur la nécessité de multiplier les renseignements pratiques donnés, même par les personnes non géologues, mais contrôlées et guidées par les spécialistes.

En particulier, il faut multiplier les coupes de puits et forages ; mais le plus souvent, ceux-ci, précieux pour les stratigraphes, manquent de l'élément essentiel pour l'hydrologue : *le niveau de l'eau*, sans lequel il est impossible de tracer les courbes de la surface piézométrique de la nappe.

La séance est levée à 5 h. 50.

Les Secrétaires : L. Cayeux.
Von Arthaber.

QUATRIÈME PARTIE

RAPPORTS DES COMMISSIONS

RAPPORTS DES COMMISSIONS

1. COMMISSION DE LA CARTE GÉOLOGIQUE INTERNATIONALE D'EUROPE

Procès-verbal de la séance tenue à Paris le 18 août 1900

La séance est ouverte à 10 heures.

Sont présents :

MM. Beyschlag, Capellini, Sir Archibald Geikie, Karpinsky, Mojsisovics von Mojsvar, Hans Reusch, Sederholm, Michel-Lévy.

M. Michel-Lévy est nommé Président du Comité.

Avant d'entrer dans l'examen des questions à l'ordre du jour, le Comité de la Carte géologique de l'Europe déplore la grande perte qu'il a faite en la personne de M. Hauchecorne. Comme, d'après les précédents, il ne doit admettre qu'un Membre avec voix délibérative par grand pays et que, suivant une décision du Comité, réuni lors du Congrès de St-Pétersbourg, M. Beyschlag a été adjoint à M. Hauchecorne pour représenter l'Allemagne et exécuter les cartes encore en œuvre, il décide que M. Beyschlag remplacera M. Hauchecorne, avec voix délibérative. D'autre part, les précédents permettant au Comité de s'adjoindre les Directeurs des principaux services avec voix consultative, il décide à l'unanimité que M. Schmeisser sera nommé membre du Comité de la Carte géologique de l'Europe, avec voix consultative.

Le président donne la parole à M. Beyschlag pour la lecture de son rapport.

Tout d'abord M. Beyschlag retrace en quelques mots l'importance des services rendus par feu Hauchecorne à l'œuvre de la publication de la Carte géologique de l'Europe.

Il donne ensuite lecture de son rapport, et présente au Comité la 4me livraison de la Carte comprenant les feuilles C^{I}, C^{II}, C^{III}, D^{II}, D^{III} et E^{IV}, et un tableau d'assemblage indiquant les feuilles parues et celles en cours de publication.

M. le Président remercie M. Beyschlag de son rapport si clair et si concis.

Le Comité, après avoir entendu le rapport de M. Beyschlag, et considéré les menaces financières, qui se traduisent actuellement par un excédent de dépenses sur les recettes, émet le vœu que les principaux États souscripteurs augmentent de moitié les sacrifices consentis.

L'Italie a pris les devants et donné le bon exemple en portant de 100 à 300 le nombre des exemplaires souscrits.

Le Comité estime qu'il conviendrait de porter de 100 à 150 la souscription des divers grands États ; cette augmentation s'appliquant également aux feuilles déjà publiées.

Le Président donne ensuite la parole à M. Karpinsky, qui fait ressortir que les nouveaux figurés, tenant compte en Russie, des affleurements réels et des terrains de couverture, a exigé d'immenses efforts et explique le retard apparent dans la publication des cartes ; il observe à juste titre que la Russie a déjà fourni 6 feuilles de la carte d'Europe, c'est-à-dire autant que tous les autres pays pris individuellement.

M. Karpinsky dit qu'il espère pouvoir dans l'avenir participer davantage aux travaux de la carte d'Europe et il compte présenter au prochain congrès les feuilles E^{I}, E^{II}, F^{II}, F^{III}, F^{IV}, G^{II} et G^{III}. Mais les feuilles topographiques du rang F ne sont pas finies, et nécessairement la publication des feuilles géologiques est subordonnée à l'achèvement du canevas topographique.

M. Karpinsky estime qu'il y a lieu de publier toutes les feuilles de la colonne G, sauf à laisser en blanc la partie orientale de plusieurs de ces feuilles.

De son côté, M. Michel Lévy fait ressortir qu'il y a intérêt, en vue des éditions ultérieures, à conserver également la bande méridionale VII, mais en laissant des blancs pour les parties moins étudiées.

M. Mojsisovics dit que les légendes pourraient trouver place dans les parties provisoirement réservées.

M. Beyschlag se range à cet avis et observe qu'on a déjà fait ainsi pour certaines parties du Maroc.

La topographie pourrait aussi être simplifiée ou laissée en blanc en cas de besoin.

Le Comité remercie hautement M. Beyschlag des efforts, couronnés de succès, qu'il a développés, pour mener à bonne fin l'œuvre commune, depuis la mort du regretté Hauchecorne.

La séance est levée à 11 heures 1/2.

RAPPORT DE LA DIRECTION DE LA CARTE GÉOLOGIQUE D'EUROPE SUR L'ÉTAT DES TRAVAUX DE CETTE CARTE

Rapport présenté aux Membres de la Commission de la Carte géologique d'Europe, à l'occasion du 8e Congrès géologique international,

par M. F. **BEYSCHLAG**.

Avant de vous présenter mon rapport, j'obéis à un sentiment de reconnaissance en vous rappelant les mérites de notre éminent collaborateur, M. Hauchecorne, qui, malheureusement, a été subitement enlevé par la mort, au commencement de l'année, à une vie pleine de travail et de succès.

Notre grande entreprise a perdu dans le défunt non seulement un de ses fondateurs, mais aussi un talent extraordinaire, à qui nous devons, avant tout, l'organisation de l'œuvre.

Lorsque j'ai eu l'honneur de vous présenter, il y a trois ans, à St-Pétersbourg, le dernier rapport de la Carte géologique, il restait à faire :

Les pays scandinaves, Suède et Norwège,

La partie septentrionale du Danemarck,

La plus grande partie de la Russie d'Europe, avec le grand Duché de Finlande,

Enfin, l'Est de la Péninsule des Balkans, l'Asie Mineure avec son « Hinterland » et les contrées africaines, devaient occuper la dernière série de feuilles.

Depuis lors, j'ai travaillé à l'édition des feuilles scandinaves, finlandaises et de la Russie Centrale et je suis en état de vous présenter (aujourd'hui à l'occasion du Congrès de Paris) les feuilles C^{I}, C^{II}, C^{III}, D^{II}, D^{III} et E^{IV} imprimées, comme résultat du travail des dernières années.

L'amabilité du Directeur du service géologique de la Suède, M. le Professeur Törnebohm, qui est entré avec voix consultative dans la Commission de la Carte en remplacement de M. O. Torell, nous a rendu possible de représenter d'une façon satisfaisante la Suède, y compris les formations quaternaires. MM. les Directeurs Reusch pour la Norwège, et Sederholm pour la Finlande, ont donné avec grande complaisance leur approbation à notre tracé. Ces résultats ont été facilités par le voyage que j'ai entrepris au printemps de l'année passée, pour avoir des entretiens personnels avec nos confrères de Stockholm et de Christiania.

La publication des contrées russes n'a pas avancé comme nous l'espérions. Aux feuilles Russes E^{IV}, et D^{III}, dont le dessin était déjà prêt depuis plusieurs années, on ne put ajouter qu'au printemps la partie russe de la feuille D^{II} et la partie septentrionale de la feuille E^{V}, contenant la péninsule de la Crimée. Mais comme il manque encore pour dresser cette feuille les tracés topographiques et géologiques de l'Asie Mineure, elle n'a pu être imprimée.

J'ai reçu, il y a un mois, grâce à l'amabilité de M. Karpinsky, le dessin géologique de la feuille E^{III} contenant les environs de Saint-Pétersbourg et de Moscou. Cette feuille sera imprimée sans tarder, et publiée avec les feuilles voisines.

Comme quatrième livraison de la carte, je vous présente donc les nouvelles feuilles C^{I}, C^{II}, C^{III}, D^{II}, D^{III}, et E^{IV}, qui seront éditées au commencement de l'année prochaine.

Pour continuer la publication, on sera forcé de reconstruire complètement la base topographique de l'Asie Mineure, d'après les matériaux laissés par le défunt Professeur Kiepert et complétés par les recherches topographiques les plus récentes. Ce sera un travail difficile et compliqué que de se procurer et de réunir les matériaux nécessaires pour dresser la carte géologique de l'Asie Mineure. Heureusement, nous pouvons compter sur l'aide et l'appui d'une série d'explorations qui se trouvent actuellement en cours, tant sous les auspices de l'Académie scientifique prussienne, que sous celui d'autres Sociétés scientifiques et avec l'appui de hautes personnalités. Nous avons du moins des espérances fondées, à cet égard. J'ai essayé en outre d'intéresser à l'entreprise, le gouvernement Turc et les grandes Compagnies de Chemin de fer de l'Asie Mineure.

Il est à la fois, de l'intérêt bien entendu, des États participant à l'édition de la Carte, et de celui de l'éditeur, que l'œuvre soit bientôt définitivement achevée. Mais c'est un résultat impossible à atteindre immédiatement, je dirai même dans des dizaines d'années, si on persiste à vouloir colorier complètement toutes les feuilles de la Carte, dans l'extension adoptée tout d'abord. Suivant le plan, primitivement fixé, la carte géologique d'Europe englobe dans la série Sud de ses feuilles A-G^{VII}, une grande bande de terrains africains et dans la série Est de ses feuilles G^{I}-G^{VII} une autre bande de terrains asiatiques.

Pour le plus grand nombre de ces feuilles des séries Sud et Est, il ne nous manque pas seulement les bases topographiques nécessaires à l'exécution d'un dessin précis à l'échelle 1 : 1.500.000, mais aussi et avant tout, les recherches géologiques, qui puissent permettre une représentation même sommaire.

En considération de ces circonstances, il nous paraît préférable de ne pas retarder plus longtemps la publication des matériaux nouveaux réunis pour ces feuilles, et de les éditer aussitôt que possible, d'après les cartes et itinéraires topographiques et géologiques, qui ont paru jusque maintenant, et nous laisserons en blanc le reste.

Enfin, je suis forcé de faire en terminant quelques communications sur la situation financière de l'entreprise.

Comme vous le savez, les fonds nécessaires à l'impression des cartes, dont s'est chargée la maison Dietrich Reimer, de Berlin, proviennent seulement de souscriptions d'Etats, acquéreurs d'un nombre plus ou moins grand des feuilles. Il n'existe aucune contribution directe des Etats. Les frais effectués pour la préparation des dessins, les corrections et le travail de rédaction sont soldés libéralement par le Service de la carte géologique détaillée de la Prusse.

La somme totale des versements de tous les Etats s'élève à quatre vingt mille M. (80.000), dont soixante mille M. (60,000) ont été payés jusqu'à présent.

Les paiements faits jusqu'ici, à l'Institut lithographique, par la maison Dietrich Reimer, pour l'impression, s'élèvent à peu près à soixante cinq mille Marcs (65.000). Il est donc évident que le reste de la somme, dont le versement ne doit être réclamé, d'ailleurs, qu'après l'achèvement de l'œuvre, ne suffira pas à payer l'édition des feuilles qui restent encore à faire.

L'éditeur s'est engagé à achever l'œuvre en tant que cela dépendra de lui, mais il serait équitable de lui faciliter la tâche pour les motifs suivants. Dans le plan primitif de la Carte, plan qui a servi de base au contrat conclu entre la direction de la Carte et l'éditeur, on n'avait en vue qu'une exécution bien plus simple, nécessitant un plus petit nombre de tirages en couleurs et une exécution moins détaillée des limites géologiques. Il est arrivé qu'au contraire, la plupart des feuilles parues jusqu'ici sont très détaillées et compliquées. Je vous rappelle notamment la feuille Cv, contenant les Alpes, ou bien encore, les feuilles Russes et Anglaises où le quaternaire est en outre représenté par des hachures en couleurs.

Pour lever ces difficultés financières, il importe que les Membres de la Commission persuadent leurs Gouvernements d'augmenter le nombre des exemplaires souscrits.

L'Italie a déjà donné le meilleur exemple en élevant d'elle-même le nombre des exemplaires souscrits à 300. Si les autres États manifestaient d'une façon aussi pratique l'intérêt qu'ils portent à l'accomplissement de notre carte, l'exécution de l'œuvre serait garantie du côté financier, sans léser la Maison Dietrich Reimer, qui, jusqu'ici, a rempli si brillamment sa tâche.

La Direction de la Carte,
F. BEYSCHLAG.

II. COMMISSION INTERNATIONALE DE CLASSIFICATION STRATIGRAPHIQUE

Rapport par M. **E. RENEVIER**.

La Commission instituée par le Congrès de Saint-Pétersbourg, dans son assemblée du 30 août, et nommée par le Conseil dans sa séance du 3 septembre 1897, a été composée de 8 membres effectifs et 22 membres correspondants.

Membres effectifs :

MM. Dr CH. BARROIS, à Lille (France).
Prof. G. CAPELLINI, à Bologne (Italie).
Prof. TH. Mc K. HUGHES, à Cambridge (Angleterre).
Prof. E. RENEVIER, à Lausanne (Suisse).
Dr E. TIETZE, à Vienne (Autriche).

MM. Th. Tschernyschew, à Saint-Pétersbourg (Russie).
Prof. H. Williams, à New-Haven (U. S. A.).
Prof. Dr K. von Zittel, à Munich (Allemagne).

Membres correspondants :

MM.
Choffat (Lisbonne).
Clark (Baltimore).
de Cortazar (Madrid).
Davis (Cambridge, Mass.).
Dawson (Montréal).
Depéret (Lyon).
Frech (Breslau).
Griesbach (Calcutta).
Karpinsky (St-Pétersbourg).
Kayser (Marburg).
de Lapparent (Paris).

MM.
Martin (Leyde).
Mayer-Eymar (Zurich).
Nathorst (Stockholm).
Nikitin (St-Pétersbourg).
Stefanescu, Gr. (Bucarest).
de Stefani (Florence).
Taramelli (Pavie).
Uhlig (Prague).
Van den Broeck (Bruxelles).
Walcott (Washington).
Woodward (Londres).

Cette Commission avait pour mission générale « *d'étudier les principes de la classification stratigraphique, en restant sur le terrain de la méthode historique, mais en cherchant à la rendre de plus en plus naturelle.* »

Le Congrès avait en outre renvoyé à son examen trois propositions, sur lesquelles il n'avait pas voulu prendre de décision dans son assemblée du 1er septembre.

Dans une courte séance tenue le 3 septembre à Saint-Pétersbourg, les membres présents me chargèrent de la présidence.

Par entente préalable, les membres effectifs de la Commission furent convoqués à Berlin pour le 26 septembre 1898, en connexion avec la réunion annuelle de la *Société géologique allemande*. MM. Capellini et Hughes se firent excuser. Les 6 membres présents se rencontrèrent à la Bergakademie, où M. Hauchecorne avait obligeamment mis une salle à notre disposition. Après avoir sérieusement discuté dans cinq séances successives et pris un certain nombre de résolutions, ils chargèrent leur président d'en publier le protocole, en le faisant précéder d'un résumé historique des progrès déjà réalisés par les résolutions prises dans les sept Congrès géologiques internationaux.

A. *Résumé historique.*

I. Le premier Congrès, tenu à Paris en 1878, posa les bases du travail international d'unification géologique et nomma trois commissions chargées de préparer la besogne pour le Congrès suivant :

1° pour l'unification des figurés géologiques (secrétaire : E. RENEVIER).

2° pour l'unification de la nomenclature (secrétaire : G. DEWALQUE).

3° pour les règles à suivre dans la nomenclature des espèces (secrétaire : H. DOUVILLÉ).

II. Le Congrès de Bologne en 1881 fut très actif. Discutant le rapport de la première des trois Commissions, il posa les bases de la *Carte géologique internationale d'Europe* et en confia l'exécution à MM. BEYRICH et HAUCHECORNE, à Berlin, assistés d'un Comité international. Puis, admettant en principe l'adoption d'une *gamme internationale de couleurs* pour la représentation des terrains géologiques, le Congrès choisit lui-même une partie de ces couleurs conventionnelles et confia au Comité de la Carte géologique d'Europe le choix de celles des terrains paléozoïques.

Voici cette gamme internationale, telle qu'elle résulte de ces diverses décisions :

Tertiaire	= jaune.
Crétacique	= vert.
Jurassique	= bleu clair.
Liasique	= bleu foncé.
Triasique	= violet.
Carbonique	= gris.
Dévonique	= brun.
Silurien et Cambrien	= vert-bleu.
Archéique	= rose.
Roches éruptives	= rouge.

En outre, le Congrès adopta les trois résolutions ci-dessous, qui faisaient partie des propositions de sa Commission des figurés :

1° « Les subdivisions d'un Système pourront être représentées : par les nuances de la couleur adoptée, par des réserves de blanc, ou par des hâchures variées, selon les besoins particuliers de chaque carte, à la seule condition que les signes figuratifs ne contrarient pas les caractères orographiques (tectoniques) et ne rendent pas les cartes confuses.

» Les nuances, par teintes pleines ou par réserves, devront être appliquées en raison directe de l'ancienneté, les plus foncées figurant toujours les subdivisions les plus anciennes. »

2° « La notation littérale sera basée sur l'alphabet latin pour les formations sédimentaires, sur l'alphabet grec pour les formations éruptives.

» Le monogramme d'un terrain sera formé, dans la règle, de l'initiale majuscule du nom de ce terrain. Les subdivisions pourront être distinguées : en ajoutant à cette initiale majuscule soit l'initiale minuscule du nom de la subdivision, soit un exposant numérique, soit l'un et l'autre, s'il y a lieu.

» Les chiffres des exposants numériques devront toujours se présenter dans l'ordre chronologique, 1 désignant la première, soit la plus ancienne des subdivisions. »

3° « L'emploi de signes paléontologiques, orographiques, chorologiques et géotechniques est recommandé. Ceux qui sont en même temps les plus figuratifs ou les plus mnémoniques sont à choisir de préférence. »

Quant à l'unification de la nomenclature, prenant le rapport Dewalque pour base, le Congrès adopta d'abord les principes suivants :

4° « Le mot de *Formation* entraîne l'idée d'origine et non celle de temps. Il ne doit donc pas être employé comme synonyme de *terrain* ou d'*étage*. Mais on dira très bien : Formations éruptives, formations calcaires, formations marines, formations lacustres, etc. »

5° « Les éléments de l'écorce terrestre sont les *masses minérales*, qui peuvent être envisagées à trois points de vue :

a) » Au point de vue de leur nature et de leur composition, elles prennent le nom de *Roches*.

b) » Considérées quant à leur origine ou mode de formation, ce sont les *Formations*.

c) » Enfin, au point de vue de leur âge ou de la succession stratigraphique, ce sont les *Terrains*. »

Ce mot de *Terrain* doit conserver un sens tout à fait général et ne pas s'appliquer à tel ou tel ordre de subdivision.

Pour la subdivision hiérarchique des *Terrains* ou des *Temps* géologiques, le Congrès a recommandé 5 ordres de subdivisions subordonnés les uns aux autres, et a fait choix des termes suivants pour représenter ces divisions, de valeur différente, au point de vue soit chronologique, soit stratigraphique.

Ordre des subdivisions.		Termes chronologiques		Termes stratigraphiques	
1er ordre.	—	Ère	=	Groupe.	
2e »	—	Période	=	Système.	
3e »	—	Epoque	=	Série	(= Section).
4e »	—	Age	=	Etage	(= Stufe, Piano, etc.).
5e »	—	Phase ?	=	Assise	(= Sous-étage).

Le terme *Phase* a été proposé par plusieurs, mais n'a pas proprement été adopté.

III. En 1885, le Congrès de Berlin a d'abord complété la gamme internationale des couleurs ci-dessus indiquée (p. 194) en vue de l'impression de la Carte géologique d'Europe.

Abordant ensuite le rapport de M. Dewalque, il a tranché une série de questions de limites stratigraphiques et de nomenclature, en vue de la légende de cette carte, mais en réservant expressément le point de vue proprement scientifique.

IV. En 1888, le Congrès de Londres a discuté plusieurs questions importantes de nomenclature et de classification géologique, mais en s'abstenant intentionnellement de prendre des résolutions sur aucune.

V. En 1891, à Washington, il n'est plus même question de votations sur les questions d'unification.

VI. En 1894, le Congrès de Zurich a continué dans la même voie, se contentant de conférences et de discussions générales, sans votations, et laissant aux commissions spéciales la tâche de l'unification.

VII. Notre dernier Congrès à Saint-Pétersbourg, en 1897, s'est fait un devoir de reprendre le travail de l'unification des méthodes géologiques. Son Comité d'organisation y avait exhorté d'avance les membres du Congrès, dans une de ses circulaires, et avait préparé à ce sujet diverses propositions relatives à la *classification stratigraphique*.

Celles-ci ont fait l'objet des discussions du Congrès dans ses deux premières assemblées générales, et, plus ou moins amendées, ont donné lieu aux résolutions suivantes, votées le 30 août et le 1er septembre :

1re **résolution**. — « Le Congrès est d'avis qu'il faut rester sur le terrain de la méthode historique, en cherchant à la rendre de plus en plus naturelle ».

2e **résolution**. — « Le Conseil est chargé de nommer une commission pour étudier les principes de la classification dans l'esprit de la première clause ».

3e **résolution**. — « L'introduction d'un nouveau terme stratigraphique, dans la nomenclature internationale, doit être basée sur un besoin scientifique bien déterminé, motivé par des raisons péremptoires. Toute nouvelle application doit être accompagnée d'une caractéristique claire, — tant batrologique que paléontologique, — des dépôts auxquels elle est appliquée ; en même temps elle doit être fondée sur des données observées, non dans une seule coupe, mais sur un espace plus ou moins considérable ».

4e **résolution**. — « Les appellations appliquées à un terrain dans un sens déterminé ne peuvent plus être employées dans un autre sens ».

5e **résolution**. — « La date de la publication décide de la priorité des noms stratigraphiques donnés à une même série de couches ».

6e **résolution**. — « Pour les petites subdivisions stratigraphiques, suffisamment caractérisées paléontologiquement, en cas de création de nouveaux noms, il est préférable de prendre pour base leurs particularités paléontologiques les plus importantes.

» On ne devra faire emploi de noms géographiques ou d'autres que pour des sections de certaine importance renfermant plusieurs horizons paléontologiques [1], ou lorsque le terrain ne peut être caractérisé paléontologiquement ».

7e résolution. — « Les noms mal formés, au point de vue étymologique, sont à corriger, sans les exclure pour cela du domaine de la science ».

(Voir Compte Rendu du Congrès de St-Pétersbourg, p. CXLVI à CLI).

B. *Protocole des séances*

tenues à Berlin en 1898, du 26 au 29 septembre, à la Bergakademie.

I. Dans ses cinq séances, la Commission a d'abord revu les résolutions votées par le Congrès, le 1er septembre, et fait à l'une d'elles une légère adjonction explicative, pour en préciser le sens.

Cette adjonction consiste dans les mots « *c'est-à-dire pour les étages* » à intercaler après « *horizons paléontologiques* » vers la fin de la 6e résolution.

II. La Commission s'occupe ensuite des trois propositions renvoyées à son examen par le Congrès.

a) Après examen elle accepte la première (Cte R., p. CL), ainsi conçue :

« *Il serait désirable, dans la division des systèmes pour lesquels il n'y a pas de noms usités, comme Dogger, Lias, etc., d'introduire les expressions : Paléo..., Méso..., Néo...* »

N.-B. La préfixe *Eo...* pourrait être substituée à *Paléo...*, pour abréger les noms trop longs, p. ex., *Eocrétacique.*

b) Elle rejette la seconde proposition réclamant pour les subdivisions l'emploi des termes : *supérieur*, *moyen* et *inférieur*, de préférence à des *noms univoques* (Cte R., p. CLI.)

Outre le manque de précision de ce procédé, il n'est pas applicable au point de vue chronologique. Ces trois expressions restent d'ailleurs facultatives pour les subdivisions locales, ou

[1] Voir l'adjonction faite par la Commission.

celles dont on ne veut pas préciser la valeur stratigraphique.

c) Enfin, la Commission accepte la troisième proposition (Cte R., p. CLI), en y faisant une adjonction finale, pour la préciser :

« *Lorsqu'un terme, donné à un ensemble de couches, doit être restreint à la désignation d'une partie seulement de ces couches, on ne doit le conserver que pour les couches les mieux caractérisées paléontologiquement* » **et correspondant à la définition primitive.**

III. Discutant ensuite quelques questions générales, qui lui sont soumises par ses membres, la Commission les résout comme suit :

a) Dans un mémoire envoyé le 20 août de New-Haven (Connecticutt), M. H.-S. WILLIAMS avait demandé que dans sa réunion de Berlin, la Commission définisse exactement chacun des systèmes de terrains, aussi bien paléontologiquement que stratigraphiquement, et en fixe exactement les limites, d'abord dans les contrées où ont été pris les types originels, puis dans les contrées plus tard étudiées.

C'était demander l'impossible. Ce serait la tâche d'un traité général de stratigraphie. Les membres de la Commission n'auraient jamais pu se mettre d'accord sur toutes ces questions, et rien que pour les discuter ils auraient dû siéger en permanence pendant des mois. Aussi la Commission presque unanime a-t-elle décidé de ne pas traiter pour le moment les questions de limites stratigraphiques, et de les laisser au contraire à l'étude personnelle de chacun.

b) Le président communique un projet de *notation chiffrée* des terrains, qui lui avait été suggéré verbalement par M. le professeur MAX LOHEST, de l'Université de Liège. Ce serait une sorte de classification décimale, restant la même dans toutes les langues, d'après laquelle les divisions de 1er ordre seraient représentées par les chiffres des milliers 1, 2, 3 ; celles de 2e ordre par les chiffres des centaines ; celles de 3me ordre par les chiffres des dizaines, celles de 4me ordre par les unités ; et enfin les subdivisions inférieures par des décimales. On pourrait y ajouter des lettres conventionnelles désignant les faciès ou formations. Par exemple :

Norwich Crag = E 3919 (E = estuarial).
Calcaire à *Requienia ammonia* = R 2991 (R = récifal).
Kulm Grauwacke = L 1917 (L = littoral).
Cincinnati-limestone = P, R 1159 (P = pélagal).

Avec une convention numérique et littérale établie, il serait facile à tout auteur de définir ainsi, chaque division ou subdivision locale, soit quant à l'âge, soit quant au mode de formation, de manière à être compris par les géologues de toute nationalité, et de toute langue.

Cette méthode serait très élastique et permettrait également de ne définir que les époques ou périodes, en disant par exemple, 3950 (Pleistocène), 2790 (Urgonien *s. lat.*), 2300 (Lias), 1100 (Silurique).

La Commission a trouvé qu'il ne lui appartenait pas de lancer un pareil projet, sortant complètement des usages actuels; elle l'abandonne à l'initiative individuelle.

c) Quant aux *désinences homophones*, différentes pour les différents ordres de subdivision hiérarchique, telles que beaucoup d'auteurs les ont déjà recommandées, la Commission pense en effet que partout où le génie de la langue le permet, il serait utile de les introduire.

Les noms des divisions de 1er et de 2e ordres pourraient se terminer uniformément en ...*ique*, ...*isch*, ...*ic*, ...*ico*, et ceux des étages (4e ordre) en ...*ien*, ...*ian*, ...*iano*, etc.

Ce serait une mesure d'ordre à recommander, toutefois sans violenter le génie des langages qui ne s'y prêtent pas facilement.

d) Enfin la Commission est unanime à recommander d'éviter autant que possible d'encombrer la science par l'introduction de *noms nouveaux*, sauf en ce qui concerne la stratigraphie purement régionale, et dans la mesure des besoins locaux. Elle recommande en outre d'éviter, pour ces noms locaux, la forme et les désinences de la nomenclature internationale.

VI. Le principal objet des délibérations de la Commission fut ensuite d'établir les bases de la nomenclature des 5 ordres de subdivision, admis au Congrès de Bologne. Elle a estimé devoir envisager la question surtout au point de vue chronologique.

a) Divisions de 1er ordre. — **Ères.**

La Commission consacre les grands groupes, généralement admis, et propose de leur attribuer dans la classification internationale les noms usités de *Paléozoïque*, *Mésozoïque* et *Cénozoïque*, et d'en exclure les termes de *Primaire*, *Secondaire* et *Tertiaire*, d'un usage aussi très habituel.

Ces derniers lui paraissent trop peu précis, car Primaire se confond facilement avec primitif, et Tertiaire est pris généralement dans un sens restreint, à l'exclusion des temps modernes.

b) Divisions de 2e ordre. — **Périodes** = Systèmes.

En thèse générale la Commission admet les principes énoncés par la Commission d'unification réunie à Genève en 1886, et rappelés dans la troisième circulaire du Comité d'organisation de Saint-Pétersbourg. Les principes III et IV trouvent ici leur application :

« III. Les Systèmes (Périodes) auront une valeur très générale. Leurs caractères paléontologiques doivent indiquer une évolution organique, particulièrement caractérisée par l'étude des animaux pélagiques. »

« IV. Pour qu'une division soit érigée en Système (Période), il convient que la succession des faunes s'y montre susceptible de subdivisions bien marquées. »

Conformément à ces principes, la Commission admettrait comme division de 2e ordre les Systèmes généralement en usage, au nombre d'une dizaine, mais en laissant une certaine latitude aux auteurs qui veulent en admettre plus, ou moins.

L'Ère paléozoïque pourrait se subdiviser en 4 périodes : **Cambr***ique*, **Silur***ique*, **Dévon***ique* et **Carbon***ique*. La Commission ne se prononce pas sur l'opportunité d'en admettre une cinquième pour le Permien.

L'Ère mésozoïque se subdiviserait en 3 périodes : **Trias***ique*, **Jurass***ique*, **Crétac***ique*, mais il resterait loisible d'en admettre quatre en séparant, par exemple, le Lias du Jurassique, pour l'ériger en période distincte.

L'Ère cénozoïque pourrait comprendre 2 périodes : **Tertiaire** et **Moderne.**

Les quelques variantes n'ont guère d'inconvénient, et rendraient la classification un peu plus élastique, ce qui mettrait les divers auteurs plus à l'aise ; le développement des études paléontologiques finira par amener, sans pression, la solution la plus rationnelle, dans chaque cas particulier.

c) Divisions de 3e ordre. — **Epoques** = Séries.

Pour la subdivision des Périodes (ou Systèmes) la Commission, comme nous l'avons dit ci-dessus, s'est montrée très favorable à la méthode préconisée par M. Frech, d'utiliser les préfixes *Paléo... Méso... Néo...*

La Commission constate que cette méthode des préfixes avait été proposée en 1894, par M. H.-S. Williams sous la forme : *Eo...*, *Méso...*, *Néo....* Elle pense qu'en la recommandant on peut laisser aux auteurs la latitude d'user suivant les cas des préfixes *Paléo...* ou *Eo....* La seconde étant plus brève, sera souvent plus commode. — Si l'on distingue trois époques dans une période, on utilisera les trois préfixes. Si l'on n'en reconnaît que deux, on se servira seulement des deux extrêmes. Enfin en vue d'abréger les noms on pourrait dans ces subdivisions supprimer les désinences, et n'ajouter à la préfixe que le radical du nom de la période.

Exemples : La Période dévonique se subdiviserait en trois Époques ou Séries : *Eodévon.*, *Mésodévon.*, *Néodévon.*

La Période crétacique pourrait comprendre trois Époques : *Eocrét.*, *Mésocrét.*, *Néocrét.*

Tandis que pour ceux qui voudraient admettre une Période liasique, ne comportant que deux divisions, on aurait seulement *Eolias* et *Néolias*.

d) Divisions de 4e ordre. — **Ages** = Étages.

La Commission reconnaît que les divisions de 4e ordre n'ont plus qu'une valeur régionale, et ne sont donc pas absolument nécessaires à la classification internationale.

Toutefois, comme dans chaque pays on aura besoin de divisions de cet ordre, lesquelles ne seront pas partout les mêmes, il est bon de leur appliquer une terminologie uniforme. Aussi, sur la proposition de M. de Zittel, la Commission recommande de baser leurs noms sur des localités ou des régions prises pour types ; par exemple : *Astien*, *Bartonien*, *Portlandien*.

Il est bien entendu que la désinence uniforme de ces noms pourra être modifiée suivant le génie de chaque langue. Ainsi le gisement d'Asti étant pris pour type, l'étage sera nommé *Astien*, *Astian*, *Astiano* ou *Astistufe*, suivant la langue.

e) Divisions de 5e ordre. — **Phases** = Zones.

Quant à ces subdivisions, encore plus locales, il sera encore plus difficile d'avoir une terminologie fixe ; mais au moins est-il à désirer que la forme du nom rappelle l'ordre de la subdivision, et soit autant que possible la même pour les différentes Périodes ou les différentes régions.

Aussi la Commission, tenant compte de l'usage très général des zones paléontologiques, pour les terrains de l'ère mésozoïque, recommande de désigner autant que possible les divisions de 5e ordre d'après un fossile caractéristique essentiel au niveau en question.

Exemples : Zone à *Amaltheus margaritatus*.
Zone à *Psiloceras planorbis*.
Zone à *Productus horridus*.
Zone à *Cardiola interrupta*.

D'après le plan ci-dessus exposé, chacun des cinq ordres de division aurait une terminologie particulière, qui le ferait immédiatement reconnaître. Les noms à donner à chaque division, sauf en ce qui concerne les deux ordres supérieurs, ne seraient pas encore fixés. Mais l'usage et les travaux ultérieurs finiraient bien vite par faire triompher dans chaque région les noms les plus applicables à cette région.

Il y aurait à rechercher maintenant la base la plus rationnelle pour le groupement hiérarchique de ces divisions des temps géologiques.

Ces propositions, soumises aux 22 membres correspondants, n'ont pas soulevé d'objections. Elles sont par conséquent présentées à la sanction du Congrès de Paris.

Le président de la Commission :
E. Renevier, prof.

III. COMMISSION INTERNATIONALE DES GLACIERS

Procès-verbal de la séance tenue à Paris le 21 août 1900 dans le palais des Congrès.

Présidence de M. E. RICHTER.

La séance est ouverte à 10 heures. Les membres correspondants de la Commission internationale des glaciers avaient été invités à se rendre à la séance.

Le Président, M. E. Richter, communique son rapport résumant l'activité de la commission depuis sa fondation ; ce rapport sera présenté au Congrès dans sa séance générale du 25 août.

Il y aura des élections à faire. M. *F. A. Forel* propose d'élire Son Altesse *le prince Roland Bonaparte*, Président honoraire, et M. le Professeur *S. Finsterwaldner*, de Münich, Président effectif de la Commission. Si cette proposition est agréée, il sera nécessaire d'élire un second représentant pour la France.

La mort de notre regretté confrère et ami M. le Professeur *Giovanni Marinelli*, l'illustre géographe italien, nous contraint d'élire un nouveau représentant pour l'Italie. Nous vous proposons l'élection de M. le Professeur *Francisco Porro*, de Turin, président de la Commission italienne pour l'étude des Glaciers.

Nous nous permettrons en outre de proposer à la Commission l'élection d'un certain nombre de membres correspondants pour étendre le cercle des personnes qui s'intéressent aux travaux de la Commission, et qui y participeront. Nous proposons donc :

MM. le Professeur *W. Kilian*, de Grenoble ;
— — *E. Hagenbach-Bischoff*, de Bâle ;
— — *A. Heim*, de Zürich ;
— — *H. Reusch*, de Christiania.

Il est ensuite procédé au vote, par suite duquel la commission internationale des glaciers se trouve constituée de la façon suivante :

Président d'Honneur : *S. A. le Prince Roland Bonaparte* ;
Président : M. le Professeur *S. Finsterwaldner*, Münich.
Secrétaire : *M. Muret*, Berne ;

Membres : MM. *F. Porro*, Turin (en remplacement de M. Marinelli) ;
E. Muret, Berne (en remplacement de M. Dupasquier) ;
W. Kilian, Grenoble (en remplacement du prince Roland Bonaparte).

Membres correspondants :

MM. *E. Hagenbach-Bischoff*, de Bâle ;
A. Heim, de Zürich ;
H. Reusch, de Christiania ;
F. Schrader, de Paris ;
J. Vallot, de Paris.

Le Secrétaire,
S. Finsterwaldner,

Le Président,
E. Richter.

RAPPORT DE LA COMMISSION INTERNATIONALE DES GLACIERS

Présenté au Congrès international de Géologie, à Paris, en 1900,

par M. Ed. **RICHTER**,
Professeur à l'Université de Graz,
Président de la Commission.

Messieurs,

Au Congrès International de Géologie, tenu à Zürich, en mil huit cent soixante-quatorze, il fut résolu, sur la proposition de feu le capitaine Marshall Hall, d'élire une Commission permanente pour l'étude des glaciers actuellement existants, et pour recueillir les observations faites sur leurs variations. Un représentant fut élu pour chacun des pays où se trouvent des glaciers ; la Commission fut constituée et M. le professeur Forel, de Morges, choisi pour en être le premier président. Au Congrès international de géologie, tenu à Saint-Pétersbourg, en mil huit cent quatre-vingt-dix-sept, la majorité des membres de la Commission s'est réunie en séance pour la première fois, elle a formé son bureau et adressé un rapport au Congrès. Ce rapport ayant été approuvé, la Commission fut invitée à poursuivre ses efforts.

Depuis, la Commission s'est adjoint quelques nouveaux membres, pour combler les vides que la mort avait malheureusement faits dans ses rangs. Elle a tenu récemment une séance à Graz, procédé au renouvellement de son bureau et chargé son président de présenter au Congrès le présent rapport. Qu'il lui soit permis de dire, en débutant, que, jusqu'à ce jour, Son Altesse le Prince Roland Bonaparte a eu la libéralité de subvenir à tous les frais de la Commission internationale des Glaciers ; c'est pour nous un agréable devoir de le remercier ici publiquement de sa générosité.

La tâche de la Commission consiste principalement à recueillir les observations sur les variations périodiques des glaciers, observations qui sont disséminées d'ordinaire dans d'innombrables revues et récits de voyage. On a constaté que pour comprendre les variations climatériques de la terre, pour parvenir à connaître les causes qui les produisent et les cours qu'elles prennent, il n'y a peut-être pas de source plus sûre que l'étude des glaciers, qui, comme de gigantesques thermomètres, indiquent par la crue et la décrue de leurs longueurs, les changements que subissent les masses de neige dans les névés. Sans doute, ce n'est pas seulement la quantité de neiges, c'est aussi la chaleur qui varie, et c'est ce qui rend le phénomène si complexe. Le recul des glaciers indique peut-être une diminution des hydrométéores *et* une augmentation de chaleur, peut-être seulement l'un des deux facteurs. On ne peut savoir quelle est exactement la valeur de chacun d'eux. Cependant les changements climatériques se produisent de telle sorte que des années pluvieuses sont en même temps des années froides, la plus grande densité des nuages empêchant l'action de la chaleur. C'est pourquoi les variations des glaciers sont parallèles aux variations climatériques et rendent une fidèle image de ces dernières. On ne peut donc guère mettre en doute qu'il y ait aussi pour la science géologique quelque importance à voir étudier le problème des variations climatériques qui, à des époques antérieures, ont été si décisives pour l'histoire de la terre.

Cependant, il ne pouvait suffire, pour atteindre le but que la Commission s'est proposé, de recueillir les observations faites et publiées au hasard; il était beaucoup plus important encore d'organiser les observations. Car, c'est seulement par une observation continue et poursuivie, si possible, pendant des siècles sur les mêmes objets que nous pouvons espérer découvrir la loi des variations des glaciers.

D'après les observations que j'ai faites personnellement, il semblerait que les variations des glaciers des Alpes se produisent dans des périodes de trente-cinq ans, qu'il n'est pas rare cependant de voir se prolonger jusqu'à soixante-dix et cent cinq années. Une seule oscillation embrasse donc certainement la durée moyenne d'une vie humaine, peut-être même de deux ou de trois. Il n'y a plus guère que quelques hommes qui aient vu les glaciers des Alpes dans leur crue et leur maximum vers le milieu du dix-neuvième siècle et nous pouvons à peine espérer voir encore une autre variation que celle à laquelle il nous a été donné d'assister. De là, résulte la nécessité de créer des organisations durables pour l'observation. Voilà pourquoi la Commission s'est donné une certaine autonomie en se complétant et se renouvelant d'elle-même par cooptation, et nous espérons que, si en l'an deux mille, un Congrès de géologues se réunit encore dans la brillante capitale de la France, il lui sera encore présenté un rapport de la Commission internationale des glaciers.

Il était naturel qu'une organisation permanente pour l'observation des glaciers fût créée d'abord dans les Alpes européennes. En Suisse, mon illustre prédécesseur, M. le professeur Forel, de Morges, est parvenu à obtenir le concours de l'Inspection fédérale des Forêts pour des observations régulières. C'est, sans aucun doute, la plus sûre méthode, puisque la permanence des institutions de l'Etat est encore plus assurée, bien que, cependant, les sympathies des personnalités dirigeantes puissent changer aussi. Il existe en outre, en Suisse, une Commission des glaciers instituée par la Société helvétique des sciences naturelles et le Club alpin. En Italie, le Club alpin a délégué une commission qui dirige les observations. En Autriche et en Allemagne, elles se poursuivent également sous la direction du comité scientifique du Club alpin.

En France, Son Altesse le Prince Roland Bonaparte a organisé l'observation des glaciers, et la Société du Dauphiné a publié récemment un grand nombre de précieuses constatations. En Russie, la Société impériale de Géographie s'est chargée jusqu'ici des observations à faire. Notre collègue, M. Freshfield, s'est donné beaucoup de peine pour y intéresser l'Administration des Indes et les Gouvernements Coloniaux du Canada et de la Nouvelle-Zélande. En Scandinavie, comme aux États-Unis, tout le travail repose jusqu'ici sur quelques hommes qui ont obtenu, par leur zèle, de très brillants résultats. Enfin, je ne dois pas oublier d'ajouter que votre très distingué compatriote, M. Charles Rabot, a, par ses savants travaux sur les variations des glaciers dans les terres polaires, considérablement contribué aux résultats acquis par la Commission.

La création d'organisations stables et permanentes qui assurent la continuité des observations au-delà des limites de l'existence de ceux qui s'intéressent à ces recherches me semble donc le devoir le plus important de la Commission, et je souhaite que mon successeur puisse voir l'accomplissement des travaux préliminaires qui ont été faits dans les dernières années.

La Commission des glaciers a publié jusqu'ici cinq rapports et un discours préliminaire de M. le professeur F. A. Forel dans les *Archives des sciences* de Genève. Elle a contribué en outre à la rédaction de deux articles de M. Charles Rabot sur les variations des glaciers arctiques. Ses membres ont publié séparément de nombreux rapports dans les périodiques de leurs pays respectifs. Parmi ces rapports je dois particulièrement signaler le travail de M. le Professeur Finsterwalder, de Munich, sur le glacier du Vernogt, qui nous aura appris à comprendre la théorie du mouvement des glaciers. Je mentionnerai en outre la réunion que le rapporteur a provoquée au mois d'août de mil huit cent quatre-vingt-dix-neuf au glacier du Rhône. Il avait jugé désirable qu'un groupe d'hommes s'intéressant à ces sortes d'études s'entendissent sur les entreprises scientifiques les plus favorables à la science des glaciers. Les conclusions les plus importantes auxquelles on soit arrivé dans cette réunion, sont les suivantes :

I. — Classification des Moraines

- Moraines
  - mor. mouvantes
    - mor. superficielles
      - mor. latérales
      - mor. médianes
    - mor. internes
    - mor. inférieures
  - mor. déposées
    - mor. rempart
      - mor. longitudinales
      - mor. marginales
        - m. riveraines
        - m. frontales
    - mor. de fond
      - mor. profondes
      - drumlins

II. — Des observations a faire sur les glaciers

A. — *Structure*

1. — Le rapport exact entre la structure rubanée et la stratification originelle du névé est à rechercher, à savoir dans quelle position la stratification se transforme en structure rubanée, soit par l'examen des crevasses ou des trous découverts sur les champs de névé, soit par la coloration de parties déterminées de la surface du névé, soit par le dépôt de plaques de fer numérotées sur cette surface.

2. — Le tracé de la structure rubanée, en direction et inclinaison, doit être cartographié sur un glacier dont le mouvement serait parfaitement connu.

3. — L'apparition du phénomène décrit sous le nom d'*arête de Reid* est à étudier sur plusieurs glaciers, sa relation avec la stratification est à fixer.

4. — Il doit être fait des recherches sur la croissance du grain, sur ses dispositions et orientations dans la structure rubanée, sur la plasticité des grains isolés et sur celle de la masse du glacier en entier.

B. — *Moraines*

5. — La constitution et la provenance de la moraine superficielle sont à établir exactement sur quelques grands glaciers riches en moraines.

6. — Pour arriver à connaître exactement la moraine interne ; il conviendrait d'effectuer des sondages sur le plan de contact d'un glacier composé. Par exemple : de 1,5 à 2 km. en aval de l'Abschwung, à travers la moraine médiane du glacier de l'Aar inférieure, ou bien en aval d'Agnaglint, à travers le glacier de Rosegg.

C. — *Mouvement et température.*

7. — Par des sondages et observations de l'angle d'incli-

nation de perches placées dans les trous de sondage, la vitesse du glacier à différentes profondeurs doit être recherchée.

8. — Dans la mesure du mouvement superficiel, la composante verticale doit être autant que possible considérée.

9. — Dans la partie inférieure du front des glaciers, il se trouve fréquemment des joints rectilignes ordinairement horizontaux, parallèles à la structure rubanée et par lesquelles on voit sortir la moraine de fond. Ce phénomène, qui semble dû au chevauchement de parties élevées du glacier sur des parties plus profondes, est à expliquer et à étudier ; il y a lieu de reconnaître s'il s'agit, dans le mouvement du glacier, d'un glissement de glace sur glace, en couches minces ou en grandes masses.

10. — Les variations de la vitesse du mouvement du glacier suivant les saisons, sont à établir exactement.

11. — Il en est de même du gonflement hibernal.

12. — La température dans les différentes parties du glacier est à établir par des thermomètres enfouis dans des trous de sondage.

D. — *Économie du glacier*.

13. — La section transversale d'un glacier est à rechercher suivant plusieurs profils par des séries de sondages profonds, alignés transversalement.

14. — On désire des observations sur le débit des torrents glaciaires et sur la quantité des eaux qui tombent dans le bassin d'alimentation.

15. — Les variations saisonnières de la teneur en boue des torrents glaciaires est à établir.

16. — La fonte totale produite par rayonnement direct ou indirect, conductibilité par l'air et le sol, par la chaleur latente mise en liberté par la condensation est à étudier expérimentalement.

17. — On est convenu d'employer le mot « stratification » de neige ou de glace dans le sens des géologues, c'est-à-dire comme un dépôt naturel en masses superposées. Les agglomérations de bulles d'air, qui forment des couches blanches dans la glace bleue de la partie inférieure des glaciers, et les feuillets blancs qui interrompent la glace blanche des parties supérieures, portent le nom de « structure rubanée. »

CONCLUSIONS

Pour conclure, qu'il me soit permis de résumer les résultats obtenus dans la poursuite de notre but principal, c'est-à-dire dans la constatation des variations des glaciers.

L'espace de cinq années est sans doute beaucoup trop

court pour avoir pu fournir de grands éclaircissements. On peut cependant, sous toutes réserves, énoncer déjà quelques faits. Voici quelle a été l'allure des glaciers dans le cours du dix-neuvième siècle. On ignore dans quel état ils se trouvaient au commencement du siècle, mais après mil huit cent dix commença simultanément, dans toutes les Alpes, une marche générale en avant, forte et rapide, qui atteignit son maximum vers mil huit cent vingt. Les trente années suivantes produisirent un léger recul, là où l'état du glacier ne demeura point stationnaire, vers mil huit cent cinquante eut lieu une nouvelle marche à peu près semblable à la première.

A dater de ce moment, il se produisit dans toutes les Alpes un recul général et très considérable des glaciers, et ce recul fut si fort entre mil huit cent soixante et mil huit cent quatre-vingt, que l'on put craindre un instant de voir les glaciers entièrement disparaître de nos Alpes. Ce fut seulement vers mil huit cent quatre-vingt que le recul de quelques glaciers des Alpes occidentales, surtout du groupe du Mont-Blanc, commença à se ralentir, et peu à peu il se produisit un arrêt, puis une nouvelle marche en avant de quelques glaciers. Les Alpes orientales ne suivirent que dix ou vingt ans plus tard, et là, ce *processus* dure encore, tandis que dans les Alpes occidentales on voit diminuer de plus en plus le nombre des glaciers qui avancent, et augmenter celui de ceux qui reculent. En général on peut dire avec certitude que la période des grands reculs est entièrement terminée et remplacée actuellement par des mouvements de tendance contraire. Parmi les glaciers qui se retirent encore, beaucoup se sont considérablement épaissis et le recul s'effectue lentement et par intermittences.

Les variations des glaciers des Alpes sont donc parallèles aux variations climatériques d'une durée de trente-cinq ans découvertes par M. le professeur Ed. Brückner. Les périodes de mil huit cent six à mil huit cent vingt-cinq (1806-1825), de mil huit cent quarante-et-un à mil huit cent cinquante-cinq (1841-1855), de mil huit cent soixante-et-onze à mil huit cent quatre-vingt-cinq (1871-1885) ont été pluvieuses, à chacune d'elles correspond une crue des glaciers, très fortement marquée dans les deux premières périodes et seulement indiquée dans les dernières.

Quant à ce qui concerne l'allure des glaciers dans le

reste du monde, nous ne saurions rien en dire ; on ne saura probablement jamais si son mouvement est parallèle à celui des glaciers des Alpes. M. Rabot a pu constater qu'il s'est produit dans les glaciers islandais, dans la première moitié du dix-huitième siècle, une marche en avant qui, après une courte interruption, s'est renouvelée à la fin du même siècle dans des proportions beaucoup plus considérables. Un léger recul s'est fait sentir dans le milieu du dix-neuvième siècle. D'après les renseignements qu'il m'a été possible de recueillir, la crue du commencement du dix-huitième siècle semble avoir eu lieu aussi en Scandinavie, où l'on peut démontrer vers mil sept cent quarante, un état maximal des glaciers.

Dans les Pyrénées comme dans le Caucase, et dans les Montagnes Rocheuses de l'Amérique du Nord comme dans le territoire d'Alaska, tous les glaciers sont actuellement en état de recul ; on ne saurait dire exactement dans quelle mesure, ni si les périodes concordent avec celle des Alpes. On ne peut préciser qu'une seule constatation : c'est que dans les montagnes éloignées de la mer, les oscillations sont plus fortes que dans celles qui sont plus proches des côtes. Les variations des glaciers scandinaves sont beaucoup moins importantes que celles des Alpes, du Caucase et de l'Asie centrale. Ceci concorde parfaitement avec l'observation faite par Brückner que les variations climatériques sont beaucoup plus sensibles dans les climats continentaux que dans les climats maritimes et que les côtes nord de l'Océan Atlantique en particulier échappent à l'influence des périodes de trente-cinq ans, dont il a été parlé plus haut.

Enfin on peut assurer qu'un mouvement contraire des glaciers des deux hémisphères n'existe pas : les glaciers reculent en Amérique en même temps qu'en Europe.

La nature du mouvement des glaciers exige des études particulièrement longues, si l'on veut parvenir à des résultats absolument certains. Aussi n'ai-je point à craindre pour notre Commission, le reproche de ne pas vous annoncer dès le début des résultats plus nombreux et plus sûrs, comme fruit de ses études. Nous vous demandons avec confiance d'agréer ce rapport d'une Commission dévouée, prête à poursuivre son but, restreint il est vrai, mais non sans importance, avec cette devise : « Patience et persévérance. »

IV. COMMISSION INTERNATIONALE DE NOMENCLATURE DES ROCHES

Procès-verbaux des séances tenues à Paris en 1899, les 25 et 26 Octobre, au Service de la carte géologique de France

Séance du 25 Octobre

La réunion de la Commission internationale de pétrographie s'est tenue, le 25 Octobre, au Service de la carte géologique de France, sous la présidence de *M. Michel-Lévy*.

Étaient présents : MM. Ch. Barrois, W.-C. Brögger, Doelter, Duparc, Fouqué, Karpinsky, A. Lacroix, Lœwinson-Lessing, Zujovic, membres du Comité international, et comme auditeurs MM. Cayeux, Gentil et Wallerant, membres du comité régional français.

Sur la proposition du président, *M. A. Lacroix* est nommé secrétaire de la Commission.

M. Michel-Lévy souhaite la bienvenue aux membres du Comité et expose le but de la réunion, qui est la recherche d'une base d'entente pour l'unification de la nomenclature pétrographique.

M. Ch. Barrois, secrétaire général du Comité d'organisation du Congrès, lit des lettres de MM. S. Calderon, Mac-Pherson, Renard, Rosenbusch, Sabatini, Schrœder van der Kolk, Törnbohm, Wichmann et Zirkel, s'excusant de ne pouvoir assister à la réunion, puis donne lecture de lettres des membres suivants du Comité international qui, ne pouvant assister à la séance, exposent leur opinion sur la question dont elle est l'objet.

M. Becke estime que la pétrographie est encore dans la période d'accumulation des faits ; le temps n'est pas venu où il sera possible de les systématiser avec fruit. Une nomenclature rationnelle et une systématique des roches devront être basées sur toutes les relations des roches (rôle géologique, composition minéralogique et chimique, structure). Toute préférence pour l'un de ces points de vue, préférence inévitable dans la période de transition que traverse actuellement la pétrographie, disparaîtra certainement plus tard. Les classifications provisoires ont du bon toutefois et, comme exemple, M. Becke cite la notion des roches granitodioritiques et foyaitothéralitiques de M. Rosenbusch, dont toute classification de l'avenir devra tenir compte. M. Becke termine en exprimant le vœu que désormais le nom de l'auteur soit joint à celui des roches (granulite, MICHEL-LÉVY ; granulite, LEHMANN, par exemple).

M. de Fédoroff appelle de ses vœux une unification de la nomenclature pétrographique et propose de la baser en premier lieu sur la structure et ensuite sur la composition minéralogique ; un mémoire joint à ce rapport expose les idées de l'auteur sur ce sujet. Il sera imprimé plus loin, *in-extenso*.

Sir A. Geikie ne pense pas que la commission doive essayer de donner des définitions précises des roches, mais il croit qu'elle peut faire des propositions pour l'emploi de certains termes ; la plus grande liberté doit être laissée aux auteurs, car elle est la source de progrès la plus sûre.

Pour *M. H. Teall*, il n'est pas désirable que le Congrès discute un projet de classification, il doit se contenter d'enregistrer les nouveaux noms et le sens que leur attribuent leurs auteurs.

M. Grubenmann recommande la citation du nom de l'auteur de chaque roche.

M. Hussak insiste sur la nécessité d'une entente. Il se trouve actuellement dans l'impossibilité d'identifier les roches à néphéline et leucite du Brésil, avec les types décrits, sans une comparaison directe des échantillons-types eux-mêmes.

M. Iddings fait les propositions suivantes : 1° employer dans le langage courant certains termes généraux, tels que granites (ensemble des roches phanérocristallines grenues, quelle que soit leur composition), porphyres (ensemble des roches porphyriques à pâte aphanitique), basalte, obsidienne, ponce, etc ; 2° éliminer de la nomenclature systématique ces noms généraux ; 3° créer une nouvelle nomenclature internationale qui sera : *a*) systématique, *b*) basée sur toutes les propriétés des roches (composition chimique, composition minéralogique, structure), 4° choisir l'une de ces propriétés, et de préférence la composition chimique, qui servirait à construire la partie principale du nom à créer, les autres propriétés seraient indiquées à l'aide de préfixes ou de suffixes ;

5° la nouvelle nomenclature devrait être en quelque sorte analogue à celle de la chimie organique.

M. Mac-Pherson pense que le temps n'est pas venu pour établir une classification définitive des roches et insiste sur l'importance que présentent pour celle-ci les points de vue géologique et génétique.

M. Becke, président de la Commission établie à Saint-Pétersbourg, pour fonder un journal de Pétrographie, fait part de ses projets à la Commission de nomenclature, et lui communique les propositions qu'il compte soumettre à l'approbation du Congrès de Paris.

M. Michel-Lévy remercie notre confrère de la communication de ces documents, que notre Commission de nomenclature n'a pas mission de discuter.

La lecture de ces lettres étant achevée, *M. Lœwinson-Lessing* donne lecture du rapport suivant élaboré par la Commission russe :

RAPPORT DE LA COMMISSION RUSSE DE NOMENCLATURE DES ROCHES

Par suite de la circulaire de M. Barrois, secrétaire général du Comité d'organisation de la VIIIe Session du Congrès Géologique International, datée du 8 février 1899, le Bureau de la VIIe session invita les pétrographes russes à se réunir en séance à Saint-Pétersbourg afin de mettre les membres de la Commission internationale à même de pouvoir exposer devant la Commission non seulement leurs propres opinions, mais celles de la majorité des pétrographes travaillant en Russie. Ceux que leurs occupations empêchaient d'assister à la réunion étaient priés de répondre par écrit aux deux questions suivantes (proposition du professeur Lœwinson-Lessing) :

1) Est-il désirable de fixer dès maintenant les principes directeurs sur lesquels pourraient se baser l'unification de la nomenclature pétrographique et l'élaboration d'une nomenclature rationnelle ?

2) En quoi consistent, selon votre opinion, les défauts de la nomenclature actuelle et quels sont les changements que vous jugez nécessaire d'introduire ?

En outre, le bureau adressa aux professeurs Lagorio,

Lœwinson-Lessing, Sederholm, Ramsay, membres de la Commission internationale de nomenclature des roches, ainsi qu'aux autres représentants de la pétrographie dans les divers centres scientifiques de province, la prière d'organiser des séances locales, afin de soumettre à la réunion de Saint-Pétersbourg les opinions émises dans ces séances préparatoires.

Le 6 et le 29 Mai eurent lieu les séances du Comité russe, présidées, sur la proposition de M. A. Karpinsky, par le professeur Inostranzeff. A ces séances assistaient MM. Bogdanovitch, Inostranzeff, Karpinsky, Lœwinson-Lessing, Makérow, Mikhaïlovsky, Polénow, Popow, Tolmatchoff, Tschernyschew et Zemiatchensky. MM. de Fedorow, S. Glinka, Krotow, Lavrsky. Lœwinson-Lessing, Netchaïew, Sederholm et Stuckenberg avaient envoyé au Comité des notes écrites.

Malgré la divergence des opinions émises sur certains points, les pétrographes mentionnés sont unanimes à déclarer que l'amélioration de la nomenclature s'impose, étant intimement liée à la classification des roches. Tout en affirmant qu'il serait désirable de procéder dès maintenant à la régularisation de la nomenclature, le Comité russe est loin de vouloir entraver la liberté scientifique des pétrographes. Pourtant il est d'avis que la fixation de certains principes à suivre est nécessitée par le besoin réel d'améliorer la nomenclature et qu'elle exercera une influence bienfaisante sur le développement de la pétrographie. Il s'entend de soi-même que les principes en question ne peuvent être formulés et proposés qu'au titre de desiderata.

C'est en se basant sur ces considérations et uniquement dans le but de contribuer à la simplification de la nomenclature, afin de faciliter aux pétrographes la possibilité de se comprendre, que le Comité russe s'est arrêté à fixer pour le moment les desiderata suivants :

1) Il est avant tout désirable de régulariser la nomenclature des roches éruptives où le manque d'unité est particulièrement sensible. Grâce à la licence des auteurs de se guider dans le choix des noms d'après leur propre point de vue et leurs principes individuels, la confusion est devenue complète. Le plus souvent les noms employés ne spécifient ni la nature des roches ni la place que celles-ci occupent dans le système, et c'est uniquement affaire de mémoire de retenir les appellations et leur signification. De plus,

différents auteurs attribuent une signification et un sens différents à un seul et même nom, et inversement diverses dénominations sont employées pour désigner une même roche, un même groupe de roches ou une même structure. Tous ces inconvénients de la nomenclature actuelle peuvent et doivent être écartés.

2) La nomenclature doit être philonomique, c'est-à-dire les noms doivent être composés de manière à faire comprendre autant que possible, et à la fois, la position de la roche dans le système, ses affinités, son appartenance à l'une des grandes unités de classification et les traits spéciaux qui la distinguent des autres roches du même groupe.

3) La caractéristique des grands groupes (p. ex. des familles) doit se baser sur la composition chimique et minéralogique.

4) Il est nécessaire d'établir des règles relatives au mode de formation des nouveaux noms.

5) Les grands groupes peuvent être fixés dès à présent sans gêner le développement ultérieur de la classification et le démembrement de ces groupes en subdivisions.

6) Les subdivisions de second, troisième, etc., ordre doivent se fonder sur des particularités de composition minéralogique et de structure.

7) Il est désirable de désigner les nouveaux types de structure par des noms spéciaux ; des adjectifs formés sur ces noms qu'on ajouterait aux différentes roches de même composition simplifieraient de beaucoup la nomenclature en rendant inutile la création de nouveaux termes.

8) En cas d'identité du caractère de certaines roches, le mode de gisement ne devrait pas donner lieu à la création de nouveaux termes.

9) Il est nécessaire d'éviter l'emploi d'une même dénomination (d'un même terme) dans des sens différents.

10) On devrait éviter autant que possible l'emploi et la création de différents termes pour désigner la même notion, la même roche ou le même groupe de roches.

11) Les noms des roches métamorphiques doivent être de nature à indiquer à la fois le rapport génétique avec les roches dont elles proviennent et le type de métamorphisme qui a produit la modification.

12) En raison de la diversité qui règne actuellement dans l'acception des noms de roches et des termes pétrographi-

ques, il est désirable de faire suivre chaque nom de roche ou terme pétrographique par le nom de l'auteur qui s'en est le premier servi dans tel ou tel sens (comme cela se fait pour les noms de plantes, d'animaux et de fossiles).

13) Il faut éviter autant que possible l'emploi de noms préexistants, ainsi que de noms et de termes aujourd'hui vieillis, en leur assignant un nouveau sens, ou en restreignant et en élargissant leur signification.

14) Une nouvelle structure, désignée par un nouveau nom, doit être représentée graphiquement.

M. Lœwinson-Lessing développe ensuite en son nom personnel quelques questions de principe ; il insiste notamment sur ce que le Comité doit discuter conjointement les questions de nomenclature et de classification qui sont étroitement liées l'une à l'autre. Dans la délimitation des familles, le rôle principal revient à la composition chimique et aux quantités relatives des parties constituantes essentielles ; dans celle des genres et des espèces, à la composition minéralogique et à la structure. Les opinions formulées par M. Lœwinson-Lessing, sont résumées dans la note spéciale, qui suit :

Notice présentée a la Commission de nomenclature des roches, réunie en séance a Paris, le 25 octobre 1899

Par M. F. LŒWINSON-LESSING

Messieurs, je demande la parole non pas pour présenter un projet élaboré de nomenclature, mais uniquement afin d'illustrer mon point de vue par plusieurs considérations théoriques et pratiques. Il est inutile d'ajouter que mon point de vue coïncide avec celui du comité russe ; il a du reste déjà été émis au Congrès de Saint-Pétersbourg.

Je suis d'avis qu'avant d'aborder les questions de détail il est nécessaire de se mettre d'accord sur deux questions de principe :

1) La nomenclature pétrographique est le langage des pétrographes et des géologues ; elle embrasse et résume les moyens par lesquels nous nous communiquons mutuellement les résultats de nos recherches, par lesquelles nous voulons nous faire comprendre. Je dirai que la nomenclature des roches est le style des pétrographes. Or il est évident que l'on doit tâcher d'améliorer la langue et le style, de les rendre plus simples,

plus systématiques, plus nets. Ces réflexions suffiraient déjà pour prouver que l'amélioration de la nomenclature n'est pas une question insignifiante, une tâche d'un ordre subordonné dont un congrès international ne devrait point s'occuper. Mais la question de nomenclature implique encore deux questions pratiques : celle de la classification et de la définition des roches au point de vue de la cartographie géologique et celle d'une classification et d'une nomenclature systématiques nécessitées par l'enseignement de la pétrographie, ce qui prête à la nomenclature des roches une importance pleinement suffisante pour en faire l'objet d'une étude par le Congrès.

2) Il est impossible de réunir tous les pétrographes ou même une grande majorité sous un seul drapeau, et la Commission est certes loin de vouloir imposer ses décisions par majorité de voix. J'estime que nous ne ferons que des propositions en qualité de desiderata. Mais pour que nos propositions ne restent pas une lettre morte, pour leur garantir une certaine réussite et gagner des adhérents, je proposerais la tactique suivante : tous les membres de la commission qui seraient d'accord sur certains principes de nomenclature s'entendraient pour suivre ces principes dans leurs travaux, comme dans ceux de leurs élèves, dans leurs leçons et dans les traités de pétrographie qu'ils pourraient publier. Ces pétrographes formeraient pour ainsi dire une fédération ou une coalition et de cette manière il y aurait un groupe plus ou moins nombreux de pétrographes qui maintiendraient ces principes et pourraient en convertir d'autres, non par des votes ou par des propositions réitérés, mais par un exemple perpétuel.

De même, je pense que la Commission de nomenclature ne peut et ne doit pas se borner à la nomenclature, mais qu'elle doit envisager aussi la question de classification, non seulement parce qu'elles sont intimement liées entre elles, mais aussi pour tenir compte de la motion suivante exprimée par un groupe considérable de pétrographes présents au Congrès de Saint-Pétersbourg : « Pour arriver à la simplification de la nomenclature pétrographique réclamée par les géologues, il est indispensable de définir avec plus de précision qu'on ne l'a fait jusqu'à présent les noms généraux dont l'emploi est nécessaire dans l'exécution des cartes ». Cette tâche s'impose non seulement au point de vue des géologues, mais aussi à celui des pétrographes : des discordances de nomenclature ne proviennent souvent que de ce que les différents pétrographes prêtent une étendue différente à un seul et même grand groupe de roches. Or, je suis d'avis qu'on ne saurait arriver à la délimitation réclamée par la motion ci-dessus citée qu'en basant la définition des grands groupes sur la composition chimique. Sans vouloir anticiper la solution de cette question, je crois pourtant pouvoir affirmer que le chemin que j'ai abordé pour délimiter les grands groupes me paraît être juste et promettre de bons résultats. Dans mon livre *Studien über die Eruptivgesteine*, on peut trouver plusieurs exemples qui sont de nature à illustrer ma conclusion.

J'estime que mon point de vue général sur la nomenclature actuelle et sur les changements à y apporter sont déjà connus aux membres de la commission par les propositions que j'ai faites au Congrès de Saint-Pétersbourg et par les opinions émises dans mon livre ci-dessus cité. Sans vouloir répéter ce qui a déjà été dit et sans avoir l'intention de proposer un projet élaboré de nomenclature, je me bornerai aujourd'hui à plusieurs réflexions sommaires.

I. — Il y a deux points essentiels que l'on néglige à présent : la composition chimique et les quantités relatives des parties constituantes. La composition chimique est la base de la délimitation des familles, comme les quantités relatives celle de la délimitation des genres appartenant à deux familles limitrophes ou des genres intermédiaires entre deux familles. Voici plusieurs exemples.

1) Pour la composition chimique, j'ai déjà donné plusieurs exemples dans mon livre ; sans tenir compte de la composition chimique, on ne saurait délimiter les andésites quarzifères et les andésitodacites des dacites, les trachytes quarzifères des liparites, les basaltes sans olivine des andésites (par exemple l'Alboranite), les andésites à olivine des basaltes, etc. Un exemple tout récent est offert par l'Alboranite et la Santorinite que M. Becke envisage comme des types particuliers de la famille des andésites. Un examen de leur composition chimique montre aisément que l'Alboranite appartient aux basaltes et la Santorinite aux dacites et qu'il n'y a pas lieu de créer ces deux nouveaux noms.

2) Pour illustrer le rôle des quantités relatives des éléments constituants, je citerai l'exemple suivant. En étudiant une série de gabbros avec tous les faciès qui leur sont ordinairement associés, on peut constater qu'il y a un passage graduel et parfois imperceptible entre les gabbros d'un côté et de l'autre les syénites, les pyroxénites, les péridotites, les diorites. On ne saurait se contenter des termes Gabbro, Diorite, Pyroxénite, Péridotite,

Gabbrosyénite (Monzonite), Gabbrodiorite — car ce ne sont que les étapes principales et il y a d'autres types intermédiaires qui s'en écartent plus ou moins. Pour désigner ces types intermédiaires produits par des variations dans les quantités relatives des principaux éléments constituants, il est nécessaire d'avoir recours aux termes Leucocratique, Mélanocratique de M. Brögger en élargissant leur étendue comme je l'ai déjà fait et en introduisant des termes du type de : feldspathocratique, pyroxénocratique, péridocratique, oligofeldspathique, oligopyroxénique, etc., et de faire usage, comme je le fais dans un travail qui paraîtra prochainement, de dénominations telles que : Pyroxénite à feldspath (Feldspathpyroxenit), Péridotitopyroxénite, Diorite à diallage (Diallagdiorit), Labradorite ou Anorthosite à olivine (Olivin-Anorthosit oder Labradorit), etc., etc. Si je voulais sacrifier à la mode, ces roches me fourniraient l'occasion pour toute une série de nouveaux noms tels que : Pikhtovite, Soupréite, Charpite, etc.

II. — Afin d'éviter la création d'un nombre plus ou moins considérable de nouveaux noms, il serait désirable de fixer plusieurs termes pour désigner différents types de roches à structure porphyrique, car ce sont souvent justement les variétés dans la combinaison des phénocristaux et de la pâte qui président à la formation de nouveaux noms. Je voudrais distinguer trois types :

1) Les Euporphyres et les Euporphyrites — pour les roches à phénocristaux macroscopiques.

2) Les porphyres et porphyrites aphyriques — pour les roches porphyriques sans phénocristaux.

3) Les Microporphyres et les Microporphyrites — pour les roches porphyriques à phénocristaux microscopiques.

4) Les Microgranites, Microdiorites, Micrograbbros, etc. pour les roches grenues microcristallines.

Pour distinguer les cas où les phénocristaux sont abondants de ceux où ils sont peu nombreux, ainsi que ceux où ils appartiennent seulement à l'élément feldspathique ou seulement à l'élément ferromagnésien de ceux où ils sont représentés par plusieurs minéraux, je proposerais d'introduire les termes suivants : Oligophyrique, Plésiophyrique, Monophyrique, Polyphyrique, Leukophyrique, Mélanophyrique, Feldspathophyrique, Albitophyrique, Andésinophyrique, Augitophyrique, Ægyrinophyrique, Biotitophyrique, Amphibophyrique, etc., etc.

III. — La classification et la nomenclature des roches porphyriques et des roches grenues doit être dualistique, pour ainsi dire à double face, c'est-à-dire qu'elle doit tenir compte de l'élément blanc ainsi que de l'élément ferromagnésien. Il comporte surtout de définir avec plus de précision le feldspath, comme cela a déjà été proposé depuis longtemps par MM. Fouqué et Michel-Lévy. Mais je pense que dans la majorité des cas il est suffisant, pour la nomenclature de la roche, de s'en tenir au groupement suivant :

1. Roches à feldspath potassique.
2. Roches à feldspath sodique.
3. Roches à feldspath sodo-potassique.
4. Roches à feldspath calcosodique acide.
5. Roches à feldspath calcosodique basique.

A ce point de vue nous aurions par exemple pour les porphyres des Orthophyres, des Albitophyres, des Anorthophyres à Augite, à Ægyrine, à Hornblende, à Biotite, etc., pour les Syénites, des Orthosyénites, des Albitosyénites, des Anorthosyénites à Hornblende, à Augite, à Mica, etc.

IV. — Pour atteindre une certaine unification de la classification, il est nécessaire de fixer différentes unités de classification et de leur adapter les noms des roches, c'est-à-dire qu'il importe de définir avec plus de précision les limites des familles, des genres, des espèces et des variétés. Dans la délimitation des familles, le rôle principal revient à la composition chimique et aux quantités relatives des parties constituantes essentielles, dans celle des genres et des espèces à la composition minéralogique et à la structure, enfin dans celle des variétés, à des particularités de structure et à des minéraux accidentels.

Les noms des roches doivent désigner la famille, le genre et l'espèce, afin que l'on puisse trouver dans le nom même de la roche des indications sur la position que la roche occupe dans le système. La nomenclature doit être ce que j'appelle philonomique.

Voici plusieurs exemples ; qu'est-ce qui est préférable, Basalte mélanocratique micacé à mélilite et leucite ou Euttolithe ? Minette mélanocratique ou Wyomingite ? Leucitite mélanocratique ou Madupite ? Andésitodacite ou Latite ? Quarztrachyte sodique ou Taimyrite ? Quarztrachyte potassique ou Toscanite ?..... Gabbrosyénite ou Monzonite ?

V. — Je pense qu'il faut discuter séparément ces deux

points : 1° les cas où un nouveau nom de roche est désirable ou inutile ; 2° les principes à suivre dans la formation des nouveaux noms. Le manque d'unité dans la nomenclature actuelle provient de ce qu'on n'est pas d'accord sur ces deux points.

Mon point de vue personnel a déjà été émis à Saint-Pétersbourg et dans mon livre. Il suffit d'y ajouter plusieurs réflexions que voici :

Il faut distinguer plusieurs catégories de noms qui sont inutiles, les uns parce qu'ils sont absolument superflus, les autres parce qu'ils pourraient être formés d'une manière plus rationnelle : la première catégorie de noms doit être abolie, la seconde remplacée par des termes plus rationnels. Ainsi :

1° Un nouveau nom est inutile dans le cas d'une identité de la roche en question avec une autre, sauf le mode de gisement ; ce cas se rapporte particulièrement aux roches filoniennes ;

2° Un nouveau nom n'est pas nécessaire pour une variété de roche ne se distinguant que par une particularité de structure ou par la présence d'une partie constituante ; dans ces cas la roche pourrait être suffisamment définie par un adjectif ou par une particule. Ainsi, par exemple, les noms de Bojite, de Pilandite, de Natherlite sont superflus parce qu'ils ne désignent que les roches que voici : gabbro à hornblende, syénite à anorthose, porphyre à anorthose (Anorthophyre, Syénitporphyre à anorthose) ;

3° Un nouveau nom est souvent créé sans qu'il soit nécessaire, dans le cas où l'on croit avoir affaire à une nouvelle variété ou à un nouveau type, parce qu'on n'envisage que la composition minéralogique et la structure en négligeant la composition chimique (voir Alboranite, Santorinite) ;

4° Un nouveau nom est inutile dans le cas où il en existe déjà pour la roche en question, un nom qui aurait échappé à l'auteur (par exemple Yogoïte).

Dans le but de contribuer à une solution plus rapide de la question de nomenclature et afin de garantir les auteurs contre la création de nouveaux noms pour des roches qui en ont déjà reçu, je me permettrai de formuler les deux propositions suivantes :

1° De prier différents pétrographes de présenter à la session du Congrès, à Paris, un projet d'unification de la classification et de la nomenclature des familles de roches dont ils s'occupent spécialement ;

2° De publier périodiquement et aussi souvent que possible, des listes des nouveaux noms avec leur synonymie. Pour atteindre ce but, il faudrait adresser à tous les pétrographes qui proposent des nouveaux noms, la demande de faire parvenir leurs travaux à celui qui sera chargé de faire ces listes ; elles pourraient être publiées dans le Bulletin international de pétrographie ;

3° Dans les cas où il y aurait plusieurs noms pour la même roche, le même groupe de roches ou la même structure, on devrait s'en tenir, pour la priorité, aux règles que j'ai déjà formulées antérieurement, c'est-à-dire que pour réclamer la priorité d'un nom de roche, il faut en avoir donné l'analyse chimique, et pour celle d'une structure, une figure.

En terminant, je me permettrai de faire observer que la Commission de nomenclature des roches ferait bien d'aborder dès à présent ou prochainement la nomenclature des roches sédimentaires et métamorphiques ainsi que leur classification.

M. Doelter adhère en grande partie aux propositions de M. Iddings, il ajoute qu'il faut discuter sur les principes généraux, mais ne pas aborder de questions de détail.

M. Brögger croit qu'aucune motion acceptée par la Commission ne saurait être admise par les pétrographes : le nombre des membres présents est trop faible, et d'ailleurs il n'existe pas de base commune de discussion. On ne peut s'entendre encore sur les questions les plus primordiales, c'est ainsi qu'il ne donne pas, quant à lui, au nom de granite, une signification minéralogique, comme le font la plupart des pétrographes, il englobe dans ce terme non seulement le granite lui-même, mais encore toutes les roches filoniennes qui l'accompagnent. A ses yeux, le terme Néphélin-syénite représente une famille naturelle, comprenant la Néphélin-syénite typique et tout son cortège de filons mélanocrates et leucocrates. Tout ce que la commission peut faire, c'est de demander à chacun ce qu'il entend par les termes qu'il emploie; il faut donc : 1° proposer la citation du nom d'auteur à côté de celui des roches ; 2° favoriser de son appui un lexique pétrographique international dans le genre de celui qu'a écrit M. Lœwinson-Lessing; 3° centraliser entre les mains d'une commission internationale les nouvelles descriptions de roches et les noms nouveaux qui seront ainsi enregistrés.

M. Fouqué s'associe aux trois propositions faites par M. Brögger, mais demande en outre que la description de toute roche nouvelle soit accompagnée d'une figure reproduisant sa structure.

M. Duparc croit, lui aussi, que l'on ne doit chercher qu'à fixer les traits généraux de la nomenclature et s'associe aux vœux exprimés.

M. Lœwinson-Lessing ne partage pas le pessimisme de M. Brögger et croit que l'on peut s'entendre sur les noms des grands groupes de roches. Il insiste sur ce que la nomenclature ne doit négliger aucune des propriétés des roches et demande qu'une analyse chimique soit jointe à la diagnose de toute roche nouvelle.

A la suite d'une discussion à laquelle prennent part plusieurs membres, les deux vœux suivants sont votés à l'unanimité :

1er *Vœu. — Les noms d'auteur devront toujours être indiqués à la suite des noms de roches, comme cela est d'usage en Zoologie et en Botanique.*

2e *Vœu. — Il y a lieu de proposer au Congrès de 1900 de nommer une Commission internationale chargée de publier les noms nouveaux des roches avec leur description aussi précise que possible, avec leur analyse chimique et, au besoin, avec un dessin reproduisant leur structure. Cette publication aurait lieu dans le volume des Comptes-rendus des Congrès internationaux.*

M. Lœwinson-Lessing veut bien se charger de la révision de son Lexique pétrographique, dont une traduction française, faite par M. Ch. Barrois, secrétaire général du comité, sera publiée dans le volume du Congrès de 1900. Les membres de la Commission seront priés d'aider M. Lœwinson-Lessing et M. Charles Barrois, en leur fournissant les documents complémentaires concernant leur pays respectif.

Une discussion s'engage pour savoir si l'on doit aller plus loin dans l'étude des divers systèmes proposés ; *M. Michel-Lévy* annonce que la Commission française a préparé une note contenant des propositions.

M. Brögger insiste à nouveau sur ce que la Commission de nomenclature ne saurait émettre aucun vote tendant à une réglementation. Il développe l'importance qu'il attache au point de vue géologique et génétique pour la nomenclature des roches, il défend en outre le principe des noms de roches tirés des noms de localités, comme donnant aux auteurs plus de liberté que tout autre.

M. Lœwinson-Lessing combat au contraire l'emploi des noms de localités.

En réponse à l'objection faite par M. Brögger, *M. Michel-Lévy* fait remarquer qu'il ne saurait être question d'émettre autre chose que des vœux, les pétrographes qui y adhéreront prêcheront d'exemple en les mettant en pratique et c'est ainsi que les réformes suggérées pourront devenir pratiques.

Le Comité décide de renvoyer au lendemain la suite de la discussion.

Sur la nomenclature pétrographique

Par M. E. de FÉDOROFF

Une nomenclature bien ordonnée doit satisfaire à deux conditions.

Elle doit permettre :

1° De caractériser par un nom bref l'objet étudié, du moins dans ses traits principaux ;

2° De composer, d'après des règles fixes, de nouveaux noms toutes les fois qu'on a à marquer des particularités neuves et essentielles, constatées par l'observation.

Dans l'état actuel de la pétrographie il ne peut être question d'élaborer une nomenclature rationnelle, donnant la possibilité de déterminer d'une manière commode et simple, les variétés d'une roche dont la différence ne réside que dans des particularités secondaires. Mais ce qu'il faut dès maintenant, c'est définir avec toute la précision possible les caractères propres des principaux groupes de roches et de se mettre d'accord sur les termes à appliquer à ces groupes. Quant aux appellations des variétés secondaires, il est préférable, dans l'intérêt même du développement régulier de la science, d'en laisser le choix aux auteurs. Il est cependant à désirer qu'on parvienne à s'entendre sur le principe à suivre dans la création de nouveaux noms. A notre point de vue, le mieux serait de les composer de manière à marquer à la fois celui des groupes principaux établis auquel la roche appartient et la particularité distinctive qui fait de la roche donnée une espèce à part.

Comme argument décisif en faveur de la création d'un nouveau nom, ne devront servir que des particularités de composition qui se laissent constater dans chaque fragment de la roche à déterminer. On ne peut admettre qu'un nom soit basé sur des circonstances inconstatables, échappant à l'observation directe de celui qui veut déterminer une roche dont il ne connaît pas la provenance. Lorsque, par exemple, on ne peut distinguer lesquels des fragments d'un même type de roche proviennent d'un filon, d'un laccolithe ou d'un épanchement, on devra nécessairement les considérer tous comme appartenant à une seule espèce pétrographique.

L'examen des roches met deux catégories de faits à notre disposition : 1) la composition minéralogique, 2) la corrélation des minéraux constituants.

S'il est relativement facile de spécifier, d'après les données de la seconde catégorie, les principaux groupes pétrographiques, c'est-à-dire d'attribuer telle ou telle roche à l'un des groupes sédimentaire, tuffique, éruptif ou métamorphique, il n'en est plus de même quand il s'agit de qualifier avec précision les différences qui séparent les roches éruptives des roches métamorphiques.

Par rapport aux roches métamorphiques, les spécialistes sont aujourd'hui d'accord qu'il incombe avant tout à la science de reconnaître de quelle roche ou à la place de quelle roche première a pu se former une roche métamorphique donnée. Avec le progrès de la science, la solution du problème ne manquera certainement pas de se simplifier ; en même temps, l'indication de ces roches sur les cartes mettra en lumière les rapports qu'elles offrent avec d'autres groupes définis de roches. Mais avant d'en être arrivé là, il faudra naturellement se contenter du procédé généralement employé, de distinguer les roches métamorphiques d'après leur composition minéralogique, procédé qui ne présente guère de difficultés pour les pétrographes.

Seules les roches dynamométamorphiques (pseudoschistes, pseudoporphyroïdes, schistes pseudofelsitiques), si largement étudiées dans l'Oural, font désirer qu'on se mette dès maintenant d'accord sur leurs noms et que l'on fixe les épithètes par lesquelles on devra désigner les roches primaires qui leur ont donné naissance.

La complication de la nomenclature résulte essentiellement des termes à assigner aux roches éruptives.

Heureusement nous connaissons, pour ces roches aussi, plusieurs groupes fondamentaux nettement délimités, se distinguant les uns des autres par les relations structurales des minéraux constituants. Cette distinction peut être prise pour base de la classification : *autant de* STADES *ou* TEMPS *qu'il a fallu à une roche éruptive pour se former, autant on peut y distinguer de* GÉNÉRATIONS *de minéraux.*

Ce principe permet d'établir trois *types de structure :*

1). *La structure grenue.* — Les minéraux essentiels se sont formés durant une seule période de temps ;

2). *La structure porphyrique.* — La roche laisse voir deux stades de formation nettement accusés ; ordinairement les conditions dans lesquelles la cristallisation s'est opérée ont été moins favorables pendant la seconde période que pendant la première ;

3). *La structure vitrophyrique.* — Outre les minéraux de première et de seconde génération, la roche montre nettement un reste de magma non individualisé, rapidement consolidé sous forme de verre. Cette portion non individualisée du magma représente la génération du troisième temps.

Le développement relatif, en général très variable dans les diverses roches éruptives, de chacune de ces trois générations peut aller jusqu'à la disparition complète d'une des deux autres et même des deux à la fois. Toutefois, si la seconde génération est présente, les moindres traces de la première, quelque minimes qu'elles soient, excluent la possibilité de confondre la seconde génération avec la première. Pareillement, la présence du magma vitreux suffit pour attester trois stades de formation.

Les roches des types intermédiaires compliquent l'application, mais n'anéantissent pas la clarté de ce principe de classification.

Notre définition des types fondamentaux de structure diffère de celle qui est acceptée par beaucoup de pétrographes. Rosenbusch, par exemple, juge absolument nécessaire que la génération du second temps renferme au moins un seul des minéraux de la première génération. L'inexactitude de cette définition de la structure porphyrique est manifeste. En effet, s'il est vrai que, dans la plupart des cas, on trouve parmi les minéraux de première et de seconde génération certains individus qui appartiennent à un même groupe, cela ne veut pas dire, comme il résulte de l'idée fondamentale de Rosenbusch, qu'il y ait identité complète entre ces minéraux du second et du premier temps de consolidation. Et d'ailleurs, puisqu'on compare les minéraux à des véritables générations, pourquoi seraient-ce seulement quelques-uns et non tous, du moins les plus essentiels, qui seraient identiques ? Cependant, en réalité, ce n'est jamais le cas, pour des raisons faciles à concevoir. La cristallisation des minéraux de la première génération a eu lieu par suite de la sursaturation du magma (considéré comme solution). Au fur et à mesure que la cristallisation s'est produite, la composition du magma a éprouvé des modifications, d'où il suit que tous les minéraux formés plus tard doivent sensiblement différer des minéraux de formation antérieure.

La différence entre la composition des cristaux feldspathiques et les feldspaths de deuxième génération est un fait connu de tous les spécialistes. Les exemples de ce phénomène sont fréquents. Rosenbusch lui-même, dans son manuel « Elemente der Gesteinslehre » (paru en 1898), constate le fait sur d'autres minéraux. Ainsi, à la page 55, il donne comme preuve de l'accroissement, pendant la seconde période de consolidation, des cristaux de pyroxène de première génération la circonstance que les parties extérieures (accroissement), diffèrent notablement des parties intérieures, tout en étant exactement pareilles aux pyroxènes de seconde génération.

Il serait facile de citer toute une série d'exemples à l'appui de la différence manifeste qui s'observe entre les minéraux de la première et de la seconde génération. Nombreux aussi sont les exemples de l'absence presque totale de minéraux communs aux deux stades et appartenant au même groupe. Nous nous bornerons à dire ici que l'exemple le plus instructif de la différence minéralogique dans les deux premières générations nous est offert par les roches drusiques, trop négligées jusqu'à ces derniers temps et auxquelles nous reviendrons plus loin.

En outre, la définition de Rosenbusch est en contradiction évidente avec la subdivision qu'il fait des roches porphyriques en porphyriques holocristallines et vitro-porphyriques. Il est clair que dans ces dernières on ne peut admettre aucune identité minéralogique entre les minéraux de la première génération et le magma vitrifié qui représente la troisième génération.

Ce qui est essentiel, selon nous, c'est que la présence de la structure porphyrique permet toujours de conclure du nombre des périodes pendant lesquelles la roche s'est formée ; la question de savoir si la seconde génération renferme ou non des minéraux du même groupe est d'un ordre tout à fait secondaire.

Les considérations suivantes montreront l'importance énorme du rôle que les stades consécutifs jouent dans la composition minéralogique des roches éruptives.

Après la formation des cristaux porphyriques dans un magma sursaturé, et tant que la majeure partie du magma était encore à l'état liquide et susceptible de se mouvoir, un magma de composition différente pouvait venir se mêler au premier. En ce cas, la formation dans cette masse saturée une deuxième fois, des minéraux de la seconde génération était évidemment une fonction de la composition du magma mixte et ne dépendait point ou presque point des minéraux du premier temps. Le mélange de magmas différents est un fait qui n'est pas inconnu des pétrographes. On trouve dans la littérature scientifique des exemples très concluants de cas où les minéraux de la première génération ne correspondent pas à la composition du magma qui est indiquée par les minéraux de la seconde génération.

Lorsque les minéraux de la première génération sont d'un poids sensiblement plus élevé que le reste du magma, ils s'assemblent, en vertu de leur pesanteur, en amas locaux plus ou moins considérables, parfois en couches continues ; c'est encore là un fait fréquemment observé par les pétrographes. Les amas de pyrite, de cuivre pyriteux, de pyrite magnétique, de fer magnétique et titanique dans les roches de l'Oural septentrional sont des exemples de ce phénomène. Lorsque le magma n'a jamais atteint la surface de la terre et que son mouvement a été faible, les différences locales de la composition chimique des roches auxquelles ce magma a donné naissance sont si considérables qu'elles dépassent de plusieurs fois les différences jugées suffisantes pour classer les roches dans tel ou tel type. L'auteur de la présente note a signalé une série d'exemples de ce fait dans un article intitulé : « Sur un nouveau groupe de roches éruptives (1) ». Ainsi, les laccolithes développés dans le gneiss au bord sud de la baie de Kandalak (Mer blanche) offrent à des intervalles très rapprochés les variétés les plus hétérogènes, les unes formées presque exclusivement d'olivine, les autres d'enstatite, d'augite ou de plagioclase. Parfois même un seul fragment de la roche montre des différences très sensibles. C'est surtout un cas fréquent pour les roches augito-grenatifères de l'arrondissement minier de Bogoslovsk, dans lesquelles les deux minéraux essentiels diffèrent notablement l'un de l'autre par leur poids spécifique. Comme on a pu le constater dans les mines de cuivre, l'augite, de formation antérieure, s'est le plus souvent soulevée et accumulée dans les salbandes.

Les roches qui constituent les laccolithes de la baie de Kandalak ne peuvent être rapportées ni au type des roches grenues, car elles laissent nettement apercevoir des périodes dans la formation des générations minérales ; ni au type des roches porphyriques, car on y observe non deux, mais une série de générations se succédant toujours dans l'ordre suivant : 1) olivine, 2) enstatite passant à 3) l'hyperstène (l'hyperstène s'étant formé bientôt après l'enstatite, ces deux minéraux peuvent être considérés comme appartenant à une seule période ; 4) biotite (peu développée) ; 5) augite (titanifère) ; 6) grenat, remplacé partiellement par de l'amphibole verte, de formation simultanée ; 7) plagioclase, remplissant les intervalles. Enfin ces roches-drusites se distinguent encore des roches porphyriques en ce que les générations postérieures y sont cristallisées d'une façon aussi nette que les générations précédentes ; la dernière génération, le plagioclase, présente même généralement les cristaux les plus gros et les plus parfaits (quoique souvent remplis d'inclusions de restes du magma et alors de couleur brune).

Ce groupe relativement rare nous fournit donc l'exemple d'un type structural à part, indépendant. Cette structure, appelée *drusitique* d'après le nom de la roche qui en donne le type, a reçu pour symbole le signe Δ. A ce groupe appartiennent les roches augito-grenatifères de l'arrondissement minier de Bogoslovsk, du district minier de l'Altaï, de la région de l'Oussouri (golfe Saint-Olga), les roches métallifères

(1) Bulletins de l'Institut d'économie rurale de Moscou, 1896, n° 1. (En russe).

de Pitkaranta et d'un grand nombre des gisements de la Norwège et de Bakat.

En résumé, l'ensemble des faits connus jusqu'ici permet d'établir d'après les quatre principaux types de structure, quatre groupes de roches éruptives : grenues, porphyriques, vitrophyriques, drusitiques.

Pour ce qui est des subdivisions ultérieures, nous nous permettons d'attirer l'attention sur les considérations suivantes.

Si l'on voulait prendre la composition chimique pour base de la classification des roches éruptives, on serait obligé de séparer d'une façon tranchée des roches dont l'ensemble constitue une masse d'origine unique et simultanée, mais qui, sans être des roches de contact, montrent des différences très nettes de composition à de très petites distances, parfois dans un seul et même morceau (il va sans dire qu'on peut et qu'on doit faire une distinction entre les parties extérieures modifiées par le contact et les parties intérieures d'une roche).

Autre chose, si l'on prend la composition minéralogique comme point de départ. En effet, quelque différente que soit la composition des laccolithes drusitiques en divers points, les minéraux caractérisant les drusites se retrouvent presque dans chaque fragment. Ainsi, la variété à olivine presque pure accuse, au microscope, de petits interstices remplis d'enstatite et de plagioclase. Des faits analogues se laissent constater non seulement pour les autres variétés de ce groupe de roches, mais en général et dans une mesure tout aussi large, pour les roches des autres types structuraux.

Mais le facteur qui présente le plus d'importance dans la subdivision des roches, ce sont les particularités de chaque type de structure, autrement dit la *texture*.

Grâce à l'étude détaillée des drusites et à l'éclaircissement des principales lois qui ont gouverné leur formation, toutes les variétés de ces roches se laissent sans difficulté classer d'après les règles d'une classification rationnelle et peuvent être désignées, comme dans le travail précité, par des symboles.

Si on réussit à découvrir des lois analogues pour les autres groupes naturels des roches, la nomenclature rationnelle sera assurée et on n'aura plus besoin de recourir à des noms de localités.

Quoi qu'il en soit, les noms doivent en premier lieu être

basés sur les types fondamentaux de structure. En suivant ce principe, on pourra classer les roches en granites, porphyres, vitrophyres, drusites, ou pour abréger, en granes, phyres (abréviation déjà employée), vitres, druses. Il y aurait avantage aussi à trouver des abréviations pour les principaux groupes des minéraux caractéristiques, ainsi que pour les modes de texture (globulaire, aplitique, panidiomorphe, granophyrique, microfelsitique, etc.) qui permettent d'établir des groupes plus étroits. Ce serait aller trop loin que de vouloir formuler à ce sujet des propositions détaillées dont l'élaboration ne peut appartenir qu'à une Commission nommée par le Congrès international. Mais il est nécessaire d'insister pour que les noms des roches soient composés de manière à exprimer : 1° au premier plan, le type de structure (il serait à désirer que les accessoires comme « à gros grain », « à grain fin », etc., fussent remplacées par des terminaisons équivalentes ; 2° au second plan, la texture de la roche donnée, si toutefois elle en est caractéristique ; 3° au troisième plan, les minéraux caractéristiques. Il est en outre désirable qu'on fixe des règles précises pour marquer les types de structure intermédiaire.

Voici les raisons qui s'opposent à l'adoption de la composition chimique comme base de la classification pétrographique :

La composition chimique est souvent inconstante, du moins en de certains cas, et loin d'être toujours étroitement alliée à la composition minéralogique. De plus, les changements secondaires que les roches ont subis postérieurement à leur formation ont parfois très sensiblement réagi sur leur composition chimique. Ce sont là des inconvénients étrangers à la caractéristique minérale et structurale, applicable sans grandes difficultés à toutes les roches, même à celles qui ont subi de fortes modifications secondaires. La caractéristique chimique entre dans le domaine de la minéralogie ; or, les éléments constituant les roches sont des minéraux, et non des atomes chimiques.

Enfin, au point de vue de l'utilité pratique, la caractéristique chimique est très peu commode. Une analyse chimique complète ne pouvant être opérée que dans des conditions exceptionnelles, pour résoudre des questions scientifiques spéciales, il s'en faut de beaucoup que ce procédé long et minutieux offre un moyen relativement simple, toujours à la portée, dans la détermination des roches.

On ne peut guère espérer qu'on arrive bientôt à s'entendre dans les questions de nomenclature ; qu'on se rappelle seulement la lenteur extrême avec laquelle se répandent, dans la littérature, les termes de la nouvelle cristallographie théorique, qui est cependant basée sur des principes rigoureusement mathématiques, qu'il suffit d'étudier pour en accepter les termes. Néanmoins, les pétrographes ne peuvent se passer de noms pour indiquer les roches sur les cartes.

Il faut donc les créer, ces noms, ne fussent-ils que provisoires. Plus tard, quand on aura mieux approfondi les rapports entre la composition des magmas et la caractéristique des roches éruptives, on pourra les modifier conformément à la valeur décisive de ces relations.

Le levé géologique du district minier de Bogoslovsk, nous ayant fourni des matériaux exclusivement abondants pour établir les rapports dont nous parlons, nous nous permettrons de dire quelques mots sur les termes auxquels nous a conduit notre étude des roches de la région.

Parmi les roches du district, il en est plusieurs que les termes pétrographiques usuels déterminent assez exactement ; telles sont la diabase, la porphyrite à diabase, la vitrophyrite, quelques variétés de granite amphibolique (granitite), le gabbro et ses variétés à olivine et hypersthène, la diallagite, etc. Cependant, des roches aussi caractéristiques que celles que nous venons de nommer, renferment déjà des variétés sortant du cadre des termes généralement acceptés, comme le gabbro anorthitique, sensiblement différent du gabbro normal, à plagioclase moins basique. Dans d'autres variétés, le diallage est presque totalement remplacé par l'olivine ou l'hypersthène ; d'autres encore consistent presque uniquement en plagioclase (très basique). Il aurait été étrange d'inventer pour ces variétés, intimement liées aux autres variétés des gabbros, des noms à part qui n'auraient fait qu'obscurcir leur liaison avec la masse principale des roches. Dans ce cas, au contraire, les expressions accessoires définissant les particularités minéralogiques, étaient parfaitement à leur place.

Les roches augito-grenatifères ont été mentionnées plus haut.

Pour ce qui est des roches plus acides, il est difficile, sinon impossible, de trouver dans la littérature des termes convenables embrassant toutes les particularités qui leur sont propres. Sous ce rapport la série des porphyres feldspathiques *normaux* est surtout remarquable. Le membre extrême de la série, l'*albitophyre*, correspond parfaitement au sens que Michel-Lévy a donné à ce nom. C'est une roche très répandue dans les limites du district de Bogoslovsk. Les cristaux qui la caractérisent sont l'albite ou les membres voisins les plus acides de la série des plagioclases. Quelquefois vient s'y adjoindre du quarz, comme dans les porphyres quarzeux typiques ; on a alors l'*albitophyre quarzeux*. Il est très rare qu'on y trouve d'autres cristaux, la pâte n'étant presque toujours composée que de quarz et de feldspath ; l'analyse microchimique révèle la présence de feldspath potassique. La circonstance que l'albite apparaît presque toujours sous forme de macles simples ou de cristaux isolés, et que la pâte contient une quantité notable pour cent de potasse peut facilement faire confondre la roche avec le porphyre à orthose (orthophyre). En réalité, comme l'ont prouvé de nombreuses analyses optiques, l'orthose y fait entièrement défaut. En outre, les analyses ont démontré que les cristaux s'éloignent rarement d'une manière sensible de la composition de l'albite pure.

A cette roche correspond (géologiquement, mais non chimiquement) une variété grenue, identique ou du moins présentant beaucoup d'analogie avec la Nordmarkite de Brögger. Elle est presque exclusivement formée de microperthite et de quarz. Le feldspath potassique, qui a cristallisé le tout dernier, forme par places avec le quarz, des agrégats micropegmatiques. Cette roche a été indiquée sur la carte sous le nom de granite perthitique (avec transition à des variétés sans quarz).

L'oligoclasophyre, roche rare dans la région, se distingue par l'inconstance remarquable de sa composition minéralogique. C'est une véritable roche de transition reliant l'albitophyre à un groupe d'andésinophyres typiques, représentés en abondance.

Déjà dans les oligoclasophyres, on observe parmi les cristaux, plus souvent dans la pâte, des minéraux ferro-magnésiens, surtout l'augite (ou les produits résultant de sa décomposition). Dans les andésinophyres, la présence de ces minéraux est assez constante ; plus fréquemment encore on y constate l'amphibole verte (actinolite) ou même à la fois l'amphibole et l'augite.

Les andésinophyres, dans lesquels ces minéraux jouent toujours un rôle d'éléments accessoires, sont suivis d'une série des roches de transition qui renferment l'augite et surtout l'amphibole, en proportions de plus en plus considérables. Ce sont des *andésinophyres augitiques* et *amphiboliques* ; les derniers sont plus fréquents que les premiers. L'andésinophyre augitique offre des passages à une *porphyrite à diabase*, caractéristique par la composition très constante du plagioclase, notamment du labrador. La porphyrite à diabase passe à des variétés sans cristaux d'augite, mais contenant beaucoup d'augite dans la pâte — *porphyrites à labrador* — et à d'autres ne renfermant que de l'augite, sans cristaux de labrador — *porphyrites augitiques*. La porphyrite à diabase elle-même est d'une netteté typique remarquable, ainsi que sa variété grenue, la diabase. En même temps c'est une des roches éruptives les plus développées du district de Bogoslovsk.

Cédant à la tradition pétrographique, nous avons conservé à ces roches leurs noms courants. Il aurait cependant été plus raisonnable de ne pas faire usage du terme *porphyrite*, mais d'employer les dénominations plus rationnelles de *labradorophyre*, *labradorophyre augitique*, *augitophyre*. Le terme « porphyrite » rappelle la période de notre science où l'on voyait la différence la plus substantielle entre les propriétés spéciales des divers groupes de roches dans la composition de l'élément feldspathique, c'est-à-dire où il suffisait de savoir si cet élément était du plagioclase ou du feldspath potassique, sans se rendre aucunement compte de l'espèce de plagioclase. Ce point de vue, nous n'avons pas besoin de le dire, est aujourd'hui loin de correspondre aux progrès atteints depuis, grâce à des études plus étendues et à la détermination plus exacte des minéraux.

Les variétés compactes de ces roches auraient mieux été appelées *diabasites* (nom proposé par M. Polénow).

En quelques rares points du district, on trouve des roches porphyriques à amphibole plus basiques que les andésinophyres amphiboliques. Le plus souvent, elles contiennent de l'amphibole barkevicitique et du labrador. Nous les avons marquées dans la carte sous le nom de *porphyrite dioritique*. Nous devons toutefois avouer que nous doutons qu'actuellement les noms de *diorite* et de *porphyrite dioritique* aient un sens rigoureusement défini. Il serait important d'établir la valeur exacte de ces termes.

Les variétés grenues qui correspondent aux andésinophyres amphiboliques ont été étudiées d'une manière particulièrement détaillée. La terminologie actuelle leur assigne une place entre les granites amphiboliques et les diorites quarzeuses. Elles sont remarquables par l'inconstance de leur composition, surtout relativement à la teneur en orthose. Certaines variétés abondent en feldspath potassique qui est presque exclusivement de la microperthite. La circonstance que l'orthose y enveloppe parfois les grains de plagioclase acide prouve qu'il a été le dernier produit de la cristallisation. En d'autres variétés, le feldspath potassique fait entièrement défaut. De nombreuses analyses ont permis de déterminer les relations entre la teneur pour cent en amphibole verte et le degré de basicité du plagioclase qui varie ordinairement de l'andésine jusqu'à l'oligoclase.

Il aurait été rationnel d'appeler les diverses variétés disséminées dans l'énorme masse de ces roches par des noms différents, tels que granite (amphibolique), diorite (quarzeuse), etc. ; en effet, nous aurions aussi séparé artificiellement ce que la nature a réuni en une formation unique. Nous avons donc rassemblé toutes les variétés par le seul nom de *granite amphibolique* et nous nous sommes servi, pour les nuancer, des expressions accessoires : à *amphibole* et *andésine*, à *amphibole* et *oligoclase*, à *amphibole* et *perthite*, etc.

En dehors des roches porphyriques normales qui montrent la corrélation entre la composition des cristaux et celle de la pâte fondamentale, on rencontre des espèces de roches dans lesquelles cette corrélation est dérangée d'une manière très apparente. Une autre anomalie est la résorption de minéraux antérieurement formés, autrement dit de la partie déjà cristallisée de la matière saturée du magma. Par exemple, dans les andésinophyres quarzo-amphiboliques, les cristaux de quarz ont été redissous quand la pâte fondamentale montre une composition anormale ; l'augite a été redissoute, cas plus rare, lorsque la composition acide du magma est anormale.

De plus, on rencontre dans le district des roches étranges, dont la structure et la composition font croire que partiellement elles ont passé par un second stade de fluidité, etc.

Il est douteux que pour de pareilles roches, on puisse établir des règles de nomenclature rigoureusement définies. D'ailleurs, comme les roches anormales sont très rares dans la nature et qu'elles occupent toujours des étendues trop petites pour pouvoir être marquées même sur les cartes géologiques les plus détaillées, c'est une question d'importance tout à fait secondaire. Néanmoins, nous nous joignons à la plupart des pétrographes russes (MM. Lœwinson-Lessing et Polénow ont abordé le sujet dans diverses publications) pour émettre le vœu que même les anomalies parmi les roches ne soient plus appelées d'après les localités où elles ont été découvertes, mais qu'en créant de nouveaux noms, on tienne en premier lieu compte de la composition pétrographique et qu'en cas de nécessité on se serve de racines grecques.

Si nous avons cru nécessaire d'énoncer notre point de vue sur la nomenclature pétrographique, c'est que l'étude des matériaux extraordinairement riches nous a conduit à faire l'épreuve des procédés les plus récents de l'analyse optique, procédés qui nous ont singulièrement facilité et accéléré la détermination d'un très grand nombre de roches. Il suffit de dire ici que le Musée des mines de Tourinsk possède aujourd'hui plus de 10.000 plaques microscopiques, que nous avons fait près de 300 analyses optiques détaillées et autant de déterminations exactes de minéraux, et que parallèlement nous avons exécuté plusieurs dizaines d'analyses chimiques. De plus, l'étude systématique et rigoureusement scientifique des matériaux nous a rendu possible de tirer des déductions exactes par rapport à la question très compliquée de l'origine de plusieurs gisements de minerais.

Séance du 26 Octobre

Présidence de *M. Michel-Lévy*. Tous les membres qui ont assisté à la séance du 25 octobre sont présents.

M. Michel-Lévy résume les travaux de la veille et propose de prendre comme base de discussion ultérieure les vœux de la commission russe. Cette proposition est adoptée.

M. Karpinsky demande à faire quelques observations sur la discussion de la veille et donne lecture du rapport suivant :

Notice présentée a la Commission de nomenclature des roches, réunie en séance, a Paris, le 26 octobre 1899

Par M. **A. KARPINSKY**

1) Chaque classification d'objets doit être basée sur l'ensemble de leurs caractères ou bien sur les caractères avec lesquels

tous les autres sont en un rapport déterminé et qui permettent de définir exactement l'objet en question.

Ainsi, par exemple, la classification des minéraux peut être basée sur leur composition chimique et leurs caractères cristallographiques, car il n'existe pas de minéraux appartenant à des espèces différentes, dans lesquels ces caractères soient identiques. L'observation directe montre que des différences entre les minéraux, sans dépendance aucune de la composition chimique et des propriétés cristallographiques, n'ont point de valeur scientifique pour certains minéraux (par exemple, la couleur, le degré de limpidité, etc.).

Certaines différences dans le mode de formation peuvent nous paraître théoriquement d'une grande importance; néanmoins, lorsqu'il est possible d'établir l'identité des matières minérales, la différence des conditions génétiques ne doit pas nous porter à considérer ces matières comme essentiellement différentes. Au contraire, il sera logiquement juste de conclure qu'une même matière peut être due à divers modes de formation, en d'autres termes, que de semblables différences génétiques n'ont pas en pareil cas de valeur essentielle.

2) Pour ce qui est des roches, les conditions dans lesquelles elles se sont formées ont une grande importance, et elles ont indubitablement exercé l'influence sur leurs propriétés. C'est donc avec toute raison que la genèse a été prise comme base de la division de premier ordre des roches en roches éruptives, sédimentaires, schistes cristallins (métamorphiques). Plusieurs caractères d'ordre inférieur (par exemple les différences de texture) dépendent des conditions dans lesquelles s'est effectuée la formation des roches. Cependant on ne peut pas, par simple considération théorique, attribuer une valeur précise à telle ou telle autre texture; pour y arriver, il faudrait une étude minutieuse du gisement même, car les différences de texture qui sautent pour ainsi dire aux yeux, peuvent être en réalité moins essentielles que celles qu'on a de la peine à distinguer.

3) Les caractères qui doivent être considérés comme les plus importants pour définir une roche éruptive sont la composition minéralogique et chimique et sa structure. Mais la relation entre la composition minéralogique et la composition chimique est si intime qu'une connaissance bien approfondie de la composition minéralogique permet de conclure assez

exactement à la composition chimique. La composition minéralogique et la structure sont par conséquent les caractères les plus essentiels des roches.

Dans l'association des minéraux constituant les roches, on constate une certaine loi. L'analogie de la composition minéralogique s'observe même en présence d'une déviation considérable dans la composition chimique de magmas dont la différenciation donne naissance aux séries pétrographiques.

La loi que suivent les associations des minéraux dans les roches est si manifeste qu'on a pu présumer l'existence de la plupart des roches (les roches à mélilite exceptées), longtemps avant qu'elles aient été réellement découvertes.

Des roches identiques sous le rapport minéralogique (chimique) et structural doivent être considérées comme une seule espèce et porter un seul nom, quels que soient leur mode de gisement, leur âge ou leur liaison génétique avec d'autres roches.

4) La formation de plusieurs roches aux dépens d'un seul et même magma ne suffit pas pour en affirmer leur proche parenté. Le fait que l'on observe qu'un même magma donne constamment naissance à des roches de compositions minéralogique et chimique très différente, ne témoigne pas de leur voisinage dans le système pétrographique, mais de l'antagonisme des matières. La parenté ne ressort que de la communauté de formation par voie éruptive.

5) La classification des roches ne doit pas être identifiée à la classification des magmas. Les magmas peuvent être extrêmement différents suivant les conditions de leur mélange et de la résorption de roches étrangères. Très souvent il est presque impossible de déterminer ce qui est le produit de la liquation naturelle (phénomène très important dans la classification pétrographique) et ce qui n'est qu'accidentel. Outre la liquation, il existe encore la différenciation mécanique par suite de la différence du poids spécifique, des influences magnétiques, etc.

6) Pour figurer les rapports existant entre les roches éruptives, leur classification doit être représentée ni comme série linéaire, ni même sur un plan, mais dans un espace à trois mesures. Disposé de cette manière, chaque grand groupe structuro-génétique de roches et de leurs variétés pourrait être systématisé tant par rapport à la composition minéralo-

gique que relativement aux particularités chimiques et même probablement aux petites différences texturales.

7) Les noms des roches doivent être systématisés en accord avec la classification. L'étude directe des roches dans leurs gisements nous obligeant à distinguer pour les roches, comme pour les autres produits de la nature — les caractères plus ou moins essentiels, l'introduction d'un mode de nomenclature semblable à celui admis pour les organismes est non seulement désirable, mais indispensable.

En créant des noms de famille, de genre, d'espèces, on devra donner une caractéristique exacte des roches excluant toute possibilité de confusion, et *préciser les caractères qui distinguent ces roches des roches voisines.*

L'auteur qui introduit un nouveau nom de roche en se basant sur un nouveau caractère doit démontrer l'importance relative de ce dernier, non sur des échantillons, mais par des études sur la nature.

En décrivant une roche comme variété d'une autre possédant déjà un nom on ne devra pas donner à cette variété une dénomination univoque à part.

Discussion des articles du règlement proposé par la Commission russe à titre de vœux

Vœu n° 1. — *M. Fouqué* demande que l'on supprime les lignes 3 à 9 qui constituent une critique trop vive de la situation actuelle. Il pense que malgré la diversité des langages pétrographiques employés, les pétrographes arrivent en général à se comprendre ; il croit toutefois que des améliorations peuvent être recherchées dans le sens de l'unification de la nomenclature.

M. Brögger fait remarquer que le langage pétrographique est fait surtout pour les pétrographes qui n'ont que peu de peine à retenir et comprendre le nombre relativement restreint des nouveaux noms de roches. Que représente-t-il, en effet, comparé aux milliers de noms employés en Botanique et en Zoologie ! Il regarde ce vœu comme superflu ; nous ne possédons pas, dit-il, de critérium de l'espèce en pétrographie, l'adoption de définitions générales précises ne pourra que gêner dans la recherche de ce critérium. Ce qu'il faut, c'est mettre en parallèle les définitions données par chaque auteur, mais s'en tenir là. Il trouve très utile de savoir quelle signification chaque pétrographe donne au terme diorite, par exemple, mais si cette signification n'est pas la sienne, il ne l'acceptera pas.

M. Lœwinson-Lessing fait remarquer que le Comité russe ne proteste pas contre la multiplicité des noms nouveaux, mais contre leur mauvaise construction. Il montre, par un exemple, qu'il n'est pas toujours facile de retenir les noms tirés de localités. Il ne faut pas entraver la liberté des pétrographes par des règles qui fixent une nomenclature définitive, mais il est nécessaire de discuter les bases d'une classification rationnelle et de fixer les principes de la nomenclature. On prétend qu'il faut attendre. La chimie organique n'a pas attendu et cependant les progrès de cette science n'ont pas été entravés parce que l'on a fixé les principes de sa nomenclature.

M. Michel-Lévy croit que les subdivisions nombreuses sont utiles, mais qu'il est indispensable, en même temps que possible, de s'entendre sur la définition des noms des grands groupes.

Le vœu n° 1, modifié comme il suit, est adopté à l'unanimité moins deux voix (M. Brögger opposant, M. Barrois s'abstenant).

« *Il est avant tout désirable de régulariser la nomenclature des roches éruptives où le manque d'unité est particulièrement sensible. Différents auteurs attribuent une signification et un sens différents à un seul et même nom, et inversement diverses dénominations sont employées pour désigner une même roche, un même groupe de roches ou une même structure. Tous ces inconvénients de la nomenclature actuelle peuvent et doivent être écartés, tout au moins pour les grands groupes.*

Vœu n° 2. — Est réservé.

Vœu n° 3. — *M. Duparc* propose de baser la nomenclature, en premier lieu sur la composition minéralogique et éventuellement sur la composition chimique ; il ne croit à l'utilité indiscutable de la composition chimique que pour les roches vitreuses ou microlitiques, les roches de profondeur étant en général très modifiées.

M. Fouqué rappelle combien il est partisan de l'étude de la composition chimique des roches ; mais il ne pense pas que ce soit là un caractère assez pratique pour que l'on puisse baser sur lui en premier lieu la nomenclature pétrographique. De l'analyse en bloc d'une roche, on peut déduire la proportion relative de ses éléments, si l'on connaît exactement la composition chimique de ceux-ci, mais la réciproque n'est pas vraie. D'autre part, des actions modificatrices contemporaines de la solidification ou postérieures, ont souvent transformé d'une façon considérable la composition des roches (surtout des roches de profondeur), de telle sorte que l'analyse de celles-ci ne fournit pas de notions certaines sur la composition du magma initial dont elles proviennent.

M. Lœwinson-Lessing s'associe à la critique de M. Fouqué, quand il s'agit de recherches purement théoriques ; toutefois il fait remarquer qu'il ne s'agit pas pour l'instant de magmas idéaux, mais de la composition chimique actuelle des roches. Enfin c'est la composition chimique du magma qui détermine la constitution minéralogique des roches, et non l'inverse. L'analyse en bloc d'une roche permet de déterminer sa composition minéralogique, l'inverse n'est possible que si l'on connaît non seulement la composition, mais encore les proportions relatives des principes minéraux qui la constituent. Quant aux actions secondaires, elles modifient souvent la nature des minéraux, sans toutefois altérer sensiblement la composition chimique globale de la roche. La connaissance de la composition chimique permet toujours d'indiquer la place d'une roche dans la systématique ; pour les roches volcaniques notamment, la considération de la composition chimique est indispensable.

M. A. Lacroix fait remarquer que cette observation est surtout vraie pour les types vitreux.

M. Brögger n'est pas de l'avis de MM. Fouqué et Lœwinson-Lessing ; son expérience personnelle lui a prouvé que la composition chimique actuelle est en tous cas suffisante et qu'avec des moyennes bien faites, on peut prévoir la composition du magma dont provient une roche et toutes les différenciations qui peuvent s'effectuer dans celui-ci. L'expérience qui a permis à MM. Fouqué et Michel-Lévy d'obtenir une roche à leucite et olivine par fusion et recuit de biotite et de microcline, montre bien du reste l'insuffisance d'une nomenclature basée sur la composition minéralogique puisqu'une semblable nomenclature éloignerait deux roches chimiquement semblables.

M. Michel-Lévy croit que, sauf pour les lamprophyres auxquels M. Brögger vient de faire allusion, les données de la composition chimique et de la composition minéralogique conduisent presque toujours aux mêmes résultats. La considération minéralogique peut donc suffire dans la plupart des cas pour définir les grands groupes ; il est d'avis néanmoins de faire le plus large emploi possible des caractères chimiques.

Le vœu n° 3, ainsi amendé :

« *La caractéristique des grands groupes (par ex. des familles) doit se baser sur la composition minéralogique appuyée sur la composition chimique et sur la structure* », est voté à l'unanimité, moins deux voix (M. Brögger contre, M. Lœwinson-Lessing, maintenant le texte intégral de la proposition russe).

Les *vœux n°s 4 et 6* sont réservés.

Le *vœu n° 5*, ainsi conçu : « *Les grands groupes peuvent être fixés dès à présent, sans gêner le développement ultérieur de la classification, et le démembrement de ces groupes en subdivisions* », est adopté.

Vœu n° 7. — La première partie de ce vœu, ainsi modifiée :

« *Il est désirable de désigner les principaux types de structure par des noms spéciaux* », est adoptée.

M. Lœwinson-Lessing maintient pour son compte personnel le vœu de la Commission russe tel qu'il a été formulé. La Commission accepte, sur sa proposition, les termes, employés par M. Brögger, de *mélanocrates* et de *leucocrates* pour désigner dans chaque type pétrographique les variétés très riches ou très pauvres en éléments ferrugineux, se distinguant ainsi du type normal. Les termes *alcaliplètes* et *calciplètes* de M. Brögger sont également acceptés en principe, sous réserve de la recherche d'une forme plus euphonique.

Une discussion s'engage pour savoir s'il y a lieu de fixer dès à présent la définition des principales structures. *M. Michel-Lévy* rappelle notamment les trois subdivisions admises par les pétrographes français dans la structure *grenue* (structures *granitique*, *granulitique* et *pegmatique*).

M. Brögger ne croit pas qu'une semblable discussion puisse conduire à une entente; le mot de structure grenue lui semble impossible à délimiter dans une définition générale; il ne peut réunir dans un même groupe, la structure grenue (körnig) et granulitique (eugranitic). Du reste pour lui, la structure aplitique est une structure panallotriomorphe, alors que M. Rosenbusch désigne par ce terme une structure panidiomorphe ; il emploie le mot aplite pour désigner des roches possédant une structure réalisée dans des conditions physiques différentes, filons, zones de contact et même dans de petites masses intrusives et non pour spécifier, comme le fait M. Rosenbusch, seulement des roches de filon (Ganggesteine). M. Brögger croit que nous ne connaissons pas assez les conditions dans lesquelles se sont consolidés les magmas pour pouvoir définir les structures qui correspondent aux diverses étapes de leur consolidation. La difficulté de définir les structures tient à leur importance inégale ; autant il est facile de spécifier une structure particulière, autant il devient difficile d'enfermer dans une définition les structures générales. Dans ces conditions, chacun doit définir les structures comme il les comprend, sans se préoccuper des opinions différentes. Quant au terme grenu en particulier, il est vague et inutile, puisqu'il s'applique à des roches aussi différentes que les minettes et les aplites.

En présence de la diversité d'opinions des membres du Comité, *M. Lœwinson-Lessing* propose que chacun apporte au Congrès de 1900, sa définition des principales structures, en même temps qu'un projet de nomenclature et de classification des groupes qu'il a plus particulièrement étudiés. Ces documents serviront de base à une discussion définitive.

La Commission vote à l'unanimité ce vœu et charge M. Ch. Barrois de le transmettre aux pétrographes des divers pays, en les priant de faire parvenir leur réponse assez tôt, pour qu'il en soit donné lecture lors des séances du Congrès. Celles qui seraient envoyées avant le 1er mai seraient imprimées et distribuées lors de l'ouverture du Congrès.

Le *vœu n° 8* est réservé.

Les *vœux n°s 9 et 10*, ainsi conçus, sont votés :

N° 9 « Il est nécessaire d'éviter l'emploi d'une même dénomination (d'un même terme) dans des sens différents. »

N° 10 « On devrait éviter autant que possible l'emploi et la création de différents termes pour désigner la même notion, la même roche ou le même groupe de roches. »

Le *vœu n° 11* est maintenu comme indication et n'est pas discuté.

Les *vœux nos 12 et 14* se confondent avec ceux qui ont été votés à la séance précédente.

Le *vœu no 13*, modifié ainsi qu'il suit, est adopté à l'unanimité, moins une voix (M. Brögger) :

« *Il faut éviter autant que possible, pour les nouveaux types de roches, l'emploi de noms préexistants, en leur assignant un nouveau sens, en restreignant ou en élargissant leur signification* ».

M. Brögger ne voit pas d'inconvénient à employer les anciens noms, à condition de les définir d'une façon plus précise ; il rappelle l'emploi qu'il a fait suivant ce principe des noms de *monzonite*, *ditroïte*, *foyaite*.

La discussion des vœux du Comité russe étant épuisée, *M. A. Lacroix* donne lecture de la note suivante contenant les noms des grands groupes que la Commission française est disposée à accepter et les définitions permettant de les spécifier en prenant pour base leur composition minéralogique et leur structure.

PROPOSITIONS DU COMITÉ FRANÇAIS DE PÉTROGRAPHIE SUR LA NOMENCLATURE DES ROCHES ÉRUPTIVES

Les pétrographes, réunis en 1897 au Congrès de Saint-Pétersbourg, ont exprimé le vœu suivant :

Il est désirable que l'on renonce, en présence du développement rapide de la pétrographie, à l'idée de faire fixer par une résolution du Congrès les principes spécialement applicables à la classification méthodique des roches.

Pour arriver à la simplification de la nomenclature pétrographique, réclamée par les géologues, il est indispensable de définir avec plus de précision qu'on ne l'a fait jusqu'à présent les noms généraux dont l'emploi est nécessaire dans l'exécution des cartes.

Les pétrographes dont les noms suivent : MM. Barrois, L. Bertrand, Fouqué, Gentil, A. Lacroix, de Launay, Le Verrier, Termier, Wallerant, se sont, à plusieurs reprises, réunis au Service de la Carte géologique sous la présidence de M. Michel-Lévy et ont voté les propositions suivantes :

Questions de principe. — En comparant les nomenclatures pétrographiques en usage, soit à l'étranger, soit en France, il a paru que le terrain d'entente désiré pourrait être réalisé sans trop de difficultés, mais à l'aide de concessions mutuelles, par l'emploi d'une nomenclature basée sur la composition minéralogique et la structure.

Une semblable nomenclature a, en effet, les multiples avantages de pouvoir rester indépendante de toute théorie particulière et d'être exactement l'expression de faits facilement et directement observables. Elle est éminemment pratique et permet de spécifier une roche par ses propriétés intrinsèques, sans faire venir nécessairement aucune considération extérieure. Elle semble donc réaliser les desiderata exprimés par le congrès de Saint-Pétersbourg, bien plus que toute autre nomenclature, s'appuyant en premier lieu sur la composition chimique ou la nature du gisement et ne faisant intervenir la composition minéralogique et la structure que d'une façon secondaire.

En conséquence, le COMITÉ FRANÇAIS, tout en reconnaissant la très grande importance théorique des caractères tirés de la composition chimique des roches éruptives et le grand intérêt de la connaissance de leurs conditions de gisement, a décidé à l'unanimité de proposer *pour les grands groupes de roches éruptives* une nomenclature, exclusivement basée sur leur composition minéralogique et leur structure et de rejeter pour les dénommer tout nom établi *exclusivement* sur une considération de composition chimique, de condition de gisement ou d'âge géologique.

Il a été en outre décidé que *les propositions seraient limitées au nom des grands groupes* sur lesquels l'accord paraît immédiatement possible et que pour les divisions secondaires à y introduire, les pétrographes devraient être laissés libres de choisir entre les divers systèmes adoptés jusqu'à présent et consistant à employer, soit une terminologie univoque basée sur des noms de localités (exemple *Nordmarkite*, *Pulaskite*), soit une série d'adjectifs ou de qualificatifs adjoints au nom général comme cela est en usage dans la nomenclature française actuelle (exemple *andésite augitique à hornblende*) soit enfin des noms minéralogiques composés, comme dans la nomenclature allemande (Ex. : hypersthenandesit).

Le Comité français exprime toutefois le vœu que les pétrographes créant des noms univoques, soient tenus désormais d'en indiquer la place dans la nomenclature minéralogique générale proposée ici.

Pour chaque groupe de roches éruptives composées des mêmes éléments minéralogiques, il est indispensable d'adopter des noms distincts, suivant que la structure est grenue, microgrenue, ophitique ou enfin microlitique.

Ces diverses structures étant ainsi définies :

La structure grenue est une structure holocristalline, sans discontinuité apparente dans la cristallisation ;

La structure microgrenue est une structure holocristalline avec discontinuité dans la cristallisation, le dernier stade ayant nécessairement la structure grenue ;

La structure microlitique est une structure à discontinuité tranchée dans la cristallisation, le dernier stade contenant généralement des cristaux plus ou moins automorphes, d'ordinaire aplatis ou allongés, et pouvant admettre un résidu vitreux ;

La structure ophitique est une structure holocristalline, caractérisée par l'existence de plagioclases en cristaux aplatis ou allongés, que moulent de grands cristaux de pyroxène ou d'amphibole.

Ceci étant posé, les types principaux de roches éruptives vont être passés en revue *dans un ordre purement minéralogique* :

I.

ROCHES A FELDSPATHS

1° Roches a feldspaths sans feldspathides

A. — *Roches à feldspaths alcalins et quarz (groupe des granites)*

Types grenus. — *Granites.* — Roches holocristallines à structure grenue, composées de quarz, de feldspaths alcalins, de micas (biotite, muscovite), d'amphibole ou de pyroxène, avec ou sans feldspaths calcosodiques.

Les grandes divisions secondaires peuvent être encore empruntées au caractère minéralogique :

GRANITES ALCALINS	à feldspath potassique ; à feldspath et autres minéraux sodiques.
GRANITES NORMAUX	à feldspaths potassiques et calcosodiques.

TYPES MICROGRENUS. — *Microgranites.* — Roches holocristallines à structure microgrenue ayant la composition minéralogique des granites.

TYPES MICROLITIQUES. — *Rhyolites.* — Roches semi-cristallines ou vitreuses ayant la composition des granites.

B. — *Roches à feldspaths alcalins (groupe des syénites)*

TYPES GRENUS. — *Syénites.* — Roches holocristallines grenues composées de feldspaths alcalins, de mica, d'amphibole ou de pyroxène, avec ou sans feldspaths calcosodiques.

De même que pour les granites, les grandes divisions peuvent être, d'après la nature des feldspaths, appelées *syénites potassiques* (à orthose), *syénites sodiques* (à anorthose), *calcoalcalines* (à orthose et à feldspath calcosodique) ou *monzonites*.

TYPES MICROGRENUS. — *Microsyénites.* — Roches holocristallines à structure microgrenue ayant la composition des syénites.

TYPES MICROLITIQUES. — *Trachytes.* — Roches à structure microlitique ayant la composition des syénites et pouvant renfermer du verre.

Les *trachytes normaux*, les *trachytes sodiques* et les *trachyandésites* correspondent respectivement aux trois types de syénites, indiqués plus haut.

C. — *Roches à feldspaths calcosodiques (Groupe des Gabbros).*

L'importance et les variations de composition des roches à plagioclases nécessitent dans ce groupe plus de divisions que dans celui des roches à feldspaths alcalins. Les types suivants sont basés sur l'absence ou la présence d'éléments ferromagnésiens et sur la nature de ceux-ci. (Dans la nomenclature française, la nature du feldspath calcosodique est exprimée par les adjectifs : *andésitique*, *labradorique* et *anorthique*).

TYPES GRENUS. — *Plagioclasites.* — Roches holocristallines grenues essentiellement constituées par des feldspaths calcosodiques.

Le nom d'*anorthosites*, par lequel ces roches sont généralement désignées, ne peut être conservé puisque le feldspath anorthose n'entre pas dans leur composition.

Diorites. — Roches holocristallines grenues composées de feldspaths calcosodiques, d'amphibole ou de biotite, avec ou sans quarz.

Gabbros. — Roches holocristallines grenues composées de feldspaths calcosodiques, de pyroxène, avec ou sans olivine ou biotite.

Norites. — Roches holocristallines grenues, composées de feldspaths calcosodiques et de pyroxène rhombique, avec ou sans quarz, biotite, hornblende ou olivine.

Troctolites. — Roches holocristallines grenues, composées de feldspaths calcosodiques et d'olivine.

Types microgrenus. — *Microdiorites, Microgabbros, Micronorites.* — Roches microgrenues ayant la composition des diorites, des gabbros ou des norites.

Types ophitiques. — *Dolérites.* — Roches holocristallines, à structure ophitique, constituées par des feldspaths calcosodiques et du pyroxène avec ou sans amphibole et olivine. Le terme *dolérite* est destiné à remplacer celui de *diabase* qui est employé actuellement avec des significations trop différentes.

Quant aux passages si fréquents des dolérites holocristallines aux types microlitiques correspondants, passages effectués par l'intermédiaire de roches à structure intersertale plus ou moins riches en résidu vitreux, ils seront, suivant la nature de leur feldspath dominant, désignés sous le nom d'*andésites* ou de *basaltites doléritiques*.

Types microlitiques. — *Dacites.* — Roches à structure microlitiques composées de feldspaths calcosodiques et de quarz avec mica, amphiboles ou pyroxènes.

Andésites. — Roches à structure microlitique composées de feldspaths calcosodiques, oscillant autour de l'andésine, avec ou sans mica, amphiboles, pyroxènes ou olivine.

Basaltites. — Roches à structure microlitique composées de feldspaths calcosodiques oscillant autour du labrador, de pyroxène, avec ou sans amphibole ou mica.

Basaltes. — Basaltites à olivine.

2° Roches a feldspaths et feldspathides

A. — *Roches à feldspaths alcalins (Groupe des syénites néphéliniques).*

Types grenus. — *Syénites néphéliniques, leucitiques,* ou *sodalitiques.* — Roches holocristallines grenues, composées de feldspaths alcalins, de néphéline, de leucite ou de sodalite avec mica, amphibole ou pyroxène et feldspath calcosodique.

Types microgrenus. — *Microsyénites néphéliniques, leucitiques ou sodalitiques.* — Roches à structure microgrenue ayant la composition des syénites correspondantes.

Types microlitiques. — *Phonolites.* — Roches microlitiques composées de feldspaths alcalins, de néphéline, de pyroxène avec ou sans minéraux du groupe haüyne-sodalite. — *Leucophonolites.* — Roches microlitiques composées de feldspaths alcalins, de leucite, de pyroxène, avec ou sans néphéline et minéraux du groupe haüyne-sodalite.

B. — *Roches à feldspaths calcosodiques et feldspathides (gabbros à feldspathides)*

Types grenus. — *Gabbros néphéliniques.* — Roches holocristallines grenues à feldspaths calcosodiques, néphéline, pyroxène, amphibole, mica, avec ou sans minéraux du groupe haüyne-sodalite.

Les noms de *teschénite* et de *théralite*, proposés pour désigner ces roches, ne semblent devoir être conservés ni l'un ni l'autre, la *teschénite* de Teschen ne renfermant pas de néphéline et la *théralite* pas de feldspath calcosodique, au moins en proportion notable.

Types microgrenus. — *Microgabbros néphéliniques.* — Roches microgrenues ayant la composition des gabbros néphéliniques.

Types microlitiques. — *Téphrites.* — Roches à structure microlitique composées de feldspaths calcosodiques, de néphéline, de pyroxène avec ou sans amphibole, mica ou olivine.

Leucotéphrites. — Roches à structure microlitique composées de feldspaths calcosodiques, de leucite, de pyroxène, avec ou sans amphibole, mica et olivine.

II

ROCHES SANS FELDSPATHS

1° Roches sans feldspaths mais a feldspathides ou verre alcalin.

A. — *à néphéline*

Types grenus. — *Ijolites.* — Roches holocristallines à structure grenue composées de néphéline et de pyroxène.

Types microlitiques. — *Néphélinites.* — Roches à structure microlitique, composées de néphéline et de pyroxène, avec ou sans olivine.

B. — *à leucite*

Types grenus. — *Missourites.* — Roches holocristallines à structure grenue, composées de leucite et de pyroxène.

Types microlitiques. — *Leucitites.* — Roches à structure microlitique, composées de leucite et de pyroxène avec ou sans olivine.

C. — *à mélilite*

Types microlitiques. — *Mélilitites.* — Roches à structure microlitique, composées de mélilite et de pyroxène, avec ou sans néphéline, leucite et olivine.

D. — *à verre sodique*

Types microlitiques. — *Augitites.* — Roches à structure microlitique, composées de pyroxène et de verre sodique, avec ou sans amphibole et mica.

Limburgites. — Augitites à olivine.

III

ROCHES SANS ÉLÉMENTS BLANCS

(Groupe des péridotites)

TYPES GRENUS. — *Péridotites.* — Roches holocristallines grenues, composées d'olivine et d'un spinellide, avec ou sans pyroxènes, amphibole et mica.

Pyroxénolites. — Roches holocristallines grenues, essentiellement constituées par des pyroxènes.

Hornblendites. — Roches holocristallines grenues, essentiellement constituées par de la hornblende, avec ou sans mica ou olivine.

TYPE OPHITIQUE. — *Picrites.* — Roches holocristallines ou semi-cristallines, composées d'olivine automorphe, de pyroxène ou d'amphibole, avec ou sans mica.

La structure des picrites est, dans les roches dépourvues de feldspath, l'homologue de celle des dolérites.

Jusqu'ici la présence ou l'absence des feldspaths et des feldspathides et leur nature dominante nous ont servi à définir les types pétrographiques en ne les considérant principalement qu'au point de vue qualificatif.

Il y a lieu de savoir si l'on doit, dans certains cas, faire intervenir d'une façon prépondérante la notion de quantité et accepter le nom de lamprophyres adopté par beaucoup de pétrographes pour distinguer l'ensemble des roches grenues, microgrenues et microlitiques, caractérisées par une grande abondance d'éléments ferromagnésiens (et en particulier de la biotite et de la hornblende) associés à des feldspaths ou à des feldspathides ; les éléments ferromagnésiens existant aux deux temps de consolidation dans les types microgrenus et microlitiques.

Dans la nomenclature française actuelle, ces roches ont été jusqu'ici désignées sous le nom de *minettes* et de *kersantites* quand elles sont grenues ; de *trachytes* (orthophyres); d'*andésites* et de *basaltites* (porphyrites) micacés ou amphiboliques quand elles sont microlitiques.

M. Fouqué ne voit pas la nécessité d'adopter le nom général de Lamprophyres et préfère continuer à désigner ces roches comme un faciès *(faciès lamprophyrique)*, des syénites *(minettes)*, des diorites *(kersantites)*, des *trachytes*, des *andésites* et des *basaltites*.

M. Michel-Lévy propose, au contraire, d'adopter le terme de Lamprophyre, mais de le réserver pour désigner exclusivement l'ensemble des *minettes* et des *microminettes* (lamprophyres à feldspaths alcalins), des *kersantites* et des *microkersantites* (lamprophyres à feldspaths calcosodiques acides), c'est-à-dire des roches offrant les propriétés remarquables de renfermer une grande quantité d'éléments ferromagnésiens associés à des feldspaths alcalins ou calcosodiques acides. L'analyse en bloc des divers types de cette série montre qu'ils représentent, au point de vue du magma, les compositions chimiques de certaines téphrites, leucitites et néphélinites à olivine. D'ailleurs une expérience synthétique déjà ancienne avait permis de prévoir ce paradoxe pétrographique: la fusion de microcline et de biotite en parties égales ayant donné naissance à une leucitite à olivine (1).

Cette définition permettrait de mettre en regard des lamprophyres, les téphrites, néphélinites, leucitites, mélilitites et limburgites basiques, ne laissant hors de ce groupe naturel que quelques téphrites dont les analogies sont avec les syénites néphéliniques.

La constitution de cette *famille naturelle* paraît avoir une grande importance cartographique ; il semble, en effet, de première utilité, de pouvoir distinguer sur les cartes géologiques les filons qui ont dû donner des coulées de roches basiques à feldspathides et ceux qui n'ont pu engendrer que des basaltes ordinaires. C'est là, en somme, la famille des *mélanocrates alcaliplètes* de M. Brögger.

Le Secrétaire du Comité français de Pétrographie,

A. Lacroix.

(1) Il serait logique de joindre aux lamprophyres *l'ijolite* et la *missourite*, de même que l'on est induit à y ajouter les *alnoïtes*. Il suffirait pour cela de les définir par la grande abondance d'éléments ferromagnésiens associés à des feldspaths alcalins, à la *mélilite*, ou à des *feldspathides*. *(Note de M. Michel-Lévy)*.

V. COMMISSION POUR LA FONDATION D'UN JOURNAL INTERNATIONAL DE PÉTROGRAPHIE

Par M. F. BECKE

Professeur à l'Université de Vienne — Président de la Commission

La pétrographie, dans ces dix dernières années, s'est enrichie de nombreuses contributions, et elle continue à progresser. Elle constitue de notre temps la base d'un enseignement indépendant, et chaque jour on reconnaît davantage l'importance des recherches pétrographiques pour la géologie.

Des problèmes complexes et variés, posés aux confins de la pétrographie et de la chimie physique, sont aujourd'hui abordés de front, et il est permis d'entrevoir, dans leur solution, un lien qui rattachera la géologie aux sciences exactes.

La pétrographie cependant n'a pas encore d'organe attitré. Les mémoires originaux sont disséminés ; on les trouve épars dans les Journaux minéralogiques ou géologiques, dans les Mémoires des Académies et Sociétés savantes, dans les Publications officielles des Services géologiques des Etats.

Quelques journaux ont bien commencé, il est vrai, à centraliser les revues et résumés de pétrographie ; mais ils n'ont pu assez se spécialiser, ni faire à la pétrographie toute la place qui lui conviendrait et qu'elle mérite.

Telles sont les raisons qui nous ont semblé militer en faveur de la fondation d'un journal de pétrographie, organe exclusivement voué aux études lithologiques. En le rendant international, on répond à cette tendance unanime de tous les peuples modernes, de travailler de concert au progrès de la science. Et son titre même devrait proclamer ce caractère international, fondamental ; aussi proposerions-nous de l'écrire en trois langues, comme suit :

(Titre allemand) ;

(Titre anglais) ;

(Titre français)

JOURNAL INTERNATIONAL
DE PÉTROGRAPHIE

PUBLIÉ

PAR UN COMITÉ INTERNATIONAL DE PÉTROGRAPHES

dont la liste suivrait.

Rédaction : (Nom du ou des directeurs)

Le Journal International de Pétrographie (J I P), comme l'indique son nom, serait exclusivement ouvert aux Mémoires de Lithologie, à toutes les recherches concernant les pierres, leur description, leur composition, leur genèse et leurs transformations. Les travaux de stratigraphie pure, comme ceux de minéralogie cristallographique, en seraient systématiquement exclus.

Le but primordial du J I P étant de constituer une revue de pétrographie, il s'attachera à donner des résumés substantiels et critiques de tous les mémoires spéciaux qui paraîtront. La critique se bornerait à l'ensemble ; et la longueur du résumé serait en relation avec l'étendue et l'importance des articles analysés. Les analyses seraient signées par ceux qui les écriraient ; des collaborateurs seraient cherchés dans tous les pays, et leur travail serait organisé par régions. Ce labeur serait rétribué.

Nous proposons deux variantes à l'appréciation du Comité, pour le choix du programme du J I P :

Variante A

J I P refuserait les mémoires originaux étendus, et tous mémoires descriptifs accompagnés de planches, cartes ou autres illustrations d'un caractère spécial ou détaillé.

Variante B

J I P accepterait les mémoires originaux de pétrographie accompagnés de planches, cartes et autres illustrations, et à peu près dans la mesure donnée actuellement par les

« *Tschermak's mineralogische und petrographische Mittheilungen* », dont le Journal International prendrait ainsi la place, et la succession ?

Articles de tendance. — J I P attacherait la plus grande importance à donner de temps à autre des articles de tendance (Orientirende Artikeln), brefs, compréhensifs et d'un caractère général. Les directeurs auraient la mission de provoquer ces articles sur les questions vitales ou les actualités.

Le journal insisterait principalement sur tout ce qui a trait aux recherches de lithologie chimique; il mettrait en lumière les travaux relatifs à la classification et aiderait tous efforts pour l'établissement d'une nomenclature précise et universelle. Il s'attacherait essentiellement à enregistrer toutes les acquisitions de la chimie-physique, destinées à tant élucider les processus de formation des roches.

Langue. — Les articles et résumés du J I P seraient indifféremment écrits, au choix des auteurs, dans l'une des trois langues allemande, anglaise et française, nécessairement connues de tous les hommes de science ; aucune autre langue ne serait admise.

Organisation. — J I P serait publié par une commission, nommée par les Congrès géologiques internationaux ; cette commission choisirait un Directeur chargé de l'exécution.

La commission serait libre de se recruter elle-même, dans l'intervalle des Congrès (droit de cooptation). Elle fixerait les conditions d'impression, d'honoraires et de vente, qui lui seraient proposées par le Directeur.

Les membres de la commission prendraient l'engagement d'aider le Directeur du Journal, dans la mesure de leurs moyens, tant pour le choix des rédacteurs chargés des résumés, que pour la direction scientifique du recueil.

Le Directeur s'assurerait l'aide de deux sous-directeurs, choisis par lui et près de lui, et possédant les connaissances techniques et linguistiques requises. Les fonctions de directeur et de sous-directeurs seraient rétribuées, le montant de ces honoraires serait débattu avec l'éditeur.

Le J I P paraîtrait par fascicules ; six fascicules seraient publiés chaque année, et formeraient un volume.

PROPOSITIONS SOUMISES PAR LA COMMISSION
AU CONGRÈS INTERNATIONAL DE PARIS

1. *Le Congrès géologique international charge la présente commission, nommée par lui, de fonder un journal international de pétrographie* (J I P), *suivant le plan qu'elle lui soumet.*
2. *La commission aura le droit de cooptation.*
3. *La commission déléguera à une personne, choisie par elle, les fonctions de Directeur.*
4. *La commission devra présenter un rapport lors de la prochaine session du Congrès géologique international.*

Post-scriptum. — Les lignes qui précèdent ont été adressées sous forme de lettre, en 1899, aux membres de la Commission du Journal ; elles ont déjà été l'objet d'un échange d'observations, qui ont déterminé les modifications suivantes au plan primitivement proposé.

1. La majorité des membres de la commission est d'avis que J I P doit repousser les mémoires originaux, qui ont leur place naturelle marquée dans les journaux régionaux existants et avec lesquels J I P ne peut, ni ne veut, entrer en concurrence.

2. J I P serait essentiellement consacré à des extraits ou revues d'articles parus dans les journaux des divers pays, à de courtes notes, orientations, annonces ou communications sommaires des auteurs.

3. J I P s'efforcerait de donner rapidement les nouvelles pétrographiques, et dans ce but il paraîtrait à des intervalles rapprochés, dix fois par an, au minimum.

4. Il n'y aurait pas lieu dans ces conditions, de songer à la fusion proposée entre J I P et le *Tschermak's mineralogische und petrographische Mittheilungen ;* ce dernier journal continuerait à paraître comme par le passé, à la demande d'un grand nombre de savants.

5. J I P prendrait un titre univoque et international. Par exemple, celui de :

PETROLOGICA

Les sous-titres seuls seraient donnés en trois langues différentes (allemand, anglais, français), comme suit :

JOURNAL INTERNATIONAL DE PÉTROGRAPHIE

PUBLIÉ

PAR UN COMITÉ INTERNATIONAL DE PÉTROGRAPHES

nommé par le Congrès géologique international

et composé de MM. .....

(ci, la liste des membres, par ordre alphabétique).

Directeur-Délégué et Sous-Directeurs : MM. ....

Les sous-titres et sommaires seuls seraient imprimés en trois langues, et les abonnés auraient à indiquer celle qu'ils préfèrent, en tête de leur volume.

Graz, Juillet 1900.

Conclusions. — A la suite de ces lettres, antérieures au Congrès, M. Becke a communiqué, aux congressistes présents à la Session de Paris, les observations suivantes, motivées par les avis qui lui ont été adressés par des membres de la commission.

Tous les membres de la commission nommée à Saint-Pétersbourg lui ont fait savoir, sans exception, qu'ils jugeaient la fondation du Journal international de pétrographie capable de produire d'excellents résultats, dans l'état actuel de la science; mais que la réalisation de ce projet leur paraissait présenter de sérieuses difficultés.

Si, en effet, il est commode dans la pratique de trouver, concentrées dans une même revue, les œuvres des pétrographes de tous les pays, on ne peut refuser à ce projet des difficultés et certains inconvénients. Ainsi les progrès de la pétrographie sont liés de telle façon à ceux des travaux géologiques sur le terrain, exécutés par les divers États, qu'ils ne peuvent guère se passer du concours des publications officielles de ces divers pays. Il y a déjà, d'autre part, nombre de journaux périodiques, de publications, de sociétés, largement sinon exclusivement ouverts aux mémoires de pétrographie.

Pourquoi donc fonder un Journal International qui supprime, ou se trouve en compétition avec ces publications nationales, sans d'ailleurs les remplacer avantageusement à tous points de vue?

Ne serait-il pas préférable de créer, au lieu de ce journal, un organe central qui réunisse et fasse connaître, en les répandant, les mémoires pétrographiques disséminés dans les diverses revues? Il devrait s'attacher essentiellement à donner des résumés courts et substantiels de tous les articles pétrographiques parus. Et ce serait une chose excellente, que les auteurs eux-mêmes donnassent des résumés de leurs propres publications, en mettant en relief les parties intéressantes pour la pétrographie. A ces résumés, on pourrait joindre de courtes notes originales sur les questions à l'ordre du jour; il y aurait là une sorte d'orientation donnée par la rédaction du journal.

La rédaction devrait veiller à enregistrer les analyses des roches nouvellement faites, les tentatives ou essais de nomenclature rationnelle et de systématique, l'exposé des symboles et des formules destinés à abréger la description, et tous les progrès relatifs à la pétrogenèse et au métamorphisme.

Les illustrations seraient limitées, à l'exclusion absolue des cartes et planches hors texte, trop coûteuses, à des figures intercalées dans le texte, à des schémas, et à des esquisses représentatives des structures.

Le caractère international du journal serait assuré par la publication simultanée d'articles et de résumés, écrits en allemand, anglais et français.

La publication du journal serait confiée à la commission nommée à cet effet par le congrès de Saint-Pétersbourg, et cette commission aurait le droit de se compléter par cooptation.

Les membres de cette commission prendraient l'engagement de faire parvenir à la rédaction les résumés des articles parus dans leur pays, soient qu'ils les écrivissent eux-mêmes ou qu'ils les confiassent à des collaborateurs.

Les fonctions de Directeur seraient déléguées par la Commission à l'un de ses membres, et il conviendrait de lui donner les auxiliaires et les moyens d'action qui lui paraîtraient nécessaires.

Pour faciliter les citations, il y aurait lieu de choisir pour le Journal un titre, univoque dans toutes les langues, et indiquant à la fois son but. Tel par exemple, celui de :

PETROLOGICA

JOURNAL INTERNATIONAL
DE PÉTROGRAPHIE

PUBLIÉ PAR UNE COMMISSION

nommée par le Congrès géologique international
et composé de MM......

(ci, la liste des membres, par ordre alphabétique).

Directeur : M.

Les sous-titres seuls, seraient donnés en trois langues (allemand, anglais, français), et les abonnés indiqueraient celle qu'ils préfèrent pour leur exemplaire.

Les *Petrologica* paraîtraient à des intervalles rapprochés, 8 à 10 fois par an, et ces fascicules formeraient un volume annuel, avec une table des matières.

Les auteurs des résumés insérés, comme ceux des articles rédigés à la demande de la rédaction, seraient rémunérés : le Directeur de la rédaction et ses collaborateurs devraient également être rémunérés.

L'organisation de cette revue serait, à coup sûr, onéreuse, au moins dans les premiers temps. On ne peut guère, en effet, compter d'après les prévisions de la Commission, sur plus de 3 à 400 abonnés. En supposant un tirage annuel de 30 feuilles, en évaluant les divers droits d'auteur à 100 francs (100 Kronen = 80 Marks) et les frais de papier, impression, illustrations aux prix moyens de Vienne, on arriverait, dans cette première approximation, à une dépense annuelle de 7.500 francs (7.500 Kronen = 6.000 Marks), où ne sont pas compris les honoraires de la direction, ni la commission de l'éditeur. Le prix d'abonnement, basé sur le prix de revient, serait donc de 20 francs (20 Kronen = 16 Marks), chiffre qu'il faudrait majorer de l'importance des sommes allouées à la direction et à la librairie.

On a proposé de fondre dans les *Petrologica*, le journal actuel des *Tschermak's mineralogische-petrographische Mittheilungen*, dont l'éditeur actuel est le Président de la Commission chargée par le Congrès de fonder le nouveau journal. Mais c'est une idée que nous avons dû abandonner ; le plan des deux Revues est réellement trop différent pour qu'elles puissent se remplacer l'une l'autre. L'une est destinée à des résumés, l'autre à des mémoires originaux. Il n'y a donc aucune raison pour supprimer la publication des *Tschermak's Mittheilungen*, en tant que Revue réservée aux mémoires pétrographiques originaux, de dimensions moyennes.

Il faut enfin faire savoir au Congrès que, d'après les avis motivés des membres compétents de la Commission, il n'y a aucun espoir d'obtenir de subvention officielle des gouvernements Anglais, Autrichien, Français, Russe, Suisse. Il en est de même pour les États-Unis, où on pourrait peut-être intéresser à l'œuvre des académies ou des sociétés savantes ? La Norwège et la Suède paraissent mieux disposées, et le Danemark suivrait l'exemple des autres pays scandinaves.

Dans ces conditions, il semble que le Congrès pourrait se borner dans la présente session à adhérer en principe au programme qui lui est soumis, et à affirmer son assentiment, par une motion continuant à la commission de Saint-Pétersbourg la mission de poursuivre son œuvre.

L'activité de cette commission devrait se porter spécialement sur les points suivants :

1° Choix d'un Directeur, pour la Rédaction du Journal ;

2° Création d'un capital, par souscriptions d'États, d'Académies et de Sociétés ;

3° Choix d'un Éditeur.

Paris, Août 1900.

VI. ÉTUDE DU PROJET D'INSTITUT FLOTTANT INTERNATIONAL

PRÉSENTÉ AU CONGRÈS DE SAINT-PÉTERSBOURG.

RAPPORT

Par M. **A. KARPINSKY,**
Président de la VIIe Session du Congrès

Dans la troisième séance de la dernière session à St-Pétersbourg, le Congrès a approuvé, à l'unanimité, une proposition qui lui a été soumise, relativement à l'établissement d'un Institut flottant international.

Le Bureau de la VIIe session a fait connaître cette résolution aux principaux instituts scientifiques du monde entier, en leur envoyant une circulaire, dans laquelle il fournit notamment quelques données sur les frais de l'entreprise, d'après une communication de Sir John Murray.

Depuis lors, le Bureau n'a reçu que 11 réponses à sa lettre circulaire, dont 9 sont affirmatives et 2 négatives. Mais, la plupart de ces réponses sont loin d'être définitives, faute de renseignements exacts (ainsi, on manque d'indications sur les charges pour les différents pays, etc.). Les demandes de renseignements complémentaires, adressées au bureau, n'ont pu être satisfaites, en raison du petit nombre des réponses reçues par lui.

Il en résulte que le projet de fondation d'un Institut flottant, peut être considéré comme se trouvant dans des conditions défavorables et la démarche faite par le Bureau de la VIIe session, comme restée sans résultats. Cependant, le Bureau croit qu'il ne faut pas encore renoncer au succès de cette entreprise et il propose de reporter la question de l'organisation d'un Institut flottant international, à la session prochaine ou à une session suivante et de confier aux bureaux successifs du Congrès, le soin de faire des démarches auprès des différents pays, de la manière qu'il leur semblera la plus convenable.

Il serait bien désirable aussi que les autres congrès scientifiques internationaux, intéressés à cette question, comme par exemple, ceux de Géographie, de Zoologie, etc., prennent également à cœur son succès, expriment publiquement leurs espérances et s'efforcent de les faire aboutir.

M. Karpinsky, en terminant, transmet les propositions suivantes, formulées par M. Androussow, concernant l'Institut flottant international.

Propositions de M. Androussow, concernant l'Institut flottant international.

1° Nomination par le Congrès d'une Commission permanente, qui s'occuperait du projet d'un Institut flottant.

2° Décision de la Commission de se réunir l'hiver prochain, ou dans un an, pour arrêter les démarches qu'il conviendrait d'entreprendre.

3° Entente préalable, avant la fondation d'un Institut flottant, avec les Congrès de Zoologie, de Géographie et autres, en les priant de s'exprimer à ce sujet et de prendre part à la réalisation du projet.

COMMUNICATIONS RELATIVES

AUX

ŒUVRES COLLECTIVES DES CONGRÈS

I. DE LA COOPÉRATION INTERNATIONALE DANS LES INVESTIGATIONS GÉOLOGIQUES

Par **Sir Archibald GEIKIE**

On a reproché à la Géologie, et ce reproche a surtout été fait par les personnes versées dans les sciences exactes, de se contenter de mesures approchées et de baser ses conclusions sur des notions parfois discutables. Il ne faut pas s'émouvoir outre mesure de cette critique ; la précision mathématique ne paraît pas conciliable en effet avec notre connaissance actuelle de la nature des choses ; nous ne les pénétrons encore que d'une façon approximative, et c'est sagesse à nous, de nous garder de conclusions rigoureuses trop absolues, quand notre raisonnement ne repose que sur des prémisses insuffisamment établies.

Depuis un siècle, de louables efforts ont été tentés pour faire entrer la géologie dans la voie des sciences expérimentales, des sciences exactes. Nous devons une grande reconnaissance à James Hall qui ouvrit la voie, et à tous ceux qui l'ont suivi, et parmi eux, aujourd'hui que nous sommes en France, réunis à Paris, c'est vers Daubrée, le maître et l'ami distingué, que remontent nos pensées ; car sa place est marquée pour toujours, dans nos annales, comme celle d'un des grands pionniers de la géologie expérimentale.

Beaucoup a été fait sans aucun doute déjà pour soumettre

les faits observés à des mesures précises, et pour les contrôler expérimentalement dans les laboratoires, mais il serait puéril de ne pas reconnaître qu'il reste encore beaucoup plus à faire. On peut même prévoir que c'est de ce côté que se produiront les découvertes les plus fécondes, les progrès les plus décisifs. Jusqu'ici, les efforts tentés ont été individuels, exécutés indépendamment par des savants de divers pays, marchant parallèlement dans la carrière, sans profiter, ou sans s'aider, de ceux qui travaillaient à côté. Aujourd'hui nous nous demanderons s'il ne serait pas opportun d'envisager la possibilité d'une entente, l'organisation d'une coopération internationale plus large et systématique, dans cet important domaine de recherches scientifiques ? Et il nous semble que les Congrès géologiques internationaux soient naturellement indiqués pour faire aboutir pratiquement et assurer le succès d'une tentative de ce genre.

C'est une voie un peu nouvelle pour nos Congrès, mais pas complètement neuve cependant. On trouve en effet, déjà, dans leur passé, cette même tendance à une coopération méthodique des investigations géologiques ; tels sont la création de notre Comité de la Carte géologique d'Europe, notre Commission des Glaciers et celle de l'Institut flottant. L'idée a déjà été lancée, puisque nos commissions fonctionnent ; mais nous croyons qu'elle peut être généralisée et devenir d'une grande fécondité. Déjà l'an passé, à Douvres, dans mon discours présidentiel, devant la section géologique de l'Association britannique pour l'Avancement des Sciences, et dans une occasion où les géologues anglais avaient le plaisir de recevoir un si grand nombre de leurs confrères de France et de Belgique, j'ai touché cette question, et exprimé l'espérance de la porter cette année devant le Congrès géologique international réuni à Paris. C'est ce projet que je réalise aujourd'hui, en vous soumettant les remarques qui suivent. Il m'a semblé que nulle occasion ne serait plus favorable que celle-ci, où tant de géologues, délégués de tous les points du globe, se trouvent réunis, pour parler au Congrès de son but même, et de la direction à donner à ses efforts pour développer sa bienfaisante influence et servir la cause de la science à laquelle nous avons consacré nos vies. Le Congrès, en raison même de son caractère international, a les moyens, mieux que toute administration, d'organiser et de guider les recherches géologiques ; et on peut affirmer que s'il est possible d'aboutir pratiquement dans cette tentative de coopération et de coordination, on le devra au Congrès qui l'encouragera et la patronnera.

Dans l'état actuel de nos connaissances, nul ne peut travailler dans le vaste champ de la géologie dynamique, sans reconnaître la nécessité impérieuse et croissante d'un plus grand nombre de mesures de précision, sans souhaiter des recherches expérimentales rationnelles ; par là, cet important chapitre de la géologie gagnerait en précision et en exactitude, et son progrès serait assuré. On a déjà beaucoup fait dans cette voie, il est vrai, mais mon sentiment néanmoins est que la géologie expérimentale en est encore à ses débuts. Nous ne devrions avoir de trêve, que tous les phénomènes géologiques susceptibles de ce genre d'investigations, n'aient été mesurés avec précision, ou expliqués par des expériences de laboratoire. Trop souvent, et dans les diverses branches de la géologie, nous nous contentons de l'observation plus ou moins précise et exacte sur le terrain, quand nous pourrions la contrôler et étendre sa portée par des déterminations précises, par des données numériques, qui fourniraient des bases exactes aux déductions théoriques et pratiques.

Mais le sujet ainsi compris est trop vaste pour être envisagé ici dans son ensemble. Je me bornerai à quelques exemples pris dans les deux grands groupes de phénomènes de la dynamique géologique : ils me permettront d'arriver à mon but.

Voyons d'abord les mouvements et changements qui s'accomplissent à l'intérieur du globe, et qui sont généralement désignés comme *hypogènes*. Il est évident que beaucoup de ces phénomènes pourraient être observés et enregistrés avec plus de soin et de régularité qu'on ne l'a fait jusqu'ici. Les recherches du professeur Georges Darwin, et d'autres auteurs, ont appris combien étaient constants, bien que petits, mais mesurables, les tremblements auxquels la croûte terrestre était assujettie. On doit se demander si ces trépidations sont en relation avec quelque lent déplacement de la croûte terrestre, et dans ce cas, quelle est leur résultante sur le niveau de la surface, dans l'intervalle d'un siècle ?

Un autre fils de l'illustre Darwin a établi récemment un appareil enregistreur sur l'une des lignes de dislocation du sol du sud de l'Angleterre, cherchant à constater s'il se produisait des mouvements du sol, de l'un ou l'autre côté de cette ligne de division. Des instruments de ce genre seraient avantageusement installés dans d'autres pays, notamment dans les régions affectées d'importantes failles récentes. Il serait important et intéressant de reconnaître si, à la suite d'un tremblement de terre, il s'est produit quelque dénivellation, de part ou d'autre d'une de ces failles.

Les tremblements de terre ont été l'objet de nombreuses études, et cependant il s'en faut beaucoup que nous possédions une explication suffisante et adéquate de la cause du phénomène. Dans la plupart des cas, d'ailleurs, ils n'ont été étudiés que lorsqu'ils avaient cessé de se faire sentir ; et l'installation d'appareils enregistreurs, de seismographes, a donné une clarté et une précision nouvelles à nos conceptions concernant la nature de ces mouvements. Ces observations, toutefois, ne pourront donner de résultat satisfaisant que lorsqu'elles auront été poursuivies sur de vastes espaces et pendant de longues périodes. Déjà l'Association Britannique pour l'Avancement des Sciences a fondé une Commission Séismologique ; ses instruments enregistreurs fonctionnent en plusieurs parties du monde, et servent la science, sous l'inspiration de M. Milne. Le Japon a déjà fait beaucoup dans cette voie, et nous sommes fondés à attendre de nouveaux services du Survey Vulcanologique, dirigé par le professeur Koto. Le Congrès géologique international pourrait voir s'il ne serait pas possible d'installer un autre Survey semblable, en quelque autre pays exposé aux tremblements, et il pourrait chercher à unifier les observations relevées dans les divers pays ; il fournirait de la sorte un fonds solide et bien documenté à toutes les dissertations sur les tremblements de terre.

Les relations des tremblements de terre avec la formation des montagnes sont également susceptibles d'être élucidées par des mesures exactes. Les secousses seismiques, si fréquentes suivant les chaînes de montagnes, doivent-elles être considérées comme la continuation et la suite des processus qui ont déterminé la formation de ces chaînes ? Et ces déplacements, dans quel sens s'opèrent-ils, ont-ils pour résultat un mouvement d'élévation ou d'affaissement ? Nous ne pouvons actuellement répondre à ces questions, mais leur solution se présentera d'elle-même, le jour où nous aurons soumis les phénomènes seismiques à des mesures précises. Des mouvements et déplacements, insensibles à l'œil de l'observateur, seront mis en évidence par des séries répétées de mesures d'altitude minutieuses, au dessus d'un repère bien choisi. Ces chiffres, s'ils étaient d'une exactitude absolue, permettraient par exemple de déterminer, s'il s'est produit, en quelque point, un changement d'altitude, après un tremblement alpin. Avec de semblables données, nous serions en mesure de fixer si la grande ride terrestre des Alpes, continue encore à s'élever ou si au contraire elle s'abaisse, et nous pourrions indiquer la vitesse du mouvement. Si ces mouvements sont lents, trop lents pour être appréciables aux sens de l'homme, depuis qu'il observe, c'est une raison de plus pour les mesurer exactement, comme des phénomènes continués pendant des périodes immenses.

Ces mesures ne nous apprendraient pas sans doute si les chaînes de montagnes sont nées dans une convulsion gigantesque, ou si elles se sont dressées en plusieurs fois, par des soulèvements répétés, ou enfin si elles se sont élevées tranquillement d'un mouvement lent et continu ? Mais elles nous mettraient au moins en possession d'informations suggestives, sur la vitesse des mouvements d'oscillation de la croûte terrestre.

D'autre part, il est bien certain que le genre d'observations nécessaires pour obtenir ces résultats ne saurait être une œuvre personnelle. Pour l'entreprendre et pour aboutir, il faudrait s'assurer le concours d'un ensemble de collaborateurs espacés sur toute la longueur et sur les deux versants d'une grande chaîne montagneuse. Leurs observations devraient se poursuivre suivant un plan uniforme, méthodique, convenablement mûri, qui laisserait à chacun l'indépendance de ses efforts individuels, mais assurerait la communauté de but. Il nous paraît que l'organisation et le contrôle d'une entreprise de ce genre fournirait un but élevé d'activité à un Comité du Congrès géologique international.

Il y a une autre branche de géologie dynamique, une autre série de mouvements hypogènes dont les Congrès internationaux pourraient encore s'occuper avec succès ; et j'ai ici l'assurance de mon expérience personnelle. C'est la question souvent disputée de l'origine des cordons littoraux ou plages soulevées, si caractéristiques des rivages marins du N. W. de l'Europe. Les géologues sont toujours aussi divisés relativement à l'origine de ces terrasses remarquables ; certains y voient des preuves d'abaissement du niveau de la mer, d'autres les considérant comme démontrant le soulèvement du sol continental. Il semble cependant qu'on ait négligé jusqu'ici de déterminer la condition fondamentale et essentielle, nécessaire à la solution de ce problème : de bonnes mesures.

Sans doute, on a des mesures locales, suffisamment précises et exactes, du niveau de ces plages, mais elles sont isolées et disséminées ; elles devraient au contraire être généralisées et étendues à de vastes régions, pour permettre des conclusions définitives. Il faudrait ici lever une série de nivellements rigoureux des plages soulevées, en les repérant exactement sur toute leur étendue, relativement à la ligne des côtes.

Ainsi, par exemple, en Écosse, il y a deux de ces terrasses bien marquées, l'une à l'altitude d'environ 50 pieds, l'autre à environ 100 pieds, au-dessus du niveau actuel de la mer. Ces deux terrasses se retrouvent à E. et W. sur les deux rivages du pays, paraissant conserver les mêmes altitudes ; or, on n'a point encore fait de nivellement systématique qui permettrait de reconnaître la constance ou la variation de leurs niveaux, soit d'un côté ou de l'autre du pays, soit dans la direction du N. au S. — Ces deux terrasses disparaissent l'une comme l'autre, au Nord, on ne les voit pas non plus au Sud, en Angleterre ; on remarque en outre certaines inégalités apparentes de niveau, suivant leur parcours, ce qui semble indiquer qu'elles ont été sollicitées par des mouvements inégaux. Mais avant que ces différences aient été mesurées avec précision, je n'estime pas qu'un savant soit fondé, d'après ce qu'on observe en Écosse, à conclure que le niveau de la terre s'est élevé, ou que celui de la mer s'est abaissé. J'espère que cette question spéciale sera élucidée chez nous, d'une façon satisfaisante, et j'ai déjà pris des dispositions à cet effet ; mais sa solution ne suffira pas pour asseoir une conclusion générale. Elle devra être étudiée comparativement dans d'autres pays. Il serait désirable que sous l'impulsion et sous les auspices des Congrès géologiques internationaux, les géologues danois, norwégiens, suédois, finlandais, russes, écossais, américains, entreprennent d'un commun accord un lever détaillé, qui fixe, d'une façon définitive, ce problème des lignes littorales de l'hémisphère boréal.

Je passerai maintenant à la considération de quelques exemples choisis dans l'autre classe de la dynamique géologique, parmi les *phénomènes épigènes ;* là encore on trouverait de grands avantages à généraliser les méthodes préconisées de mensuration et d'expérimentation.

L'étude des phénomènes de dénudation nous ouvrira un champ illimité, quoique de toutes parts déjà il ait été défriché avec activité et avec succès. Des volumes, des mémoires, des articles de toute forme, ont été consacrés à l'étude de ces phénomènes de dénudation ; et cependant, dans cette riche littérature, il y a pauvreté assez générale de précision, absence presque constante de résultats numériques, rareté des mesures exactes, systématiques ou continues, en un mot défaut habituel des données qui permettraient de se rendre un compte véritable de l'étendue et de la rapidité des dénudations observées. Il y a toutefois des exceptions honorables, et nous possédons bien quelques mesures exactes de la plus haute valeur, et leur nombre s'accroît encore tous les jours, mais quel avantage il y aurait, pour la science, à le décupler !

C'est qu'en effet quand on envisage la sculpture et les formes d'altération des traits terrestres sous l'influence de la dénudation, il semble qu'il y ait cent moyens de contrôler l'observation immédiate des phénomènes, par des mesures directes, ou par des expériences de laboratoire.

C'est presque un lieu commun de dire, en géologie, que la quantité de substances enlevées en suspension ou en solution par les cours d'eaux, mesure l'importance de la dénudation des régions drainées par ces rivières. Et cependant combien inégales, et combien insuffisantes en général sont les indications numériques que nous possédons sur cette importante question ! On n'a encore étudié systématiquement, à ce point de vue, qu'un très petit nombre de rivières, et les résultats discordants ne peuvent être considérés comme définitifs. Ils ont suffi seulement à montrer l'intérêt et toute l'importance de cette méthode de recherche ; mais on n'est pas encore en possession de documents suffisants pour en tirer des déductions rationnelles, moins encore des généralisations.

Ce qu'il nous faudrait pour cela, c'est une série d'observations bien menée, organisée suivant un plan uniforme, poursuivie pendant plusieurs années, et étendue à toutes les rivières d'un pays, voire même à toutes les grandes rivières des divers continents, loin d'être limitée à un seul cours d'eau. Il importerait de connaître, aussi exactement que possible, l'étendue et la surface du bassin des rivières, les relations de leur débit avec les quantités de pluie, le détail de toutes les conditions météorologiques aussi bien que des topographiques, les variations dans les proportions des matières suspendues ou dissoutes dans leurs eaux, relativement aux formations géologiques traversées, à la forme du fond, à la saison, au climat. En un mot, il faudrait connaître en détail le régime de toutes les rivières. On peut citer, comme modèle du genre, l'admirable rapport de MM. Humphreys et Abbott, sur les « Physics and Hydraulics of the Mississipi » publié en 1861, bien que ces auteurs, préoccupés de diverses questions étrangères à la géologie, aient laissé dans l'ombre certains points d'un grand intérêt pour nous.

Ce que nous avons dit de l'étude des Rivières s'applique exactement à celle des Glaciers. Il semble, il est vrai, que les lois qui régissent le mouvement des glaciers aient été amplement approfondies, et qu'on ait relevé avec soin leurs mouvements d'avance et de retrait. Mais ce sont des côtés de la question plus intéressants pour le physicien et le météorologiste. Nous, nous devons réclamer, comme géologues, des informations plus précises sur le labeur géologique des Glaciers. Il nous importe de mieux connaître la vitesse avec laquelle ils creusent leur voie, les circonstances qui favorisent ou retardent leur puissance érosive, les conditions qui leur permettent de remonter des pentes, et enfin la réalité et l'importance des mouvements, en sens divers, qui se produisent dans la glace, et par suite desquels les cailloux sont charriés et les stries sont orientées dans des directions variées. Ce sont autant de questions, et il en est beaucoup d'analogues, sur lesquelles nous ne possédons que des renseignements vagues et incertains. Il semble cependant que leur solution dépende d'une série d'observations systématiques, suffisamment prolongée, à condition qu'elles ne soient pas bornées à la Suisse, mais poursuivies en Scandinavie, dans les Régions arctiques et antarctiques, aux Indes, à la Nouvelle-Zélande. Notre Congrès International a déjà marché dans cette voie, et créé un Comité des Glaciers qui, sous l'impulsion enthousiaste de M. Forel, a déjà rendu des services signalés. Ce Comité est digne que nous nous intéressions à lui et que nous encouragions ses efforts, il y aurait avantage à le développer, pour qu'il étende son action à toutes les régions du globe accessibles aux géologues. Ainsi les savants danois qui, dans ces dernières années, ont tant ajouté à nos notions sur les glaciers et les nappes glacières du Groënland, les géologues américains qui ont fait de si bon ouvrage parmi les glaces de l'Alaska, seraient d'excellentes recrues pour notre Comité des Glaciers ; et il y a lieu de croire qu'il suffirait d'une simple invitation pour qu'ils poursuivissent, de concert avec nous, les mêmes recherches systématiques.

Un autre sujet d'étude qui a attiré à maintes reprises l'attention des géologues, est celui de la Dénudation Subaérienne de la croûte terrestre. Et cependant nous manquons aussi de documents précis ; on n'a pas encore mesuré son action comparativement, sur les différentes roches, et sous divers climats, avec précision et méthode. On pourrait s'aider dans cette mesure de l'examen de bâtiments, portant la date de leur construction ; j'ai pu ainsi indiquer, il y a déjà 20 ans, la rapidité de la désagrégation de certaines roches dans un climat humide et variable comme celui de l'Ecosse. On a cependant jusqu'ici peu fait, dans cette voie.

L'étude de la dénudation ne peut guère se séparer de celle de la sédimentation : les matériaux déposés par la sédimentation sont ceux qui ont été enlevés par dénudation, moins ce qui a été dissous en route, dans les eaux des ruisseaux ou de la mer. Or, il nous reste beaucoup à apprendre sur les conditions de la sédimentation, et ses variations de vitesse.

Il ne semble pas qu'on puisse compter sur de notables progrès dans cette étude, aussi longtemps qu'on ne l'abordera pas systématiquement, au moyen d'un plan préconçu, bien mûri et poursuivi avec continuité. Il y a encore bien des inconnues pour nous, dans la forme et la rapidité des dépôts qui s'accumulent sous l'influence des divers facteurs, dans les lacs, les estuaires et la mer. Ainsi nous ne saurions indiquer par une moyenne, la vitesse avec laquelle se comblent les lacs des divers pays d'Europe ? Si d'ailleurs nous connaissions cette vitesse, et si nous savions, d'autre part, la quantité de sédiments déjà amassée, nous aurions en notre possession un moyen de calculer, non seulement en combien de temps ces lacs seront comblés et disparaîtront, mais aussi, ce qui est plus important, depuis combien de temps leur remplissage se poursuit. Ce chiffre, en effet, nous fournirait une date, pour la fin de la Période Glaciaire. Des conclusions de cette nature ne sauraient découler d'observations isolées ou locales, elles doivent être basées sur les observations combinées, de nombreux observateurs, des diverses régions lacustres du continent, suivant un plan déterminé.

La géologie est entrée dans une période, où on doit attendre les plus grands avantages de méthodes d'investigation plus précises, et de la convergence des efforts individuels, librement associés sous une même règle, et vers un même but. Il serait aisé d'en multiplier encore les exemples. Mais nous croyons en avoir dit assez, pour faire voir au Congrès la portée de ces tentatives, et l'importance que nous y attachons. Nous ne proposerons pas toutefois ici de plan général d'organisation; notre intention actuelle étant de nous borner à une sorte de consultation, et de demander à nos confrères s'ils pensent avec nous qu'il serait bon, avantageux, et praticable d'installer sur des bases plus larges la coopération en géologie? J'estime que nous aurions rendu un service durable à la science, si nous arrivions à grouper des observateurs en comités d'action, travaillant avec méthode, vers un but déterminé, soit l'un de ceux que je viens d'indiquer, ou tout autre. Il y aurait même de la prudence à débuter par la question la plus facile, celle qui réclamerait la moindre dépense d'hommes et d'argent. On pourrait partager la besogne, entre les divers pays représentés au Congrès. Chaque pays pourrait librement choisir le sujet de ses observations, n'étant poussé que par l'émulation de voir ses voisins avancer dans la même voie.

Un Comité Central composé de membres des diverses nations engagées dans ces recherches sur le terrain, rendrait des services en traçant les méthodes générales, les plans de travail, et en indiquant le but. Son rôle se bornerait à organiser le travail et à généraliser la méthode, en laissant la plus grande latitude possible aux efforts individuels.

La publication des résultats ne serait pas non plus soumise à l'approbation du Congrès. Chaque collaborateur, chaque comité resterait libre de suivre ses convenances, et on se bornerait à présenter à nos sessions, tous les trois ans, un aperçu sommaire des résultats généraux. Nous avons la confiance que ces résumés, publiés par nos Secrétaires et insérés dans nos Comptes-Rendus, constitueraient un des chapitres les plus importants de nos volumes triennaux. L'idéal d'une assemblée comme la nôtre ne saurait être de contrôler le progrès, mais bien de l'encourager, et de favoriser le groupement et l'association de toutes les initiatives internationales.

NOTE SUR LA PUBLICATION PAR REPRODUCTION DES TYPES DÉCRITS ET FIGURÉS ANTÉRIEUREMENT

Proposition soumise au Congrès géologique international, dans sa séance du 21 août 1900.

Par M. **D.-P. ŒHLERT**

J'ai l'honneur de proposer au Congrès géologique international, la fondation d'une publication, destinée à rééditer les types des espèces fossiles, décrites et figurées antérieurement à une époque déterminée.

But. — Reproduire par des procédés phototypiques, c'est-à-dire exacts et inaltérables, les figures des types spécifiques anciens. Figurer par le même procédé et d'après une photographie directe, le type lui-même s'il existe ; cette seconde figure, placée à côté de la première, aurait l'avantage de montrer la part d'interprétation du dessinateur et de rétablir les caractères véritables. Enfin, adjoindre à ces figures leur description originale dans son texte primitif, en reproduisant textuellement le nom générique et spécifique sous lequel le type a été décrit tout d'abord ; en un mot, respecter d'une façon absolue le document ancien et le reproduire scrupuleusement sans y rien changer.

Utilité. — Le soin avec lequel on doit recourir aux types est la base de toute bonne paléontologie. Les conservateurs de Musées ont si bien compris l'importance des spécimens ayant servi à créer une espèce, que ces types sont entourés d'une sollicitude toute particulière et sont considérés comme ajoutant une grande valeur aux collections. Malheureusement, le type lui-même est, dans la plupart des cas, inaccessible à l'examen ; de plus, il est sujet à être perdu ou à disparaître par destruction naturelle ; enfin, la recherche de la figure et de la diagnose originales est souvent très difficile, parfois impossible à mener à bien.

Les documents à consulter sont de deux sortes :

1° Ouvrages généraux sur une faune (Phillips, *Yorkshire*) ;

SUR UNE RÉGION (Goldfuss, *Petrefact. Germaniæ* ; — Sowerby, *Min. Conch.*) ; SUR UN GROUPE (de Koninck, *Monograph. gen. Productus et Chonetes*). — Ces ouvrages sont en général assez rares, assez chers ; leur nombre, limité, tend à diminuer chaque jour, et les exemplaires qui sont disponibles vont de plus en plus se confiner dans les établissements scientifiques.

2° ARTICLES FAISANT PARTIE D'UNE PUBLICATION PÉRIODIQUE, où ils sont comme égarés. — Les collections complètes dans lesquelles se trouvent ces articles, plus encore que les ouvrages généraux, n'existent plus guère ailleurs que dans les grandes bibliothèques publiques ; encore n'y trouve-t-on jamais toutes celles auxquelles on est obligé de recourir. C'est ainsi que dans la bibliothèque d'un Laboratoire de Géologie, on rencontre rarement des collections complètes des *Annals and Magaz. of Nat. Hist.*, des *Recueils d'Académie*, des *Bullet. des Sociétés savantes*, daus lesquels les articles de paléontologie ne sont du reste que des exceptions, étant disséminés de loin en loin au milieu des volumes.

Les tirages à part, dont l'usage se répand de plus en plus, ne sauraient combler ces lacunes quand il s'agit des périodes anciennes, car, ce genre de diffusion ne paraît pas avoir été fait jadis sur une aussi grande échelle que maintenant ; et, si certains libraires, en dépeçant des volumes dépareillés, mettent à la disposition des travailleurs les articles qui peuvent les intéresser, c'est au détriment des collections dont le nombre va forcément en diminuant.

L'importance du type figuré a été reconnue par tous les paléontologistes. Davidson a reproduit très souvent la figure originale des auteurs anciens, et tout récemment, MM. Hall et Clarke (*Pal. of N. Y.*, vol. 8, part. I) ont consacré des planches à la reproduction, en fac-simile, des figures de Dalman pour l'étude des genres *Orthis*, *Leptæna*, etc., déclarant que le travail de ce dernier auteur est devenu si rare, que la plupart des paléontologistes américains ne peuvent se le procurer.

La recherche du type est unanimement reconnue comme indispensable dans les études paléontologiques ; elle sert de base indispensable à tout travail de détermination ; or, cette recherche est parfois difficile, souvent même impossible. La rareté des documents originaux ira forcément en s'exagérant, et l'on verra les paléontologistes se contenter d'ouvrages de seconde ou de troisième main pour leurs déterminations, ce qui, dans bien des cas, amènera une interprétation fausse de l'espèce et fera naître des erreurs qui ne pourront que grossir dans la suite.

Je le répète, l'utilité, le besoin d'une publication de ce genre, se fait de plus en plus sentir, en présence de l'abondance des documents qui se publient et de la distance forcément grandissante qui nous sépare de la création des types.

Mode de publication. — Chaque espèce serait publiée séparément, sur une feuille in-8° ou petit in-4°. L'explication de la figure, la diagnose, le renseignement bibliographique, figureraient sur cette feuille. La publication serait ainsi faite sur fiches mobiles, seule manière permettant de classer les documents suivant des méthodes différentes (zoologique, stratigraphique, régionale). L'utilité des fiches mobiles est du reste reconnue depuis longtemps pour le classement de tous les matériaux de travail. D'autre part, la présence d'une seule espèce par page, éviterait cette hésitation que l'on éprouve si souvent devant une planche, pour grouper par la pensée les différentes figures d'une même espèce et isoler celles-ci de celles qui l'entourent parfois si étroitement ; elle faciliterait en outre le travail de comparaison, en permettant de placer côte à côte des espèces affines, disséminées dans des atlas souvent volumineux et encombrants. Ceux qui, disposant de planches séparées d'ouvrages paléontologiques, ont découpé les figures par espèces et les ont collées sur des feuilles volantes, ont été à même d'apprécier tous les services que procure ce classement des documents.

Ce mode de publication aurait en outre l'avantage de rendre possibles les intercalations, les additions, et, s'il était nécessaire, l'adjonction à certaines feuilles de renseignements résultant de découvertes plus récentes. De plus, cette œuvre n'aurait rien d'incomplet si elle venait à s'arrêter, en même temps qu'elle pourrait se perpétuer indéfiniment.

Dans une circulaire que j'ai envoyée aux savants étrangers et français, — circulaire que le Comité d'organisation du Congrès a fait reproduire in-extenso, et qui a été distribuée à l'ouverture de notre session, je n'ai pas voulu donner au projet une trop grande précision, désirant profiter, Messieurs, de votre haute compétence et de vos savantes observations, pour en arrêter la forme définitive.

Ayant, relativement à ce projet, quelques idées personnelles, je me permettrai toutefois de vous les exposer ; après quoi, je vous résumerai les observations que nos confrères étrangers ont bien voulu me faire parvenir, et les différentes manières dont ils en conçoivent l'exécution.

Pour moi, Messieurs, je pense que cette œuvre devrait avant tout avoir deux caractères : être à la fois *impersonnelle* et *internationale*.

Elle devrait être *impersonnelle*, c'est-à-dire que ceux qui s'occuperaient de la réédition des types ne devraient rien y apporter d'eux-mêmes, devant seulement s'occuper de surveiller l'exactitude de la reproduction de la figure type, et de la diagnose ; de plus, et ce serait le point important, ils devraient apporter tous leurs soins à la recherche du type lui-même qui serait photographié de manière à montrer tous ses caractères. — Cette seconde figure nous éclairerait sur la valeur du type, fixerait ses traits et nous laisserait ainsi une image exacte d'un échantillon précieux qui souvent est destiné à disparaître.

Lorsque l'échantillon type n'existe plus, indiquera-t-on simplement sa disparition, ou devra-t-on, en en faisant mention, figurer un spécimen bien conservé, provenant de la même localité, du même niveau et appartenant notoirement à la même espèce ? De même aussi, comment devra-t-on agir lorsque la figure type représente un individu complet fait à l'aide de plusieurs spécimens à l'état de fragments, lesquels fragments peuvent, dans certains cas, appartenir à des espèces et même à des genres différents. Ces questions, comme bien d'autres, ne pourront être résolues que par un comité spécial.

Quant à la bibliographie, je pense qu'elle doit être réduite à la mention détaillée de l'ouvrage dans lequel a été pris le document publié.

Pour la synonymie, il me semble qu'elle ne doit pas figurer sur ce genre de fiches, parce qu'elle est une œuvre d'interprétation personnelle, sujette à des modifications, et qu'elle enlèverait au document son caractère d'immutabilité.

Pour les mêmes raisons, le nom générique primitivement adopté par le créateur de l'espèce, serait conservé, alors même qu'il correspondrait à une erreur reconnue, depuis, comme évidente.

Cette publication devrait être *internationale* ; elle aura, en effet, besoin du concours et du dévouement de tous ; et elle ne pourra réussir que si, dans chaque pays, un sous-comité s'occupe de la recherche des types et se charge de leur reproduction et de leur réédition, en se conformant au plan et au format adoptés.

Cette publication aurait ainsi un caractère archéologique : ce serait, en quelque sorte, les chartes de fondation de nos espèces fossiles, republiées sans aucun commentaire.

Chaque fiche porterait en outre :

1° La mention : Congrès Géologique International, si vous vouliez bien appuyer cette œuvre de votre haut patronage ;

3° La date de la publication ;

3° Un numéro d'ordre permettant de vérifier l'état de la publication ;

4° Le nom du grand groupe auquel appartient l'espèce figurée ;

5° Le nom de l'auteur ayant collaboré à la publication de la fiche.

D'autres questions de détail seraient à examiner : le format de la fiche ; le parti à prendre pour les échantillons qui, par leurs dimensions, ne pourraient rentrer dans la justification de la fiche ; la liste des espèces à publier tout d'abord : — celles-ci seront-elles choisies par ordre d'ancienneté, et alors à quelle époque devra-t-on remonter ; devra-t-on en suivant une autre méthode épuiser d'abord toutes celles qui sont contenues dans un ouvrage devenu rare et resté très utile ; ou bien prendra-t-on de préférence les espèces caractéristiques des terrains, celles dont nous manions les noms journellement ? — Ce sont, comme je vous le disais tout-à-l'heure, des solutions qui ne peuvent être adoptées qu'à la suite d'une entente entre les différents membres d'une commission nommée à cet effet.

Avant de vous indiquer sommairement les observations qui m'ont été envoyées par nos confrères étrangers, je dois vous dire que M. le Professeur Kilian, de l'Université de Grenoble, a songé, de son côté, à la réédition d'œuvres anciennes et qu'il a reconnu l'utilité qu'il y aurait pour les travailleurs à entrer dans cette voie.

C'est d'ailleurs à ce besoin que répondent, en partie, les beaux travaux bibliographiques qui sont publiés aux États-Unis, en Angleterre, en Allemagne et ailleurs, malheureusement, ces précieux Index, sauf quelques-uns, ne contiennent qu'un renseignement bibliographique, sans figure, ni diagnose. Vous voyez combien ces catalogues seraient plus utiles, s'ils donnaient non-seulement l'indication de la source, mais le document lui-même auquel ils renvoient.

Divers confrères étrangers, qui ont eu le regret de ne pouvoir assister à notre congrès, m'ont prié, tout en faisant connaître leur approbation au projet de réédition des espèces types, de vous mentionner leurs observations et leurs critiques.

Les paléontologistes américains m'ont paru unanimes à reconnaître que les espèces publiées antérieurement à 1840 ne présenteraient pas d'intérêt pour eux. — L'un d'eux, M. Schuchert, demande qu'au nom ancien soit ajouté le nom moderne, avec l'indication des principales références bibliographiques; il pense que la reproduction du type lui-même devra avoir lieu, alors même que celui-ci n'a pas été figuré par le créateur de l'espèce.

M. Williams envoie son approbation et espère que le Congrès prendra une décision à l'égard de cette publication; il insiste sur l'emploi de la photographie et rappelle les résultats excellents obtenus grâce à ce procédé par le Photographe en chef du Geological Survey des États-Unis. — M. Dall, au contraire, met en garde contre les reproductions photographiques qui, dans les trois quarts des cas, dit-il, sont de beaucoup inférieures à un dessin au simple trait ; il conseille d'ailleurs d'accompagner la photographie d'un dessin fait d'après cette méthode.

M. Ch. Walcott semble effrayé par les dépenses occasionnées par suite du mode de publication; il objecte que le prix de l'ouvrage le rendra seulement accessible aux grands établissements, lesquels possèdent déjà les documents originaux; — il espère toutefois que les Institutions Nationales ou privées pourront aider, par des souscriptions, l'exécution de ce projet. Il se demande aussi, s'il ne serait pas plus utile de rééditer les ouvrages rares, comme l'ont déjà fait MM. Dall et Harris pour certaines œuvres de Say et de Conrad. Il insiste sur les difficultés qu'il y a à se servir de la photographie, lorsqu'il s'agit de certains groupes, tels que les coraux, les éponges, etc.. Enfin, il pense que la description originale, lorsqu'elle est insuffisante ou incomplète, devrait être accompagnée d'une diagnose nouvelle ou d'un renvoi à une bonne description récente.

M. Forir pense que ce mode de publication pourrait s'étendre non seulement aux espèces anciennes, mais aussi à celles qui paraissent journellement, et qu'une entente pourrait avoir lieu dans ce but, entre le Comité de publication et les créateurs d'espèces nouvelles.

Enfin, M. Bather, du British Museum, a bien voulu m'adresser une série d'observations que je vais résumer: Il croit à la réalisation du projet et il estime que la publication de ces fiches sera très utile aux paléontologistes, lorsque leur nombre sera suffisamment grand. — Il attire l'attention sur les difficultés qu'il y aura à reproduire par la photographie des caractères qui ne sont visibles qu'à la loupe et qui demandent un éclairage variable ; il pense que les spécialistes seuls peuvent diriger un pareil travail et que les conservateurs de Musées ne seront pas toujours à même de fournir une reproduction photographique suffisante ; il ajoute que bien souvent les spécimens types sont mal conservés ; — il voit aussi un certain danger dans la reproduction textuelle des diagnoses, car on trouvera dans deux descriptions provenant de deux auteurs différents les mêmes parties d'un fossile désignées sous deux noms, ou, inversement, deux parties distinctes indiquées par un même terme : c'est ainsi par exemple que le nom de *costalia* s'appliquera, suivant les auteurs, à différentes parties du calice d'un crinoïde. Il craint que les fiches ne soient, entre les mains de certains travailleurs, une occasion de tomber dans l'erreur, en les encourageant à ne plus faire les recherches minutieuses toujours nécessaires. — Il pense que la fiche d'un type spécifique ne devra être qu'une indication, fort utile d'ailleurs, mais qu'elle ne dispensera pas le travailleur de recourir au volume original et au type lui-même. Il se demande enfin s'il ne serait pas préférable d'utiliser ces louables efforts en aidant la publication des Index généraux, tel que celui que prépare M. Sherborn, ou de laisser aux spécialistes le soin de publier des monographies spéciales et de rééditer tout ou partie de certains ouvrages paléontologiques devenus rares.

D'autres de nos confrères, qui assistent à cette séance m'ont aussi transmis leurs observations, je leur laisse la parole en les priant de vouloir bien émettre leur opinion sur le projet que je présente.

Il me reste à me résumer :

1° Vous semble-t-il utile de rééditer les types des espèces anciennes ?

2° Le mode de publication par fiches vous semble-t-il pratique ?

3° N'y aurait-il pas lieu de nommer une Commission internationale, pour examiner et élaborer ce projet, de façon à vous le présenter en voie d'exécution, au prochain congrès qui se tiendra à Vienne ?

SUR DEUX PROJETS TENDANT A FACILITER LES RECHERCHES PALÉONTOLOGIQUES ET GÉOLOGIQUES

Par M. **W. KILIAN**.

L'une des tâches les plus utiles et les plus fécondes qui puisse incomber aux Congrès géologiques internationaux est assurément de créer et de multiplier les moyens de travail et de permettre ainsi à toutes les bonnes volontés de contribuer efficacement à l'avancement de notre belle Science. — Frappé, comme tous ceux de nos confrères qui n'habitent pas de grands centres scientifiques, des difficultés considérables rencontrées par les personnes qui cherchent à s'entourer des renseignements bibliographiques et des ouvrages nécessaires aux travaux paléontologiques ou aux études géologiques un peu approfondies, j'ai cru devoir soumettre au Comité d'organisation du VIIIe Congrès géologique international deux propositions d'intérêt général.

Le premier de ces projets, tendait à organiser la diffusion au moyen de reproductions phototypiques des documents paléontologiques rares ou inaccessibles à la plupart de nos confrères. Ce vœu se rapproche beaucoup de celui qui a été présenté postérieurement au Comité par M. Œhlert, projet dont notre savant collègue a soigneusement étudié le détail et auquel je suis heureux de me rallier complètement.

Il me semble utile de rappeler cependant que deux autres *desiderata* étaient compris dans l'énoncé de ma proposition et pourraient être soumis utilement à la même commission que le projet de M. Œhlert, à savoir :

1° Publication sous les auspices du Congrès, de catalogues synonymiques et de synopsis, consacrés à des genres ou à des groupes entiers d'animaux ou de végétaux fossiles.

2° Reproduction photographique de *figures types* extraites d'ouvrages paléontologiques rares ou épuisés. Ces reproductions seraient publiées sous forme de fiches (ou planches) détachées, qui pourraient être ensuite groupées par genres, sous-genres, etc. ; elles auraient d'abord pour objet les figures types des espèces les plus importantes, au sujet desquelles règnent trop souvent de regrettables confusions.

La réalisation de ces deux séries de recueils rendrait d'immenses services à la plupart des travailleurs isolés ou éloignés des centres scientifiques de premier ordre, hors desquels il sera bientôt impossible de se livrer à des recherches paléontologiques sérieuses.

Les catalogues synonymiques, les synopsis et les reproductions de figures devraient être exécutées par des savants compétents *spécialement rétribués à cet effet*. Ainsi seulement pourrait être assuré le fonctionnement régulier de l'entreprise qu'alimenteraient des subventions votées par les Sociétés géologiques et les Congrès internationaux ainsi que les abonnements et souscriptions individuelles des paléontologistes.

Cette organisation permettrait de procurer un travail utile et rémunérateur à un certain nombre de nos jeunes confrères que l'encombrement des carrières universitaires réduit parfois à de dures nécessités et contraint à abandonner la voie des recherches scientifiques.

Le deuxième projet que j'avais eu l'honneur de soumettre au Comité du Congrès, tend à provoquer la création d'une *Agence de bibliographie géologique* analogue à celle qui fonctionne à Zürich pour les sciences zoologiques et qui rend les plus grands services. Une telle entreprise pourrait être encouragée par les Congrès géologiques internationaux ; le besoin s'en fait sentir de jour en jour d'une façon plus impérieuse. Je crois que le seul moyen d'assurer le fonctionnement régulier et la réussite d'une entreprise de ce genre serait de la confier à des *agents rétribués* et d'admettre la non-gratuité des renseignements fournis par l'agence sous forme de séries de fiches bibliographiques qui seraient vendues à un prix déterminé pour chaque unité et pourraient faire également l'objet d'abonnements réguliers.

DU PATRONAGE PAR LE CONGRÈS D'UN EFFORT SYSTÉMATIQUE POUR DÉTERMINER LES FAITS FONDAMENTAUX ET LES PRINCIPES QUI DOIVENT SERVIR DE BASES A LA CLASSIFICATION GÉOLOGIQUE

Par M. **T.-C. CHAMBERLIN**

D'impérieux devoirs professionnels m'empêchent, à mon grand regret, de prendre part à cette session du Congrès géologique international. Je crois ne pouvoir mieux témoigner l'intérêt que je lui porte, qu'en lui communiquant par écrit, quelques vues, sur les moyens d'arriver, d'après moi, aux fins que se proposent les congrès.

Dès la première session du Congrès géologique international, en 1878, session à laquelle j'avais l'avantage d'assister, on s'était proposé comme un desideratum essentiel, l'établissement de la *Classification géologique*; ce fut d'ailleurs le thème de toutes les sessions suivantes, jusqu'au moment où l'on reconnut l'impossibilité de tomber d'accord sur aucun des systèmes proposés. Les géologues les plus autorisés jugèrent que les temps n'étaient point encore venus, pour une classification définitive; les fondements posés n'étaient ni suffisamment larges, ni assez stables, et certains savants même, ne dissimulaient pas leur inquiétude, de voir l'initiative personnelle entravée par des règlements prématurés.

En réalité, il faut reconnaître qu'il nous reste beaucoup à apprendre concernant les faits eux mêmes et les principes fondamentaux : et ce qui nous manque, c'est justement le point de départ indiscuté d'une classification, qui se pique d'être universellement admise, sans gêner la marche du progrès. Aussi dans l'état actuel de nos connaissances, l'établissement d'une semblable classification, paraît-elle plutôt comme un but de la science, que comme une tentative à conseiller aux savants. Nous devons nous borner à préparer la voie.

La classification géologique doit être naturelle, si tant est qu'il y ait des divisions naturelles, dans l'histoire des temps géologiques.

D'excellents esprits pensent que les divisions locales seules sont naturelles; elles cessent de l'être, quand on veut les généraliser ou leur donner une valeur objective. Quelle valeur peut-on leur attribuer, si l'histoire géologique est celle d'une série progressive continue? Pour ces savants, les divisions géologiques ne peuvent avoir qu'une valeur locale, due aux variations des conditions locales; elles n'offrent pas de caractères suffisants d'universalité pour fournir de bonnes bases de classification. Sans doute, les divisions actuellement admises paraissent assez naturelles pour les régions où elles ont été établies, l'Europe et l'Amérique; mais elles sont pour le moins arbitraires, quand on les étend à d'autres parties du monde, et à plus forte raison, si on les généralise au monde entier. Ils estiment que la classification actuelle est artificielle et a une valeur purement conventionnelle; elle est appelée à faire place à un autre système, comme les anciennes méthodes de mesure ont fait place au Système Métrique.

A côté de cette théorie toutefois, il en est une autre, acceptée également par de nombreux savants, pour qui l'histoire de la terre est divisible en étages distincts, et qui considère la définition précise de ces divisions comme une proposition essentielle de la géologie rationnelle. Ils ne croient pas qu'il y ait eu, à des moments donnés, des arrêts complets dans la sédimentation ou dans l'évolution de la vie; ils admettent même une continuité fondamentale dans les phénomènes, mais pensent que le progrès, au lieu d'être uniforme, a été saccadé ou rythmique. Ils pensent qu'il y eut des moments de détente, après des périodes d'accumulation; des périodes de transgression, après des périodes de régression; des successions dans la dénudation des continents, des périodes d'abrasion et de ravinement; des alternances dans les conditions climatériques, des périodes d'uniformité et de diversité; des virements dans l'évolution de la vie, des périodes de fécondité et de stérilité; ils croient en un mot, à une sorte de transformation par bonds, dont les divers stades doivent fournir les termes de la classification naturelle.

La coexistence de ces deux théories suffit à montrer combien sont insuffisantes les notions acquises. Si nous avions une connaissance *adéquate* des faits, nous pourrions en induire que le caractère essentiel du développement terrestre a été l'uniformité, ou la périodicité; et nous saurions s'il y a lieu de chercher, pour la mesure et la nomenclature des temps géologiques, des unités arbitraires, comme le mètre et le siècle, ou des mesures propres à ces périodes, ondes, bonds ou stades.

Nous devrions, si les conclusions étaient en faveur de la théorie de la périodicité, porter notre effort à déterminer avec précision la nature et les limites de ces changements périodiques, et à leur conformer nos systèmes actuels de classification. Si, au contraire, les conclusions donnaient raison à la théorie de l'uniformité, il nous faudrait égaliser davantage les termes de nos divisions actuelles, et trouver des échelles appropriées à la mesure des temps et des couches.

Dans l'une et l'autre hypothèse, ou dans toute autre qu'il siérait de proposer à leur place, il reste de longues recherches préliminaires à accomplir, avant qu'un Congrès international puisse sanctionner utilement, de son autorité, une classification déterminée.

Le moyen le plus sûr pour arriver au but est de provoquer des recherches nouvelles, puisqu'elles hâteront le moment où nous serons en possession des bases indispensables. Les recherches faites dans cette voie tendent d'ailleurs vers les visées les plus élevées de la science.

Deux séries d'études s'imposent dès l'abord : la première consisterait à compiler et à ordonner les immenses matériaux dispersés de toutes parts, dans tous les pays, et qui ne sont actuellement qu'à la portée du petit nombre, dans les grandes bibliothèques, et accessibles non sans peine. Il me paraît évident que le classement et la mise en valeur des matériaux existants faciliterait les progrès.

La seconde série d'études se proposerait la recherche de nouveaux critériums de corrélation. Ce serait un grand pas fait en avant, dans nos systèmes de classification et d'interprétation, que d'arriver à plus de précision et de certitude dans la corrélation des étages, entre pays éloignés.

Cette corrélation ne repose de nos jours que sur un seul principe, et encore est-il parfois discutable ou inapplicable. Ce principe, qui nous est fourni par la paléontologie, a une valeur bien établie, mais on pourrait en régler et en contrôler l'application. Ainsi il y a lieu, dans la corrélation des terrains, basée sur les fossiles, de prévoir certaines rectifications, nécessitées par un élément perturbateur, celui des migrations, et de s'aider subsidiairement des conditions physiques des gisements, soit pour les contrôler, soit pour parer à leur insuffisance.

Sans vouloir développer ici ces vues, je dois cependant m'efforcer de faire sentir leur portée pour la solution du problème géologique, si nous étions en possession de tous ses termes. Je ferai mieux comprendre par un exemple, ce me semble, comment il convient de perfectionner nos méthodes de corrélation paléontologique (1).

Supposons donc, par exemple (Fig. 1), qu'une faune locale (Faune I) se forme dans une baie ou golfe de la côte américaine, pendant une phase de régression marine, et à l'époque d'un étage A.

Des déplacements successifs des mers pourront permettre à cette faune d'émigrer en Europe pendant un étage B, et d'arriver enfin sur les côtes d'Asie pendant un étage C. Dans ce cas, l'application stricte des méthodes de corrélation, basées sur les communautés spécifiques, aurait pour résultat de synchroniser l'étage C d'Asie avec l'étage A d'Amérique. Et quel que soit d'ailleurs l'intervalle de temps qui sépare A de C, la corrélation de ces étages constituerait une erreur, qui fausserait toutes nos interprétations des phénomènes physiques de ces époques.

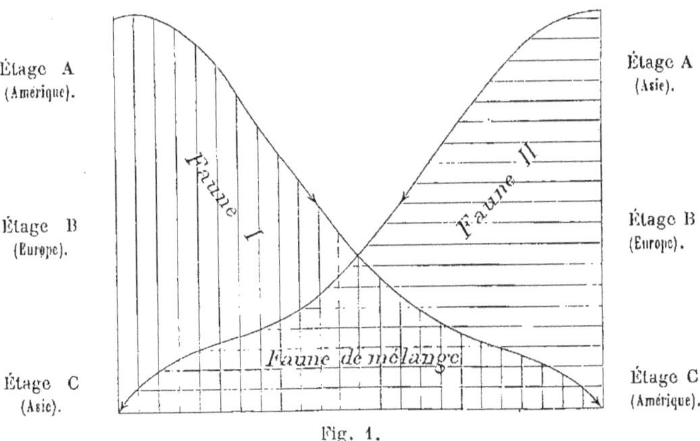

Fig. 1.

Mais que pendant ce même étage A, une faune locale et indépendante (Faune II) vienne aussi à prendre naissance dans quelque

(1) A Systematic Source of evalution of Provincial faunas, Journ. Geol., Vol. VI. n° 6, Sept.-Oct. 1898. p. 604-8.

baie asiatique, et que cette faune aille ensuite émigrer en Europe, pendant l'étage B, et arrive en Amérique lors de l'étage C, nous commettrions une nouvelle série d'erreurs en synchronisant ces trois étages, puisque les faunes mixtes résultant de leur mélange seraient limitées en Amérique et en Asie à l'étage C, tandis qu'elles se trouveraient aussi dans l'étage B en Europe. Les étages A et B, quoique synchroniques, auraient en outre des faunes propres et indépendantes en Amérique et en Asie (Fig. 1).

Il faudrait, pour rectifier ces notions erronées, reconnaître les origines locales et indépendantes des deux faunes considérées et suivre leurs migrations. Ces données sont indispensables pour établir le synchronisme des deux faunes distinctes A en Amérique et en Asie, sans espèces communes entre elles, et toutes les conséquences qui s'en suivent. Cet exemple suffira à montrer qu'on peut trouver dans l'étude des migrations un premier moyen de contrôler et de rectifier les corrélations basées sur les communautés spécifiques.

La recherche de l'origine et des migrations des faunes locales présente d'ailleurs en elle-même un intérêt suffisant, pour mériter qu'on s'y attache, et cette œuvre paraît essentiellement internationale.

La formation et les migrations des faunes et des flores sont des résultantes des conditions physiques ambiantes. Je me suis efforcé de le prouver à diverses reprises (1), tant pour les faunes locales, que pour leur passage aux grandes faunes cosmopolites. Et s'il semble bien difficile de fixer quel fut le berceau *d'une espèce déterminée*, et de suivre ses pérégrinations, on est mieux fondé à chercher les centres de formation des faunes locales et à tracer leurs migrations, leurs mélanges et leurs assimilations finales dans les faunes cosmopolites. Le développement de faunes locales, marines et littorales est, d'après moi, en relation avec les mouvements de régression des mers, qui séparent graduellement et finissent par isoler totalement de petits bassins maritimes avec les êtres qu'ils contiennent. On peut,

(1) The ulterior Basis of Time divisions and the classification of geologic History. Journ. of Geol., vol. VI, n° 5. Juillet 1898, p. 449-526.

A systematic Source of evolution of provincial Faunas. Journ. of Geol., vol. V, n° 6. Sept. 1898, p. 597-608.

The influence of great Epochs of Limestone formation on the constitution of the atmosphere. Ibid., p. 609-621.

en tous cas, conclure de tout ceci, que les corrélations basées sur la paléontologie gagnent en portée, en précision et en certitude, quand on les étudie à la lumière des conditions physiques ambiantes, telles que mouvements du sol et modifications orographiques.

Cette observation, évidente pour les faunes terrestres, n'est pas moins juste pour les faunes marines littorales, dont les migrations sont en relation avec les changements de profondeur et de forme des mers, avec les connexions et les séparations des mers intérieures. Si donc il existe réellement une périodicité dans les grands balancements des mers et des continents, et par suite dans le développement des provinces zoologiques, on trouvera une assistance nouvelle pour les corrélations, dans l'application de principes fournis par l'étude des migrations.

Nous devons chercher dans la mer même, un précieux auxiliaire pour l'établissement des corrélations entre divers continents, car elle a imprimé, au même moment, sa trace, sur tous ces continents. La difficulté principale est de l'interpréter exactement.

Le volume de l'Océan, dira-t-on, a pu n'être pas constant? Mais ses variations, entre périodes voisines, si elles ont eu lieu, n'ont pu être qu'une fraction négligeable du volume total. On peut donc admettre que ses limites correspondront à un même niveau, et au pourtour d'un bassin unique, où les diverses mers du globe auraient été en communication entre elles. Cette communication est au moins vraisemblable, si elle n'est pas établie positivement ; et de cette notion, nous devons conclure que toute modification de rivage, même limitée, laissera, si elle est suffisante pour déplacer la masse des eaux, sa trace marquée au flanc de tous les continents. Les transgressions et les régressions des mers sont donc universelles, si l'on excepte le cas des petites ondulations inverses qui se compensent ; elles apprennent la simultanéité des grandes sédimentations ou érosions correspondantes. Elles expliquent les déplacements des faunes terrestre et marine, par les changements géographiques et physiques des milieux habités.

Ces mouvements généraux de la mer fourniraient à la géologie ses meilleures bases de corrélation, s'il n'y avait à tenir compte, comme d'un élément perturbateur, des ondulations concomitantes du sol. En contrôlant, par les arguments paléontologiques, les notions ainsi acquises, on serait en possession de tous les éléments nécessaires à la corrélation des étages marins.

Mais il faut bien tenir compte des ondulations du sol, et chercher à éliminer leur action perturbatrice. Tantôt en effet ces ondulations du sol changent le volume du bassin affecté, et par suite déterminent le déplacement des eaux ; tantôt au contraire, les ondulations du sol sont inverses, elles se compensent dans un même bassin, et d'importants changements dans l'altitude des terres peuvent s'effectuer, sans affecter le niveau moyen des mers. L'action des ondulations est donc difficile à éliminer d'une façon générale : c'est cependant un problème qui paraît abordable.

Quoi qu'il en soit, de l'action de ces ondulations, on ne saurait contester qu'il y a au moins deux phases de mouvements telluriques qui l'emportent assez, en généralité et en amplitude, sur celles-ci, pour pouvoir être déterminés indépendamment, et servir à asseoir les corrélations entre continents différents. Ce sont les phases de contraction de la croûte, et celles de repos relatif qui les séparent. Quelque opinion que l'on ait, concernant les premiers temps et la constitution interne du globe, on concédera, pensons-nous, que le fond des océans s'est contracté davantage que la masse des plateaux continentaux. L'existence même de ces continents, en dépit des érosions qui les abaissent, témoigne en faveur de ce fait. Peut-être admettra-t-on également que les phases de contraction de la croûte terrestre ont été périodiques, et que les bassins se sont approfondis, les terres se sont relativement élevées, pendant ces périodes de rétrécissement de l'enveloppe ; on pourra du moins, dans les systèmes, s'aider de cette hypothèse, ou de l'inverse, jusqu'à plus ample informé.

Les périodes présumées de contraction ont été nécessairement séparées par des temps de repos. Elles en sont une conséquence absolue, mais ne représentent que des phases de repos relatif, admettant des ondulations locales contemporaines. Dans ces phases de calme, le cube des matières enlevées par érosion aux continents, doit l'emporter sur le volume des terres exondées, le même que la masse des matériaux charriés à la mer, l'emporte sur l'augmentation de capacité du bassin maritime, attribuable à la contraction. Ces conclusions me paraissent nécessaires pour comprendre les phénomènes d'érosion et de sédimentation, mais comme elles ne sont pas prouvées, nous leur conserverons un caractère hypothétique. Le résultat de ces érosions tendrait à remplir le bassin océanique, et par suite à déterminer une transgression maritime sur les rivages. En acceptant par exemple, l'évaluation de Murray, pour l'altitude moyenne des terres continentales, on voit que le déplacement, par érosion, de la moitié du volume des parties en saillie, et leur transport dans les dépressions océaniques, aurait pour conséquence d'élever le niveau actuel des mers, d'environ 100 m. ; ce changement suffirait pour étendre notablement nos aires maritimes, et amener de grandes modifications dans la répartition des faunes.

On arrive ainsi à reconnaître deux causes efficientes générales pour les déplacements des terres et des mers ; la première dépendant de l'accumulation des efforts de contraction de la croûte rigide; la seconde, de l'érosion accomplie pendant ses périodes de repos. Les déplacements d'ensemble des limites des terres et des mers fourniront donc un moyen efficace d'établir des corrélations entre continents différents, quand on sera parvenu à éliminer l'action perturbatrice des ondulations locales, ce qui est faisable par le rapprochement critique et la discussion serrée des observations de détail. Cette méthode de corrélation est indépendante de la méthode paléontologique : ensemble, elles peuvent se contrôler et se prêter un mutuel appui.

L'application de cette méthode dynamique présuppose la connaissance et la mise en œuvre de toutes les données recueillies dans les divers pays ; elle ne pourrait même donner de résultats définitifs que si la carte géologique de la terre entière était faite, mais cependant dès aujourd'hui, on pourrait acquérir d'importants résultats, par la seule mise en valeur des documents existants.

Enfin, nous pensons que la constitution de l'atmosphère elle-même, et la connaissance de son histoire, pourraient fournir une nouvelle et troisième méthode de corrélation. Ce sera surtout vrai, si on se débarrasse de cette idée, que l'atmosphère contenait à l'origine tous les éléments, notamment l'acide carbonique, qu'y puise journellement la nature, et que son histoire n'a été qu'un appauvrissement graduel ; car dans cette hypothèse, les changements climatériques ne dépendent, à part une légère diminution de la température, que des conditions locales. Mais il y a une autre théorie plus féconde (1), d'après laquelle l'acide carbonique de l'atmosphère y aurait été apporté à mesure qu'il était consommé ; sa teneur totale variant proportionnellement au rapport de la quantité consommée à la quantité apportée. La proportion de ces quantités étant d'ailleurs fonction des étendues relatives des terres et des mers, ainsi que de diverses conditions océaniques.

Si, suivant ces vues, l'appauvrissement de l'atmosphère en acide carbonique peut être attribué à l'extension périodique de certains sédiments, tels que sel gemme, gypse, roches rouges, argiles à blocaux glaciaires, et si, au contraire, son enrichissement est dû à des conditions climatériques tempérées et égales des hautes latitudes, on reconnaîtra que la connaissance de la constitution de l'atmosphère pourra être mise à profit, à défaut du critérium paléontologique, pour la corrélation des étages. Il est évident, en effet, que les effets causés par la constitution de l'atmosphère, s'ils ne sont point identiques partout, seront cependant ressentis partout et partout en même temps.

Nous citerons comme exemple de cette action, le brusque changement de flore qui s'est produit entre le Carbonifère et le Permien, dans l'Inde, l'Australie et le Sud de l'Afrique. D'autre part, à l'Est de l'Amérique, MM. Fontaine et White ont reconnu un changement analogue, quoique moins radical, à peu près vers la même époque ; or, les seules lois de la paléontologie ne nous permettent pas d'interpréter ces faits. Mais, si l'on note que le changement reconnu aux Indes, en Australie et en Afrique, correspond à l'existence de dépôts glaciaires, on comprendra, en supposant avec nous que la glaciation est une résultante de l'état de l'atmosphère, que l'influence de ce facteur se fasse sentir partout simultanément, qu'elle explique ainsi le changement de flore américain, et permette de le synchroniser avec ceux de l'Asie et de l'Hémisphère méridional.

Cet exemple mériterait d'être discuté à fond, car il serait possible de contrôler dans le détail les bases de ce mode de

(1) A group of hypotheses bearing on climatic changes, Journ. of Geol. Vol. 5, n° 7. Oct. 1897.

— The influence of great Epochs of limestone formation on the constitution of the Atmosphere. Journ. Geol. Vol. 5, n° 6. Sept. 1898, p. 609.

— An attemp to frame a working hypothesis of the cause of glacial periodo on an atmospheric basis. Journ. of Geol., Vol. VII, n°s 6, 7, 8. 1899.

corrélation fourni par l'atmosphère ; il a dû, en effet, influencer simultanément des flores éloignées, formées d'éléments différents, et son action peut par là être distinguée de celles des migrations, et de l'évolution.

Nous nous hâterons cependant de faire observer que cette méthode de corrélation, basée sur les changements atmosphériques, ne vaudra que par le groupement et la critique de faits observés dans tous les pays du monde ; elle ne s'imposera que si elle s'applique naturellement, et si elle explique, en les rapprochant, des faits généraux épars. Cette méthode de corrélation, comme la précédente, devront être essayées et contrôlées avant d'être appliquées couramment : mais on en pouvait dire autant de la méthode paléontologique, à l'origine.

Le jour où on aura établi l'exactitude, ou la non-exactitude, de ces deux critériums de corrélation, basés sur la composition de l'atmosphère et les mouvements de l'océan, on aura fait un grand pas en avant, dans la connaissance de cette question fondamentale en géologie : à savoir si l'histoire de la terre est naturellement divisible en périodes, ou si elle ne l'est pas. S'il s'est produit dans la croûte terrestre des accumulations séculaires de forces, si elles ont nécessité des ajustages nouveaux quand les limites de la rigidité étaient dépassées, si ces ajustages nouveaux ont changé la répartition relative des terres et des mers, et si celles-ci à leur tour ont entraîné des modifications dans la constitution de l'atmosphère et dans l'évolution de la vie, nous ne pourrons alors refuser de prendre un semblable cycle de phénomènes, pour point de départ de la classification rationnelle des temps géologiques ; car ces phénomènes enregistrent les traits les plus profonds et les plus essentiels de l'histoire de la terre.

Ces problèmes élevés ne pourront être élucidés que par l'étude de la terre entière : leur solution intéresse non seulement les nations, mais les continents et le monde entier. En les considérant, en essayant de les exposer, j'ai montré plutôt la petitesse et les limites étroites de l'effort individuel, assuré que leur grandeur et leur importance parlaient suffisamment aux yeux de tous.

Aucun de nos Services Officiels n'est actuellement en mesure d'aborder des problèmes de cette étendue, qui ne sont d'ailleurs pas de leur domaine. Il n'y a même pas de nos jours un seul Service, qui disposé des hommes et des fonds nécessaires pour mettre rapidement en œuvre, classer et cataloguer, pour le bien commun, les faits accumulés par les investigations continues des gouvernements et des particuliers. Il n'en est pas, à plus forte raison, qui puisse les rapprocher logiquement, et les interpréter de façon à les rendre immédiatement utilisables aux chercheurs. Nous manquons aussi de toute organisation suffisamment dotée, pour poursuivre ou étendre au besoin, des recherches intéressantes, amorcées par des Services Publics ou des particuliers. Quelques Universités ou Académies, et des personnes généreuses, trop rares, il est vrai, ont libéralement fait les frais de diverses Missions scientifiques ; ces expéditions ont fourni d'importants résultats, et mérité tous nos éloges, mais elles n'ont rien à voir à la classification, et aux autres questions de même ordre, qui constituent l'apanage spécial de nos Congrès.

Je crois pour ces raisons devoir insister auprès du Congrès géologique international, afin qu'il fasse une campagne pour la détermination des faits fondamentaux sur lesquels la classification finale devra être établie.

Parmi les moyens pratiques d'arriver à ces fins, je suggérerai en première ligne un appel aux personnes généreuses qui, dans tous les pays, aiment la science. Nous leur demanderions les fonds nécessaires à l'établissement d'un Institut permanent ou d'un Groupe d'instituts, chargés de faire aboutir ces questions et celles qui s'y rattachent. Les fonctions de l'institution seraient au début les suivantes :

I. — Réunir, classer et publier toutes les données présentes et à venir, relatives aux faits fondamentaux et aux principes de la classification géologique.

II. — Ouvrir une bibliothèque pour les ouvrages spéciaux, parfois rares, et assurer la conservation de collections typiques, nécessaires au but proposé.

III. — Mettre en œuvre les données recueillies, par tous moyens, tels que rapprochements, calculs, parallélismes, mais indépendamment de toute hypothèse préconçue et plutôt pour contrôler les hypothèses existantes.

IV. — Encourager et organiser au besoin des expéditions scientifiques dans les régions où n'existent pas de Services Géologiques, et qui ne sont pas étudiées par des particuliers.

L'importance et la durée de cette tâche exigent qu'elle soit attachée à une institution permanente. On peut en effet lui prédire une durée illimitée, si elle entreprend la corrélation de toutes les formations du globe.

Nous avons la confiance que si cette grande entreprise scientifique était bien présentée et patronée par la haute autorité d'un Congrès International, elle réunirait facilement les fonds nécessaires à son exécution. Nous en avons pour garant la libéralité avec laquelle de grands établissements privés d'enseignement ont été fondés, et de coûteuses expéditions scientifiques organisées.

Il serait sans doute prématuré d'entrer dans des détails d'organisation et de contrôle avant même que le projet ait été agréé, et que ses moyens d'exécution aient été jugés réalisables; il est cependant certaines conditions préjudicielles qu'il faut envisager de prime abord. Ainsi, on peut se demander si notre congrès, association essentiellement changeante dans son siège et dans la composition de ses membres, est bien désigné pour entreprendre et administrer une semblable œuvre de longue haleine ? On pourra aussi objecter que le congrès, formé de savants de tous pays, ne saurait se mettre d'accord pour le choix du centre et pour la direction à donner à l'institut proposé ? Enfin les donateurs sur lesquels nous devons compter, seraient-ils aussi bien disposés envers une œuvre internationale, que pour une œuvre nationale et patriotique ?

Aussi nous semblerait-il prudent de prévenir toutes ces objections, en établissant avant toute proposition ferme, que le désir du congrès est, non de fonder un Institut international dépendant de lui, mais de provoquer l'établissement d'une confédération d'associations coopératives, propres à chaque pays, à chaque région naturelle ou politique. Ces sociétés, ou sections nationales. seraient en nombre illimité; elles seraient indépendantes et leur direction serait entre leurs mains propres ou entre celles de leurs délégués. Ainsi aux Etats-Unis, par exemple, la section nationale de la confédération géologique pourrait être administrée par un conseil nommé par la Société géologique d'Amérique, qui est un Corps constitué, stable, groupant toutes les forces et les bonnes volontés des géologues du pays. De semblables Sociétés, des Services officiels même, existent dans d'autres pays, qui pourraient se charger de la gestion et de l'organisation des sections régionales de la confédération. Ces associations présenteraient, en outre, l'avantage de pouvoir plus facilement grouper les faits et les données locales.

Le Congrès Géologique International serait le lien commun et le centre de cette confédération ; il aurait eu le mérite de l'organiser, il coordonnerait ses efforts, indiquerait les voies à suivre, et sanctionnerait de son autorité, dans le monde scientifique, l'adoption des conclusions qui auraient acquis son assentiment.

CINQUIÈME PARTIE

MÉMOIRES SCIENTIFIQUES

COMMUNIQUÉS DANS LES SÉANCES

MÉMOIRES SCIENTIFIQUES COMMUNIQUÉS DANS LES SÉANCES

SUR LES FORMATIONS PRÉ-CAMBRIENNES FOSSILIFÈRES

par M. **Charles D. WALCOTT**

Introduction

On place généralement la limite supérieure du terrain cambrien, à la base de la faune à *Olenellus*, et nous rapportons à un terrain algonkien (1), toutes les formations clastiques qui se trouvent en dessous du Cambrien (2). En dessous de l'Algonkien, on ne connaît plus de roches clastiques.

L'extrême base de l'Algonkien s'observe sous la « *Belt Series* » dans le Montana, dans le Grand Cañon de l'Arizona, en quelques points sur le Lac Supérieur, et à l'est de Terre-Neuve ; l'observation y est facilitée par la discordance des roches clastiques algonkiennes sur les formations archéennes.

Dans d'autres régions, au contraire, il est très difficile de trouver une limite entre l'Algonkien et l'Archéen. Les couches inférieures de l'Algonkien montrent une association de roches volcaniques et clastiques, si déformées mécaniquement et si transformées, qu'il est impossible pratiquement de les distinguer des roches fondamentales archéennes. Il arrive fréquemment, sur le terrain, qu'on ne sait si l'on se trouve sur l'Algonkien ou sur l'Archéen. La difficulté de préciser la limite de ces terrains ne leur est toutefois pas spéciale, et l'on connaît de même des formations intermédiaires entre l'Algonkien et le Cambrien, le Cambrien et l'Ordovicien, et ainsi de suite.

(1) Bull. U. S. Geol. Survey, n° 81, 1891, p. 362.
(2) Tenth Ann. Repl. U. S. Geol. Surv., 1890, p. 66.

D'après notre définition, toutes les formations clastiques, antérieures au Cambrien, appartiennent à l'Algonkien, et il faudra classer dans l'Algonkien la série de Belt (Montana), la série du Grand Cañon (Arizona), la série de Llano (Texas), et la série d'Avalon (Terre-Neuve).

La formation qui a fourni la faune la plus riche et la plus parfaite est sans contredit celle de Belt : aussi commencerons-nous par elle.

DESCRIPTION GÉOLOGIQUE

Série de Belt (Montana)

J'ai reconnu en 1898 (1) une grande discordance de stratification entre le Cambrien et la série de Belt, et de plus, j'ai constaté que cette série comprenait plusieurs divisions, dont l'une (les schistes de Greyson), située à environ 7.000 pieds du sommet, était fossilifère.

La série de Belt est très développée dans le centre du Montana, couvrant une superficie de plus de 6.000 milles carrés ; elle montre ses meilleures coupes dans les montagnes du Big-Belt et du Little-Belt. Le terrain cambrien repose en discordance sur les divers termes de cette série.

Les principaux membres de la série de Belt, sont les suivants, de haut en bas :

Schistes de Marsh	300 pieds
Calcaires d'Helena	2.400 —
Schistes d'Empire.	600 —
Schistes de Spokane.	1.500 —
Schistes de Greyson.	3.000 —
Calcaires de Newland	2.000 —
Schistes de Chamberlain	1.500 —
Quarzites et grès de Neihart	700 —
Total. . .	12.000 pieds

Les schistes de Greyson, fossilifères, sont des roches sombres, grossières, siliceuses et arénacées ; ils passent au sommet à des schistes fissiles, gris-bleuâtre, qui pâlissent en s'altérant et prennent des tons de porcelaine. Ceux-ci sont surmontés, à leur tour, par des schistes siliceux arénacés gris-sombre, avec bancs intercalés de schistes sableux bariolés,

(1) Voir l'historique de la série de Belt : Bull. Geol. Soc. Amer., Vol. X, 1899, p. 201-203.

et de roches siliceuses dures, compactes, gris-verdâtre. A la base des schistes de Greyson, dans le Cañon de Dee Creek, il y a une bande de quartzites et schistes alternants, comprenant vers sa partie inférieure une épaisseur de 10 pieds de conglomérats gréseux avec galets, atteignant 8 pouces de diamètre, et provenant des niveaux de Belt sous-jacents.

Les fossiles ont été trouvés à la base de cette série, dans le Cañon de Sawmill, et près du débouché du Cañon de Deep Creek, au dessus du bureau de poste de Glenwood. Ce sont des pistes *Helminthoidichnites? neihartensis, H.? spiralis, H.? Meeki, Planolites corrugatus, P. superbus*, et de nombreux fragments de crustacés attribués aux mérostomates, dont un seul a été décrit sous le nom de *Beltina Danai*.

La coupe la plus typique est sur le versant qui sépare Greyson Creek de Deep Creek, où l'épaisseur de cet étage atteint 3.000 pieds.

Age des couches cambriennes qui reposent sur la série de Belt. — Les schistes et calcaires qui constituent les couches supérieures au grès de Flathead, sont d'âge cambrien moyen ; les fossiles, qu'on trouve à leur base, appartiennent au Cambrien moyen, tel qu'il est développé dans l'Utah et le Nevada, un peu au dessus de l'horizon à *Olenellus*. Cette faune a été trouvée à Logan, sur la rivière d'East-Gallatin, dans un grès, à 25 pieds seulement au dessus des roches de la série de Belt. Ce grès cambrien est un sédiment formé de grains de sable lavés sur une plage, et non par un sable boueux, comme ceux qui se déposent dans les rivières et les estuaires, et comme on en trouve tant dans la série de Belt, notamment dans l'étage des schistes de Spokane.

Le Cambrien inférieur fait donc défaut au dessus de la série de Belt ; le pays était exondé à cette époque, il fut de nouveau couvert par la mer lors du Cambrien moyen et du Cambrien supérieur.

Discordance entre la série de Belt et le Cambrien. — On observe le contact du grès cambrien de Flathead sur les roches de la série de Belt, suivant une longue ligne, sur les flancs E., S., et W. des montagnes de Little-Belt et de Big-Belt. On peut l'observer sur une longueur de 200 milles, riche en affleurements. Au voisinage de Neihart, sur le flanc est, la discordance entre le Cambrien et la formation de Belt est nette, sans grande différence angulaire, qui ne se montre assez marquée que sur le Sawmill Creek.

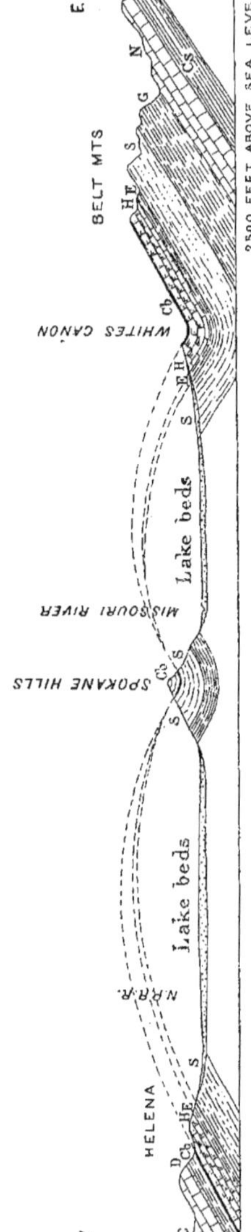

Fig. 1. — Diagramme montrant les relations du Cambrien et de la formation de Belt.

La contrée, embrassée par la coupe, s'étend de l'ouest d'Helena, à travers la vallée de Prickly-Pear aux collines de Spokane, et la vallée du Missouri, jusqu'aux montagnes de Big-Belt. Les lignes ponctuées montrent l'amincissement des calcaires d'Helena (H), et des schistes d'Empire (E), dans les deux directions E. et W., vers les collines de Spokane.

C. Carbonifère, D. Dévonien, Cb. Cambrien, H. Calcaire d'Helena, **M.** Schistes d'Empire, S. Schistes de Spokane, G. Schistes de Greyson, N. Calcaire de Newland, Cs. Schistes de Chamberlain.

Les relations entre le Cambrien et la série de Belt sont représentées dans le diagramme ci-contre.

L'absence du calcaire d'Helena, et du schiste d'Empire, dans la coupe des collines de Spokane, est attribuée à leur érosion suivant une bande soulevée du sol, à partir de l'époque précambrienne.

Ces coupes apprennent que vers la fin de l'Algonkien il se produisit, dans la région, un mouvement orographique, qui fit émerger les sédiments de Belt, déjà durcis. Ces terrains ainsi ridés et relevés formèrent des terres étendues que l'action combinée des agents atmosphériques et des mers cambriennes dénuda profondément; et on peut évaluer de 3,000 à 4,000 pieds l'épaisseur du terrain de Belt enlevée avant le dépôt des sables (actuellement grès) du Cambrien moyen.

Série du Grand-Cañon (Arizona).

Composition et caractères. — Les divisions de cette série du Grand-Cañon diffèrent de celles de Belt, mais les sédiments composants présentent de grandes ressemblances dans plusieurs d'entre elles, notamment dans l'étage de Chuar. Ce sont notamment des calcaires, des schistes, des grès intercalés, de même type lithologique que ceux de la série de Belt, dans les montagnes de Little-Belt et de Big-Belt.

Le plan de discordance entre le Cambrien et l'Algonkien est plus marqué ici que celui qui a été décrit dans le Montana, entre le Cambrien et la série de Belt. On constate que cette surface d'érosion précambrienne tranche tour à tour toutes les couches successives de la série du Grand-Cañon, ainsi que les schistes cristallins sous-jacents et le granite.

Etage de Chuar. — Nous donnerons la succession de ses couches, de haut en bas (1). Dans la division supérieure, les calcaires atteignent une épaisseur de 138 pieds, et dans la division inférieure une épaisseur de 147 pieds, formant ainsi un total de 285 pieds.

Division supérieure : Grès brun-rouge, passant à la base à des alternances de schistes et calcaires. *Chuaria circularis* se trouve à 700 pieds du sommet de cette division	1.700 pieds.
Division inférieure : schistes argilo-sableux à fins lits de calcaire de 4 à 6 pouces d'épaisseur, passant à la base à des grès versicolores, des schistes argilo-sableux à rares lits calcaires	3.420 —
Etage de Unkar : Cet étage montre à son sommet des calcaires et des nappes de laves, en dessous desquels il est formé presqu'entièrement de grès. Il présente 4 divisions principales :	
1. Calcaire magnésien massif, 150 pieds, passant en dessous à du grès.	475 —
2. Nappes de laves basaltiques, vert-sombre, alternant avec lits minces de grès.	800 pieds.
3. Grès supérieurs. Grès rouge-vermillon, passant à la base à des grès chocolat	3.230 —
4. Grès inférieurs. Grès gris, brun, pourprés avec minces lits alternants de calcaire et de grès, à la base.	2.325 —
Epaisseur totale de l'étage de Chuar	5.120 pieds.
Epaisseur totale de l'étage d'Unkar	6.830 —
Epaisseur totale de la série du Grand-Cañon. . .	11.950 pieds.

(1) Cette coupe a été donnée en détail dans le Fourteenth Ann. Rept. U. S. Geol. Surv., 1895, p. 508-512.

Age des couches cambriennes qui reposent sur la série du Grand-Cañon. — La faune des schistes et grès du sommet du Tonto Sandstone, à 290 pieds au dessus de la base de cette division, est celle du Cambrien moyen ; elle présente le même type que la faune des schistes de Flathead, qui repose dans le Montana, sur la série de Belt.

Le grès de Tonto, d'âge cambrien, est un dépôt de plage ; il présente des lits identiques à ceux du grès de Flathead.

Le Cambrien inférieur manque encore dans cette région. Son absence est attribuée à ce que la contrée actuellement formée par la série du Grand-Cañon et couches cambriennes associées, était émergée à cette époque.

Discordance entre la série du Grand-Cañon et le Cambrien. — Le contact du grès cambrien de Tonto sur l'étage de Chuar est magnifiquement exposé dans les escarpements du Grand-Cañon même, ainsi que les cañons latéraux : il repose successivement sur toutes les couches plus anciennes.

Il est difficile de mesurer exactement son importance. On sait que les niveaux supérieurs de Chuar formèrent une île dans la mer cambrienne, et qu'ils y furent dénudés avant l'invasion et le dépôt du Cambrien sur son sommet ; les couches inférieures du Cambrien sont limitées à ses flancs. La discordance prouve qu'un mouvement du sol important s'était produit avant l'époque des érosions cambriennes, et que celles-ci ont dû se prolonger bien longtemps, pour abraser le plan sur lequel ces dépôts se sont étalés.

Série de Llano (Texas)

Au centre du Texas, la base du Cambrien est formée par des grès, correspondant lithologiquement, comme par la faune de leurs couches supérieures, aux grès de Tonto de la série du Grand-Cañon. Ces grès cambriens reposent en discordance, sur des couches alternantes de schistes, schistes arénacés, grès et calcaires, rappelant également celles de la série du Grand-Cañon. Elles sont aussi peu altérées que celles-ci, n'étant guère plus métamorphisées que les couches cambriennes et carbonifères qui leur succèdent.

On n'a pas encore fait, dans cette série, de recherches systématiques de fossiles ; sa faune est encore inconnue. Elle a été rapprochée de la série des couches du Grand-Cañon en raison de leurs relations stratigraphiques et lithologiques (1).

SÉRIE D'AVALON (TERRE-NEUVE)

Cette série renferme toutes les formations comprises entre les couches basales du Cambrien et les Gneiss archéens de Terre-Neuve. Je l'ai étudiée rapidement en 1888-89 du port de Saint-John au cap Topsail (baie de la Conception) ; l'étude de détail a été faite par le Dr Alexandre Murray.

Déjà le Dr T. Sterry-Hunt avait proposé le nom de *Terranovien* pour cette série de couches, comprises entre le Cambrien fossilifère et les Gneiss laurentiens (2) ; mais plus tard, il en restreignit le sens, aux couches gneissiques (3), à l'exclusion de celles qui les surmontent (4).

Le nom de série d'Avalon a été choisi en raison du grand développement de ce terrain dans la presqu'île d'Avalon. Il y présente cinq divisions principales (5) :

	Épaisseurs en pieds
Random	415
Signal	3.120
Momable	2.000
Torbay	3.300
Conception	2.950
Total	11.785

Grès et schistes de Random : Le type de cette division affleure au S. de l'île Random, à l'est de la pointe de Hickmans Harbor. Elle est formée de grès siliceux, micacés, grisâtres, psammitiques, schisteux, avec quelques lits massifs de quarzite. A Hearts Delight, à l'Est de Trinity-Bay, l'épaisseur de cette assise dépasse 700 pieds.

Grès de Signal Hill : Les types visibles à Signal Hill, Saint-Johns Harbor, Bay de Verde, New Perlican, et à l'île

(1) Amer. journ. Sc., vol. 28, 1884, p. 431, 432. — Voir aussi, Professor Comstock : Second Ann. Rept. Geol. Surv. of. Texas for 1890, p. 562 et 563.

(2) Amer. journ. Sc., 3 d. Ser., vol. 1. 1870, p. 87.

(3) Chem. and Geol. Essays, 1875, p. 194.

(4) Ibid. p. 244.

(5) Geol. Surv. Newfoundland, Reprint of Reports, 1881, p 145, 146. La distribution des diverses formations est très bien indiquée sur la carte géologique de la presqu'île d'Avalon, par Murray et Howley, 1881.

Baccalieu, montrent un poudingue rouge au sommet, et des grès rouge sombre, gris ou vert, en dessous.

Schistes de Momable. — Très développés dans la baie de Momable, ces schistes affleurent encore à Saint-Johns, Harbor Grace, Carnonear bay, Roberts bay et Northern bay. Schistes sombres bruns ou noirs, avec quelques lits interstratifiés de grès fins.

Schistes de Torbay. — Bien exposée à Torbay, cette assise couvre une grande étendue de pays, du cap Saint-Francis au cap Race, Saint-Marys bay, et Conception bay. Elle est formée d'alternances de schistes verts, pourpres ou rouges.

Schistes de Conception. — Sédiments variés, affleurant à Topsail Head, au bout de Conception bay et à l'est de Placentia bay. Les roches dominantes sont des schistes et conglomérats schisteux, vert sombre, reposant sur une série de diorites, quarzites et cornes variées.

Age du Cambrien qui repose sur la série d'Avalon. — Les couches qui recouvrent la formation d'Avalon sont déterminables à Smith et à Random Sounds, comme à Trinity bay : elles sont reconnaissables à des schistes vert et rouge appartenant à la base d'une assise connue, à 400 pieds, au dessus de la faune à *Olenellus*.

A Manuels Brook et à Conception Bay, le Cambrien inférieur repose sur un gneiss, qui paraît interstratifié ou peut-être injecté dans la série des *schistes de Conception*.

Discordance entre la série d'Avalon et le Cambrien. — Le Cambrien succède aux schistes de Conception dans Conception bay ; il repose successivement et en discordance sur les formations de Conception, Torbay, Momable, dans la baie de Sainte-Marie, et sur la base des grès de Signal Hill, sur les formations de Momable, Torbay et Conception dans la baie de la Trinité. La discordance, comme dans le Grand-Cañon, amène successivement le Cambrien sur toutes les divisions successives de l'Algonkien, attestant l'existence avant cette époque de grands changements orographiques et d'érosions longtemps poursuivies.

En 1889, j'ai observé une coupe (1), à Random Sound, Trinity bay, où le Cambrien repose en stratification concor-

(1) Bull. Geol. Soc. Amer., Vol. X. p. .

dante sur l'assise de Random, et celle-ci sur les conglomérats de Signal Hill.

FORMATIONS ALGONKIENNES DE LA RÉGION DU LAC SUPÉRIEUR

Ces formations comprises entre le Cambrien et l'Archéen, présentent, dans la région, une grande importance et une grande variété. On y a reconnu la succession suivante :

Keweenavien. — Le Keweenavien est constitué par une série, épaisse de plusieurs milliers de pieds, de roches clastiques, formées aux dépens de roches éruptives contemporaines, alternant avec des coulées de laves. Les roches volcaniques prédominent à la base de la série, les alternances sont plus fréquentes au milieu, et les roches clastiques existent seules au sommet (1).

Irving a divisé le Keweenavien en deux portions : la division supérieure, essentiellement gréseuse, atteint 15,000 pieds dans la région centrale du bassin ; elle présente 12,000 pieds de grès et schistes rouges sur la rivière Montreal, 500 pieds de schistes noirs alternant avec grès durs, grisâtres, peu quarzeux, et 1,200 pieds de conglomérats à gros galets (2).

La division inférieure est très épaisse, atteignant, d'après Irving, 25,000 à 30,000 pieds (à l'Est de Keweenaw point, par exemple). Elle est essentiellement formée de coulées de laves basiques superposées, avec bancs alternants de conglomérats et de grès jusqu'à la base, et quelques roches acides subordonnées. On trouve dans toute l'épaisseur de la formation des lits de conglomérats porphyriques et de grès rouges ; ils deviennent toutefois plus rares dans son tiers inférieur, tandis qu'ils augmentent en nombre et en épaisseur vers le sommet. On ne connaît qu'un seul exemple de couche clastique importante, dans les niveaux inférieurs (3).

Huronien supérieur : Le Huronien supérieur est directement recouvert par les couches de Keweenaw précitées. Il est formé par les roches d'Animikie et de Vermilion-supérieur, dans le N. du Minnesota ; par celles de Penokee-Gogebic dans le Michigan et le Wisconsin. Son épaisseur est de 10,000 pieds, d'après Irving, sur la Pigeon-river, où il montre des schistes plus ou moins argileux gris-sombre à noirs, alternant

(1) Bull. U. S. Geol. Survey, n° 86, 1892, p. 161.
(2) Monog. n° V., U. S. Geol. Surv. 1883, p. 153.
(3) Monog. n° V. U. S. Geol. Surv., 1883, p. 156-160.

avec des schistes quarziteux. Il présente parfois, vers sa base, des lits de phtanite, des lits zonés de minerai de fer magnétique comme dans Penokee (Wisconsin), et des coulées interstratifiées de roches éruptives, gabbros à olivine, gabbros à orthose.

Huronien inférieur : Roches semi-cristallines très finement plissées, calcaires, quarzites, micaschistes, schistes micacés, conglomérats schisto-cristallins, lits ferrugineux ou cornés, traversés par des dykes basiques et parfois par des roches éruptives acides. On trouve également, dans cette masse, des roches clastiques avec débris d'origine volcanique, formant des sortes d'agglomérats, et des schistes cristallins verts, chloriteux, finement laminés. L'épaisseur approximative du Huronien inférieur dans la région du Lac Supérieur est de 5,000 pieds (1).

Age du Cambrien reposant sur l'Algonkien du Lac Supérieur : Le terrain cambrien, qui repose sur l'Algonkien, aux Chutes de Sainte-Croix, contient la faune typique du Cambrien moyen ; il est probable que la continuité du mouvement, qui a déterminé cette discordance, a dû amener aussi, en quelque point, le Cambrien supérieur directement sur les couches de Keweenaw.

Discordance entre le Cambrien et l'Algonkien du Lac Supérieur : La discordance entre le Cambrien et les couches de Keweenaw a été établi par Irving (2) ; il y eut dans la région, avant le dépôt du Cambrien, d'importants mouvements orographiques et une longue période de dénudation.

Discordances entre les divers termes de l'Algonkien : Des discordances ont été observées et décrites par Van Hise (3), entre le Keweenavien et le Huronien supérieur, comme entre le Huronien supérieur et l'inférieur, et entre celui-ci et l'Archéen.

ROCHES SÉDIMENTAIRES PRÉ-CAMBRIENNES DE L'UTAH, DE LA NEVADA, DE LA CALIFORNIE, ET DE LA COLOMBIE BRITANNIQUE.

On connaît, sous les couches à *Olenellus* du Cambrien inférieur des Cordillères des États-Unis et de la Colombie bri-

(1) Bull. U. S. Geol. Surv., n° 86, 1892, p. 499.

(2) Irving : Mon. on the Copper bearing rocks of Lake Superior, U. S Geol. Survey, Mon. V., 1883, p. 366, pl. XXIII.

(3) Bull. U. S. Geol. Surv., n° 86. 1892, p. 499, 500.

tannique, une importante série de schistes siliceux, grès, avec quelques minces lits de calcaire, encore sans fossiles (1). Il n'est point possible de dire actuellement quelles sont leurs relations avec les séries de Belt (Montana), et du Grand-Cañon (Arizona). De nouvelles recherches s'imposent.

DES FOSSILES DES COUCHES PRÉ-CAMBRIENNES

On voit, d'après ce qui précède, que la discussion de leurs gisements établit qu'il y a effectivement trois points, où des fossiles bien caractérisés ont été trouvés dans des couches nettement précambriennes, dans la série de Belt (Montana), dans le Grand-Cañon (Arizona), dans la série d'Avalon (Terre-Neuve).

Révision des fossiles pré-cambriens cités en diverses régions.

Les découvertes de fossiles, signalés dans les roches cristallines algonkiennes, restent encore problématiques. Ainsi on peut toujours discuter, relativement à l'origine organique ou purement minérale de l'*Eozoon canadense*, et formes analogues.

On peut en dire autant des Spongiaires décrits par M. G. F. Matthew (2) dans le Laurentien du New-Brunswick ; et des Radiolaires et Spongiaires du Précambrien de Bretagne, signalés d'abord par M. Charles Barrois (3) et décrits par M. L. Cayeux (4). C'est du moins ce qu'il faut penser depuis les travaux de M. H. Rauff (5), qui les considère comme d'origine inorganique.

Du graphite : La présence du graphite a été souvent alléguée comme une preuve de l'existence de fucoïdes à l'époque algonkienne. Il est infiniment vraisemblable en effet qu'il est d'origine organique, mais nous ne saurions dire sous quelle forme il était représenté.

(1) Bull. U. S. Geol. Surv., n° 81 et 86 ; and Tenth Annual Report, p. 549, 552.

(2) Bull. n° 9, Nat. Hist. Soc., New-Brunswick, p. 42, 45.

(3) Comptes rendus Acad. Sc., août 1892, p. 326, 328.

(4) Bull. Soc. géol. de France, 3e sér., T. 22, p. 197, 228. 1894, avec 1 planche. — Comptes rendus Acad. Sc., t. 118, 1894, p. 1433-1435, avec 6 figures. — Ann. Soc. géol. Nord, t. 22, p. 116, 119, avec 6 figures. — Ann. Soc. géol. Nord. t. 23, 1895, p. 52, 65, avec 2 planches.

(5) Neues Jahrb. f. Miner., 1896. Bd. 1, p. 117, 138.

Palaeotrochis : Cette forme, décrite par E. Emmons en 1856 comme un coralliaire, et longtemps regardée comme un fossile précambrien, a été étudiée successivement par MM. J. A. Holmes et J. S. Diller, qui ont prouvé sa nature inorganique et montré que son gisement était une roche volcanique acide.

Fossiles de l'Algonkien du Lac supérieur.

On a cité à diverses reprises des fossiles dans les formations précambriennes de cette région, mais sans préciser leur gisement dans le Keweenavien, le Huronien, ou même l'Algonkien.

Tels sont les fossiles, traces obscures ou pistes, souvent cités sur des blocs de grès ferrugineux, ramassés parmi les tas de minerais de fer des mines. Il est cependant impossible d'affirmer qu'ils soient d'âge pré-cambrien, puisque dans la région de Menominee on exploite du minerai à la base du Cambrien ; ce minerai est difficile à distinguer du Précambrien, puisqu'il est le résultat de son remaniement.

L'existence de la vie, dans la série d'Animikee est déduite de la présence du graphite dans les schistes, et de l'indication d'un fossile présumé, donnée par M. G. F. Matthew (1).

Les quarzites de Minnesota font partie de la grande masse du Huronien supérieur, épaisse de 12.000 pieds, et formée d'après Van Hise (2) de couches plissées de poudingues, quarzites, schistes, phyllades, micaschistes et lits de minerai de fer, traversées par des dykes basiques. Cet auteur signale dans ces quarzites de Minnesota des formes linguloïdes et une impression obscure, d'aspect trilobitique, décrite par Winchell (3). J'ai eu l'occasion d'étudier cette trace, et la considère comme étant d'origine inorganique ; quant aux formes linguloïdes, elles sont si obscures, qu'il est difficile d'en rien dire, mais elles ne sont probablement que des concrétions ou nodules aplatis et déformés, affectant occasionnellement l'apparence d'*Obolus* ou d'*Acrothele* écrasés.

(1) L'étude attentive de cet échantillon, donné par M. A. R. C. Selwyn à M. G. F. Matthew, porte à penser que les traces qu'il présente sont d'origine inorganique : une photographie de cette plaque de schiste a d'ailleurs été donnée pl. XLVI du Monograph XXX, U. S. geol. Survey.

(2) Bull. U. S. Geol. Survey, n° 86, p. 499.

(3) *Lingula Calumet*, *Paradoxides Barberi*, décrits dans le Red Quartzite at Pipestone. Geol. and Nat. Hist. Surv. Minnesota, 13 th. Annual Rept. 1884-85, p. 65-72.

Fossiles de la série d'Avalon (Terre-Neuve)

Je me suis convaincu sur les lieux, que les *Aspidella* des schistes de Momable, ainsi que les traces d'*Arenicolites* qui leur sont associées d'après M. Billings, sont d'origine inorganique.

Dans les couches arénacées les plus élevées de l'étage de Random, à 25 ou 50 pieds en dessous de la base du Cambrien, il y a de nombreuses pistes d'Annélides, appartenant à au moins trois espèces différentes.

Terrain Etcheminien du Nouveau-Brunswick. — L'Etcheminien a été décrit et défini par M. F.-G. Matthew, comme un terrain fossilifère précambrien. J'y ai cependant découvert en 1899 la faune à *Olenellus* à Smith Sound, et à Trinity bay (Terre-Neuve), et même dans la section typique du Nouveau-Brunswick.

Fossiles de la série du Grand-Cañon de l'Arizona. — Quelques débris organiques de petite taille ont été découverts dans la division supérieure de l'étage de Chuar, ainsi que des traces stromatoporoïdes à deux niveaux différents.

Ce sont ces formes problématiques, à aspect de *Stromatopora* et de *Cryptozoon* (Hall), qui, envoyées par moi à Sir William Dawson, ont été l'objet d'une étude de sa part, et ont reçu de lui le nom de *Cryptozoon ? occidentale* (Dawson).

On a trouvé à 730 pieds du sommet de l'étage de Chuar, dans des schistes sableux arénacés, de nombreux débris circulaires, discoïdes, qui pourraient bien être les restes de coquilles coniques écrasées ; ils ont été désignés sous le nom de *Chuaria circularis* (1).

Des Ptéropodes, voisins de *Hyolites triangularis*, ont été cités dans ce même gisement ; mais leur détermination est très douteuse, et ces apparences pourraient bien être d'origine mécanique.

On a trouvé dans un calcaire gris, à 150 pieds au-dessus du *Chuaria circularis*, des traces obscures, qu'on n'hésiterait guère à rapporter au genre *Acrothele* si on les rencontrait dans le Cambrien. Citons encore un fragment, rappelant le lobe pleural d'un anneau de trilobite (2), appartenant au groupe des *Obolella*, *Olenoïdes*, *Paradoxides*, bien que notre

(1) Bull. Geol. Soc. Amer. Vol. X, p. 234.

(2) Bull. U. S. Geol. Surv., n° 30, 1886, p. 43, par. 89.

connaissance actuelle de la faune de Belt nous fasse rejeter cette identification.

Avant de terminer, il est intéressant de signaler la ressemblance de *Chuaria circularis* avec les petits corps discoïdes, décrits et figurés par M. Carl Wiman (1), dans les schistes précambriens du groupe de Wisings.

Fossiles de la série de Belt (Montana).

Les fossiles découverts dans cette série se trouvent dans les schistes de Greyson, dans des lits calcaro-schisteux à 100 pieds au-dessus du calcaire de Newland, et à 7.700 pieds en dessous du sommet de cette formation de Belt. Les premiers fossiles ramassés le furent à l'entrée du cañon de Deep-Creek, un peu au-dessus du Bureau de Poste de Glenwood ; on en trouva ensuite d'autres dans le cañon de Sawsmill, à environ quatre milles au-dessus de Neihart.

Cette faune a fourni jusqu'ici des pistes d'Annélides, se rapportant à quatre espèces différentes, et nombre d'autres pistes, dues à des mollusques ou à des crustacés. Elle contient, en immenses quantités, des débris d'un ou plusieurs genres de crustacés, mais ils sont tous déformés et aplatis, et généralement tronçonnés par des déplacements orogéniques.

Il n'y a pas de doute possible concernant la nature organique de tous ces débris ; et il faut considérer comme établie l'existence, à cette époque, d'un type de crustacé bien plus élevé qu'on n'aurait pu supposer à priori.

Les formes découvertes dans cette formation de Belt ont été décrites (2), sous les noms suivants :

Helminthoidichnites ? Neihartensis
id. spiralis
id. Meeki
Planolites corrugatus
id. suberbus
Beltina Danai.

(1) Bull. Geol. Inst. Upsala, no 3. Vol. 2, 1894.
(2) Bull. Geol. Soc. America, vol. 10, p. 236-239.

LES PLUS ANCIENNES FAUNES PALÉOZOÏQUES

par M. G. F. MATTHEW

Nous résumerons, dans les pages qui suivent, nos notions sur les faunes les plus anciennes, trouvées à la base du Cambrien, dans les régions orientales de l'Amérique du Nord.

Ces faunes, qui diffèrent en quelques points de celles qui leur succèdent, ont été d'abord reconnues dans le Nouveau-Brunswick, en dessous des zones à *Paradoxides* et à *Protolenus*, les plus anciennes du Cambrien de ces régions.

Les premiers fossiles reconnus furent trop mauvais pour donner, dès l'abord, une idée de la faune. C'étaient des trous et des pistes d'annélides, des moulages de tubes d'Hyolithidæ une valve d'*Obolus*, des débris de coquilles ridées rappelant *Palæacmæa*, et d'autres débris paraissant provenir de Cystidées.

Entre les couches contenant ces fossiles spéciaux, et les couches renfermant la faune à *Protolenus*, on observe une discordance de stratification : il y avait donc lieu de les distinguer du Terrain Cambrien, et elles le furent sous le nom de *Terrain Etcheminien*, du nom d'une ancienne tribu du pays, la tribu des Etchemins.

Ce terrain n'est pas limité au Nouveau-Brunswick, je l'ai de plus étudié, dans l'île du Cap-Breton, à la demande du Directeur de la carte géologique du Canada. Il présente, dans les deux régions, les mêmes relations avec le Cambrien, étant présent en certains points, absent en d'autres.

On constate, dans les diverses vallées de ces pays, que le Cambrien repose tantôt sur l'Etcheminien et tantôt sur des roches schisto-cristallines plus anciennes. La discordance présente donc un caractère de généralité puisqu'elle est étendue à ces deux régions.

Il y a eu exondation et érosion de l'Etcheminien avant le dépôt du Cambrien, bien que la discordance soit inappréciable, dans les coupes où le Cambrien repose sur l'Etcheminien, et que les conditions physiques du dépôt soient à peu près les mêmes aux deux époques.

Ainsi il y a eu une transgression étendue entre l'Etcheminien et le Cambrien, mais les couches etcheminiennes n'ont été ni redressées, ni durcies, ni modifiées dans l'intervalle. Entre les faunes de ces deux époques, les différences cependant sont notables.

La faune etcheminienne, telle qu'elle nous est actuellement connue dans l'Amérique du Nord, provient des trois gisements du Nouveau-Brunswick, de Cap-Breton et de Terre-Neuve.

Faune pauvre et mal conservée dans le Nouveau-Brunswick, elle y est représentée par des moules d'*Orthotheca*, un *Obolus*, des fragments de Gastropodes patelliformes *(Randomia)*, des moules de petits Entomostracés, des pistes et trous laissés par des vers ou autres animaux rampants, et des débris de plantes marines.

Faune plus riche au Cap-Breton, et bien distincte, composée essentiellement de Brachiopodes *Atremata* et *Neotremata*, auxquels sont associés quelques Entomostracés bivalves. Le faciès d'ensemble de cette faune, à l'île du Cap-Breton, la rapproche de la faune à *Protolenus* du Cambrien du Nouveau-Brunswick, à cela près qu'elle ne fournit pas de Trilobites. Les Brachiopodes appartiennent d'ailleurs à des espèces distinctes, quoi qu'étant des mêmes genres ; et le genre cambrien *Linnarssonia* n'avait pas encore apparu.

A Terre-Neuve, dans la péninsule d'Avalon, l'Etcheminien offre une composition lithologique différente. Les sédiments ne contiennent plus de débris d'origine volcanique, comme les précédents ; ce sont des boues ferrugineuses, fines, à lits calcareux subordonnés, dont la faune a des caractères propres, distincts de celle de Cap-Breton. Entre elles, nous ne connaissons même aucune espèce commune ; les genres mêmes sont différents. Les formes dominantes à Terre-Neuve sont des coquilles hyolithoïdes, abondantes en nombre et en espèces ; on y trouve des Lamellibranches et des Gastropodes de petite taille, et parmi ces derniers le genre patelloïde *Randomia* est commun. Les Trilobites sont rares, ainsi que quelques Phyllocarides. La différence des faunes de Terre-Neuve et de Cap-Breton doit être attribuée en grande partie au faciès différent des formations.

Dans l'Etcheminien, comme au début du Cambrien, on observe une même tendance, moins marquée par la suite du Cambrien, à la localisation dans l'apparition et la répartition des espèces. Ainsi la plus grande espèce de brachiopode n'est pas la même dans les couches à *Protolenus* des divers bassins éo-paléozoïques de Saint-John ; ce sont respectivement, *Obolus pristinus, Botsfordia pulchra, Protosiphon Kempanum*, dans les trois bassins de Saint-John, et cependant ces espèces, loin d'être confinées à un seul banc, se retrouvent dans des lits superposés. On pourrait citer des exemples analogues dans l'Etcheminien.

Les genres suivants ont été reconnus dans l'Etcheminien :

Aptychopsis	1 espèce
Primitia	2
Schmidtia ?	1
Obolus	2
Lingulella	2
Acrothele	1
Acrotreta	1
Obolella	2 ?
Kutorgina ?	1
Platysolenites	1
Hyolites	2
Orthotheca	4
Urotheca	1
Coleoloides	1
Hyolithellus	2 ?
Helenia	1
Randomia	1
Scenella	2
Platyceras	3
Modiolopsis	1

Le nombre des types représentés dans la faune etcheminienne est assez limité, d'après ce tableau ; on y reconnaît cependant une évolution déjà assez avancée, et la prédominance de certains types sur d'autres : on peut en conclure qu'elle n'est pas la première faune apparue, mais qu'elle dérive de quelque autre faune plus ancienne, pré-paléozoïque.

Parmi les brachiopodes, les *Protremata* calcaires, si répandus dans les formations plus récentes du Cambrien et de l'Ordovicien, ne sont représentés que par un petit nombre de formes ; par contre, les *Atremata* et les *Neotremata*, à coquilles cornées ou phosphatées, acquièrent un grand développement et présentent des formes variées. Les *Neotremata* sont de plus petite taille que les *Atremata ;* ils ne leur paraissent inférieurs sous aucun autre caractère.

Les Hyolithidæ paraissent avoir atteint, dès cette époque reculée, l'apogée de leur développement, quant à leur structure générale. Ils n'avaient point encore acquis la diversité d'ornementation, ni la diversité de formes, qu'on leur trouve plus tard, mais les grands traits de leur évolution étaient fixés. Ainsi on reconnaît dès lors, des représentants authentiques des deux sections du genre Hyolithus (s. str.), les *Equidorsati* et les *Magnidorsati* proposées par M. Gérard Holm ; d'autre part, le genre *Orthotheca* présentait déjà des variations étendues.

Les Crustacés nous ont fourni des débris dans tous les gisements etcheminiens ; ils appartiennent généralement à des formes de très petite taille. Un Trilobite a été cité par Billings au sommet de l'Etcheminien ; mais les formes les plus répandues sont des Entomostracés bivalves et de petits Phyllocarides.

A l'exception des Gastropodes patelloïdes, les mollusques de cette période sont petits et rares, dans les trois régions explorées par nous.

Conclusions

La faune découverte dans la moitié supérieure du Terrain Etcheminien, et explorée par nous, dans les trois massifs distincts, du Nouveau-Brunswick, du Cap-Breton, et de Terre-Neuve, présente les caractères généraux suivants :

Annélides : La présence d'annélides nombreuses est attestée par leurs trous et par leurs pistes. Les Hyolithidæ (annélides tubicoles) étaient abondantes et variées.

Crustacés : Trilobites rares, généralement absents. Entomostracés bivalves représentés dans les trois massifs. Phyllocarides de petite taille à Terre-Neuve.

Brachiopodes : Atremata et Neotremata abondants et variés. Protremata rares et de petites dimensions.

Gastéropodes : Rares et petits, à l'exception des Patellidæ, répandus dans certains gisements.

Lamellibranches : Petits et rares, limités à Terre-Neuve.

De nouvelles recherches seront nécessaires pour préciser et étendre nos notions sur la faune etcheminienne, dont les grands traits, cependant, sont dès à présent esquissés.

LA BORDURE ORIENTALE DE LA PARTIE SEPTENTRIONALE DU BASSIN DE L'ATLANTIQUE

par M. **W. H. HUDLESTON** (1)

On peut distinguer à l'ouest de l'Europe, vers l'Atlantique, les zones bathymétriques successives suivantes : le *plateau continental, son bord* (edge), *la pente continentale subocéanique*, les *profondeurs abyssiques planes*. Il semble que les *pentes continentales subocéaniques* doivent être considérées comme les véritables bordures des océans. Cette conclusion repose sur l'étude de la région comprise entre l'Océan polaire septentrional, et le 30° de latitude nord.

M. le professeur Milne a déjà signalé le rôle important de ces pentes continentales subocéaniques : il a calculé que la moitié des tremblements de terre ressentis à la surface du globe ont leur point de départ suivant ces pentes, notamment vers leur base; et il y a distingué des districts séismiques et des districts non-séismiques.

Les sondages exécutés jusqu'à ce jour concordent à montrer que le nord de l'Atlantique, la mer de Norwège, et l'Océan polaire septentrional, appartiennent à une seule et même dépression géo-synclinale, très étendue, et seulement interrompue par places par les épanchements volcaniques (2).

Ces considérations et de nombreux faits récemment relevés, permettent de prendre parti entre les deux grandes écoles d'évolution géographique, celle qui croit à la non-permanence, et celle qui enseigne la permanence, des traits

(1) Ce sujet a déjà été considéré par l'auteur à diverses reprises : British Association at Bristol (septembre 1898) ; Geological Magazine 1899, avec cartes, réductions de celles de l'Amirauté.

(2) Le Dr Nansen m'a fait savoir (juin 1899) qu'il y avait lieu de faire une importante correction aux chiffres de sondages habituellement donnés, entre le Groënland et le Spitzberg. Ainsi la soi-disant « Fosse Suédoise » de 2,650 brasses, n'existerait pas en réalité, M. le professeur Nathorst n'ayant relevé en 1899 que 1,600 brasses, là où les cartes indiquent la « Fosse Suédoise » Nansen ne croit pas non plus que le profond bassin polaire soit une continuation immédiate de l'Océan norwégien, attendu que les conditions hydrographiques établissent la probabilité de l'existence d'une ride, allant du Spitzberg au N.-E. du Groënland.

essentiels de la croûte terrestre. On constate en effet que des modifications considérables ont pu se produire au cours des périodes géologiques, sur la bordure des grands océans, sans affecter d'une façon bien profonde ces bassins océaniques eux-mêmes. On en doit conclure que la croûte terrestre nous conserve des traits fondamentaux anciens, dans les grandes profondeurs océaniques, et dans la position des principaux plateaux continentaux.

Les sondages exécutés au sud des régions atlantiques précédemment considérées, ont appris que l'Islande rattachée aux îles Feroe et Shetland constituait un vaste plateau volcanique sous-marin, traversé par le seul canal du Lightning, entre les Feroe et les Shetland. C'est au S.-E. de ce canal que passe la pente continentale subocéanique, bien que son inclinaison ne dépasse pas 2 1/2°, pour se continuer par le banc de Vidal à la crête du Porcupine, au large du Connaught. Ces données permettent de discuter sur de nouvelles bases, l'ancienne connexion présumée de l'Europe avec l'Islande et le Groënland, ainsi que les vues du professeur Spencer sur le soulèvement épeirogénique produit de ce côté de l'Atlantique.

La région atlantique comprise entre l'Irlande et Ouessant a été également soumise à des mesures hydrographiques : elles ont établi la largeur exagérée du plateau continental submergé dans cet intervalle, et l'inclinaison rapidement croissante de la pente continentale subocéanique, à mesure qu'on approche des profondeurs du Golfe de Biscaye. Cette pente offre d'assez grandes variations locales, elle présente une moyenne de 6° au large de la France ; la fosse du cap Breton, et le canal qui le prolonge vers Bilbao offrent de grandes profondeurs : ces faits ont déjà été diversement interprétés par MM. les professeurs Hull et Spencer. Nos conclusions personnelles peuvent être résumées comme suit :

1. — Les véritables limites du bassin Atlantique septentrional ne doivent pas être cherchées, dans les lignes de nos côtes actuelles, mais bien dans la *pente continentale subocéanique*, au delà du bord du plateau continental submergé.

2. — Ce bord du plateau continental submergé descend à des profondeurs variables de 80 à 250 brasses ; le plus grand écart des moyennes coïncide avec le massif submergé, si

irrégulier, qui longe le banc du Porcupine, à l'ouest de l'Irlande. En général ce bord correspond assez exactement avec la ligne de 100 brasses, au delà de laquelle les fonds océaniques plongent plus ou moins rapidement, en descendant vers les profondeurs abyssiques.

3. — Le parcours de la pente continentale subocéanique est continu, et plus ou moins distinct par places ; on le suit au N. E. jusqu'au N. du Spitzberg, où il se dirige E. suivant la mer polaire arctique.

4. — La pente continentale subocéanique forme la limite naturelle entre les aires continentale et marine, et les dépôts terrigènes semblent, au cours des temps géologiques, avoir été confinés en deçà de cette ligne, soit à l'est du parcours précité.

5. Les grands mouvements tectoniques, répétés aux diverses époques, présentent leurs principaux alignements suivant cette pente subocéanique. Ces mouvements ont déterminé le développement de vastes protubérances, source d'une bonne partie des sédiments accumulés dans les dépressions géosynclinales conjuguées ; il faut donc leur attribuer l'origine des grandes formations terrigènes. L'important développement des roches schisto-cristallines primitives dans les contrées qui bordent le N. de l'Atlantique, est un indice de l'existence de ces anciennes protubérances.

6. La ligne de pente continentale subocéanique, quoique bien définie dans la vaste région considérée, y est inégalement marquée, manquant en certains points, ou y présentant de profondes déformations. Ainsi l'on constate, en la suivant progressivement du N. au S., qu'elle est d'abord interrompue par une grande concavité à l'entrée de la mer de Behring. On n'observe plus, dans cette partie, de côte continentale formée de vieilles roches cristallines ; on dit qu'elles sont très développées à W. du Spitzberg, mais nous ne les retrouvons qu'en Norwège. Il y a une autre grande déviation dans la régularité de notre ligne, entre la Norwège et l'Ecosse, et qui correspond à l'entrée de la mer du Nord. Ces deux vastes baies sont l'une et l'autre occupées par des mers peu profondes, que l'on peut regarder comme appartenant aux aires continentales et comme ayant partagé leurs vicissitudes. Il est même probable qu'à certains moments de l'histoire géologique, elles furent les voies par lesquelles pénétrèrent les

caux océaniques pour envahir les mers, aujourd'hui desséchées, dont les sédiments forment nos continents.

Si l'on néglige la Manche, qui pourrait avoir une autre origine, la déformation suivante de la ligne de pente est, dans la baie de Biscaye, bien différente des deux précédentes par sa grande profondeur. Nous sommes portés à y voir la route qu'auraient suivi les eaux de l'Océan pour entrer dans la Méditerranée, bien que l'entrée du Golfe soit présentement comblée par les dépôts tertiaires. Mais cette région présente des complications particulières dépendant des grands mouvements tectoniques qui produisirent la chaîne pyrénéo-cantabrique. La passe de Gibraltar paraît un accident plus récent, résultant peut-être simplement de dénudations subaériennes; et il en est peut-être de même de la fosse du cap Breton.

7. — En outre des déformations précédentes, la ligne de pente continentale subocéanique présente encore quelques irrégularités, dues à des éruptions basaltiques. Elles présentent alors des dépôts terrigènes du côté continental de la pente, mais on n'en trouve plus du côté opposé. C'est ce dont on voit des exemples dans la Terre François-Joseph et dans les Hébrides.

8. — Nous manquons malheureusement d'éléments, pour apprécier les différences de niveau, produites à diverses époques, sur cette bordure atlantique. Si pour ne point faire œuvre d'imagination, on veut s'en tenir aux modifications les plus récentes, on constate que des oscillations de 500 brasses à l'époque tertiaire ne modifieraient guère la forme des grands fonds ; nous n'avons d'ailleurs aucune raison de penser qu'il se soit produit des mouvements de cette amplitude pendant le pliocène.

DES INVESTIGATIONS RÉCENTES RELATIVES AUX ANCIENNES VALLÉES ENVAHIES PAR LA MER ET A DIVERS AUTRES TRAITS PHYSIQUES DES ILES BRITANNIQUES ET DE L'OUEST DE L'EUROPE

par M. **Edward HULL**

Les remarquables recherches de J. W. Spencer (1), sur les rivages orientaux du continent américain et des îles des Indes occidentales, ont appris que les vallées des rivières actuelles de ces régions se continuaient sous la surface de l'océan atlantique, jusqu'à des profondeurs de plusieurs mille pieds, et qu'elles y débouchaient sur les fonds abyssiques.

Ces observations m'ont engagé à entreprendre des recherches analogues sur les côtes de l'ouest de l'Europe et des îles Britanniques, et les résultats ont été concordants. Elles sont naturellement basées sur les chiffres de sondes relevés sur les cartes de l'amirauté. Le nombre de ces chiffres s'est trouvé suffisant pour permettre de tracer sur la carte les lignes de contour des isobathes, et ces lignes donnent d'une façon exacte la figure topographique des régions sous-marines voisines du continent.

Elles permettent d'y reconnaître les traits orographiques fondamentaux suivants : (1°) Existence d'une terrasse doucement inclinée, de la côte vers le large, et que nous désignerons sous le nom de *plateforme continentale.* (2°) Grande déclivité, ou chute brusque correspondant à la terminaison de la plateforme précédente, où les fonds s'abaissent rapidement à 500 ou 600^{m}. (3°) Présence, à la surface de la plateforme, de sillons ou de vallées, qui vont déboucher à la base de la déclivité précitée, dans les profondeurs océaniques. Ces trois zones, actuellement submergées, ont appartenu à la terre ferme ; nous les décrirons successivement.

(1) *La Plateforme continentale.* — On peut suivre cette

(1) Spencer : Reconstruction of the antillean continent : Bull. Geol. Soc. America, Vol. VI. ; Geol. Mag. nov. 1898.

terrasse depuis Rockall (Lat. 57° 12' N.), suivant la côte W. d'Ecosse, d'Irlande, autour du golfe de Biscaye, le long de la côte d'Espagne, du Portugal, Gibraltar, et à divers intervalles sur la côte africaine, jusqu'à l'embouchure du Congo. Son bord correspond au large des Iles Britanniques avec le contour de 50^m, puis vers le sud avec le contour de 100^m : sa largeur varie de 20 à 200 milles et sa forme conserve une constante relation avec celle du continent voisin. Elle montre sa largeur minima au N. de l'Espagne. On a relevé à sa surface des dépôts de vase, sable et graviers, notamment devant l'embouchure des rivières.

(2) *La grande déclivité.* — Nous désignons sous ce nom le bord, à pente raide, correspondant à la séparation de la plateforme continentale et des profondeurs océaniques. La hauteur verticale de cette pente, de son sommet à sa base, est d'environ 5000 pieds au large des Iles Britanniques, et d'environ 6000 pieds au large du Continent, où elle descend à 7200 pieds au-dessous du niveau de l'Océan. La pente de son profil varie considérablement sur ce parcours (1), elle dépend du degré de résistance des roches ou couches constituantes, qui d'ailleurs varient parfois sur une même verticale. L'esquisse suivante indiquera la forme générale de ce profil sous-marin.

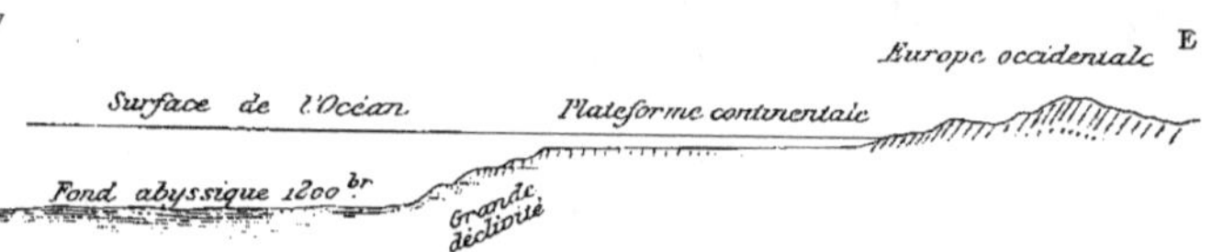

Fig. 1. — Profil du contour sous-marin à l'ouest de l'Europe.

(3) *Vallées submergées.* — La preuve que la plateforme continentale, jusqu'au pied de la grande déclivité, c'est-à-dire jusqu'à environ 2300 mètres, a fait autrefois partie du continent émergé, est donnée par ce fait que sa surface est entamée et ravinée par les principales rivières qui se jettent dans l'Atlantique dans cette région. Les chenaux de ces rivières sont mis en évidence par le tracé des courbes de niveau à la surface de la plateforme, et on les suit ainsi jusqu'au pied même de la grande déclivité. Il serait hors de propos de décrire ici

(1) La pente est de 16° au large de la *Chapelle Bank*, et de 30° au large du C. Torinana.

devant le congrès, la position, la nature et le tracé de ces vallées submergées : nous rappellerons seulement (1) que les sondages relevés nous ont permis de faire connaître leur largeur, leur profondeur et la pente de leur lit, et nous passerons directement à l'exposé des principaux résultats.

(a) *Iles Britanniques.* — Les rivières des Iles Britanniques n'ont, il est vrai, laissé que des traces bien obscures sur la plateforme sous-marine voisine (2), mais cette apparente exception doit être attribuée au remplissage subséquent de ces vallées submergées par les matériaux apportés dans cette région, à l'époque glaciaire, par les glaciers descendus des montagnes voisines, ou par les icebergs et glaces flottantes. Et on peut encore trouver d'autres agents de comblement dans l'apport actuel des rivières elles-mêmes, et dans la désagrégation des falaises. Quelques-unes de ces vallées submergées sont cependant très clairement indiquées, notamment l'ancienne vallée de la Manche : on la suit clairement depuis le Pas-de-Calais jusqu'à son embouchure dans l'Atlantique, au pied de la grande déclivité. Cette grande rivière fossile avait comme affluents, d'une part, les rivières du S. de l'Angleterre et du Pays de Galles, d'autre part celles qui arrosent le N. de la France. Son parcours est indiqué sur les cartes de l'amirauté sous le nom des " *Hurd deeps* " sur une longueur de 70 milles, entre les îles Anglo-Normandes et l'île de Wight. Son chenal est resté libre, grâce aux puissants courants de marée qui balaient sans cesse, et dans les deux directions opposées, le canal de la Manche. Sa largeur atteignait 4 milles, et sa profondeur 360 pieds, sous le niveau de la surface de la plateforme (3).

Une autre vallée submergée, analogue à celle-ci, se trouve au N. de la mer d'Irlande.

(b) *France.* — En face de l'embouchure de la Loire, de la Gironde, de l'Adour, on observe des dépressions qui continuent, en mer, le lit de ces rivières : ces anciens lits fluviaux, actuellement submergés, se poursuivent d'une façon plus ou moins continue à la surface de la plateforme continentale,

(1) Trans. of the Victoria Institute. Vol. XXX, p. 305; XXXI, p. 267.

(2) Cette remarque s'applique également à la mer du Nord, encombrée de sables, graviers, et blocs d'origine glaciaire.

(3) Trans. Victoria Inst. Vol. XXXI, p. 278.

jusqu'au pied de la grande déclivité à la profondeur de 1000 à 2000 brasses. Le plus remarquable est l'ancien lit de l'Adour ; on le suit sans interruption, depuis l'embouchure de ce fleuve dans la fosse du cap Breton, entre des rives escarpées, jusqu'à 90 milles au large, où il se bifurque en arrivant dans les fonds de 1000 brasses : sur son chemin il reçoit de part et d'autre des affluents. La vallée de l'Adour montre vraisemblablement la mieux caractérisée des vallées submergées de la côte européenne (1).

(c) *Espagne et Portugal.* — Les cartes mettent clairement en relief les vallées submergées qui continuent en mer les rivières Caneira, Arosa, Lima, Douro, Mondego, Tage. Le Douro et le Caevociro descendaient jusqu'à des profondeurs de 1500 brasses, sous le niveau actuel de la mer. Le grand cañon submergé du Tage se prolonge en mer à une distance de 60 milles, jusqu'aux profondeurs abyssiques; ce fleuve coulant entre des murailles abruptes, formait plusieurs cascades, avec une pente de 5000 pieds sur la longueur de 5 à 6 milles, enfin il se bifurquait à son extrémité (2).

Tels sont à grands traits les caractères de nos vallées de l'Europe occidentale, submergées par l'Atlantique. Nous ne connaissons plus actuellement sur le continent européen de semblables vallées, si ce n'est peut-être en quelques points des Alpes ; leurs plus proches analogues se retrouvent dans les cañons du Colorado, en Amérique.

Dans la Méditerranée, M. Arturo Issel a pu retrouver également le cours sous-marin de quelques rivières.

(4) *Côte occidentale d'Afrique.* — Le Continent africain a participé au grand mouvement d'élévation qui entraîna l'ouest de l'Europe à cette période. On en a la preuve dans l'extension sous-marine de la vallée du Congo. Le lit submergé de ce fleuve est bien marqué sur les cartes de sondes, avec une longueur de 40 milles, où il disparaît à la profondeur de 1200 brasses. C'est un cañon sous-marin découvert par M. Stallibras, en sondant pour poser des câbles télégraphiques, il a été depuis décrit en détail (3). Devant

(1) Un plan de la vallée submergée de l'Adour a été publié, à l'échelle de l'Amirauté, dans le *Geographical Journal*, March. 1899.

(2) Ibid., p. 284.

(3) Trans. Victoria Inst., vol. XXXII, p. 147, 1900.

les rivières Orange, et le Niger, les sondages ne sont pas assez rapprochés encore, pour qu'il soit possible de tracer le cours de la partie submergée de leur lit.

(5) *Age géologique où les vallées submergées ont creusé leur lit.* — Le Professeur Issel, de Gênes, a montré, et diverses considérations confirment son opinion, que l'époque du creusement de ces vallées est très récente, ne remontant pas au delà de la fin de la période pliocène. Il semble y avoir eu vers cette époque un grand mouvement élévatoire du sol, qui affecta toutes les régions orientales du bassin de l'Atlantique ; on ne sait s'il fut exactement contemporain de part et d'autre de cet océan. Ce fut lors du mouvement ascensionnel de ces terres que la plateforme fut abrasée ; la grande déclivité ne se forma que plus tard, par l'action des vagues sur son bord, quand le mouvement d'exhaussement fut arrêté. C'est à cette même période que les eaux de ruissellement creusèrent leurs vallées à la surface de la plateforme, et que ces rivières approfondirent leur lit jusqu'au niveau de base, devant l'embouchure. Enfin plus tard, après cette longue période de repos, il se produisit un moment d'affaissement, qui amena l'invasion de la mer et la submersion de la plateforme et des vallées qui la sillonnaient.

(6) *Conséquences de ces faits pour l'époque glaciaire.* — Si les considérations précédentes sont fondées, il semble que l'exhaussement du sol européen que l'on vient de décrire fournisse une cause suffisante de l'Époque Glaciaire post-pliocène. Une élévation, en effet, de 6000 à 7000 pieds au-dessus du niveau actuel de l'océan, amènerait nécessairement de nos jours un climat glaciaire dans nos climats tempérés, et rendrait plus froides encore les zones sub-arctiques. Cette cause des froids glaciaires nous paraît d'ailleurs en étroite accordance, avec les principes de Lyell (1).

(1) Ces vues ont été développées par moi ailleurs : Trans. Victoria Inst. Vol. XXXI, p. 141.

MÉMOIRE SUR LE DYNAMOMÉTAMORPHISME ET LA PIÉZOCRISTALLISATION

par M. E. **WEINSCHENK**

L'un des problèmes de la géologie, qui a excité l'intérêt le plus constant depuis les débuts du développement de cette science, c'est la question de l'origine des schistes cristallins. Depuis que Lyell a jeté les bases d'une géologie scientifique, presque tous les géologues ont au moins effleuré cette question.

Dans la suite, l'étude des schistes cristallins n'a pas perdu de son importance ; elle a même été, en 1888, l'objectif principal du Congrès international de géologie, réuni à Londres. En cette occasion, les spécialistes de cette époque ont exposé et soutenu d'une manière détaillée leurs opinions.

Tandis qu'au début on a exprimé seulement des idées purement spéculatives sur l'origine des schistes cristallins, les recherches se sont approfondies de plus en plus depuis que le microscope s'est introduit dans notre science et depuis que la pétrographie a pris corps. Notamment dans ces dernières années, nous avons eu l'occasion d'enregistrer une série de travaux importants sur cette question. Ces travaux sont dirigés d'ailleurs, en général, dans une même direction ; ils ont pour but d'expliquer tous les phénomènes que nous offrent les schistes cristallins qui doivent être considérés comme résultant de transformations dont la cause la plus importante est liée aux actions orogéniques.

Dans les travaux pétrographiques actuels, la théorie du *dynamométamorphisme* est presque seule en honneur.

Cette théorie a soulevé seulement de timides objections.

Elle a été émise d'abord par Lossen sous le nom de *métamorphisme de dislocation,* puis elle a été largement développée par M. Rosenbusch et son école. Ce dernier considère l'action de la pression comme l'agent principal de la cristallinité et de la schistosité des roches cristallophylliennes. L'action des agents chimiques est quelquefois, également, prise en considération ou bien totalement négligée.

Il est regrettable que les savants qui se sont appuyés sur la théorie du dynamométamorphisme ne se soient pas donné la peine de définir, avec plus de précision, l'idée qu'ils se font de la marche des transformations.

Ainsi, on fait aujourd'hui un véritable abus du mot dynamométamorphisme que l'on applique souvent à des phénomènes très obscurs. C'est un mot qui a perdu de sa signification scientifique, dont on se sert pour expliquer, sans plus de détails, les phénomènes les plus complexes.

Les anciens géologues voyaient, dans les roches désignées sous le nom de schistes cristallins, les premières formations de la terre, c'est-à-dire le soubassement de toutes les formations clastiques ; ils les ont désignés aussi sous le nom de *terrains primitifs*. La découverte que tous les schistes cristallins n'ont pas cet âge ancien — ainsi que l'ont démontré les observations stratigraphiques ou la trouvaille de fossiles — a marqué déjà un grand progrès et permis une séparation des couches les plus anciennes de celles plus récentes. D'autres géologues ont admis que toutes ces formations ont une origine métamorphique et ils ont désigné, d'une manière générale, les schistes cristallins sous le nom de *schistes métamorphiques*.

Un autre fait qui a apporté dans cette question plus de clarté et qui doit être considéré comme le plus important résultat des recherches faites dans ce domaine, a été mis en lumière par M. Rosenbusch. Ce savant a montré, par une grande série de déterminations pétrographiques et chimiques, que les formations appelées schistes cristallins comprennent deux groupes qui, en général, peuvent bien se séparer l'un de l'autre. Le premier groupe montre, par tous ses caractères chimiques, une complète analogie avec les types les mieux caractérisés des roches de consolidation ; le deuxième rappelle au contraire par ces mêmes caractères les propriétés des roches sédimentaires. Ainsi, d'après M. Rosenbusch, les terrains primitifs sont formés par une alternance de roches de consolidation et de sédiments clastiques qui ont acquis, sous l'action du dynamométamorphisme, leurs caractères actuels. Les deux types de ce savant dérivent donc de matériaux primordiaux très différents.

Le caractère primitif des roches schisto-cristallines qui dérivent des roches de consolidation est d'être cristallin et grenu ; sous l'influence des actions orogéniques ces roches ont subi d'abord une orientation de leurs éléments constituants. A cette action pouvait s'ajouter encore des actions chimiques.

Les roches du second type étaient des roches détritiques, à structure schisteuse ; et le rôle des forces orogéniques a été de déterminer la cristallisation de la roche sans effacer sa structure.

L'étude géologique des différentes régions de schistes cristallins justifie les idées de l'éminent pétrographe allemand.

Des gneiss de composition granitique, des amphibolites, des éclogites, des schistes verts de composition dioritique, gabbroïque et diabasique se trouvent, en de nombreux gisements, en relation directe avec les roches éruptives correspondantes et liées à ces dernières par toutes les formes de passage ; à tel point qu'il est impossible de fixer une ligne de démarcation entre les faciès éruptifs et les faciès schisteux.

Les roches cristallines du deuxième groupe sont aussi étroitement liées aux roches clastiques, schistes argileux, marnes, calcaires, grès, etc., dont elles dérivent et il est également impossible d'en marquer la séparation.

Enfin, les schistes cristallins du premier groupe passent par des faciès intermédiaires aux schistes du second groupe, fait qui semble au premier abord contredire les opinions de M. Rosenbusch. Mais une étude pétrographique plus détaillée de ces formations montre, en général, qu'il s'agit ici d'un mélange mécanique, de roches, dans les couches les plus minces desquelles on trouve une variation de composition minéralogique. On trouve souvent très visiblement dans ces gisements, que deux roches différentes sont intimement liées l'une à l'autre. Une de ces roches, de la composition d'une roche éruptive, a pénétré entre les couches d'une roche détritique finement schisteuse et forme avec celle-ci un tout d'apparence homogène, et de composition chimique, intermédiaire entre la roche éruptive et la roche clastique, laquelle, aussi, est géologiquement intermédiaire entre les deux sortes de formation.

Ainsi, nous voyons que les relations stratigraphiques et les caractères chimiques des schistes cristallins justifient complètement les vues de M. Rosenbusch, sur la composition primordiale de ces roches. De plus, les recherches pétrographiques montrent visiblement que la plupart des caractères de ces schistes ont été acquis postérieurement, autrement dit que ces roches sont métamorphiques, dans le sens strict du mot.

On trouve souvent, par exemple, dans des amphibolites, ayant la composition du gabbro, des pseudomorphoses d'augite en hornblende, de plagioclase en zoïsite. On trouve encore dans les schistes du second groupe de nombreux cristaux intacts non altérés mécaniquement et développés dans les schistes sans déformation des strates, fait qui prouve que ces minéraux se sont formés dans les roches cristallines, postérieurement à la schistosité. On rencontre encore, dans ces roches, des cailloux qui sont bien conservés et qui indiquent leur origine clastique primitive. Enfin, la présence de fossiles, quoique très rare, démontre d'ailleurs que ces formations dérivent de couches sédimentaires et que, dans tous les cas, elles n'étaient pas, au début, des roches cristallines.

Les roches que nous appelons schistes cristallins se trouvent en général dans des régions très disloquées, et souvent forment le noyau des montagnes plissées par les actions orogéniques. On a généralisé l'observation du passage latéral des calcaires, dans un massif plissé, à des calcaires cristallins ; on en a déduit que, sous l'action d'une pression puissante, il peut se produire des déplacements moléculaires d'où résultent des roches identiques à celles des zones de contact des roches éruptives. On a admis que la pression a pu transformer une roche clastique en une roche cristalline et apporter, dans une roche éruptive, des modifications profondes pouvant masquer complètement ses caractères primitifs. Comme il ne s'agit ici que de réactions réciproques des éléments constituants sans variation chimique, on conçoit la séparation, en deux groupes, des schistes cristallins, déduite de la considération de composition chimique.

De même, les transformations dues au métamorphisme de contact ne portent pas, en général, sur le caractère chimique d'une roche : elles ont ceci de commun avec les transformations dues au dynamométamorphisme.

Enfin, les deux sortes de métamorphisme sont caractérisées par les mêmes faits, à savoir que la schistosité primitive de la roche reste intacte et que les couches primitivement distinctes restent nettement distinctes.

Néanmoins, des différences capitales distinguent les roches de contact des schistes cristallins : ces différences s'expliquent par *la tendance qu'a un composé chimique quelconque de prendre, sous des pressions énormes, le plus petit volume moléculaire possible.*

Examinons de plus près quelques exemples.

Les « gneiss » de la zone centrale des Alpes sont, au point de vue chimique et géologique, des formations granitiques;

mais ils se distinguent des granites normaux par des différences de composition minéralogique et de structure. En général, le cœur du massif a une structure grenue très prononcée, tandis que la zone périphérique présente les éléments de la roche *alignés*, d'où il résulte, s'il y a abondance de la biotite, des roches schisteuses, dont la schistosité est parallèle aux limites du massif. De nombreux filons d'aplite percent ces roches, suivant des fentes de direction quelconque dans le noyau granitique; mais, dans la zone périphérique, ces filons sont disposés parallèlement à la schistosité, d'où résulte, par places, un faciès rubanné.

La structure du granite normal est souvent déjà modifiée au cœur de sa masse : les micas sont froissés, les feldspaths brisés, et le quarz montre les caractères d'une trituration interne qui a réduit un même cristal en un agrégat de morceaux anguleux. Au lieu de la structure porphyroïde, si fréquente dans le granite, on rencontre ici la *structure œillée*, c'est-à-dire que les grands cristaux de feldspaths, au lieu de présenter à leurs extrémités des faces cristallographiques, sont effilés, ce qui leur donne, en section transversale, la forme lenticulaire d'un œil. Ce faciès œillé se montre nettement dans la zone périphérique, tandis que dans les zones plus centrales on n'observe de différence, avec le type grenu, que dans l'alignement possible des paillettes de mica.

A ces modifications de structure se joignent des modifications minéralogiques. Le granite des Alpes centrales offre de nombreux minéraux qui n'existent pas dans les autres granites normaux ou du moins présentent des formes différentes. En particulier le plagioclase est rempli d'inclusions microlitiques variées parmi lesquelles on peut mentionner l'épidote, la clinozoïsite, le grenat, le mica, la sillimanite ; de même, la chlorite accompagne la biotite. Ces minéraux abondent dans les zones schisteuses, principalement dans les régions riches en mica.

Dans la théorie du dynamométamorphisme, on explique ces faits de la manière suivante : la roche primitive était un granite normal de composition minéralogique et de structure typiques. Ce granite était intercalé dans les schistes. Il a supporté, à de très grandes profondeurs, sous les actions orogéniques, de très fortes pressions. Ces pressions ont d'abord brisé le quarz qui est le minéral le plus cassant de la roche;

tandis que les feldspaths, moins fragiles, ont subi un déplacement. Les plus grands cristaux ont glissé facilement en laissant derrière eux un vide qui s'est rempli des débris les plus menus du minéral ; ainsi se sont formés les cristaux à pointes effilées qui caractérisent la structure œillée de la roche. En même temps, les paillettes de mica de la zone périphérique, où la pression atteint son maximum, ont une tendance à s'aligner normalement à la direction de cette pression. C'est ainsi que le granite se transforme en gneiss. Pendant le cours de ces actions dynamiques les pressions puissantes font subir à chaque élément une transformation devant aboutir à des minéraux les plus denses possible. Ainsi, par exemple, un plagioclase basique donnera un plagioclase acide, qui constituera la masse principale, et des microlites de minéraux plus denses : clinozoïsite, épidote, etc., qui formeront des inclusions. La chlorite est considérée comme résultant d'une altération atmosphérique.

Les roches basiques sont encore plus sensibles à l'action du dynamométamorphisme que les roches relativement riches en silice et en alcalis. Ici la structure et la composition minéralogique sont tellement modifiées que la roche primitive devient méconnaissable. Le plagioclase basique donne de la saussurite, le pyroxène donne un agrégat de hornblende-ouralite ; quand il y a de l'olivine, celle-ci se transforme en hornblende ou en serpentine. Quant à la structure primordiale, elle devient schisteuse ; c'est ainsi que des gabbros, des diabases et des porphyrites donnent des amphibolites et des schistes verts.

Dans les roches clastiques ont lieu, sous l'influence des forces orogéniques, entre les divers éléments constituants réunis dans la roche, des réactions réciproques, toujours avec la tendance d'aboutir au moindre volume possible. Les nouveaux minéraux formés sont également ici ceux de plus grande densité ; le chloritoïde, le mica, l'épidote, la zoïsite, le grenat appartiennent à ces formations secondaires caractéristiques. Ces réactions se poursuivent autant qu'il reste dans la roche des éléments qui peuvent réagir réciproquement l'un sur l'autre, c'est-à-dire jusqu'à ce que tous les éléments clastiques soient transformés en cristaux. La marne, l'argile, le grès peuvent ainsi donner un micaschiste, un schiste à chloritoïde ou une autre roche schisteuse et cristalline quelconque.

Si l'on considère séparément les hypothèses nécessaires à cette interprétation on doit constater, d'abord, qu'une pression qui surpasse la limite de l'élasticité d'un minéral conduit nécessairement à sa trituration ; le broyage mécanique d'une roche, dans les régions plissées, est donc un phénomène naturel. Il est plus difficile d'interpréter la naissance d'une structure schisteuse dans une roche compacte. On doit alors admettre que les paillettes de mica, peu résistantes, ont la possibilité de se déplacer et de se tordre entre les grains non plastiques de quarz et de feldspath jusqu'à ce qu'elles aient pris une direction normale à la pression. En ce qui concerne la modification de composition minéralogique du granite central alpin il n'est pas bien facile de s'imaginer comment il peut se faire qu'un cristal de labrador se décompose, sous l'action des forces dynamiques, de manière à se transformer en un même cristal d'oligoclase avec inclusions microlitiques de zoïsite, d'épidote, etc. Il n'est possible de supposer ces transformations que dans une masse liquide ou visqueuse et l'on doit admettre que la roche, par dynamométamorphisme, est devenue en partie liquide soit par suite de la haute température développée par la pression, soit par l'effet même de la pression ; puis, pendant la disparition lente de cette pression, la roche a pris la forme sous laquelle elle se présente aujourd'hui à nos yeux. Mais la température qui se développe sous l'influence des efforts orogéniques ne peut pas, vu l'action lente de ceux-ci, être suffisamment élevée pour déterminer la liquéfaction des roches siliceuses ; d'un autre côté la pression seule ne peut pas avoir, si considérable soit-elle, une influence liquéfiante sur les corps qui éprouvent, en passant à l'état liquide, une augmentation de volume ; et pourtant cette dilatation devrait avant tout s'accomplir avec les roches siliceuses.

En ce qui concerne la transformation des roches basiques en amphibolites et schistes verts, c'est encore un phénomène très fréquent que la formation de la saussurite aux dépens du plagioclase, et de l'ouralite aux dépens du pyroxène, phénomènes simultanés ou séparés l'un de l'autre.

Si, en admettant la théorie du dynamométamorphisme, on veut conclure de la présence exclusive de telles roches, à l'action effective des forces orogéniques, on constate que, dans beaucoup de cas, on ne trouve pas d'autres traces de ces actions dynamiques.

De plus, je voudrais faire remarquer, à ceux qui voient dans l'ouralitisation des pyroxènes un phénomène de paramorphose, que cette transformation ne peut être attribuée à la pression, car la hornblende est moins dense que l'augite, c'est-à-dire occupe un plus grand volume ; on devrait s'attendre, au contraire, au phénomène inverse. D'autres pétrographes lèvent cette difficulté en considérant la quantité d'eau que renferment la plupart des hornblendes : la hornblende a alors un volume inférieur à celui du pyroxène augmenté de la quantité correspondante d'eau. Dans la théorie du dynamométamorphisme on admet que cette eau d'ouralitisation est empruntée à l'humidité des montagnes, laquelle — d'après la même théorie — facilite la naissance des nombreux silicates hydratés si caractéristiques des roches dynamométamorphiques.

Les faits précédents, encore moins que pour la transformation des roches éruptives, se prêtent à l'explication de la recristallisation des roches clastiques sous l'influence seule de la pression.

La base expérimentale de cette théorie repose en première ligne sur les expériences bien connues de M. Spring, qui réalisa sous de fortes pressions une série de réactions chimiques sur des corps à l'état solide. On doit remarquer que ces résultats sont mis au premier plan par les représentants du dynamométamorphisme quoique, si importants pour eux, ils ne donnent pas un argument à l'appui des phénomènes qu'on suppose dans les roches. Il est vrai qu'on a obtenu le sulfure de cuivre par cette méthode, en partant du soufre et du cuivre métallique, mais on sait que toutes les expériences tentées avec les substances qui peuvent se trouver dans les roches sont restées sans succès. En partant de la synthèse de composés aussi simples que ceux préparés par M. Spring on n'est pas autorisé à tirer des conclusions sur les réactions les plus compliquées de la nature, alors que toutes les expériences relativement simples, tentées dans des circonstances analogues à celles de la nature, ont échoué. Bien même qu'un grand nombre d'observations paraissent prouver, spécialement dans les Alpes, que l'intensité des plissements et le faciès cristallin des roches sont dans un rapport direct, on observe, d'un autre côté, que des roches, qui ne montrent aucune trace d'actions mécaniques, ont éprouvé pourtant une recristallisation très avancée.

En particulier, il est à noter que très souvent les minéraux secondaires des roches dont le faciès cristallin est mis sur le compte des forces orogéniques ne portent pas les traces d'actions mécaniques. L'hypothèse de M. Rosenbusch que les minéraux ne peuvent être triturés par les mêmes causes que celles qui déterminent leur formation, ne doit pas être regardée comme inébranlable ; il n'y a, du moins, pas de raisons d'admettre, par exemple, qu'un grenat formé par le dynamométamorphisme ne peut pas être brisé comme un autre cristal du même minéral, formé dans d'autres conditions.

Si l'on regarde ainsi la théorie du dynamométamorphisme dans son ensemble, il n'est pas douteux qu'un grand nombre de faits montrent, en vérité, dans la nature, des phénomènes conformes à ceux que cette théorie fait prévoir. Il est vrai, en outre, qu'aucune des théories anciennes n'a contribué à éclairer la question des schistes cristallins (en particulier de ceux des Alpes) comme celle-ci ; mais pourtant il y a encore à faire un grand nombre d'objections relatives aux phénomènes chimiques et physiques par lesquels on doit supposer que ces transformations se sont accomplies : la théorie du dynamométamorphisme ne paraît pas pouvoir répondre, d'une manière satisfaisante, à ces objections.

Les idées modernes que M. Rosenbusch a apportées sur la question des schistes cristallins, et qui ont été si salutaires au point de vue de la connaissance de ces roches primitives, pourraient atteindre encore une plus grande importance si l'on essayait de s'affranchir de l'habitude et de poursuivre ces idées jusque dans leurs dernières conséquences.

Les terrains primitifs sont constitués par des roches qui dérivent, partie des roches de consolidation, partie des roches clastiques. Le soubassement du gneiss est toujours le granite qui passe, à la partie supérieure, au gneiss sur lequel reposent des roches dérivées de sédiments, ou qui représentent un mélange de matériaux granitiques et sédimentaires. On a l'habitude de regarder les couches plus inférieures comme les plus anciennes formations et d'attribuer à ce soubassement granitique un lien étroit avec la première croûte terrestre. Et pourtant, de nombreuses observations, surtout dans les Alpes, impliquent un rapport inverse d'âge. Ainsi, par exemple, on trouve dans la couverture des schistes qui entourent les gneiss granitiques des Alpes centrales, de nombreuses apophyses, en filons ou intercalées dans les schistes, qui, par leur abondance, produisent l'apparence d'une vraie brèche de contact ; elles percent encore les schistes environnants sur de grandes distances, même jusqu'à 10 kilom. et plus du contact visible. Ce gneiss granitique se caractérise déjà comme une masse éruptive indubitable, qui se trouve encore entre ses salbandes primitives, c'est-à-dire en contact avec les roches au milieu desquelles il s'est consolidé.

L'ancienne hypothèse, qui admet que la surface de séparation du gneiss granitique et des schistes représente une surface d'abrasion du gneiss, que le noyau granitique a été dénudé par l'érosion de sa couche de schistes primitifs et que, plus tard, se sont déposées les roches d'aujourd'hui, est, à beau coup de points de vue, insoutenable. En tous cas, chaque massif puissant de la zone centrale alpine offre un grand nombre d'arguments en faveur de l'hypothèse que les gneiss granitiques représentent une roche plus jeune, qui a percé les mêmes roches qui les recouvrent aujourd'hui.

En examinant de plus près le faciès des schistes qui forment la couverture du noyau granitique, nous trouvons un passage latéral tout à fait surprenant. Ici les éclogites et les amphibolites, qui passent peu à peu aux schistes chloriteux et calcaires, couvrent les gneiss granitiques en l'absence presque complète des micaschistes; ailleurs, prédominent les roches à type gneissique, riches en grenat, staurotide, disthène, hornblende, etc., qui alternent avec des micaschistes renfermant ces mêmes minéraux. Ailleurs encore, se montrent des micaschistes graphiteux à grenat, épidote, quarz, etc. Enfin, des phyllites très compactes, riches en chloritoïde.

Les roches de la couverture du granite qui se trouvent dans le Zillerthal et le massif du Saint-Gothard manquent complètement dans le massif du Gross Venediger; tandis que les formations typiques de ce dernier massif jouent seulement un rôle secondaire dans les deux premiers.

Dans les « Niederen Tauern » les phyllites graphiteux à chloritoïde forment, en l'absence des roches cristallines, le toit immédiat du gneiss granitique ; de même en d'autres endroits, par exemple à Sterzing, au pied du Brenner, ou dans la vallée de Binn, les calcaires et les dolomies prennent une disposition semblable.

Les dislocations géologiques se montrent extrêmement nettes à la limite des roches intrusives et des roches plus anciennes qui forment leur couverture. Ici nous remarquons, ce qui d'ailleurs n'est pas rare, à la limite des roches intrusives, des ondulations et soulèvements considérables et, par les nombreuses apophyses des matériaux granitiques qui abondent à proximité, les relations géologiques deviennent encore plus compliquées. En nous éloignant du contact on observe une continuelle décroissance de la cristallinité des schistes enveloppants, tout à fait indépendante de la roche avoisinante, et il y a passage à des formations phylliteuses dans lesquelles la structure cristalline n'est pas indiscutable.

Les faits simples que nous venons de décrire à propos des schistes cristallins des Alpes se compliquent par les dislocations et autres phénomènes géotectoniques ou par d'autres faits qui rendent, sur le terrain, l'observation difficile. On constate, en de nombreuses régions, qu'on ne trouve pas une seule apophyse de granite dans les schistes environnants, tandis qu'ailleurs, au contraire, les ramifications se développent en formant des massifs individualisés. C'est ainsi que dans les niveaux stratigraphiquement élevés on voit réapparaître de puissantes intercalations de gneiss, etc. On remarque encore très souvent l'absence des apophyses même là où se trouvent des massifs intrusifs indubitables, inclus dans leur zone de contact.

Si l'on est amené ainsi, par un grand nombre de phénomènes, à admettre que les gneiss des Alpes centrales représentent des masses intrusives qui se sont consolidées au milieu des schistes dans lesquels nous les trouvons aujourd'hui, alors, d'après toutes les méthodes de la géologie pétrographique, se trouve également bien justifiée cette conclusion que ces masses intrusives ont dû exercer une action métamorphique sur les roches environnantes.

Même d'après M. Rosenbusch, la structure des roches dynamométamorphiques n'est que peu différente de celle des roches de contact. Cependant je suis porté à voir une différence caractéristique dans l'absence complète des schistes tachetés dans la zone alpine, tandis que les schistes à gerbes de hornblende, aussi caractérisés, ont de nombreux représentants dans les Alpes. Ces roches ont ceci de commun, avec les roches de contact, qu'avec l'éloignement des salbandes, elles perdent leur faciès cristallin ; dans les roches de contact, comme dans celles de la couverture des schistes alpins, la structure schisteuse primitive se conserve très bien dans les roches transformées et, malgré l'intense métamorphisme de la roche entière, pas un échange ne s'est produit de couche en couche. En outre, la composition chimique primitive reste inaltérée dans les deux sortes de transformations, à l'exception près, peut-être, d'une perte d'eau et d'acide carbonique et de l'enrichissement en tourmaline et autres minéraux analogues qui empruntent une partie de leurs éléments chimiques aux agents métamorphiques de contact. Nous trouvons les mêmes phénomènes dans la couverture cristalline des Alpes; des silicates alumineux hydratés naissent de silicates moins hydratés ; de l'épidote, du grenat, etc., se développent aux dépens des sédiments calcaires, et la tourmaline est également répandue d'une façon extraordinaire.

Une différence spécialement caractéristique entre les roches de la couverture alpine et les roches de contact proprement dites me semble résider dans la fréquence parmi les premières, des schistes calcaires micacés où prédominent le quarz et la calcite à côté du mica. Dans les roches de contact normal, une telle association de minéraux est impossible ; une composition analogue donnera toujours lieu à la formation de la wollastonite. Mais dans les roches alpines, où domine la tendance au moindre volume, cette transformation, liée à une augmentation de volume due à la formation d'acide carbonique et de wollastonite, est impossible.

Si l'on examine de plus près la structure des roches de la couverture on reconnaît souvent, même microscopiquement, des plissements intenses. On trouve des minéraux isolés en grands cristaux porphyroïdes et l'on observe que les lamelles de mica, les aiguilles de tourmaline, etc., ne s'alignent pas parallèlement à la schistosité de la roche; au contraire, ces minéraux se disposent transversalement. Sous le microscope on découvre une trituration extraordinaire des éléments constituants comme, par exemple, dans les éclogites du Gross Venediger, où l'on voit seulement de petits grains laminés dans les traînées de débris triturés; mais, en d'autres cas, on ne voit pas trace de déformations mécaniques.

Par contre le microscope nous montre, dans une roche de la couverture alpine qui dérive de sédiments, que la schistosité primitive, avec tous ses plis, est visiblement marquée par l'arrangement de quelques minéraux comme le graphite, les paillettes de mica et de petits grains de quarz ; tandis que les autres minéraux constituants de la roche ne montrent aucune orientation. Ces premiers se continuent sous forme de petites inclusions dans tous les minéraux constituants et prouvent, alors, d'une manière évidente, que les derniers se sont formés d'abord après la sédimentation de la roche, et très souvent même après que les plissements principaux se sont accomplis.

On observe aussi dans les schistes graphiteux du Gross Venediger, qui montrent, même à l'œil nu, des plissements intenses, de grands cristaux d'orthose et des tablettes de biotite, de longues aiguilles de tourmaline, orientées d'une façon quelconque dans la roche. Les plissements de la roche se reconnaissent, sous le microscope, à l'arrangement du graphite et cet alignement se poursuit, sans distinction, dans tous les autres minéraux qui ne montrent aucune trace de déformation mécanique. Ces faits se retrouvent identiquement dans les roches normales de contact et il serait très difficile de les expliquer par le simple métamorphisme dû à la dislocation. On doit donc admettre que l'influence de cristallisation des actions orogéniques a commencé après que les plissements étaient accomplis ; les nombreuses aiguilles de tourmaline, par exemple, se seraient courbées et brisées si, pendant leur formation, la roche avait subi des dislocations intenses.

Ainsi nous constatons premièrement, que, aussi bien le granite des Alpes centrales que les schistes environnants, nous fournissent de nombreux faits qui correspondent parfaitement avec les relations que nous présentent les roches intrusives avec leur zone de contact ; tandis que les différences mentionnées plus haut dans les deux groupes s'y retrouvent. Ces différences sont, au total, celles qui impliquent comme cause des pressions puissantes, soit qu'elles se reconnaissent dans la trituration complète des éléments de la roche, soit que leur composition minéralogique montre un caractère différent. Toutes les associations minérales des roches alpines montrent, comme il a été mentionné déjà plusieurs fois, la tendance de la roche d'occuper le plus petit volume possible.

Nous avons vu qu'en plusieurs points des Alpes on trouve des arguments absolus qui prouvent que le noyau granitique est plus récent que les schistes environnants, d'un âge déterminable avec précision seulement dans certains cas. Déjà le faciès si variable des schistes dans les différentes régions alpines prouve que ceux-ci n'appartiennent à aucun horizon géologique bien défini : ils se rattachent à des formations bien différentes. S'il y a parmi elles des formations très anciennes il est douteux seulement que leur âge descende jusqu'au Précambrien. Les restes de fossiles montrent que ces formations sont en général plus récentes, et l'on a trouvé dans les schistes à chloritoïde de Styrie des restes de plantes carbonifères indubitables ; en de nombreux points de la Suisse on a trouvé dans les schistes cristallins des fossiles jurassiques.

La composition chimique des systèmes schisteux sert en outre quelquefois de point de départ pour la détermination de leur âge. Par exemple, les dépôts puissants des quarzites des Alpes cottiennes, avec leurs intercalations de schistes argileux et nids de graphite, semblent provenir de grès carbonifères. Les dolomies et les gypses, avec nombreux minéraux de contact comme on les trouve en plusieurs endroits de la Suisse, font penser au Trias. Les éclogites, les amphibolites et les schistes verts du Gross Venediger qui rappellent par leur composition chimique les diabases et les schalsteins, semblent devoir être rapportés à des dépôts dévoniens.

Bref, si les granites alpins se sont consolidés au milieu de leur couverture actuelle de schistes -- ce qu'on peut démontrer d'une manière absolue pour plusieurs massifs — alors ils sont de formation relativement jeune parce que les roches schisteuses de l'enveloppe appartiennent en majeure partie à des formations géologiques assez récentes. J'ai déjà dit, d'autre part, que l'existence de massifs aussi puissants que ceux des Alpes centrales serait impossible sans une transformation des roches environnantes due au métamorphisme de contact et que la structure cristalline des sédiments transformés et l'altération très avancée des roches éruptives plus anciennes (par exemple des diabases), doivent être mis sur le compte du métamorphisme de contact. Les minéraux secondaires des sédiments métamorphisés montrent très souvent qu'ils se sont formés après le plissement principal, que l'action métamorphique du granite, en tous cas, ne s'est pas exercée avant la période de plissement.

Ainsi se montrent des relations très intéressantes entre le granite central et le soulèvement des Alpes. Les études pétrographiques et géologiques détaillées de tous les parties de la question mettent en lumière une relation irréfutable entre ces plissements montagneux et l'apparition des masses granitiques. Par la pression exercée pendant les plissements, le magma fluide s'est élevé de la profondeur et s'est injecté entre les couches des différents horizons géologiques, tandis que des mouvements et dislocations colossales accompagnaient le phénomène de l'intrusion. La tension n'était pas supprimée par l'injection du magma liquide et ce magma s'est consolidé sous la pression des montagnes qui se plissaient encore.

Les caractères que nous offrent les gneiss granitiques des Alpes centrales peuvent s'expliquer plus simplement et sans difficulté si on les considère comme des propriétés primordiales de ces roches éruptives. J'ai désigné, sous le nom général de *piézocristallisation*, l'ensemble des phénomènes qui se sont passés pendant la consolidation du granite central des Alpes. Au lieu des nombreux agents hypothétiques qui ont été invoqués dans la théorie du dynamométamorphisme, — agents qui ne sont pas susceptibles de contrôle, — tout s'explique clairement si l'on admet que la solidification du granite s'est faite sous une grande pression. Du fait qu'on rencontre dans les roches éruptives de la biotite et de la hornblende résorbées il faut déduire que, dans un magma qui renferme de l'eau, peuvent se séparer, sous une pression énorme, des minéraux hydratés, qui ne peuvent plus subsister à la même température sous une pression normale.

Nous devons nous attendre, dans les conditions de la piézocristallisation, à trouver dans la roche des minéraux constituants, qui n'existeraient pas primordialement si le magma s'était normalement consolidé. Ces minéraux peuvent être hydratés, mais doivent présenter, surtout, la propriété du moindre volume moléculaire. Ainsi se sont formés l'épidote, la clinozoïsite, le grenat, la chlorite et les autres minéraux accessoires du granite alpin central.

La consolidation de la roche a commencé avec la séparation des éléments noirs (biotite et hornblende). Le mica s'est formé d'abord dans la masse liquide. A ce moment, les pressions orogéniques ont agi sur la zone périphérique du magma en orientant ce minéral normalement à la pression. Au sein de la masse visqueuse, cette faculté d'orientation a été remplacée par une tension intérieure dirigée dans tous les sens.

Ainsi s'explique la zone périphérique schisteuse qui passe à un noyau granitique. Quand il s'est formé de grands cristaux de feldspaths, les paillettes de mica se sont disposées autour de lui, ont empêché sa croissance, et l'ont contraint à prendre la forme œillée. A un état plus avancé de la consolidation le magna était transformé en un squelette solide dont les espaces interstitiels étaient remplis par le résidu liquide. Les efforts orogéniques ont amené aussi l'écrasement de ce squelette cristallin ; les feldspaths se sont brisés. les micas se sont tordus. Dans les parties où commençait la cristallisation du dernier élément, le quarz, celui-ci a été influencé dans son développement par ces pressions énormes. C'est ainsi que les cristaux de quarz ont quelquefois donné une série de prismes non parallèles et même la trituration des éléments composants de la roche ne doit pas être regardée, dans tous les cas, comme une influence des pressions postérieures à sa consolidation.

Pendant ce temps les minéralisateurs à haute température se sont infiltrés dans les sédiments, déjà fortement plissés et disloqués, et ont commencé, sous l'influence de la pression élevée, leur action métamorphique. Cette action diffère du métamorphisme de contact normal par la tendance de la roche à prendre le plus petit volume possible : les *roches de contact piézométamorphiques* contiennent toujours, de deux minéraux dimorphes, celui qui a la plus grande densité. Ces associations minérales montrent un volume extraordinairement réduit.

Ainsi, on peut expliquer d'une manière très simple par la piézocristallisation les nombreux caractères des roches des Alpes centrales.

Au lieu des phénomènes sans contrôle, que la théorie du dynamométamorphisme est obligée d'invoquer, nous supposons d'autres phénomènes dont l'influence importante a été observée clairement en de nombreux gisements, tandis qu'ailleurs, dans le cas de la piézocristallisation, leur action a été modifiée par l'action des forces orogéniques.

Et l'on voit, enfin, que les roches qui ont été regardées, au début, comme les plus anciennes, se montrent comme des formations qui remontent à des époques plus récentes.

ESSAI DE NOMENCLATURE DES ROCHES MÉTAMORPHIQUES DE CONTACT

par M. **Wilhelm SALOMON**

Les modifications produites par les roches de profondeur, sur les terrains encaissants, suivant leur contact, sont intenses et universellement reconnues. Les noms qui ont été attribués aux roches ainsi modifiées sont vagues, peu précis, et arbitraires : Knotenglimmerschiefer, Kalksilicatfels, Grauwackenhornfels, etc.

Les roches métamorphiques de contact n'ont pas, il est vrai, d'existence indépendante, ne correspondant qu'à des modifications locales d'autres roches préexistantes. Cependant elles présentent de remarquables caractères de généralité dans les points du globe les plus éloignés, et méritent ainsi d'être classées, au même titre que les gneiss et autres roches schisto-cristallines.

Les noms généralement appliqués jusqu'à ce jour aux roches de contact sont arbitraires, n'étant établis d'après *aucun principe fixe*. Ainsi, les *Kalksilicatfels* et analogues, sont définis d'après leur composition chimique ; les *Andalusitglimmerfels* et analogues, d'après leur composition minéralogique. Le nom d'*Hornfels*, limité, à l'origine, à des roches compactes, cornées à l'œil nu, et dépourvues de schistosité, a été depuis étendu à nombre d'autres, à gros grains, schisteuses.

Divers principes de classification se trouvent, par le fait, avoir été déjà proposés, mais aucun n'a provoqué de tentative de généralisation, aucun n'a fourni matière à une nomenclature uniforme.

Depuis la définition de Fournet, du métamorphisme exomorphe, tous les travaux faits dans les divers pays sont arrivés à ce résultat concordant, que les roches métamorphiques de contact dessinent des auréoles concentriques autour des massifs intrusifs. Partout les auréoles externes sont moins profondément métamorphisées que les zones internes : les exemples classiques abondent, et il serait superflu de les rappeler. On peut donc distinguer pour les roches de contact exomorphe, deux auréoles principales : *l'une interne*, où les roches sont complètement recristallisées, *l'autre externe*, où les roches, peu modifiées, laissent aisément reconnaître leurs caractères initiaux. Entre ces deux termes extrêmes, il y a naturellement tous les passages.

La répartition des roches de contact entre ces deux auréoles, externe et interne, nous fournira une première base de classification naturelle : nous traiterons successivement des roches métamorphiques de ces deux groupes.

Roches de contact de la zone externe. — Elles sont caractérisées d'une manière générale parce qu'elles permettent de reconnaître la nature de la roche initiale qui a été modifiée. Jusqu'ici, ces roches ont été désignées par leur nom initial, accompagné d'une épithète caractéristique, comme *Knotenthonschiefer*, *Dipyrkalkstein*, *Chiastolithschiefer*, etc. Ces noms sont actuellement trop répandus pour qu'on puisse songer à les supprimer ; ils présentent cependant cet inconvénient grave, qu'il y a des roches analogues en dehors des contacts, et qu'il est mauvais de désigner par un même nom des roches d'origines diverses. Pour échapper à cet inconvénient, je propose de faire précéder du mot *contact* les noms de toutes les roches métamorphiques de contact de la zone externe, où la roche initiale est reconnaissable, et peu modifiée par l'action de contact. Je dirai donc *Contactsandstein* (grès modifiés par contact), pour désigner un grès de la zone externe, peu modifié par contact, et présentant encore les caractères typiques des grès. Je considérerai les *Knotenthonschiefer* et les *Knotenglimmerschiefer* comme des variétés des *Contactthonschiefer* (schistes argileux modifiés par contact) ; j'appellerai *Contactphyllit* une roche présentant encore nettement l'aspect des phyllades, et *Andalusitcontactphyllit* un phyllade métamorphisé contenant de l'andalousite.

Roches de contact de la zone interne. — Ces roches sont assez unanimement désignées sous le nom d'*Hornfels*. Je propose de conserver ce nom pour les roches de contact, complètement recristallisées, de l'auréole interne, quand elles sont cornées, et indépendamment de la grosseur du grain, et de dire *Schiefrige Hornfelse*, quand elles sont schisteuses ; ou dans les langues latines, pour arriver à une terminologie internationale *Cornubianite* (Hornfels), et *Leptynolithe* (Schiefrige Hornfels).

Le premier principe et le plus important, sur lequel sera basée une classification systématique de ces roches, est fourni par la considération de la nature originelle de la roche métamorphisée.

C'est d'après ce principe, qu'on appelle couramment *Grauwackenhornfelse*, *Thonschieferhornfelse*, des Hornfels, formés aux dépens de grauwackes, de schistes argileux.

Nous proposerons, dans cet ordre d'idées, et pour arriver à une expression univoque, cette convention, de toujours placer le nom de la roche métamorphisée *avant* le mot *Hornfels* : on dirait par exemple *Gneisshornfels* et non *Hornfels gneiss*, pour un Hornfels qui serait formé aux dépens d'un Gneiss.

Ce premier principe n'est pas suffisant pour arriver à une classification complète : divers phyllades, par exemple, donnent des Hornfels très différents par leur composition minéralogique et leur structure, et il importe de les distinguer, dans un bon système.

D'ailleurs, on a déjà à plusieurs reprises distingué divers Hornfels suivant leur *composition chimique* ; et celle-ci vient ainsi nous fournir un second principe de classification. On a distingué en effet, d'après leur composition, les *Kalksilicathornfels* (cornubianites calcaires) et les *Kalksilicatarmenhornfelse* (cornubianites pauvres en calcaire). On pourrait aller plus loin dans cette voie, et distinguer des *Magnesia-Thonerde-Silicathornfelse* pour les Hornfels riches en cordiérite, biotite, spinelle ; comme aussi parmi les Kalksilicathornfelse, celles assez communes, qui contiennent de l'alumine, et celles plus rares, qui en sont dépourvues. Mais entre ces variétés, il y a tous les passages, et il n'y a pas de types chimiquement purs, définissables par un mot.

Un dernier principe, plus compréhensif et plus pratique, pour la classification des Hornfels, est fourni par leur *composition minéralogique :* elle donne la base la plus générale et la plus usitée, celle qui paraît s'imposer pour l'avenir.

D'après ce principe il est facile de fixer le nom des Hornfels, composés d'une ou deux espèces minérales essentielles ; on dira ainsi *quartz-biotite-Hornfels* (Cornubianite quarzeuse et biotitique). ou *Schiefriger-Andalusit-Biotit-Hornfels* (Leptynolithe andalousitique et biotitique) sans qu'il y ait lieu de définir autrement, ou d'expliquer ces appellations. Mais il devient plus difficile d'arrêter le nom des Hornfels, composés de trois, quatre ou un plus grand nombre d'espèces minérales, en proportions sensiblement égales.

Souvent dans ce cas, on a désigné ces Hornfels par le nom d'une des espèces composantes, choisie arbitrairement, tantôt à cause de son abondance ou de sa rareté, tantôt à cause de l'intérêt spécial qu'elle présentait pour l'auteur. Ainsi le terme *Andalusithornfels* a été employé indifféremment pour des Hornfels à proportions égales d'andalousite, quarz et biotite, et pour des Hornfels où l'andalousite est beaucoup plus rare que les autres éléments. On pourrait en dire autant des *Cordierithornfels*, et de nombre d'autres hornfels.

Je propose, pour arriver à une terminologie univoque, de rompre avec cet usage, et d'appeler n... hornfels, en associant le mot Hornfels à celui de l'espèce minérale n...., les seuls hornfels dont cette espèce est l'élément essentiel. Quant aux autres hornfels, comprenant trois ou plus minéraux composants essentiels, et qui constituent des masses importantes, je propose de leur attribuer des noms nouveaux. Et pour ne pas innover inutilement, j'assigne à ces Hornfels, les noms des roches schisto-cristallines normales, qui présentent la même composition minéralogique, en faisant précéder ces noms du mot Hornfels, pour les distinguer.

On dira ainsi *Hornfelsgneiss* (cornubianite gneissique) pour désigner un hornfels formé de quarz, mica, feldspath ; et *Hornfels-Cordieritgneiss* (cornubianite gneissique à cordiérite) pour un hornfels formé de cordiérite, quarz, mica, feldspath en proportions à peu près égales. Et parmi ces roches, on en distinguera de schisteuses et de non schisteuses.

On m'objectera peut-être que les roches à quarz, mica, feldspath, appelées par moi *Hornfelsgneiss*, ne sont pas de *vrais gneiss*, et qu'on ne peut leur donner ce nom. Mais, qu'est-ce qu'un *vrai gneiss ?* Et n'est-il pas certain que parmi les gneiss *réputés vrais*, on comprend des roches sédimentaires transformées par le soi-disant métamorphisme régional, et par dynamométamorphisme ? Alors, pourquoi exclure les roches de même composition minéralogique, produites sous l'influence du métamorphisme de contact ? D'ailleurs, l'association au mot Hornfels conserve la trace de leur mode d'origine spécial.

Dans ce système, je proposerai comme exemples, les noms suivants, correspondant aux Hornfels de compositions minéralogiques les plus répandues :

Hornfels formés de quarz et mica (Ramberg) : *Quarz-glimmerhornfels*, quand ils ne sont pas schisteux ; *Hornfels-glimmerschiefer*, quand ils sont schisteux.

Hornfels formés de quarz et feldspath (Adamello) : *Quarz-Feldspath-Hornfels*, ou *Hornfels-Leptynit*, qui peuvent être schisteux ou non.

Hornfels formés de quarz, feldspath, mica (Monte-Aviolo) : *Hornfelsgneiss* schisteux ou non.

Hornfels formés de mica et feldspath (Val Finale, près Edolo) : *Glimmer-Feldspath-Hornfels* schisteux, ou non schisteux. Mais ce nom est trop long, et de plus il arrive souvent qu'à cette combinaison minérale, vient s'ajouter, à titre de troisième élément, l'andalousite ou la cordiérite. Aussi m'a-t-il paru avantageux, pour généraliser, de désigner ces Hornfels par le nom local d'*Edolite*, et de les appeler *Hornfels-Edolite*, *Hornfels-Andalusit-Edolite*, *Hornfels-Cordierit-Edolite*, etc.

Hornfels formés de mica et d'andalousite (Torrente-Maso, Cima d'Asta) : *Andalusitglimmerhornfels*. Je les désigne pour les mêmes raisons que précédemment, sous le nom spécial d'*Astite*, et les appelle *Hornfels-Astite*, etc.

Hornfels formés de mica et cordiérite (Monte Aviolo) : *Cordieritglimmerhornfels*, et, comme dans les cas précités, *Aviolite*, et *Hornfels-Aviolite*.

Hornfels formés d'andalousite, quarz, mica (Cima d'Asta, Bono en Sardaigne, Vosges). J'appelle les variétés schisteuses *Hornfels-Andalusit-Glimmerschiefer*, ou *Schiefriger-Hornfels-Quarz-Astite* ; et celles qui ne sont pas schisteuses, *Hornfels-Quarz-Astite*.

Hornfels formés de cordiérite, quarz, mica (groupe de l'Adamello). Quand ils ne sont pas schisteux : *Hornfels-Quarz-Aviolite* ; quand ils sont schisteux : *Hornfelscordierit-glimmerschiefer*.

Hornfels formés de cordiérite, feldspath (Seeben, près Klausen). Le nom de *Cordierit-Feldspath-Hornfels* n'est pas souvent applicable, en raison de la fréquence de minéraux étrangers associés, comme éléments essentiels, et je le remplace par celui de *Hornfels-Seebenite*.

Hornfels formés de quarz, feldspath, amphibole (groupe de l'Adamello) : *Hornfels-Amphibolgneiss*.

COMPARAISON DU PORTLANDIEN DE RUSSIE AVEC CELUI DU BOULONNAIS

par M. **A. P. PAVLOW**

L'examen des coupes classiques du Jurassique de Boulogne que j'ai fait il y a deux ans, avec le savant et amical concours de MM. Ed. Pellat et Munier-Chalmas, ainsi que les études réitérées des belles coupes de Gorodische sur la Volga. m'ont permis de constater la même succession des zones d'ammonites dans les deux contrées.

Sur la Volga, le Portlandien recouvre le Kiméridgien à *Hoplites eudoxus*, *pseudomutabilis*, *Exogyra virgula* et débute par une assise argileuse (8^m) dans la partie inférieure de laquelle (2^m) on trouve des restes très mal conservés d'une grande ammonite, à tours larges, se rapportant probablement au groupe de *portlandicus ;* dans la partie moyenne (4^m) se trouvent plusieurs variétés de *Perisph. Bleicheri* et vers le haut commencent à apparaître les représentants de *Virg. Quenstedti* Rouil. et *pectinatus* Phil. qui se retrouvent, aussi, dans la partie supérieure. Cette partie supérieure (2^m) m'a fourni, avec plusieurs formes qui ne sont pas encore nommées, plusieurs ammonites, communes à la zone des nodules phosphatés de la Tour Croï, près Boulogne, *Virg. Pallasi* d'Orb. (non Mich), et au Kimmeridge Clay du Wiltshire.

Cette zone est représentée à Moscou par la couche inférieure des phosphates à *Virgatites Pallasi*, *Pavlowi*, *Quenstedti*, etc., reposant immédiatement sur des couches à *Cardioceras alternans*.

Les deux zones suivantes du Portlandien de la Volga sont déjà bien connues, ce sont : Z. à *Virg. virgatus*, *sosia* et autres Virgatites typiques et Z. à *Perisph. giganteus*, Sow., *triplicatus* Bl. et *Nikitini* Mikh.

La succession des zones d'Ammonites dans le Portlandien de Boulogne est la même. Ce sont de bas en haut : 1) Z. à *Steph. portlandicum*, Z. à *Per. Bleicheri* ; 2) Z. à *Virg. Pallasi* (Rognons phosphatés de la Tour Croï avec *Am. Pallasi*, *Boidini*, *Douvillei*, *pectinatus*, etc.) ; 3) zone à Virgatites typiques (*sosia*, *apertus*, etc.), représentée par les marnes et calcaires gris à *Astarte Saemanni*); 4) Z. à *Perisph. giganteus* et *triplicatus*. Dans cette dernière zone j'ai trouvé il y a deux années un échantillon de *Perisph. Nikitini*. Plusieurs fossiles communs aux couches russes et françaises appartiennent aux espèces non décrites encore ; ce n'est qu'en comparant les collections que l'on peut s'en assurer.

A la lumière des faits qui viennent d'être indiqués, on peut voir que l'étage volgien inférieur des géologues russes est une partie du Portlandien. Entre cet étage et le Néocomien inférieur se trouve, en Russie, l'étage aquilonien, renfermant une faune marine particulière ; seulement dans la zone supérieure de cet étage (Z. à *Hopl. Riasanensis*) apparaissent quelques Hoplites du type tithonique au milieu de la faune franchement boréale. S'il faut, suivant la décision du présent Congrès, donner un nom géographique à cet étage, on pourrait le nommer étage Khorochovien, parce que Khorochovo, près de Moscou, est l'endroit le plus typique pour cet étage ; les fossiles de Khorochovo se trouvent dans tous les musées et l'étage en question y est complet et riche en fossiles, dans presque toutes les zones.

J'ajouterai à cette communication que certaines variétés de *Per. Ulmensis* du « Plattenkalk » allemand et le *Per. Roubyanus* Font. du Kiméridgien supérieur de Crussol se distinguent difficilement de certaines variétés de *Per. Bleicheri* du Portlandien inférieur du Boulonnais. Les jeunes individus de cette espèce ne sont pas rares dans les schistes à *Discina latissima* du Yorkshire.

DE QUELQUES MOYENS QUI POURRAIENT CONTRIBUER A L'ÉLABORATION DE LA CLASSIFICATION GÉNÉTIQUE LES FOSSILES

par M. **A. P. PAVLOW**

Malgré le grand épanouissement que les idées évolutionnistes ont pris vers la fin du XIXe siècle et malgré le rôle qu'elles jouent dans nos recherches zoologiques et paléontologiques, la classification des organismes vivants et fossiles reste toujours fidèle aux termes taxonomiques qui ont pris naissance à une autre époque du développement de la science, sous l'influence d'idées toutes différentes. On peut dire que les mots genre et espèce employés dans le sens primitif de Linné présentent dans certains cas un anachronisme, comparable à celui que présente l'emploi de l'ancien mot Diluvium, pour désigner des dépôts, qui n'ont rien à faire avec le déluge. Nous rencontrons ces cas en étudiant les groupes fossiles les plus riches en formes, tels par exemple que les ammonites, les bélemnites, les mammifères et c'est principalement dans ces groupes que je prendrai des exemples pour illustrer les idées qui viennent d'être exposées.

Avant que la théorie de l'évolution eut commencé à jouer un rôle dans notre science, la classification des ammonites, la distribution de leurs formes, en genres et espèces, présentait déjà des difficultés considérables. Ainsi, par exemple, Quenstedt après avoir indiqué le sens du mot espèce, ajoutait : « On peut prouver que les individus du même âge ne sont pas absolument semblables (gleich), mais qu'ils ne sont que ressemblants (aehnlich). C'est pourquoi nous devons remplacer (dans la formule indiquant l'entendement de l'espèce) le mot semblable par le mot ressemblant, mais ainsi on ouvre un champ très vaste au libre arbitre, selon qu'on considère la ressemblance dans un sens large, ou restreint ».

Tous les savants connaissent les excellentes études que d'Orbigny et ensuite Pictet ont publiées pour mettre un peu d'ordre dans les subdivisions du vaste groupe d'ammonites. On sait également que, de 1860 à 1870, une nouvelle direction dans l'étude et la classification des ammonites a été tracée par les recherches de MM. Suess, Waagen, Zittel, Mojsisovics et Neumayr. On sait que plusieurs lignes génétiques ou branches du développement ont été reconnues dans des familles différentes et qu'on a essayé d'établir les subdivisions en genres sur d'autres principes que ceux qui avaient guidé de Buch, Quenstedt et d'Orbigny.

Mais malgré tous ces efforts, l'élaboration de la classification génétique des êtres que la paléontologie doit se proposer d'établir tôt ou tard, progresse très lentement. Notre science demeure toujours dans une époque de transition, où l'on se sert de vieux termes taxonomiques comme genre, famille, sous-ordre, etc., c'est-à-dire de subdivisions artificielles, embrassant ordinairement des formes hétérogènes, pour établir une classification qui doit reconnaitre et exprimer la valeur des rapports génétiques des formes, au moins dans la même mesure que la ressemblance souvent accidentelle des caractères morphologiques. Des tentatives ont été faites pour refondre les anciens termes taxonomiques et y introduire l'élément génétique, en s'efforçant de couvrir l'un par l'autre ; mais il est évident qu'elles ne peuvent donner rapidement de résultats positifs par suite des difficultés que présente la définition des rapports génétiques des formes. Pour ces motifs, il serait peut-être plus rationnel de conserver pour ces termes une valeur essentiellement morphologique, en comprenant, par exemple, sous le nom Genre, la réunion des formes qui se ressemblent morphologiquement, sans approfondir si cette ressemblance est due à une proche parenté, ou si elle est le résultat d'une élaboration parallèle des mêmes caractères morphologiques, dans des groupes différents, plus ou moins éloignés par leur origine.

Parallèlement à ces termes morphologiques il serait utile d'employer d'autres termes qui rendraient mieux les rapports génétiques des formes, sans beaucoup s'occuper de ce que ces termes, ne correspondent pas toujours par leur étendue, avec les termes morphologiques usuels. On pourrait, par exemple, appeler Série génétique ou simplement Série (Formenreihe) un certain nombre de formes qui proviennent l'une de l'autre ou bien désigner comme Rameau génétique (Formenzweig) l'ensemble des formes présentant plusieurs séries rapprochées, mais plus ou moins divergentes.

Les limites du Genre morphologique et de la Série ou du Rameau génétique peuvent dans certains cas coïncider, mais cette coïncidence accidentelle ne doit pas nous engager à établir des rapports directs entre les classifications morphologique et génétique. L'une et l'autre doivent avoir leurs termes taxonomiques propres. Ainsi au lieu d'employer, comme cela a été proposé par Neumayr, le terme Genre pour désigner les formes se succédant l'une l'autre, dans une même direction de modifications, il serait préférable de se servir, pour ce cas, du terme Série génétique. On se servirait du terme File génétique ou Ligne génétique (Stammfolge) pour désigner la succession de plusieurs séries formant une chaîne continue de formes, dont la diversité totale dépasse ce que nous sommes habitués à considérer comme un genre. On pourrait enfin se servir du mot Tronc (Stamm, Truncus) pour désigner une succession plus continue encore de formes, montrant dans son ensemble une série polymorphe de modifications consécutives.

Si nous avons, comme cela arrive le plus souvent, plusieurs séries divergentes qui aboutissent à des formes très différentes par leurs caractères et qui ne peuvent pas, au point de vue morphologique, être réunies dans un seul et même genre, nous pouvons désigner cette disposition sous le nom de branche filétique (Stammzweig). Dans certains cas les lignes filétiques et les branches de la classification génétique coïncideront avec les familles, les sous-ordres et même les ordres de la classification morphologique, mais il n'en sera pas toujours ainsi.

Si nous avons affaire à des formes intimement reliées entre elles dans les différentes directions et si l'ignorance de leur succession chronologique ne nous permet pas de définir leurs véritables rapports génétiques, nous pouvons désigner un tel groupe de formes par le terme Génération (Generatio, γενέα, Sippschaft). La Génération se distinguerait du Genre : 1) par l'absence totale d'espèces se ressemblant par la forme, mais hétérogènes, et 2) par le fait que nous pouvons y grouper des formes plus diverses, que nous ne le pouvions dans un genre; mais la parenté étroite de toutes ces formes doit être certaine.

Pour les subdivisions plus détaillées, on peut se servir sans inconvénients des mots *espèce* et *variété* dans les deux classifications, d'autant plus qu'ordinairement il est très difficile de savoir si nous avons affaire aux variétés contemporaines ou bien aux mutations successives.

Passant aux moyens pouvant nous guider dans la définition des liens génétiques entre les différents groupes, je voudrais prémunir contre les erreurs qui peuvent être facilement commises sur la voie ouverte par Würtemberger et poursuivie par plusieurs paléontologues. Ces savants pensent que nous avons dans les jeunes âges de tel ou tel fossile, par exemple dans les toursinternes d'une ammonite, des indications sur les caractères de leurs ancêtres. D'après mes observations sur les différents groupes d'ammonites, les caractères ancestraux affectent, non pas les tours internes de la coquille, mais les tours externes, qui caractérisent l'époque de la dégénérescence, celle qui succède à la période de maturité. Les jeunes tours, dans un grand nombre de cas que j'ai étudiés, montrent, de leur côté, les caractères de formes plus récentes ; en d'autres termes, ils n'indiquent pas les caractères des aïeux, mais prédisent les caractères de la postérité. Ainsi, par exemple, les tours internes de *Kepplerites* du Callovien inférieur, annoncent les caractères des descendants de ce genre (*Cosmoceras* du groupe *Jason*) ; ce n'est donc pas là une phase atavique mais une phase prophétique. Les *Cardioceras* de la série *cordatus-alternans* présentent un autre exemple, ainsi que plusieurs formes de la génération des *Simbirskites*.

Les mêmes observations peuvent être faites sur d'autres groupes. Ainsi sur les belemnites, par exemple, *kirghisensis*, *Rouilleri*, *russiensis*, ou bien *spicularis*, *Oweni*, *absolutus* ; ainsi que sur certains gastéropodes, par exemple, les Turritelles et sur les mammifères tels que les représentants du tronc génétique des Equidae, chez lesquels les dents de lait sont toujours plus compliquées que les prémolaires qui les remplacent, et qui prédisent les caractères de la dentition permanente de la forme plus récente.

Ce phénomène a été déjà depuis longtemps indiqué par divers auteurs, mais il n'a pas encore attiré toute l'attention qu'il mérite. Sous l'influence dominante de l'idée du parallélisme entre le développement ontogénique et phylogénique, nous sommes souvent portés à chercher les caractères des ancêtres dans les dents de lait, tout comme nous les cherchons dans les tours internes des ammonites. Mais finalement, sous l'influence décisive des faits, on sera contraint de limiter la sphère des phénomènes interprétés par cette théorie. On devra reconnaître que plusieurs organismes, après avoir passé les phases embryonnaires montrant souvent des caractères ancestraux traversent encore et avant d'entrer à l'état de maturité une phase qui peut être appelée prophétique, phase attestant la précession des caractères morphologiques de la souche. La connaissance de cette phase et l'étude de cet intéressant phénomène peut avoir une grande importance dans les recherches sur la succession des formes organiques sur la terre.

DES MÉTHODES PRÉCISES MISES ACTUELLEMENT EN ŒUVRE DANS L'ÉTUDE DES VERTÉBRÉS FOSSILES DES ÉTATS-UNIS D'AMÉRIQUE

par M. **Henry Fairfield OSBORN**

Planches I-II

La paléontologie des Vertébrés a traversé en Amérique une première phase, dont les pionniers furent Leidy, Cope, et Marsh. Aujourd'hui, que les Montagnes Rocheuses ont été explorées dans toute leur étendue, il est rare d'y découvrir de nouveaux gisements, ou même d'y trouver de nouveaux genres ou de nouvelles espèces. La paléontologie des Vertébrés est ainsi entrée chez nous, dans une phase nouvelle, moins brillante dans ses résultats, mais plus précise.

L'étude exige de nos jours plus de soin et plus d'efforts, mais les résultats sont plus complets, plus précis, et permettent d'arriver parfois à la notion complète des formes disparues. Nous pouvons ainsi élucider des confusions de la nomenclature, et arriver à une conception plus juste et plus complète de la succession de la vie à la surface de notre continent.

On a d'abord perfectionné les méthodes de recherche, en les étendant à des régions nouvelles ; on a ensuite apporté plus de précision et de soin dans la récolte, depuis le moment de la découverte des fossiles jusqu'à celui du classement dans le musée. Deux principes ont constamment guidé notre travail de recherches.

Le premier consiste à apporter la plus grande attention à la récolte et à la préparation des fossiles : c'est la partie matérielle, qui a été perfectionnée, suivant des procédés américains.

Le second, plus scientifique, réside dans la précaution indispensable, chaque fois qu'on trouve un fossile, de relever toutes les relations géographiques, géologiques et biologiques de son gisement. Il n'est nullement indifférent qu'un fossile se trouve quelques pieds plus haut ou plus bas dans un gisement déterminé, et il est capital de noter la position exacte dans laquelle les diverses parties d'un animal ont été trouvées.

On peut affirmer que la principale cause des erreurs commises dans cette branche de la paléontologie réside dans l'oubli de ces principes et dans la négligence apportée aux méthodes de récolte des fossiles. Les établissements qui ont le plus contribué à perfectionner ces méthodes sont l'American Museum of Natural History et le Princeton Museum. Les hommes qui ont rendu le plus de services dans cette voie sont les explorateurs bien connus MM. Hatcher et Wortman, et leurs élèves. Les principaux progrès dans le montage pour les musées, sont dus à M. Hermann, de l'American Museum.

Il nous semble opportun pour tous ces motifs de donner au Congrès un aperçu des méthodes que nous employons en Amérique pour récolter et conserver nos Vertébrés fossiles, bien que quelques-unes d'entre elles soient déjà familières à nos confrères d'Europe.

I. — *Méthodes employées sur le terrain*

(1) Tout débris de Vertébré reçoit, quand on le découvre, un numéro provisoire, ou parfois, quand cela se peut, un numéro définitif, qui sera son numéro de musée: il porte en outre le nom de celui qui l'a trouvé et la date de l'emballage, nombres qui sont reportés sur le journal de route.

(2) On note successivement (a) la localité, (b) le niveau stratigraphique, (c) le caractère lithologique de la roche encaissante.

(3) On prend la photographie, ou des séries de photographies, des débris en place.

II. — *Méthodes d'emballage*

Autant que faire se peut, on enlève sur le terrain les squelettes avec la roche encaissante, et on expédie le tout au musée, en un ou plusieurs blocs.

Pour arriver à ce but, on met au jour, dans le gisement même, une partie de la surface des os, et on les passe, à diverses reprises, à la gélatine. On colle ensuite sur les surfaces ainsi dégagées un papier ou une fine mousseline. Puis on les recouvre de lambeaux de toiles plus ou moins grossières, trempées dans du plâtre, qui consolide le tout. On noie ensuite graduellement dans des lambeaux plâtrés analogues les côtés et la face inférieure des blocs que l'on dégage lentement. Quand le bloc est enfin isolé et consolidé, on l'entoure de lattes de bois et de cordages. On arrive ainsi à emballer en caisses et à transporter, sans avarie, des blocs de pierre friable, pesant de 1500 à 2000 livres. Cette méthode est précieuse pour les ossements friables, ou ceux qui sont très fracturés dans les gisements d'argiles fendillées. On a pu ainsi conserver et transporter des séries de grandes vertèbres de Dinosauriens, fendillées en tous sens.

On prend soin en outre de recueillir et de conserver tous les débris errants qu'on trouve épars autour du gisement. Wortman, en 1891, en lavant et criblant méthodiquement les déblais d'un gisement, est arrivé à reconstituer la dentition complète du *Palaeonictis occidentalis*.

Grâce à ces précautions, 40,000 livres de Dinosauriens ont été transportés en 1898, du Wyoming à New-York, sans qu'un seul fragment fût avarié ou perdu en route. Il nous suffira de rappeler le squelette du *Diplodocus*, qui se trouve monté dans « l'American Museum », pour faire voir l'importance qu'il y a pour le naturaliste, à réunir toutes les parties du squelette et toutes les dents éparses.

III. — *Méthode de classement dans le musée.*

Le premier soin dans notre musée est de remplacer le n° des échantillons qui arrivent, par un n° de collection, qui sera définitif. Ce numéro du musée est reporté sur chaque fragment du fossile, pour éviter autant que possible les mélanges ou confusions. Les types sont mis en relief par un diamant. Tous les échantillons sont dans des casiers rangés dans des vitrines, et leurs dimensions sont ordonnées de telle façon qu'on puisse toujours les déplacer et les classer dans les vitrines. Leur ordre est tel qu'on peut de suite mettre la main sur l'échantillon cherché, parmi les 10,000 échantillons de vertébrés que contient le musée. Le catalogue est fait sur fiches, et on travaille à un catalogue à double entrée, l'un classé géologiquement, l'autre zoologiquement.

IV. — *Méthodes de préparation.*

A. *Nettoyage* : L'enduit de plâtras et de tissus qui recouvre les fossiles, à l'arrivée, s'enlève très facilement, quand on mouille la masse, grâce à la couche de papier ou de mousseline qui isole le fossile. Si les blocs contenant les fossiles sont fendus, on les recolle solidement, de façon à ce que le fossile, quand on le dégagera, soit encastré dans une masse solide. Les fossiles sont dégagés à coups de ciseau, de burin, d'aiguilles, et au moyen du tour de dentiste. Quand les fossiles sont petits et la roche très dure, on emploie avec succès le tour électrique des dentistes, actionné par une dynamo : c'est ainsi qu'on a pu dégager les fossiles dans la roche concrétionnée si dure de Puerco.

B. *Montage* : Dans le système de montage adopté, toutes les pièces sont toujours démontables, ou au moins accessibles à l'étude. Quand une pièce osseuse est restaurée ou raccommodée par du plâtre teinté, la limite de la portion reconstruite est toujours indiquée par une ligne colorée. Quand un os a dû être reconstruit en entier, il porte une grosse croix. Quand un os d'un squelette est emprunté à un autre individu, on le reconnaît toujours à son numéro de catalogue différent. Les os isolés, ou sans numéro d'origine, sont marqués d'un zéro. Les seuls os non numérotés sont ceux des squelettes où tous les os proviennent d'un même individu, qui a son numéro.

On s'efforce de donner aux pièces montées une position naturelle. On y arrive par l'examen attentif des facettes articulaires des os des membres, et par la comparaison avec des photographies instantanées des types vivants les plus voisins.

Grâce à ces précautions, le montage, au lieu d'abîmer les squelettes, les met mieux en valeur.

Le montage et le classement des Vertébrés fossiles sont défectueux dans un grand nombre de musées, et nous avons voulu signaler combien la technique des Vertébrés fossiles était inférieure aux méthodes usitées dans les autres branches de la paléontologie.

CORRÉLATION DES HORIZONS DE MAMMIFÈRES TERTIAIRES EN EUROPE ET EN AMÉRIQUE

par M. **Henry Fairfield OSBORN**

avec 1 tableau.

Cette question a déjà été traitée par nous, à deux reprises, devant l'Académie des Sciences de New-York (1); et nos communications, accompagnées par une 3e Édition de notre Tableau provisoire de Corrélation des Horizons d'Europe et d'Amérique, ont été publiées en juillet 1900. Elles seront adressées bénévolement à tous ceux, géologues ou paléontologues, qui manifesteront le désir de coopérer à ces essais de corrélation, d'une si haute importance pour la paléontologie, la géologie, la zoologie et la géographie.

Nous nous proposons de continuer ces essais, en provoquant à leur sujet la critique et l'échange des idées, jusqu'à ce que l'accord s'établisse sur les termes à retenir, et sur les corrélations, que la paléontologie peut permettre.

Nous croyons que les grands progrès du XXe siècle porteront sur une compréhension plus exacte et plus large de la paléontologie des vertébrés, car on ne s'est pas inspiré dans cette branche de la science de l'esprit exact qui a guidé les chimistes et les physiciens. Nous nous bornerons dans cette communication, à énumérer les principes qui ont servi de bases à nos essais.

1. — Les corrélations publiées jusqu'à ce jour sont imparfaites et réclament une révision.

(1) Correlation between Tertiary Mammal Horizons of Europe and America, an introduction to the more exact study of Tertiary Zoogeography. Preliminary study with third Trial Sheet. Annals N. Y. Acad. Sci. Vol. XIII, n° 1, p. 1-72, juillet, 1900.

2. — Les horizons tertiaires de la France doivent être choisis pour types des périodes et des étages, en raison des alternances de conditions marines et d'eaux douces qu'on y rencontre, à l'inverse de ce qui se voit dans les Montagnes Rocheuses où toute cette série est d'eau douce, et dans l'Est des États-Unis, où elle est marine.

3. — Les découvertes récentes tendent chaque jour davantage à réunir l'Europe et les États-Unis, en une même province zoogéographique (holarctique), à l'époque tertiaire.

4. — Les critériums qui permettent d'établir le synchronisme approximatif des couches sont :

(a) L'existence de genres et d'espèces identiques ou voisines, de part et d'autre.

(b) Le même degré d'évolution dans les détails de la dentition ou dans les caractères fournis par le pied.

(c) L'apparition simultanée dans la province holarctique de nouvelles formes, sans ancêtres régionaux connus, et vraisemblablement émigrés de l'Afrique ou de l'Amérique du Sud.

(d) La prédominance de certains types, comme par exemple celle des Perissodactyles dans l'Eocène moyen, ou celle des Artiodactyles dans l'Oligocène.

5.— Il est probable que le synchronisme des périodes (Eocène, Miocène, Pliocène, Pleistocène) pourra un jour être établi d'une façon rigoureuse, et que celui des étages pourra être reconnu avec assez d'approximation pour que l'on remplace les noms de Puerco, Torrejon, Wasatch, etc., par ceux de Montien, Thanétien, Suessonien, etc.

6. — Il importe donc, pour pouvoir tracer les migrations anciennes, de reconnaître d'abord les parallélismes des faunes sur les divers continents. Ils permettraient de déterminer où les divers types ont apparu, et de distinguer les types autochtones des types immigrés. Le problème fondamental de la zoogéographie est de rattacher la distribution actuelle des formes animales à celle des formes fossiles et d'arriver ainsi à un système harmonieux qui groupe tous les faits.

7. — L'évolution des Vertébrés est régie par deux lois :

Loi de la radiation adaptative

(1) *Loi de la radiation adaptative*, d'après laquelle une région isolée donne l'essor à une faune spéciale différenciée, si elle est suffisamment étendue et offre des traits suffisamment variés dans sa topographie, son sol, son climat et sa végétation.

Loi du parallélisme, de la convergence, ou de l'homoplasie

(2) *Loi du parallélisme, de la convergence, ou de l'homoplasie*, qui détermine la formation aux dépens de souches différentes, de genres, de familles et d'ordres analogues. La nature se répète par conséquent, mais l'identité n'existe jamais entre ces produits issus de racines diverses. C'est ainsi que le problème géologique se relie à la paléontologie, et que celle-ci se rattache à la zoologie, à la zoogéographie, de telle sorte que finalement on se trouve toujours devant un problème biologique.

Pour conclure, nous dirons qu'à l'heure actuelle, on doit considérer comme bien près d'être établie l'exactitude des corrélations entre les divisions de l'Éocène, en Europe et en Amérique, et que celles de l'Oligocène, du Miocène, du Pliocène, du Pleistocène, ne doivent être considérées que comme provisoires.

Notre troisième épreuve du tableau de ces corrélations, dont nous reproduisons ici le résumé, indiquera l'état actuel de la question. Elle est très perfectionnée si on la compare aux 1re et 2e épreuves, précédemment publiées; j'ai profité pour l'établir des avis motivés, mais, je dois le dire, non-unanimes, de MM. Gaudry, Depéret, Boule, Zittel, Schlosser, Pohlig, M. Pavlow, Lydekker, Forsyth Major.

Tableau des corrélations tertiaires.

Réédité de la 3e édition (24 juillet 1900)

TABLEAU DES HORIZONS STRATIGRAPHIQUES TYPIQUES ET DES HORIZONS HOMOTAXIQUES DE L'EUROPE ET DES ÉTATS-UNIS

Dressé par M. Henry Fairfield **OSBORN**

avec additions et corrections de Mme Marie Pavlow, MM. Max Schlosser, Ch. Depéret, Albert Gaudry, Carl v. Zittel, Marcellin Boule, R. Lydekker, Hans Pohlig, C. J. Forsyth Major.

L'auteur présente au Congrès ce tableau dont il assume personnellement l'entière responsabilité, comme un essai provisoire, fourni à titre documentaire et tendant à la corrélation des horizons tertiaires d'Europe et d'Amérique. C'est la troisième épreuve, revue et corrigée, d'un travail successivement publié en Amérique, les 1er Juillet 1897, 15 Avril 1898 et 24 Juillet 1900.

Explication des abréviations employées dans ce tableau : M. = Faciès marin ; Lt. = Faciès littoral ; L. = Faciès lacustre ; Fl. = Faciès fluviatile ; Ml. = Marnes d'eau douce ; Cl. = Calcaires d'eau douce ; Ct. = Tufs calcaires ; Lm. = Marnes lacustres ; Cv. = Cavernes ; Lg. = Lignites ; Fs. = Dépôts de fissures ; R. = Argiles rouges. — Les horizons typiques sont indiqués en caractères *italiques* ; les horizons homotaxiques en caractères romains ; les horizons complexes en CAPITALES.

		Horizons typiques et homotaxiques	Horizons complexes	Faunes européennes typiques	Parallélisme américain approximatif
Pleistocène supérieur	Postglaciaire	Dépôts postglaciaires du Nord de l'Europe et de l'Asie.	. . . . . .	Megaceros Hiberniae, Bos taurus, B. longifrons, B. brachyceros, Alces palmatus, Equus caballus.	
Pleistocène moyen	Glaciaire	Mio-pleistocène supérieur . . . . Mio-pleistocène . . . . Mio-pleistocène inférieur	. . . . . .	Elephas primigenius, Rhinoceros antiquitatis, Rangifer tarandus, Felis spelaea, Felis pardus, Hyaena spelaea, Equus caballus. Elephas antiquus, Rhinoceros Merckii. Hippopotamus, Rhinoceros Merckii, Elephas trogontherii, Trogontherium, Equus caballus.	Equus ou Sheridan.
Pleistocène inférieur	Préglaciaire	*Forest Beds du Norfolk* = St. Prest. Durfort. Malbattu, Peyrolles.	. . . . . .	Elephas meridionalis, Trogontherium.	
Pliocène supérieur	Sicilien	*Val d'Arno supér.* ; Olivola ; Astesan ; Villafranca ; = Sainzelles : Perrier (Issoire) Fl. ; Montpellier supér. ; Coupet ; Vialette ; Chagny ; = Norwich Crag (Norfolk) ; Red Crag (Suffolk) ; Kos (Asie Mineure).	. . . . . .	Elephas meridionalis, Mastodon arvernensis, M. Borsoni, Rhinoceros etruscus, Equus Stenonis, Bos elatus, Leptobos, Sus, Aulaxinuus, Canis, Ursus, Machaerodus, Hyaena, Felis, Viverra, Hystrix	
Pliocène moyen	Astien	*Roussillon*, Fl. L. ; Montpellier infér. ; Perpignan ; Meximieux ; Sables de Trévoux.	. . . . . .	Mastodon arvernensis Tapirus, Rhinoceros leptorhinus, Hipparion crassum, Hyaenarctos, Dolichopithecus, Palaeoryx Cordieri, P. boodon.	
Pliocène inférieur	Plaisancien	Couches saumâtres à congéries ; *Casino* (Tosc.) Lg.	. . . . . .	Hipparion gracile, Sus erymanthius, Antilope Massoni, Tapirus priscus, Semnopithecus monspessulanus.	
	Messinien	*Pikermi* (Grèce) ; Samos ; Maragha (Perse) ; = Mt. Léberon (Vaucluse) ; Cucuron ; Puy Courny ; = Belvédère schotter (Autr.) Fl. ; Baltavar (Hong.) ; Concud, Alcoi (Espagne) ; = Eppelsheim ; Sables à Dinotherium sup. (Augsburg).	. . . . . .	Hipparion gracile, Chalicotherium, Mastodon longirostris, Aceratherium incisivum, Rhinoceros Schleiermacheri, R. Goldfussi, Pliohyrax Kruppi.	Upper Loup Fork
Miocène supérieur	Tortonien	*Grive-St-Alban* (Isère) Fl. ; Molasse de l'Anjou ; St Jean de Bournay ; Cabrières ; = Steinheim (Wurt.) ; Günzburg, Ries (Nordlingen), Georgensgemünd (Bav.) ; Molasse supérieure d'eau douce, Oeningen, Elgg, Käpfnach ; Sables inf. à Dinotherium ; = Monte Bamboli (Tosc.) Lg.	. . . . . .	Rhinoceros brachypus, Macrotherium, Anchitherium, Hyaenarctos, Ursavus, Oreopithecus (Bamboli), Palaeomeryx, Micromeryx, Listriodon, Galecynus, Machaerodus.	Loup Fork
Miocène moyen	Helvétien	*Calcaires de Sansan* (Gers) L. Infér., *Calc. de Simorre*. Supér. ; Calcaire de Montabuzard ; Saint-Gaudens (Haute-Garonne) ; = Lignites de Styrie : Eibiswald, Wies, Göriach, Voitsberg.	. . . . . .	Rhinoceros sansaniensis, R. brachypus, R. simorrensis (Simorre), Macrotherium, Aceratherium tetradactylum, Pliopithecus.	Lower Loup Fork
Miocène inférieur	Langhien (Burdigalien)	*Sables de l'Orléanais* (Loire) ; Molasse du Royans ; = Molasse grise d'eau douce (Lausanne) ; Engelhalde ; Buppenfluh ; Ulm (Eselsberg, Eckingen) ; = Eggenburg, M. ; Brüttelen (Suisse) ; = Bugti Beds (Sind).	. . . . . .	Brachiodus, Elotherium, Rhinoceros aurelianensis, Anchitherium aurelianense, Dinotherium bavaricum, Mastodon angustidens, Aceratherium platyodon, Metaxytherium, Amphicyon.	Upper John Day

			Horizons typiques et homotaxiques
Oligocène supérieur		Aquitanien	*St-Gérand-le-Puy* (Allier) L. ; Gannat ; Randan ; Moissac ; Langy ; Cournon ; Puy-de-Dôme (Marnes lacustres d'Auvergne) ; Calcaire de la Beauce (Orléans) L = Lignites de Volx, Manosque = Ulm (Eselsberg, Eckingen) Würt. ; Weissenau (Mainz.) Cl. ; = Tuchorschitz (Boh.).
Oligocène moyen		Stampien	*Sables de Fontainebleau et d'Étampes*, M. ; Argiles de St-Henri (Rhône) ; Ferté-Alais, L. ; Selles-sur-Cher, L. ; Villebramar ; = Sables marins d'Alzey (Mainz.) M. ; = Lausanne (Rochette) Lg. ; Lignites de Meisbach (Bav.) ; = Cadibona (Piémont) Lg.
Oligocène inférieur		Infra-Tongrien	*Marnes et Calcaires de Ronzon*, L. ; Calcaire de la Brie, L. ; Lobsann (Alsace) ; Brons (Cantal)
Eocène supérieur	II. Parisien	Ligurien (Priabonien)	*Gypse de Montmartre* (Paris) ; Puy (Haute-Loire) ; Lignites de la Débruge (Vaucluse) ; Lautrec (Tarn) ; St-Hippolyte de Caton (Gard) ; = Bembridge, Osborn, Headon (Hordwell) ; = Limonite de Sigmaringen ; Fronstetten ; Heidenheim ; Mauremont
Eocène moyen	II. Parisien	Bartonien	*Grès de Cesséras* (Hérault) ; Calcaire de Saint Ouen, L. Supér. ; Sables de Beauchamp (Paris) M., Inför. ; = Barton Clays (Angl.).
	II. Parisien	Lutétien	*Calcaire grossier supérieur*, Fl. M. ; Grès d'Issel (Aude) ; Argenton (Indre) ; Cal. gros. moy. et infér. M. ; Argiles à lignites (Reims. Agéiens) ; = Bracklesham (Angl.) ; = Buchsweiler (Alsace).
Eocène inférieur	I. Suessonien	Yprésien (Londinien)	*Sables de Cuise la Motte*. Fl. M. : Sables du Soissonnais ; = Lower Bagshot Sands. M. ; London Clay.
	I. Suessonien	Sparnacien	*Lignites du Soissonnais*, L. Supér. ; Argile Plastique (Paris), Conglomérat de Meudon, Fl. Infér. ; = Oldhaven, Woolwich, Reading Beds (Angl.).
Orthrocène (Base de l'Eocène)	I. Suessonien — Maudunien	Thanétien (Cernaysien)	*Conglomérat de Cernay* (Reims) ; Calcaires et Sables de Rilly ; L. Supér., Sables de Bracheux, M. Infér., Glauconie de La Fère (Aisne) ; = Thanet Sands, M.
	I. Suessonien — Maudunien	Montien	*Calcaire grossier de Mons* (Belg.) M. ; Marnes de Heers, Marnes de Meudon.
Crétacé supérieur.			

HORIZONS COMPLEXES	FAUNES EUROPÉENNES TYPIQUES	PARALLÉLISME AMÉRICAIN APPROXIMATIF
	Schizotherium priscum, Diceratherium minutum, Aceratherium lemanense, Protapirus.	John Day
	Anthracotherium, Diceratherium minutum.	
	Halitherium Schinzi.	
. . . . . .	Palæotherium medium, Paloplotherium, minus, Ronzotherium velaunum, R. Gaudryi, Elotherium, Ancodus, Gelocus, Cainotherium. Hyænodon, Cynodon, Peratherium.	White River
PHOSPHORITES DU QUERCY, Fs.	Cadurcotherium, R. velaunum, Schizotherium, Tapirulus, Anchilophus, Gelocus, Diplobune, quercyi, Necrolemur.	
. . . . . .	Palaeotherium magnum, P. medium, P. crassum, Paloplotherium minus. P. annectens, Anchilophus, Anoplotherium, Diplobune, Cebochoerus, Adapis, Pterodon, Cynohyaenodon. Lophiodon lautricense.	Uinta
. . . . . .	Lophiodon cesserasicum, Cesserasictus antiquus.	Lower Bridger
EGERKINGEN LISSIEU Fs.		
. . . . . .	Lophiodon parisiense, L. isselense, Pachynolophus Duvalii, P. parvulus, Helaletes intermedius, Propalaeotherium, Lophiodochoerus (Reims), Plesiadapis.	Wind River
. . . . . .	Lophiodon (? Heptodon) de Cuise, Hyracotherium leporinum, Coryphodon eocaenus.	Wasatch
. . . . . .	Coryphodon Owenii, C. anthracoideus, Palaeonictis gigantea, Lophiodon Larteti.	
. . . . . .	Protoadapis, Pleuraspidotherium, Adapisorex, Arctocyon, Hyaenodictis, Neoplagiaulax.	Torrejon
		Puerco

NOTE SUR LES PHÉNOMÈNES VOLCANIQUES TERTIAIRES DE LA CHAINE D'ABSAROKA (WYOMING)

par M. **Arnold HAGUE**

La Chaîne d'Absaroka est située dans l'Etat de Wyoming; elle fait partie des Montagnes Rocheuses et constitue la limite orientale du Parc National du Yellowstone. Cette chaîne mesure une longueur de plus de 800 milles anglais, et une largeur de 50 milles, couvrant une superficie de 4000 milles carrés et constituant une masse imposante qui s'élève de 11.000 à 12.000 pieds au-dessus du niveau de la mer. Ce massif montagneux est formé presque exclusivement de roches tertiaires ignées, où dominent les brèches, les tufs et autres matériaux projetés, accumulés sur des épaisseurs de plus de 6000 pieds. Ces brèches volcaniques ont été subséquemment pénétrées par des intrusions de roches cristallines massives.

Le soubassement de ce massif montagneux est un ancien plateau érodé, déblayé par des actions glaciaires, et creusé de gorges profondes.

L'étude de cette puissante masse de matériaux bréchiformes présente divers phénomènes spéciaux, intéressants pour la géologie des volcans, et développés en bien peu de points sur une aussi vaste échelle. On constate d'abord qu'ils se sont déposés en couches horizontales ou peu inclinées, lentement superposées les unes sur les autres. Ils sont sortis de nombreux trous et fissures, plutôt que de grand cônes individualisés, et les agents atmosphériques les étalaient et les nivelaient à mesure. L'époque de leur venue remonte à l'Éocène supérieur, et elle se poursuivit pendant la plus grande partie du Miocène : la preuve en a été faite par la présence de couches, riches en empreintes végétales caractéristiques, interstratifiées à divers niveaux.

On a pu distinguer six périodes successives dans la masse des matériaux projetés ; elles attestent l'existence, dans l'histoire géologique de ces montagnes, d'autant de phases différentes, que l'on observe dans l'ordre suivant :

Brèche acide, brèche basique et premières coulées basaltiques. Il y eut ensuite une seconde série de brèches acides, de brèches basiques, et de nouvelles coulées basaltiques. Après la venue de ces brèches, le massif fut pénétré de puissantes venues de granite, diorite et porphyre, et de ces réservoirs furent émis dans la masse même des brèches, toute une série de dykes, sills et apophyses diversiformes de roches grenues. Au contact de ces roches, on constate des phénomènes de contact, profonds et variés.

Des mouvements orogéniques furent développés dans la région, lors de l'intrusion des granites et diorites, qui déterminèrent l'élévation en masse de la Chaîne d'Absaroka. Ils présentent ainsi une grande amplitude et se rattachent aux grands mouvements de l'écorce qui eurent pour résultat le soulèvement de la Cordillère septentrionale.

DE L'ÉTAT ACTUEL DES RECHERCHES SUR LES VOLCANS DE L'ITALIE CENTRALE

par M. V. SABATINI

L'Italie à bon droit est devenue la terre classique du volcanisme, mais cet honneur lui vient surtout de ses volcans plus ou moins actifs, tels que le Vésuve, les Champs Phlégréens, les Iles Eoliennes, l'Etna. Le titre serait plus approprié si l'on se rappelait combien sont nombreuses en Italie les régions volcaniques éteintes. Mais dans la science c'est comme dans la vie : celui qui fait le plus de bruit attire le plus d'attention.

En nous bornant à l'Italie centrale, on sait qu'elle comprend un grand nombre de volcans éteints, rattachés à plusieurs centres, et entre eux il y en a huit qui sont de vrais cratères-lacs. Tous ceux qui ont été à Rome connaissent les beaux cratères-lacs d'Albano et de Nemi. Mais peu de monde connaît l'extension de cette région volcanique, qui va de Monte Amiata à Ceprano sur 230 kil. à peu près de longueur, et des derniers contreforts des Appennins à la mer Tyrrénienne sur 60 kil. environ de largeur. La surface de cette région est par conséquent de presque 14.000 kil. carrés.

On peut distinguer les centres suivants sur un alignement S.E.-N.W. :

Ernici,
Monti Laziali,
Lago di Bracciano,
Monti Cimini,
Lago di Bolsena,
Monte Amiata

et sur un alignement à l'ouest du précédent :

les Monts de la Tolfa et du Sasso.

Outre les volcans qui se rattachent à ces centres, il y a d'autres volcans et régions volcaniques d'extension et d'importance moindre.

Les Ernici sont des petites bouches volcaniques, parsemées

dans les vallées du Sacco et de l'Amaseno, et sur lesquels mon ami et collègue M. Viola a publié une notice très intéressante.

Le volcan Latial, ou Monti Laziali, immédiatement au Nord des Ernici, est constitué par un double édifice tel que celui du Vésuve. Il y a en effet, un rempart extérieur, une sorte de Somma plus embrassante, et un cône intérieur. Le rempart extérieur est conservé sur les deux tiers de son parcours, le reste étant démoli. Il a une base de 20 kil. de diamètre, et commence à s'élever sur la Campagne romaine environnante à une hauteur comprise entre 100 et 250 m. au-dessus du niveau de la mer. La partie démolie est tournée à l'ouest et il n'en reste que quelques lambeaux. Sur son ancien parcours sont creusés les deux cratères-lacs d'Albano ou de Castel Gandolfo et de Nemi. Un troisième cratère, celui d'Ariccia, se trouve au S.-W. des deux précédents.

L'entonnoir de Castel Gandolfo a une longueur de 4 kil. (comptés à la partie supérieure), celui de Nemi en a 3, et celui d'Ariccia est un peu plus petit. Le point le plus élevé du rempart extérieur est à 939 m. Le cône intérieur s'élève à 956 m. et est terminé par un cratère démantelé aussi à l'ouest.

L'ordre de succession que j'ai essayé d'établir est le suivant :

1. — Rempart extérieur.
2. — Cône intérieur.
3. — Cratère de Nemi.
4. — Cratère de Castel Gandolfo.
5. — Cratère d'Ariccia.

Beaucoup de cônes adventifs sont disséminés autour du rempart extérieur et dans l'atrio qui le sépare du cône intérieur.

Le siège de l'activité volcanique s'est déplacé successivement du volcan principal vers les points marqués par les bouches de Nemi, de Castel Gandolfo et d'Ariccia, c'est-à-dire vers le S.-W. ; ensuite il a continué à se déplacer encore du même côté, car on y trouve des fumerolles actives près de la mer.

L'ancien Latium, dont les confins, au nord-ouest, sont marqués par le Tibre, est presqu'entièrement couvert par les déjections du Volcan Latial.

Au nord de Rome, on trouve la région Sabatine. Son centre est dans le cratère qui contient le lac de Bracciano, qui a 160 m. de profondeur et $57^{kc.}47$ de surface. Son fond se trouve à 4 m. au-dessus du niveau de la mer.

A l'est, on trouve le beau cratère-lac de Martignano de 2 kc. 59 de surface. Et au-delà dans la même direction sont les cratères de Baccano, de Camporciano et de Scrofano. A l'ouest du lac de Bracciano on trouve la Solforata de Manziana, région blanchie par des fumerolles presque éteintes et au-delà les sources chaudes de Stigliano. Tous ces cratères et ces émanations sont sur un même alignement E.-W. et la partie qui est encore un peu active (sources et fumerolles) est aussi du côté de la mer.

Le volcan Cimino est constitué par un grand cône dont le sommet atteint 1053 m. C'est ce qu'on appelle le Monte Cimino ou Mont de Soriano. On y voit un petit cratère terminal ébréché et un cratère d'un kilomètre de diamètre sur le flanc méridional. Beaucoup de cônes adventifs entourent ce volcan à l'ouest, au nord et à l'est. La Pallanzana, ou Montagne de Viterbe, à l'ouest, est le plus grand et s'élève à 800 m. à peu près.

A cinq kilomètres au sud de Monte Cimino on trouve un grand cratère-lac, celui de Vico. L'entonnoir a 7 km. sur 6,5 km.; le lac a 12 kc. 09 de surface. Son niveau est à 507 m. au-dessus du niveau de la mer, et sa profondeur est de 49 m 50. Dans l'intérieur de l'enceinte du lac se trouve du côté nord le Monte Venere (Mont de Vénus), un cône qui atteint 800 m. à peu près. On appelle Monti Cimini, l'ensemble du Monte Cimino et des hauteurs qui entourent le lac de Vico. Ce dernier cratère a débuté après la formation du Monte Cimino mais les dernières éruptions de celui-ci couvrent les produits de l'autre.

Encore plus au nord, se trouve le centre de Bolsena. Son cratère principal est rempli par le lac de Bolsena. L'entonnoir a 14 km. sur 18 km. à peu près; le lac en a 11 sur 13. La surface de ce dernier est de 114 kc. 53; sa profondeur est de 146 m., son niveau étant à 305 m. au-dessus du niveau de la mer.

A l'ouest du cratère de Bolsena, c'est-à-dire aussi du côté de la mer, on trouve celui de Latera de 11 km. sur 9 1/2 km. et qui est plus jeune. On y voit encore des fumerolles actives

Les cratères du Volcan Latial et de Vico montrent un alignement S.E.-N.W., celui de Bolsena un alignement S.-N. On peut déduire que tandis que les centres éruptifs s'alignaient suivant de grandes fractures, dirigées, grosso-modo, S.E.-N.W., l'activité volcanique tout entière se déplaçait successivement, sur des fractures secondaires et transversales, du côté ouest, c'est-à-dire du côté de la mer. C'est un fait analogue à celui qui a été mis en évidence dans les volcans de l'Amérique centrale.

La région qui nous occupe possède une riche bibliographie de plus de 400 notes, rédigées par 200 géologues à peu près, depuis l'ouvrage de Kircher : *Latium, id est nova et parallela Latii, tum veteris, tum novi descriptio*. Amsterdam, 1671.

Mais malheureusement la plupart de ces publications appartiennent à l'époque où les études volcaniques étaient très empiriques, et le microscope n'était pas employé. Beaucoup d'autres de ces publications sont plus scientifiques, surtout parmi les plus récentes, mais elles se rapportent à des extensions très limitées.

L'exécution du premier ouvrage d'ensemble a été décidé par le Comité de la carte géologique italienne en 1893, et de cet ouvrage j'ai eu l'honneur d'être chargé. Le premier volume sur le Volcan Latial vient de paraître il y a quelques jours.

J'ai trouvé au cours de ce travail, beaucoup de questions controversées, très ardemment agitées. Je ne ferai que les indiquer.

1) Tandis que les tufs incohérents ou peu cohérents étaient rapportés sans discussion à des pluies de cendres, les tufs lithoïdes au contraire donnaient lieu à de longues discussions. Deux écoles étaient et sont encore en présence. La première école retient que ces tufs ont été émis sous forme de courants boueux descendant directement des cratères. J'ai discuté dans mon « Volcan Latial » les arguments sur lesquels on s'appuyait. Mais, le fait qu'on retrouve ces tufs, jusqu'à des hauteurs de 500^{m} sur les monts calcaires des environs, est suffisant pour porter un grand coup à cette théorie, qui a fait couler des flots d'encre. Un auteur a avancé que les monts calcaires des environs se sont soulevés après les éruptions quaternaires des volcans romains, mais rien ne prouve cette affirmation, quoique ailleurs en Italie nous ayons du quaternaire jusqu'à 1000^{m} de haut. La deuxième école admet plus justement que ces mêmes tufs lithoïdes sont dus à des pluies de cendres, empâtées par les eaux météoriques, et consolidées grâce à la petitesse et l'altération des éléments, etc.

2) Deux hypothèses inverses ont encore été émises relativement à ces tufs romains. Sont-ils marins ou terrestres? Les fossiles marins qu'on y trouve sont en petit nombre et plus nombreux sont les restes d'organismes terrestres. Avant la découverte de ces fossiles, on admettait que les émanations volcaniques dans la mer quaternaire, où les tufs et les laves se déposaient, avaient empêché le développement de la vie. Les quelques fossiles marins trouvés ensuite furent considérés comme confirmant cette loi. Les fossiles terrestres trouvés associés, étaient roulés et provenaient des terres environnantes. Mais quand les explorations se multiplièrent on dut admettre qu'il n'en était point ainsi. Les coquilles marines, toujours rares, provenaient, comme à la Somma, des marnes sous-jacentes; les fossiles terrestres et d'eau douce, toujours plus nombreux, étaient bien en place. C'est ainsi que les adeptes de l'école marine ont fini presque par disparaître. De vrais tufs marins existent près des côtes, et leurs fossiles ont été étudiés par M. Meli. Mais les autres formations volcaniques constituent bien une série essentiellement continentale et quaternaire, comme cela a été démontré par MM. Clerici, De Angelis, Meli, Tuccimei, etc. Ils ont publié des notes nombreuses sur la faune et la flore des tufs romains et sur celles des sédiments d'eau douce intercalés. Ces sédiments sont des tripolis, des marnes et des travertins qui alternent à maintes reprises avec les formations volcaniques.

Au-dessous des formations volcaniques on trouve des sables et des argiles pliocènes sans éléments éruptifs. Le miocène a été plusieurs fois signalé, mais jusqu'à présent, du moins, dans les lieux explorés, il n'a pas résisté aux attaques les plus superficielles. Quelques lambeaux de grès et de calcaire à *Nummulites striata* se montrent dans les environs de Viterbe. Des formations plus anciennes (secondaires) commencent à paraître dans les montagnes qui limitent la formation volcanique, c'est-à-dire, dans les Lepini et dans les premiers contreforts des Appennins.

Sur cette plateforme sédimentaire, après un hiatus plus ou moins long, l'activité volcanique s'est manifestée, à peu près en même temps dans tous les centres, dans toute la région. On peut dire seulement que les centres au Nord de Rome se sont éteints un peu avant, tandis que le Volcan Latial ait donné ses dernières manifestations, dans les premiers temps de Rome, et comme un écho bien affaibli du passé.

Dans les laves des volcans de l'Italie centrale, on constate une grande variété. A partir des rétinites andésitiques à enstatite de la Tolfa à 67,61 % de silice, jusqu'à la Venanzite à 41,33 de silice, on rencontre beaucoup de types acides et basiques.

Les Ernici et le Volcan Latial offrent des leucitites prédominantes et des leucotéphrites exceptionnelles. Il y a des leucotéphrites à petites leucites, mais quand ces cristaux dépassent une certaine limite de grandeur (1 ou 2 centimètres), on est sûr d'avoir affaire à une leucotéphrite. Cette loi paraît jusqu'à présent vérifiée aussi dans les autres centres volcaniques de la région.

Les leucotéphrites erratiques du Tavolato, sur la voie Appienne, sont classiques. Elles ont des leucites de grandes dimensions (1 ou 2 centimètres), haüyne bleue abondante, grenat mélanite jaune-sombre dans les deux temps.

Les laves mélilitiques caractérisent la première période du Volcan Latial, c'est-à-dire les éruptions du cratère le plus externe. La mélilite dans ces roches est en plages du second temps, également développées dans tous les sens et modelant tous les éléments du premier temps. Rarement elle est en microlithes allongés, à enveloppe dentelée, et plus biréfringents. Cette forme je l'ai retrouvée pour la première fois à Montecompatri et au lac de Nemi. Plus tard, elle a été retrouvée par moi-même à S. Venanzo, sur la route d'Orvieto à Perugia, dans la roche que j'ai appelée venanzite, et à laquelle M. Rosenbusch quelques mois après a donné le nom d'euktolite, peut-être pour ne pas avoir reçu ma note préliminaire sur cette lave, que je lui avais envoyée.

Mais les microlithes mélilitiques de S. Venanzo différaient de ceux du Volcan Latial, trouvés non-seulement à Montecompatri et au lac de Nemi, mais aussi en d'autres localités. A S. Venanzo, en effet, ces microlithes avaient une double enveloppe. Le noyau était négatif, la première enveloppe isotrope, la deuxième était positive. Et on sait comment il est rare de trouver de la mélilite positive dans les produits naturels.

La mélilite est souvent très abondante dans les laves les plus anciennes du Volcan Latial; elle est fréquemment associée à la néphéline.

Les laves qui se rattachent au centre de Bracciano sont comme les précédentes des leucitites avec des leucotéphrites exceptionnelles. Au contraire, les laves des Cimini et des Vulsini présentent une certaine variation. Avec des roches basiques telles que les précédentes, on y trouve des types acides, où à la leucite s'associent les feldspaths, ou bien des roches à feldspaths et à mica noir. On doit à M. H. Washington des analyses très intéressantes qui donnent une première approximation sur la composition de ces laves.

Dans toutes les laves des volcans à cratères de l'Italie centrale, où la leucite est l'élément qui domine, on ne trouve pas de verre. Au contraire, dans tous les tufs de ces volcans on trouve une grande quantité de ponces en lits intercalés et comme éléments disséminés dans la masse des mêmes tufs. A la Tolfa, il y a de la rétinite, mais dans l'état de nos recherches on ne sait pas si dans cette région il s'agit de volcans à cratères.

Deux phénomènes sont à remarquer dans les laves du Latium.

D'abord une altération immédiate de la lave normale, compacte, noirâtre, en un produit bulleux verdâtre ou jaunâtre qu'on appelle sperone. On le trouve dans les alentours des cratères, commençant à apparaître à peu de distance sous forme de noyaux dans la lave normale ; ensuite ces noyaux se font toujours plus abondants, et enfin sur l'enceinte des cratères on trouve souvent toute la masse lavique transformée en sperone. Cette transformation est due au sodium des fumerolles les plus actives, c'est-à-dire de celles à chlorures volatiles. Ce sodium agissant sur le magma, pendant sa consolidation, dans les points qui sont traversés par les gaz, produit des microlithes de pyroxène, qui sont de l'augite-aegyrine, ou de l'aegyrine, au lieu d'augite. Les grands cristaux de pyroxène, au contraire, étant intratelluriques, c'est-à-dire déjà formés à la sortie de la lave, appartiennent à l'augite, parfois bordée d'une couche de pyroxène sodique. Dans d'autres cas, c'est le nucleus de ces grands cristaux qui est sodique. On voit que pour ces grands cristaux il s'agit d'une altération immédiate sur la masse qui est déjà formée. Le passage de la roche normale, noirâtre, compacte à la roche poreuse, est graduel. On le voit bien dans les noyaux. On passe par une couleur verdâtre jusqu'à la couleur jaune-miel typique. Quand ces noyaux sont petits, on observe seulement la couleur verte. Le microscope montre les mêmes passages dans la couleur des microlithes de pyroxène, qu'entre les enveloppes et les parties centrales des grands cristaux de la même substance. Corrélativement l'angle d'extinction s'accentue graduellement, de celui de l'augite (45°), à celui de l'aegyrine (85°).

Le grenat jaune paraît quelquefois dans le second temps de cette altération. Le mica aussi s'y développe en lamelles plus étendues. La magnétite se concentre en un petit nombre de grains plus gros, avec diminution du nombre des individus, la néphéline et la mélilite disparaissent presque.

L'autre phénomène consiste en une altération médiate, c'est la leucite qui se transforme en feldspath. On y trouve toute une série des feldspaths calco-sodiques. Souvent des groupes de leucites sont transformés de façon à paraître des fragments d'un feldspath unique. On y voit les clivages, les mâcles et même l'extinction ondulée se poursuivre d'une ancienne leucite à l'autre.

Les coulées de ces volcans atteignent souvent 10 km. de longueur, sur 2-3 km. de largeur maxima. L'épaisseur de ces laves arrive à 6-7-8 mètres, quelquefois à 12-15 et jusqu'à 20 m., comme près de Bagnorea.

Les tufs lithoïdes arrivent à des épaisseurs de beaucoup plus grandes. Les vallées de Civita Castellana et de Barbarano montrent des ravins de 50-60 m. de profondeur complètement creusés dans ces tufs.

Le tuf lithoïde au sud de Rome est coloré en jaune, très altéré, très ponceux. Les petites ponces y sont d'un jaune plus clair que la masse environnante. Le tuf lithoïde au nord de Rome est tout différent. Jaune aussi, il est plein de grandes scories noires ou noirâtres, très altérées, dans lesquelles parfois on voit quelques leucites blanches.

La structure columnaire apparaît souvent dans les laves romaines, mais rarement elle atteint une grande régularité comme dans les *pietre lanciate* de Bolsena, dans la falaise vis-à-vis du *Vetriolo* près de Bagnorea, et surtout dans le torrent de Romealla, près Castel Giorgio. C'est la structure sphéroïdale, qui, au contraire, est très fréquente. Souvent on voit un nucleus de 1 m. et jusqu'à 2^{m} 50 de lave intacte, dure, à enveloppes nombreuses presque foliacées de lave très altérée. Parfois ces enveloppes sont peroxydées et jaunies. Dans cette altération, il y a tous les passages jusqu'à une terre jaunâtre, d'aspect tuffacé, et dans lequel sont parsemés des blocs de lave intacte, les nucleus. On dirait des blocs erratiques, si l'on n'avait pas suivi tous les passages sur les parties intercalées et altérées en terre jaunâtre. Après avoir constaté ces passages, à l'heure qu'il est, je ne peux pas me prononcer si les blocs nombreux parsemés sur les flancs du Monte Cimino représentent des coulées discontinues, ou bien des coulées ordinaires altérées comme je viens de le dire. Les blocs de 20-30 mètres cubes au Mont Cimino sont très fréquents.

Deux écoles ont été en présence à propos des plus grands lacs romains. Les entonnoirs de Castel Gandolfo, de Nemi, de Bracciano et de Bolsena, sont-ils de vrais cratères ou des effondrements? On a discuté moins pour les deux premiers que pour les deux autres. On voulait y voir des sortes de dolines volcaniques, produites par les cavités souterraines laissées par les immenses déjections venues au jour.

Ponzi et d'autres, qui travaillaient avec beaucoup de bon sens, admettaient qu'il s'agit de vrais cratères plus ou moins éboulés. Mais bientôt vint la mode de renverser tout ce qu'ils avaient fait. Les idées les plus simples furent repoussées : on chercha le difficile. La théorie des effondrements fut adoptée par Vom Rath ; mais avec beaucoup de circonspection. Ses disciples dépassèrent le maître ; on ne s'occupa pas de voir si sur la terre on trouve d'autres exemples sûrs de ces dolines volcaniques récentes : On ne voyait pas de rempart cratérique, ça suffisait pour admettre l'effondrement.

J'ai calculé que les matériaux issus du Volcan Latial ont un volume de 200 km. cubes, c'est-à-dire qu'il a vomi en une longue série d'éruptions, et à peu de chose près, la même quantité de matériaux que le Tambora a rejeté en une seule fois en 1815. Les entonnoirs de Castel Gandolfo, de Nemi et d'Ariccia, de moins de 3 km. cubes, seraient la conséquence d'un vide de 200 km. cubes. C'est absurde.

L'étude que j'ai poursuivie depuis quelques années dans les environs du lac de Bolsena a élucidé la question. Dans le cratère de Latera, accolé au pourtour du lac, on voit quatre cratères emboîtés, à peu près concentriques. Dans le pourtour du lac de Bolsena, c'est un phénomène de même nature, avec cette différence, qu'ici les cratères emboîtés sont plus nombreux.

Toute une série de vallées concentriques et parallèles aux bords du lac se trouvent au nord, à l'est et au sud. Ces vallées sont souvent accompagnées de terrasses, à petit rebord du côté du lac et à flanc très rapide et relevé du côté opposé. Dans la formation de ces terrasses on doit faire intervenir l'action des alluvions : mais le phénomène de cette disposition régulière doit être d'origine volcanique. L'érosion ne pourrait pas en effet atteindre cette grande régularité. Il est à remarquer que les torrents principaux ne suivent pas ces vallées, mais ils les traversent ayant une disposition radiale par rapport au lac. Les flancs de ces vallées représentent par conséquent des fragments de remparts cratériques. Quand l'axe éruptif se déplaçait d'un côté, il détruisait les cratères précédents de ce même côté et les déjections nouvelles allaient remplir les *atrios* compris entre les remparts plus éloignés. Les eaux achevaient de sculpter les terrasses.

A l'ouest du lac de Bolséna on ne trouve plus ce phénomène, car on y voit creusé le grand cratère de Latera, qui a détruit tous les édifices précédents, en en constituant plusieurs autres concentriques. Ils sont plus complets parce qu'ils sont plus jeunes. On constate moins de déplacement de la cheminée, moins d'éruptions, moins de destruction météorique, et cela permet de reconnaître mieux l'origine du dernier creusement, car les parties de l'édifice volcanique ont été plus conservées. On a à Latera la clef de la formation de la dépression de Bolsena. La cavité du lac est, en effet, la résultante de tous les cratères emboîtés (*crateri a sfoglie*) qui se sont formés autour de son emplacement actuel.

L'érosion dans cette région fait des progrès très rapides. Je veux rappeler un fait, quoique il affecte principalement les terrains sédimentaires de la même région.

Près Bagnorea, existe une vallée, le *Cavon grande* (la Grande cavité). L'érosion a enlevé d'abord les laves et les tufs de la surface, puis a creusé le ravin dans les argiles pliocènes sous-jacentes ; les éboulements sont alors devenus très fréquents, comme il arrive dans toutes les régions semblables des environs. C'est ainsi que des chenaux très étroits sont restés ouverts dans le tuf et l'argile, ou seulement dans l'argile. Parfois ces chenaux sont réduits à une largeur de quelques décimètres en haut, ayant la longueur de plusieurs centaines de mètres. Il y en a d'autres moins réduits dans leur épaisseur et leur longueur, et parfois de petites villes y ont été bâties. Presque tous les ans des éboulements en réduisent l'emplacement, et par conséquent, ces villes sont condamnées à disparaître. La cause du phénomène est très simple. Les eaux érodent continuellement l'argile en dessous, et le tuf supérieur manquant de base doit s'ébouler, laissant des falaises verticales. Les eaux peuvent aussi accélérer la destruction en filtrant à travers le tuf, et en ramollissant l'argile inférieure. Dans ce cas, des éboulements *par glissements* peuvent se produire. Ce phénomène est plus rare, mais affecte des parties beaucoup plus étendues. Les éboulements ordinaires du tuf enlèvent 10, 20, 30.000 tonnes à la fois. Le Dôme d'Orvieto, l'un des plus beaux monuments du monde, est placé dans l'une de ces villes, et le jour de sa destruction arrivera, si l'on ne sait le transporter ailleurs.

Mais revenons au *Cavon grande*. Cette vallée est creusée dans une argile bleue sableuse, d'âge pliocène, et présente un phénomène connu, mais qui n'atteint en aucune localité la même beauté. A ce phénomène j'ai donné le nom de *vallées à coulisses*.

En effet, on voit toute une série de coulisses qui, en s'élevant de plusieurs mètres sur l'argile environnante, font le tour, souvent complet, des flancs et du fond de la vallée. Ces coulisses sont ouvertes dans l'argile, et leur existence est due probablement à ce que des strates parallèles et normales à la vallée avaient une consistance un peu plus grande que l'argile interposée. Aussi l'érosion les a-t-elle respectées plus que le reste.

ESSAI D'UNE CLASSIFICATION GÉNÉRALE DES ROCHES

par M. **Federico SACCO**

En cherchant à classer les productions de la nature, une des plus grandes difficultés rencontrées a toujours été la classification des roches; il ne s'agit pas, en effet, dans ce cas, d'unités bien définies et peu variables, comme les espèces biologiques ou les entités chimiques et cristallines des minéraux, mais au contraire d'associations très variables de minéraux différents, présentant entre elles une infinité de passages, non seulement dans la constitution, mais dans la structure, l'âge, le mode d'origine, etc.

Nous voyons ainsi que les différents auteurs, d'après leurs tendances individuelles et leurs différents points de vue, se sont fondés pour établir leur classification des roches, tantôt sur la structure, tantôt sur le mode de formation, ou bien sur l'âge, ou sur la constitution minéralogique, ou sur le degré d'acidité, etc.

Je crois, avant tout, en raison de la grande variabilité des roches et l'infinité de passages qui existent entre elles, qu'on doit dans leur classification, se limiter à distinguer des groupes ou familles principales (dont nous pourrons ensuite étudier les variations, les transformations, etc.).

Le caractère fondamental d'une classification lithologique doit être, ce me semble, la composition chimique ; ce caractère est plus que tout autre, en relation avec les conditions originaires essentielles de formation des roches, et il nous porte à des groupements assez naturels, indépendants, ou presque, de

		ROCHES (GÉNÉRALEMENT)				ROCHES CLASTIQUES.
		ANCIENNES		RÉCENTES		
SILICEUSES		Quarzites, Jaspes, Phtanites, Tripoli, Limnoquarzites.				Brèches, Conglomérats, Grès, Marnes, Argiles } Humus. Tufs, Pouzzolanes, Cinérites, Trass, etc.
SILICATÉES — ALUMINEUSES.	*acides.*	Gneiss, Micaschistes, Phyllades, Schistes argileux.				
		Granites. — Orthofelsites.		Liparites. — Hyaloliparites.		
	neutres.	Syénites. — Orthophyres.	Syénites éléolitiques.	Trachytes.— Hyalotrachytes	Phonolites.	
		Diorites. — Porphyrites.	Teschenites, Théralites.	Andésites.— Hyaloandésites.	Téphrites.	
	basiques.	Diabases. — Mélaphyres.		Basaltes. — Hyalobasaltes.	Leucitites.	
		Euphotides, Norites.	Ijolites.		Néphélinites.	
SILICATÉES — MAGNÉSIENNES.	*ultra-basiques.*	Péridotites, Pyroxénites.		Limburgites, Augitites.	Mélilites.	
		Amphibolites, Serpentines, Cloritosch., Talcschistes.				
CARBONATÉES		Calcaires, Dolomites.				
SULFATÉES		Anhydrite, Gypse.				
CHLORURÉES		Sel gemme				
FERRIQUES		Graphite, Anthracite, Houille, Lignite, Tourbe, Pétrole.				
CARBONÉES		Magnétite, Hématite, Limonite.				
HYDRIQUES		Eau (Glace).				

la forme minéralogique qu'ont pu affecter les éléments chimiques. Par conséquent, la composition minéralogique n'étant qu'une fonction secondaire de la composition chimique, je crois qu'il y a lieu dans les classifications lithologiques d'en tenir moins compte qu'on ne l'a fait jusqu'ici, ou même seulement l'utiliser dans les subdivisions secondaires des différents groupes. Quant à la structure et au mode de formation, j'estime qu'en raison de la variabilité de la première dans une même roche et de l'incertitude d'interprétation du second, ces caractères ne peuvent être utilisés comme bases d'une classification générale. Plus important me semble le caractère tiré de l'âge, qui bien que quelquefois douteux et variable, se présente dans l'ensemble assez constant et reconnaissable, et qui a en outre un grand intérêt pour la Géologie, dont la Lithologie est une partie intégrante.

Ces considérations m'ont amené depuis quelques années à proposer pour mon cours de Géologie à l'École des Ingénieurs de Turin, une classification lithologique basée sur les caractères chimiques des roches; je tiens aussi compte, à titre subordonné, de l'âge des différentes roches et fais un groupe tout à fait séparé des roches clastiques, bien que celles-ci, en vertu du phénomène de la circulation des éléments des roches, reviennent naturellement aux premières.

Cette classification générale me semblant naturelle, simple et claire, du moins au point de vue didactique, je me permets de la soumettre au jugement de cette illustre assemblée.

SUR LES GLACIERS
ET LA GÉOLOGIE DES TERRES DÉCOUVERTES PAR
L'EXPÉDITION ANTARCTIQUE BELGE
ET SUR LES GLACES DU POLE SUD

(Communication, accompagnée de projections lumineuses, faite à la Séance du Jeudi 23 août)

par M. **Henryk ARÇTOWSKI**

M. Henryk Arçtowski, membre du personnel scientifique de l'Expédition Antarctique Belge, fit à la Séance du Jeudi 23 Août, une conférence accompagnée de projections lumineuses sur les résultats de cette expédition ; il exposa et discuta successivement devant le Congrès, les questions ci-dessous.

Le continent antarctique, à propos de l'hypothèse de Lowthian Green sur la forme tétraédrique de la terre. Prolongement probable de la chaîne des Andes vers l'E., sous forme de dos sous-marin, dont l'île des États, le banc de Burdwood, les Shag Rocks, la Géorgie méridionale, le groupe des Sandwich et celui des Orkneys ne sont que des proéminences. Analogie entre les terres situées au sud du Cap Horn et l'extrémité méridionale de l'Amérique du Sud. — Résultats des sondages effectués suivant une ligne dirigée N. S. depuis l'île des États jusqu'aux Shetlands méridionales. Coupe transversale du Grand Canal Antarctique qui sépare l'Amérique des terres australes. Grandes profondeurs, au pied de la chaîne des Andes. — Aspect des tronçons d'une grande chaîne de montagnes qui forme la partie ouest de la Terre de Graham et la région des terres découvertes par l'Expédition.

Nature des échantillons géologiques recueillis aux 20 débarquements effectués. Les roches erratiques. — Morphologie des terres et études des glaciers. Différence notable entre les glaciers antarctiques, les glaciers alpestres et ceux du Groënland.

L'hypothèse de Croll : une grande « calotte de glace » recouvrant tout l'ensemble des terres du pôle sud. Les icebergs antarctiques. Leur formation et les différents aspects qu'ils présentent. Les grands icebergs tabulaires sont d'origine continentale. Erreur de Heim qui suppose qu'ils sont formés de glace de mer. — Étude de la glace de mer. Les mouvements de la banquise antarctique, les pressions et le mode de formation des hummocks de glace. La neige chassée à la surface des champs de glace : kymatologie de la neige. — La géologie sous-marine : sédiments et blocs erratiques.

SUR LE MODE D'EXPRESSION ET DE REPRÉSENTATION DE LA DIRECTION ET DE L'INCLINAISON DES COUCHES

par M. **O. VORWERG**

« Simplifier une science c'est la rendre plus utile », disait Napoléon Ier. Aussi croyons-nous ne pas devoir négliger les côtés simples des questions, et pouvoir affirmer la nécessité de simplifier, d'uniformiser la technique, à mesure des progrès de la science, pour la rendre plus accessible. Nous voudrions apporter un peu plus de netteté dans un sujet peu complexe, d'ailleurs.

Il a trait aux moyens d'exprimer la direction et l'inclinaison des couches. Ces données sont actuellement fournies des façons les plus diverses et les plus arbitraires, ainsi on voit dans des mémoires très récents : « Les couches sont dirigées W. 30° N. à E. 30° S., et inclinent de 20° vers N. 30° E. ».

Je propose que l'on n'indique plus dorénavant que l'inclinaison, et non la direction des couches, et que l'on exprime de plus cette donnée en degrés de la circonférence de 0 à 360° suivant une forme fractionnaire dont le dénominateur indiquerait le sens de l'inclinaison, et le numérateur la valeur. Je propose en outre que la représentation graphique de cette donnée, au lieu d'être indiquée par le signe suivant ⊥ assez répandu, soit figurée par un angle à côtés inégaux ——> dont le plus long côté correspondrait sur les cartes à la direction des couches, et le sommet au point d'observation. Il serait ainsi aisé de comprendre tant sur la carte que dans le texte, le sens des formules suivantes ——> $\frac{20°}{30°}$

La position et les grandeurs des deux côtés inégaux de l'angle aideront à se rappeler la position respective des données placées conventionnellement en numérateur et en dénominateur.

Quand on n'a point de mesure précise à indiquer, on peut noter comme suit les approximations obtenues ——> $\frac{\text{roide}}{\text{N. E.}}$

Cette méthode se recommande, en ce qu'elle est infiniment plus brève et plus précise, que celles antérieurement employées. On peut l'appliquer à tous les cas, et représenter même les couches horizontales ——> $\frac{0}{\infty}$, comme aussi les couches verticales, pour lesquelles il y aura toujours indécision, sur le sens du pendage, ——> $\frac{90°}{30°}$ ou ——> $\frac{90°}{210°}$

Il importerait de rapporter ces chiffres au méridien géographique, car si on préférait les rapporter au méridien magnétique, on serait forcé de faire suivre l'indication de la date de l'observation. ——> $\frac{20°}{30°}$ 15/5 1900.

Il est évident que la direction se déduit directement de l'inclinaison, en ajoutant ou retranchant 90°, ou plutôt (100 — 10) pour faciliter le calcul mental.

D'une manière générale, on déduira la direction, de l'inclinaison, en ajoutant ou retranchant (100 — 10) du chiffre de l'inclinaison, quand celui-ci se trouve dans les 2e ou 3e quadrants de la boussole, en ajoutant (100 — 10) quand il se trouve dans le 1er quadrant, et en retranchant (100 — 10) quand il se trouve dans le 4e quadrant.

SUR LES EAUX SALINES DES NAPPES AQUIFÈRES DU NORD DE LA FRANCE

par M. **GOSSELET**

La composition chimique des eaux que l'on puise dans le sol a une grande importance industrielle, car certaines eaux doivent à leur composition de ne pouvoir être employées dans telle ou telle industrie. Ainsi les eaux alcalines, qui arrêtent la fermentation, ne peuvent pas être utilisées par les brasseurs. On peut généralement prévoir la composition d'une eau d'après la nature lithologique des couches qui contiennent la nappe aquifère. Ainsi l'on sait que la craie fournit des eaux calcaires et que le gypse produit des eaux séléniteuses.

Mais il se peut que l'eau soit chargée de matières salines, qui ne paraissent pas en rapport avec les roches qu'elles traversent, c'est le cas pour les eaux salines que l'on rencontre dans les sondages profonds du Nord de la France.

Beaucoup de ces forages donnent de l'eau sodique, que la soude y soit à l'état de chlorure ou de carbonate. Cependant tous ces forages ne traversent que du calcaire, de la craie et des sables qui ne contiennent pas de soude.

La présence de la soude paraît dépendre de la profondeur d'où vient l'eau, mais pas d'une manière absolue, car de deux forages voisins et également profonds, l'un fournit de la soude et l'autre n'en produit pas. Cependant, c'est toujours une pensée qu'un industriel doit avoir présente à l'esprit, quand il entreprend un forage. En l'approfondissant il peut craindre d'atteindre de l'eau sodique.

L'origine de la soude est un important problème géologique

et industriel pour lequel on est jusqu'à présent réduit à des hypothèses.

1° La plus simple serait de faire appel à un dépôt salifère triasique qui serait situé dans le voisinage. Mais les nombreux forages qui ont été faits presque partout dans la région du Nord n'ont jamais rencontré ce terrain. S'il existe des dépôts de cette nature dans le centre du bassin de Paris, ils sont à une grande profondeur et on ne peut pas supposer qu'il y ait communication de leurs eaux avec celles du Nord.

2° On s'est demandé aussi si la soude ne provenait pas du filtrage des eaux de pluie à travers les couches supérieures. Mais les roches que l'on rencontre dans le Nord, au-dessus des nappes aquifères salifères, ne contiennent pas de soude. Elles renferment peut-être un peu de feldspath altéré : à la rigueur on pourrait y trouver de la potasse, mais pas de soude.

3° On a aussi envisagé l'hypothèse de restes d'anciennes mers géologiques ayant imprégné soit des sédiments contemporains, soit des couches plus anciennes, qu'elles seraient venu recouvrir. Par suite de l'absence de circulation de l'eau dans les couches profondes, les sels sodiques y seraient conservés à l'état de dissolution ou mieux de cristallisation dans les pores de la roche.

4° Enfin on a émis l'idée que ces eaux alcalines proviennent de la mer actuelle, qu'elles pénètrent sous l'influence de la pression, dans les couches perméables qui affleurent au fond des mers et se propagent ensuite peu à peu dans la nappe aquifère.

Ces deux dernières hypothèses, tout en soulevant des objections sérieuses, paraissent les plus probables.

Il serait à désirer que les observations se multipliassent pour éclaircir une question aussi importante au point de vue de la science pure, que de la géologie pratique.

Le problème des eaux alcalines des forages ne peut pas être séparé de celui des eaux alcalines du terrain houiller. Depuis longtemps on a constaté que les eaux qui sortent des couches houillères du Nord de la France et de la Belgique sont salées. Elles contiennent de la soude à l'état de chlorure, de carbonate ou de sulfate.

Le chlorure de sodium caractérise les eaux propres des terrains houillers, restées indemnes de tout mélange.

Le carbonate de soude indique un mélange de ces eaux avec les eaux superficielles qui ont traversé la craie et s'y sont chargées de carbonate de soude.

Quant aux eaux qui contiennent du sulfate de soude, on peut les expliquer par la présence à la base de l'étage Westphalien d'une assise de schistes pyriteux qui ont été exploités aux environs de Liège pour la fabrication de l'alun. Plusieurs sources qui proviennent de ce niveau fournissent des eaux sulfureuses, telles que celles de Saint-Amand et de Meurchin. Par conséquent les eaux sulfatées indiqueraient que l'on approche de la base du terrain houiller exploitable, des bancs calcaires qui se trouvent à la partie supérieure des schistes alunifères ou intercalés dans ces schistes. Or, ces calcaires plus ou moins fendillés contiennent des quantités d'eau considérables. Les ingénieurs ont donc intérêt à les éviter et même à n'en pas approcher. Aussi M. Lafitte, ingénieur-directeur des travaux du fond aux mines de Lens, a engagé ses collègues à veiller lorsqu'ils constateraient que les eaux qui sortent des roches houillères deviennent sulfatées.

Il est très probable que l'origine de la soude dans le terrain houiller est la même que celle des sondages. On ne peut cependant admettre que ce serait la salure naturelle du terrain houiller qui déterminerait celle des eaux de forages, car on trouve des forages alcalins bien en dehors du bassin houiller et dans des points où les eaux de ce bassin ne peuvent parvenir.

SUR LA CLASSIFICATION DES TERRAINS TERTIAIRES DE L'AQUITAINE

par M. V. RAULIN

Entre le Plateau Central au N.-E. et les Pyrénées au S., formés tous deux par le terrain primitif, se trouve une vaste plaine, l'Aquitaine, comprenant les bassins de la Charente, de la Gironde et de l'Adour.

Les terrains primaires, secondaires et éocène qui y ont été déposés, entrent dans la composition des Pyrénées ; mais ils constituent au devant du Plateau Central, une terrasse dans laquelle, à l'exception des terrains primaires, ils ne sont pas fortement accidentés. Les terrains miocène et pliocène, qui ont achevé le remplissage, n'ont guère été qu'émergés. Les terrains tertiaires presque tous marins dans la partie occidentale, sont mixtes dans la partie moyenne, sur le méridien d'Agen, et tous lacustres dans la partie orientale, excepté sur les pentes pyrénéennes.

Deux travaux d'ensemble avaient été donnés : en 1824, par Ami Boué, qui avait reconnu cinq assises, et en 1834, par Dufrénoy, qui en avait établi six, réparties dans les étages inférieur (éocène), moyen (miocène) et supérieur (pliocène). En 1849, après deux années de professorat à Bordeaux et de nombreuses excursions dans les bassins de la Charente et de la Gironde, j'avais cru devoir en établir dix, ce qui m'attira une vive critique de mon collègue Leymerie à Toulouse. Dans le demi-siècle qui a suivi, de nombreuses études de détail par divers géologues et par moi-même, en ont encore augmenté le nombre, et apporté des modifications à mon *Essai*, tant pour la composition et la distribution géographique des différentes assises, que pour leur assimilation à celles du bassin de Paris.

Dans le tableau suivant, qui résume mes vues actuelles sur le bassin tertiaire du Sud-Ouest de la France, j'ai conservé aux assises les dénominations que je leur avais précédemment données, comme aussi celles que j'avais adoptées pour les différentes assises du bassin parisien dans la légende de ma *Carte géognostique du plateau tertiaire parisien, 1841* (Les nouvelles dénominations sont indiquées entre parenthèses).

Classification comparative des terrains tertiaires de l'Aquitaine et du Bassin de Paris.

		BASSIN DE PARIS	AQUITAINE — FORMATIONS MARINES	AQUITAINE — FORMATIONS D'EAU DOUCE
NÉOGÈNE	Pliocène		Sable des Landes *(Astien)*. Falun de Saubrigues et de St Jean-de-Marsacq *(Tortonien)*. Falun de Peyrehorade.	
	Miocène	Falun de l'Anjou. Falun de Touraine. Sable de Sologne. Calcaire de Montabuzard, Marnes, Sables de l'Orléanais.	Falun de Sallos, Orthez, Sables jaunes et calcaires de Mont-de-Marsan *(Helvétien)* Calcaire de Martignas. Falun de Léognan *(Langhien, Burdigalien)*. Falun de Mérignac, Bazas, St-Avit *(Aquitanien)*.	Mollasse de l'Armagnac: Supérieure. Calcaire jaune de l'Armagnac. Inférieure. Mollasse de l'Agenais: Calcaire gris de l'Agenais. Supérieure. Mollasse du Toulousain.
ÉOGÈNE	Oligocène	Meulières de Montmorency et calcaire de Beauce (Sables argileux de Chartres à Rouen). Sable et grès de Fontainebleau. Marnes à *Ostrea longirostris*.	Calcaires d'eau douce de Gaas, Falun de Gaas et Calc. à *Astéries* de Bourg et St-Macaire *(Stampien)* Marnes à *Ostrea longirostris*.	Mollasse de l'Agenais: Calcaire bl. d'Agen et Inférieure *(Antracotherium)*. Mollasse du Toulousain. Mollasse de l'Albigeois: Calc. sup. de l'Albigeois. Supérieure. Phosphates du Quercy.
	Eocène	Meulières de Brie *(Sannoisien)*. Marnes gypsifères *(Ligurien, Ludien-Priabonien)*. Calcaire siliceux de Saint-Ouen. Sable et grès de Beauchamp *(Bartonien)*. Calcaire grossier *(Lutétien)* Sables glauconifères marins *(Ypresien)* (Argiles sabl. de Rouen à Montdidier). Sables inférieurs, etc *(Sparnacien)*. Argile plastique *(Thanétien)*	Calc. d'eau douce de Castillon, du Périgord, Calcaire grossier de St-Estèphe (Médoc) Calcaire d'eau douce de Blaye. La Grave, les Ondes, Calcaire grossier de Blaye. Sable de Royan. Terrain nummulitique des sondages de la Gironde, de Biarritz, etc.	Mollasses du Fronsadais. Sables du Périgord. Mollasse de l'Albigeois: Moyen de l'Albigeois. Moyenne. Castres et Castelnaudary *(Palæotherium)*. Inférieure. Phosphates du Quercy. Mollasse d'Issel, grès de Carcassonne *(Lophiodon)*. de Bos d'Arros, des sondages du Gers. Poudingue de Palasson. Calcaire de Ventenac. des Pyrénées, des Corbières, de la Montagne-Noire. Calcaire de Montolieu.

L'ENSEIGNEMENT DE LA GÉOLOGIE PRATIQUE

par M. L. DE LAUNAY

L'utilité pratique de la géologie et la nécessité d'en vulgariser les connaissances dans le public ne sont pas à démontrer ici ; mais il me semble que, si la géologie ne tient pas dans l'enseignement général la place à laquelle elle a droit, si elle reste à peu près complètement ignorée même des hommes instruits, c'est un peu la faute de ceux qui ont mission de la professer et c'est sur ce point que je voudrais présenter quelques brèves observations. Mon impression est que l'on commet souvent, pour la géologie, une erreur analogue à celle qui est trop fréquente pour les langues vivantes : on s'efforce d'enseigner les finesses de la syntaxe, les subtilités de l'orthographe, les complications des verbes irréguliers à ceux qui désireraient simplement pouvoir se faire comprendre tant bien que mal en demandant une chambre à l'hôtel ou un repas au restaurant. La première science d'un professeur devrait être, au contraire, de proportionner l'effort exigé de son élève au résultat à atteindre et c'est pourquoi il y aurait peut-être lieu d'organiser, pour la géologie, à côté de l'enseignement scientifique, méthodique et complet, qui lui-même est indispensable dans nombre d'applications pratiques et qui est parfaitement donné dans nos grandes écoles, un enseignement plus modeste et plus restreint, destiné au moins autant à faire aimer la géologie, apprécier et comprendre les services qu'elle peut rendre, qu'à rendre directement ces services eux-mêmes.

Depuis quinze ou vingt ans, il s'est déjà fait, dans ce sens, un mouvement très sérieux, qui ne peut manquer d'aller en s'accentuant. Il suffit, pour s'en rendre compte, de comparer ce qu'étaient, il y a vingt ans, les publications relatives aux gîtes métallifères, aux eaux potables, à la géologie agricole, etc., avec ce qu'elles sont aujourd'hui. En France, il a été créé, à l'École supérieure des mines, un enseignement systématique de géologie appliquée et de captage des sources thermales ; en Allemagne, il s'est fondé une excellente revue de géologie pratique, qui a groupé déjà les renseignements les plus précieux ; en Belgique, la Société de géologie s'intitule, en même temps, société d'hydrologie et s'occupe, en effet, activement des questions pratiques ; en Amérique, des savants très distingués, mis en présence d'un champ d'études incomparable et disposant pour les recherches scientifiques de ressources précieuses que l'Ancien Monde leur envie, accumulent les admirables monographies que nous connaissons tous. La science des gîtes métallifères et des eaux souterraines est maintenant soustraite aux seuls praticiens, qui se contentaient autrefois de quelques observations incomplètes et trop vite échafaudées en théories sur un champ d'études limité : à mesure que des connaissances plus générales se répandent chez les exploitants de mines, on les voit, d'ailleurs, eux-mêmes, plus soucieux de *comprendre* leur gîte, d'en interpréter les lois d'enrichissement, par suite, d'en tirer le meilleur parti possible, au lieu de se jeter, à l'anglaise, uniquement sur le premier « minerai payant » découvert.

Si l'on veut pousser plus loin dans cet ordre d'idées et obtenir ce résultat important (même pour la géologie scientifique) que les connaissances géologiques sortent d'un cercle très étroit de spécialistes pour être tout au moins vaguement connues par l'ensemble de la population, il faut, je crois, — dans l'enseignement restreint, que j'envisage seul en ce moment — commencer par une réforme, qui paraîtra sans doute bien révolutionnaire à plus d'un, mais sans laquelle notre science continuera à demeurer un simple épouvantail pour tous les candidats aux examens : c'est de faucher la broussaille de noms rébarbatifs qui en hérissent les abords ; de ne pas continuer à la réduire (surtout pour ceux qui ne doivent pas en pousser loin l'étude) à quelque chose qui rappelle trop les listes des Pharaons ou le jardin des racines grecques ; de détruire, dans l'esprit des étudiants, cette idée erronée que toute la géologie consiste à savoir qu'après le Turonien vient l'Emschérien et après celui ci l'Aturien, avec la liste des fossiles correspondants (dont souvent on ne sait pas même la forme) ; enfin, de mettre les commençants, le plus tôt possible, en présence de quelques notions vraiment pratiques, qui peuvent s'exposer en langage vulgaire sans aucun nom technique et que tout le monde peut comprendre. Plus tard, lorsqu'ils auront pris goût à la Science de la terre, il sera toujours temps de leur apprendre qu'en réalité on ne peut faire vraiment de bonne géologie, ni pratique, ni théorique, sans établir des coupes précises et que celles-ci nécessitent une connaissance approfondie de tous les terrains, de tous leurs rapports tectoniques, de tous leurs fossiles, etc. Mais autant dire de suite à un maire de village, qui voudrait se rendre compte s'il est plus hygiénique de placer un cimetière en amont ou en aval des habitations, si les sources sortant d'un calcaire sont mieux épurées que celles émergeant d'un sable, ou à un chercheur de mines, qui, ayant trouvé un morceau de galène, se demande de quel côté il faut fouiller : « Monsieur, on ne peut faire de bonne géologie sans avoir travaillé dix ans dans un laboratoire et sur le terrain, avec un maître expérimenté. Si vous voulez un conseil sérieux, adressez-vous à un spécialiste, ce qui vous coûtera quelques centaines ou quelques milliers de francs ! ». Cela peut être vrai souvent ; mais on avouera que tenir un pareil langage est contribuer directement à dégoûter de toute géologie et à favoriser un empirisme irrationnel, qui, par exemple, en matière d'eau potable, a donné les résultats dont nous souffrons tous, même dans une ville comme Paris.

Les spécialistes d'une science quelconque ont toujours une tendance instinctive à considérer que cette science est le centre et le pivot de toutes les connaissances humaines : au lieu de lui laisser sa place naturelle et souvent modeste dans la culture générale de l'esprit, de chercher ses filiations avec les autres sciences, pour en déduire son intérêt tout relatif, c'est à elle seule qu'ils prétendent tout ramener ; ils agissent comme ces conservateurs d'une petite catégorie d'objets dans un grand musée, qui n'y considèrent, n'y connaissent et n'y admirent que leur vitrine ; s'ils sont professeurs de géologie, ils veulent faire de tous leurs élèves des géologues professionnels ; ils leur enseignent uniquement la « géologie pour la géologie » ; au lieu de leur montrer le bâtiment tout construit, débarrassé de ses échafaudages et utilisable, c'est sur ces échafaudages seulement qu'ils appellent leur attention ; les édifier devient pour eux, non le moyen mais le but ; l'important n'est plus d'établir l'histoire de la terre et ses rapports avec le système général de l'univers ou, plus pratiquement, de rechercher et découvrir des substances utiles, mais simplement de déterminer le nom d'un fossile, l'âge d'un terrain ou l'allure d'un plissement. Ils font penser à ce mot de Claude Bernard, auquel on soumettait un jour une longue monographie sur le gymnote, sans aucune espèce d'idée générale : « C'est fort bien, dit-il ; mais qu'aurait fait l'auteur si le gymnote n'avait pas existé ? »

Je n'ai aucunement l'intention de critiquer les études de détail les plus spécialisées et j'estime, au contraire, leur minutie apparente tout à fait indispensable pour établir peu à peu une science, dont seuls les faits bien précis, lentement accumulés, constituent l'ossature solide : il ne s'agit pas de revenir à ces vagues et hâtives généralisations, qui ont été trop à la mode autrefois et que les littérateurs philosophes se sont trop souvent empressés d'accepter bouche bée pour en faire leur évangile scientifique. Ce que je demande, c'est qu'on distingue mieux entre l'enseignement destiné à former des professionnels, qui consacreront toute leur vie à une seule science et qui ont besoin d'en étudier à fond la grammaire et celui qui s'adresse incidemment à des hommes, seulement désireux d'en connaître les conclusions théoriques ou pratiques. Un bon sculpteur doit savoir l'anatomie pour établir sa statue ; mais ceux auxquels il la montre, n'ont pas besoin d'en voir le squelette ou l'écorché.

Ce que pourrait être, selon moi, cet enseignement primaire de la *géologie pratique*, j'ai essayé de l'exposer récemment dans un petit volume, qui porte ce titre et dont je vais seulement ici exposer le programme, c'est-à-dire à peu près reproduire la table des matières (1). On m'excusera de me citer ainsi moi-même, puisque je viens d'écrire ce livre précisément pour tenter de réaliser l'idée que je défends en ce moment.

Tout d'abord j'y définis la géologie, son but pratique et scientifique, ses moyens d'action, et j'y résume, en évitant absolument les noms techniques, les notions de géologie générale, qui me paraissent les plus nécessaires dans l'usage courant. C'est ainsi que j'insiste sur les caractères extérieurs des principaux terrains, sur l'usage pratique des coupes géologiques, sur les plissements, renversements et failles, sur la nature et le rôle des terrains superficiels, si importants pour

(1) Géologie pratique et petit dictionnaire technique des termes géologiques les plus usuels, 1 vol. in-12, chez Armand Colin, Paris, 1900.

l'agriculture et si négligés en géologie générale, sur les modifications subies par les gîtes métallifères à leurs affleurements, c'est-à-dire sur les changements qu'on doit attendre de ces gisements. quand, les abordant à la surface, on s'y enfonce.

Puis j'explique comment on établit et comment on utilise une carte et une coupe géologiques.

J'envisage alors successivement les diverses applications pratiques, que l'on peut faire de la géologie : à l'art de l'ingénieur, à l'agriculture, à la recherche et au captage des eaux, à l'irrigation, au drainage, à l'évacuation des eaux souillées et à l'hygiène publique, au captage des sources thermo-minérales, à la recherche des minerais, combustibles et autres substances minérales, enfin à l'étude topographique ou géographique des formes des terrains et je termine par un petit dictionnaire technique des termes géologiques et minéralogiques les plus usuels, destiné à permettre de lire les ouvrages de géologie scientifique et d'y chercher un renseignement utile sans être arrêté à chaque ligne par un mot incompréhensible.

La plus grande difficulté d'une telle tentative était de mettre à la portée de lecteurs très divers et peu versés dans les études scientifiques les résultats pratiques les plus récents des recherches géologiques ; j'estimerais avoir atteint mon but, si j'avais réussi à faire connaître et apprécier la géologie par quelques personnes de plus ; en tous cas, je serais heureux si j'avais convaincu nos confrères de l'avantage qu'il y aurait, pour la géologie elle-même, à créer, à côté de l'enseignement supérieur si développé déjà dans nos grandes écoles et nos facultés, un autre enseignement plus humble, plus modeste et, si l'on veut, plus démocratique.

DES PROGRÈS DE LA PRODUCTION DES PIERRES PRÉCIEUSES AUX ÉTATS-UNIS

par M. **G.-F. KUNZ**

La présente communication sur la production des pierres précieuses dans les États-Unis n'a pas la prétention d'être un rapport statistique. Son but est d'attirer l'attention sur ce fait, que la recherche des pierres précieuses aux États-Unis, a eu un résultat scientifique réel, amenant un accroissement des notions minéralogiques et géologiques, et que ces recherches ont eu aussi une influence considérable pour la connaissance géographique du pays. Cela n'a jamais été mis plus clairement en évidence qu'en ce qui concerne la trouvaille du diamant.

En 1878, la production de pierres précieuses dans les États-Unis était nulle, d'après les statistiques. En 1889, une première collection de pierres précieuses fut faite et exposée à l'Exposition Universelle de Paris ; cette collection appartient actuellement au Musée d'Histoire naturelle de New-York, grâce à la maison Tiffany, de New-York. Dans l'Exposition Universelle actuelle, on peut voir au Pavillon de l'Esplanade des Invalides, au Palais des Mines et de la Métallurgie et à la Section Américaine, des collections superbes, composées uniquement de pierres précieuses américaines ; enfin les deux tiers de l'exposition d'un des principaux bijoutiers connus, sont formés de pierres de provenance américaine.

Ce fut en cherchant ces pierres qu'on a découvert un grand nombre de faits intéressants pour la science et le pays, et ces découvertes promettent pour l'avenir de nouveaux butins et de nouveaux enseignements Ces recherches ont été résumées et éclairées par la publication d'un volume intitulé « Gems and Precious Stones of North America » (— New-York, 1892, 368 pages, 9 tableaux coloriés); elles ont de plus été guidées par la publication de Rapports annuels sur le sujet, depuis l'an 1883 jusqu'à nos jours, par la Division des Statistiques Minières des États-Unis, sous les auspices du Docteur David T. Day, du Survey Géologique.

Nous prendrons comme point de départ, notre province la plus septentrionale et le minéral qui y est le mieux connu, la tourmaline ; ce fut en recherchant cette espèce minéralogique, dans l'État du Maine, que l'on y a découvert les topaze, beryllonite, herdexite, manganocolumbite, et une foule d'autres minéraux à la fois rares et auparavant inconnus. Cette région intéressante, jusqu'alors complètement ignorée, est maintenant bien connue et les produits de ses mines ont une renommée universelle.

La recherche des diamants et d'autres gemmes nobles dans la Caroline du Nord et la Georgie a amené la trouvaille de grenats, de saphirs, de beryls, et plus récemment de rubis ; en ce qui concerne ces derniers, les spécimens découverts jusqu'ici, ne sont que très rarement dépourvus de défauts, ils ont pourtant une grande valeur comme spécimens minéralogiques. Dans les sables aurifères de la Caroline du Nord, on a pu distinguer au moins soixante différentes espèces de minéraux, dans les recherches d'or et de diamant.

Dans le Montana, on a trouvé le saphyr, et dans trois gîtes différents, le corindon ; ces gîtes sont distincts et le produit d'un seul suffirait à assurer à ce gisement la plus grande importance financière ; de leur côté, l'étude cristallographique du minéral, autant que ses associations pétrographiques, sont d'un haut intérêt théorique.

La recherche de la turquoise, dans le Nord du Mexique, a amené la découverte de gisements absolument inconnus, et l'information ainsi obtenue est intéressante au point de vue archéologique, puisqu'elle démontre que ces mines ont été exploitées par des mineurs préhistoriques. Quant aux trouvailles de diamants dans le Wisconsin et dans les États-Unis, j'ai eu le plaisir de soumettre à la Société Géologique, une carte montrant les vingt-quatre gisements actuellement connus.

Ce sont jusqu'ici des apparitions sporadiques ; mais elles sont d'un intérêt minéralogique et géologique tellement important, qu'un corps de géologues américains, sous les auspices du Professeur W. H. Hobbs, de l'Université de Wisconsin, s'est intéressé à leur étude. Une mission de recherches systématiques est en marche actuellement, suivant la bordure de la moraine du Wisconsin. De nombreux diamants ont été découverts de temps à autre, qui sont restés inconnus et ignorés, soit dans les graviers, soit dans les fermes, suivent le bord de cette moraine. Ce n'est qu'en faisant de la publicité autour des trouvailles signalées dans les journaux, qu'on peut acquérir la connaissance des pierres qui existent et encourager la recherche de gemmes nouvelles, dans le pays. Et c'est le rapprochement de tous ces documents, qui permettra de trouver le gisement et la source d'où sont venus ces diamants. On croit que cet endroit doit se trouver dans la région encore vierge, située entre le Labrador et James Bay.

Pour arriver à fixer ces points intéressants, on devra suivre plusieurs voies d'investigation. D'abord, il faudra chercher beaucoup dans les régions peu connues, au sud de la Baie d'Hudson ; il faudra, en outre, étudier la grande ligne de moraines s'étendant à l'est du Wisconsin, c'est-à-dire dans l'Ohio, l'état de New-York et la Pennsylvanie, afin de voir si on peut y trouver des diamants et déterminer l'aire de leur distribution géographique. Si leur dissémination s'étend encore plus à l'est « on conclura que l'apex doit être localisé très près du Nevé du Labrador. »

C'est à la recherche des diamants en Amérique, que la science est redevable des rapports si intéressants de Messieurs Diller et Lewis sur les péridotites du Kentucky.

En 1875, l'extraction annuelle des gemmes, n'avait pas atteint une valeur de plus de 50.000 francs, aux États-Unis ; en 1889, elle a fait réaliser une valeur de plus d'un million de francs.

La collection faite pour l'Exposition internationale de Paris, et exposée dans la section américaine du Palais des Mines a été présentée, ainsi que la collection exposée en 1889, au Musée Américain d'Histoire Naturelle. Ces deux collections seront réunies dans un nouveau bâtiment, dans une salle spécialement consacrée aux collections Tiffany-Morgan, dont la liste et le catalogue sont attachés au rapport que nous mettons à la disposition des membres du Congrès.

NOTICE SUR LA FORMATION GÉOLOGIQUE DE LA HOLLANDE ET LE DESSÉCHEMENT DU ZUYDERZÉE

par M. **Guillaume-Jean-Georges VAN DER VEUR**

La plus grande partie du sol néerlandais a été formé pendant la période diluvienne. A cette période appartiennent tous les terrains sablonneux depuis Groningue et Leuwarden jusqu'à Anvers et Bruges, qui ne sont pas des dunes, et qui constituent les champs, les bois et les bruyères.

Le sable a été l'apport principal de la période diluvienne aux Pays-Bas et constitue le fond de tous les terrains plats, qu'interrompent cependant, çà et là, des collines où se mêlent au sable, des silex, des graviers et de l'argile. Les éléments constitutifs des terrains diluviens de la Néerlande montrent clairement qu'ils n'ont pas été formés partout de la même façon et les différences qu'on y constate, prouvent aussi que les formations sont de dates différentes. Il est difficile cependant de tracer des délimitations précises, et le mélange des éléments constitutifs est tel, qu'on ne peut se prononcer avec la même certitude que lorsqu'il s'agit d'autres formations.

Les formations diluviennes des contrées du nord, de l'est et du sud se sont accumulées dans les Pays-Bas et se sont confondues d'une façon à peu près inextricable.

Les terrains diluviens occupent, d'après des calculs globaux, 40,77 % de notre sol national ; ils se répartissent comme suit : gravier diluvien 10 % ; sable diluvien et bancs de sable fluviaux 29 % ; le reste, soit 1 %, est formé de loess.

Nous avons dressé une carte géologique du sol néerlandais à l'époque diluvienne. Nous y avons distingué les terrains diluviens scandinaves, qu'on trouve dans les provinces de Frise, de Groningue et de Drenthe ; les terrains diluviens mixtes de l'Overyssel et de la Gueldre ; les terrains diluviens rhénans, depuis Wesel en Allemagne jusqu'à Rhenen dans la Gueldre ; et enfin les terrains diluviens apportés par la Meuse dans le Brabant septentrional et le Limbourg.

Une autre carte, que nous avons l'honneur de présenter au Congrès, donne l'état géologique des Pays-Bas quelques siècles avant l'ère chrétienne.

A cette époque la Hollande et la Zélande formaient une lagune ; ce qui est teinté en vert était alors mer, la teinte brune indique les marécages, et la blanche les dunes, ainsi que les dépôts argileux de la mer et des fleuves.

Nous devons nous représenter les provinces maritimes de la Hollande septentrionale et méridionale et de la Frise, comme couvertes alors par une mer intérieure, parfaitement semblable à celles que nous trouvons encore dans le voisinage des rives de la Baltique sous le nom de lagunes ou de haffs.

Elle couvrait une partie de la Flandre, la Zélande, la Hollande, le Zuyderzée, et les terres basses jusqu'au delà de Hambourg, comprenant les bouches de l'Escaut, de la Meuse, du Rhin, de l'Ems, du Wéser et de l'Elbe.

Son existence est si peu douteuse, que non seulement nous pouvons en suivre les limites le long de la côte et même en déterminer la profondeur ; car partout où, en Zélande, en Hollande, à l'ouest de Woerden, et dans les terrains argileux de Groningue et de la Frise, on creuse à plus de cinq mètres de profondeur, on trouve le lit de la mer indiquée par du sable coquillier.

Ce qui est remarquable c'est que les coquilles qu'on y trouve ne sont pas celles que la mer du Nord dépose en grande quantité sur nos plages, mais bien celles qui sont propres aux fleuves de la Zélande et au Zuyderzée. C'est là une preuve évidente qu'il s'agissait d'une mer intérieure, en grande partie séparée de la mer du Nord par des dunes et alimentée d'eau douce par des rivières.

On peut alléguer encore en faveur de notre assertion l'existence de dépôts d'argile laissés sur le fond de cette mer par les eaux fluviales. Tel est le dépôt horizontal et régulier d'argile, qui recouvre le sable mélangé de coquilles, des terrains desséchés de Schermer et du lac de Harlem.

D'autres dépôts d'argile se sont formés sous l'action du flux et du reflux, sur des bancs plus élevés comme les îles Zélandaises, le Drechterland, Westergo en Frise et les hautes terres de Groningue. A moins que l'homme n'intervienne, les bancs d'argile ne s'élèvent à cette hauteur que lorsque la végétation se produit et qu'il y pousse des joncs et des roseaux. C'est ce que nous prouve la couche tourbeuse qu'on trouve en Zélande au-dessous du niveau de la mer et qui est bien connue par les funestes affaissements de digues qu'elle a déterminés. Cette tourbe est formée du résidu des végétaux, qui ont provoqué les premiers dépôts d'argile.

Après qu'une ceinture de dunes eut entouré la mer intérieure, que l'argile se fût déposée au fond des asséchements de la Hollande, que se furent formées les hautes couches d'argile qui plus tard s'étendirent pour constituer les îles de la Zélande et de la Hollande méridionale et les plaines du Drechterland, de la Frise et de Groningue, il a existé un grand lac d'eau douce où se déversait un fleuve considérable et qui couvrait la plus grande partie du Zuyderzée autour de Wieringen et à l'est de Texel, Vlieland, Terschelling et Ameland.

Il est impossible d'indiquer aujourd'hui les limites de ce lac, mais son existence est prouvée par les tourbières et les marais que ce lac a formés et dont nous retrouvons les vestiges sous forme de tourbe, bois de bouleau, de saule, et de frêne. Les forêts marécageuses s'étendaient d'Ameland à Rotterdam et Gouda.

Les terrains d'alluvion occupent la proportion suivante du sol néerlandais :

Tourbières, hautes tourbières, tourbières desséchés, marais	18,58 %
Dunes, sables mouvants, anciens sables fluviaux, dunes fluviales	5,86 %
Argile de mer, de rivière, de ruisseau, ancienne argile maritime des asséchements	34,70 %
Total des terrains d'alluvion	59,14 %

De bonne heure les habitants de la Hollande durent songer à protéger les côtes contre les eaux de la mer en renforçant les dunes et en élevant des digues, tandis qu'ils attaquaient les marais, les lacs et les étangs par des travaux de desséchement. Ce travail de défense et d'exploitation se fit d'abord par petites parcelles que l'on entourait de digues pour empêcher les eaux extérieures de les envahir et pour contenir les eaux intérieures.

Plus tard, au quinzième et au seizième siècle, après que les chapelets hydrauliques eurent été remplacés par les machines à pompe, ces terrains, appelés polders, s'étendirent de plus en plus, de sorte que même avant l'emploi des pompes à vapeur presque toutes les tourbières purent être endiguées.

Puis ce fut le tour des lacs et des étangs : on s'attaqua d'abord aux plus petits et aux moins profonds, puis aux plus grands, qui payaient moins une peine plus grande.

C'est ainsi que les Hollandais ont conquis sur les flots plus de 60 °/₀ de leur territoire.

Nous avons tenté de représenter sur une carte la constitution géologique du fond du Zuyderzée : l'argile est indiquée par une teinte vert foncé ; l'argile légère par une teinte vert clair, le sablon et le mélange de sable et d'argile, qui forme un terrain très fertile, sont marqués par une teinte d'un vert encore plus clair ; le sable pur est teinté de rouge et les terrains tourbeux de noir.

Comment s'est formé le Zuyderzée ?

Dans les temps historiques il est mentionné pour la première fois par Pomponius Mela, officier romain, appartenant à la légion de Drusus, frère de Tibère, et qui fut un des premiers qui visitèrent l'île des Bataves.

Il dit dans sa *Chorographie* (III, 2).

« Le Rhin descend des Alpes ..... après avoir parcouru un espace considérable dans un lit bien déterminé et sans se diviser en bras, il forme près de la mer plusieurs embranchements dont celui de gauche porte jusqu'à son embouchure le nom de Rhin.

» Celui de droite conserve d'abord la même largeur qu'avant la bifurcation, mais bientôt il s'élargit de plus en plus, finissant par ressembler, non plus à un fleuve, mais à un vaste lac, qui prend le nom de Flévo, lorsqu'il atteint sa plus grande largeur et forme une île du même nom ; ensuite le fleuve redevient plus étroit et se jette dans l'Océan. »

La vaste plaine liquide, dont le lac Flevo formait le centre, ne s'est pas formé en une fois, mais peu à peu.

L'historien hollandais Wagenaer raconte qu'en l'an 1070, après un été très chaud, une tempête d'automne s'éleva et poussa les eaux de la mer au loin dans l'intérieur. Les régions basses de la Frise, aux environs de Stavoren furent complètement submergées. L'eau s'éleva si haut dans le pays d'Utrecht que l'on pêchait le poisson de mer dans les fossés de la ville.

Attribuer à cet événement la formation du Zuyderzée serait une hypothèse en contradiction avec les plus anciennes données historiques que nous possédons sur notre pays. Ce grand flux dont parle Wagenaer n'a probablement fait qu'élargir les passes.

En l'an 1334, la Frise souffrit beaucoup d'une inondation qui fit également des dégâts en Hollande et en Zélande. Elle fut produite par une violente tempête qui s'éleva le 23 novembre ; beaucoup de villages furent engloutis et il périt un grand nombre de personnes.

Il n'est fait mention que de quelques-unes des crues d'eau qui ont ravagé les rives du Zuyderzée ; mais l'opinion générale est que cette mer intérieure a été formée graduellement au cours du moyen-âge, alors que l'administration centrale était encore très faible, que chaque district avait à prendre soin lui-même de ses propres digues, que le particularisme battait son plein et qu'aucune autorité supérieure ne pouvait contraindre les provinces à prendre les mesures nécessaires pour défendre leur territoire contre l'invasion des eaux. C'est ce qui nous permet de nous expliquer de la manière la plus satisfaisante comment a pu se former le Zuyderzée.

Anciennement l'espace où s'étend aujourd'hui le Zuyderzée était occupé par le lac Flevo et quelques autres lacs, qui, par l'effet des crues de mer, se sont réunis et ont formé peu à peu le golfe actuel. Cela s'accomplit dans le cours du 12me et du 13me siècle ; toutefois le pays qui s'étendait entre Medemblik, Stavoren et Enkhuyzen n'a été submergé que vers la fin du 14me siècle.

Depuis 1400 les passes qui séparent Texel et Wieringen sont devenues si larges, que l'on put expédier d'Amsterdam et d'Enkhuizen des navires beaucoup plus grands que par le passé. Vers cette époque le Zuyderzée offrait à peu près sa configuration actuelle,

Après avoir exposé les origines du Zuyderzée, je parlerai de « l'agrandissement des Pays-Bas par le desséchement du Zuyderzée ».

Une commission d'État a été chargée d'examiner s'il convenait, dans l'intérêt du pays, d'entreprendre le desséchement suivant les plans proposés par la Société du Zuyderzée, et en cas d'affirmative, de quelle manière ces plans devraient être exécutés. Cette commission a repris de cette Société, le plan de barrage du Zuyderzée au moyen d'une digue, partant de l'écluse d'Ewyk, sur la côte orientale de la Hollande septentrionale, traversant l'Amsteldiep, se prolongeant par l'île de Wiéringen, et allant de sa pointe orientale, en droite ligne, vers le village de Piaam sur la côte occidentale de la Frise. Cette digue de barrage sera longue de 29.300 m., soit environ 5 heures de marche, dans des eaux d'une profondeur moyenne de 3m60 et présentant une coupe verticale de 106m² 700 au-dessous de la marée basse.

A l'abri de cette grande digue, quatre grands polders, entourés de digues, seront épuisés et mis à sec. Le polder de Wieringen ou du nord-ouest comprenant 21.700 hect. de terrains fertiles, sera d'abord asséché ; puis le polder du sud-est, avec une superficie de 98.900 hect. de terrains argileux fertiles ; puis le polder du sud-ouest ou de Hoorn, avec 27.820 hect., et enfin, le polder du nord-est, avec environ 48.900 hect. de terres argileuses lourdes et extrêmement fertiles. Pour obtenir environ 200.000 hect., il faudra un travail dont la durée est évaluée à 33 ans ; mais alors aussi le royaume des Pays-Bas se trouvera agrandi pacifiquement d'une douzième province, au moins aussi étendue que toute la Hollande septentrionale.

Par le barrage, le Zuyderzée, qui est aujourd'hui une mer intérieure salée, deviendra un lac d'eau douce d'environ 145.000 hect. de superficie.

L'estimation de la faculté productive, ou, ce qui revient au même, de la qualité des terres ainsi obtenues, ne repose pas sur l'appréciation subjective de certaines personnes, mais est fondée sur un minutieux examen géologique, ainsi que sur les données scientifiques fournies par MM. les professeurs Van Bemmelen et Adolphe Mayer.

Pour arriver à connaître exactement le fond du Zuyderzée on a exécuté 1049 sondages, en général à une profondeur de 2 à 3 mètres, et l'on a également examiné le sous-sol. Dans les sondages on s'est proposé d'aller à une profondeur qui permît de formuler un jugement décisif. Là seulement où la nature du terrain n'était pas douteuse et où n'apparaissait aucun élément défavorable on s'est arrêté à une profondeur moindre.

Dans les terrains argileux qui seront mis à sec, les matières nutritives sont en quantité si considérable que non seulement les cultures épuisantes seront permises, mais même indiquées jusqu'à un certain point; durant les vingt-cinq premières années les terres ne pourront être fumées.

Au nombre des avantages qui résulteront de la construction du barrage, il ne faut pas oublier que les 320.000 m. environ de digues actuellement existant sur les rives du Zuyderzée, ne serviront plus à l'avenir que comme digues intérieures; ainsi la côte à défendre contre la mer du Nord se trouve réduite par là, à un tiers de son étendue.

Que ce danger et ses conséquences ne sont pas imaginaires, cela nous est prouvé par les inondations qui se sont produites le long du Zuyderzée à la suite de la tempête du 4 février 1825, qui rompit et emporta les digues sur plusieurs points. Les dégâts causés par ce sinistre aux digues, au bétail, aux bâtiments et à l'agriculture s'élevèrent à la somme de 14.000.000 florins, tandis que 371 personnes furent noyées, dont 305 dans la province d'Overyssel.

Un point de haute importance, est la hauteur qu'il conviendra de donner à la digue, pour rendre toute submersion impossible. En fixant la hauteur de la crête on a tenu compte, en premier lieu, du fait que la mer pourrait s'élever vers l'est de la digue à une hauteur égale à celle qui a été constatée à Harlingen dans les fortes marées; en second lieu, d'une crue possible de la mer pendant les tempêtes.

La plus haute marée dont la commission ait eu connaissance, c'est celle qui s'est produite en décembre 1883 à la digue au nord du Drechterland à Andyk. La marée monta alors à $2^{m}30$ au-dessus du niveau d'Amsterdam, tandis que les vagues arrivèrent jusqu'à la crête de la digue, établie alors à 5 m. au-dessus du niveau d'Amsterdam. Pour garantir la digue contre des crues pareilles, on a adopté pour la digue de barrage une hauteur moyenne de crête de 5 m. 40. au-dessus du nouveau niveau d'Amsterdam, soit 5 m. 20 à l'extrémité occidentale et 5 m. 60 à l'extrémité orientale.

La largeur de la crête sera de 2^{m}. Le talus de pierre du côté extérieur devra s'élever à 4 m 50 au-dessus du nouveau niveau d'Amsterdam, et ne pas dépasser l'inclination de quatre sur un, égale à celle des talus de pierre de la digue de Frise, au nord de Harlingen, qui résiste depuis plusieurs années à la rupture et à la submersion.

Sur le versant intérieur de la digue il sera établi un chemin de fer, et une voie carrossable, tant pour relier entre elles la Hollande et la Frise, que pour permettre le transport, à pied d'œuvre, des matériaux nécessaires à l'entretien.

Il sera nécessaire de former une île artificielle sur les bas-fonds du Bréezand dans le Zuyderzée, entre la pointe orientale de Wieringen et le village de Piaam en Frise, pour faciliter et accélérer la construction de la digue, procurer un asile sûr aux ouvriers, un port aux navires et un dépôt pour les matériaux employés à la construction. Cette île aura au nord et au sud un port de 1500 m. de long et 100 m. de large. Il deviendra dès lors possible d'avoir toujours les matériaux sous la main.

L'île achevée, et l'Amsteldiep barré, on pourra commencer la construction de la digue des deux côtés de l'île, à partir de la côte de Hollande et celle de Frise, pour se rejoindre finalement au milieu.

Le coût de la digue de barrage est évalué à 40.500.000 florins et le coût total de l'entreprise à 189.000.000 florins : 194.410 hect. seront ainsi gagnés sur la mer.

Lorsque le barrage aura réduit le Zuyderzée aux modestes proportions du lac d'Yssel, celui-ci continuera de recevoir dans l'Overyssel, les eaux de l'Yssel et du Zwolschediep ; en Frise celles du Linde, du Kuinre et du Tjonger ; dans la province d'Utrecht celles de l'Éem, et enfin dans la Hollande septentrionale celles du Vecht.

Ces fleuves, ces rivières, ainsi que les ruisseaux de la Véluwe, continueront de remplir le lit formé par le barrage et si l'on ne prenait des mesures pour permettre l'écoulement des eaux, celles-ci finiraient par submerger la digue. Pour parer à cet inconvénient, on construira au travers de l'île de Wieringen un canal qui conduira les eaux excédentes jusqu'à une série d'écluses par lesquelles elles se déverseront dans la mer du Nord. Ce sera le plus grand ensemble d'écluses que l'on ait jamais construit.

SUR LES RÉCENTES EXPLORATIONS SOUTERRAINES ET LES PROGRÈS DE LA SPÉLÉOLOGIE

par M. **E. A. MARTEL**

L'étude scientifique de *cavités naturelles du sol* (grottes, abîmes, sources) n'a commencé qu'en 1774, lorsqu'Esper eut établi que les gros ossements des cavernes de Franconie (Gaylenreuth) appartenaient à des espèces animales éteintes et non pas à des géants humains. Mais longtemps après et jusqu'à ces dernières années subsistèrent, au sujet des grottes, une foule d'erreurs et de préjugés. Successivement la paléontologie, l'anthropologie, la zoologie, s'aperçurent que les cavernes leur fourniraient de vastes champs d'observations nouvelles. L'autrichien Schmidl en 1850 fut le premier à se risquer en barque dans les rivières souterraines du Karst (Recca, Adelsberg, Planina, etc.) et à en dresser, avec l'ingénieur Rudolph, de bons plans topographiques.

Il n'y a guère que vingt ans que ses aventureuses investigations ont été reprises sur un plan d'ensemble en Autriche par MM. Hanke, Marinitsch, Müller, Putick, Hrasky, Ballif, Kraus, Riedel, Kriz, Fugger, Siegmeth, etc. Plus récemment encore (1888), j'ai appliqué avec M. Gaupillat, pour la première fois, l'usage du téléphone portatif et des bateaux démontables aux explorations souterraines, et inauguré en France la visite méthodique des grands abîmes ou puits naturels des régions calcaires, particulièrement des Causses. Les découvertes ainsi effectuées et étendues jusqu'en 1900 sans interruption, dans les différents pays d'Europe, ont, pour ainsi dire, renouvelé de fond en comble la *science des cavernes*, la *Höhlenkunde* des Allemands qui, sous le nom français de *spéléologie*, tend de plus en plus à devenir une petite branche spéciale des sciences naturelles, grâce aux résultats inattendus que ses adeptes, de plus en plus nombreux, obtiennent chaque année, particulièrement dans le domaine de la géologie et de l'hydrologie.

C'est pourqoui il m'a paru opportun de présenter ici un très sommaire tableau des principaux de ces résultats, les uns réfutant des hypothèses fausses jusqu'alors acceptées comme vraies, les autres confirmant matériellement des théories justes seulement esquissées, beaucoup surtout apportant des notions absolument neuves.

Topographiquement d'abord on a réduit bien des exagérations : la grotte de Saint-Marcel (Ardèche) n'a que deux kilomètres au lieu de sept d'étendue, — celle du Mammoth-Cave (Kentucky, Etats-Unis), 50 ou 60 au lieu de 241, — les plus creux abîmes connus (Trebič 321 m. et Kačna-Jama 305 m., dans le Karst ; Chourun-Martin 310 m. en Dévoluy, etc.), ne dépassent guère 300 mètres de profondeur, au lieu des kilomètres qu'on leur attribuait, — les plus vastes cavernes d'Europe sont Adelsberg (10 kilomètres) en Autriche, Agtelek (Hongrie), 8 kilomètres 7, Planina (Autriche) 7 kilomètres 3, Bramabiau (Gard) 6 kilomètres 3, etc.

Quatre ouvrages récents ont bien mis au point ce que l'on savait des cavernes à la fin du 19e siècle :

Cvijič, *Das Karst-Phänomen*, in-8°, Vienne, 1893.
Martel, *Les Abîmes*, in-4°, Paris, 1894.
Kraus, *Höhlenkunde*, in-8°, Vienne, 1894.
Martel, *La Spéléologie*, in-12°, Paris, 1900.

Voici le résumé des notions corrigées, confirmées ou nouvelles que l'on y trouvera sur les cavernes.

Conformément aux idées de Schmerling, Virlet d'Aoust, Desnoyers, Daubrée, etc., *les cavités naturelles du sol ne se rencontrent en principe que dans les formations géologiques compactes mais fissurées*, — et les principales causes de leur formation doivent être réduites à deux, la *préexistence des fissures de roches* (failles, diaclases, joints de stratification, etc.) et le *travail des eaux d'infiltration*.

Ce travail des eaux s'exerce par le triple effet de la *corrosion* (action chimique), de l'*érosion* (action mécanique) et de la *pression hydrostatique* (mise en charge sous plusieurs atmosphères de pression, dans les puits naturels ou les hautes diaclases formant réservoirs naturels).

Il faut retenir avant tout que les *fissures du sol ont été, à l'origine, les directrices générales des cavernes.*

Par exception il y a des grottes d'*entraînement* dans les parties sableuses des *grès* de Fontainebleau ou des *dolomies* des Causses, etc., — de *dissolution* dans les gypses et les *sels gemmes*, — d'*explosion* et de *refroidissement* dans les terrains et coulées volcaniques, — etc.

Les tremblements de terre, les anciennes eaux thermales, les expansions de gaz, les décompositions organiques, etc., n'ont pas du tout l'importance qu'on leur a parfois attribuée dans la genèse des grottes.

La controverse sur la prépondérance de l'*érosion* ou de la *corrosion* des eaux est absolument oiseuse : la plupart du temps ces deux modes d'action s'exercent concurremment ; la corrosion l'emporte dans le gypse et le sel gemme, et l'érosion parmi les grottes de roches volcaniques (silicatées) et des rivages marins. Pour les calcaires, il est impossible de déterminer la part précise de chacun de ces deux modes. En tous cas, *on ne peut plus admettre l'opinion qui voulait que l'action mécanique de l'eau fût écartée comme phénomène générateur des cavernes (Ed. Dupont).*

Les eaux d'infiltration pénètrent dans les sols fissurés propres à la formation des cavernes de deux manières : par *suintement* goutte à goutte dans les fentes menues mêmes imperceptibles, — par *absorption* en filets ou courants dans les *entonnoirs* (pertes, bétoires, etc.) bouchés et impénétrables, les *cavernes* à pente douce ou rapide, que l'on peut suivre plus ou moins long, et les *abîmes* ou *puits naturels verticaux*, dernière conquête des spéléologues.

La confusion des nomenclatures des différents pays ou même des diverses provinces d'une seule nation, est absolument inextricable en ce qui touche les points d'absorption, cependant aisés à classer dans l'une des trois catégories ci-dessus.

A l'intérieur des sols fissurés, les eaux s'écoulent en vraies *rivières* absolument analogues à celles de la surface du sol, par un réseau de canaux convergeant des petits aux grands, avec tous les accidents connus des confluents, cascades, rapides, deltas, ilôts, et même petits lacs, le tout sous des voûtes de cavernes tantôt basses jusqu'à être immergées dans l'eau, tantôt élevées jusqu'à 90 mètres (Padirac dans le Lot, la Recca dans le Karst) au-dessus du courant souterrain.

Dès 1835, Arago niait l'existence dans les terrains fissurés (calcaires surtout) de véritables *nappes d'eau*, c'est-à-dire de surfaces d'eau continues et étendues dans tous les sens, comme dans les terrains sablonneux (nappes phréatiques, artésiennes, Grundwasser, etc.). M. Daubrée a insisté aussi pour demander la proscription du terme *nappes d'eau* dans le calcaire. J'ai matériellement démontré, par mes explorations, combien était juste cette idée des deux grands savants et il ne cesse de demander, comme eux, qu'on n'applique l'expression *nappes d'eau* qu'aux terrains meubles, fragmentaires, incohérents, détritiques, où il y réellement *imbibition* de toute la masse grâce à son peu de cohésion et au rapprochement extrême des interstices. Il est fâcheux de voir que des ingénieurs distingués et même encore quelques géologues s'obstinent à qualifier de *nappes d'eau* les réserves liquides accumulées et circulant dans les poches, les couloirs, les galeries, les cheminées qui séparent les unes des autres, à des distances souvent kilométriques, les parties par elles-mêmes *compactes* (sauf en ce qui concerne l'*eau de carrière*) des polyèdres que les mouvements de l'écorce terrestre ont découpés dans les calcaires, les craies, etc. Quelques auteurs ont proposé, pour faire l'accord, le terme de *nappes discontinues* : il est inutile d'expliquer comment ces deux mots en bon français sont inconciliables. Et il faudra que, tôt ou tard, nos opposants se résignent à remplacer, pour les terrains fissurés, leurs malencontreuses *nappes d'eau* par les *poches* et *courants* qui sont la vérité empiriquement établie maintenant. C'est ainsi que Vaucluse, l'illustre fontaine provençale, est le débouché d'un *fleuve souterrain* et non pas *l'affleurement* d'une *nappe*, quoiqu'en puisse dire la légende de la feuille *Forcalquier* de la carte géologique de France au 80.000ᵉ, etc., etc. Les plus grands *lacs* souterrains connus n'atteignent pas cent mètres de largeur, et, dans la forme des réservoirs *naturels du calcaire, ce sont toujours longueur, hauteur et étroitesse qui l'emportent de beaucoup.*

Les fameux *puits de diamant* creusés depuis 1894 par le professeur Nordenskjöld dans les formations *granitiques* de la Suède, où la fissuration avait créé des citernes naturelles inespérées, achèvent de battre en brèche l'extension exagérée de la théorie des nappes d'eau, qui doit se limiter, répétons-le encore, aux terrains meubles ou poreux.

A l'extérieur des sols fissurés les eaux souterraines effectuent leur sortie en des *points d'émergence*, toujours situés, bien entendu, à un niveau inférieur à celui des *points d'absorption*.

Ces points d'émergence sont tantôt impénétrables à l'homme, tantôt, au contraire, ouverts en vastes cavernes, où l'on a pu plus ou moins loin remonter le fil de l'eau à l'intérieur du sol (pendant 7 kilomètres à la grotte de Planina, Autriche, d'où rejaillit la rivière souterraine de la Piuka, absorbée par la caverne d'Adelsberg). Nous verrons plus loin comment et pourquoi il importe de ne pas considérer ces points d'émergence comme de vraies sources, mais comme des *résurgences*.

Résumons d'abord l'hydrologie souterraine des terrains fissurés par la formule suivante :

Les eaux d'infiltration y sont absorbées par les pertes, abîmes et menues fissures du sol, emmagasinées dans les cavernes, et rendues ou débitées par les résurgences.

Et complétons ensuite cette loi générale par certaines autres données plus détaillées, mais non moins essentielles.

L'*origine des abîmes* ou puits naturels, caractérisés avant tout par leur verticalité souvent absolue, a donné lieu aux plus vives controverses.

Les recherches spéciales dont ils ont été l'objet depuis 1888 ont conduit à cette conclusion, — que tous les géologues seront tôt ou tard contraints d'adopter, — qu'il faut les considérer *en principe* comme de colossales *marmites de géant formées de haut en bas par l'action chimique et mécanique d'eaux violemment engouffrées dans de grandes diaclases verticales*. Mes explorations notamment en Irlande et en Angleterre, où les swallow-holes absorbent encore des ruisseaux permanents (à la différence de ceux, à sec, des Causses et du Karst) ne permettent plus aucun doute à cet égard.

Dans les régions montagneuses, les moulins des anciens glaciers peuvent, d'après MM. Viglino et Plunkett, avoir concouru à la formation des abîmes (Alpes-Maritimes et Irlande, par exemple).

La théorie des *orgues géologiques* qui fait des puits naturels des entonnoirs de *décalcification*, uniquement dus à la corrosion chimique, est, sous cette forme absolue, inexacte ; il faut, pour être applicable, qu'elle laisse (comme dans toutes les cavernes) à l'érosion mécanique, la part considérable due à cette dernière. Dans la craie cependant elle trouve de justes applications.

Quant à la théorie *geysérienne*, dans laquelle d'Omalius d'Halloy, puis MM. Sc. Gras, Bouvier, Lenthéric, etc. considèrent les abîmes comme des *cheminées* d'éruption geysériennes, d'éjaculations argilo-sidérolitiques, il faut l'abandonner complètement.

Celle des *effondrements*, qui voit dans les puits naturels des affaissements de voûtes de cavernes au-dessus du cours de rivières souterraines, conserve encore beaucoup de partisans : elle se justifie, en partie, par l'existence de certains immenses gouffres comme à Saint-Canzian (Karst), à Padirac (Lot), aux cenotés du Yucatan (Mexique), et aux hoyos de Colombie, qui sont manifestement des dômes crevés de grottes; mais les récentes explorations ont établi le caractère *exceptionnel* de ce mode de formation qui s'applique certainement à moins de 10 % des puits naturels actuellement visités !

Il en résulte que la fameuse théorie du *jalonnement*, d'après laquelle l'abbé Paramelle voyait « sous chaque rangée de » bétoires (ou gouffres) un cours d'eau permanent ou tempo- » raire, qui les a *nécessairement* produites » est inexacte. L'expérience l'a formellement prouvé.

Environ les trois quarts des abîmes visités n'ont révélé aucune rivière. Très rares sont ceux situés comme Padirac, la Coquillière (Ardèche), S. Canzian ou la Mazocha (Moravie) dans l'axe même du cours d'eau souterrain ; beaucoup, au contraire, de ceux qui ont mené à de tels courants y aboutissent latéralement, à angles plus ou moins aigus, par des diaclases *greffées* sur l'aqueduc naturel intérieur et indépendant de celui-ci (les Combettes, Lot; Rabanel, Hérault; Bétharram, Basses-Pyrénées). Et si, en dernière analyse, c'est toujours vers ces aqueducs de drainage que les abîmes conduisent les eaux infiltrées, à travers les bouchons de débris divers ou d'argile qui ferment leurs fonds aux tentatives de pénétration humaine, la communication n'a réellement lieu que par des *tuyautages* étroits, profonds, contournés et divergeant loin de l'orifice même du gouffre ; caractères restés exclusifs du véritable *jalonnement*.

Comme corollaire de ce qui précède il faut admettre aussi que les dépressions des plateaux calcaires, classifiés, par les Autrichiens, sous le nom de *dolines* du Karst (*cloups* du Quercy, *sotchs* des Causses, etc.) sans qu'on ait pu s'entendre encore sur la définition exacte de ce terme, sont fort loin d'être toujours des *témoins* de cavernes sous-jacentes, obstruées par l'effondrement de leurs voûtes (Kraus, Schmidl, Tietze, etc.); beaucoup au contraire représentent de simples *points d'absorption*, voire d'ex-lacs ou étangs à ancien écoulement souterrain comblé, colmatés actuellement par les apports extérieurs.

A cette question se rattache celle, toujours si controversée, de la formation des cañons par écroulement de cavernes, et des vallées inachevées qui doivent leur origine tant à des causes d'ordre tectonique, qu'aux effets d'une infiltration subitement arrêtée ou considérablement diminuée.

L'aspect intérieur des rivières souterraines fournit d'ailleurs toutes les preuves de cette déchéance de l'infiltration. Il montre aussi que les eaux ont, par l'effet de la pesanteur, une invincible tendance à s'enfoncer de plus en plus bas au sein des roches fissurées, jusqu'à ce qu'elles soient arrêtées par les formations imperméables qui constituent leur *niveau* de *base* ou *hydrostatique*, et qui provoquent leur résurgence (grottes à étages superposés ; faiblesse du ruisseau actuel par rapport au vide produit ; plus grande dimension des étages supérieurs représentant les anciens lits).

Dans certaines régions cet enfouissement a déjà produit des disparitions de sources qui ne laissent pas que d'être inquiétantes pour un avenir plus ou moins lointain.

Ressemblant d'une manière générale au cours des rivières aériennes, celui des ruisseaux souterrains en diffère cependant par la nature des trois obstacles spéciaux qui les sèment : 1° les rétrécissements de galerie parfois réduites à quelques centimètres de largeur ; 2° les éboulements intérieurs formant complets barrages que les eaux doivent traverser ou contourner; 3° et surtout les abaissements de plafonds, où la roche encaissante est de toutes parts immergée, en *voûtes mouillantes* ou *siphons d'aqueducs*.

Plusieurs géologues ont critiqué l'emploi, à ce propos, du terme de *siphon*, voulant, comme les physiciens, en réserver l'application au véritable *siphon de laboratoire* où le tube en U se trouve à la partie supérieure. Théoriquement ils ont raison, mais pratiquement personne ne méconnaît que les hydrauliciens nomment également *siphons* les parties d'aqueducs établies en *vases communicants* pour la traversée des vallées ou de dépressions à franchir entre deux points élevés.

Comme c'est exactement le mécanisme du *vase communicant*, la loi de l'équilibre des liquides, qui conduit les eaux des rivières souterraines d'amont en aval des voûtes mouillantes par dessous des masses de rochers immergées parfois jusqu'à 25 et même 30 mètres de profondeur (tels sont les chiffres considérables donnés par la sonde aux siphons de Vaucluse, — Sauve, Gard. — Creux-Billard, Jura, etc.), on ne saurait guère vraiment exiger la proscription du terme de siphon pour les *siphons d'aqueducs* ou *siphons renversés* des canaux naturels du calcaire, alors qu'il est d'un usage consacré, dans des conditions physiques identiques, pour les amenées d'eau telles que la Vanne (siphons de la vallée de l'Yonne, de Fontainebleau, etc.) de l'Avre (siphon de St-Cloud), etc., et pour certains collecteurs d'égouts. Pour mettre fin à cette petite dispute, je proposerais bien d'appliquer aux voûtes mouillantes des cavernes, le spécial mot d'*hypochète* (passage de l'eau par en dessous, de ὑπο, sous, et ὀχετος, conduit d'eau) : mais le maintien du terme critiqué me paraît encore préférable à la création d'un bizarre néologisme de plus. D'ailleurs il s'est trouvé sous terre de vrais *siphons de laboratoire*, dans des sources *temporaires*, visités en temps de sécheresse (l'Ecluse, Ardèche, — Aluech, Aveyron, — Guiers, — Vif, Isère, etc., etc.)

Quoi qu'il en soit, les eaux arrêtées dans les cavernes par ces trois sortes d'obstacles et surtout par les voûtes mouillantes (qui en restreignent le débit, parce qu'elles comportent toujours une diminution dans la section de la galerie), s'accumulent en amont lors des crues et y forment ainsi les réserves des sources ou plutôt des fontaines du calcaire.

On connaît cependant certains exemples de rivières souterraines où l'eau absorbée peut être suivie d'un bout à l'autre, sans solution de continuité, sans siphons interrupteurs, Nam-Hin-Boune (Laos, sur 4 kilm.), Poung (Tonkin), grotte de Douboca (Serbie). grotte des Échelles (Savoie). Mas d'Azil (Ariège), Bramabiau (Gard). etc. Mais ce sont là des faits exceptionnels assez rares.

On a souvent rencontré sous terre des *siphons désamorcés*, en des moments de sécheresse, où leurs voûtes n'étaient plus immergées, par suite de la baisse des eaux (Martel, à Marble — Arch, Irlande, à Han-sur-Lesse, Belgique, à Pisino, Autriche, etc.) ; d'autres ont pu être tournés, généralement par des *trop-pleins* latéraux, parfois à l'aide de travaux artificiels (MM. Gérard, à Couvin, Belgique ; Hrasky, à Vrsnica ; Carniole, en 1887, etc.) ; M. A. Janet a même eu l'audace de plonger sous un tel obstacle et d'émerger, de l'autre côté, dans le vaste prolongement de la galerie souterraine (à l'embut de St-Lambert, Alpes-Maritimes, 1895).

C'est en amont de leurs siphons que les rivières souterraines, après les pluies, peuvent se mettre en *pression hydrostatique*, sur des hauteurs parfois considérables (70 mèt. ou plus de 7 atmosphères, à la Foiba de Pisino, Istrie, le 15 octobre 1896 ; et même plus de cent mètres dans certains abîmes du Karst, celui de Trebič sur la Recca, par exemple); ainsi s'expliquent en partie, les oscillations de niveau des émergences telles que Vaucluse, la Touvre, la Brème (Doubs), etc., etc. Ces sources dites *Vauclusiennes* (à tort, parce que Vaucluse a certains caractères spéciaux qu'on ne rencontre pas ailleurs) devraient être nommées, d'après moi, sources *siphonnantes* (*abîmes verticaux émissifs* de Fournet).

Ces siphons peuvent avoir une origine tectonique, quand ils sont dus à des plissements locaux de couches ou à de longues inflexions de strates en *fond de bateau ;* dans ces cas l'eau, suivant le pendage général, remonte forcément par un vase communicant, si les strates qui l'enferment sont (comme pour les nappes artésiennes) tout à fait imperméables ou compactes au point de ne lui offrir aucune fissure d'échappement vers des points plus bas. Il en résulte que, comme à Vaucluse, au Creux-Billard (Jura), à l'Ouysse et au Limon (Lot), à Bounillonne (Isère), à Sauve (Gard), etc., *les sources du calcaire peuvent ramener les eaux d'un niveau inférieur à celui même où elles sourdent.* Enfin, c'est de cette manière que naissent souvent à de grandes profondeurs les sources sous-fluviales, sous lacustres (Boubioz d'Annecy) et sous-marines (Méditerranée, etc.), qui sont parfois de puissantes rivières.

On voit combien tout ces détails contribuent à infirmer la fausse théorie des *nappes continues*.

Les hygiénistes ont reconnu et les récentes explorations, ainsi que les expériences de coloration à la fluorescéine, ont achevé de prouver que les sources du calcaire ne sont pas de vraies sources, comme celles filtrées dans des terrains perméables par imbibition ; il est avéré maintenant que, par les fissures du calcaire et de la craie, les eaux d'infiltration peuvent véhiculer d'amont en aval les germes des plus graves maladies épidémiques, notamment la fièvre typhoïde. C'est pourquoi j'ai proposé de retirer aux grosses fontaines du calcaire la privilégiée qualification de source et de les nommer des *résurgences* (réapparitions d'eau), terme qui implique l'idée d'un retour à la surface du sol, après une première circulation extérieure et une seconde intérieure.

J'ai établi aussi que les sources *temporaires* ou *rémittentes*, qui ne jaillissent qu'après les grosses pluies, sont à peu près toutes des *trop-pleins* de sources pérennes, situées plus bas et dans le voisinage.

De même le lac intermittent de Zirknitz (Autriche) est le trop-plein des rivières souterraines qui coulent sous son lit, plus ou moins abondamment selon la précipitation atmosphérique.

Les pluies, en effet, ont une action directe et très rapide sur les eaux souterraines des cavités naturelles de toutes sortes, où l'on a matériellement observé depuis peu d'années l'existence, la fréquence et la brusquerie de véritables crues, parfois formidables (Chevrot à Baume-les-Messieurs 1883, Putick à Planina 1887, Gaupillat à la Coquillière 1892, accidents du Lur-Loch, Styrie en 1894 et de Jeurre, Jura, en 1899, Martel à Padirac, 1896, etc.).

Les variations du régime météorologique se font donc sentir très rapidement, contrairement à ce que l'on a longtemps enseigné, sur les réservoirs de résurgences ; cela achève d'expliquer leurs oscillations, *modérées dans une forte mesure par l'action retardatrice des siphons* (v. suprà), — et aussi les troubles (argiles boueuses) constatés parfois dans leurs eaux (Vaucluse, janvier 1895 ; Saint-Chély-du-Tarn, septembre 1900, lors de l'excursion du Congrès géologique international).

Diverses raisons permettent d'énoncer que les grottes aujourd'hui largement ouvertes d'où sortent encore des ruisseaux accessibles à l'homme (la Balme, Isère ; Bournillon, Isère ; le Brudoux, Drôme ; la grotte Sarrasine, le Lison, la Loue, etc., Jura ; Sarre, Basses-Pyrénées ; Han-sur-Lesse, Belgique ; le Peak, Angleterre ; Planina, Carniole : Rjéka, Montenégro, etc.), ont été pendant un temps la dernière chambre-réservoir, fermée vers l'extérieur, d'un courant souterrain jadis beaucoup plus puissant ; et que, par l'effet de la pression hydrostatique surtout, la cloison rocheuse qui la séparait jadis du dehors a fini par être emportée dans une sorte d'explosion hydraulique qui a laissé béante la grande cavité actuelle.

On a pu pénéter en effet, soit par des trop-pleins à sec, soit par l'étroit canal même de sortie des eaux, dans des grottes à orifice extrêmement resserré, en arrière duquel on a presque toujours trouvé un vaste dôme que les eaux de crue remplissent plus ou moins ; dans ces cas il est avéré que la bonde du réservoir souterrain n'a pas encore sauté.

Et il est infiniment probable que derrière les sources siphonnantes (dites Vauclusiennes), où l'eau remonte de plus bas que son point d'émergence, la dernière caverne-réservoir n'a pas encore éclaté parce que le mur séparatif final reste trop épais, faute d'approfondissement suffisant du thalweg extérieur voisin.

Quand, au contraire, les approfondissements de thalwegs se sont peu à peu accrus jusqu'à leur niveau actuel, il en est résulté des conséquences sur lesquelles j'ai attiré tout particulièrement l'attention : j'ai constaté que, dans toutes les formations calcaires de l'Europe, les dépressions, plus ou moins accentuées, des plateaux possèdent presque toutes une pente générale vers les vallées environnantes ; elles présentent le véritable aspect de thalwegs atrophiés, même de fonds de lacs (bassins fermés) dépouillés de leurs eaux courantes ou stagnantes ; or, partout, du Péloponèse à l'Irlande et de la Catalogne aux Carpathes, on rencontre dans ces *vallées desséchées* (ou même inachevées), des ouvertures de gouffres et de points d'absorption (avens ou bétoires) en si grand nombre qu'ils imposent l'énoncé de la loi géologique et hydrologique suivante : sous l'influence de diverses causes (agrandissement des fissures sous-jacentes du sol, drainage de plus en plus énergique vers les thalwegs principaux s'approfondissant graduellement, etc.), *il s'est produit une fuite progressive des eaux dans le sous-sol des régions calcaires.* On assiste encore à la production du phénomène dans les régions humides de l'Irlande, du Derbyshire, et de Belgique (calcaires carbonifères) ; on l'observe bien moins souvent dans les Causses et le Karst (jurassique et crétacé), au climat plus sec et aux roches peut-être moins dures. Cependant la vallée de l'Alzou à Rocamadour (Lot), en offre un remarquable exemple.

Il en résulte de toute évidence que de tels plateaux calcaires, maintenant *vrais pays de la soif*, n'ont pas toujours eu la désolante sécheresse dont ils pâtissent de nos jours, — que jadis des eaux courantes y circulaient en rivières ou s'y accumulaient en lacs, — que le dessèchement a été provoqué plus ou moins rapidement, à la suite des phénomènes dynamiques, d'ordre tectonique, qui ont ouvert aux eaux les diaclases et autres cassures du sol, — qu'il a été, en maints endroits, activé par le creusement plus rapide de certains thalwegs devenant des vallées maîtresses et soutirant par les cavernes-sources étagées sur leurs rives, des eaux enfouies sur les plateaux latéraux, — et que les abîmes et autres points d'absorption, actuellement à sec, doivent bien être considérés comme les points de vidanges d'anciens fleuves, lacs et peut-être même de mers.

Les phénomènes contemporains de lacs à doubles émissaires (superficiel et souterrain) du Jura et du Karst, les *moulins de la mer* d'Argostoli (île de Céphalonie), les *bassins fermés* (Kesselthäler) à ponors et Katavothres de Bosnie-Herzégovine et de Grèce, les rivières souterraines telles que la Recca, la Piuka (Autriche), Padirac (Lot), Bramabiau (Gard), etc., les *captures* souterraines du Danube par le Rhin (source de l'Aach), près Constance, du Doubs par la Loue (Jura), de la Loire par le Loiret, du Bandiat et de la Tardoire par la Touvre (etc.), les profondes cluses desséchées comme celle si remarquable de la Nesque, qui a dû être l'ancien écoulement aérien de Vaucluse, etc., sont quelques-uns des faits à l'appui des propositions qui précèdent.

Les preuves abondent donc du *processus* qui, dans les pays calcaires, a substitué à une ancienne circulation superficielle très développée une circulation souterraine actuelle très restreinte. C'est la loi, fort grave pour l'avenir, de l'enfouissement constant des eaux dans l'écorce terrestre et du lent et inévitable dessèchement de celle-ci !

Il faut noter que, sous les glaciers, existe aussi toute une circulation d'eaux intérieures. La catastrophe de Saint-Gervais a montré combien elle serait utile à étudier. Malheureusement cette étude présente des difficultés et dangers tout spéciaux qui n'ont pas empêché MM. J. Vallot et Fontaine d'en aborder l'ingrat problème.

La météorologie des cavernes a fourni à la géologie trois notions nouvelles.

La première c'est que la température de l'air n'y a pas du

tout la constance qu'on lui prêtait jadis et que diverses circonstances, généralement d'ordre topographique, arrivent à la faire varier de plusieurs degrés, non seulement suivant les saisons, mais encore d'un point à l'autre d'une même caverne.

La seconde c'est qu'il en est de même pour les eaux des cavernes, et que par suite les *résurgences* (sources du calcaire) sont fort loin de présenter toujours une température égale à la moyenne annuelle de celle du lieu où elles émergent. (*Les Gillardes* du Dévoluy, par exemple, sont refroidies de plusieurs degrés, comme alimentées par les *névés* souterrains de profonds *chouruns*).

La troisième c'est que la formation des *glacières naturelles*, objet de si longues controverses et de si nombreuses théories, a pour cause principale l'action du froid hivernal, et pour causes accessoires par ordre d'importance, les quatre suivantes : 1° forme de la cavité ; 2° libre accès du froid ou de la neige d'hiver ; 3° altitude ; 4° refroidissement par évaporation due aux courants d'air.

L'origine de l'acide carbonique n'est expliquée que pour les mofettes des grottes des terrains volcaniques ; dans les cavernes du calcaire, où il s'est d'ailleurs rencontré fort rarement jusqu'à présent, cette origine reste assez mystérieuse ; on sait seulement qu'on a parfois pris pour de l'acide carbonique des gaz méphitiques provenant de la décomposition de matières organiques engloutics (Katavothres du Péloponèse, etc.). Des analyses d'air pourraient être intéressantes dans ce cas-là.

La relation des cavités naturelles avec les filons métallifères a déjà occupé nos savants collègues, MM. Lecornu (plomb du Derbyshire) et De Launay (Annales des mines, août 1897). Les phosphorites du Quercy se rattachent à cet ordre d'idées.

Dans la Blue-John-Mine (Derbyshire) j'ai pu constater que ce célèbre gisement de galène et de fluorine n'est qu'un extraordinaire labyrinthe *naturel* de fissures, un réseau d'*avens* superposés et réunis par des couloirs plus ou moins inclinés, et absorbant encore de nos jours un ruisseau extérieur qu'on peut suivre jusqu'à 90 m. de profondeur, pour le voir se perdre plus bas encore dans un trou absolument impénétrable, sans qu'on ait réussi encore à identifier le lieu de sa *résurgence*.

En 1892 M. G. Gaupillet a fait la très curieuse découverte

d'une ancienne *mine de cuivre*, d'âge inconnu, à 120 mètres de profondeur, dans l'abîme de Bouche-Payrol, près Silvanès (Aveyron).

Dans le Taurus Cilicien (Asie-Mineure), à Bulghar-Dagh, M. Brisse a reconnu que des gisements de plomb, modifiés et déplacés par la circulation de véritables rivières souterraines, ont fait place à des grottes béantes, etc., etc.

Il n'est plus contesté maintenant que la *Terra Rossa* du Karst, *Terre rouge* des cavernes, soit avant tout le résidu de la *décalcification* des roches calcaires.

Sur les dépôts de carbonate de chaux qui forment les stalactites et stalagmites des cavernes et les tufs des résurgences, il n'y a guère à ajouter à ce qu'on sait depuis longtemps, si ce n'est sur le mode tout spécial de formation des *gours* ou barrages de stalagmite dressés en travers du cours des rivières souterraines par suite de leurs oscillations de niveau et des intermittences de leurs flux ; et aussi sur le danger que présentent les amas de tufs, beaucoup plus fissurés et moins solides qu'on ne le pensait jusqu'ici (éboulements de Saint-Pierre-Livron, Lot, en 1897, de la Tuffière, Ain, en 1896, etc.).

Le *mode de remplissage des cavernes* doit nous arrêter un instant : Je suis tout-à-fait d'accord avec M. Boule pour abandonner les idées de cataclysmes et d'inondations diluviennes des anciens, et pour considérer le remplissage comme effectué surtout par l'introduction des terres superficielles à travers les fissures des voûtes de grottes, sous l'influence de précipitations atmosphériques plus abondantes qu'à présent. Il pense qu'à ces deux principes généraux il faut ajouter les détails suivants.

Le remplissage s'opère différemment suivant la nature des cavités et ne saurait être le même pour les abîmes et autres points d'absorption, que pour les grottes des résurgences par exemple. Il y a lieu, en réalité, de distinguer et de ranger dans l'ordre d'importance que voici, les différents facteurs du remplissage des cavernes.

1° Apports extérieurs (anciens ou contemporains) par les fissures des voûtes ;

2° Éboulement par délitement des roches encaissantes, sous l'action des eaux d'infiltration ;

3° Effondrements par grandes masses, dus surtout aux rivières souterraines ;

4° Décalcification produisant la terre rouge (entraînement du carbonate de chaux des roches encaissantes par les eaux chargées d'acide carbonique et mise en liberté de leur silicate d'alumine, oxyde de fer, etc.)

5° Obstruction par les stalagmites et stalactites ;

6° Entraînement d'alluvions extérieures et de débris organiques dans les abîmes et points d'absorption ;

7° Formation de tufs au débouché des résurgences ;

8° Amoncellement de neiges et glaces dans les puits à neige et les glacières naturelles ;

9° Amoncellement des ossements d'animaux (tombés ou jetés, vifs ou morts) dans les abîmes de peu de largeur.

Pour savoir si ces fonds d'abîmes ne livreraient pas, comme je le suppose, des superpositions de carcasses fossiles plus anciennes que les trouvailles de M. F. Regnault dans les *oubliettes* de Gargas, etc., et remontant jusqu'aux âges tertiaires, les paléontologues attendent que l'on entreprenne des fouilles, qui seraient certes longues et coûteuses, dans toute la hauteur des *talus d'éboulis* des fonds de gouffres, qui (entre 50 et 300 mètres sous terre) peuvent atteindre et dépasser cinquante mètres d'épaisseur.

Les travaux pratiques de désobstructions de pertes, dessèchement de marécages, recherches de réservoirs naturels n'ont encore été entrepris utilement qu'en Autriche, Bosnie-Herzégovine et Grèce. Ils seraient bien opportuns dans diverses localités françaises.

Tel est le résumé, très sommaire, de ce qu'il convient de corriger ou d'ajouter pour mettre au point, en ce qui concerne la géologie et l'hydrologie, les notions scientifiques acquises sur les cavernes à la clôture du XIXe siècle.

OBSERVATIONS GÉOLOGIQUES SUR LES GROTTES DE LA CURE ET DE L'YONNE

par M. A. PARAT

L'étude des cavernes peut fournir à la géologie de nombreuses observations ; elle a, en effet, à examiner : 1° les diaclases des terrains calcaires, leur origine, leur transformation en galeries, par la corrosion et par l'érosion ; 2° le creusement des vallées dont les grottes dépendent et le régime des rivières ; 3° les anciens dépôts meubles de la région et les alluvions amenés dans les cavités ; 4° la faune et l'industrie humaine des époques reculées, enfouies dans le remplissage. Ce sont ces différentes observations que j'ai faites dans les soixante grottes que j'ai déjà explorées, en tout ou en partie, sur une centaine que possède le département de l'Yonne. Le but principal était sans doute la recherche des documents archéologiques, mais la géologie, qui doit être la base de pareils travaux, ne pouvait être oubliée ; les grottes ont toujours été déblayées jusqu'au plancher rocheux, et on a relevé le profil des planchers et des voûtes, observant et notant surtout les divers remplissages et tout ce qui peut intéresser le géologue (1).

C'est dans la bordure N.-W. du massif granitique du Morvan, c'est-à-dire à l'extrême limite du bassin de la Seine, au S.-E., que sont groupées, sur une petite étendue, presque toutes ces grottes. Elles sont situées un peu en amont du confluent de l'Yonne et de la Cure, dans les escarpements de leurs méandres encaissés.

Les premières, en partant de l'est, se trouvent dans la vallée de l'Armançon, rivière assez considérable, qui se réduit considérablement au niveau de la grande oolithe ; elles sont au nombre de deux. Plus loin, le Serein a de nombreux engouffrements ; il se tarit l'été à un endroit pour reparaître plus bas ; il y a quatre grottes dans sa vallée. Au-delà commence la région des affaissements qu'on appelle généralement *crots* quand ils sont secs, et *soilles* quand ils gardent l'eau. Ces fosses atteignent

(1) La notice détaillée des grottes se publie depuis 1894, dans le *Bulletin de la Société des Sciences de l'Yonne* (Auxerre) ; la notice générale a paru dans le *Congrès international d'Anthropologie*, 1901, Paris, Masson.

jusqu'à 15 mètres de profondeur : elles sont nombreuses à la partie supérieure de la grande oolithe, caractérisée par des caillasses à lits de silex rubané. En avançant vers l'Ouest, ces cavités s'élargissent en perdant de leur profondeur ; mais on trouve, par exception, dans les calcaires lithographiques de Vermanton une fosse, visible sur 26 mètres, qui s'est ouverte récemment au milieu d'un crot évasé de 50 mètres de diamètre.

On arrive à la Cure, en traversant le Vau-de-Bouche où l'on remarque la perte du ruisseau et la présence de cinq grottes ; c'est le point central des excavations : le Corallien est formé d'un massif de blocailles, très fissuré, reposant sur la Grande Oolithe, avec interposition de quelques bancs assimilés à l'Argovien, que traversent de nombreuses diaclases ; et c'est au niveau de ces trois étages que se sont formées la plupart des cavités. On compte une trentaine de grottes autour d'une anse, entre Saint-Moré et Arcy, elles déterminent le passage des eaux de la rivière à travers la colline ; la Cure elle-même n'est qu'un filet d'eau l'été. On passe enfin à la vallée de l'Yonne, ouverte dans un massif coralligène, riche en petites cavités, où se perdent la plupart des ruisseaux du plateau voisin, tels sont les rus de Vau-Donjon, de Tameron, de Brosses, de Lichères.

Ces grottes sont des galeries droites, horizontales, dirigées S.-N., comme les diaclases qui sillonnent le terrain ; il y a parfois des coudes, des boucles, ou bien la galerie est accompagnée, sur le côté, de chambres qui l'élargissent sans en changer l'aspect. Les unes finissent brusquement, d'autres s'allongent en boyau ; les Goulettes, qui dérivent la rivière en partie, ont un kilomètre de longueur, la Grande grotte d'Arcy mesure 876 mètres, les Fées, 150 mètres, mais la dimension commune est de 10 à 20 mètres ; leur largeur est le plus souvent de 2 à 6 mètres, rarement de 10 à 15 et par exception 35 mètres au niveau des chambres.

Dans le récif corallien, les grottes sont placées sans ordre, à toutes les hauteurs ; mais dans les calcaires mieux stratifiés, elles sont quelquefois disposées par séries, c'est-à-dire dans les mêmes bancs, ce qui n'empêche pas les grottes de la même série d'être situées à des hauteurs différentes, quand les couches s'inclinent, comme à Saint-Moré, de l'Est à l'Ouest, ou sont découpées par des failles, ce qui étage les grottes de 50 à 30 mètres dans les mêmes bancs. Par suite du plongement anormal des couches au N.-W., on reconnaît à Arcy, dans la branche d'aval, la même série de grottes qu'on voit à Saint-Moré ; mais au lieu d'être à 30 mètres au-dessus de la Cure, on les trouve au niveau même de la vallée.

Le Creusement

La formation des grottes, qui résulte de l'agrandissement des diaclases, est l'œuvre des eaux agissant par corrosion et par érosion.

Les failles ne manquent pas dans la bordure du Morvan, et l'on en trouve deux grandes sur la mince bande de 10 kil., qui sépare le massif granitique, de la région des grottes. La Cure, dans son cours moyen, suit elle-même une faille qui accuse une dénivellation de 100 mètres.

Quelle époque faut-il assigner à la formation de toutes ces cavités ? Ont-elles un rapport étroit avec le creusement des vallées, comme il est naturel de le croire ? Si l'on examine les fosses situées sur les plateaux, on voit qu'elles sont d'époques différentes ; ainsi les unes sont remplies de l'argile sableuse de l'éocène et conservent l'eau, d'autres, à côté, et c'est le plus grand nombre, en sont dépourvues et sont toujours à sec : ces dernières seraient donc moins anciennes que les autres. Mais comme les eaux qui opèrent un creusement par érosion « ont besoin d'être attirées en contre-bas par le vide d'une vallée », il s'en suivrait que l'âge des grottes serait le même que celui des différents thalwegs que la rivière a parcourus. Deux observations me paraissent cependant ici, contredire cette conclusion : 1° On voit des cours d'eau abandonner leur canal, régulièrement tracé jusqu'au confluent, et se frayer un passage sous les collines bordières ou même se créer un autre lit sous leur lit normal, au sein de roches résistantes ; 2° Les alluvions fines des grottes, sans issue, situées à 50 mètres, comme au niveau de la vallée, présentent une stratification parfaitement réglée ; or, si les dépôts s'étaient effectués au fur et à mesure de l'élargissement et de l'approfondissement des cavités, les strates montreraient de la confusion dans tous les sens. Cette dernière observation tendrait à indiquer le creusement préalable de ces grottes, à celui des vallées et indépendamment de lui, au moins pour la plus grande part. Le voisinage des grandes failles et la présence de failles locales sont l'indice de profondes cavités d'une grande étendue, et les eaux pouvaient trouver là, à travers les diaclases, leur écoulement naturel.

Le Remplissage

Après le creusement par corrosion est venu le remplissage sous différentes formes ; mais le plus important et le plus caractéristique, est celui qui s'est produit par l'éboulis des parois. Jusqu'à un certain moment, les eaux courantes et d'infiltration amenaient le sable et l'argile dans des galeries intactes, aux parois polies par la corrosion ; puis les éboulis ont commencé à se mêler aux alluvions et finalement ont formé seuls le remplissage. Cette transition du creusement par corrosion, au remplissage détritique, est l'indice d'un changement de régime, que la faune pourrait nous faire connaître si les fossiles des grottes n'étaient pas dus aux seuls apports de l'homme, c'est-à-dire incomplets. On peut signaler dans la Grande grotte d'Arcy, où il n'y a pas trace du séjour des primitifs, la découverte de l'hippopotame dans le limon de rive, tandis que les autres grottes n'ont fourni que des *espèces froides*. Quoi qu'il en soit, le refroidissement et l'assèchement graduel de l'atmosphère ont dû être les grands facteurs de ce changement.

Le mode de remplissage des grottes est le suivant, par ordre de superposition : argile résiduelle ou alluvions, dépôts de concrétions, éboulis des parois encaissantes toujours mêlés à argile jaune des dernières alluvions ou du sol supérieur, argile rouge-brun des plateaux, sans parler des dépôts accidentels comme les ossements, galets, silex, etc., apportés par l'homme. Mais les grottes n'ont pas toutes la série complète de ces matériaux, c'est l'exception : quelques-unes sont restées telles que le creusement les a faites ; d'autres montrent le limon brun, le dernier venu, reposant sur le plancher rocheux ou sur les alluvions ; le plus grand nombre possède les alluvions et les éboulis.

Le premier remplissage est la couche d'alluvions rarement mêlée de quelques débris des parois, ce qui prouve que le creusement s'est fait presque toujours par corrosion. Ces alluvions sont des cailloux roulés du Morvan, mêlés de sable granitique, dans les grottes situées au niveau de la vallée ; ce dépôt souvent bruni par le manganèse est recouvert d'une couche d'argile sableuse gris-verdâtre, et d'une autre plus épaisse d'argile jaune, cette dernière est seule fossilifère (les Fées, le Trilobite, l'Hyène, le Cheval). Dans les grottes basses fermées (les Fées) et dans les grottes situées de 30 à 50 mètres (la Roche Percée, l'Homme, le Mammouth, etc.), les alluvions sont composées de sables quarzeux blancs ou jaunâtres, d'argile blanche, jaune, rouge, quelquefois brune par suite du manganèse et se délitant parfois en feuillets ; mais la plus grande masse est formée d'argile sableuse, et dans deux grottes, à 30 mètres, le sable granitique est trouvé intercalé. L'argile résiduelle, qui est peu considérable, se distingue de l'argile d'alluvion, en ce qu'elle n'est pas homogène et toujours sans stratification.

Ces sable et argile, qu'on trouve sur une grande épaisseur à 50 mètres (La Roche-Percée), et de même à 2 mètres (les Fées), sont des dépôts de l'époque tertiaire éocène (Sparnacien *continental*). On les rencontre encore çà et là, sur la bordure du Morvan, dans des fentes ou des cuvettes, associés ou non à des grès sauvages empâtant parfois des silex crétacés. Ces grès, qu'on a pris autrefois pour des roches erratiques, faisaient partie des couches tertiaires dont les vestiges ont été conservés dans les grottes et dont la puissance nous est révélée par ce fait, que leur érosion s'est prolongée durant toute l'époque du creusement de la vallée, puisqu'on les retrouve à tous les niveaux. L'existence de cet épais manteau de terres fertiles recouvrant les surfaces arides des plateaux calcaires a contribué, à l'époque quaternaire, au développement d'une faune qui comprenait en même temps l'éléphant, le rhinocéros, le bœuf, le cheval, les cerfs du Canada et élaphe, le renne, le saïga, le bouquetin dont les débris gisent dans le remplissage inférieur des grottes.

Les concrétions de calcite forment le deuxième dépôt et semblent postérieures aux dernières alluvions. Toute une grotte d'Arcy, la plus grande, est tapissée de stalactites, de stalagmites et d'incrustations. C'est une curiosité de la Grande grotte visitée par Buffon, décrite par Daubenton et d'autres et dont M. Vélain a dit* : « c'est un sujet complet d'études et, en même temps, un objet de curiosité méritée qu'on ne trouve peut-être nulle part réunis avec autant d'expression. » Ailleurs les concrétions sont rares ; ainsi, à côté, dans la longue galerie des Fées, il n'en existe pas. Il y a cependant des grottes aujourd'hui très sèches et qui étaient garnies de concrétions au début du remplissage, car on en retrouve les débris à la base des éboulis (l'Homme). D'ailleurs on rencontre de ces traces dans presque toutes les grottes, au niveau inférieur.

La couche d'éboulis forme le remplissage le plus général des grottes; il atteint jusqu'à 6 mètres d'épaisseur, mais son maximum est à l'entrée et souvent l'éboulis se limite à cette partie. La formation des éboulis, dans les grottes, est généralement lente; parfois elle est rapide (la Cabane), où il s'est amoncelé 4m50 de détritus depuis l'âge du bronze, et près de 3m50 depuis l'époque gallo-romaine; le toit qui s'est reculé de 10 mètres finira par disparaître.

Il serait donc impossible, d'après de telles données, d'établir une chronologie de ces sortes de dépôts; mais à en juger par la conservation parfaite des ossements à l'entrée des grottes, exposés aux alternatives de sécheresse et d'humidité, il faudrait admettre pour l'époque quaternaire un remplissage tel que les ossements fussent recouverts assez rapidement. On peut connaître, grâce aux fossiles, l'âge relatif de ces éboulis; les uns embrassent toute l'époque des cavernes (les Fées, le Trilobite), les autres sont du début et s'arrêtent avec le rhinocéros (le Mammouth). D'autres vont plus loin et finissent avec l'ours et l'hyène (l'Homme); enfin il en est qui se sont formés à la fin seulement et n'ont que le renne (le trou de la Marmotte).

Le remplissage d'éboulis est formé par une masse pierreuse, mélangée à une partie terreuse plus ou moins abondante et plus ou moins grasse. Dans les grottes au niveau de la vallée, les alluvions limoneuses et même sableuses sont venues longtemps se mêler aux détritus; de plus, les diaclases, dans toutes les grottes, ont laissé passer, au moyen des eaux d'infiltration, l'argile et quelque peu de sable des couches tertiaires. Par suite du tassement se produisant dans une terre humide, le remplissage détritique a formé une sorte de blocage solide et même de brèche quand la calcite est intervenue, ce qui a préservé ces couches du remaniement par les fouisseurs.

La dernière couche de remplissage est bien différente de la précédente, elle contient quelque rares pierres en forme de dalles, mais elle se compose, sur 20 à 80 c. d'épaisseur, d'une argile grasse, rouge-brun, qui se sépare toujours nettement de la couche jaune, calcarifère sous-jacente. Elle s'est introduite, du dehors, par les cheminées ou fissures où on la trouve encore engagée et quelquefois cimentée par la calcite ; elle a été aussi amenée. dans les grottes basses, sous forme d'alluvions. C'est la même argile que celle qui se voit sur les plateaux, dans les dépressions des pentes ou sur les dernières alluvions anciennes. Ce *limon des cavernes*, « identique de tous points avec la partie rubéfiée des plateaux et des pentes (1) » n'a rempli les cavernes, dans notre région, qu'au retour du régime humide de l'époque des tourbières. C'est donc là un produit nouveau, différent du remplissage quaternaire des grottes qui est l'analogue du loess ; et sa présence indique un changement de régime dont l'action s'est exercée un certain temps pendant lequel les grottes n'ont reçu ni le remplissage, ni les débris accoutumés de faune et d'industrie. Aussi voit-on le remplissage jaune s'arrêter après la faune abondante du renne et du cheval et la couche brune reprendre, sans transition, avec une faune d'espèces actuelles et même domestiques : cochon, mouton, cerf, chevreuil, etc., où le cheval est extrêmement rare. Il y aurait là, avec l'arrêt plus ou moins prolongé du remplissage, une lacune ou hiatus dans l'occupation de l'homme.

Cette présence de l'homme au milieu des éboulis ajoute à l'intérêt des observations ; on l'y retrouve à toutes les hauteurs et sans interruption dans les débris de ses repas et de son industrie. Les ossements, en effet, à part ceux des repaires, où ils sont entiers ou cassés transversalement, et appartenant à toutes les parties du squelette, dénotent l'apport et l'action de l'homme. Les alluvions caillouteuses des bas niveaux et les dépôts argilo-sableux des grottes élevées en sont totalement dépourvus ; partout ailleurs, soit dans les limons de rive, soit dans les éboulis, ils sont associés aux débris de l'industrie, ils appartiennent seulement à certaines parties du squelette de certains animaux, toujours les mêmes ; ainsi, en dehors des repaires, les ossements d'ours et d'hyène font presque entièrement défaut, quoique les dents soient abondantes ; enfin, les ossements sont très fragmentés dans leur diaphyse, longitudinalement, et sont associés à de nombreuses dents isolées.

On voit qu'au moment de la première occupation des grottes par l'homme primitif, la vallée était à peu de chose près dans

(1) Traité de géologie par A. de Lapparent, 4e édition, p. 1618 et suivantes. Paris, Masson.

l'état actuel ; il commence à les visiter en même temps que se dépose, jusqu'à une grande hauteur, le limon de rive jaune qui succède aux alluvions caillouteuses, et avant que se produise l'éboulis des parois. La faune complète des *espèces froides* de l'époque quaternaire y a été reconnue ; mais la découverte à la Grande grotte d'Arcy, au même niveau et dans les mêmes limons que les autres, d'un petit hippopotame que M. Gaudry rapporte à l'*amphibius* (1), fait penser que l'arrivée des Primitifs dans ces grottes coïncide avec la période de transition et que l'homme des cavernes a pu connaître, à leur déclin, les derniers représentants de l'époque des alluvions.

La Cure, en effet, qui a encore des crues de 4 mètres au-dessus de l'étiage (1836), atteignait un niveau plus élevé et devait avoir un régime plus régulier ; ainsi la grotte des Fées, dont le plancher est à 5 mètres, a son remplissage inférieur, sur 1 mètre, formé de limon de rive, la grotte du Trilobite, à côté, montrait dans l'éboulis de la couche magdalénienne, à 6 mètres 50, des lits de sable fin. Ces observations concernent l'époque paléolithique ; l'époque suivante, dite néolitique, marque un retour au régime humide, et les grottes sont inondées de nouveau ; aux Fées, la couche brune, qui est un limon de rive, s'élève de 7 à 8 mètres au-dessus de l'étiage. Pour l'époque romaine il y a de même un repère qui montre la Cure laissant à 5 m. 60 un dépôt de cailloux et de sable datés par des médailles du IVe siècle et de la poterie (la Cabane).

De l'ensemble des observations faites sur la géologie, la faune et le mobilier, on pourrait résumer de la façon suivante la chronologie relative des grottes dans le bassin de la Seine :

1ère Période. — Creusement des grottes par corrosion. Les alluvions de sable fin et de limon succèdent aux dépôts caillouteux et s'élèvent à une hauteur considérable. La faune comprend toutes les grandes espèces *froides* de l'époque quaternaire et peut-être l'hippopotame, ce sont : les grands cerfs, le rhinocéros, l'ours, l'hyène, le mammouth, le renne, ce dernier rare. Le mobilier, fourni surtout par les roches des environs, est du type moustérien, toujours associé à quelques amandes plates de Saint-Acheul.

2ème Période. — Le creusement s'arrête, le remplissage

(1) La détermination des espèces a été faite au Muséum, par M. Marcellin Boule.

détritique commence, indice d'un refroidissement prononcé et d'une humidité intermittente des grottes, produisant des alternatives favorables à l'éboulis. Les alluvions fines atteignent, au début, un niveau bien supérieur aux plus grandes crues actuelles et s'intercalent dans les détritus. La faune comprend les mêmes espèces qui disparaissent peu à peu, à l'exception du renne qui se propage ; le saïga et le renard bleu se montrent. L'industrie est, à la base, du type moustérien, mais la plus grande partie est du type magdalénien ; on y a trouvé des os dessinés, et plus haut le type solutréen.

3ème Période. — Le remplissage d'éboulis continue, mais borné à quelques grottes ; dans les autres, il s'est arrêté après la faune de l'ours ou du mammouth. Les alluvions n'interrompent plus la masse des éboulis, mêlés à une argile maigre et calcarifère. La faune ne compte plus que le renne, le cheval et le bœuf. L'industrie est du magdalénien, sans rien de particulier.

4ème Période. — Le remplissage s'est arrêté partout, indice d'un régime sec et froid. La faune et l'industrie de cette période sont inconnues, en l'absence de tout remplissage. Cette dernière phase se déduit : 1° de la marche normale des phénomènes de l'époque des cavernes ; 2° de l'apparition brusque de l'argile rouge-brun, au-dessus de la couche jaune d'argile maigre calcarifère, dont elle se sépare nettement, ce qui suppose un arrêt du remplissage quaternaire représentant du loess, et l'action prolongée de causes nouvelles transformant à l'extérieur le loess en limon gras, rubéfié ; 3° de la présence, sans transition, d'une faune toute différente de l'ancienne et d'une industrie *sui-generis*. L'homme et les derniers animaux de la faune quaternaire auraient émigré ou se seraient éteints au début de cette période.

LISTE DES GROTTES DU DÉPARTEMENT DE L'YONNE

Vallée de l'Yonne

Druyes. Grotte de Saint-Romain, Cave aux Fées.
Festigny. Grotte de la Dame P N (1).
Châtel-Censoir. Grotte des Fées O.

(1) P veut dire paléolithique, N néolithique, O sans résultats.

Merry-sur-Yonne. La Cabonde N, le Four O, la Cave O, une sans nom; 12 grottes au Saussois, une N, les autres O ; la Roche-au-Loup P N à Ravereau et 5 autres grottes (une N).
Brosses. La Roche-Creuse O.
Mailly-le-Château. 9 petites grottes O.
Verlin. Une grotte (dans la craie).
Chaumont. Une grotte (dans la craie).

Vallée de la Cure

Foissy-lès-Vézelay. 2 petites grottes dans le quarz d'épanchement.
Vézelay. Une grotte.
Voutenay. Le Repaire P N, la Roche-au-Laurron P N.
Girolles-les-Forges. 3 grottes N.
Précy-le-Sec. La-Roche-à-la-Grange N, la Roche-à-l'Autel O.
Saint-Moré. La Roche-Moricard N, la Roche-à-Vinaigre, l'Abri du Lavoir, l'Hogane O. le crot Cana, le Puits O, la Marmotte P N, le Crapaud N, le Tisserand O, le Tunnel O, la Roche-Percée N, la Maison N, Nermont N, le Couloir O, la Cuiller N, les Vipères O, les Blaireaux P N, l'Homme P N, le Mammouth P N, l'Entonnoir O, la Cabane N.
Arcy-sur-Cure. Les Goulettes, 3 petits abris ou grottes, le Grand-Abri des Fées, le Petit-Abri, les Fées P N, le Gouffre, la Chambre-Haute O, l'Ours P N, le Trilobite P N, l'Hyène P N, le Cheval P N, la Grande-Grotte, les Nomades, les Sapins, le Chastenay.

Vallée du Cousin

Fontaubert. Une petite grotte dans le quarz d'épanchement.
Vault-de-Lugny. Une grotte.

Vallée du Serein

Marmeaux. Une grotte.
Civry. Une grotte à Villers-Tournois.
Grimault. La Grande Gueule N, une autre.
Poilly-sur-Serein. Une grotte.

Vallée de l'Armançon

Cry. Le Larry-Blanc.
Fulvy. Une grotte.

SUR LE TERRAIN JURASSIQUE DE MADAGASCAR

par M. **H. DOUVILLÉ**

Les connaissances que nous possédons sur le terrain jurassique de Madagascar se complètent peu à peu, grâce aux matériaux rapportés presque chaque année par les explorateurs.

Malheureusement l'importance des altérations superficielles, la nature minéralogique des dépôts qui souvent sont à l'état de sables ou d'argiles et surtout le manque de bonnes coupes naturelles, rendent les études stratigraphiques extrêmement difficiles. En outre les couches secondaires sont généralement très peu inclinées, souvent presqu'horizontales et leurs superpositions sont rarement observables. Aussi les explorateurs se sont-ils presque toujours bornés à recueillir des fossiles. Quelques-uns d'entr'eux, cependant, nous ont fourni des renseignements intéressants sur la nature des couches observées, et grâce à ces indications, il nous paraît possible dès maintenant de nous faire une idée de l'allure et de la constitution des couches jurassiques dans la grande île africaine.

C'est M. Grandidier qui a signalé le premier le grand développement des couches jurassiques dans la région Ouest de Madagascar et les premiers fossiles ont été étudiés par Fischer (1); mais c'est à tort que ce naturaliste a signalé des espèces liasiques ; ce premier gisement exploré dans la région du Sud-Ouest ne comprenait vraisemblablement que des espèces bathoniennes et calloviennes.

La région du Nord-Ouest a été explorée ensuite par le Rev. R. Baron (2), qui a publié ses observations en 1889 ; les fossiles qu'il avait recueillis ont été étudiés par R. B. Newton en 1893 (3) et 1895 (4).

(1) C. R. Ac. sc., vol. 76, 1873, p. 111.
(2) Q. J. G. S., vol. 45, p. 305 ; 6 mars 1889.
(3) Q. J. G. S, vol. 45, p. 334, pl. XIV.
(4) Ibid, vol. 51, p. 72, pl. II et III.

Plus récemment M. Villiaume (1) a publié un essai d'une coupe transversale dans la région de Morondava; il a exploré ensuite avec beaucoup de soins les couches charbonneuses signalées depuis longtemps dans la région de Nossi-Bé; les résultats des dernières recherches ont été l'objet de deux communications faites à l'Académie des Sciences dans sa séance du 5 Juin 1900 (2). Tout dernièrement nous avons encore reçu un nouvel envoi de fossiles de la même région provenant d'une seconde campagne d'exploration.

Enfin M. Boule nous a fait connaître à diverses reprises les récoltes faites par divers explorateurs et en particulier par M. E. Gautier, chef du service de l'enseignement, et par M. Bastard.

Tous ces observateurs sont d'accord pour nous indiquer que les roches de beaucoup les plus répandues dans les plaines à l'Ouest de l'Imérina, sont les grès de texture et de couleurs variables, le plus souvent rouges, mais quelquefois aussi jaunes ou blancs; ils sont plus ou moins mélangés d'argiles et de schistes. M. Baron avait déjà observé que ces grès sont presqu'horizontaux et présentent parfois des formes singulières, résultat des érosions énergiques auxquelles ils sont soumis; ainsi dans la région du Nord-Ouest la colline d'Angoraony, au S.-E. d'Anorontsonga, est tellement découpée que de loin elle rappelle le profil d'une vaste cathédrale. Ces grès sont tout aussi développés dans le Sud-Ouest, comme le montre la coupe donnée par M. Villiaume, et dans le Nord ils forment presqu'entièrement l'île de Nossi-Bé et la presqu'île qui s'étend à l'ouest de la baie de Passandava. Les couches en sont toujours peu inclinées, de 5 à 8°, dit M. Villiaume, et elles se prolongent bien loin sous la mer formant une sorte de plateau sous-marin qui s'étale en bordure du littoral. Dans cette dernière région, ces grès présentent des intercalations de schistes charbonneux gris ou noirâtres, renfermant une faune marine qui se rattache bien nettement au lias supérieur (*Amm.* cf. *serpentinus*, *Amm.* cf. *metallarius*, *Amm.* cf. *Dumortieri*); l'étude de la flore a conduit M. Zeiller à des conclusions analogues au sujet de l'âge de ces couches.

(1) Bull. Soc. Geol. Fr., (3), t. XXVII, p. 385, 19 juin 1895.

(2) Douvillé, sur les fossiles recueillis par M. Villiaume dans les roches charbonneuses de la région de Nossi-Bé. — Zeiller, sur les végétaux fossiles recueillis dans les mêmes couches.

Il résulte de ces observations qu'une partie tout au moins des grès inférieurs, qui jusqu'alors avaient été rapprochés de la formation triasique du Karoo, appartient en réalité au Lias; la présence de grands moules de bivalves signalés par M. Villiaume dans certains grès rouges dans les environs du Moroudava rend vraisemblable l'existence du même niveau supérieur dans la formation gréseuse du Sud-Ouest.

Dans la région de la Zongoha au Sud de la baie de Passandava, on voit affleurer un calcaire noir avec *Amm.* cf. *serpentinus*, *Ostrea* cf. *Beaumonti*, *Eopecten*, *Zeilleria sarthacensis*, *Spiriferina*, n. sp., qui paraît occuper un niveau un peu plus élevé et présente déjà des affinités bajociennes; c'est vraisemblablement la partie supérieure du Lias supérieur. C'est probablement à ce même niveau qu'appartient le calcaire noir signalé à l'O. d'Ankaramy par le Rév. Baron et dans lequel M. Newton signalait la présence de *Rh. tetraedra* et de *Zeilleria perforata*; cette dernière espèce est tellement voisine de *Z. sarthacensis* que les deux noms s'appliquent probablement à la même forme. C'est donc à juste titre que M. Newton aurait signalé dès 1889 la présence du Lias dans l'île de Madagascar. Ce même niveau avec *Amm.* cf. *serpentinus* (?), petit échantillon rappelant les formes du Lias supérieur de la Perse, *Lima* cf. *punctata*, *Astarte* cf. *subtetragona*, *Pecten* cf. *Hedonia*, nombreux Gastropodes à rapprocher des genres *Trochus*, *Littorina* et *Pleurotomaria*, *Rhynchonella triplicata*, *Stomechinus*, a été retrouvé par M. Villiaume dans l'île même de Nossi-Bé; la roche est brun foncé, très ferrugineuse et très dure et les fossiles y sont à l'état de moules d'une conservation médiocre.

Le *Spiriferina* cité plus haut est bien identique à l'espèce qui avait été signalée dans la région du cap Saint-Vincent par M. Boule (1), d'après les récoltes de M. E. Gautier; il y est également associé à des *Harpoceras* de forme liasique.

A l'Ouest de la zone des calcaires de la Zongoha, entre ceux-ci et les terrains cristallins du plateau oriental, M. Villiaume ne signale que des grès et des poudingues; plus au nord Newton indique sur le rivage oriental, des grès rouges et la *Rh. plicatella*, entre l'extrémité Nord du massif cristallin et les terrains crétacés de Diego Suarez.

(1) C. R. Somm. S. G. Fr. Séance du 5 juin 1899, p. 64.

Vers le Sud les recherches de MM. Baron et Newton permettent de compléter progressivement la coupe : au Sud d'Ankaramy, entre cette localité et Andranosamonta (1) affleurent des argiles à septaria et à bélemnites appartenant au Callovien (*Bel. hastatus. Bel. sauvanausus*, *Amm. macrocephalus*, *Amm. calloviensis*) ; le *Per.* cf. *polygyratus*, indiquerait peut-être l'existence d'un second niveau plus élevé. Au Sud, à Andranosamonta et en se rapprochant du bord du plateau cristallin (3 milles N. of Iraony), M. Newton signale des fossiles qu'il attribue à l'oolithe inférieure : *Steneosaurus Baroni*, *Ostrea Sowerbyi*, *Pholadomya ambigua*, *Ceromya concentrica*, *Lucina Bellona*, *Astarte angulata*, *Trigonia costata*, etc. Il est vraisemblable que ces fossiles proviennent du niveau des calcaires jaunâtres qui ont été signalés par M. Boule un peu plus au Sud à Antsohihi (expl. Gautier). Dans cette même région (2) MM. Lydekker et Boule signalent la présence des grands Dinosauriens jurassiques (*Bothriospondylus madagascariensis*).

Les mêmes calcaires jaunes sont indiqués plus au Sud, à Belalitra, par MM. Stanislas Meunier et Boule (Expl. Gautier).

En continuant à suivre la même direction on rencontre les gisements explorés par le capitaine de Bouvié près d'Ampandramahala, Ambalia et Antanilmandy, à l'ouest de la vallée de la Mahajamba. Les affleurements fossilifères montrent des argiles à Bélemnites avec septaria souvent très volumineux et renfermant de gros *Perisphinctes* que M. Munier-Chalmas (3) a rapprochés de certaines formes portlandiennes de Russie et du Boulonnais, et du *P. Beyrichi*, Futterer, du Jurassique supérieur de Mombassa ; il signale en outre un *Aspidoceras* cf. *rogosnicense* et des Bélemnites voisines du *B. pistilliformis* ; dans les argiles (et quelquefois aussi dans les septaria) on rencontre des Ammonites pyriteuses (*Lunuloceras*, *Neumayria*, *Oppelia*). Du même gisement M. Boule (4) cite *Haploceras deplanatum* et *Per. trimerus*, du Kimeridgien. Enfin nous avons reconnu dans les mêmes couches *Ceromya excentrica* et *Disculina tenuicosta* et de

(1) S. of Ankaramy, N. of Andranosamonta, Andranosamonta village, landing place.

(2) A l'E. de la baie de Narinda, Mevarana (ou Maivarano), lac Antsanikabé, près d'Ansohihi.

(3) C. R. Somm. S. G. Fr., 20 mars 1899.

(4) Bull. muséum, 1899, p. 131.

nombreuses Bélemnites, appartenant aux groupes du *B. Puzosi*, et présentant du côté ventral, au dessus de la pointe, tantôt un aplatissement, tantôt un large sillon ou enfoncement. D'après les renseignements manuscrits qui nous ont été donnés par le capitaine de Bouvié « ces couches fossilifères sont adossées du côté de l'Ouest à la chaîne du Bongo Lava, qui se termine de ce côté par une longue déchirure, suite de faille, et dont le sol est formé d'argile rouge et de sable. »

Les mêmes argiles à gros nodules calcaires se prolongent au sud dans le bassin de la Betsiboka, où M. Baron les signale à Ankoala ; les fossiles recueillis dans cette localité seraient d'après M. Newton : *Nerita Buvignieri*, *Nerinea* cf. *Voltzi*, *Ostrea gregarea*, *Astarte Baroni*, *Rhynchonella variabilis*, *Rh. plicatella*, tandis que vers l'embouchure de la rivière 2 à 3 milles au Nord et 1 à 2 milles au sud d'Ambohitrombikely, M. Baron aurait recueilli *Modiola imbricata*, *Cypricardia rostrata*. *C. bathonica*.

Dans toute cette région les argiles jurassiques renferment souvent du gypse et des concrétions pyriteuses ; celles-ci, de même que les Bélemnites, sont utilisées par les indigènes qui s'en servent en guise de balles de fusil. C'est de ces couches, déjà signalées par M. Baron, dans les monts Tsitondroïna (au N.-O. de Suberbieville) que proviennent les ammonites pyriteuses recueillies par M. Dorr (1) à Marololo (*Perisphinctes*, *Oppelia* cf. *punctata*, cf. *hectica-nodosa*) et dont l'âge oxfordien paraît certain.

Vers l'Ouest s'étend le massif liasique exploré par M. Gautier dans la région du cap Saint-André, de telle sorte que les couches jurassiques de la Betsiboka paraissent occuper une dépression, un synclinal entre le massif cristallin à l'Est et un second massif de terrains liasique, triasique et cristallophyllien bien développés à l'Ouest. Dans l'état actuel de nos connaissances il est impossible de savoir si ce synclinal constitue un golfe limité vers le Sud, comme le pense M. Boule, ou si au contraire la bande jurassique se prolonge le long de la bordure du plateau oriental pour aller rejoindre les formations jurassiques du Sud-Ouest, comme on l'avait supposé jusqu'à présent. Le seul fait certain c'est que le synclinal jurassique se retrouve dans le Sud et avec des caractères analogues.

(1) Douvillé, Bull. S. G. Fr. (3), t. XXVIII, p. 385, 19 juin 1899.

Les renseignements font défaut jusqu'au Bemaraha où M. Boule (1) signale une Rhynchonelle oxfordienne et une Rhynchonelle bathonienne; le niveau est donc encore un peu incertain. Un peu plus au Sud la vallée de la Morondava a été explorée à diverses reprises d'abord par M. Grandidier, et en dernier lieu par M. Villiaume. C'est de cette région que proviennent les premiers fossiles jurassiques étudiés par M. Fischer (2) et retrouvés ensuite par le dernier explorateur (3) ; nous avons indiqué que tous ces fossiles viennent des mêmes couches bathoniennes ou calloviennes et que c'est à tort que Fischer avait signalé des espèces liasiques. Il est probable cependant que le Lias existe dans cette région, mais il serait représenté par la partie supérieure des grès rouges très développés à la base et alternant avec des couches d'argilites où M. Villiaume a recueilli quelques moules de Bivalves (*Pecten*, *Arca*, grandes *Astarte*) ; ces couches fortement rubéfiées représentent vraisemblablement les premières assises fossilifères de la région de Nossi-Bé.

Au-dessus affleurent des grès calcaires et des calcaires cristallins avec *Trigonia costata* et *Nerinea bathonica*, représentant le Bajocien et le Bathonien; ils sont eux-mêmes surmontés par des calcaires jaunâtres à grosses oolithes extrêmement fossilifères par places (*Phylloceras Puschi*, *Ph.* cf. *Zignoi*, *Lytoceras Adelae*, *Astarte excavata*, *Sphœra madagascariensis*), la présence du *Macrocephalites macrocephalus*, cité par M. Boule, indiquerait que ces couches appartiennent au Callovien inférieur, plutôt qu'au Bathonien supérieur. C'est de ce même niveau que proviendraient également les fossiles signalés en 1889 par M. Newton, comme provenant du Sud-Ouest de Madagascar : *Stephanoceras Herweyi*, *Nerinea* cf. *Eudesi*, *Sphaera madagascariensis*, *Terebratula maxillata*, *Rhynchonella obsoleta*.

D'après la coupe de M. Villiaume, ces diverses couches calcaires occupent un synclinal en bordure du massif oriental et limité à l'Ouest par un anticlinal formé par un relèvement des grès inférieurs.

Enfin, dans le bassin du Tsakondry, à l'E. de Tulléar,

(1) Bull. Muséum, 1895, n° 5.

(2) C. R. Ac. Sc , 1873, p. 111.

(3) Bull. S. G. France (3), t. XXVII, p. 335.

M. Boule (1) a signalé encore les mêmes couches calloviennes avec *Macr.* cf. *macrocephalus*, et un niveau plus récent, oxfordien, avec *Perisphinctes Martelli*, *Ctenostreon proboscideum*, *Ostrea flabelloides* (*Marshi*), *Terebratula farcinala*, etc. ; ces fossiles ont été recueillis dans un calcaire oolithique très ferrugineux, ressemblant beaucoup minéralogiquement à l'Oxfordien des Ardennes. Dans toute cette région méridionale, les calcaires oolithiques remplaceraient les argiles à Bélemnites et à septaria du Nord-Ouest, mais il ne faudrait pas conclure de ces différences de faciès, que ces dépôts ont dû se former *dans des bassins différents ;* en réalité, le faciès des couches du Nord-Ouest est un faciès pélagique, tandis que celui des couches du Sud-Ouest est un faciès littoral. La seule conclusion qu'on puisse en tirer, c'est que le bras de mer où s'effectuaient ces dépôts diminuait de profondeur dans la direction du Sud.

Dans l'état actuel de nos connaissances, l'anticlinal qui limite à l'Ouest le Jurassique moyen paraît bien continu ; il correspond dans la région centrale, aux crêtes indiquées sur les cartes sous les noms de Tsiandava et de Bemaraha ; cette dernière se prolonge dans la direction N.-S. jusque dans la région du cap Saint-André et de là, elle s'infléchit vers le Nord-Est pour atteindre le plateau gréseux des environs de Nossi-Bé. Il est assez difficile de savoir à quelle époque cet anticlinal s'est formé, il est certainement postérieur au Lias, dont les couches le constituent en grande partie ; mais de ce que les terrains jurassiques moyens et supérieurs marquent sur l'anticlinal lui-même, et ne sont pas encore connus plus à l'Ouest, il ne faudrait pas en conclure que cet axe a limité de ce côté la mer jurassique de cette époque ; les affleurements ne sont encore que très imparfaitement connus, et les dépôts peuvent avoir été démantelés par les érosions, ou être cachés par des couches plus récentes.

Quoi qu'il en soit, c'est dans la direction du Nord, comme l'a très bien indiqué Neumayr, que s'effectuait la communication avec la grande mer jurassique. Tandis qu'à l'époque triasique le bassin dans lequel se déposaient les grès de Karoo couvrait une grande partie de l'Afrique et s'étendait jusqu'au pied du massif cristallin de l'Est de Madagascar, c'est seulement après cette période et à l'époque du Lias supérieur, que s'est

(1) Bull. Muséum, 1899, n° 3, p. 130.

dessiné le synclinal Sakalave amenant dans cette région les eaux marines de la Thétys.

Ce synclinal était en somme assez étroit puisque les dépôts marins de cette époque n'ont pas encore été signalés ni dans le territoire allemand de l'Est africain, ni en Abyssinie. Il devait suivre la dépression encore marquée de nos jours dans la partie Ouest de la mer des Indes, dans le prolongement du canal de Mozambique ; elle contournait ensuite le massif égypto-arabique pour atteindre le golfe persique et la dépression de la Mésopotamie qui lui fait suite. Or, au N. du golfe persique nous retrouvons précisément en Perse dans la région de Kirman les couches charbonneuses du Lias avec fossiles marins (1) ; ces couches se prolongent dans le Nord de la Perse dans l'Elbours et de là gagnent l'Europe en suivant la direction du Nord-Ouest. Dans l'Inde péninsulaire, on ne connaît encore à ce niveau que des couches à végétaux.

Le synclinal amorcé à l'époque liasique s'est élargi aux époques subséquentes et les terrains jurassiques moyens et supérieurs sont bien développés à l'Ouest dans le territoire allemand de l'Est africain et en Abyssinie, et à l'Est dans la presqu'île de Cutch, où la succession des assises est connue depuis longtemps.

Tous les paléontologues qui se sont occupés des faunes de ces diverses régions, ont signalé les analogies qu'elles présentent avec celles de Madagascar ; il nous suffira de citer les travaux les plus récents, ceux de M. Futterer (2) et de M. G. Muller (3). Nous avons indiqué la présence de la *Trigonia pullus* en Abyssinie avec tout un cortège de formes bathoniennes ; une faune très analogue existe dans les colonies allemandes, mais M. G. Muller serait plutôt porté à l'attribuer au Jura supérieur (Astartien) d'après l'étude des polypiers (l. c., p. 17). Mais en tout cas le Bajocien serait représenté par des calcaires durs à *Rh. senticosa*, et le Bathonien par des grès calcaires micacés, gris jaunâtres avec *Pseudomonotis echinata* et par des calcaires gris clair à *Rh. varians*.

Le Kellovien est représenté par des argiles à septaria

(1) Stahl cite dans cette région des *Gryphea*, *Goniomya* et *Pecten* du Lias (Petermans Mitteilungen, Ergänzungsheft, n. 122, 1897).

(2) Beitr. zur Kenntniss der Jura in Ost. Africa (Z. D. G. G., vol. 46, 1894).

(3) Versteiner ungen der Jura und der Kreide (Deutsch. Ost. Africa, vol. VII).

Composition du Terrain jurassique de Madagascar

ÉTAGES	RÉGION DU NORD-OUEST		RÉGION DU SUD-OUEST	
JURASSIQUE SUPÉRIEUR	Argiles à Septaria et à Belemnites.	Amm. Beyrichi. — cf. rogozniccnsis. Ceromya excentrica. Disculina tenuicosta.		
OXFORDIEN	Argiles à fossiles pyriteux.	Amm. cf. punctatus. — cf. hectica nodosa.	Calcaires à oolites ferrugineuses.	Amm. Martelli. Ostrea flabelloides. Terebratula farcinata.
CALLOVIEN	Argiles à Septaria et Bélemnites.	Amm macrocephalus. — calloviensis.	Calcaires jaunes à grosses oolites.	Amm. macrocephalus — Herweyi. — Puschi. — Adelae.
BATHONIEN BAJOCIEN	Calcaires jaunâtres à Lamellibranches.	Stencosaurus Baroni. Trigonia costata Ostrea Sowerbyi. Astarte.	Calcaires cristallins et grès calcarifères.	Nerinea bathonica. Trigonia costata.
LIAS SUPÉRIEUR	Calcaires noirs, Grès et schistes charbonneux à empreintes végétales.	Amm. cf. serpentinus. Eopecten. Ostrea Beaumonti. Zeilleria sarthacensis. Spiriferina, Rhynchonella. Stomechinus.	Grès et argiles à Lamellibranches.	Astarte.
LIAS ET TRIAS ?	Grès et argiles versicolores, Poudingues.			

(comme dans le N. de Madagascar) avec *Rh. varians*, *Ostrea Marshi*, *Pleuromya* cf. *peregrina*, *Perisphinctes* cf. *plicatilis*; M. Futterer cite à ce niveau des *Macrocephalites*, la faune n'est pas aussi bien caractérisée qu'à Madagascar. Il en est de même pour l'Oxfordien qui serait représenté d'après les indications de M. Futterer par des schistes bleuâtres avec concrétions pyriteuses, nombreuses Ammonites et Bélemnites, surmontés par des calcaires compacts. Les espèces paraissent spéciales à ces couches; il faut signaler cependant la présence du *Cidaris glandifera*.

Enfin à la partie supérieure viennent les couches de Mombassa, où M. Futterer cite des Ammonites appartenant à la faune Kimmeridienne de l'Europe et de l'Inde (*Asp. longispinum*, *Per. Pottingeri*, *Oppelia trachynota*), associées à des formes plus anciennes (*Per. Pralairei*) et à des formes nouvelles (*Per. Beyrichi*). Ces deux dernières dénominations correspondent aux espèces les plus fréquentes dans les septaria de Ampandramahala à Madagascar. Dans les mêmes couches de Mombassa, Beyrich avait signalé une espèce appartenant au genre *Waagenia* si caractéristique du Jura supérieur dans le bassin méditerranéen. Ajoutons que nous avons signalé des couches de même âge en Abyssinie avec *Acrocidaris mobilis* et *Terebratula subsella*.

En résumé l'analogie des couches jurassiques dans ces diverses régions, Madagascar, Afrique Orientale, Abyssinie, Cutch, est tellement étroite que leur parallélisme n'est pas douteux; il serait facile de signaler des divergences nombreuses dans le détail des listes de fossiles, mais elles résultent de ce que les fossiles sont souvent assez mal conservés, peu nombreux et surtout ont été étudiés par des paléontologues *différents*, les mêmes fossiles ont été souvent différemment nommés. En tout cas, jusqu'à présent les couches de Madagascar forment une série plus complète et plus riche en Ammonites, comme si le synclinal présentait le maximum de profondeur sur son rivage oriental, au pied même du massif Madécasse. Le tableau, page précédente, résume la succession des couches observées.

LES EXPLORATIONS GÉOLOGIQUES DE M. J. DE MORGAN, EN PERSE

par M. H. DOUVILLÉ

Depuis l'année 1889 M. Jacques de Morgan a exécuté en Perse plusieurs voyages d'exploration, d'abord comme chargé de missions scientifiques par le ministère de l'Instruction publique, puis en qualité de Directeur du service des Antiquités. Dans ces différents voyages, il a relevé des coupes nombreuses et recueilli un nombre considérable de fossiles qu'il a déposés à l'École des mines.

L'étude des Echinides a été faite d'abord par MM. Cotteau et Gauthier et à la suite de là mort du premier de ces auteurs, cette étude a été achevée et publiée par M. Gauthier (1); de nouveaux matériaux recueillis dans un voyage récent sont actuellement entre les mains de notre savant confrère et feront objet d'un mémoire supplémentaire. Je me suis chargé moi-même de l'examen des autres fossiles et ce travail serait probablement terminé aujourd'hui si des nouveaux envois de M. de Morgan n'avaient pas augmenté considérablement les matériaux à étudier. Quoi qu'il en soit, il est dès maintenant possible d'indiquer sommairement les principaux résultats des explorations effectuées par le savant archéologue :

Elles sont relatives à trois régions distincts :

1° La chaîne de l'Elbourz.

2° La route de Kachan à Ispahan.

3° Le pays de Baktyaris et le Louristan, entre Ispahan et la frontière turque.

J'examinerai successivement ces différentes régions.

(1) Les résultats de ces explorations sont publiées par le ministère de l'Instruction publique sous le titre de : Mission scientifique en Perse par J. de Morgan. Le tome 1er, études géographiques, a paru en 1894 (Ernest Leroux, éditeur). La seconde partie du tome 3e, comprenant la description des Echinides fossiles, par MM. Cotteau et Gauthier, a été publiée en 1895.

1. — Chaine de l'Elbourz

M. de Morgan a relevé la coupe de la région du Demavend, déjà plusieurs fois explorée (1) ; ses observations viennent confirmer les anciens travaux de M. Tietze et la carte toute récente de M. Stahl, mais en outre il a découvert de nouveaux fossiles, qui lui ont permis de préciser et de compléter les coupes données précédemment.

Les couches inférieures sont toujours représentées par le Calcaire carbonifère avec lumachelles de *Spirifer striatus* (Imam Zada Hachim) ; M. de Morgan a découvert une faune beaucoup plus riche près des bords de la Caspienne, dans les environs de Tunekaboun (Khorremabad) : *Productus pustulosus, Pr. semircticulatus, Chonetes papilionacea, Orthothetes crenistria, Spirifer striatus, Syringothyris cuspidata.*

Au dessus de ces couches plus ou moins plissés ou redressées, vient affleurer le terrain jurassique qui débute par un ensemble assez puissant de grès et de schistes charbonneux d'âge liasique, avec intercalations de calcaires marins plus ou moins gréseux ; ces couches ont fourni de nombreuses petites ammonites du groupe du *Grammoceras fallaciosum*, la *Trig. striata* (ou *Roxanæ*, v. d. Borne) et enfin un exemplaire bien typique de *Ludwigia Murchisonæ*, indiquant que ce système de couches s'élève jusqu'à la base du Bajocien. Ce niveau paraît peu différent de celui dans lequel M. Stahl (loc. cit., p. 69) cite l'*Amm. opalinus.*

Les couches à fossiles végétaux dont la faune a été étudiée par M. Schenk (Bibl. botanica, 1888) et par M. Krasser (Sitzb. K. K. Ak. Wien, 1892) sont peut-être un peu inférieures à ce dernier niveau, mais il paraît difficile de les faire descendre jusqu'à l'infralias.

Ce même faciès des couches liasiques se prolonge à l'Ouest dans les environs du lac d'Ourmiah (2), et se retrouve dans

(1) 1853. Grewingk, die geognostischen und orographiscen Verhaltnisse der noerdlichen Persiens, St-Pétersbourg, avec une carte.

1878. Tietze, Volcan Demavend in Persien, Jahrb. K. K. geol. Reichsanst., vol. XXVIII, p. 169.

1897. Stahl, zur geologie von Persien, Petermann's Mitteil. Ergänzungsheft, nr. 122. Ce dernier ouvrage, accompagné de plusieurs cartes géologiques à l'échelle de 1.840.000, a paru après les explorations de M. de Morgan.

(2) Weithofer, Sitzb. K K. Akad. Wiss. Wien, vol. XCVIII, Déc. 1899. — G. Von Borne, der Jura am Ostufer des Urmiasees, thèse passée devant l'Université de Halle, 1891.

la région caucasique ; il rappelle tout à fait celui des couches de Steyerdorf (Banat), dans lequel le faciès gréseux remonte également jusqu'aux couches à *Liogryphea Beaumonti*, c'est-à-dire jusqu'à la limite inférieure du Bajocien. Il faut en rapprocher également les couches charbonneuses de Madagascar où l'on rencontre une faune marine à peu près du même âge. Du côté de l'Est, dans l'Inde et au Tonkin, on rencontre également des couches charbonneuses d'un âge analogue, ou un peu plus anciennes ; mais dans l'Inde elles ne renferment pas de couches marines ; au Tonkin, il a été rencontré dans la houille même un échantillon d'Ammonite (?), mais il est indéterminable et plutôt d'apparence triasique. Quoi qu'il en soit, ces couches de grès et schistes charbonneux dont l'âge varie depuis le Trias supérieur jusqu'au Lias supérieur, présentent une extension considérable dans toute la région asiatique et s'étendent au Sud jusque dans l'Afrique australe et au Nord jusqu'au Japon. Dans ce dernier pays, la série paraît très complète ; on y a signalé un niveau inférieur, avec plantes rhétiques et un niveau supérieur liasique, avec couches de houilles et intercalations de couches marines ; la faune de ces couches (*Amm.* cf. *radians*, *Amm.* cf. *Murchisonæ*, *Amm.* cf. *opalinus*) rappelle d'une manière frappante celles des couches charbonneuses de Perse et de Madagascar.

Si nous revenons maintenant à la chaîne de l'Elbourz, nous verrons que le Callovien paraît indiqué dans les récoltes de M. de Morgan par des Ammonites du groupe du *P. curvicosta*, formes qui existent également sur les bords du lac d'Ourmiah, avec d'autres espèces calloviennes. Mais la découverte la plus intéressante est celle de l'*Oppelia canaliculata*, qui indique la présence de l'Oxfordien supérieur avec un faciès analogue à celui qui est bien connu en Europe. Cet échantillon provient d'un calcaire compact, grisâtre, et a été malheureusement recueilli dans les éboulis, près d'Amarat.

La partie supérieure de la formation jurassique est représentée par des calcaires blancs dans lesquels il a été recueilli un fragment de *Perisphinctes* à côtes régulièrement bifurquées et rappelant plutôt les formes du Jurassique supérieur.

Immédiatement au-dessus et sans séparation nettement marquée, on rencontre d'autres calcaires compacts tantôt jaunâtres, et tantôt d'un brun noirâtre, dans lesquels nous avons reconnu la présence de Rudistes et d'Orbitolines ; ces dernières sont presque fondues dans la pâte de la roche et leurs caractères n'apparaissent bien nettement que sur les surfaces polies ou mieux encore dans les plaques minces ; elles sont tantôt plates, tantôt épaisses et très fortement convexes comme à Vinport. Les Rudistes sont représentés par des *Radiolites* bien caractérisés, à Vahneh et dans le défilé de Bendé Burida ; dans ce dernier gisement la section rappelle tout à fait celle du *Radiolites Dadoidsoni* du Vraconnien du Texas. Les Orbitolines avaient été signalées précédemment dans le centre de la Perse, près de Iesd, par M. Grewingk (sous le nom de Porospira) et par M. Stahl qui les indique comme associées à des Requienies (?) ; ce dernier auteur les signale également aux « Pylæ Caspiæ » au S.-E. de Téhéran. Il semble résulter des coupes relevées par M. de Morgan que, dans la région de l'Elbourz, le Vraconnien, c'est-à-dire l'Albien supérieur, succède directement au Jurassique. Plus au Sud nous verrons que l'Aptien est au contraire bien représenté.

II. — Route de Kachan a Ispahan.

Les récoltes paléontologiques faites entre Kohrud et Soh, fournissent des indications bien plus complètes que celles qui nous ont été données par M. Stahl.

Les calcaires paléozoïques de la base ont fourni un certain nombre de fossiles permiens, parmi lesquels *Eumetria indica* et *Spiriferina cristata* indiquent un faciès analogue à celui de l'Inde : c'est là un point de liaison très important entre les gisements du Salt Range et celui de Djoulfa.

Au-dessus près de Soh la présence de l'Aptien est indiquée par l'*Acanthoceras Martini*. L'Eocène moyen (Lutécien) a fourni une faune très riche caractérisée par de nombreuses *Assilines* : les Mollusques sont représentés par une très grande Ovule appartenant au groupe des *Gisortia*, le *Velates Schmiedeli*, atteignant également une grande taille, et un très curieux *Xenophora* qui collectionne exclusivement les Assilines ; parmi les Echinides, M. Gauthier a reconnu un *Conoclypus* et un *Echinolampas* paraissant nouveaux ; enfin, on doit signaler encore plusieurs crustacés Brachyures.

III. — Pays des Baktyaris et Louristan.

C'est la partie la plus intéressante et la plus nouvelle des explorations de M. de Morgan ; on ne connaissait en effet sur cette région que le compte-rendu du voyage de Loftus publié en 1855 (1). Le Louristan est l'ancien pays de l'Elam et M. de Morgan a pu en dresser une carte topographique au 1/750.000 et un essai de carte géologique.

Dans le pays des Baktyaris, il a retrouvé à Dopoulan (vallée du Kadsch au S.-O. d'Ispahan) le gisement de ce singulier Foraminifère pour lequel Carpenter et Brady (2) avaient créé le genre *Loftusia*. Ce fossile était considéré comme une gigantesque Alvéoline, et pour cette raison attribué à l'Eocène ; dans leur révision des espèces d'Alvéolines appartenant à la période nummulitique, MM. Parker et Jones (3) indiquent expressement que « la plus grande espèce qu'ils ont eu occasion de voir est celle qui a été rapportée de Perse par Loftus et qui atteint 75^{mm} de longueur sur 37^{mm} environ de diamètre ».

Les échantillons assez nombreux rapportés par M. de Morgan nous ont permis de reconnaître que les analogies avec les Alvéolines étaient purement extérieures et qu'il s'agissait en réalité d'un type tout différent. Le test est sableux et la surface externe de chaque tour présente le réseau caractéristique de la famille des Spirocyclinidés de M. Munier-Chalmas (4) ; cette famille comprend les genres *Orbitolina*, *Dicyclina*, *Cuneolina*, *Spirocyclina*, tous genres exclusivement crétacés. Le genre *Loftusia* qu'il faut ajouter à cette liste est également crétacé ; il a été en effet trouvé associé à plusieurs espèces de Rudistes appartenant aux genres *Radiolites* et *Biradiolites* et paraissent indiquer un niveau probablement Santonien. Du reste une deuxième espèce de *Loftusia* à test également réticulé, mais beaucoup plus mince, a été trouvée dans le Louristan à un niveau plus élevé, dans des couches d'âge danien.

Nous pouvons signaler encore dans la même région un curieux Rudiste à valve inférieure conique, à valve supérieure convexe, la charnière rappelle celle des Monopleura, mais elle

(1) Quart. journ. geol. Soc.Vol. XI, part. 3, p. 247, 1er août 1855. (Séance du 21 juin 1854)

(2) Phil. trans., Vol. 159, p. 740. Voir aussi la note de la page 285 dans le mémoire de Loftus précité. La localité indiquée est Kellapstun Pass, près Du Pulun.

(3) Ann. and Mad. nat. hist., 1860, p. 182.

(4) C. R. Sommaire des séances de la S. géol. de France, 21 février 1887.

est dépourvue de *ligament*; en outre la région périphérique présente de nombreux canaux.

Le Louristan entre Disful et Kirmandschahan a été explorée d'une manière très suivie et à deux reprises différentes ; M. de Morgan a reconnu ainsi que toute la chaîne du Poucht é Kouh est constituée par une succession de synclinaux et d'anticlinaux parallèles et dirigés du Nord-Ouest au Sud-Est (1).

Les couches les plus anciennes qui apparaissent au sommet des anticlinaux, correspondent à l'Aptien et sont caractérisées par des Ammonites voisines de l'*Acanthoceras Cornueli* et d'assez nombreux Echinides (*Hypsaster*, *Epiaster*, etc.). Au-dessus vient le Vraconnien avec *Puzosia Denisoni* et *Desmoceras Stoliczkai*, puis le Cénomanien, très riche en Ammonites : *Acanthoceras laticlavium*, *Ac. Couloni*, *Ac. Gentoni*, *Ac. Cunningtoni*, *Ac. rothomagense*, *Ac. sarthacense*, *Turrilites costatus*, etc.

L'ensemble de ces deux niveaux reproduit la faune du groupe d'Ootatour dans l'Inde.

Nous n'avons trouvé aucune indication du niveau à Rudistes du pays des Baktyaris, mais par contre la craie supérieure présente une faune d'une richesse extraordinaire ; c'est le niveau à *Hemipneustes* dont les Echinides ont été décrits par MM. Cotteau et Gauthier : *Hemipneustes persicus*, *H. minor*, *Iraniaster Morgani*, *I. Douvillei*, *Hemiaster Noemiæ*, *Opissaster Morgani*, *Pygurostoma Morgani*, *Pseudocatopygus*, *Echinobrissus*, *Pyrina orientalis*, *Echinoconus Douvillei*, *Holaster Morgani*, *H. iranicus*, *H. sepositus*, *H. proclivis*, *Holectypus*, *Coptodiscus Noemiæ*, *Orthopsis globosa*, *O. Morgani*, *Hemipedina*, *Goniopygus superbus*, *Coptosoma*, *Cyphosoma*, *Salenia*, *Cidaris persicus*. Cette faune d'un caractère assez particulier a des affinités incontestables avec les faunes du même âge en Algérie, mais elle s'en distingue non seulement par la présence de certains genres spéciaux, tels que le genre *Iraniaster*, et aussi par l'absence complète des *Echinocorys* (déjà très rares en Algérie) et surtout des *Micraster*. Ces échinides sont accompagnés par un *Sphenodiscus* cf. *Ubaghsi* et un *Turrilites* du groupe du *T. polyplocus*, et par un certain nombre de Mollusques de faciès

(1) J. de Morgan. Mission scientifique en Perse, t. I, études géographiques, pp. 6 et 8, fig. 5, 6, 7 et 8.

algérien : *Neithea tricostata*, *N. quadricostata*, *N. substriatocostata*, *Plicatula hirsuta*, *Spondylus hystrix*, *Ostrea dichotoma*, *O. crenulimargo*, *Exogyra Matheroni*, *Pycnodonta vesicularis*, *Biradiolites Mortoni*, *Terebratula Brossardi*.

Cette faune nous paraît plutôt inférieure au Maestrichtien proprement dit, l'*Hem. persicus* étant plus voisin des *H. tenuiporus* et *Cotteaui* que des *H. striato-radiatus*, *pyrenaicus* et *africanus*.

Les couches à Oursins sont surmontées par d'autres assises également très fossilifères, et dont la faune très riche en Mollusques et surtout en Gastropodes (Volutilithes, grands Cerites, Mélaniens, Nérites) présente déjà un faciès tertiaire. Mais un certain nombre de types caractéristiques montre que ce niveau représente en réalité le Danien et peut-être une partie du Maestrichtien : certains des Mélaniens doivent être rapprochés des formes du Garumnien ; M. de Morgan y a recueilli l'*Orbitolites macropora* qui est une espèce caractéristique de Maestricht, et des *Cyclolites*, genre essentiellement crétacé ; c'est de ce niveau que provient aussi l'*Ornithaster Douvillei*, décrit par MM. Cotteau et Gauthier, et ce genre est exclusivement danien ; enfin il faut signaler une deuxième espèce de *Loftusia*, à laquelle nous avons déjà fait allusion et qui se distingue de celle du niveau inférieur par sa forme beaucoup plus mince et sa taille plus petite : elle dépasse 50 mm. de longueur pour un diamètre de 9 millim.

Le seul échantillon d'*Hippurites cornucopiæ* qui ait été recueilli dans cette région, n'a malheureusement pas été trouvé en place ; il est bien identique aux formes qui, en Sicile (au cap Passaro), sont associées à l'*Orbitoïdes papyracea* (*gensacica*) ; il est donc probable que cette espèce provient des couches à Cérites, plutôt que des couches à Oursins.

Enfin la dernière exploration de M. de Morgan lui a permis de recueillir à Mollah Gawan, sur le flanc du Sewankouh, un certain nombre d'Echinides appartenant à l'Eocène et parmi lesquels M. Gautier a reconnu les formes suivantes :

Schizaster vicinalis, *Sch. rimosus*, *Ditremaster nux*, *Pericosmus Nicaisei*, *Linthia* sp. n., *Brissopsis* sp. n., *Euspatangus* sp. n.

Dans cette même région, Loftus avait signalé la présence des couches à Nummulites (*N. perforata*, *N. complanata*) avec

Assilines, Orbitoïdes, et quelques Echinides, *Conoclypeus Flemingi, Spatangus, Hemiaster* (??) et *Schizaster*.

Ces couches représentent bien certainement le niveau que nous avons signalé plus haut au N. d'Ispahan ; l'absence d'Assilines dans le gisement à *Ditremaster nux* semble montrer que l'on se trouve en présence d'une assise distincte, sans qu'on puisse encore déterminer sa position par rapport aux couches précédentes.

En résumé les explorations de M. J. de Morgan ont augmenté d'une manière notable nos connaissances sur la géologie de la Perse ; les points suivants sont principalement à signaler :

1° Découverte du Calcaire carbonifère fossilifère à Tunckaboun (Khorremabad).

2° Découverte dans la région du Demavend de l'Oxfordien supérieur à *O. canaliculata*, du Jura supérieur à *Perisphinctes* et de l'Albien supérieur à *Orbitolines* et à *Radiolites*.

3° Découverte du Permien marin et de l'Aptien entre Kachan et Ispahan.

4° Dans cette même région, l'explorateur a recueilli une faune importante que l'on peut attribuer au Lutécien.

5° Dans le pays des Baktyaris, découverte d'une faune à Rudistes associée aux *Loftusia*, que l'on avait jusqu'à présent considérés comme appartenant à l'Eocène.

6° Découverte dans les montagnes du Louristan de deux niveaux appartenant à la craie supérieure et d'une richesse extraordinaire, les couches à Oursins et les couches à Cérites.

Plusieurs milliers de fossiles ont été recueillis dans plus de dix gisements différents, et c'est grâce à l'énergie de l'explorateur que toutes ces richesses paléontologiques ont pu être sauvées, au milieu des difficultés de toutes sortes, résultant de l'absence totale de voies de communication et de l'hostilité des habitants.

MÉMOIRE
SUR L'HISTOIRE GÉOLOGIQUE DU GRAPHITE

par M. E. **WEINSCHENK**

De nombreuses théories ont été émises par les géologues sur le mode de formation du graphite. Celle qui considère les gisements de graphite comme fournissant un terme extrême des processus de carbonisation, paraît à priori, d'autant plus vraisemblable, que l'on observe des transformations analogues, depuis les lignites des terrains cénozoïques pauvres en carbone, aux anthracites et schungites des terrains paléozoïques, riches en carbone. Les gisements de graphite des terrains azoïques les plus anciens représentent, dans cette théorie, les veines de houille des terrains plus récents ; et on voit même dans la présence de ce graphite au sein de ces anciennes couches, la preuve de l'existence de la vie à ces époques reculées, alors même qu'aucun débris organique reconnaissable ne leur est trouvé associé.

L'examen attentif du graphite de divers gisements permet d'y reconnaître rapidement diverses variétés. Tantôt il se présente en agrégats cristallins grossiers, tantôt en une fine poussière noire, qui imprègne les roches, et ne présente aux plus forts grossissements, aucun caractère de cristallinité. Les réactions chimiques de ces diverses formes ne sont pas non plus identiques, aussi distingue-t-on assez généralement aujourd'hui plusieurs états du graphite, sous les noms de *graphite*, *graphitite et graphitoïde.*

Le nom de *graphite*, proprement dit, est limité aux variétés nettement lamellaires, foisonnant en masses vermiculées, quand elles sont imprégnées d'acide nitrique et chauffées. On appelle *graphitite* la forme en agrégats compacts, donnant encore une raie brillante, mais ne présentant plus à l'œil nu, la disposition lamellaire. Le *graphitoïde* comprend les variétés les plus compactes, sans éclat, à raie sombre non brillante, et qui brûlent à une température moins élevée que les précédentes. Ce graphitoïde a été regardé par les uns comme composé de carbone pur, amorphe, par d'autres, comme un charbon riche en carbone, et contenant de l'hydrogène et de l'azote en petites quantités. Entre ces trois variétés du graphite, on trouve cependant tous les passages, et on ne peut les considérer comme des espèces minéralogiques distinctes. Il n'y a non plus aucune raison pour rechercher dans le graphitoïde une combinaison complexe du carbone : les quantités d'hydrogène et d'azote relevées par l'analyse sont trop faibles pour permettre d'étayer une théorie, et leur présence, peut-être en relation avec l'impureté de la matière analysée, ne saurait être dosée avec certitude. La présence de l'azote dans divers graphites ne peut être considérée comme une preuve de leur origine organique, car on trouve cet élément dans des graphites d'origine certainement inorganique, comme aussi dans beaucoup d'autres minéraux et roches.

Les propriétés physiques essentielles des diverses variétés distinguées, telles que la conductibilité thermique et électrique, le poids spécifique, restant constantes, il ne semble pas que les différences basées sur des caractères subordonnés tels que l'éclat, la cassure, la compacité, soient suffisantes pour distinguer spécifiquement les graphite, graphitite et graphitoïde, mais qu'il convient plutôt d'y voir des états d'agrégation différents d'un minéral unique, le graphite.

Pour comprendre la nature et l'origine géologique du graphite, j'ai consacré plusieurs années à l'étude des gisements de ce minéral et de ses exploitations. visitant la plupart d'entre eux, et me procurant des collections d'échantillons des autres. Parmi ces derniers, je citerai les importants gisements de Ceylan, dont j'ai eu à ma disposition d'admirables séries, réunies sur le terrain même et mises à ma disposition par M. le Dr Grünlin, aide-naturaliste attaché aux collections minéralogiques de Münich.

L'étude stratigraphique suffirait à apprendre que le graphite n'est pas toujours, comme on l'enseigne, disposé en couches interstratifiés dans les terrains primitifs, mais qu'il présente des dispositions très variées. Il s'y montre tantôt en couches interstratifiées, et parfois en filons transverses très nets ; on le rencontre souvent en lits intercalés dans la série ancienne des terrains primitifs, et dans d'autres cas, en couches régulières dans des formations beaucoup plus récentes, caractérisées par des fossiles d'âges variés. Ainsi un premier examen, superficiel, suffit à montrer la diversité des gisements du graphite, et l'impossibilité de tirer des conclusions générales de l'étude d'un cas isolé ; chaque gisement doit être étudié en lui-même, au point de vue stratigraphique et pétrographique, pour révéler les conditions de son mode de formation.

Le graphite dans certains gisements constitue des accumulations considérables. Ainsi les exploitations de Bavière, poursuivies depuis plusieurs siècles, n'ont pas sensiblement appauvri les gisements ; les travaux ont fourni à Ceylan 30.000 mcb. par an, depuis des dizaines d'années, sans appauvrissement notable. On a arrêté récemment, il est vrai, l'exploitation du graphite à Ceylan, mais pour des causes spéciales, locales ou politiques ; et on pourra lui rendre, quand on voudra, son importance passée. Il y a cependant quelques gisements, jadis célèbres, et justement ceux qui ont fourni les plus beaux échantillons du minéral, qui se sont appauvris et épuisés, et qui ne sont plus exploités : tels sont celui de Borrowdale, près Keswick (Cumberland) et celui des monts de Batougol, près Irkoutsk, découvert par M. Alibert.

Dans les descriptions qui suivent, nous étudierons successivement les divers gisements du graphite, en commençant par le graphite en filons tel qu'on l'observe à Ceylan et dans les deux dernières localités citées et qui nous offrira les types les plus beaux et les plus riches.

Dans les filons de graphite, on observe toujours (excepté dans le Cumberland) que les lames, pailles ou fibres du graphite sont implantées normalement aux épontes du filon, et disposées parallèlement entre elles ; quand on trouve dans ces filons des fragments de roches étrangères, ce qui n'est pas rare à Ceylan, elles sont entourées de fibres de graphite disposées radiairement. C'est le gisement où le graphite présente son maximum de pureté, donnant en moyenne 95 à 98 % de carbone.

A Ceylan le graphite se trouve normalement à l'état de très grandes lamelles ; on constate toutefois, qu'en divers filons, soit en leur centre, soit sur leurs salbandes, il est déformé mécaniquement, froissé, plissé, déchiré, réduit en agrégats de fines petites fibres, ou en masses homogènes, compactes, rappelant celui des monts de Batougol. On a là une indication des conditions de formation, si souvent discutées, des graphites massifs, à grains fins, fibreux, d'aspect ligneux. Dans le Cumberland, cependant, le graphite en fines écailles régulières ne présente pas de ces structures caractéristiques des filons.

Le gisement du graphite dans cette région paraît en relation avec une roche éruptive, porphyrique (grünsteinartiger Porphyr); et de même le graphite de Sibérie se trouve associé à une roche d'origine interne, une syénite à néphéline. A Ceylan, les roches avoisinantes ressemblent à celles de la région granulitique de Saxe; et c'est peut-être cette idée ancienne que ces roches faisaient normalement partie du terrain primitif, qui a empêché, plus que l'examen de ses caractères propres, d'attribuer au graphite de Ceylan une origine interne. La portion centrale de Ceylan est formée de roches bien voisines des granulites de Saxe, et l'on en trouve même les principales variétés ; ces roches constituent un massif central, autour duquel rayonnent tous les filonnets graphitiques. D'ailleurs la ressemblance des roches granulitiques de Ceylan avec celles de Saxe est plutôt superficielle : elles se distinguent par leur structure grenue, non feuilletée, vraiment *granulitique* et non gneissique, et par suite tout-à-fait caractéristique des roches grenues d'origine interne. Enfin, on a trouvé et décrit dans ces massifs de granulite de Ceylan, tous les minéraux habituels aux zones métamorphiques de contact, et on ne saurait ici attribuer leur origine à d'autres agents qu'à ceux du métamorphisme de contact. On en peut conclure, ce nous semble, à l'origine intrusive des granulites de Ceylan.

Le massif granulitique de Ceylan est un lambeau formé de roches intrusives, et détaché du continent indien; il présente ses plus proches équivalents pétrographiques dans le massif granulitique de la Saxe. Le gisement du graphite de Ceylan est en filons dans ces roches granulitiques, traversant indifféremment les roches à quarz et orthose, et les roches sans feldspath, telles que pyroxénites et péridotites, qui alternent entre elles ; ces filons sont particulièrement répandus dans la périphérie du massif. Leurs dimensions varient ; parfois ils s'élargissent en grandes poches, remplies de graphite pur, tantôt ils se divisent en une infinité de filonnets minces, pénétrant dans la roche encaissante en tous sens.

Les granulites de Ceylan sont des roches remarquablement fraîches, à altération si superficielle, que les faces de clivages des feldspaths montrent encore l'éclat de l'adulaire. Elles ont en outre échappé à l'influence de toutes les déformations mécaniques, et ne montrent ni cataclases, ni apparences analogues. Ces caractères si uniformes ne disparaissent que sur les bords des filons de graphite, ou dans les blocs rocheux qui s'y trouvent enclavés. Au voisinage du graphite, les roches ont perdu leur fraîcheur, les feldspaths, notamment les plagioclases, sont troubles et remplis de paillettes secondaires et d'agrégats de kaolin et de nontronite ; les cristaux sont brisés, fendillés, et dans les fissures ont pénétré des écailles de graphite, des aiguilles de rutile, du sphène. Il existe donc, près des filons de graphite, une zone de contact modifiée mécaniquement et métamorphisée ; elle est mince, il est vrai, mais générale et uniforme et strictement limitée au voisinage du graphite, dont elle dépend évidemment. Le rutile, abondant dans la roche modifiée, au contact, est toujours aussi le compagnon le plus fidèle du graphite dans le filon.

Le gisement du graphite à Passau, en Bavière, est différent de celui de Ceylan à divers points de vue ; mais on le trouve de même en masses lenticulaires et en nœuds accumulés dans une roche gneissique. Ce gneiss de Passau est une roche très disloquée et fendillée, et le graphite, en lamelles assez grandes, s'y trouve disposé suivant les fissures, les creux des grains cristallins, les plans de clivage des micas, et dans les interstices entre les autres minéraux. Il n'est chargé de graphite que quand il se trouve au contact d'un massif de granite voisin ; il présente alors des altérations toutes spéciales. Le feldspath des gneiss graphitiques est toujours altéré, transformé en kaolin, en nontronite et autres produits secondaires analogues. Le graphite dans les gneiss est toujours accompagné de rutile ; il s'y présente parfois en filonnets transverses, rappelant la disposition de ceux de Ceylan.

L'enrichissement de ces gneiss en graphite, se fait suivant les feuillets de la roche, en lentilles ou amandes allongées, réunies en essaims, et séparées par des délits de la roche, dépourvus de graphite ; ces lits intercalés, sans graphite, sont plus frais et moins disloqués que ceux qui sont chargés de graphite : leur feldspath n'est ni koaliné, ni épigénisé en nontronite. Les lits chargés de graphite, dont les proportions arrivent parfois jusqu'à 70 °/₀, s'alignent volontiers en traînées continues, associées à des lits calcaires métamorphisés, qui sont interstratifiés parallèlement : on trouve souvent alors des cristaux de graphite enclavés dans ces calcaires. Le gisement du graphite de Passau ne permet pas de le considérer comme un élément primaire des gneiss ; ses paillettes sont toujours disposées dans des fissures ou joints de la roche, et celles-ci sont nécessairement postérieures à sa cristallisation. De plus, les gneiss qui le contiennent, sont toujours si généralement décomposés, que cette altération doit être en relation avec la genèse de ce minéral.

Le *graphite du Böhmer Wald* présente les mêmes conditions essentielles que celui de Passau, à part qu'il est généralement plus compact, et que les parties gneissiques chargées de graphite tendent davantage à se poursuivre sous forme de couches continues, souvent disposées en concordance avec des bancs de calcaire. Enfin les formations de ce massif graphitique ne montrent pas aussi nettement que les précédentes leurs connexions avec une grande venue de granite ; elle est seulement rendue probable par l'existence de nombreux petits culots et filons de roches granitiques suivant la direction des alignements graphitiques. Il y a au voisinage une région granulitique. Quelle que soit la théorie que l'on propose pour expliquer la formation des gisements de graphite de Bohême, elle devra expliquer en même temps l'altération profonde et générale des roches qui accompagnent le graphite, ici comme à Passau ; elle n'est pas compréhensible dans l'hypothèse que tout le carbone se serait trouvé à l'état primaire dans ces roches, avant leur métamorphisme.

Les produits d'altération des roches graphitiques, comme aussi leurs produits d'imprégnation, minéraux titanés, etc., sont les mêmes à Passau, en Bohême, et à Ceylan ; mais leurs proportions relatives sont plus faibles dans ce dernier gisement. Le plus répandu de ces produits d'altération est le kaolin ; la nontronite, silicate ferrique hydraté, très rare ailleurs, épigénise le feldspath de ces divers gîtes et en paraît caractéristique ; il faut encore citer, dans les deux gisements de Passau et de Bohême, l'abondance d'un silicate de manganèse suroxydé. Je vois dans l'existence constante de cette altération des feldspaths et roches feldspathiques, en combinaisons riches en peroxydes des métaux lourds, un des faits les plus instructifs pour l'intelligence de la genèse du graphite ; elle nous montre, par sa généralité, que, malgré les différences locales des trois gisements étudiés, ce sont les mêmes processus chimiques, ou des processus très voisins, qui ont toujours présidé à la formation du graphite.

On a observé, dans l'un des gisements précédents, que la roche, entièrement imprégnée de graphite, est en même temps remplie de minéraux produits d'altération; un autre gisement au contraire avait montré que l'altération des minéraux de la roche était superficielle, étant limitée aux parois des fentes remplies de graphite : ces apparences opposées s'expliquent par les différences physiques des roches encaissantes. Dans le premier cas, on avait affaire à des roches schisteuses, fendillées, où les agents graphitogènes ont pénétré facilement; dans le second cas, on avait des roches compactes, solides, massives, qui n'ont laissé filtrer les agents chimiques que suivant leurs fissures, sans les admettre à leur intérieur. Le gisement du graphite et tous ses caractères d'association sont unanimes pour établir, à Ceylan comme sur la frontière Bavaro-bohémienne, que ce minéral est de formation récente dans les roches, et qu'il a dû y pénétrer par voie d'émanations volatiles, ou de dissolutions; ces réactions, à en juger par l'intensité de leur action, sont en relation avec les phénomènes post-volcaniques qui suivent habituellement les venues de roches intrusives.

Quelle fut la nature des réactifs qui présidèrent à la formation des gîtes de graphite; et la source du carbone doit-elle être cherchée dans des matières organiques, ou dans des émissions profondes d'origine volcanique? Une première hypothèse nous montre la masse en fusion traversant, lors de son ascension, d'importantes masses de matières organiques, et y déterminant des phénomènes de distillation et de volatilisation, qui auraient provoqué la cristallisation du graphite. Dans cette hypothèse il y aurait un grand dégagement d'hydrogène, production de combinaisons hydrogénées et d'autres gaz réducteurs. Mais l'observation apprend, tout au contraire, que le graphite associé dans ses gisements au fer et au manganèse, présente ces substances au plus haut degré d'oxydation, bien loin qu'elles soient réduites, comme elles l'eussent été dans les conditions de notre hypothèse. Les autres altérations minérales décrites dans les roches graphiques sont tout aussi peu compréhensibles, quand on veut rapporter la formation du graphite à des combinaisons hydrogénées.

Mais il existe un autre groupe de combinaisons du carbone, non encore observé, il est vrai, dans la nature, où il serait même difficilement observable en raison de ses propriétés, mais qui expliquerait remarquablement bien toutes les particularités observées dans les gisements. L'oxyde de carbone forme avec les métaux des combinaisons particulières, volatiles, très peu stables, désignées sous le nom de *Carbonyles*, qui, sous les moindres modifications des conditions physiques, se séparent en oxydes métalliques et en graphite, avec dégagement d'acide carbonique. Une semblable réaction expliquerait très bien, d'après nous, toutes les particularités observées dans les gisements de graphite : les altérations intenses des roches seraient dues à l'abondance de l'acide carbonique mis en liberté ; et l'abondance des peroxydes des métaux lourds épigénisant les silicates de roches primitivement pauvres en métaux lourds est produite dans cette théorie, par la décomposition des carbonyles.

On ne peut considérer ces combinaisons carbonées comme dérivant de la réaction souterraine d'un magma en fusion. sur des sédiments riches en matière organique ; mais on devra bien plutôt les rapporter au magma lui-même, qui les aurait apportés avec lui des profondeurs, et ainsi le graphite aurait une origine purement inorganique.

L'association habituelle du rutile au graphite, dans tous ces gisements, tend à indiquer, dans ces réactions, la présence du cyanogène, si porté à former avec le titane des combinaisons volatiles ; elle est rendue plus probable encore, par l'existence constatée de l'azote, dans le graphite des filons de Ceylan. Il s'en faut donc de beaucoup, qu'on puisse voir dans la teneur en azote du graphite, un argument péremptoire en faveur de son origine organique.

Nous passerons maintenant à la description de gisements de graphite, d'un type très différent, que l'on rencontre dans les Alpes ; nous les désignerons sous le nom de *gisements alpins*, bien qu'ils se rencontrent aussi ailleurs. Ils rappellent ceux de Passau, par la disposition qu'y affecte dans la roche le graphite exploitable, en lentilles riches, aplaties, et en veinules ; mais ils s'en distinguent à tous les autres points de vue. Le graphite ne se montre plus, dans ces gisements, associé aux roches altérées, si caractéristiques des gisements précédents ; il y est très compact. dépourvu de son éclat métallique particulier, et loin d'être limité à des lentilles riches, on le trouve aussi disséminé dans les roches encaissantes.

Dans les Niederen-Tauern, en Styrie, les veines du graphite se trouvent dans des phyllades à chloritoïde, où des plantes carbonifères caractéristiques ont été trouvées en divers points : leur gisement est donc bien certainement dans des couches carbonifères métamorphisées. Souvent ces veines de graphite permettent même de reconnaître la structure originelle du charbon, et parfois leur aspect mat, leur texture meuble, indiquent les altérations mécaniques subies. La masse des phyllades chloritoïdeux voisins contient souvent aussi du graphite, qui est enclavé dans les minéraux constituants, sous forme d'une fine poussière cristalline et met en évidence les lits originaires du schiste et sa structure primitive.

Dans les Alpes Cottiennes, les gisements de graphite présentent des caractères analogues, ils se trouvent associés à des quarzites compacts, grès recristallisés, au lieu de phyllades chloritoïdeux : on y reconnaît encore les caractères du charbon, dont dérive ce graphite. Il en est de même dans les Apennins, de Ligurie, où on peut suivre avec netteté le passage de l'anthracite permo-carbonifère au graphite.

Dans ces gisements, le graphite est, sans aucun doute possible, d'origine organique, et formé aux dépens de la houille carbonifère ; on peut seulement discuter ici les causes de cette transformation du charbon en graphite. Dans les Alpes, on rapporte volontiers toutes les transformations au dynamométamorphisme ; mais dans l'espèce, cette explication prête à de graves objections. En effet, des actions dynamiques susceptibles de déterminer la recristallisation de séries stratigraphiques entières, auraient dû laisser des traces multiples de leur influence. Et on comprend difficilement dans cette hypothèse la conservation des débris végétaux observés ; ainsi les impressions végétales trouvées dans les schistes de Styrie ne sont ni déformées, ni arrachées, les quarzites des Alpes cottiennes ne montrent guère de traces d'écrasement ou de brecciation. On sait cependant combien le quarz enregistre fidèlement, par ses cassures, la trace des actions mécaniques subies. Aussi, je répugne à rapporter la cristallisation d'un sédiment, à une action dynamométamorphique, qui n'aurait point laissé de traces sur des témoins si sensibles.

Il faut chercher une autre explication, et on la trouve sur le terrain même. On trouve, en effet, associée à tous ces gisements carbonifères métamorphisés, une sorte de gneiss, roche feuilletée d'aspect porphyrique, à contacts aplitiques, disposée en bancs interstratifiés, et avec filons d'aplite transverses ; ces gneiss sont des variétés feuilletées de roches granitiques intrusives, rappelant, par tous leurs caractères, les granites des massifs centraux alpins. C'est d'ailleurs au voisinage de ces granites gneissiques que les roches graphitiques acquièrent leur plus grande cristallinité, quel que soit, en ces points, leur état de déformation mécanique ; par contre, elles perdent leurs caractères cristallins, en s'éloignant du granite, et, arrivées à une distance suffisante, les roches les plus déformées mécaniquement ne présentent généralement plus aucun caractère de cristallinité. Dans ces gisements, il faut donc attribuer les modifications subies par les sédiments carbonifères au contact de roches granitiques intrusives, par suite desquelles les schistes auraient été transformés en phyllades à chloritoïde, les grès en quarzites, le charbon en graphite. On peut rappeler ici, en outre, l'association fréquente au graphite, dans la chaîne des Alpes, tant orientales qu'occidentales, de sortes de cokes ; la présence de ces produits, compréhensible dans l'hypothèse d'une action volcanique, serait inintelligible dans le cas de transformations dynamométamorphiques. Enfin les anthracites qui passent au graphite, dans les Apennins de Ligurie, présentent une particularité caractéristique du métamorphisme de contact, dans ce fait qu'ils éclatent quand on vient à les chauffer même modérément.

Quand donc on fait une révision d'ensemble des caractères généraux des principaux gisements de graphite, on est d'abord frappé de constater que jamais on ne voit de passage graduel du charbon au graphite, comme le veut la théorie du métamorphisme régional, ou des transformations lentes, insensibles, séculaires. On observe au contraire, dans tous les gisements, où le graphite dérive du charbon, que le passage entre eux est brusque et la limite franche, comme il convient au voisinage d'un massif granitique d'intrusion, sous l'influence d'agents métamorphiques actifs et subtils.

Si les arguments donnés plus haut en faveur de la nature granitique des roches gneissiques des Alpes ne paraissaient pas suffisants, je rappellerais leur identité avec les autres granites des Alpes Centrales, dont l'origine intrusive est facile à reconnaître. Il y a enfin encore une autre raison qui empêche d'attribuer les modifications de ces massifs au dynamométamorphisme, agissant sur des sédiments déposés sur les gneiss ; c'est la complexité extrême des hypothèses mécaniques auxquelles il faut faire appel pour les expliquer, tandis que l'interprétation est des plus simples dans la théorie du métamorphisme de contact.

Non, le graphite ne constitue pas un terme final de la

série des roches formées de carbone, série continue qui commencerait au lignite pour se terminer à l'anthracite, et où la teneur en carbone irait en augmentant graduellement à mesure que l'âge va reculant. Peut-être l'enrichissement graduel en carbone de cette série va-t-il jusqu'à déterminer la formation de roches formées de carbone pur, comme la *schungite* ; mais ce terme extrême lui-même est encore bien différent du graphite, puisqu'il reste toujours formé de carbone amorphe à propriétés physiques très différentes, et dont la transformation en graphite nécessiterait l'intervention d'actions plus intenses que toutes celles subies jusque là.

Ces recherches établissent en outre que l'on ne peut attribuer une origine unique à tous les gisements de graphite, considérés comme des transformations de couches formées de débris organiques, On en a déjà une preuve dans la disposition de nombre de ces gisements en filons dans des formations intrusives, comme par exemple, ceux de Sibérie, du Cumberland, de Ceylan ; on peut également attribuer une semblable origine interne aux graphites en lentilles interstratifiées dans les roches gneissiques de la frontière Bavaro-bohême, où ce graphite représente un apport relativement récent.

Aucun des gisements du graphite, étudiés dans ce mémoire, et ce sont les plus importants connus, n'est venu apporter de confirmation à cette vue si généralement répandue, que les gisements de graphite sont d'anciennes veines de houille, précurseurs des terrains houillers, et formées de débris végétaux, à des époques antérieures à toutes celles qui nous ont fourni des fossiles déterminables. Au contraire, tous les gisements étudiés nous apprennent, ou que le carbone y a été amené par des émanations volcaniques, ou que, provenant de substances organiques, il a été remis en mouvement sous l'influence d'actions volcaniques : et dans ce dernier cas, on constate qu'il est de formation bien plus récente que les premières couches fossilifères connues. On ne trouve donc aucune preuve, dans l'étude minutieuse des gisements, que la présence du graphite suffise pour faire remonter l'origine de la vie plus loin dans la nuit des temps, que nous ne le savons positivement par la découverte de formes fossiles authentiques.

CHARBONS GÉLOSIQUES ET CHARBONS HUMIQUES

par M. C. Eg. BERTRAND

Je me propose, dans cette communication, de présenter un bref résumé de mes recherches sur les deux types de charbons que j'ai le plus étudiés dans ces dernières années, les charbons gélosiques et les charbons humiques.

L'état d'avancement de mes observations sur les autres types de combustibles ne me permet pas d'en parler actuellement. Les essais de généralisation qui ont été tentés me paraissent prématurés. Pendant longtemps encore il sera nécessaire de s'en tenir à la méthode des monographies que j'ai adoptée. Les monographies permettent seules de présenter les faits observés avec la précision nécessaire pour en permettre la vérification et le contrôle.

Bien que les charbons humiques soient le fond commun dans lequel se différencient les autres sortes de charbons, je présenterai pourtant en premier lieu les charbons gélosiques qui sont un type dérivé et ensuite les charbons humiques qui sont la manière d'être plus générale.

Charbons gélosiques et charbons humiques ne sont pas seulement des variétés de combustibles discernables scientifiquement, des sortes de subtilités de classification. Ces noms répondent à des variétés de combustibles que l'industrie minérale reconnaît et distingue depuis longtemps. Les charbons gélosiques sont les bogheads, les charbons humiques correspondent aux schistes bitumineux.

Je rappellerai que les premières de mes études sur les charbons ont été publiées en collaboration avec mon excellent ami M. B. Renault.

A. — Les charbons gélosiques.

Les charbons gélosiques ou bogheads ont comme types classiques :

Le Kerosene shale d'Australie

Le Boghead d'Autun.

La Torbanite d'Ecosse.

Les deux premiers ont été très étudiés. La Torbanite n'est

connue que dans ses grands traits, *sa monographie n'a pas été publiée.*

Pour ces trois bogheads il a été reconnu :

1° Qu'ils résultent de l'accumulation d'algues dans une gelée brune humique :

2° Que la gélose des algues est la matière dominante de ces formations. Cette gélose leur donne leurs caractéristiques principales. On peut dire dès lors que les appellations : bogheads, charbons d'algues et charbons gélosiques sont équivalentes ;

3° Que les accumulations d'algues qui ont fourni la matière végétale génératrice des bogheads se sont faites très rapidement ;

4° Que la fossilisation de la masse gélosique s'est faite en présence de bitume.

5° Il a été constaté de plus que, dans ce milieu, des fragments végétaux convenablement altérés donnent, soit des fusains, soit du charbon brillant craquelé, tel que celui qu'on trouve dans les houilles.

Selon la méthode que j'ai adoptée, je procéderai par l'exposition d'exemples concrets. Cette méthode permet seule la vérification des faits indiqués.

Le Kerosene Shale d'Australie.

Je prendrai comme premier exemple le Kerosene shale de Blackheath, dans lequel les algues formatrices de la roche ne sont pas très grosses.

Une coupe verticale de ce Blackheath montre des algues en forme de sac creux couchées à plat dans une gelée brune. Ces sacs sont affaissés mais non écrasés. Bien que très nombreux, les thalles ne se touchent pas. Chaque thalle possède une seule rangée de cellules. Les protoplastes lacrymorphes tournent leur pointe vers l'extérieur. Ces protoplastes sont colorés par localisation élective du bitume. La localisation de la matière colorante s'est exercée ici à travers la paroi. Ce qui permet cette affirmation, c'est que les organites du protoplaste sont reconnaissables par les intensités différentes de leurs colorations. On écarte ainsi l'idée de matière bitumineuse simplement injectée dans des cavités précédemment occupées par des protoplastes.

La gélose des parois forme des couches excentriques beaucoup plus épaisses vers l'intérieur dans les thalles âgés. Cette gélose présente des gravures presque parallèles à la surface des couches. L'intérieur du thalle semble une cavité qui était peut-être occupée par une gelée très claire, analogue à celle des *Cénobies* de *Volvox*. On voit souvent dans cette cavité une petite quantité d'une matière brun rouge, très claire, très peu chargée de corps bactéroïdes. Elle diffère donc assez profondément de la gelée humique où sont enfouis les thalles, pour permettre d'affirmer que celle-ci n'a pas pénétré massivement dans la cavité du thalle tant que celui-ci était intact.

La surface des gros thalles présente de fortes invaginations résultant du développement inégal des deux faces de ses cellules, le fond des éléments cellulaires étant plus large que leur face externe. Plus développée, l'algue se lobait et ses lobes se séparaient, le thalle se disloquait.

L'algue du Kerosene shale présente un fait très remarquable qui a permis d'assigner sa place dans la Classification. Le thalle jeune présente autant de cellules que le thalle âgé, mais ses cellules sont très petites. Le thalle jeune se transforme donc en thalle adulte sans multiplier ses éléments cellulaires. Ce caractère ne se trouve que dans les Cénobiales. L'algue fossile était donc voisine des Volvocinées et des Hydrodictyées. Elle était toujours libre. La gélose y devenait très abondante dans les thalles âgés.

J'ai donné à l'algue du Kerosene shale le nom de *Reinschia australis*.

Le Blackheath (1) nous présente des thalles de tout âge. Ce sont les thalles jeunes qui prédominent. Le Blackheath en contient 12.544 par mm^3. Parmi ces thalles on en remarque dont la structure est plus ou moins effacée. Ces thalles que je qualifie de gommeux dénotent un léger commencement d'altération : la structure cellulaire s'efface, les cannelures disparaissent. Il n'y a pas, ou il n'y a presque pas de corps bactériformes. — Dans un état d'altération plus avancé, le thalle plus fortement coloré en rouge-brun présente des tubes rameux et des bulles qui le font ressembler à une goutte résineuse. J'ai donné à ce faciès des thalles le nom de thalles résinoïdes.

Entre les thalles il y a des spores et des grains de pollen qui se présentent sous la forme de minces lamelles orangées

(1) Par abréviation je dirai souvent : le Blackheath, le Megalong Valley, le Joadja Creek pour le Kerosene shale de Blackheath, de Megalong Valley ou d'une autre localité.

ou rouge-brun. Les premières sont plus épaisses, à double contour. Les seconds sont pelliculaires.

La gelée brune fondamentale se présente fortement rétractée. Elle est très chargée de corpuscules bactériformes, coccoïdes et bacilloïdes. Elle contient de nombreux fragments de parois végétales diversement humifiés et par suite ayant plus ou moins fortement condensé le bitume. Il n'y a pas de parcelles minérales clastiques, pas même une lamelle de mica. La masse est finement injectée par le bitume. Dans le Blackheath même une hésitation est possible et l'on peut se demander si les filets rouge-brun que je rapporte au bitume ne sont pas simplement des lames végétales modifiées par un certain processus d'altération. On pourrait même se demander si ce ne sont pas des thalles de Reinschia, plus altérés que les thalles résinoïdes et tombant en deliquium. Un examen très prolongé montre qu'on ne peut relier ces lames et ces filets rouge-brun aux thalles résinoïdes. De plus, dans le Megalong Valley, où ces lames sont beaucoup plus développées que dans le Blackheath, elles ont bien l'allure d'une substance en fine infiltration. Les lames se prolongent par des filets fins qui serpentent dans la masse et ces filets se relient directement entre eux en formant un réseau. Cet aspect est celui que prennent les injections bitumineuses dans le Joadja Creek et dans le Kerosene shale d'Hartley lorsqu'on s'éloigne un peu des points de pénétration massive. A ces caractères tirés du faciès, j'ajoute que je n'ai pas observé de structure organique parenchyme, bois ou liège, dans ces lames rouge-brun du Blackheath et du Megalong Valley.

Nous avons observé ces mêmes particularités dans les bogheads de Mount Victoria et de Megalong Valley.

Dans le magnifique Kerosene shale de Joadja Creek, les Reinschia sont moins nombreux que dans le Blackheath. Il y en a seulement 3,200 par mm^3, mais les grands Reinschia adultes, cérébriformes, sont un peu plus abondants. Cette très légère variation suffit à introduire dans la masse une quantité de gélose qui rend cette matière prédominante sur tout le reste. Gelée brune fondamentale, pollen, jeunes thalles même sont comme dilués dans cette masse de gélose. Les thalles interviennent dans la masse du Joadja Creek pour 0,909. La matière gélosique du Joadja Creek est très blanche. Ses protoplastes sont faiblement colorés. Il est particulièrement facile de constater sur les très belles coupes du Joadja Creek les cannelures de la gélose et les corps bactériformes qui y sont souvent enfermés. On remarque que cannelures et corps bactériformes sont surtout soulignés et visibles à la face supérieure de la préparation, c'est-à-dire sur la face qui a été travaillée la dernière. Cette constatation exige donc la plus extrême prudence dans l'interprétation des corps bactériformes et des cannelures qu'on rapporterait à l'activité bactérienne. Il faut aussi penser, suivant la très judicieuse remarque de M. Marcus Hartog, à l'existence possible de fissures de retrait analogues aux fentes perlithiques, dans une gélose à structure concentrique.

Si grande que soit l'intensité de l'intervention des thalles dans le Joadja Creek, ces corps ne se touchent pas directement. Ils sont entourés chacun d'une très fine lame de gelée fondamentale. Cette lame demeure visible sur les coupes verticales, elle échappe presque toujours sur les coupes horizontales.

Il est particulièrement facile de constater la présence du bitume dans le Joadja Creek. Le bitume y a pénétré massivement, et des points de pénétration il s'est répandu dans toute la couche. Dans une coupe verticale, par exemple, j'observe une fente horizontale fermée en cul-de-sac. Elle contient un bitume tardif fortement contracté comme l'indiquent les grandes plages de quarz de remplissage développées après solidification du bitume. Dans cette fissure les thalles sont brisés, fortement raccornis, colorés d'une façon intense. Qu'un thalle se soit trouvé non directement en contact avec la matière bitumineuse, on pourra constater qu'il colorait ses protoplastes par une localisation élective du bitume ou d'une partie colorée de ce bitume. Sur les bords de la fente, on voit que le bitume pénètre en fine infiltration entre les thalles ; à quelque distance on trouve ces fines lamelles rouge brun, ces filets que j'ai signalés entre les thalles incolores non modifiés. Ce bitume est fortement coloré, insoluble dans le chloroforme, comme l'indique le montage au baume mou. Il est souvent brisé en esquilles dans les plages où il est abondant. Ces plages de bitume massif sont pauvres en corps bactériformes, ceux qu'on y voit sont sphérulaires ou en bâtonnets. Bien souvent ces derniers contiennent des cristaux tardifs.

Dans le gisement principal d'Hartley Vale que j'ai pu

sonder dans toute son épaisseur, grâce à M. Etheridge junior, à M. le professeur David et à M. l'ingénieur W. D. Rock, j'ai pu relever quelques faits complémentaires intéressants.

L'être générateur de l'accumulation gélosique reste le même à Hartley et à Joadja Creek. Cet être est toujours le Reinschia australis directement reconnaissable à la structure de son thalle, à ses protoplastes lacrymorphes et à ses cénobies.

La pureté des bancs du boghead dépend de la quantité de gélose existante et par suite de la proportion de gros thalles adultes existant dans l'unité de volume.

La contraction verticale de la masse a réduit sa hauteur au cinquième de sa valeur primitive. La couche de boghead mesurant 1.25 de hauteur, on en déduit que la hauteur de la couche végétale qui lui a donné naissance n'a pas dépassé 6m25. La contraction verticale dont je parle s'entend ici par rapport à la matière gélosique complètement gonflée d'eau présentant une consistance comprise entre celle du Nostoc commune bien vivant et celle du Gleotrichia natans lorsqu'on le retire de l'eau. La richesse de ces algues en matières solides est alors comprise entre 0.015 et 0.030. La contraction en volume étant elle-même comprise entre 1/12 et 1/24 la matière produite par le seul fait de la contraction due à une perte d'eau serait une gélose titrant de 0.180 à 0.720 en matière sèche. Or la gélose du commerce titre 0.785. En admettant donc qu'il n'y ait pas eu de perte de carbone par émission d'anhydride carbonique et de formène, ce qui est invraisemblable, on voit que la contraction de la matière gélosique sous le volume où nous la trouvons est insuffisante pour expliquer la richesse du boghead d'Australie en hydrocarbures. Il y a eu nécessairement enrichissement de la masse en carbone et même en hydrocarbures par apport étranger. L'infiltration bitumineuse que j'ai constatée nous montre la cause immédiate de cet enrichissement. La matière gélosique a été le substratum organisé qui a retenu et localisé les divers éléments du bitume. Quant à un enrichissement venant de la condensation d'une matière gommeuse tenue en suspension dans la gelée brune fondamentale, il n'y a rien, dans les faits observés, qui justifie cette hypothèse.

La mesure de la contraction du Kerosene shale a été obtenue à Hartley avec une approximation assez grande par l'examen comparatif de l'état des thalles dans les îlots silicifiés de l'Iron stone, dans le Casing et dans le Boghead. Les thalles de l'Iron stone ont été conservés à peu près à leur volume primitif par des sphérolithes de calcédoine, ceux du Casing, complètement étalés, non affaissés, sont dans une couche argileuse silicifiée où le pollen même a son exine largement distendue. On a ainsi assez exactement les dimensions originelles des thalles.

La pénétration massive du bitume est aussi nettement constatable à Hartley que dans la couche de Joadja Creek. Il s'agit également d'un bitume fortement coloré, très rétractable, qui gagne l'intérieur de la masse sous forme de très fines infiltrations, lamelles, et filets qui peuvent enfermer des lames végétales, bois, liège, ou limbes foliaires. Ceux-ci se sont fortement imbibées de bitume, si bien qu'il est parfois difficile de limiter le bitume et la lame végétale. La vérification de cette pénétration bitumineuse a été faite sur les grands spécimens du Muséum de Paris et du Musée de Bruxelles.

La grande couche du Kerosene shale d'Hartley présente près de sa base une grande fente horizontale comblée par une argile blanche tardive. Cette argile très pure qui ne présente en suspension, en dehors d'esquilles de boghead complètement formé ni menus débris, ni spores, ni pollen, possède de nombreux corps bactériformes presque stratifiés. Ces corps sont transparents, jaunâtres par réflexion, sans action sur la lumière polarisée. La plupart sont cocciformes. Il y a des groupements en diplocoques, en petites chaînettes. Il y a des bâtonnets. La pyrite souligne quelques-uns de ces corps. On trouve toutes les transitions comme grandeur, comme forme, comme mode de groupement entre ces corps bactériformes et ceux que j'ai signalés dans la gelée fondamentale et dans les gravures ou fissures de la gélose. Dans cette argile blanche, les corps bactériformes sont considérés comme des inclusions inorganiques par les minéralogistes.

La fin du boghead d'Hartley Vale est brusque. Elle se fait en moins d'un dixième de millimètre. Au boghead succède, sous le nom de *slate* ou *couverte*, un schiste organique formé des mêmes éléments que le boghead ; on y voit encore les Reinschia, ces derniers sont même encore très nombreux, mais les gros thalles adultes chargés de gélose y sont devenus brusquement très rares. C'est cette rareté de la gélose qui entraîne la disparition des caractères propres du boghead.

Dans ce slate nous avons une roche où la gelée fondamentale est devenue la matière prédominante. Elle contient des thalles, des spores, du pollen en grande quantité et beaucoup de menus débris végétaux. Elle contient aussi des lamelles, des pelotes et des filets de bitume. Parmi les menus débris de parois végétales, beaucoup sont noirs, presque fusinifiés. Les autres sont bruns, ces derniers ont localisé électivement le bitume en donnant des puncticules de charbon brillant. Les corps bactériformes qui chargent la gelée sont très abondants, plus faciles à observer que dans le boghead. Leur observation directe ne permet pas de décider si on est en présence d'inclusions inorganiques ou si on a affaire à des restes d'organismes figurés comme des cellules bactériennes. En somme ce slate est une roche charbonneuse caractérisée par la présence de la gelée fondamentale. L'aspect de cette roche est un schiste foncé. Elle nous fait pressentir la liaison qui unit les roches schisteuses aux charbons.

J'ai spécifié que la production de la masse gélosique génératrice des amas de Kerosene shale s'était opérée très rapidement et d'une manière continue pour chaque nappe. On ne voit en effet aucune trace d'altération des thalles dans la hauteur de la couche et il n'y a non plus aucune interruption dans le charbon. L'absence de toute modification importante dans la hauteur de la couche indique l'absence complète de variations dans les conditions de la sédimentation. D'autre part la conservation d'une masse si facilement altérable implique une sorte de fixation rapide comme celle que nous faisons subir à nos objets d'étude.

Au slate d'Hartley succède une sorte de schiste gris pâle très argileux dit *Casing*, qui nous présente un fait très remarquable. La gelée brune fondamentale signalée entre les thalles de boghead s'y présente non contractée. Dans cette région supérieure les thalles de Reinschia, les spores, les grains de pollen, sont largement étalés, non affaissés, tels que nous les reverrons dans les nodules silicifiés du boghead d'Autun. Les menus débris de parois végétales posés à plat sont fragmentés par le retrait, les morceaux écartés restant placés en ligne, leurs petites parcelles tombent à la dimension des corps bactériformes et même au-dessous. De loin en loin on voit une parcelle de mica. Toute cette masse est chargée de silice tardivement individualisée. Il y quelques gros cristaux de quarz tardif et une foule de microcristaux de quarz. Dans la cavité des spores il y a généralement des micro-cristaux. La cavité des thalles de Reinschia est occupée par de grandes plages de quarz. Il n'y a pas de sphérolithes de calcédoine.

Dans ces régions où la contraction du substratum organique a été nulle ou extrêmement faible, la gelée brune fondamentale se présente comme un coagulum très dilué, chargé d'un grand nombre de corpuscules bactériformes. Il a englobé les thalles, les spores, les grains de pollen sans pénétrer dans ceux de ces corps qui étaient clos ou faiblement entr'ouverts. Ce coagulum s'oppose par sa consistance à la chute de corps légers. Dans le Doughboy Hollow, par exemple, ce coagulum soutient des poussières formées de fragments de feldspath triclinique, certains de ces microcristaux ont fait partie d'une pâte porphyrique.

Constatons encore que dans cette gelée brune du Casing, si peu contractée et par suite plus facilement lisible, il n'y a nulle part indication de thalles en décomposition et en liquéfaction par un travail bactérien ayant eu pour effet de transformer une gelée gélosique en gelée humique. On ne voit pas de thalle se liquéfiant, on ne voit pas non plus de corps végétaux altérés subissant un sort analogue. On ne peut donc dire que la gelée brune résulte de l'altération des corps qui y sont enfermés; les faits observés ne montrent pas l'indication d'un tel travail.

Les indications de pénétrations bitumineuses observées dans le Casing sont très faibles. Ce sont de petits traits rouge brun à structure réticulée. Certaines de ces lames coupent la stratification de la gelée et y forment des arborescences. En quelques points du Casing, des lames végétales plus épaisses, dans un état convenable d'humification, se sont fortement imbibées de bitume. Elles sont contractées comme dans le boghead. Les thalles qui sont accidentellement au contact de ces lames bituminisées ont donné des corps jaunes d'or contractés, comme ceux du boghead.

Dans le Kerosene shale de Doughboy Hollow, qui provient du gisement le plus septentrional où le boghead de la Nouvelle Galles ait été reconnu, Reinschia australis se présente accompagnée d'une autre algue qui appartient au genre *Pila*. Pila est encore une algue libre, ellipsoïde, à cavité centrale et à structure rayonnée. Elle diffère de Reinschia par ses protoplastes ellipsoïdes, par ses petits thalles à grandes cellules, ce qui indique l'absence de *Cénobies*. Les lamelles moyennes y sont extrêmement accusées; souvent, elles sont la seule trace d'organisation perceptible qui reste des Pilas. Sur 100 thalles, il y a environ 9 Pila et 91 Reinschia. Les Pilas sont uniformément répartis dans la masse.

Dans le Doughboy Hollow, il y a des poussières feldspathiques isolées ou en nuages. Il y a même des lits de ces poussières feldspathiques qui se présentent en fragments de cristaux à angles vifs. Ils ont été soutenus par la gelée fondamentale.

L'infiltration bitumineuse de la masse végéto-humique s'est faite très inégalement. Elle est si faible par places que la région est dépourvue de lamelles et de filets rouge brun amorphes. La gélose des algues y est presque incolore; la structure des algues est alors très peu visible, bien que leur conservation soit pourtant très belle. En d'autres points, où la pénétration du bitume a été plus abondante, les thalles montrent leurs protoplastes colorés par action élective à travers la paroi gélosique. Dans une zone où les lames végétales accidenteles étaient plus abondantes, j'ai trouvé des lames humifiées fortement imbibées de bitume, et certaines étaient même empâtées dans cette matière. Les fusains mêlés à ces lames n'avaient pas subi la même imbibition. Les corps qui ont retenu le bitume sont à l'état de charbon brillant craquelé. Les fusains ont souvent leurs parois brisées en menus fragments, rattachés par de la calcite. Il y a ainsi une région où le boghead s'attache à une lame de houille.

Le Kerosene shale a été reconnu dans un territoire qui couvre 4 degrés en latitude et 2 degrés en longitude. Il s'y montre toujours à l'état de lenticules, dont les plus épais et les plus purs sont ceux de Hartley et de Joadja Creek, près Mittagong.

Si l'on essaie maintenant de se représenter les conditions de la formation du Kerosene shale de la Nouvelle Galles, on voit que l'accumulation végétale génératrice de la matière gélosique s'est faite dans une eau brune laissant précipiter sa matière humique au temps de la pollinisation. Cette eau était d'une tranquillité absolue. La multiplication rapide des algues est le phénomène bien connu des *fleurs d'eau*. Quelques belles journées au temps des basses eaux ont suffi à permettre cette prolifération. Les algues avec le pollen, les spores et les menus débris flottants ont été englobées dans le coagulum donné par la matière humique de l'eau brune. La consistance de cette sorte de radeau lui permettait de soutenir des poussières feldspathiques. Une cause minime comme un temps plus froid, des eaux plus abondantes, ralentissait la production gélosique et amenait la descente des algues sur le fond. La précipitation de matière brune se continuait, englobant toujours pollen, spores et menus débris. L'algue vivait encore. A la préparation toute fortuite d'un charbon gélosique succédait la reprise régulière du phénomène plus général de la formation d'un schiste organique ou d'un charbon humique. Les thalles adultes, moins nombreux, ne diluaient plus au même degré la gelée brune fondamentale.

A Hartley et à Joadja Creek, la formation s'est faite très rapidement et sans interruption.

Il y a eu fixation de la masse végéto-humique en son état, car elle ne montre pas de traces d'altérations.

La fossilisation s'est opérée en présence de bitume. La présence de l'infiltration bitumineuse a été reconnue directement. Ce bitume transformé n'est plus soluble dans les dissolvants ordinaires de l'asphalte.

Aucun des faits relevés n'indique que la masse végéto-humique du Kerosene shale se soit transformée ultérieurement à son dépôt par une fermentation bactérienne ou par intervention de diastases.

Le Boghead d'Autun

La couche principale du boghead d'Autun est contenue dans un système de schistes bitumineux dont les deux centres d'exploitation sont le puits de Margenne et celui des Télots. Ces puits sont situés dans la région Nord-Est d'Autun, ils sont distants l'un de l'autre d'environ 6 kilomètres. Le siège principal est aux Télots.

La grande couche du boghead d'Autun a 0ᵐ25 d'épaisseur.

On constate de suite que le phénomène auquel la grande couche du boghead d'Autun doit sa production s'est répété plusieurs fois. On voit, en effet, du boghead à diverses hauteurs dans les schistes, soit sous forme de lenticules, ou de points isolés, soit sous forme de minces lits assez étendus et assez constants pour que les exploitants les aient remarqués.

Ils appellent *faux bogheads* ces lits trop minces, inexploitables, tels sont le *faux boghead d'en haut* à la partie supérieure du système, et le *faux boghead d'en bas*, placé avant la barre blanche, un peu au dessus de la grande couche.

Dans ce système de schistes bitumineux, il est quelques lits très réguliers qui servent de repère. Ainsi dans le schiste foncé, inférieur à la grande couche de boghead, M. l'ingénieur Cambray a reconnu, presque immédiatement au contact du boghead, un petit lit chargé de Crustacés ostracodes : les Nectotelson. Un peu plus bas, dans ce même schiste, on voit un lit très remarquable par les craquelures dont il est rempli. Les faces de ce lit sont glissées et comme vernissées, de là le nom de *Banc ciré*. Un peu au dessus de la grande couche, dans le schiste gris qui la recouvre, il existe une bande blanche, ou barre blanche. C'est une couche de remplissage tardif qui accompagne le boghead. Elle pénètre dans la lame inférieure de schiste gris par d'innombrables craquelures. Malgré les caractères accidentels de ces deux lits, banc ciré et barre blanche sont si constants, si reconnaissables, qu'ils fournissent des repères très commodes pour l'exploitation.

Le boghead d'Autun résulte d'une accumulation d'algues gélosiques du genre Pila dans une gelée brune humique. La fossilisation s'est opérée en présence de bitume.

J'ai déjà fait connaître quelques caractères du genre Pila. Celui d'Autun est le *Pila bibractensis*, qui a servi de type pour créer et définir le genre Pila. C'est une algue à thalle libre, en ellipsoïde irrégulier, présentant à sa surface un réseau très accusé dessiné par les lamelles moyennes. La structure du thalle est rayonnée. Ses éléments sont placés sur un rang, séparés par des lamelles moyennes très accusées, sans interposition de gelée entre les cellules voisines, contrairement au Botryococcites. Ces thalles grandissaient par une sorte d'accroissement diffus. Ils ne présentent pas d'invagination. Ils étaient creux. Ce caractère n'a pas été reconnu tout d'abord. La cavité en était peut-être occupée par une gelée amorphe, beaucoup moins solide que les parois cellulaires du thalle. Sur les coupes horizontales, le centre des grands thalles est occupé par une matière rouge brun-clair, sans bactérioïdes. Sur les coupes verticales, la cavité centrale, bien peu visible, est indiquée par un trait rameux comme une lamelle moyenne plus accusée. Les plus petits thalles sont formés d'éléments presque aussi grands que les gros thalles. Il n'a pas encore été reconnu de cénobies chez les Pilas ; par là le genre *Pila* diffère profondément du genre *Reinschia*.

La gélose des Pilas étant plus compacte et plus rigide que celle des Reinschias, les Pilas sont, toutes choses égales, moins affaissés que les Pilas. Le fait est surtout sensible lorsque les deux genres sont mêlés dans le même gisement, comme dans le Kerosene shale de Doughboy Hollow.

Le protoplaste des Pilas, ellipsoïde ou faiblement ovoïde, est placé dans l'axe de la cellule, tout près de sa surface. Il contient un très gros noyau en lenticule très épais. Ce caractère très spécial écarte Pila des Cyanophycées et en fait un type très à part parmi les Algues. Ces indications très précises sur la structure cellulaire des Pilas ont été fournies par l'analyse des régions silicifiées du boghead et des schistes. Dans les parties non silicifiées du boghead, les protoplastes du Pila, très peu colorés, sont indiqués par un dessin d'une ténuité extrême. Ils ne sont perceptibles que sur les très bonnes coupes. L'impossibilité où on est le plus souvent de saisir cette image donne une première idée du genre de difficultés qu'on doit s'attendre à rencontrer dans la lecture de charbons plus complexes et plus colorés que ces bogheads classiques.

Les protoplastes des Pilas sont colorés en brun par condensation élective du bitume au voisinage des fractures silicifiées.

La structure rayonnée des thalles de Pila les a fait considérer comme des sphérocristaux de carbures d'hydrogène développés dans une masse bitumineuse ; c'est à cause de cette interprétation, présentée par des minéralogistes éminents, que j'ai dû montrer la structure cellulaire des éléments du Pila et la présence d'un protoplaste qui s'est trouvé nucléé dans ces éléments. Il y a bien localisation des carbures éclairants dans le corps jaune d'or produit par la fossilisation de la gélose des Pilas. Ces carbures n'y sont pas comme un cristal isolé, mais comme imprégnant un substratum organisé qu'ils ont enrichi en carbone et dont la contraction s'est trouvée limitée.

Le Pila bibractensis se présente par thalles isolés et par groupes de thalles se touchant directement. On voit des pelotes de thalles au milieu des thalles isolés.

La grande couche d'Autun débute par des Pilas isolés et par des pelotes de Pilas. Les Pilas sont extrêmement rares dans le schiste sous-jacent, ou même ils y manquent totalement. *Pila bibractensis* est pourtant connu dans les mêmes terrains à un niveau plus inférieur. On a trouvé cette espèce dans les schistes d'Igornay, qui sont plus anciens que les schistes à Protritons ou schistes du banc ciré.

La cessation de la grande couche de boghead est brusque. Pila pourtant ne disparaît pas complètement. On le trouve à l'état de thalles isolés dans le schiste gris qui couvre la grande couche et on le voit se continuer jusqu'à la partie supérieure de la formation schisteuse, montrant par places des zones de recrudescence. Là où l'algue est devenue plus nombreuse, le schiste s'est chargé de gélose, il s'est fait un point, un lenticule ou un lit de boghead. L'algue génératrice du boghead a donc continué d'exister après la formation de la masse végéto-humique de la grande couche et il a suffi qu'elle redevînt abondante pour donner une nouvelle formation de boghead. C'est donc bien l'intervention de la matière gélosique qui apporte au boghead sa caractéristique.

Les Pila forment les 0.755 de la grande couche d'Autun. Il y a 250 thalles par mm^3. La couche représente un empilement de 1600 à 1800 lits de thalles dont la nappe couvrirait une bande de 7 kilomètres de longueur sur 150 à 450 mètres de largeur. La contraction des thalles a été 2,6 en hauteur, 1,6 en longueur, 1,3 en hauteur, soit environ une réduction de volume au 1/7 ou une gélose titrant de 0.105 à 0.210.

La gelée brune fondamentale qui sépare les Pilas contient de nombreux corpuscules bactériformes, de nombreux grains de pollen difficilement visibles, quelques spores, des fragments de parois cellulaires de plantes. On y voit encore des fragments de bois. des morceaux de feuilles. des coprolithes, des écailles de poissons ganoïdes. Le seul élément minéral clastique est constitué par des lamelles de mica.

Les coprolithes du boghead sont le plus souvent entiers, quelques-uns sont étalés ou même éparpillés. Ce sont des coprolithes de reptiles ichthyophages. La matière coprolithique est chargée d'écailles ganoïdes.

Ces coprolithes sont conservés intacts. Leur forme est légèrement affaissée, mais l'agencement intérieur de la matière coprolithique n'est altéré ni dans l'enroulement de la lame en cornet ni dans la matière filée et empilée qui constitue la lame. La matière muqueuse et agglutinante du coprolithe est restreinte, même à la surface de la lame. Il n'y a pas eu formation de gaîne coprolithique autour des coprolithes. La matière même du coprolithe consiste en granulations rouge brun, qui se détachent sur un fond plus clair et d'une teinte sensiblement différente. Les granulations sont de taille variable, mais très petites; il n'est pas possible, sur la seule forme de ces corps, qui paraissent être des sphérules pleins, de dire si ce sont là des granulations plasmiques résiduaires, des cocci bactériens, des gouttelettes graisseuses. Ces divers corps sont possibles, mais les seuls éléments que nous ayons pour établir leur détermination, la forme, la taille et la coloration ne permettent pas de décider l'une ou l'autre de ces catégories de restes organiques. Ils nous disent toutefois que, dans ce milieu spécial, *les granulations organiques* et *le mucus qui les entoure sont colorés par action élective.* La coloration de ce qui est paroi ossifiée dans les écailles ganoïdes conclut dans le même sens. L'émail des écailles reste, au contraire, incolore (1).

Non seulement la matière du coprolithe s'est teinte par localisation élective du bitume, mais on trouve dans les coprolithes des cavités pleines d'un bitume rouge brun homogène continu, sans granulations, présentant parfois des cristaux tardifs et des houppes de pyrite. Le bitume, ainsi libre dans les coprolithes, ne sort pas en traînées dans le voisinage. Il y a là un fait de localisation bien curieux. Le résultat de cette rétention du bitume par la matière coprolithique est un enrichissement de la matière coprolithique en hydrocarbures et la formation d'un nodule de charbon coprolithique. Ces nodules de charbon coprolithique tranchent si nettement sur le charbon d'algues enveloppant qu'on les distingue immédiatement à l'œil

(1) Je dois ajouter que, dans des échantillons de Margenne récemment préparés, un coprolithe montrait, différenciés sur un fond ocracé très pâle, qui représentait le mucus intestinal, des bacilles colorés en rouge brun. Ces bacilles, très gros, en bâtonnets, 4 à 6 μ sur 1 μ 2, à bouts arrondis, régulièrement étranglés, isolés ou placés 2 à 2, étaient accompagnés de nuages de cocci également colorés, très petits, de 0 μ 2. Si l'on peut hésiter à se prononcer sur la nature des cocci, la nature des bacilles n'est pas contestable. Cet exemple nous montre que, dans ce milieu spécial, les bacilles sont colorés électivement, comme les autres restes organiques. Un autre coprolithe nous a présenté les moulages de ses bacilles *injectés* par le bitume.

nu. Exposé à l'air humide, le charbon coprolithique s'altère autrement que le boghead.

Les coprolithes n'altèrent que les Pilas qu'ils touchent, et cette altération se traduit par une localisation intense du bitume dans la gélose. La gélose devient rouge sang foncé au point touché. Même dans des régions où les coprolithes sont éparpillés et où les points de contact possibles ont été très nombreux, l'altération n'atteint que les thalles immédiatement contigus aux parcelles coprolithiques. Ainsi, dans ce milieu si éminemment apte à subir une fermentation putride par suite de l'accumulation des matières organiques dont certaines, comme les coprolithes, sont régulièrement surchargées de bactéries, l'altération ne s'étendait pas. Ce fait indique qu'il s'exerçait dans le milieu formateur du boghead une sorte de fixation conservant les corps dans l'état où ils étaient englobés, les parcelles organiques restant aptes à localiser le bitume.

Les fragments de bois du boghead sont aussi instructifs que les coprolithes. Certains sont transformés en fusains; d'autres sont à l'état de lames rouge brun en charbon brillant craquelé; d'autres sont silicifiés. Plusieurs fragments de bois, un peu volumineux, m'ont montré simultanément les trois transformations. Dans la région centrale, la moelle et le bois, immédiatement entourants, ont leurs parois gonflées, dédoublées ; les éléments sont presque isolés. Cette région montre tous les caractères d'une pourriture humide poussée très loin. La présence de bactéries y est très vraisemblable, et pourtant les corpuscules bactériformes y sont relativement très raréfiés. Ils ont toujours cet aspect d'inclusions incolores qui fait hésiter sur leur nature. Ceux qui sont brunis ne sont, le plus souvent, que des parcelles de la membrane altérée. Cette première région est silicifiée. Il est particulièrement facile d'y observer les infiltrations bitumineuses et même de grandes poches à bitume. Le bitume a teinté les restes de parois végétales dans cette région silicifiée. Dans la région rouge brun, en charbon brillant craquelé, les parois sont continues, épaisses, mais affaissées, fortement plissées, amenées au contact. Dans la région fusinifiée, les parois sont plus minces, brun noir ou tout à fait noires, très souvent brisées et effondrées. Ici comme à Doughboy Hollow, le bitume a été retenu par les parois rouge brun. Il n'a pas été retenu en nature par les parties fusinifiées. On constate souvent un dépôt jaune d'or, amorphe, transparent et sans granulations dans les cavités cellulaires des éléments des régions rouge brun et des parties fusinifiées. Ces exemples nous montrent qu'un même tissu végétal comme du bois a pu donner, dans ce milieu, des corps aussi différents qu'une masse silicifiée, du charbon brillant et du fusain, uniquement selon que son degré d'altération l'a rendu apte à se charger de silice ou de bitume.

Les corps de poissons sont réduits à des amas d'écailles régulièrement disposés. Les muscles, les viscères, la peau et la graisse ont disparu. Entre les écailles se sont développées de grandes plages de quarz et de calcite. On y voit du bitume libre retenu entre les écailles comme dans les cavités des coprolithes, le bitume ne formant pas l'attache d'un réseau qui se répand dans la masse entourante.

La région supérieure du boghead d'Autun présente de nombreuses fractures à bords silicifiés ; beaucoup sont verticales ; il en résulte des nodules siliceux que nous étudions un peu plus loin.

Dans le schiste qui suit le boghead, la gelée brune, en continuation directe avec celle du boghead, forme une trame continue, inégalement condensée et réticulée. Les corps qui la chargent sont toujours : de nombreux corps bactériformes incolores ou noirs, selon qu'ils ont ou non subi l'action de la pyrite, de nombreux grains de pollen, de spores, de menus fragments de parois végétales. Il y a toujours des thalles de Pila qui sont isolés pour la plupart. On y voit aussi les mêmes coprolithes, des os posés à plat, des écailles isolées, des morceaux de bois, et comme élément minéral clastique des parcelles de mica. Toute la masse est chargée de grands cristaux de calcite tardive et d'une foule de microcristaux de la même roche. On ne voit pas de poches à bitume, sauf dans les bois, les os, les points silicifiés et les fractures. C'est un fait très remarquable que l'opposition de cette infiltration bitumineuse qui s'est fait sentir à travers toute la masse, et peut-être à diverses reprises, et la clarté relative de la teinte des schistes qui ont été ainsi traversés.

Les morceaux de bois, les coprolithes et les écailles sont conservés dans le schiste comme dans le boghead.

Les os sont à l'état de corps brun clair, brisés par le retrait. Le bitume y forme des masses pleines et des réseaux qui emplissent les cavernes de l'os et l'intervalle des os. Il semble bien que le bitume injecte l'os et qu'il a remplacé très souvent les ostéoplastes dans la loge des cellules osseuses. La masse plasmique de la cellule osseuse et ses prolongements seraient ainsi remplacés par une fine injection bitumineuse au lieu d'être teintés par élection. Les grands vides laissés par le retrait du bitume sont comblés par de grands sphérocristaux de calcédoine. A signaler aussi un dépôt de calcédoine microcristalline qui borde la surface de certains os. Les muscles, les viscères, la peau, le sang et la graisse ont disparu. Dans ce milieu de matières animales en décomposition formé d'un cadavre entier ou d'un fragment de cadavre, si naturellement chargé de bactéries, leur existence reste tout à fait incertaine, on ne voit là que ces formes douteuses, coccoïdes et plus rarement bacilloïdes. Ce sont des microgranulations incolores entre les cristaux de calcédoine et y produisant l'effet d'inclusions inorganiques. Ces divers faits nous commandent donc une extrême prudence quand il s'agit d'apprécier la nature des corps bactériformes de la gelée fondamentale. Il semble que le premier fait à établir dans ces études est toujours que les corpuscules qu'on regarde comme reste d'organismes figurés sont conservés comme les corps organisés d'une nature analogue nettement reconnaissables dans la préparation.

Dans le schiste inférieur au boghead on constate la même gelée fondamentale avec ses bactérioïdes, des grains de pollen, des spores, de menus débris. Il y a des morceaux de limbes foliaires et des fragments de bois imprégnés de bitume. Les thalles de Pila y sont extrêmement rares. On y voit de nombreux os à l'état de corps jaunes. Ce sont souvent des os de Protritons isolés ou groupés en squelettes entiers. Même dans ces petits corps on voit le bitume imprégnant. Dans une préparation qui montre une mâchoire de Protriton la cavité basilaire de chaque dent est ou totalement comblée, ou partiellement comblée par le bitume. Les coprolithes, très nombreux, sont souvent étalés et éparpillés, colorés et conservés comme ceux du boghead. On y relève encore des déchirures horizontales de la gelée comblées par un exsudat clair qui ne présente guère que des corps bactériformes. Les bacilloïdes y sont souvent dressés ou obliques. La masse est criblée de gros cristaux de calcite et d'une foule de microcristaux de la même substance.

Tous les caractères du schiste inférieur se retrouvent identiquement dans le *Banc ciré*, mais il y a de plus de très nombreuses fractures. Les morceaux ont glissé les uns sur les autres. Certains sont contournés, plissés de toutes les manières. Un cropolithe se montre coupé en deux par une fracture, les deux parties étant plus ou moins écartées de chaque côté de la fracture. Souvent les bords de ces fractures sont silicifiés et la fracture même est pleine de bitume et de cristaux tardifs. On est en présence d'une gelée rigide coupée pas de nombreuses fractures dont les fragments ont glissé les uns sur les autres. La silicification s'est exercée par places le long des fractures.

Ni dans le boghead, ni dans les schistes, la gelée brune fondamentale ne se montre comme étant le résultat de la liquéfaction des thalles ou de leur transformation par humification bactérienne.

J'ai signalé de nombreuses fractures à la région supérieure du boghead dans les schistes qui suivent la grande couche et dans les schistes inférieurs. Un grand nombre de ces fentes sont verticales ou presque verticales, leurs bords sont souvent silicifiés. Il en résulte des nodules siliceux placés de champ ou des nodules contournés ; ces derniers passent à des plaquettes horizontales. Ces nodules sont fissurés. Les lits des schistes traversent ces nodules, et dans le boghead les lits de Pila les traversent également. Dans la traversée du nodule la gelée est étalée, non contractée. Quand il y a des Pilas, chaque thalle se montre isolé dans une loge. Des ruptures de la gelée fondamentale réunissent les cavités des loges qui sont le plus centrales dès que le nodule est un peu gros.

Dans la gelée ainsi étalée, les corps bactériformes conservent leurs mêmes caractères ; ils sont seulement un peu plus transparents. Les menus débris bien isolés, non gonflés, sont souvent fracturés en segments, demeurés alignés. Les grains de pollen sont très visibles, d'autant plus étalés qu'on approche du centre du nodule. L'exine est écartée de l'intine dans la région supérieure du grain. L'intine reste plissée et toujours attenante à la partie inférieure du grain. Les spores sont de même plus ou moins étalées dans une logette incolore.

En gagnant de la périphérie vers la fracture médiane de ces nodules silicifiés, on voit toutes les modifications que peuvent présenter les thalles de Pila entre l'état de contraction que nous leur voyons dans le boghead et des thalles complètement disséqués par la silice. Près de la périphérie du nodule, Pila montre ses lamelles primaires rayonnantes, et dans chaque case du thalle un ellipsoïde brun homogène placé près de la surface. Des coupes tangentielles du thalle montrent les mêmes points bruns occupant le centre de chacune des mailles dessinées par le réseau des lamelles moyennes. La silice est autour des Pilas, entre le thalle et la gelée brune. Quand la silicification du thalle est plus forte, des cristaux de silice se sont développés dans la pelote gélosique ; chaque corps brun du Pila se montre comme un protoplaste isolé dans un cristal de silice qui le sépare de son enveloppe de gélose. Il y a là un exemple de localisation très évidente. Puis toute la gélose se montre rejetée en lambeaux à la périphérie d'une masse siliceuse cristalline qui englobe encore les protoplastes bien étalés présentant chacun leur gros noyau. Ces noyaux sont parmi les plus gros que je connaisse chez les algues. Comme état de silicification encore plus avancé, la gélose forme un manteau déchiré près de la surface de la loge thallaire ; les protoplastes plus ou moins abîmés sont placés entre la gélose et le centre ou contre la gélose. Le centre est occupé par un gros sphérocristal de calcédoine granulée par de très petits corps bactériformes transparents et incolores le long de ses rayons. Là où la gelée fondamentale est déchirée, plusieurs masses de calcédoine peuvent confluer. Dans ces nodules où la gelée brune est si facile à lire, il n'y a pas de liaison entre la gelée brune et la gélose. On ne peut dire que la gélose donne la gelée fondamentale en s'humifiant ou en se liquéfiant par un travail bactérien. Le fait est rendu bien évident dans les régions du schiste où la gelée brune se présente sans Pila.

Les nodules siliceux présentent des poches à bitume et des lignes d'infiltration bitumineuses très nombreuses et très nettes.

Les parcelles clastiques de mica qui chargent la gelée brune se retrouvent dans les nodules siliceux. Ils y sont posés à plat et souvent subdivisés en très petits cristaux bacilliformes.

A Autun plus encore qu'en Australie, nous constatons une eau brune laissant précipiter sa matière humique sous forme d'une gelée qui fait prise. A un certain moment il y a production d'une grande quantité de fleurs d'eau gélosiques dans un temps où se produisait d'abondantes pluies de pollen de Cordaïtes. Un peu plus tard et très brusquement la multiplication des algues a diminué et la formation schisteuse a repris son cours. La bande qui contient la matière gélosique donne du boghead. Toute la masse s'est fossilisée en présence de bitume. La masse encore molle a présenté de nombreuses fractures dont les bords se sont silicifiés.

La présence d'animaux comme les Protritons, les Actinodons, indique qu'il s'agissait de formations faites dans des mares.

L'analyse sommaire de la Torbanite d'Ecosse a appris que ce boghead était aussi un charbon d'algues formé dans des conditions analogues à celles du boghead d'Autun.

Je conclus pour les charbons d'algues :

« La conservation des algues gélosiques dans la gelée brune, en présence du bitume, est un mode courant de fossilisation des algues. Il a produit les corps jaunes transparents à cassure vitreuse d'un grand nombre de charbons.

« Des accumulations de matières végétales se sont faites avec une rapidité prodigieuse sans forêts et sans transports, par le développement dans les eaux brunes génératrices du charbon d'êtres infiniment petits comparables à nos fleurs d'eau. Ces petites algues ont produit sur place au temps des basses eaux, la matière gélosique qui prédomine dans ces charbons. C'est cette gélose qui donne aux charbons d'algues leurs caractéristiques : aspect satiné et capacité de rétention des bitumes éclairants. La matière gélosique est la matière essentielle des charbons d'algues.

« Les charbons d'algues ne sont qu'un incident au cours de la formation d'un schiste organique. Tant que l'algue se retrouve dans le schiste, l'incident qui a produit le charbon d'algues peut se répéter.

« Aucun des faits observés ne nous autorise à dire que la gelée brune dérive directement de la gélose des algues par liquéfaction ou par une altération humique, ni qu'elle soit un exsudat venant de la transformation d'une telle masse.

« Vu son état de contraction par rapport aux thalles gorgés d'eau, l'algue gélosique n'a pu fournir directement la totalité des carbures d'hydrogène solidifiés dans les bogheads. La seule cause d'enrichissement reconnue jusqu'ici est la présence de bitume qui a pénétré la masse. Dans les corps gélosiques le bitume a teinté, par localisation élective, les protoplastes. La gélose transformée en corps jaune est devenue substratum de carbures éclairants. Aucun des faits relevés ne nous indique que cette masse se soit transformée, postérieurement à son dépôt par l'activité de bactéries anthracigènes spéciales — ou d'enzymes — et qu'elle ait pris les caractères propres du boghead sous cette influence.

« La production de charbon brillant craquelé, de fusain et d'autres variétés de charbon est normale dans ce milieu. Elle dépend de la nature des corps enfouis et de leur état d'altération. Elle dépend aussi du bitume imprégnant. Les tissus végétaux moyennement humifiés retiennent le bitume et donnent du charbon brillant craquelé. Les tissus végétaux plus fortement humifiés n'ont pas retenu le bitume, ils sont à l'état de fusain. Les tissus pourris, non humifiés, ont localisé la silice. — Les os et les coprolithes, en localisant le bitume, donnent du charbon d'os et du charbon de coprolithe.

B. — Les charbons humiques.

Les charbons humiques ont comme types :

Le brown oil-shale permo-carbonifère de Broxburn en Écosse.

Le schiste tertiaire du Bois d'Asson, Basses-Alpes.

Le schiste crétacé de Ceara, Brésil.

Ces charbons humiques sont très répandus. Le plus souvent on les rencontre sous leur forme fortement minéralisé à l'état de schistes bruns ou gris. Ils correspondent assez exactement à ce que l'industrie minérale appelle les *schistes bitumineux*.

J'applique aux schistes bitumineux l'appellation de charbons humiques tant que la matière organique prédomine sur la matière minérale et donne à la roche ses caractéristiques essentielles. Le schiste écossais reste à mon avis un charbon, bien que sa charge en matières minérales atteigne 67.18 % parce que les matières minérales tardivement individualisées sont subordonnées au substratum organique qui les contient.

Les indications que j'ai données sur les charbons humiques, celles que M. Renault y a ajoutées de son côté nous permettent de nous faire une idée assez précise de ce type de charbons.

Pour les trois exemples que j'ai cités il a été reconnu :

1° Qu'ils résultent d'une accumulation de gelée brune. A celle-ci s'ajoute comme corps accidentels une très faible quantité de spores, de pollen, de menus végétaux humifiés, de thalles d'algues gélosiques. Aucun de ces corps accidentels n'intervient pour plus de 0.004 dans la massé totale. La gelée brune amorphe avec la matière minérale qui peut y être combinée est donc la matière dominante de ces formations.

2° Que ces accumulations de gelée brune se sont faites rapidement dans des périodes tranquilles.

3° Que la fossilisation de la gelée brune et des corps qu'elle contient s'est opérée en présence de bitume, rendant possible la production de fusains et de lamelles de charbon brillant dans ce milieu.

Nous avons trouvé ces mêmes conditions dans la formation des bogheads. Dans le cas des bogheads il s'y ajoutait une condition de plus, une grande abondance d'algues dont la gélose venait diluer le charbon humique pour en faire un charbon gélosique. De même il suffit que la charge de la gelée brune en produits stercoraires augmente un peu notablement pour donner un charbon de purin au lieu d'un charbon humique, tel est, par exemple, le schiste bitumineux de l'Allier, exploité à Buxières et à Saint-Hilaire.

Les charbons humiques ont une très grande importance parce qu'ils nous donnent la notion de *charbons amorphes*, non pas rendus amorphes parce que leur organisation a disparu à la suite d'une trituration intense ou par un état de pourriture très avancé, mais amorphes parce que les corps d'organismes figurés n'y prennent pas directement part. La preuve qu'il en est ainsi, c'est que quand un organisme figuré s'y trouve enfermé, il y est toujours remarquablement conservé.

Le brown oil-shale d'Ecosse

Le brown oil-shale ou schiste ciré d'Ecosse vient de la région de Broxburn à l'est de Bathgate. C'est un schiste brun-clair à stratification très disloquée comme celle du *Banc ciré* d'Autun. Ce schiste se brise en écailles contournées à surface vernissée d'où l'appellation de *Schiste contourné* qui lui est souvent appliquée.

Le brown oil-shale est une accumulation de gelée brune fortement chargée de matières minérales, silice et alumine. Une petite partie de cette matière minérale y est individualisée à l'état de cristaux tardifs de quarz, l'autre n'est perceptible qu'à l'état de microcristallisation confuse comme celle des argiles. Il y a union intime de cette partie argileuse et de la gelée brune. La présence de la matière argileuse ne se révèle optiquement que par son action sur la lumière polarisée.

En coupes minces, la gelée brune se présente comme une matière amorphe, transparente, brun clair, chargée de corpuscules bactériformes. Elle est hétérogène, zonée, et finement stratifiée. La gelée brune que nous avons vue dans les schistes est mêlée ici d'une proportion variable d'une matière jaune d'or ou orangée qui faisait prise comme la gelée brune, et qui acquérait peu à peu tous ses caractères, c'est de la gelée brune à un état d'humification moins avancé. La gelée brune et la gelée jaune sont déposées en lits. On passe insensiblement des uns aux autres. Les zones brunes sont plus chargées de corps bactériformes que les zones orangées. Les parties rousses sont plus fortement chargées de cristaux tardifs dressés, alors que les cristaux plus petits tabulaires sont couchés horizontalement dans les zones jaunes. La charge microcristalline est un peu plus forte dans les parties rousses. La consistance de la gelée au moment du dépôt était déjà forte, les menus débris de parois végétales y sont incomplètement affaissées, des écailles ganoïdes ne s'y enfonçaient pas. La consistance de la gelée fondamentale était plus forte dans les lits jaunes que dans les lits roux.

La consistance de la gelée fondamentale du brown oil-shale a été particulièrement forte, car lors de son retrait elle s'est contractée massivement. Elle ne montre nulle part une tendance à se déchirer en réseau. Par contre, elle s'est coupée par de grandes fentes. Les morceaux se sont déplacés. Ils ont glissé les uns sur les autres sans s'érafler ou s'abîmer. Ce travail s'est donc fait sous l'eau. La plasticité parfaite de la masse lors de sa déchirure est établie par des lambeaux redressés, pliés et plissés qu'on trouve entre les parties déplacées. Macroscopiquement le brown oil-shale révèle cette structure fendillée et les glissements dont il a été le siège en montrant sur ses tranches verticales dressées à l'émeri une stratification disloquée comme celle du Banc ciré des schistes d'Autun. L'adhérence de la gelée aux corps qui y sont englobés était déjà complète lorsqu'elle s'est déchirée sous l'action du premier retrait. On voit des thalles et des spores coupées en deux par la rupture de la gelée, dont les segments sont écartés par le glissement des masses où ils sont demeurés adhérents. Aucun de ces objets n'est sorti de la loge où il était enfermé. Aucun d'eux ne s'y est tourné. Ils faisaient donc corps avec la gelée entourante.

Par rapport à une écaille ganoïde la contraction verticale de la gelée brune à été trouvée de 2,5 ; c'est-à-dire qu'elle est 2.5 fois plus grande que celle de cette écaille.

Les zones jaunes et orangées du schiste ciré d'Écosse nous apprennent que certains corps jaunes amorphes dépendent de la gelée fondamentale. C'est une nouvelle catégorie de corps jaunes qui s'ajoute à celles que nous avons relevées dans les charbons, corps jaunes d'origine gélosique, corps jaune d'origine cellulosique et cutineuse, corps jaune d'origine osseuse, corps jaunes représentant un filtrat bitumineux dans les lames de charbon brillant craquelé et dans les fusains.

La gelée fondamentale du brown oil-shale contient des corps bactériformes mais en très faible quantité, eu égard à ce que présentent les autres charbons. Les zones jaunes en contiennent moins que les zones brunes et bien qu'elles soient manifestement plus riches en matière organique moins humifiée, on ne voit dans ces zones jaunes que les mêmes bactérioïdes que dans les zones brunes. Les corps bactériformes sont des sphérules simples ou couplés, et des bâtonnets ou bacilloïdes. L'aspect des coccoïdes est celui des spores de Bactéries. Les corps bacilloïdes contiennent souvent des microcristaux tardifs. J'ai trouvé ces corps bactériformes dans un grand état de pureté sur la surface muqueuse d'une algue enfermée dans le schiste écossais. Ces corps bactériformes sont fortement individualisés par rapport à la gelée fondamentale. Ils s'en séparent par la taille. On les retrouve isolés dans les cristaux tardifs. Ils sont souvent incolores, d'autres fois ils paraissent noirs comme s'ils étaient occupés par un très petit cristal opaque de pyrite. Les indices ci-dessus ne permettent pas d'établir directement la nature de ces corps bactériformes. Je ne puis dire si ce sont là des restes d'organismes bactériens. Je ne puis même décider si ce sont là des corpuscules de nature organique ou des inclusions minérales. J'ai présenté ailleurs (1) la série des divers arguments favorables à l'une et à l'autre interprétation. M. B. Renault reconnaît des corps bactériens dans les corps analogues de la gelée brune des schistes d'Autun et d'une foule d'autres charbons. Dans son récent travail sur les microorganismes fossiles le savant paléontologiste du Muséum apporte de fort beaux photogrammes à l'appui de son interprétation. Après une étude très prolongée d'excellentes préparations parfaitement planes, non rayées et non ébranlées, je ne puis me rallier encore à son avis. Ces formes simples bactérioïdes sont réalisées par les faits les plus différents, bulles, gouttelettes (2), précipités ferrugineux, microcristaux, inclusions diverses. Il est facile d'en prendre des images photographiques qui ne diffèrent pas de celle des corps bactériformes. Ces roches sont riches en gaz libres, puis il semble bien que dans ce milieu un organisme plasmique comme une bactérie devrait s'y présenter coloré électivement ou bien injecté comme les autres protoplastes. Les protoplastes du *Zooglœites elaverensis*, ceux des Bacilles coprophiles présentent cette particularité et sont colorés ou injectés suivant les cas. Il n'est pas jusqu'à la manière dont les corps bactériformes se détachent sur le fond qui les enveloppe où on les voit agir comme des corps résistants qui ne me semble imposer une très grande réserve pour l'interprétation des corps bactériformes de la gelée brune. Les bactérioïdes font partie normalement de la gelée brune. Ils paraissent tombés en même temps qu'elle. La gelée brune en contient toujours, leur abondance relative est un caractère qui doit toujours être relevé.

Rien n'indique dans la gelée brune du brown oil-shale qu'elle provienne de la liquéfaction des thalles d'algues gélatineuses. Rien n'indique non plus dans l'étude directe de cette gelée qu'elle provienne d'un suintement, d'une sorte d'exsudat sorti d'une masse végétale en fermentation ou de la transformation sur place d'une matière végétale sous une action bactérienne ou diastasique. D'après la manière dont elle englobe les spores, les menus débris et les corps qui la

(1) C. Eg. Bertrand. *Les charbons humiques et les charbons de purins.* — Note VI, p. 190. — Lille, 1898.

(2) En particulier gouttelettes de bitume et de pétrole dans un milieu très faiblement alcalinisé.

chargent il me semble que la gelée brune était contenue dans l'eau génératrice du dépôt qui l'abandonnait autour des corps qui y flottaient. Elle pénétrait difficilement dans les cavités de ces corps.

Les corps accidentels qui chargent la gelée du brown oil-shale sont rares, aucun d'eux n'intervient pour une proportion supérieure à 0,001 du volume total. Il y a des spores variées, du pollen, quelques menus débris végétaux très fragmentaires colorés en brun noir, non affaissés, dont les cavités sont comblées par le bitume. Les fleurs d'eau sont représentées par quelques thalles de l'*Epipolaïa Boweri.* — Comme débris animaux j'ai trouvé de petites écailles ganoïdes et un petit fragment d'os. — Il n'y a pas de parcelles minérales clastiques.

La masse du brown oil-shale a été pénétrée tardivement par le bitume. Cette pénétration s'est faite par une sorte de diffusion générale à travers la gelée fondamentale. D'une part, en effet, le bitume ne forme pas de masses libres injectées dans la gelée ou placées entre ses feuillets et, d'autre part, on voit que le bitume a comblé les cavités des débris humifiés noyés dans la gelée jaune d'or. On voit aussi que le bitume comble les cavités demeurées ouvertes entre les fragments déplacés de la gelée. Le bitume n'a pas été modifié par le seul fait de sa filtration. Il s'agit d'un bitume brun pâle extrêmement peu condensé.

A la gelée brune fondamentale, matière essentielle du brown oil-shale, s'est donc ajoutée une certaine quantité de bitume. Il y a eu par cela même enrichissement de la gelée et des corps organiques qui la chargent en hydrocarbures. L'enrichissement a été faible, le bitume était peu condensé et il n'y avait pas de corps pouvant le retenir un peu fortement.

La stratification régulière et zonée de la gelée brune nous apprend qu'elle s'est déposée dans un milieu parfaitement tranquille à l'époque de la pollinisation. Ses corps accidentels nous ajoutent que les conditions de sa formation ne diffèrent de celles des bogheads que par un grand affaiblissement de l'intervention gélosique. La rareté des matières animales et l'absence d'ostracodes indiquent qu'elles n'ont pris qu'une part insignifiante à la production de la gelée fondamentale.

Le brown oil-shale est donc un charbon qui s'est formé dans des eaux brunes tranquilles par précipitation de leur matière humique pendant le temps des basses eaux et des pluies de pollen. Cette matière humique chargée d'argile a formé gelée autour des corps flottants dans cette eau. Les fleurs d'eau étaient peu abondantes. La gelée brune s'est fossilisée en présence du bitume.

Le schiste du Bois d'Asson.

Le schiste du Bois d'Asson est compris dans un système lacustre oligocène qu'on voit affleurer dans la vallée du Largue, Basses-Alpes. C'est une roche marron, feuilletée, dont la charge en matières minérales s'élève à 62,79 p. °/₀. Il y a 39,15 p. °/₀ de silice insoluble dans l'acide chlorhydrique. Une grande part de cette silice est à l'état d'organites figurés, valves de diatomées, spicules d'éponges.

Le schiste du Bois d'Asson est une accumulation de gelée brune humique qui prédomine optiquement sur la matière minérale, il s'agit donc encore d'un charbon humique. La gelée très pâle, presque jaune, a fait prise comme celle du brown oil-shale, mais sa consistance était moins forte. Elle a donc pris une structure réticulée, *à l'image* des gelées gélosiques très claires titrant moins de 0,004. En quelques points où le reticulum a cédé, il s'est produit des déchirures comblées de suite par un exsudat dans lequel s'est localisé plus tard la matière minérale. Les fentes horizontales placées entre les bancs de la masse schisteuse ne sont que les fissures du réticulum tardivement agrandies. La contraction verticale de la gelée déterminée par rapport aux spicules fusiformes et aux disques d'Orthosira est 2,0.

L'exsudat qui comble les déchirures horizontales de la gelée primitive a entraîné les diatomées les plus légères, les spicules sphérulaires les plus petits, les corps bactérioïdes. Ceux-ci sont bien isolés. On y reconnaît donc immédiatement les caractères de la gelée initiale, c'est une portion de cette gelée plus diluée qui est venue emplir ses déchirures tardives.

Par rapport aux charbons ordinaires, la charge de la gelée fondamentale en corps bactériformes est très faible. Par contre elle paraît très forte eu égard à la charge de cette gelée en menus débris végétaux humifiés. Sous ce rapport le schiste du Bois d'Asson est très exceptionnel. Ses corps bactériformes, micrococcoïdes, macrococcoïdes, bacilloïdes sont très petits. Les bacilloïdes sont souvent redressés, tordus. Les bactérioïdes sont particulièrement nets, bullaires, et très règulièrement répartis dans l'exsudat qui a comblé les déchirures de la gelée fondamentale.

Entre la gelée fondamentale du schiste permocarbonifère d'Ecosse et celle de ce schiste oligocène, il n'y a donc comme différence importante que la structure réticulée de cette dernière, correspondante à une dilution originelle plus grande. Cet état nous intéresse parce que c'est le début de la structure réticulaire très lâche que prend la gelée fondamentale dans les schistes organiques.

Comme corps accidentels la gelée fondamentale du schiste du Bois d'Asson contient des grains de pollen, quelques spores, un certain nombre de thalles d'une algue gélosique que j'ai décrite sous le nom de *Botryococcites Largae*, quelques débris humifiés, restes de végétaux et lambeaux chitineux d'origine animale, des valves couplées de diatomées d'eau douce, des spicules d'éponges, des fragments de corps résineux. — Les grains de pollen, les spores, les thalles de Botryococcites sont à l'état de corps jaunes. Nous connaissons les premiers, nous rencontrons pour la première fois les corps jaunes d'origine résineuse. Ces corps sont assez rares dans le schiste du Bois d'Asson, on en voit 1 ou 2 exemplaires sur une préparation de 2 à 3 centimètres carrés.

Il y a 1536 grains de pollen par millimètre cube. Ces organites forment 0.003 du volume de la roche. Ils sont couchés à plat et complètement affaissés. Je signalerai un fait très remarquable à propos de ce pollen, fait qui me paraît faire ressortir l'extrême réserve avec laquelle on doit toujours procéder dans l'analyse optique des charbons. Sur les coupes verticales d'épaisseur moyenne, les grains de pollen sont très visibles, par contre les coupes des valves des diatomées qui sont pourtant très nombreuses échappent complètement, à l'exception des coupes des grands disques d'Orthosira. Quand les coupes sont très minces on ne voit que les diatomées et pas du tout les grains de pollen. Sur les coupes horizontales les grains de pollen échappent complètement à l'observation, les diatomées sont très visibles. Ces faits montrent avec quelle facilité des organismes d'un certain volume, à parois bien différenciées, peuvent nous échapper, qu'est-ce donc quand il s'agit d'organismes aussi petits que des bactéries où l'enveloppe diffère moins des qualités du protoplaste qu'elle recouvre.

Il y a 224 thalles de Botryococcites par mm.^{3} dans la partie riche du schiste. Ils forment les 0.004 du volume de la roche. Botryococcites avait une gelée épaisse interposée entre les cellules voisines. Les thalles sont très affaissées. Les protoplastes sont très faiblement colorés.

Les menus débris végétaux sont rares, fortement noircis. Il y a des spores bicellulaires. Les fragments chitineux et cornés d'origine animale sont plus fréquents que les débris végétaux.

Les diatomées sont nombreuses, couchées à plat. Les deux valves sont réunies, mais écrasées par le retrait; entre les valves est une gelée claire amorphe pauvre en bactérioïdes, d'autres fois colorée par le bitume. Les grands disques d'Orthosira comme le canal des spicules sont pleins de microcristaux de quarz. Il s'agirait donc de diatomées mortes ayant flotté, englobées ensuite dans la gelée fondamentale lors de sa précipitation. Ces diatomées ayant leurs deux valves ne peuvent venir de loin. Les 7 espèces que j'ai reconnues se rapprochent beaucoup des diatomées d'eau douce actuelles. La plus visible ressemble au *Melosira varians*. Un grand *Orthosira* très visible à cause de sa grande taille et de ses valves épaisses rappelle notre *Orthosira arenaria*.

Les spicules d'éponges sont très nombreux, les plus fréquents sont des spicules lourds fusiformes ou en navette semblables à ceux du parenchyme de la *Spongilla fluviatilis*. Il y a aussi des spicules haltériformes comme ceux de l'assise cellulaire qui borde les canaux de la Spongille, mais plus hérissés de pointes, ce qui dénote au moins une différence spécifique. Il y a de très nombreux spicules sphérulaires qu'on ne connaît pas dans notre éponge d'eau douce. Les spicules sont isolés, on ne voit rien autour d'eux qu'on puisse rapporter à l'éponge. Les spicules fusiformes et haltériformes sont couchés à plat. Il s'agit de spicules libérés et flottés tombés dans une gelée qui a pu les arrêter dans leur chute.

Il n'y a pas de parcelles minérales clastiques.

Le bitume joue un rôle important dans le schiste du Bois d'Asson. Il s'y manifeste d'une manière très spéciale. En dehors des cavités des spicules et des Orthosira où il s'est ajouté à la gelée de remplissage, il consiste en lames minces ou en gouttelettes rouge brun qu'il ne faut pas confondre avec des parenchymes végétaux bituminisés. Les gouttelettes sont plus ou moins affaissées, la gouttelette se prolongeant parfois en fils ténus. Les lames minces ont été rapidement solidifiées. Les gouttes se sont solidifiées plus ou moins vite de la surface au centre. Beaucoup contiennent des bulles, qui sont pour la plupart affaissés et transformés en disques plats lenticulaires. Un moindre nombre ont leurs bulles centrales sphériques. Lames et gouttelettes ont une structure fluidale qui fait écarter la notion de coprolithes. Il n'y a pas d'os d'écailles, de fragments végétaux. Il n'y a ni bactéries, ni granulations cellulaires. S'agirait-il de gouttelettes figeables à la manière des corps gras, gouttelettes qui auront été entraînées au fond en même temps que la gelée fondamentale et qui se seraient ultérieurement chargées de bitume par action élective? les fils et les lames sont plus favorables à l'idée d'une sorte d'injection faite peu après la coagulation. Des masses étendues de ce corps rouge brun placées côte à côte ne se fusionnaient pas ; la solidification de ce bitume s'est donc faite rapidement. Le bitume n'englobe ni les spicules, ni les diatomées, ce qui paraît inconciliable avec la notion de gouttelettes descendues de la surface en même temps que les autres corps. — L'apparition du bitume dans la gelée est antérieure à la formation des grandes fentes horizontales qui sont toujours sans bitume. — Les masses bitumineuses ne contiennent pas de corps bactériformes.

Il y a 420 gouttelettes bitumineuses par mm^3. Elles forment 0.036 du volume du schiste. — La contraction des gouttes de bitume a été plus grande que celle de la gelée entourante. Elle en est séparée par de grands cristaux tardifs.

Cette rapide esquisse du schiste du Bois d'Asson ajoute à la notion de charbons humiques les faits suivants : — La gelée brune de consistance plus faible tend à prendre une structure réticulaire. — Les charbons humiques se relient directement aux charbons d'algues, ils se sont formés dans les mêmes conditions, l'intervention gélosique restant faible ou nulle. Il s'agit d'une formation d'eau douce. Le fait était sujet à répétition dans un système de couches lacustres. Le bitume en gouttelettes figées peut intervenir d'une façon très appréciable. La liste des variétés de corps jaunes rencontrés dans les charbons s'est accru de parcelles résineuses. Les conditions de formation des charbons humiques sont très semblables dans les temps permocarbonifères et dans les temps tertiaires.

Le schiste de Ceara.

Contrairement au brown oil-shale et au Schiste du Bois d'Asson, le schiste de Ceara a le faciès d'un charbon commercial. L'analyse accuse encore 40.65 p. °/₀ de matières minérales, mais sur ce nombre près de 22.40 p. °/₀ représentent du carbonate de calcium rassemblé dans des oolithes. Il n'y aurait donc que 18.25 p. °/₀ de matières minérales réellement incorporés à la substance du charbon. Ainsi quand dans une accumulation de gelée humique soumise à l'imprégnation bitumineuse la charge en matières minérales reste faible, la roche a les caractères macroscopiques d'un charbon. La roche de Ceara ne mérite pas le nom de boghead qu'on lui donne quelquefois, la gélose n'intervient pas dans sa masse, les organismes gélosiques y sont à l'état de rareté.

Le schiste de Ceara résulte d'une accumulation de gelée brune. Celle-ci a une structure uniforme dans toute sa hauteur. Elle est finement et nettement stratifiée. Elle est à un état d'humification avancé, le même pour toute la masse. Elle est plus fortement colorée que celle du schiste du Bois d'Asson. Elle n'a pas les zones jaunes et orangées du brown oil-shale. En se déposant, la matière humique s'est prise en une gelée très consistante, les lambeaux végétaux effilochés y sont bien étalés et largement soutenus. Les coquilles d'Ostracodes ne s'y enfonçaient pas. La gelée n'a pénétré qu'à l'embouchure de ces coquilles. — Cette gelée n'est pas réticulée. — Consistante comme celle du brown oil-shale elle s'est coupée par des fentes obliques convergentes et très localisées. De faibles déplacements se sont produits. La plupart de ces dislocations ne sont visibles que sur les coupes minces. La gelée brune formant la presque totalité de la roche, ce charbon nous montre que la cassure verticale de cette gelée est normalement noire, vitreuse et à fissures irrégulières. Elle est moins brillante que celle des masses gélosiques. Elle ne se débite pas en prismes comme le charbon brillant craquelé.

La charge de la gelée fondamentale en corps bactériformes est très faible. Ce sont surtout des micrococcoïdes de tailles variables 0 μ 2 à 0 μ 8 très brillants. Les plus gros sont bullaires, incolores, et passent aux macrococcoïdes. Ils sont groupés en amas discoïdes aplatis, souvent les micrococcoïdes sont entourés d'un cristal de calcite. Il y a des amas cristallins zoogléiformes. Les bacilloïdes sont rares.

Les corps jaunes sont peu nombreux, quelques spores, des grains de pollen composés tétraédriques, comme ceux de l'ordre des Bicornes. Il y a seulement 80 grains de pollen par millimètre cube. Les fleurs d'eau sont seulement indiquées par une algue gélatineuse rarissime.

Les débris humifiés y sont très peu abondants, la plupart sont des lambeaux de parois cellulaires effilochés, noir-brun, très altérés. Il y a quelques fragments chitineux et de rares cuticules animales.

Ce charbon contient de petits pelotons aplatis composés de spores et de filaments mycéliens d'une Mucédinée. Ce sont des amas rouge brun assez foncés que l'on pourrait prendre pour de petits coprolithes teintés par le bitume ou pour des gouttelettes bitumineuses comme celles du Schiste du Bois d'Asson. La nature de ces corps n'est facile à lire que sur les coupes horizontales. Ces corps sont très bien conservés. Leurs parois, fortement colorées, ont condensé le bitume. Comme ils sont assez uniformément répartis dans la masse, la présence de ces pelotons de Mucédinées dénote à la fois une eau génératrice parfaitement tranquille et particulièrement riche en matières nutritives.

Le schiste de Ceara contient encore de nombreuses coquilles d'un Crustacé ostracode voisin des Cypris. Les parties chitineuses et les parties molles de l'animal ont disparu. Il s'agit de coquilles flottées. Elles sont réparties à travers toute la masse. Elles sont couchées sur le flanc, rarement placées de champ, avec la charnière en haut. Les valves sont couplées, les valves isolées sont extrêmement rares. La plupart des coquilles ont été brisées par le retrait. Les valves opposées sont en effet cassées, rapprochées, mais elles ne se touchent pas, ce n'est donc pas un tassement ou une pression verticale qui a provoqué l'effondrement des coquilles. Certains morceaux de coquilles ont été parfois redressés par l'effondrement ; ils coupent la gelée fondamentale. On voit de nombreux exemples de coquilles où la gelée fondamentale nettement coupée s'insinue légèrement entre deux morceaux de la coquille effondrée laissant la coquille non remplie. Dans les coquilles demeurées entières la calcite s'est localisée en oolithes à structure radiée. Les longues aiguilles de calcite s'appuient par une extrémité sur la coquille, l'autre s'avance vers le plan de symétrie de la coquille. Il reste un vide le long du bord ventral et des bords antérieur et postérieur. Cet espace est rempli d'un bitume brun clair peu condensé, le même qui emplit les coquilles effondrées. Les bactérioïdes sont très raréfiées dans cette gelée de remplissage. Il y a des corps bactériformes dans les aiguilles de calcite des oolithes et entre celles-ci.

Par rapport aux coquilles non effondrées la contraction verticale de la gelée est 2,5. La contraction horizontale varie entre 1,3 et 1,5. Dans quelques points où les coquilles étaient plus nombreuses et où il s'est fait des déchirures, il s'est produit de très grands oolithes qui ne sont plus enfermés dans les coquilles.

La masse organique du charbon de Ceara a subi une imprégnation bitumineuse qui l'a enrichie en matières hydrocarbonées. Le bitume est arrivé tout formé. Il a pénétré la masse par diffusion. C'est un bitume brun clair peu condensé. Il a été plus fortement retenu par la gelée fondamentale que dans les schistes précédemment étudiés. L'intervention du bitume a été tardive. Le bitume se voit isolé dans les fentes horizontales tardives et entre les valves des Ostracodes. Le bitume s'est plus fortement contracté que la gelée fondamentale.

Bien qu'il s'agisse de coquilles d'Ostracodes vidées qui ont flotté à la surface de l'eau. Comme les valves sont demeurées unies deux à deux je conclus que si un transport *post-mortem* a eu lieu, il a été extrêmement faible. Ce qui revient à dire que les Cypris de Ceara ont vécu dans la mare où s'amassait la matière organique. La présence de ces Ostracodes nous indique des liqueurs riches en matières nutritives et particulièrement en produits animaux. Les Cypris prospèrent en été dans les mares dont les eaux sont brunies par le trop plein des fosses à purin, ils y deviennent parfois si nombreux que l'eau de ces mares paraît colorée en rouge sang. Ce résultat, rapproché de la présence des Mucédinées, nous donne la notion : d'une gelée humique fondamentale se déposant dans une eau brune additionnée d'une proportion sensible de matières animales. La gelée fondamentale très légèrement modifiée par ce fait, a reteuu plus fortement le bitume. Les conditions locales n'ayant permis qu'une faible minéralisation, la matière nous présente le faciès type des charbons humiques ou schistes bitumineux. Les conditions géogéniques du schiste bitumineux crétacé de Ceara restent les mêmes que celle du schiste du Bois d'Asson et du brown oil-shale, il s'y ajoute comme condition nouvelle, la présence de matières animales dans l'eau brune génératrice du dépôt.

Il semble que dans ce milieu chargé de matières animales les organismes inférieurs devaient pulluler comme nous le voyons dans les mares à Cypris. Nous devrions trouver, semble-t-il, des Infusoires variés, des bactéries diverses, la conservation des objets étant très belle. J'ai recherché tout spécialement des traces de la présence de ces êtres et je n'ai rien vu qui établit leur existence. Manquent-ils réellement ? Nous échappent-ils seulement parce qu'ils sont dans un milieu de même réfringence où leur présence n'est pas soulignée. Dans le premier cas nous retrouvons là l'indice d'un milieu générateur rendu aseptique et fixateur. Dans le second nous touchons du doigt l'extrême difficulté de mettre en évidence les organismes inférieurs sans couche cutinisée dans la gelée brune de même réfringence, l'attribution des corps bactériformes à des restes de cellules bactériennes en est encore rendue moins vraisemblable (1).

Là encore nous ne voyons pas que la gelée brune fondamentale dérive d'une liquéfaction d'algues gélosiques ou de l'exsudat d'une masse végétale en fermentation.

Je conclus pour les charbons humiques que je viens d'étudier :

« Les trois charbons humiques analysés, montrent que des temps carbonifères à l'époque oligocène, la formation des roches charbonneuses par accumulation de gelée brune est un phénomène régulier, qui s'est reproduit avec les mêmes carac-

(1) Lorsqu'on précipite la matière humique de l'eau d'une mare à Cypris par une trace de sulfate d'alumine ou par une laque ferrique, les bactéries enfermées dans le précipité gélatineux demeurent facilement reconnaissables dans le coagulum contracté. Il en est de même des granules d'urates rejetés par les Cypris, mais les plus petits de ces granules d'urates peuvent être confondus avec des endospores bactériennes.

tères essentiels. La notion de charbon humique n'est pas un fait exceptionnel, elle répond à une classe de charbons où les organismes figurés (à part peut-être les bactéries ??) ne prennent pas directement part à leur formation.

» Les charbons humiques nous présentent la notion de charbons amorphes, la matière humique abandonnant sa solution aqueuse à l'état de coagulum dont les flocons s'accrochent aux corps en suspension dans l'eau et les entraînent au fond.

» Les conditions de formation des charbons humiques sont des eaux brunes tranquilles laissant précipiter leur matière humique au temps des basses eaux, alors que la végétation voisine produit des pluies de pollen. Les fleurs d'eau sont encore peu abondantes. La masse se fossilise en présence de bitume. L'infiltration bitumineuse l'enrichit en hydrocarbures.

» Dans les charbons humiques formés de gelée brune pure la rétention du bitume a été faible, elle est un peu plus forte là où cette gelée brune paraît le plus fortement humifiée. — La gelée brune paraît plus apte à retenir le bitume lorsqu'elle est mêlée de produits animaux. La rétention du bitume par la gelée peut être mécanique comme dans le cas du bitume figeable du schiste du Bois d'Asson. La rétention se fait plus généralement par une sorte d'imbibition de la masse. La distillation de tels charbons donnera d'autres résultats que celle des charbons gélosiques. La localisation des carbures éclairants s'y fait comme dans les bogheads, comme on le constate sur les Botryococcites.

» En général les charbons humiques ont l'aspect de schistes parce que leur gelée fondamentale, très apte à se combiner avec l'argile, a pu trouver à sa disposition une quantité de cette matière. Lorsque les conditions locales ont été telles que cette charge demeurât faible, la roche formée a conservé le faciès d'un charbon à cassure noire et vitreuse. »

Dans aucun des trois exemples étudiés, la gelée brune n'apparaît comme résultant d'une liquéfaction d'algues gélosiques ou comme un exsudat sorti d'une masse végétale en fermentation. D'autre part, ces trois charbons humiques ne montrent pas qu'ils résultent de la transformation d'une masse organique *in situ* sous l'action d'un travail bactérien ou diastasique qui leur aurait donné peu à peu leurs qualités spéciales.

Le brown oil-shale réalise le charbon humique type. Le schiste du Bois d'Asson montre la liaison des charbons humiques avec les charbons d'algues. Le schiste de Ceara par ses Mucédinées et ses Ostracodes nous a appris que des matières animales pouvaient s'ajouter en quantité appréciable à l'eau génératrice de la gelée brune. Il nous a appris aussi qu'un charbon humique a normalement le faciès d'un charbon.

C. — Les charbons de purins.

Le Schiste bitumineux de l'Allier.

Ce que j'ai dit des charbons humiques permet de comprendre les charbons de purins, qui ont comme type le schiste bitumineux de l'Allier, exploité à Buxières les-Mines, à St-Hilaire et dans la concession des Plamores. Le principal siège est le puits du Méglin. Ce schiste est permien.

Le schiste de l'Allier est encore de la gelée brune coagulée fossilisée en présence d'un bitume, mais l'eau brune initiale étant chargée de produits stercoraires en tous ses points, était semblable à un purin concentré. La gelée brune qu'elle a laissé précipiter, se montre plus fortement humifiée. Sa capacité rétentrice pour le bitume a été très augmentée. Elle est toujours fortement colorée par le bitume. Chaque fois que l'eau génératrice se diluait suffisamment, les Ostracodes apparaissaient.

La gelée fondamentale a fait prise. Les parcelles micacées, les menus débris végétaux très humifiés, les coprolithes, les écailles et les os tombés des coprolithes ne s'y enfonçaient pas. Ces corps y sont habituellement couchés à plat mais on peut voir des écailles piquées verticalement ou obliquement dans la gelée et maintenues dans cette position par la rigidité de cette matière.

Lors du retrait la gelée ne s'est pas coupée par de grandes fentes. Cette gelée s'est déchirée irrégulièrement en un reticulum. Là où ses déchirures sont le plus étendues il y a un exsudat, qui se montre à l'état de pureté dans les grandes déchirures horizontales, la minéralisation de cette gelée était forte, il s'y est individualisé un grand nombre de cristaux tardifs.

La contraction verticale de la gelée a été particulièrement forte, 12 par rapport au pollen étalé des nodules siliceux,

2 par rapport aux coprolithes, 4,5 par rapport à l'épaisseur totale d'un nodule siliceux.

La gelée brune est chargée d'une quantité extraordinaire de corps bactériformes, micrococcoïdes, macrococcoïdes et bacilloïdes. Ces corps sont bullaires, à contours très nets. Ils se détachent en clair sur le fond coloré ; s'il s'agit là des restes de cellules bactériennes, leur conservation est toute différente de celle des bacilles fixés dans le mucus des coprolithes et de celle des éléments du *Zooglëites elaverensis*. Ce dernier est placé directement à côté des corps bactériformes dans la gelée fondamentale.

Les plus importants des corps accidentels du schiste de l'Allier sont les coprolithes. Ils appartiennent à des reptiles ichthyophages. Les coprolithes sont entiers ou éparpillés. Ils ont fortement localisé le bitume, et comme ceux d'Autun ils renferment du bitume libre entre leurs replis. Ils donnent des nodules d'un charbon noir et satiné qui tranche sur le fond de la masse entourante. Ce sont là des masses de charbon d'origine animale. L'intervention des coprolithes est donnée par les nombres suivants : coefficient horizontal 0.096 ; coefficient vertical de 0.166 à 0.250 ; coefficient en volume de 0.036 à 0.075. La présence de plusieurs gros coprolithes en un point change ces coefficients. Les nombreuses écailles détachées des coprolithes qu'on trouve isolées à travers toute la gelée montrent que la matière stercoraire s'est répandue abondamment à travers toute la masse mêlée par ses parties les plus fluides à la gelée fondamentale.

Ces coprolithes sont conservés dans tous leurs détails comme s'ils avaient été saisis par un liquide fixateur. On y voit les résidus alimentaires filés dans le mucus intestinal. Dans un grand nombre de ces coprolithes ce mucus montre un très beau bacille à éléments isolés et en chaînettes. Cette bactérie est colorée en brun par la localisation élective du bitume. Elle se détache nettement sur le fond beaucoup plus clair du mucus. Protoplasme et parois sont colorés. On a les mêmes difficultés pour distinguer le protoplasme et la paroi de ce bacille fossile que dans nos bactéries actuelles lorsqu'elles sont teintes par le violet de gentiane. Ces faits de surcoloration des bactéries fixées vivantes s'accordent avec la coloration brune que prennent les protoplastes des cellules ordinaires en présence du bitume. Comme les bactérioïdes de la gelée fondamentale ne présentent pas les mêmes caractères si ce sont des restes de bactéries ils ont été fixés à un état bien différent de celui des bactéries, des coprolithes.

Les parties osseuses des écailles sont à l'état de corps jaunes. Les masses protoplasmiques des cellules osseuses y sont souvent remplacées par le bitume et cette matière injecte leurs prolongements. Les plaques d'émail sont incolores souvent criblées de trous avec un microcristal de pyrite dans chaque trou.

La gelée fondamentale du schiste de l'Allier contient des spores et de nombreux grains de pollen. On reconnaît deux espèces de grains dans la gelée contractée. Dans les nodules silicifiés de la grosse couche, qui montrent la gelée non contractée et le pollen complètement étalé, on voit qu'il y a trois sortes de pollen de Cordaïtes différenciés nettement par leur dimension. Il y a en moyenne 27,200 grains de pollen par mm^3 du schiste de la couche des Têtes de Chats. Dans certains lits, où le pollen devient prédominant, ce nombre s'élève à 540.000 par mm^3. On a des filets de charbon pollinique. On y voit des sacs polliniques entiers pleins de leurs grains de pollen. Les pluies de pollen étaient si abondantes que l'eau de la mare anthracigène en était rendue laiteuse. Il semble qu'un tel milieu a dû renfermer de nombreux Infusoires, je n'ai pu y reconnaître qu'un seul être, le *Zoogleïtes elavcrensis*, qui a vécu dans les eaux de purin les plus concentrées. L'aspect des Zoogleïtes est celui d'une zooglée bactérienne à cellules sphériques très petites, séparées par une gelée. Les protoplastes des Zoogleïtes sont colorés en brun électivement et se détachent sur la gelée de l'être qui est beaucoup plus claire. C'est le mode de conservation des bacilles du mucus intestinal. Il contraste avec celui des corps bactériformes bullaires, avec lesquels ils sont mêlés.

Il y a de nombreux débris fragmentaires de végétaux à parois fortement altérées. Certains sont à l'état de fusains, d'autres sont à l'état de charbon brillant craquelé, on voit de grandes plaques de ce charbon craquelé dans la zone gréseuse qui est placée au milieu de ce schiste.

Quelques points de la zone inférieure du schiste de l'Allier dans le lit dit la Grosse Couche sont silicifiés. La contraction y est nulle. Dans ces nodules et près de ces nodules on voit les infiltrations bitumineuses et les réticulum donnés par le retrait du bitume libre.

La masse a subi une imprégnation bitumineuse plus intense que celle des schistes précédemment étudiés. Ce bitume se voit libre dans les cavités des coprolithes et des os. Il y est souvent contracté en reticulum. C'est un bitume brun noir fortement coloré. Il a pénétré la masse par une diffusion générale. Il s'est accumulé spécialement dans les coprolithes, dans les écailles, dans les débris végétaux convenablement humifiés. Il a teint par action élective les protoplastes bactériens, ceux du Zoogleïtes, et la gelée fondamentale.

Toute la masse très sulfurée est fortement imprégnée de pyrite.

Le phénomène a présenté des intensités variables. Les lits de charbon de purin passent à des zones chargées d'Ostracodes. Les coprolithes y sont moins nombreux, le pollen et les menus débris sont plus dilués, la gelée fondamentale est plus fortement minéralisée et déchirée en un réseau très fin. Au niveau des grès noirâtres sont arrivées de nombreuses parcelles clastiques et des fragments végétaux humifiés qui ont donné du charbon brillant craquelé, sous l'influence du bitume.

Il y a donc des charbons de purins.

De même que les charbons humiques les charbons de purins ne sont qu'un incident au cours de la formation d'un schiste organique. L'incident a été sujet à répétition.

Les conditions géogéniques spéciales aux charbons de purins se bornent à l'adjonction d'une charge plus forte de matières stercoraires à l'eau brune génératrice du charbon. La gelée fondamentale ainsi modifiée retient une plus grande quantité de bitume. Il en résulte un type de charbon dont les caractéristiques diffèrent nettement de celles des charbons humiques et cela par addition de nouveaux caractères.

Dans le système des schistes d'Autun certaines zones plus chargées en coprolithes appartiennent au même type de charbon que le schiste bitumineux de l'Allier.

NOTE SUR LA FLORE FOSSILE DU TONKIN

par M. R. ZEILLER

Pour répondre au désir exprimé par notre Secrétaire général, je viens entretenir très brièvement le Congrès des études que je poursuis depuis plusieurs années sur la flore fossile des formations charbonneuses de notre colonie du Tonkin.

A la fin de l'année 1882, j'ai fait connaître (1) les plantes recueillies tant par le regretté Edmond Fuchs que par ses collaborateurs, dans les gisements explorés par eux au voisinage de la baie d'Along, à Hon-Gay et à Ké-Bao, et j'ai montré que la flore de ces gisements se composait, partie d'espèces identiques à celles de nos couches rhétiennes d'Europe, partie d'espèces identiques, les unes à celles des *Lower Gondwanas*, c'est-à-dire du Permotrias de l'Inde, les autres à celles de l'étage de Rajmahal, base des *Upper Gondwanas*, c'est-à-dire du Lias de l'Inde. J'avais conclu de là à l'attribution de ces gisements à l'étage rhétien.

Les récoltes faites un peu plus tard, sur les mêmes points, par M. Jourdy (2) et M. Sarran (3), n'avaient fait, tout en me

(1) Examen de la flore fossile des couches de charbon du Tong-King (*Annales des Mines*. 8e sér., t. II, p. 299-352, pl. X-XII), 1882.

(2) Note sur les empreintes végétales recueillies par M. Jourdy au Tonkin (*Bull. Soc. Géol. Fr.*, t. XIV, p. 454-463, pl. XXIV-XXV).

(3) Note sur les empreintes végétales recueillies par M. Sarran dans les couches de combustible du Tonkin (*Ibid.*, XIV, p. 575-581), 1886.

fournissant de nouvelles espèces, dont quelques-unes non encore observées ailleurs, que confirmer ces premières conclusions.

Depuis lors, un grand nombre d'échantillons ont été recueillis dans les mines ouvertes sur ces gisements, et d'importants envois ont été faits à l'Ecole des Mines de Paris, par les Ingénieurs des sociétés minières de Ké-Bao, de Hon-Gay et en dernier lieu par la Société française des charbonnages du Tonkin, à qui je dois une série considérable d'empreintes remarquables à la fois par leur grande taille et par leur parfaite conservation. Je m'occupe en ce moment de la préparation, au moyen de ces riches matériaux, d'une monographie détaillée, qui sera publiée par le Service des Topographies souterraines, sous les auspices du Ministère des Travaux Publics et du Ministère des Colonies, et qui pourra, je l'espère, paraître dans quelques mois.

L'ordre du jour est trop chargé pour je puisse entrer dans le détail des espèces observées; qu'il me suffise de dire qu'à celles que j'avais signalées en 1882 s'en sont ajoutées un bon nombre d'autres. Fougères, Equisétinées, Cycadinées, Salisburiées, les unes appartenant à des types déjà connus, les autres encore inédites; en même temps l'étude de ces nouveaux matériaux m'a conduit à rectifier quatre ou cinq attributions établies en 1882 sur des échantillons insuffisamment complets. Néanmoins, je ne puis que répéter aujourd'hui ce que j'avais dit dès le début au sujet de la constitution de la flore, qui comprend, avec quelques espèces propres, une série de formes identiques à celles des couches rhétiennes d'Europe, et une série de formes identiques à des espèces de l'Inde ou de l'Asie centrale; les unes rencontrées dans les *Lower Gondwanas*, les autres dans l'étage de Rajmahal, ou dans la chaîne persane de l'Elbours dans des gisements classés d'abord comme rhétiens et considérés aujourd'hui comme liasiques.

La plupart des espèces nouvelles se sont montrées, d'ailleurs, étroitement alliées à des espèces déjà connues, soit de la flore fossile de l'Inde, soit surtout de la flore rhétienne ou liasique de l'Europe; elles semblent tenir dans la région sud-asiatique la place de quelques-unes de ces espèces européennes, au milieu d'un grand nombre de formes spécifiquement identiques de part et d'autre.

Un seul type particulier mérite d'être cité, comme différant à la fois des formes contemporaines de l'Europe aussi bien que de l'Inde : c'est un genre nouveau d'Equisétinées rappelant un peu nos *Annularia* paléozoïques ; je ne serais pas surpris que ce fût cette même forme qu'ait observée Schenk dans les empreintes rapportées de Lui-pa-kou, dans le Hou-Nan, par M. F. von Richthofen, empreintes dont l'attribution au Houiller me paraît quelque peu sujette à contestation.

L'attribution au Rhétien des dépôts charbonneux du Tonkin semble en définitive de mieux en mieux confirmée par les nouvelles récoltes que j'ai reçues. Aux documents paléobotaniques est venu d'ailleurs s'ajouter un document paléozoologique qu'il me paraît intéressant de signaler : M. Sarran, qui, comme la plupart des exploitants locaux, contestait mes conclusions relativement à l'âge de ces dépôts et que la considération du facies déterminait à les rapporter au terrain houiller proprement dit, m'a envoyé, à la fin de décembre 1899, une petite Ammonite recueillie par lui dans une des couches de ses exploitations de Trang-Back ; la mort, qui est venue le frapper quelques semaines après, n'a pas permis à M. Sarran de faire, comme il en manifestait l'espoir, d'autres découvertes de même nature, et la conservation de l'échantillon, qui n'est qu'un moulage par le charbon du vide interne de la coquille, est malheureusement trop imparfaite pour qu'on puisse le déterminer avec certitude : il ne semble guère douteux cependant qu'on ait affaire là à une forme triasique, plus ou moins analogue aux échantillons de *Norites* signalés à Lang-Son par MM. Douvillé et Diener ; les renseignements fournis par la faune sont ainsi d'accord, à bien peu près, avec ceux qu'a fournis l'étude de la flore.

En dehors des gisements du Bas-Tonkin, on a découvert il y a quelques années, sur le haut Fleuve Rouge, à Yen-Baï, un autre gisement de combustible fossile, renfermant une flore toute différente, que j'ai signalée en 1893 (1) comme riche en feuilles de Dicotylédones. J'ai reçu également depuis lors, de M. Beauverie d'abord, puis de M. Sarran, de nombreux envois de ce gisement : l'espèce dominante est un *Ficus*, assez analogue, ainsi que l'avais indiqué, au *Ficus tiliæ-*

(1) Sur des empreintes végétales du bassin de Yen-Baï au Tonkin (*Bull. Soc. Géol. Fr.*, 3e Sér., t. XXI, p. cxxxv-cxxxvi), 1893.

folia de notre Miocène ; j'y ai reconnu en outre un *Salvinia*, rappelant le *Salvinia natans* actuel, et peut-être plus encore le *Salv. formosa* du Miocène d'Europe, un fragment de fronde flabellée de Palmier, des feuilles rubanées de Monocotylédones, et des feuilles de Dicotylédones d'une conservation trop imparfaite pour pouvoir être sûrement déterminées, mais dont quelques-unes cependant ressemblent fort à des feuilles de *Dipterocarpus*. M. L. Laurent a figuré, de ce même gisement, une feuille qu'il a rapportée au genre *Litsæa* (1).

A ces couches de combustible, dont l'âge était d'abord demeuré incertain, bien qu'il m'eût paru plus vraisemblablement tertiaire que crétacé, sont associées des couches argiloschisteuses renfermant des coquilles d'*Unio* et des calcaires cristallins, presque des calcaires-marbres, pétris de Paludines ; MM. Douvillé, Munier-Chalmas et Vasseur ont reconnu dans ces Paludines, que la nature de la roche ne permet de dégager qu'avec beaucoup de difficulté, des formes très analogues à celles du Tertiaire supérieur européen. Ici aussi, la faune est d'accord avec la flore, et si les données recueillies sont encore trop peu nombreuses pour permettre une conclusion certaine, il est cependant hors de doute qu'on a affaire là à une formation tertiaire, et très probablement au Tertiaire moyen ou supérieur.

(1) L. Laurent, Note à propos de quelques plantes fossiles du Tonkin (*Annales de la Faculté des Sciences de Marseille*, t. X, p. 145-151), 1900.

SUR LA TRANSFORMATION DES VÉGÉTAUX EN COMBUSTIBLES FOSSILES

par M. L. LEMIÈRE

Essai sur le rôle des ferments

Il ne nous paraît plus douteux que le processus de formation des combustibles fossiles ne soit microbien. Cette conception, entrevue par M. Van Tieghem, il y a vingt ans, a été fortifiée par les travaux de M. C. Eg. Bertrand et de M. B. Renault, et, en dernier lieu, les publications de M. B. Renault dans *l'Industrie minérale* de 1899 et 1900, ne permettent plus de mettre en doute la réalité de l'intervention des ferments dans la genèse des combustibles minéraux.

Dès lors, l'assimilation de cette fermentation à d'autres mieux connues ne devait pas se faire attendre : c'est ce que j'ai entrepris de faire pour la fermentation alcoolique.

Les réactions du malt et des levures sur les matières amylacées dans la fabrication des alcools neutres m'ont conduit à rechercher tout ce que l'on connaît aujourd'hui de l'action des *diastases* et des *ferments* sur la cellulose. De là à en faire une application à la formation chimique des combustibles minéraux, il n'y a qu'un pas, facile à franchir.

Est-il possible d'assimiler la fabrication de l'alcool à la formation de la houille et de retrouver dans cette dernière opération accomplie par les forces naturelles, les mêmes phases de macération, de vie microbienne aérobie et anaérobie, les mêmes dégagements de gaz et finalement un enrichissement des matières premières en carbone, phénomènes que l'on reproduit journellement dans l'industrie ? L'alcool réuni aux pulpes et aux drèches est-il un produit comparable à la houille ?

On verra plus loin, qu'il y a analogie complète entre la fermentation alcoolique et la fermentation houillère ; mais il y a en outre bien d'autres problèmes à résoudre.

En effet, les lois stratigraphiques, quelles qu'elles soient, qui ont présidé à l'entassement des végétaux les uns sur les autres et à leur enfouissement, n'ont pas eu d'influence sur les modifications ultérieures qui les ont atteints.

C'est une autre cause, d'ordre différent, et dont l'étude soulève de nombreuses questions.

1° Ces végétaux enfouis avaient-ils déjà subi quelque préparation physique ou chimique avant leur enfouissement ?

2° Et après leur incorporation aux sédiments, quelles sont les réactions qui se sont produites dans leur masse ?

3° A la faveur de quel agent, la cellulose sèche contenant à peine 50 % de carbone arrive-t-elle à en renfermer jusqu'à 95 % ?

4° Est-il nécessaire d'invoquer l'intervention d'un agent extérieur, ou bien les végétaux renferment-ils en eux-mêmes tous les éléments de leurs transformations diverses ?

5° Quelle est la nature du ciment mystérieux qui relie entre elles les parcelles végétales, pénètre jusque dans leurs pores et souvent constitue toute la masse ?

6° Pourquoi y a-t-il des anthracites, des houilles, des lignites et des tourbes et non un combustible unique, puisque le point de départ est le même : la cellulose toujours identique à elle-même ?

7° Pourquoi des variétés telles que les cannel coals, les bog-heads et les schistes bitumineux ? Peut-on y rattacher les pétroles et les asphaltes ?

8° Comment se sont formés le grisou et l'acide carbonique qui accompagnent si souvent les couches de combustibles fossiles ?

9° Comment les milieux ambiants ont-ils acquis l'antisepsie nécessaire pour la conservation des tissus végétaux dans certains cas ?

10° Les divers combustibles peuvent-ils dans leur gisement, à l'état fossile, passer de l'un à l'autre avec le temps sans intervention extérieure ?

11° Enfin, pourquoi la synthèse de la houille n'est-elle pas encore un fait accompli ?

La présente note a pour but de chercher des réponses plausibles à ces diverses questions, c'est-à-dire de rechercher la valeur et de préciser le sens des expressions vagues dont on se sert généralement en parlant de la genèse des houilles : *macération*, *bouillie végétale*, *eaux brunes* chargées de matières humiques, *fermentations*, etc. ; ces mots, si souvent employés sans explication, cachent des réactions chaque jour mieux connues et à la faveur desquelles il est peut-être déjà possible de soulever un coin du voile qui recouvre encore les circonstances de ce phénomène.

Exemples de végétaux transformés

En face d'un programme aussi vaste, il est nécessaire de subdiviser la question ; avant de m'occuper des végétaux anciens, il m'est indispensable de rappeler certaines transformations bien connues.

1° Lorsqu'un arbre a été arraché de son sol de végétation, chacun sait qu'il ne meurt pas aussitôt et qu'au printemps il pourrait encore donner des bourgeons et des feuilles ; cela vient de ce que les diastases ou ferments solubles renfermés dans ses tissus continuent quelque temps leurs rôles avant de s'altérer et favorisent encore la circulation des matières nutritives. Chacun sait aussi que si cet arbre est abandonné en plein air, il ne tardera pas à disparaître sous l'action des ferments vivants toujours abondamment répandus dans l'atmosphère ; il y a deux causes d'action qui se succèdent : l'une intérieure, celle des ferments solubles ; l'autre extérieure, celle des ferments vivants et finalement le végétal se trouve presque tout entier résolu en éléments gazeux dispersés au fur et à mesure de leur formation : c'est un phénomène d'oxydation ou combustion lente ne rencontrant pas d'obstacle, tandis que dans les cas suivants il se produit un obstacle qui est l'eau chargée de principes antiseptiques en dissolution ou produits par l'action même des bactéries sur certaines parties végétales plus faciles à attaquer que les autres : exemple, l'action du *Bacillus amylobacter* dans le rouissage du chanvre.

2° En effet, si cet arbre dont je viens de parler est placé dans un milieu antiseptique, c'est-à-dire impropre au développement des microorganismes, les choses se passent autrement. J'ai vu souvent, aux environs de Cherbourg, retirer du milieu des sables submergés par des eaux saumâtres, des pièces de bois considérables mises en réserve depuis nombre d'années (50 à 100 ans) pour les besoins des constructions navales : à part la couleur, ces bois ne paraissent pas altérés ; cependant, on constate que les fibres ligneuses sont devenues plus dures mais aussi plus cassantes; elles ont peut-être perdu une partie de leur résistance à la flexion.

Les ferments solubles ont pu continuer leur rôle quelque temps après l'immersion, mais l'imbibition du sel marin n'a pas tardé à les détruire de même que les ferments vivants qui avaient pu trouver accès : dès lors, les tissus végétaux légèrement modifiés sont à l'abri de toute action destructive.

3° Mais on trouve aussi des arbres ensevelis depuis des siècles dans des milieux ne présentant pas de caractères antiseptiques spéciaux et servant seulement d'isolant avec l'atmosphère; c'est un cas intermédiaire entre celui des arbres abandonnés en plein air à la surface du sol et celui des arbres ensevelis dans un terrain antiseptique. Quoique protégés contre les agents atmosphériques par une épaissse couche d'eau ou de sédiments, ils ont subi les actions des deux sortes de ferments; nous les retrouverons à l'état de lignite ou de houille.

D'une manière générale, les végétaux des diverses époques géologiques, dans ces conditions, se sont transformés en tourbe, lignite, houille ou anthracite sous l'action des ferments et des antiseptiques; ferments solubles, ferments vivants et agents antiseptiques, tels sont les trois facteurs qui ont amené la cellulose à l'état de combustible fossile.

D'où viennent ces ferments? comment s'est faite cette action? Pourquoi les végétaux n'ont-ils pas disparu? Pourquoi le travail bactérien qui a tout détruit dans le premier cas, qui est à peine esquissé dans le second cas, s'est-il trouvé d'abord exalté, puis enrayé dans celui-ci? C'est ce que j'ai déjà fait entrevoir ci-dessus et ce que je continuerai d'expliquer dans les paragraphes suivants.

4° Supposons que le distillateur de nos jours, au lieu de matériaux de choix comme les grains et les tubercules, introduise dans ses appareils des végétaux quelconques et qu'il les soumette au même traitement chimique et microbien, c'est-à-dire à l'action des diastases et des levures. On sait d'avance que le résultat de cette opération sera un dégagement abondant de gaz, et, comme résidu asséché, un magna mucilagineux analogue aux drèches de brasserie, de couleur brune plus ou moins foncée et dans lequel les feuilles et les écorces sont réduites à l'état de bouillie, les fibres ligneuses sont altérées sous l'action des ferments : il y a eu à la fois modification physique et chimique.

Ces phénomènes 1°, 2°, 3°, 4°, les uns naturels, les autres expérimentaux, sont-ils de nature à jeter quelque lumière sur la formation naturelle des combustibles minéraux, en donnant l'explication des transformations physiques et chimiques nécessaires pour passer d'un amas de végétaux à des corps qui en sont si différents d'aspect et de composition comme les houilles, les lignites et les tourbes ?

A cette question, on peut répondre affirmativement, mais à la condition préalable de démontrer l'existence des diastases libres et des ferments actifs dans toute accumulation végétale, à toute les époques géologiques, et surtout de faire remarquer que leur action transformatrice était alors, par l'effet des conditions climatériques, surexcitée à l'égal de la vie végétative ; celle-ci étant toujours une conséquence directe de celles-là.

Des diastases ou ferments solubles et des ferments vivants

Le mot *diastase* est un terme général employé pour désigner des substances organiques très importantes, mais encore mal connues. On les appelle aussi ferments solubles, parce que leur action est souvent concomitante avec celle des ferments vivants dont elles sont quelquefois d'ailleurs une sécrétion.

Ferments solubles. — L'histoire naturelle des végétaux vasculaires nous dévoile à chaque instant l'action des diastases, soit pour gélifier les celluloses, solubiliser les matières amylacées ou saponifier les huiles et les corps gras. Le protoplasme des cellules, qui est le même pour tous les êtres vivants, renferme les éléments des diastases ; les fructifications et les graines en sont toujours des centres abondants de production.

On peut dire, que tout amoncellement de végétaux renferme d'autant plus de diastases libres qu'il contient plus de fruits et de graines arrivés à maturité. Je ferai l'application de cette remarque à chaque époque géologique pour en tirer des conséquences importantes qui me serviront à expliquer les différentes sortes de combustibles fossiles.

Ferments vivants. — Les microorganismes, toujours abondamment répandus dans l'air, l'eau, le sol, sont particulièrement adhérents aux végétaux des classes plus élevées. Ils renferment également dans leur protoplasme les éléments des diastases : il y a plus, certains d'entre eux agissent comme ferments vivants sur les hydrates de carbone en contact, et cette action ne se produit qu'à l'aide d'une diastase que le microorganisme sécrète lui-même au moment où, privé d'air, il ne peut vivre qu'aux dépens du milieu ambiant; alors se produit le phénomène de la *fermentation*.

L'origine des ferments solubles ou vivants dans une masse végétale arrachée de son sol, n'a donc plus besoin d'être démontrée. Quant aux conditions physiques de leur action on sait seulement qu'une lumière trop vive ou un courant électrique trop fort leur sont contraires.

La levure de bière sèche supporte une température de 100° sans périr. Quant au rôle de la pression, on sait que les pressions excessives retardent simplement l'action microbienne.

Ce qui précède nous indique que les ferments vivants comme les ferments solubles agissent par un principe immédiat qui est une diastase. Ces diastases sont-elles identiques quelle que soit leur provenance ? Quel est exactement le rôle des ferments solubles et celui des ferments vivants ? Je ne saurais le dire : la microbiologie nous apprend seulement qu'il n'est point d'action diastasique qui ne puisse être le fait d'un ou de plusieurs microbes. Les diastases sont des composés organiques, connus surtout par leurs effets sur les hydrates de carbone; ils agissent, en les rendant solubles et par suite assimilables.

La *gélification* de certaines celluloses à l'état ligneux s'obtient par l'action prolongée des diastases provenant soit des tissus végétaux, soit de la sécrétion des microbes.

En réalité, dans la nature, une très faible quantité de diastase peut agir sur une quantité énorme de matière, car ici le temps devient un facteur très important.

Assimilation de la formation de la houille à la fabrication de l'alcool

Les paragraphes précédents indiquent que la formation des combustibles fossiles peut être attribuée à l'action exercée sur la cellulose par les ferments solubles et les ferments vivants, lorsque cette action est limitée par l'intervention d'un agent antiseptique.

Avant d'examiner le mode de formation de chaque espèce de combustible, il me reste à signaler en faveur de cette manière de voir, un argument important tiré de l'assimilation des phases de la fabrication de l'alcool au moyen des matières amylacées avec celles que l'on connaît de la formation houillère.

Tableau comparatif du processus des fermentations

FERMENTATION ALCOOLIQUE	FERMENTATION HOUILLÈRE
MATIÈRES PREMIÈRES	
Grains et tubercules renfermant des hydrates de carbone $C^m(HO)^n$ (amidon, fécule, cellulose) des matières azotées, grasses et diverses et des sels de végétation (azotates, phosphates, etc.) en dissolution dans l'eau.	Végétaux divers renfermant des hydrates de carbone C^m $(HO)^n$ (cellulose, gomme, résine, chlorophylle) des matières azotées, grasses et des sels de végétation; en outre des graines et des fruits renfermant des diastases abondantes, des microorganismes et par suite des ferments.
MACÉRATION	
Par la cuisson en vase clos, on réduit les matières premières en une bouillie que l'on traite par le malt : l'amylase (diastase de l'orge germée) agit en quelques heures sur les matières amylacées pour les liquéfier et les transformer en glucose ; à la température de 60° environ on obtient ainsi le moût glucosique (saccharification).	Les diastases contenues dans les fruits et les graines ou bien sécrétées par les microbes agissent lentement pour transformer les hydrates de carbone en une gelée humique qui est la base fondamentale de tous les combustibles fossiles ; la quantité de diastase a varié avec les époques géologiques.
FERMENTATION PROPREMENT DITE	
Introduite dans le moût glucosique, la levure de bière, qui est une bactérie, commence par se développer comme ferment aérobic dans un liquide aéré (levain). Ensuite elle devient anaérobie dans le moût et attaque le glucose qui se trouve décomposé en CO_2 et en alcool. La fermentation s'arrête quand il n'y a plus de glucose dans le moût ou que l'alcool devient en excès et rend le milieu antiseptique.	Les nombreux ferments apportés par les végétaux prolifient et pullulent (aérobies) à la faveur de la macération précédente. Ensuite le milieu devenant anaérobie, ils dédoublent les hydrates de carbone en gaz (acide carbonique et grisou) et en hydrocarbures qui forment le combustible fossile. La fermentation s'arrête quand par suite des hydrocarbures produits, le milieu devient antiseptique.
DISTILLATION	
Introduit dans les appareils distillatoires, le moût alcoolique	A la température des cornues des usines à gaz, la houille donne

donne des produits divers : l'alcool distillé à 78°, au-dessous et au-dessus de cette température en recueille des bases ammoniacales, des acides gras, des aldéhydes et des éthers.

du gaz d'éclairage, des eaux ammoniacales et du goudron : huiles légères, huiles lourdes et brai.

RÉSIDUS

Les résidus, autrement dit les flegmes, sont des eaux renfermant les sels de végétation et de la cellulose sous forme de pulpes et de brèches. Celles-ci carbonisées en vase clos donneraient pour résidu final du coke.

Le résidu de la distillation des combustibles dans les cornues des usines à gaz et du coke.

Dans ce tableau, je n'ai inscrit du côté de la fermentation alcoolique, que des réactions usitées chaque jour dans l'industrie : j'ajouterai que le distillateur peut à son gré modifier la durée des périodes de vie aérobie ou anaérobie, suivant qu'il veut produire en majorité de la levure pressée ou de l'alcool. Bien plus, au lieu de faire travailler comme ferment le *Saccharomyces Pastorianus* ou *cerevisiæ* (levure de bière), on a trouvé d'autres microbes qui donnent un rendement plus grand en alcool. Enfin, l'emploi de l'acide fluorhydrique dans l'acidification des moûts a permis de supprimer encore des pertes de fabrication : on est donc complètement maître du phénomène.

Du côté de la fermentation houillère, se trouve exposée dans mon tableau, une solution du grand problème de la transformation des végétaux en combustibles fossiles.

D'une part, l'étude microscopique des combustibles, réduits en coupes minces, faite par M. Renault, ne laisse pas de doute sur la réalité d'une action dissolvante exercée par les bactéries sur certaines parties tendres des végétaux entassés les uns sur les autres et formant la matière première.

Les matières amylacées qui figurent essentiellement parmi les matières premières de la fabrication de l'alcool correspondent aux parties les plus altérables des végétaux de la formation houillère ; dans les deux cas, il y a eu d'abord préparation des matières premières, c'est-à-dire macération, puis fermentation caractérisée par un dégagement de gaz.

La distillation des combustibles et celle des moûts alcooliques sont également bien connues dans leurs produits et dans leurs résidus; l'alcool qui est le principal produit d'un côté, représente l'agent antiseptique de l'autre.

D'autre part, nous verrons dans l'étude de la formation de chaque combustible que certaines notions très simples de botanique et de géologie permettent d'établir la provenance et le rôle des ferments solubles ou vivants et de compléter le parallélisme des phases du tableau précédent.

Loin de ma pensée la prétention de vouloir expliquer complètement la formation des combustibles en identifiant les deux phénomènes. La fermentation houillère réclame d'autres diastases et d'autres microbes; il y a seulement entre elle et la fermentation alcoolique un parallélisme indéniable dans l'ensemble et une analogie frappante dans les détails.

Cette assimilation qui, je tiens à le faire remarquer, n'est point une conception théorique, mais résulte de faits essentiellement pratiques, vient s'ajouter aux exemples que j'ai cités de végétaux transformés de diverses manières pour corroborer l'explication de la formation des combustibles fossiles par l'action des ferments sur la cellulose, et pour fournir une suite de réponses plausibles aux nombreuses questions posées au début de cette étude ; elles sont en effet implicitement contenues dans le tableau précédent.

Je me propose dans les paragraphes suivants de voir, dans chaque cas, si la suite des opérations industrielles peut s'appliquer à la formation naturelle des combustibles, en faisant remarquer que le rôle des diastases, c'est-à-dire la limitation des actions des ferments solubles et des ferments vivants demeure incertain ; ceux-ci peuvent-ils suppléer à l'absence de ceux-là, c'est ce que l'on ne saurait dire exactement.

Formation des houilles proprement dites : bog-heads, cannel-coals, schistes bitumineux, pétroles, asphaltes.

Supposons d'abord un amoncellement de végétaux de l'époque houillère à tissu médullaire très développé, gorgés de sève, aplatis les uns sur les autres, entrecroisés dans toutes les directions, entassés au fond de l'eau ou recouverts d'un commencement de sédiments détritiques encore meubles. Une pareille masse de végétaux renfermait nécessairement des fructifications et des graines à l'état de maturité et par suite des diastases en abondance provenant surtout des phanérogames gymnospermes. Je ne parle point des gommes et des résines ayant pour but surtout de signaler l'action sur la cellulose : cette matière étant de beaucoup la plus abondante, toute modification qui pourra l'atteindre devra imprimer au produit final un caractère prédominant.

La vie végétale à l'époque houillère était caractérisée par une exubérance qui ne connaissait pas d'arrêt, puisqu'*il n'y avait pas de saisons*. Cette absence de saisons est démontrée par l'uniformité des plantes houillères trouvées sur toutes les parties du globe, et l'uniformité de la répartition végétale implique l'uniformité de température : la régularité d'une température chaude et humide explique bien l'abondance des ferments de toute sorte et leur égale répartition dans une masse de végétaux charriés pêle-mêle et empruntés à toute la flore existante.

Dans un pareil milieu imprégné d'eaux légèrement acidifiées par des chlorures et des fluorures, l'action des ferments en dissolution, gélifiant les celluloses, les amenant à l'état mucilagineux, devait être effective. C'est la période de *macération*. De plus, ces conditions sont essentiellement favorables au développement des végétaux cellulaires et par suite des ferments vivants.

Il y a des raisons de croire que la salure des mers et des grands lacs était plus faible qu'aujourd'hui, mais à coup sûr, celle des lacs peu étendus et des estuaires était faible ; l'action antiseptique ne venant pas du milieu ambiant ne s'exerça donc pas dès le début de la formation et fut plus tardive.

On peut admettre sans erreur qu'au début de l'enfouissement, la vie végétative ne s'arrêta pas subitement dans les plantes et que les ferments vivants eux-mêmes, à la faveur de l'air dissous dans l'eau, purent vivre d'une existence aérobie ; ce fut le moment de leur développement maximum, ils pullulèrent dans toute la masse ; mais l'air dissous ou entraîné par adhérence aux végétaux ne tarda pas à disparaître totalement ou à être remplacé par de l'acide carbonique ; dès lors, les conditions du milieu devenant anaérobies, les microorganismes, en vertu de leur résistance à l'asphyxie, durent vivre aux dépens de la cellulose rendue assimilable par les diastases ; cette période est celle du dégagement de gaz riches en O et H, c'est-à-dire de la *fermentation* ayant pour conséquence un enrichissement de la masse en carbone.

Plus tard enfin, les conditions du milieu favorables d'abord à la vie aérobie des ferments, puis à leur vie anaérobie, devinrent impraticables, même aux microorganismes, par suite de l'abondance des carbures produits, le milieu devenant antiseptique. Toute fermentation s'arrête d'elle-même lentement, soit que la proportion des produits ne soit plus compatible avec la vie de la levure, soit que celle-ci ait épuisé toutes les matières assimilables ou bien encore que la température ait dépassé un certain degré.

Ce moment marque l'arrêt de toute modification ultérieure, quel que soit le temps écoulé, s'il ne survient aucune cause extérieure ; mais l'action simultanée des ferments solubles et vivants avait désagrégé les tissus, gélifié la cellulose et enrichi la masse en hydrocarbures et en carbone libre ; la carbonisation était faite, mais non encore la *houillification*.

Pendant les actions chimiques et microbiennes ci-dessus décrites, l'entassement des végétaux était en même temps soumis à une certaine pression des sédiments supérieurs, pression qui avait pour effet de faire pénétrer intimement la masse par les diastases, de régulariser la stratification d'abord grossière et d'achever la transformation en houille.

La grande solubilité des diastases et l'extrême division des ferments expliquent pourquoi si peu de tissus ont échappé à leur action, qui s'est même fait sentir sur des particules végétales très minces, isolées au milieu des grès et des schistes ; ainsi s'explique la formation de certaines roches remarquables difficiles à expliquer autrement.

Schistes bitumineux, Bog-heads, Cannel-coals

Allons plus loin encore : les diastases, en excès dans le cas des phanérogames gymnospermes principalement, devaient former avec la cellulose une gelée végétale trop abondante dans certains cas pour rester emprisonnée dans la masse. Comme le jus du raisin sous l'action du pressoir, une partie devait quelquefois s'en séparer pour s'écouler ensuite par les points de moindre résistance, entraînant avec elle des particules hétérogènes de toute nature, et pour aller s'épancher sur les couches en formation en aval, sous forme de *bouillie végétale* ou d'*eaux brunes* chargées de matières humiques; ces eaux visqueuses allaient ainsi se superposer soit à des dépôts de végétaux, soit à des dépôts sédimentaires et dans tous les cas étaient bien disposées pour recevoir et englober dans leur masse tous les matériaux en suspension dans l'eau. Ces matières elles-mêmes organiques ou minérales : poissons, coprolithes, algues, spores, grains de pollen, argiles impalpables, etc., n'étaient pas sans action sur cette gelée fondamentale et pouvaient lui communiquer des propriétés nouvelles.

Cette manière d'envisager la constitution de la gelée fondamentale n'est pas une simple hypothèse, une conception gratuite et dénuée de fondement, car les contournements si bizarres que l'on trouve dans la houille, les clivages eux-mêmes que l'on rencontre à chaque instant, même dans de petits fragments, impliquent surtout pour la gelée fondamentale qui est ici seule en cause, un état pâteux primitif qui a pu aller jusqu'à la production de coulées sous formes de nappes d'épanchement au fond des eaux tranquilles.

Indépendamment des sédiments réguliers, il se formait dans les aires houillères, une sorte de colmatage ou de limonage naturels dont les éléments étaient amenés par les courants d'eau ou par les vents. C'est à eux qu'il faut attribuer la formation des boues charbonneuses solidifiées que l'on trouve intercalées parmi les bancs de houille.

L'argile devait y tenir une grande place et son action sur la gelée pulpeuse issue des masses végétales en fermentation variait suivant que cette argile avait pris l'état colloïdal ou avait conservé ses propriétés absorbantes à l'égard des matières organiques liquéfiées. Il est à propos de faire remarquer ici que les argiles impalpables peuvent rester indéfiniment en suspension dans l'eau douce tandis qu'elles sont précipitées dans l'eau salée : cette remarque trouvera son application plus tard, quand il s'agira de comparer la composition des sédiments lacustres avec celle des sédiments marins.

Outre les poussières argileuses ou arénacées, les vents amenaient à la surface des eaux une grande quantité de matières végétales légères : fleurs, feuilles, spores, grains de pollen qui, après imbibition, finissaient par gagner le fond de l'eau tranquille et s'incorporaient à la gelée fondamentale de même que certains microorganismes tels que les algues et les diatomées.

Suivant la topographie et le régime des vents d'une localité, ces accumulations végétales pouvaient se composer de certains organes des plantes riveraines de préférence aux autres. Enfin, les matières englobées par la gelée pouvaient être exclusivement animales : cartilages de poissons, écailles, coprolithes, etc., ce qui explique les différences nettes observées entre les bog-heads, les cannel-coals et les schistes bitumineux. Ainsi, la théorie précédente admet les injections et les intercalations qui ont été décrites d'une manière si savante et si détaillée, dans ces dernières années, par les belles études de plusieurs savants éminents, botanistes et géologues.

Dans une pareille masse formée d'éléments aussi altérables, les actions bactériennes devaient être intenses, aussi est-ce dans l'observation microscopique des bog-heads que M. B. Renault a aperçu pour la première fois les traces de bactériacées fossiles.

Bitumes. — Parmi les inclusions naturelles découvertes dans ces variétés de combustibles se trouvent les bitumes qui sont aussi un produit de leur distillation industrielle. Ces bitumes dus à des actions microbiennes spéciales se trouvent condensés sur les surfaces de retrait des clivages ou des géodes. Quelquefois leur production a été si abondante qu'ils ont pu s'épancher sous forme de larmes, de gouttes ou de perles.

Pétroles, Asphaltes. — Comme leur densité est comprise entre 0,7 et 1,20 ils devaient tendre à se séparer de la masse pour aller se déposer ailleurs, et si leur formation était active, nous trouvons là, sans élévation anormale de température, sans distillation, par l'effet seul du travail bactérien et de la différence de densité, un mode particulier de l'origine des pétroles et des asphaltes, qui se trouvent ainsi rentrer dans la catégorie générale des combustibles fossiles.

Formation des anthracites

J'ai parlé des houilles avant de décrire les anthracites parce que ceux-ci peuvent être considérés comme une variété des premières, variété où l'origine végétale est bien moins visible ; leur structure est plus homogène, leur densité est de 2,00, au lieu de 1,25 ; malgré cela, ils sont plus friables ; la composition intime est donc différente, bien que les circonstances de la formation soient les mêmes.

On trouve, en effet, les anthracites surtout à la base du terrain houiller ; les végétaux qui les ont formés sont surtout des cryptogames vasculaires beaucoup moins riches en diastases et en sécrétions de toute sorte que les végétaux supérieurs ; cependant, ces végétaux plus mous, moins fibreux, demandaient un travail de gélification moins considérable ; et les substances transformatrices, bien réparties dans une masse plus compacte, ont suffi pour la carbonisation complète avec l'aide du temps. La carbonisation a été plus complète qu'avec la houille, parce que l'antisepsie est intervenue plus tardivement. Les végétaux étaient aussi moins chargés primitivement en cendres, ainsi s'explique la différence de constitution entre les anthracites et les houilles. Il ne paraît pas y avoir eu de différence bien grande entre la fermentation houillère et la fermentation anthraciteuse, sauf que celle-ci a été peut-être plus lente, mais sûrement plus complète.

Comme à l'époque des houilles, la salure des eaux à l'époque des anthracites était faible ; il ne faut donc pas invoquer leur antisepsie ; pour expliquer l'arrêt de la décomposition bactérienne, il faut admettre que l'antisepsie a été produite par ce travail lui-même. Nous verrons à propos des tourbes une preuve directe que les eaux ambiantes acquièrent leur propriété antiseptique par l'acide tannique produit dans la décomposition bactérienne.

Certains anthracites ne sont que des houilles métamorphisées ; elles ne trouvent pas place dans cette étude.

Formation des lignites

Les lignites renferment en moyenne 75 % de carbone, la houille et les anthracites en renferment beaucoup plus ; cependant le point de départ est le même : la cellulose qui, sèche, renferme un peu moins de 50 % de carbone ; il faut donc que les agents de transformation soient différents ou aient opéré d'une manière différente.

En premier lieu, parmi les végétaux qui ont formé les lignites, les formes actuelles sont en majorité ; or, celles-ci renferment d'abondantes diastases dans leurs fruits et dans leurs graines ; il semblerait donc que la gélification des celluloses aurait dû être complète. Il n'en est rien, la structure est moins homogène, le tissu ligneux reste apparent en beaucoup plus de points que dans les combustibles précédents. Cette anomalie qui semble devoir mettre en déroute la théorie des diastases, en est à notre sens, une confirmation éclatante. Il ne faut pas oublier, en effet, qu'un intervalle de temps énorme nous sépare de l'époque houillère, et qu'*il y a désormais des saisons* : les fructifications et les graines, principales sources des diastases, sont beaucoup moins abondantes et moins bien réparties qu'aux époques primitives; les tissus ligneux sont beaucoup plus développés ; enfin, question importante sur laquelle je reviendrai plus loin, les microbes sont-ils les mêmes ?

On constate dans la structure et la composition des lignites beaucoup plus de différences que dans celle des houilles ; les causes d'altération ont été beaucoup plus variables tout en conservant la même nature. Il y a de grandes différences dans l'action des ferments d'abord et dans celle des antiseptiques ensuite. Il y a des lignites qui se sont formés dans des milieux nettement antiseptiques, tels que les mers actuelles et d'autres dans les eaux relativement douces, de là la différence de conservation des tissus et la différence de carbonisation.

Formation des tourbes

Les tourbes renferment moins de carbone que les lignites ; le mode d'action des ferments et des antiseptiques a donc encore une fois varié ; les végétaux ne sont plus les mêmes. Leurs éléments sont à peine comprimés et consistent en débris végétaux plus ou moins altérés, que réunit une substance amorphe ; les diastases sont réduites à celles qui sont sécrétées par les ferments vivants.

Les eaux ambiantes n'étaient pas ordinairement chargées de sels antiseptiques ; cependant on a des preuves directes que les tourbes renferment de l'acide tannique qui est un agent conservateur des substances organiques ; il provient de l'action bactérienne et se manifeste dès son début.

Les conditions de la formation des tourbières diffèrent de celles des autres combustibles en ce que la transformation des végétaux se fait « in situ », sur le lieu et dans la position même de leur croissance et sous les eaux. Cette circonstance qui entraîne une certaine uniformité de température, les rapproche des conditions houillères dont elles s'éloignent par le manque de ferments solubles et la rapidité de l'intervention antiseptique.

Modifications chimiques de la cellulose

Jusqu'à présent, je n'ai fait qu'effleurer la question des modifications de composition chimique nécessaires pour passer de l'état de cellulose organisée à celui de combustible minéral. J'ai montré quelle était l'origine du ciment qui relie entre elles les parcelles végétales et qui donne aux combustibles minéraux leur aspect amorphe. J'ai expliqué ce qu'il fallait entendre par cette bouillie végétale, ces eaux brunes chargées de matières humiques, cette gelée fondamentale dont on trouve partout la trace. J'en ai déduit la formation des cannel-coals, des bogheads et des schistes bitumineux. Enfin j'ai expliqué le rôle capital des antiseptiques provenant du milieu ambiant ou de l'action bactérienne elle-même.

Mais ces explications sont encore insuffisantes pour expliquer les modifications chimiques constatées. Comment, en effet, passer de la cellulose sèche dont la teneur en carbone n'atteint pas 50 pour cent, à celle des tourbes (65 pour cent), à celle des lignites (75 pour cent) et à celle des houilles et des anthracites (90 et 95 pour cent).

On explique l'enrichissement en carbone par la fermentation, c'est-à-dire par l'action des microorganismes sur la cellulose ou la gelée fondamentale. Les microbes pendant leur vie anaérobie, résistant à l'asphyxie, attaquent la matière organique et en provoquent le dédoublement par l'action de leur force vitale ; il se dégage de l'acide carbonique et du formène ; il y a élimination de l'oxygène et de l'hydrogène, et comme résidu il reste un mélange de carbone libre et de produits carburés qui est la houille.

Dans le laboratoire on a pu gélifier la cellulose par l'action prolongée des diastases, mais on n'a pas pu encore la carboniser par l'action des microbes connus.

L'industrie des alcools nous présente cependant un exemple d'enrichissement en carbone, qui vient corroborer l'assimilation que j'ai faite, entre cette fabrication et la formation des combustibles fossiles. En effet, pour faire de l'alcool, on part d'une matière amylacée (amidon ou fécule), renfermant 42 pour cent de carbone: on la traite par le malt dont la partie active est l'amylase, une des diastases de l'orge germée, pour former du glucose sur lequel on fait agir ensuite la levure de bière. Ce ferment se multiplie d'abord dans sa période de vie aérobie ; puis, dans sa période anaérobie, il dédouble le glucose, en acide carbonique qui se dégage, et en alcool qui reste dans le moût ; or, l'alcool renferme 52 pour cent de carbone ; nous sommes encore loin de compte, même pour la tourbe ; mais enfin, il se produit une action dans le même sens.

La cellulose qui a formé l'anthracite renfermait 50 pour cent de carbone, l'anthracite en renferme 95. L'enrichissement produit par le microbe inconnu de l'anthracite est 45 pour cent. Il peut donc se faire que, tôt ou tard, on arrive à trouver pour chaque combustible les conditions du travail bactérien qui ont présidé à sa formation. Aucun des microbes connus n'est capable d'une pareille transformation de la cellulose.

Conclusions

Des considérations précédentes, il me paraît logique de tirer les conclusions suivantes :

Les facteurs principaux de la transformation des végétaux en combustibles fossiles sont : les ferments solubles, les ferments vivants et les antiseptiques.

Les deux premiers sont des agents de transformation, le troisième est un agent de conservation ; les ferments solubles ne sont peut-être pas indispensables pour obtenir un certain degré de carbonisation, exemple la tourbe ; mais quand ils existent, ils développent beaucoup la macération, c'est-à-dire la formation de la matière fondamentale pulpeuse. Les ferments vivants sont les agents de la fermentation et par suite de la carbonisation ; enfin, les antiseptiques sont indispensables pour limiter la transformation en gaz et sauver de la destruction complète une partie de l'accumulation végétale.

A l'époque des anthracites, les ferments vivants ont produit le maximum d'effet reconnu, puisque le carbone atteint quelquefois 95 % dans le combustible.

A l'époque des houilles, ce sont les ferments solubles qui donnèrent au produit son caractère prédominant ; c'est à l'abondance de la gelée végétale que l'on doit les bog-heads, les cannel-coals et les bitumes en général.

A l'époque des lignites, il y a des variations considérables dans l'action des agents ; tantôt l'un, tantôt l'autre prédomine. L'antisepsie du milieu ambiant intervient quelquefois, comme dans les mers actuelles, pour déterminer la formation des lignites xyloïdes.

Enfin, dans la formation des tourbières, il n'y a pas apparence de ferments solubles; il y a abondance de ferments vivants, mais leur action est rapidement modifiée par l'antiseptique qu'ils produisent eux-mêmes.

Donc, dans le cas le plus général, celui des houilles, le processus de la formation des combustibles minéraux est diastasique et microbien; c'est-à-dire que l'action des diastases correspond à la « macération » (sans qu'il soit possible de dire si ce travail appartient exclusivement aux diastases des ferments solubles ou des sécrétions microbiennes) et que l'action proprement dite des microbes correspond à la « fermentation ». Cette période se divise elle-même en deux, correspondant l'une à la vie aérobie pendant laquelle les microbes prolifient et pullulent, produisant une oxydation générale de la masse, l'autre à la vie anaérobie pendant laquelle se produit le dédoublement de la cellulose en gaz oxygénés et hydrogénés qui se dégagent et en hydrocarbures qui finissent par arrêter l'action bactérienne elle-même; le dégagement de gaz produit un enrichissement en carbone dans le résidu, qui est le combustible fossile.

Les variétés de combustibles s'expliquent par les variétés de sécrétions végétales et surtout par l'abondance plus ou moins grande des ferments solubles ou vivants et quelquefois dans les lignites par l'antisepsie plus ou moins grande du milieu.

Le ciment, autrement dit la matière pulpeuse observée dans tous les végétaux, est le résultat de la macération.

Les ferments vivants, arrivés à l'état anaérobie, ont réagi sur la masse de végétaux déjà modifiés par l'action des ferments solubles pour les dédoubler en gaz qui se sont dégagés à travers les sédiments du toit des couches et en hydrocarbures qui ont formé la houille. Or, les matières volatiles que renferme un charbon dépendent des hydrocarbures; elles ne semblent donc nullement liées à la profondeur ou à la pression, mais bien à la nature des végétaux et des microbes.

Quant aux gaz dégagés (grisou ou acide carbonique), ils dépendent également des sécrétions végétales et surtout des microbes. Mais on comprend que l'imperméabilité plus ou moins grande des sédiments, combinée à la pression, ait pu les retenir en plus ou moins grande quantité dans la houille ou dans le toit des couches de houille.

Il n'est pas nécessaire que les végétaux aient subi, avant leur enfouissement, aucune action physique ou chimique, autres que celles qui ont pu se produire pendant le charriage, puisqu'ils apportent avec eux tous les éléments nécessaires à leur transformation ; cependant une certaine préparation a pu avoir lieu quelquefois. La formation de la houille n'est pas nécessairement antérieure à son enfouissement; elle a ordinairement acquis sa composition chimique définitive après que les végétaux ont été, suivant l'expression de M. de Lapparent, incorporés aux sédiments.

Il n'est pas nécessaire non plus de faire intervenir aucun agent extérieur à partir du moment où ils se sont trouvés enfouis. Cela ne veut pas dire que dans certains cas, il ne se soit pas produit des influences extérieures. Ces influences ont même été démontrées accidentellement.

La pression n'a pas été considérable et la température a dû se maintenir aux environs de 60°.

Enfin, chaque combustible est arrivé à un état indéfiniment stationnaire au bout d'un certain temps, une fois les diastases épuisées et les microbes éteints.

Sauf intervention extérieure, la tourbe arrivée à son dernier terme restera éternellement de la tourbe; les lignites n'atteindront jamais l'état de houille, ni celle-ci l'état d'anthracites. De l'état végétal, l'accumulation de végétaux est passée à l'état minéral; le temps a accompli son œuvre et cet agent désormais seul en présence de matières inertes, au milieu des autres dépôts sédimentaires ne peut plus exercer sur elles aucune modification en dépit de son immensité.

En résumé, la cause de la transformation des végétaux en combustibles fossiles demeure la même à toutes les époques, c'est l'action des ferments sur la cellulose ; son essence est invariable ; sa modalité seule a varié à travers les âges et c'est cette modalité qui nous a donné successivement les anthracites, les houilles, les lignites et les tourbes, d'une manière générale, sauf quelques interversions facilement explicables d'ailleurs.

DU BASSIN DE LA LOIRE

SUR LES TIGES DEBOUT ET SOUCHES ENRACINÉES, LES FORÊTS ET SOUS-SOLS DE VÉGÉTATION FOSSILES, ET SUR LE MODE ET LE MÉCANISME DE FORMATION DES COUCHES DE HOUILLE DE CE BASSIN

par M. **C. GRAND'EURY**

Des bassins houillers isolés et indépendants du Centre de la France, celui de la Loire est certainement le plus puissant et probablement aussi le plus riche en houille. Il se compose de bas en haut des assises et étages locaux suivants :

	Épaisseur	Nombre des couches de houille exploitables	Puissance totale du charbon
Brèches de base.	400 m		
Faisceau charbonneux de Rive-de-Gier	100	3	10m
Grès et poudingues intermédiaires stériles	800		
Étage productif de Saint-Étienne	900	15	30m
Série d'Avaize y compris la couche des Rochettes . .	400	13	10m
Poudingues micacés supérieurs	500		
Rothligende ?	400		
Ensemble	3500 m	31	50 m

Les étages inférieurs n'occupent qu'une partie de la surface du bassin houiller ; les étages supérieurs sont d'étendue très restreinte. Nulle part ils ne sont tous superposés.

La composition lithologique du terrain est aussi des plus complexes.

On sait que par ses fossiles, le bassin de la Loire a servi de type à l'étage dit Stéphanien (1).

Les arbres enracinés y sont nombreux et répandus, les sols de végétation fréquents.

Si les arbres et souches enracinés avaient réellement poussé à la place où on les trouve, ils nous donneraient une idée des forêts carbonifères productives de la houille (2), qu'ils représentent en partie, ce qui permettrait de conclure, par analogie, au mode de formation des couches de charbon. Ils nous fixeraient en outre, comme on verra, par voie de conséquences forcées, sur le mécanisme de formation du bassin, et aideraient à en déterminer la structure générale encore peu connue.

Il y a ainsi un intérêt de premier ordre à démontrer qu'ils sont à l'endroit natal, et c'est pour établir ce point de fait, pour le mettre hors de doute, qu'ont été dressées et sont exposées douze grandes feuilles de dessins représentant les tiges et souches enracinées découvertes depuis plus de 10 ans dans les carrières des environs de Saint-Étienne.

Sur quelques coupes de terrains j'ai indiqué la position des forêts fossiles, et distingué par des couleurs différentes les diverses espèces de roches dont se compose le bassin houiller.

Cela dit, je vais décrire et examiner successivement :

I. Les tiges debout et souches enracinées du terrain houiller ;

II. Les forêts et sols de végétation fossiles ;

III. Leurs rapports avec les couches de houille, et le mode de formation de celles-ci ;

IV. Leurs rapports avec les dépôts houillers, et le mécanisme de formation du bassin de la Loire.

V. La nature et l'arrangement des roches, et le mode de remplissage de ce bassin.

(1) Les genres et espèces, et les changements verticaux de la flore fossile, sont énumérés dans le Livret-guide du Congrès.

(2) Il est évident que sans la connaissance de cette végétation et surtout du milieu où elle se développait, on ne saurait se faire une idée claire et nette des conditions de formation de la houille. L'Association britannique pour l'avancement des sciences l'a bien compris en portant à l'ordre du jour du Congrès de Bradford en septembre dernier « *The conditions during the growth of the Coal-Measures* ». Mais la discussion qui a suivi entre géologues et botanistes n'a pas produit les résultats attendus.

I. — Tiges debout et souches enracinées dans le terrain houiller

Des végétaux enracinés, je ne m'occuperai que des plus communs, de ceux qui par cela même peuvent le mieux renseigner sur les conditions générales de formation des couches de houille et du bassin houiller, savoir des *Stigmaria*, des *Syringodendron*, des *Calamites* et *Calamodendron*, des *Psaronius* et *Rhizomopteris*, des *Cordaites*.

Des Stigmaria

On sait que sous forme de tiges horizontales traçantes, ces fossiles se rencontrent abondamment dans toutes les roches, et dans la houille elle-même.

Je les ai vues, maintes fois, partant de nœuds ou bulbes, ramper comme des coureuses de fond de marais, sur le mur argileux des couches de houille, attachés au sol par de nombreuses racines plongeantes, et pourvues en haut d'appendices analogues mais sinueux, emmêlés, ayant vraisemblablement flotté et joué le rôle de feuilles, car ces plantes sont aquatiques. Les rhizomes pénètrent par leur extrémité libre dans le sol de végétation, s'y ramifient, entourées d'appendices radicaux rayonnant dans tous les sens. Cette partie souterraine et les racines de rhizomes rampants sont seules conservées, en général.

Les racines souterraines se sont développées différemment suivant les cas. Dans l'argile sableuse et perméable, les racines inférieures sont beaucoup plus longues que les latérales et surtout que les supérieures. Dans les schistes feuilletés durs ou difficiles à traverser par des racines, elles sont, au contraire, beaucoup plus longues latéralement que par dessous et par dessus. tendant à se mettre toutes dans le plan de stratification. Dans les schistes charbonneux cette disposition est très accentuée et dans la houille les racines étalées dans le plan des rhizomes, constituent des éléments de formation autochtone.

J'ai bien constaté que les appendices des Stigmaria, à une distance variable des rhizomes, se bifurquent sous un angle de 50° à 120° ; les branches se subdivisent de la même manière, à plus ou moins longs intervalles, diminuant chaque fois d'épaisseur jusqu'à n'être plus perceptibles à l'œil nu, les bifurcations ne s'opérant ou plutôt ne se présentant pas dans le même plan, d'où est résulté un entrecroisement inextricable des racines, bien connu des observateurs et qui ne leur laisse aucun doute que ces végétaux n'aient poussé à la place et dans la position où on les trouve actuellement.

Des Syringodendron et Stigmariopsis, des troncs debout de Sigillaires

Dans l'état normal, les tiges debout et rompues de Sigillaire sont tronconiques, évasées à la base où elles se prolongent latéralement par de grosses racines étalées, courtes, ramifiées, stigmaroïdes, les extrémités étant pourvues de radicelles obliques. Sur sol perméable, la souche est solidement fixée par quelques racines perpendiculairement à celles étalées et de même terminées par un pinceau de radicelles. Sur l'argile imperméable, sur les couches de houille notamment, les tiges sont à fond plat et expalmées.

Au dessus de la souche, à une distance variable, la base des tiges de Sigillaires est ornée de glandes simples ou géminées, auxquelles ne correspondent, au dehors dans la roche où elle a visiblement poussé, aucuns appendices.

Ainsi représentés, les Syringodendrons s'élèvent, normalement à la stratification, à la faible hauteur de 0m50 à 1 mètre, dépassant rarement deux mètres. Exceptionnellement l'écorce de ces tiges porte en haut des cicatrices foliaires en face de glandes analogues à celles des Syringodendron, mais beaucoup plus petites. Et je considère comme une bonne fortune d'avoir découvert à la Grand'Combe, un Syringodendron debout avec des feuilles aériennes encore attachées à 1 mètre 50 au-dessus de la souche. Dans ce cas le sol où la tige prend racines s'est vu, durant la croissance de la plante, à quelques mètres seulement de profondeur sous l'eau.

Il est bien certain en effet que les Syringodendrons ont vécu sur place, et ce qui le prouve d'une manière toute spéciale, c'est que les racines crampons et même les radicelles traversent avec la roche sous-jacente les feuilles et calamites qui y sont stratifiées.

Les Sigillaires sont d'ailleurs groupées en colonies, comme les tiges de plantes qui se propagent par des rhizomes souterrains. Les Syringodendrons débutent en effet sous la forme de gros tubercules en rapport avec des rhizomes vidés et par cela même peu apparents mais néanmoins réels. Un peu plus développés, ces tubercules revêtent l'aspect d'oignons. L'état de plein développement est décrit ci-dessus.

Il existe un autre mode de gisement des Sigillaires en place, réduites à leurs souches non plus surmontées de tiges syringodendroïdes, parfois même arasées au-dessous du collet. Ces souches encombrent de leurs racines certains sols de végétation argileux. Comme il n'y a pas trace d'érosion, force est d'admettre que les tiges correspondantes ont poussé leur pied dans les eaux mortes, hors du sol de fond, fixées seulement à celui-ci par des racines de *Stigmariopsis*. Et c'est ainsi que de ces arbres, tombés et emportés après leur mort, il n'est resté que les racines qui, lorsqu'elles sont rapprochées, sont disposées exactement comme celles des arbres qui poussent à côté les uns des autres.

Des Calamites et Calamodendron

Comme on le voit sur les tableaux exposés, les Calamariées en place se présentent sous des formes très variées, en rapport avec deux modes de végétation, tantôt sur les aires de dépôts en voie d'accroissement, tantôt au fond des marais. Aptes à avoir pu vivre comme leurs analogues vivants, dans les eaux courantes et mortes, elles sont des plus répandues.

Au mur de la 2e couche au Treuil, se trouvent rassemblés, s'adaptant, se reliant entre eux, tous les organes du *Calamites Suckowi*, comme les restes d'une plante enfouis dans la vase où elle a poussé, les parties aériennes couchées entre les tiges debout et au-dessus des rhizomes représentant avec les racines le système souterrain. Les rhizomes naissant de la base des tiges sont traçants ; ils se relèvent à leur extrémité en tiges ascendantes qui passent peu à peu en haut au *Cal. Cistii*. De la base des tiges verticales et de leurs articulations rayonnent des racines horizontales longues de 0m30 à 0m50, et des joints des rhizomes partent des racines également étalées, plus courtes ; toutes les racines sont complètes, pourvues de leurs radicelles, et dans leur position de croissance, on pourra s'en rendre compte.

Dans les grès et schistes alternants, les tiges de cette espèce, issues de rhizomes souterrains, s'élèvent normalement à travers les bancs de roches qu'elles ont troués. Dans les argiles les rhizomes sont rampants, les tiges traînent à la surface, fixées seulement au sol par quelques racines complètes.

Ces Calamites sont restées petites et herbacées.

Il en est bien différemment du *Cal. cannaeformis* qui, susceptible d'engendrer du bois d'*Arthropitus,* était vivace et acquérait parfois de grandes dimensions en hauteur.

Les tiges d'un même individu naissent à différentes hauteurs, par une pointe inférieure cambrée, de rhizomes souterrains ou même directement de tiges. Parmi les tiges, il en est qui, avortées, sont restées petites et herbacées, parmi les autres plus fortes, maintenues rigides par une enveloppe épaisse de charbon et paraissant avoir pu atteindre une hauteur de 10 à 15 mètres. Rompues en haut, elles portent, à la partie supérieure seulement, sur des articles périodiquement raccourcis, des cicatrices de rameaux tombés et aussi de feuilles caduques. Elles sont enracinées en bas, et bien en place.

Il est à remarquer que les tiges vivaces et ligneuses sont entourées à la base de racines adventives tombantes, étalées, formant une espèce de cône de soutien, et par laquelle ces tiges se rendaient indépendantes des rhizomes et pouvaient vivre isolément.

Or, ces racines sont très nombreuses, leurs insterstices sont occupés par des argiles alors que tout autour les dépôts qu'elles ont influencés sont de nature gréseuse, et, ce qui est encore plus significatif, les tiges ainsi entourées de racines penchent souvent dès la base (ce qui a fait douter à tort qu'elles sont en place). Par conséquent leurs racines adventives se sont développées librement dans l'eau, on en jugera dans les carrières.

Les extrémités coniques, dont la pointe est toujours tournée en bas, des tiges, sont fixées au sol par des racines souterraines très rameuses. Dans les schistes argileux qui ont conservé les organes les plus délicats, ces racines sont en possession de toutes leurs fibrilles radicellaires; ligneuses et consistantes, elles ont traversé, en poussant, les schistes et les empreintes végétales qui y sont couchés à plat. Elles sont donc bien en place.

Sur les argiles, au fond des marais, les *Arthropitus*, tout comme les Sigillaires, ont poussé presque tout entier dans l'eau hors du sol de fond. Et comme dans ce cas après la mort de la plante, ses tiges ont été détruites ou emportées, il n'en est souvent resté que les racines souterraines. Ces racines en place dénotant d'anciens sols de végétation sont très communes, on les trouve implantées dans les nerfs de la houille. Les Calamites ont-elles donc pu former de la houille sur place?

Dans des conditions analogues, en fait, se sont formés à Montrambert des schistes charbonneux composés de plusieurs générations de *Cal. cannaeformis* entassés et enfouis sur place, à l'état de tiges et racines adventives couchées, de rhizomes et de racines souterraines traversant quelques-unes des tiges le plus bas situées.

Des tiges, stipes et rhizomes de fougères enracinés.

Comme bien l'on pense, les racines de fougères sont nombreuses et variées, mais appartenant à des plantes rhizomateuses semi-aquatiques comme les Calamariées, on les trouve généralement sans tiges, ni stipes attachés.

Psaronius. — Cependant sous la forme de *Psaronius*, les tiges de fougères sont fréquentes dans les forêts fossiles, entourées à la base de racines adventives innombrables égales, simples, formant un cône de végétation par lequel ces tiges paraissent posées sur le sol ; mais elles font suite à des rhizomes souterrains ; et quelques-unes de leurs racines plongent dans ce sol.

Comme celles des *Arthropitus*, les racines adventives des Psaronius sont emmêlées à l'extérieur, les tiges avec leurs racines sont souvent inclinées dès la base, les roches changent de grains et les dépôts de formes d'un côté à l'autre. D'où il suit que les Psaronius ont aussi poussé à peu près entièrement dans l'eau, au fond de laquelle s'étalaient leurs racines.

Aussi, lorsque ces tiges de fougères se sont développées sur les aires de dépôts, ont-elles, pour continuer à vivre, émis à plusieurs niveaux des racines nouvelles après l'envasement des anciennes. C'est ainsi que certains Psaronius sont entourés de plusieurs cônes de racines étagés ; ces racines pénétrant dans la roche sous-jacente, relient, comme deux faits concomitants, la végétation sur place des tiges de fougères au dépôt de la roche encaissante.

A la partie supérieure de quelques tiges debout de Psaronius, s'ébauchent des cicatrices foliaires discoïdales de *Pecop-*

teris. Par ces cicatrices, la plupart des Psaronius se rapportent au genre *Ptychopteris*, quelques-uns cependant appartiennent aux *Caulopteris* et aux *Protopteris*, d'autres s'éloignent d'ailleurs beaucoup du type habituel.

Phthoropteris, *Rhizomopteris*. — D'autre part, on rencontre beaucoup de touffes de racines souterraines ramifiées, que leur nature me fait rapporter à des fougères herbacées, mais dont les stipes ont presque toujours disparu.

Parfois, au lieu d'être groupées en touffes, des racines analogues sont alignées comme celles des Stigmaria, elles me paraissent dans ce cas être issues de rhizomes de fougères, qui, ayant rampé à découvert, ont aussi disparu.

Aulacopteris. — Avec les stipes gigantesques des Névroptéridées gît souvent mélangé un important chevelu radicellaire que je suis parvenu à leur rattacher. Ce chevelu dénote des plantes de bas fonds très humides, sinon des plantes d'eau. Il résulte de la subdivision à l'infini de petits rameaux inférieurs probablement submergés. Les stipes eux-mêmes sont enracinés et les fougères qu'ils ont portées, à défaut de fructification, paraissent s'être propagées et multipliées avec profusion au moyen de rhizomes rampants accrochés au sol par des griffes.

Des tiges ligneuses enracinées

On est doublement surpris de rencontrer dans les forêts fossiles de nombreuses tiges ligneuses enracinées présentant les formes et dispositions de plantes variées. La plupart se relient aux Cordaïtés.

Mais quelque part que l'on fasse à l'action du milieu sur la végétation, les tiges ligneuses enracinées, révèlent certainement l'existence de plusieurs genres, car dans les mêmes circonstances de gisement leurs racines principales sont tantôt étalés, tantôt plongeantes, avec ou sans pivot. Il y a du reste des tiges, à racines principales étagées, que leur structure éloigne des *Dadoxylon* ou bois de Cordaïtes. De plus les radicelles, ou sont disposées dans un même plan, serrées comme les dents d'un peigne, ou sont diffuses.

La cohabitation des tiges ligneuses avec les Sigillaires par exemple, serait de nature à étonner si nous ne savions que leur analogue vivant, le *Taxodium distichum*, ne se développe jamais mieux ni plus complètement que lorsque son pied est maintenu constamment sous l'eau.

Dans les schistes fins, les racines sont entières jusqu'aux radicelles terminales : ligneuses et consistantes, elles traversent nettement la roche et les empreintes végétales stratifiées qu'elle contient. Les tiges ligneuses enracinées sont donc bien en place.

Or, elles sont souvent inclinées ou même rompues dès la base, et tout indique que, comme les autres tiges debout, elles ont poussé le pied dans l'eau, hors du sol de fond, sur lequel rampaient à découvert les racines principales. C'est pourquoi des tiges de Cordaïtes, il n'est souvent resté que la souche et parfois même que l'extrémité des racines principales avec les racines secondaires, les unes et les autres plus ou moins inclinées et ramifiées dans le sol de végétation.

Sur sol argileux, les racines sont étalées et la souche expalmée, comme celle des Syringodendrons, mais elles sont entières et aussi en place.

II. — Station marécageuse de la végétation houillère. Forêts et sols de végétation fossiles.

De cette description rapide des plus nombreuses tiges enracinées dans le terrain houiller, se dégage la conclusion que les plantes carbonifères étaient marécageuses quoique arborescentes, ayant vécu, comme celles qui encombrent le Dismal-swamp, le pied et les racines adventives dans l'eau, les souches et rhizomes rampant sur le fond.

Aucune des restaurations faites de forêts paléozoïques ne tient compte de ce trait de mœurs partagé par la végétation presque tout entière.

Par leur affinité botanique et grâce au mode de propagation souterraine du plus grand nombre, les plantes houillères pouvaient vivre ensemble, soit sur les aires de dépôts en voie d'accroissement, soit dans les eaux mortes.

De ces deux stations analogues quoique assez différentes, nous sont restées les forêts fossiles et les sols de végétation également représentés en grand nombre, sur les tableaux exposés devant le Congrès.

Des forêts fossiles

Les tiges debout ayant poussé sur un fond exposé aux atterrissements, forment des forêts fossiles. Celles-ci sont simples lorsque les troncs d'arbres dont elles sont composées prennent racines au même niveau. Elles sont composées, à sol multiple, lorsque leurs tiges tronquées naissent à différentes hauteurs rapprochées.

S'il était encore besoin de prouver que les tiges enracinées sont bien en place, j'ajouterais, par surcroît que : 1° les racines des arbres voisins passent les unes entre les autres sans se déranger mutuellement ; 2° lorsque plusieurs générations se sont succédé sur le même fond, les racines des souches supérieures pénètrent en tout ou en partie dans les souches inférieures ; 3° les schistes sous-jacents et les empreintes de feuilles et de minces tiges couchées qu'ils contiennent, sont en quelque façon cousus ensemble par des racines qui les ont traversés après coup ; 4° on ne rencontre pour ainsi dire pas de débris de racines souterraines arrachées, mutilées, transportées et stratifiées avec les autres organes de plantes ; 5° les dépôts où se dressent les forêts fossiles étant de formation peu profonde, sont des plus irréguliers comparativement à ceux privés de racines ; 6° souvent enfin gisent enfouis au pied des arbres enracinés, les branches, feuilles et fructifications qui s'en sont détachées durant leur croissance.

Les forêts fossiles n'ont aucune continuité, elles disparaissent dans certaines directions, souvent même elles sont réduites à des bouquets d'arbres, n'ayant pu prendre pied que sur les bords et les hauts-fonds du bassin de dépôts, car elles avaient besoin d'atteindre l'air pour vivre et prospérer.

Des sols de végétation fossiles

On a vu que les arbres des forêts fossiles, poussant dans les eaux mortes, n'était fixés au sol de fond que par quelques racines souterraines. Dans ces conditions la moindre cause destructive les ont fait périr et disparaître, ne laissant à la place que les racines dans le sol de végétation. Telle est certainement l'origine des sols à racines de Dawson. Ils sont aussi fréquents à St-Etienne qu'au Canada.

Les racines d'un sol de végétation sont ligneuses ou herbacées, ou de plusieurs sortes, groupées individuellement, enchevêtrées ou espacées, non disséminées et bien en place.

L'argile de fond qu'ont traversée les racines a éprouvé par leur végétation des modifications physiques qui en font une roche à part, une espèce de terreau fossile, que les géologues anglais désignent sous le nom d'Underclay. A St-Etienne, ce terreau fossile se présente non seulement au mur, mais aussi dans les couches de houille où il est parfois assez charbonneux.

III. — Rapport des tiges debout, souches et racines en place, avec la houille, et mode de formation des couches de charbon

La question de la formation des combustibles fossiles divise les géologues plus que jamais.

Ce qui les préoccupe surtout c'est de savoir si la houille s'est formée sur place ou par transport.

Il est rationnel d'interroger pour cela l'arrangement des débris végétaux dans le charbon, les forêts fossiles et sols de végétation en contact et inclus, la station des forêts carbonifères, l'état du bassin de dépôt, etc.

Examinons la houille à ces différents points de vue.

Et d'abord dans le charbon qui, comme l'on sait, est parfaitement stratifié, les feuilles, stipes et tiges sont couchées à plat et superposées comme les feuillets d'un livre, ce dont on se rend parfaitement compte lorsque, ce qui arrive souvent, le charbon passe à la houille schisteuse. On se convainc alors qu'elle s'est déposée sous l'eau. On ne parvient pas en tout cas à y découvrir le moindre indice de racines ayant traversé les lames et feuillets parallèles dont elle est composée.

Les souches et racines qui, du toit ou des nerfs intercalés, descendent sur le charbon, s'étalent au-dessus, s'y ajoutant s'il n'y a pas interposition d'argile, mais n'y pénètrent pas. Le fait est constant et me paraît dû à cette circonstance que la matière végétale s'étant déposée lentement et tassée au fur et à mesure, s'est opposée, la fermentation aidant, à l'introduction des racines qui, n'y pouvant vivre, répugnaient instinctivement de s'y enfoncer.

Mais s'il n'y a pas de rapport de formation commune entre les racines en place et le charbon stratifié au-dessous il n'en est pas tout à fait de même entre les souches enracinées et le charbon immédiatement superposé. Souvent leurs racines principales rampantes font corps avec le charbon formé en partie des tiges renversées des branches et feuilles tombées presque sur place des mêmes arbres. A St-Chamond, par exemple, la connexion est frappante entre les nerfs traversés des racines de Cordaïtes et le charbon supérieur formé de leurs tiges, branches et feuilles. Il est vrai que ce charbon est mal stratifié, tordu comme l'on dit, mais il est inséparable de celui qui le recouvre et qui est formé des mêmes parties seulement déplacées et stratifiées.

De nombreuses figures représentent ces circonstances, que depuis quelques années je m'efforce de bien constater.

Et ce qui prouve bien, en effet, que les éléments figurés de la houille n'ont pas subi un long transport, c'est que, identiques de tout point à ceux contenus dans les schistes adjacents, ils sont conservés comme les organes de plantes palustres qui tombent à l'eau, et aucunement comme ceux des plantes de terre sèche que des eaux viendraient à ramasser, brasser et transporter dans un lac.

Il y a ainsi dans certaines couches de houille des indices de formation sur place ou presque sur place.

Cependant les forêts fossiles, le plus souvent clair-semées et discontinues, ne sauraient avoir fourni une partie notable de la matière végétale de la houille. D'ailleurs nombre de couches de charbon et leurs roches encaissantes sont privées de racines en place.

On peut même dire que la majorité des substances végétales ayant formé la houille a été transportée.

Mais, toutes les houilles ressemblent à celle formée à peu près sur place au détriment des forêts fossiles. Les mêmes débris se retrouvent partout, accusant une seule et même station des plantes carbonifères. Les tiges et racines adventives positivement transportées sont identiques aux parties similaires des arbres debout enracinés. Par conséquent les éléments constitutifs du charbon ont été empruntés à des forêts marécageuses faisant sans doute suite à celles qui s'installaient provisoirement dans le bassin de dépôt, mais extra-lacustres, permanentes, au pied desquelles s'élaboraient, comme dans les tourbières, l'humus ou la matière fondamentale de la houille. Le bassin de dépôt était du reste en même temps à l'état de fond de marais, le mur des couches de houille rappelant souvent les argiles qui sont à la base des tourbières. Alors, les choses se passaient comme aujourd'hui, quoique sur une autre échelle; les débris de plantes fossiles qui tombaient à l'eau aux abords des marais allaient se stratifier dans leurs bas fonds. Et en effet ce que je sais maintenant de la végétation subaquatique des forêts primitives m'a permis de discerner, sur le bord du bassin, des veines et filets de houille crue formés sur place, correspondant à une petite couche de bon charbon stratifié sans racines.

J'avais donc bien raison de dire dans une de mes dernières communications à l'Académie des Sciences sur le même objet, que j'espérais arriver à concilier les théories apparemment si opposées de la formation sur place et par transport, en montrant que certaines couches de houille sont formées par le concours des deux procédés à la fois comme la tourbe sous-aquatique de certains marais.

Mais cela expliqué, il faut convenir que la grande masse de la houille est formée exclusivement de sédiments végétaux.

L'on ne manquera pas de poser la question : pourquoi y a-t-il si peu de charbon formé sur place ? La réponse est facile : les marais permanents où s'élaborait la tourbe primitive ayant été, par leur position, inaccessibles aux apports des sédiments minéraux, sont restés à découvert et ont par cela même disparu.

J'ai acquis la conviction, dans de nombreux voyages au centre de l'Europe, qu'il en a été de même des stipites, des houilles brunes (Braunkohle) et des lignites : il ne nous est parvenu en somme des marais tourbeux des différentes époques géologiques, que leurs parties stratifiées dans les bas-fonds, qui ont pu être recouvertes de limon et par ce moyen protégées contre la destruction.

Ce que nous voyons se produire dans le monde vivant ne permet pas, en tout cas, de supposer que le charbon s'est déposé au fond de lacs sous les eaux mouvantes qui détruisent les matières végétales accumulées. Les recherches de MM. B. Renault et C. E. Bertrand sur le cannel coal et la matière fondamentale de la houille nous invitent, tout au moins, à admettre qu'elle s'est formée dans des eaux mortes ou tranquilles de marais.

Dans ces conditions comportant l'arrêt de la sédimentation, la houille s'est précipité avec l'extrême lenteur et la grande extension des roches rubanées. Ses joints argileux peuvent correspondre à de longues périodes de repos, comme en témoigne une de mes coupes. La concentration des forêts fossiles et sols de végétation auprès et dans les couches de houille dénote pour les puissantes couches des formations de très longues durées. Et ce qui le prouve encore, c'est l'état de décomposition très avancé des éléments des roches de leur toit, les nouvelles combinaisons chimiques qui y ont pris naissance et leur imprégnation charbonneuse, manifestant par tout cela avoir attendu très longtemps au contact des marais avant d'être transportées et déposées sur les couches de houille.

IV. — Rapports des forêts fossiles avec les dépôts houillers, et mécanisme de la formation du bassin de la Loire

Dessinées fidèlement avec le plus grand soin, les circonstances de gisements des tiges enracinées démontrent à l'évidence que ces tiges ont poussé sur place. Par suite les bancs de roches où elles prennent racines se sont trouvés pendant leur dépôt, à quelques mètres seulement de profondeur sous l'eau, à 10 ou 15 mètres tout au plus.

Cela étant acquis, lorsque. comme au Treuil, à Montrambert, etc., on voit, à intervalles rapprochés quoique variables, des forêts fossiles se succéder sur des épaisseurs de terrains de 50 à 100 mètres, on peut être certain que pendant leur dépôt, le fond s'est affaissé lentement de la même hauteur.

Lorsque comme à Beaubrun, à la Grand'Combe, les forêts fossiles sont séparées par des séries importantes de rochers en bancs réguliers dépourvus de racines en place, il est à présumer que là il s'est produit des affaissements brusques et notables pendant la formation. Par contre nous avons vu qu'à la formation de chaque couche de houille d'une certaine importance, correspond une plus ou moins longue période de stabilité du sol.

Et ainsi pendant la formation des terrains charbonneux où se dressent des forêts fossiles, il semble bien que les dépôts se soient effectués à une faible profondeur d'eau, sur un fond mobile soumis à des affaissements continus, lents ou brusques, coupés de repos.

Mais les forêts fossiles sont distribuées très irrégulièrement tant en hauteur qu'en surface.

A Terrenoire il ne s'en trouve qu'auprès de la couche des Rochettes ; il ne paraît pas y en avoir à la Roare, à

St-Genest-Lerpt, à Montsalson, dans des assises qui en possèdent ailleurs. Cependant au dessus de la 1re couche et dans toute l'épaisseur du faisceau 9e, 10e, 11e et 12e couches, il y a presque partout des tiges enracinées. Celles-ci se présentant ainsi dans toute l'étendue et à toutes profondeurs, de la Malafolie à la Chazotte, au Treuil à 300 mètres de profondeur, à Villebœuf à 600, force est d'admettre, en vertu des prémisses, que le bassin s'est creusé de toute son épaisseur pendant sa formation. Mais la profondeur d'eau était très variable dans le temps et dans l'espace, ici plus grande que là, toujours peu considérable pendant la formation du charbon ; l'affaissement était toujours inégal, mais à peu près proportionnel, les couches de houille, à part quelques exceptions, étant toutes plus rapprochées ou plus espacées dans un district que dans un autre.

Quant aux étages stériles, leur formation me paraît avoir été précédée de véritables effondrements se rattachant à des mouvements orogéniques. Il n'y a évidemment qu'un important mouvement général du sol qui ait pu avoir pour résultat la substitution, partout en même temps, aux roches feldspathiques de l'étage de Rive-de-Gier, des poudingues bréchiformes quarzo-micacés de St-Chamond, qui constituent le substratum des couches de St-Étienne.

Aussi y a-t-il discordance entre ces deux sortes de dépôts de provenances différentes, et indépendance d'allure de l'étage de St-Étienne par rapport à l'étage de Rive-de-Gier, qu'il déborde de beaucoup à l'ouest.

Après la formation des poudingues de St-Chamond, les affaissements nécessaires à la continuation des dépôts se produisent de ce côté et en même temps se portent vers le sud ou les dépôts se restreignent. Et tandis que le bassin se creuse de plus en plus vers le sud, l'aile nord, comme par un effet de balancement, s'exonde et se détruit. On rencontre en effet de ce côté presque partout : au Cluzel, au Cros, à Méons, à l'Éparre, etc., des brèches de schistes argileux et des fragments de houille remaniée, provenant de l'aile nord du bassin.

Le témoin le plus irrécusable de sa surélévation et destruction pendant la formation est fourni par le démantèlement presque complet des dépôts siliceux de St-Priest, dont les débris peu roulés contribuent à former, dans une large mesure, les poudingues supérieurs de l'étage de Rive-de-Gier, notamment au Maniquet, à la Chana, et surtout à Grand'Croix, où les calcédoines remaniées nous ont conservé à la perfection les débris les plus délicats d'un grand nombre de végétaux.

Au reste, des dislocations contemporaines des dépôts s'accusent par de nombreuses roches éruptives interstratifiées.

Sur la bordure nord, de Landuzières à Montraynaud, le terrain houiller a été énergiquement métamorphisé, principalement à Cizeron, par des sources silico-feldspathiques qui, à Saint-Priest, ont donné lieu au dépôt de bancs épais de calcédoine intercalés dans ce terrain. Je rapporte à la même cause qui a ouvert des geysers, l'émission de l'eurite quarzifère qui, à Grand'Croix, forme une nappe de 20 mètres d'épaisseur interstratifiée à 200 mètres au-dessus de la grande couche de Rive-de-Gier.

Après la révolution qui a précédé la formation du substratum du bassin de St-Étienne proprement dit, d'autres sources et d'autres roches éruptives se sont fait jour par des cassures nouvelles certainement en rapport avec la faille du Pilat qui a joué durant la formation de ce bassin. C'est en tout cas seulement au sud du bassin que les dépôts ont été rubéfiés à différents niveaux par des sources ferrugineuses, et que gisent interstratifiés un grand nombre de bancs d'une roche feldspathique plus au moins siliceuse, dite gore blanc. A Patroa, au Mont-ferré, cette roche, indifférente à la nature des terrains encaissants, est semi-cristalline, contenant du mica brun ; en s'éloignant du bord sud, elle passe au tuf et finalement vers le centre du bassin à des argiles brun chocolat. Au contact du gore blanc, les grès sont quarzitifiés, les bois silicifiés, le charbon raie le verre.

V. — Nature des roches, arrangement des dépôts et mode de remplissage du bassin de la Loire

Naguère encore l'on pensait que les couches de houille sont à peu près parallèles et équidistantes, on les classait et déterminait les failles en conséquence, avec une exactitude qu'ont confirmée les travaux de mine.

Aujourd'hui la théorie des deltas remet tout en question. Il importe de savoir si elle est applicable au bassin de la Loire.

Les arbres debout et souches enracinées vont nous fournir d'utiles indications à cet égard.

A part les roches d'origine éruptive dont il vient d'être parlé, et un petit banc de calcschiste, tout le bassin houiller est composé de sédiments clastiques.

Rappelons que ces sédiments sont de deux natures très différentes, faciles à distinguer, les uns provenant de la destruction du granite, les autres des micaschites. Les premiers ont formé des grès blancs quarzo-feldspathiques et des schistes argileux délitables, les seconds des poudingues verdâtres, des grès gris quarzo-micacés, et des schistes séricileux ou micacés, peu altérables. Ils n'ont pas encore été distingués sur les coupes de terrain, et cela est fort regrettable, car à St-Etienne du moins, la distribution des richesses houillères est subordonnée à celle des roches, en ce sens que les couches de charbon s'altèrent et disparaissent dans les roches micacées. C'est ainsi qu'à l'est de St-Etienne, là où ces roches dominent, le bassin est stérile. J'ai essayé sur les nombreuses coupes d'ensemble et de détail présentées à l'appui de cette communication, de les distinguer par des couleurs différentes, vert et rose-clair.

A l'examen de ces coupes on voit que l'étage productif de St-Etienne est formé conjointement de roches granitogènes et micacées.

Sur la coupe par Avaize et l'Eparre, l'aile sud-est, à Terrenoire, est à l'exclusion de la butte d'Avaize, entièrement micacée, tandis qu'à l'opposé, au Cros, l'aile nord est entièrement feldspathique et argileuse.

Voici comment les deux espèces de roches se présentent les uns par rapport aux autres dans l'intervalle.

Et d'abord les dépôts granitiques s'amincissent vers le sud, les grès y deviennent plus fins, et de plus et cela est non moins significatif, les tiges enracinées dans ces dépôts penchent souvent vers le sud et le sud-est, par conséquent lesdits dépôts sont le produit de cours d'eau ayant débouché dans le bassin au nord ou au N.-O., d'une part.

Les roches micacées augmentent au contraire d'épaisseur et de grosseur vers le sud, les tiges fossiles qui y sont enracinées penchent au nord parfois fortement, par suite nul doute que ces roches généralement grossières n'aient été apportées par des cours d'eau plus rapides descendant du sud, d'autre part.

Plusieurs affluents de sens opposé ont ainsi concouru simultanément au remplissage du bassin de St-Etienne.

Or, sur les coupes de Patroa à Méons, et de la Béraudière à Montmartre, on verra qu'en avançant les uns vers les autres, les deux sortes de dépôts se ramifient pour ainsi dire sans se mélanger, alternant entre eux sous la forme de coins si allongés qu'ils paraissent concordants. De la 7e à la 8e couche une assise de roches micacées s'avance du sud au N.-O., de 1 à 2 kilomètres, entre des roches granitogènes. Les coupes montrent d'ailleurs que les couches de houille passent de ces roches occupant l'aile nord, à l'aile sud dans les roches micacées, en conservant assez bien leur distance et parallélisme. Nulle part on ne voit de dépôts convergents comme ceux des deltas lacustres allant à la rencontre les uns des autres.

Or, dans les assises et coins de roches différentes alternants, sont implantées tantôt dans les unes, tantôt dans les autres, parfois dans les deux sortes de dépôts superposés à la fois, des forêts fossiles. D'où il suit que dans le centre du bassin les dépôts se sont formés à peu près horizontalement à peu de profondeur d'eau, comme ailleurs du reste. Par conséquent ils n'ont pu s'accumuler dans tout le bassin de St-Étienne sur 900 mètres d'épaisseur que grâce à un affaissement égal et progressif du fond de vase.

Pourtant à St-Étienne, comme ailleurs, plusieurs cours d'eau ont contribué ensemble au remplissage du bassin mais leurs apports respectifs s'étalaient, formant des deltas aplatis si l'on peut dire ainsi, tantôt en recul, tantôt en avance les uns par rapport avec les autres. C'est ce qui explique leur alternance en coins entre couches de houille parallèles.

ESSAI

SUR L'ORIGINE, LA NATURE, LA RÉPARTITION

DES ÉLÉMENTS DE DESTRUCTION DES VOSGES,

DU VERSANT LORRAIN ET DES RÉGIONS ADJACENTES

DU BASSIN DE LA SAÔNE

par M. **BLEICHER**

Planche III

Des recherches poursuivies pendant plus de trente années des deux côtés des Vosges, nous permettent aujourd'hui de présumer et de présenter sous la forme d'une carte *schématique* les résultats d'une enquête sur l'origine, la nature, la répartition des éléments, la destruction des Vosges du versant lorrain et des régions adjacentes du bassin de la Saône. C'est en effet, jusqu'à nouvel ordre, la seule manière de représenter cette dispersion irradiant au loin les matériaux originaires de cette chaîne, *aucune carte, quelque détaillée qu'elle soit, ne donnant, ni ne pouvant donner leurs limites dans les conditions où on doit étudier forcément ces déchets, c'est-à-dire en tenant compte aussi bien des cailloux isolés en nombre suffisant, mélangés ou non à des produits de dénudation sur place, que des puissants dépôts de blocs, de cailloux, de sable, d'argile et de marne.*

Quoi qu'il en soit, les cartes géologiques à grande échelle des départements de la Lorraine française, de la Lorraine annexée ont servi à établir cette carte schématique, concurremment avec les données fournies pour le bassin de la Saône par un zélé collaborateur, M. A. Gasser, de Mantoche (Haute-Saône). Pour une grande partie du plateau lorrain, et pour une portion du bassin de la Saône (environs de Gray), ces renseignements ont été complétés par des recherches personnelles faites sur le terrain.

Les expressions *alluvion*, *diluvium* ont été écartées parce que dans l'établissement de cette carte, il a été tenu compte de *tous* les déchets quelle que soit leur origine et leur nature première, leur altération même, sous la réserve qu'ils soient sûrement d'origine vosgienne. Ce sont donc : les gros blocs arrondis de grès vosgien, trouvés récemment à la cote

417 sur le plateau de Haye, par M. le capitaine du génie Bois ; les cailloux pugilaires, ou de petite taille qui sont échelonnés de cette hauteur maximum sur les flancs des plateaux jusqu'aux terrasses et aux grèves du fond de nos vallées fluviales : les grès, sables, marnes. Tous les étages géologiques de la chaîne affleurant sur le versant lorrain, y sont représentés par des échantillons plus ou moins facilement reconnaissables, par suite de leur origine de transport, de ruissellement, et leurs modifications chimiques souvent très profondes. Ce sont le plus souvent des roches meubles, sauf les grès siliceux, micacés, à ciment calcaire, que nous venons de découvrir sur le plateau de Haye à la Fourasse de Malzéville près de Nancy.

Au point de vue de leur âge, on peut les diviser en deux séries : dépôts continentaux anciens répandus sur les plateaux, les flancs des vallées se présentant ordinairement démantelés, remaniés, attribuables comme origine première aux temps préquaternaires : dépôts généralement fluviatiles cantonnés dans le fond des vallées, jusqu'à une faible hauteur au-dessus de leur thalweg, attribuables aux temps quaternaires et post-quaternaires.

Il est bien entendu que nous n'avons pas la prétention d'avoir suivi ces déchets vosgiens anciens et plus récents jusqu'à la limite extrême de leur dispersion. Les plus anciens, sans liaison aucune avec la topographie actuelle, débordent par l'Aire dans le bassin de la Seine, dans le bassin de la Saône jusque vers Lyon et se rencontrent d'autre part, d'après M. Rutot, dans le bassin de la Meuse inférieure en Belgique. Où s'arrêtent-ils entraînés ainsi plus ou moins loin de leur lieu d'origine, étapes par étapes ? Nul ne peut le dire. Quant aux dépôts de la seconde série, surtout les plus récents, ils suivent les vallées fluviales actuelles et sont le plus souvent en concordance avec la topographie actuelle.

D'ores et déjà, les dépôts de la première série que nous nous sommes efforcés d'isoler, de séparer de ceux de la seconde, auxquels ils se mêlent et passent trop souvent, paraissent avoir une grande analogie aux points de vue de la nature minéralogique, de l'allure des gisements, avec ceux de la vallée du Rhin attribués au pliocène par les géologues chargés de la description géologique de l'Alsace, et nous serions tentés d'y ajouter *mutatis mutandis*, les formations oligocènes et miocènes si nettement détritiques pour la plupart. Pour établir ce parallélisme, il suffira de tenir compte de la différence qui existe entre la vallée du Rhin, longue dépression régulière remplie peu à peu, au cours des temps, par les débris des Vosges et de la Forêt noire, plus tard par ceux des Alpes, classés par ordre d'ancienneté de bas en haut, et le plateau lorrain où, seuls les déchets vosgiens ont pu pénétrer et se sont étalés et étendus au loin, ne trouvant pas généralement de dépression préparée d'avance pour les recevoir.

La répartition des déchets vosgiens attribuables aux temps préquaternaires, *la seule indiquée sur la carte*, suggère un certain nombre de réflexions et amène à des conclusions que nous résumons dans ce qui suit :

On rencontre des blocs arrondis, des cailloux, des grès, des sables, des marnes sableuses d'origine vosgienne à des altitudes très grandes (417 m.), 150 m. au dessus du niveau des vallées de la Meurthe et de la Moselle, à plus de 100 kilomètres à vol d'oiseau de l'axe de la chaîne des Vosges (plateau de Haye), des blocs anguleux de cailloux de même origine à 30-40 mètres et plus au-dessus du niveau de la Saône au niveau de Gray.

Nous avons tout lieu de croire que ces dépôts, en particulier ceux du plateau de Haye, sont très anciens, mais qu'ils ont été remaniés après coup. Ils ne peuvent en effet correspondre qu'à l'époque reculée où le plateau lorrain communiquait librement et directement avec les Vosges ; plus tard mélangés avec les produits de la dénudation locale, et précipités dans les fissures ou dépressions, ils contiennent souvent des fossiles quaternaires.

Au-dessous de cette limite extrême, on les trouve sur les flancs de ce même plateau, sous forme d'amorces de terrasses, à environ 50 m. au dessus du thalweg de la vallée de la Moselle (Villey-le-Sec) ; les terrasses bien développées ne dépassent guère l'altitude de 10-20 m. au dessus de ce même niveau, et leurs éléments sont échelonnés sur toutes les courbes de niveau intermédiaires entre ces deux cotes descendant jusqu'aux grèves actuelles.

On peut les suivre des Vosges dans les bassins de la Meuse (Beaumont en Argonne) de la Saône (environs de Gray).

Tout en étant, surtout les plus élevés, indépendants des reliefs actuels du sol, ils sont cependant orientés, surtout pour ceux qui sont les plus riches en cailloux vosgiens (voir la carte), suivant une bande de terrain qui s'appuie sur les Hautes-Vosges, et se termine en s'amincissant vers le bassin inférieur de la Meuse.

C'est dans l'espace limité par cette bande que se sont développés les précurseurs des cours d'eaux qui ont reçu les noms de Meurthe, Moselle, Meuse, Saône, et cette direction est celle du drainage le plus anciennement connu des matériaux vosgiens vers le bassin de Paris. Sa puissance et son ancienneté expliquent la dénudation des Hautes-Vosges cristallines découronnées de Grès vosgien, et peut-être même de formations plus récentes sur leur face tournée vers les bassins de la Meurthe et de la Moselle, comme sur leur front méridional tourné vers le bassin de la Saône, avec cette différence, que dans cette région la bordure de Grès bigarré a été plus fortement atteinte que le Permien et les roches sous-jacentes.

Tout autres sont les conditions des Basses-Vosges gréseuses, qui n'ont aucun de ces grands émissaires précurseurs de la Meurthe, de la Moselle, de la Meuse, de la Saône, et chez lesquelles la dénudation rendue moins énergique par leur absence s'est arrêtée au Grès vosgien, d'où la composition, sable, marne sableuse, rares cailloux de quarzite des dépôts de ce genre, entre elles et le cours moyen de la Moselle, de Pont-à-Mousson vers Thionville.

C'est donc en face des Hautes-Vosges cristallines des bassins de la Meurthe et de la Moselle que les éléments de destruction vosgienne préquaternaires se sont surtout accumulés, ou plutôt qu'il en est resté davantage. Les plus anciens d'entre eux montrent la prédominance des déchets du Grès vosgien, sans qu'il soit permis néanmoins d'affirmer que le granite sous-jacent en soit absent. Il est, ou très rare, ou réduit à l'état de sable par décomposition.

Sur leur front méridional tourné vers le bassin de la Saône, le Grès bigarré domine et les roches permiennes (grès rouge, Grès vosgien) sont assez communes.

Les roches quarzitiques, sableuses, marneuses, résultat de la décomposition du Grès vosgien bigarré, du Muschelkalk même dominent presque à l'exclusion du granite dans les bassins de la Saar, de la Blies, de la Seille.

La carte schématique ci-jointe donne enfin une idée des atterrissements et par conséquent de l'état de nos régions exondées aux époques préquaternaires, tertiaires surtout.

Le plateau lorrain, primitivement plus élevé qu'aujourd'hui, communiquant librement et de plain-pied avec les Vosges, mais s'abaissant peu à peu par dénudation et probablement sous l'influence d'autres causes, était une région de ruissellement, de charriage sur une partie de son étendue, sur le reste de sa surface des dépôts se sont effectués aux dépens des roches locales usées et corrodées, mais les déchets vosgiens se sont rapidement irradiés à droite et à gauche de cette zone de drainage. De vrais cours d'eau entraînaient au loin, suivant la pente générale N. N. O. de la surface du plateau, des masses de débris, et l'ancienneté de ce charriage nous permet de considérer les Vosges comme alimentant les bassins maritimes des mers tertiaires dans cette direction.

Cet état de chose s'est peu à peu effacé sous l'influence de la dénudation et des mouvements du sol, de la corrosion superficielle, et nos traînées et remplissages de cailloux et de sables actuels n'en sont que les témoins démantelés et mis en réserve dans les fissures et dépressions.

La flore et la faune de cette région continentale nous sont encore inconnues, peut-être par suite de la destruction rapide de tout débris organique et de l'absence de bassins de réception d'une certaine étendue, et cette pauvreté en fossiles se retrouve dans les formations homologues de la vallée du Rhin.

Le plateau lorrain a été peu à peu, à travers les périodes tertiaires et quaternaires, amené à son état présent par la rupture de ses communications directes avec les Vosges, et le remplacement du drainage par le sommet des plateaux par celui des vallées de fleuves actuels coulant à un niveau bien inférieur.

Il a été surtout question jusqu'ici des déchets vosgiens préquaternaires, seuls indiqués sur la carte. Il faut y ajouter pour donner une idée complète de la dénudation sur le versant lorrain et les régions adjacentes du bassin de la Saône tous ceux qui, par leur situation et leur faune, sont nettement quaternaires ou récents. On peut dire d'eux que, suivant les vallées des rivières et ne s'en écartant pas, ils sont caractérisés par l'*abondance* et le bon état de conservation des roches du type granitique, contrastant avec la rareté et l'altération de ces roches dans les formations préquaternaires, des niveaux plus élevés, et par une faune nettement quaternaire ou récente.

DES DERNIERS MOUVEMENTS DU SOL DANS LES BASSINS DE LA SEINE ET DE LA LOIRE

par M. **Gustave DOLLFUS**

Planche IV

L'étude géologique des couches qui composent les bassins de la Loire et de la Seine révèle de nombreux mouvements du sol. Leur intérêt pour nous augmente avec leur rapprochement relatif vers l'époque actuelle. Dans les pages qui vont suivre, j'examinerai les perturbations qui se sont produites au cours de la période miocène, pendant laquelle elles ont été tout particulièrement importantes dans notre région, m'arrêtant à la période qui a immédiatement précédé la nôtre, au pliocène, qui n'a plus présenté que des modifications de valeur secondaire.

Nous examinerons les événements qui ont accompagné la fin de l'Oligocène, en prenant pour point de départ le grand dépôt lacustre désigné sous le nom de Calcaire de Beauce, principal faciès de l'Aquitanien dans l'Europe occidentale et qui, formé à une altitude vraisemblablement uniforme, permet d'apprécier les moindres mouvements du sol survenus depuis son dépôt. Nous verrons les formations Burdigaliennes dans leur développement et leur fin. L'incursion marine du Falunien, son recul vers l'ouest, et son passage au Redonien et enfin la situation nouvelle géographique, hydrographique, hypsométrique si différente entre le début du Miocène et sa fin. Le cadre général est le suivant :

Néogène	Pliocène	
	Miocène	supérieur — Redonien (Tortonien (pars).
		moyen — Falunien (Helvétien (pars).
		inférieur — Burdigalien (Langhien (pars).
Eogène (pars)	Oligocène supérieur	Aquitanien. (Miocène inférieur de quelques auteurs).

Étage Aquitanien (Mayer, 1857).

En attendant qu'une monographie des couches aquitaniennes tente quelque jeune géologue, nous sommes obligés d'en résumer les conditions principales. Dans le bassin de Paris, le Calcaire de Beauce et les Meulières de Montmorency, qui n'en sont qu'un faciès latéral, occupent une étendue très vaste dont les limites anciennes réelles nous sont complètement inconnues. De quelque côté qu'on se dirige, à l'Est, au Nord, à l'Ouest on en découvre des îlots sur les collines les plus élevées, dans une situation dominante qui ne permet de tracer aucun rivage, les berges du lac demeurent indéterminées. Vers le sud, le Calcaire de Beauce forme une nappe continue, épaisse, qui passe du bassin de la Seine dans le bassin de la Loire et s'étend souterrainement jusqu'à Vierzon et Celles-sur-Cher, elle s'interrompt en ces points pour reprendre au delà de Saint-Pierre-le-Moutier et sur une étendue non moins vaste en Auvergne, après une lacune d'une centaine de kilomètres.

Toute la région située au nord de Paris offre le faciès des meulières et l'épaisseur du dépôt reste toujours médiocre ; il faut descendre à une ligne passant par Trappes, Chevreuse, Arpajon, la Ferté-Alais, La Chapelle-la-Reine, pour voir la masse s'épaissir et le faciès calcaire s'établir franchement, sur les plateaux ; entre Rambouillet et Étampes, on constate souvent le contact de la Meulière sur le Calcaire.

Entre Étampes et Orléans l'épaisseur est au maximum et elle atteint 70 mètres au moins.

Il nous paraît impossible de séparer le Calcaire de l'Orléanais du Calcaire de Beauce ; dans le Gâtinais seulement ces deux niveaux sont séparés par une assise argileuse, grumeleuse, verdâtre, dite *Mollasse du Gâtinais*. Ce dépôt local, jusqu'ici sans fossiles, n'atteint ni Étampes, ni Arthenay, ni Montargis. On a quelquefois qualifié le Calcaire de l'Orléanais de Calcaire de Beauce à Helix, parce qu'en effet auprès d'Orléans la partie supérieure du Calcaire renferme des Hélix avec assez d'abondance ; mais c'est une particularité purement locale ; les Hélix sont abondants tout aussi bien à la base du Calcaire de Beauce typique, comme à Fontainebleau, à Villeromain, etc. A Étampes même, le calcaire de l'Orléanais, bleuâtre, est particulièrement riche en Lymnées et en Planorbes de grande taille. On conçoit d'ailleurs que les Hélix n'ont pas vécu en place sur l'immense lac de Beauce, qu'ils y ont été entraînés par des rivières affluentes et se sont échoués suivant certaines zones déterminées par les courants qui régnaient alors dans ce lac.

Je rappellerai enfin que la faune des mammifères découverte à La Ferté-Alais par MM. Munier-Chalmas, Goubert et Tournouer, tout à fait à la base du Calcaire de Beauce, est identique à celle du Calcaire de la Limagne, telle qu'on la recueille aux environs de Moulins (Anthracotherium magnum, Rhinoceros (Acerotherium) Brivatense, Amphitragulus elegans.

Cette faune est complètement différente de celle des Sables de l'Orléanais qui ravinent le Calcaire de Beauce dans le Loiret et que nous examinerons plus loin.

Donnons un coup d'œil à cet horizon hors du bassin de Paris.

Ouest. — Dans les environs de Rennes les couches assimilées au Calcaire de Beauce sont extrêmement réduites, elles passent inférieurement à l'Oligocène marin et sont fortement ravinées au sommet par le poudingue de base du Miocène moyen. Elles me paraissent correspondre au niveau d'Ormoy. Altitude : 40 mètres. Quelques autres lambeaux sont connus sur la feuille de Redon.

Dans le Cotentin, nous avons trouvé récemment la preuve, dans une tranchée à Gourbesville, que le Calcaire d'eau douce à Lymnées, à Planorbes, à Potamides et à Vivipara, dont l'âge aquitanien avait été, il y a longtemps déjà, contesté par M. Vasseur, est bien situé au-dessus des couches à Corbules de l'Oligocène moyen et réellement aquitanien ; il est raviné par les sables rouges du Miocène supérieur (altitude : 24 mètres).

Est. — En Bourgogne, à la gare même de Dijon, le Calcaire à Helix Ramondi, d'aspect assez sensiblement méridional, avec de gros cyclostomes du sous-genre Otopoma, est constitué par un magnifique poudingue de couleur rose renfermant des blocs gigantesques de Calcaire jurassique ; il est adossé par faille à un massif Bathonien puissant. La même formation offre divers autres îlots blottis le long de la côte dijonnaise et la flore de Brognon décrite par de Saporta n'en est qu'un faciès ; là encore nous n'avons qu'une idée très imparfaite de l'étendue réelle des lacs aquitaniens (altitude : 250 mètres).

Je ne poursuivrai pas l'examen des dépôts à Helix Ramondi plus loin dans l'est. On en connaît dans le Jura, la plaine Suisse, la Bavière, l'Italie, la vallée moyenne du Rhin, et M. Sandberger en a fait un tableau remarquable sous la désignation de Miocène inférieur. Ils sont antérieurs aux mouvements alpins du Dauphiné et aux soulèvements du Jura, d'autre part leur dépôt paraît postérieur au soulèvement de la région helvétique des Alpes, restant toujours confinés à leur pied (Mollasse de la Rochette, près Lausanne).

Sud. — Je laisserai de côté la question de l'extension du calcaire de la Limagne vers le sud, il donne la main par le Cantal aux dépôts du bassin de la Dordogne et du Tarn, car ces régions sont trop éloignées du cadre spécial que j'envisage et nécessiteraient de longs développements dont je n'ai d'ailleurs qu'une connaissance personnelle très incomplète, et qui sont l'objet des études actuelles de M. P. Giraud.

Nord. — Pour retrouver vers le nord des couches contemporaines du calcaire du Beauce, il faut franchir l'Ardenne, et l'étude du bassin de Bonn-sur-le-Rhin permet de classer dans l'Aquitanien de vastes dépôts de graviers à galets remaniés de quarz blanc, des grès épars, des argiles plus ou moins grasses (argile d'Andenne), des grès et des marnes à végétaux qui s'échelonnent sur le revers nord du toit Ardennais. Nous avons vu ces couches plongeant au Nord, intercalées entre l'argile rupelienne du Limbourg qui renferme la faune des Sables de Fontainebleau et les sables et grès marins du Rhin inférieur qui, à Dingden et au Bolderberg, contiennent une faune marine d'âge Miocène moyen sans aucun doute.

Nous sommes donc fondés à dire que dans l'Europe occidentale la période aquitanienne correspond à un mouvement général de retrait des mers Oligocènes, à une vaste étendue continentale lacustre, peu accidentée. C'est seulement dans un petit coin du bassin de la Gironde que nous découvrons dans les couches de Bazas un équivalent marin. Notre Aquitanien propre, notre Calcaire de Beauce, ne nous paraît correspondre qu'à l'Aquitanien inférieur de M. Fallot, au calcaire blanc de l'Agenais et nous classons déjà dans le Miocène inférieur les couches marines à Pyrula Lainei qui le surmontent.

Ces détails exposés, si nous examinons l'altitude actuelle de ces dépôts lacustres, nous serons surpris des mouvements généraux qui les ont affectés.

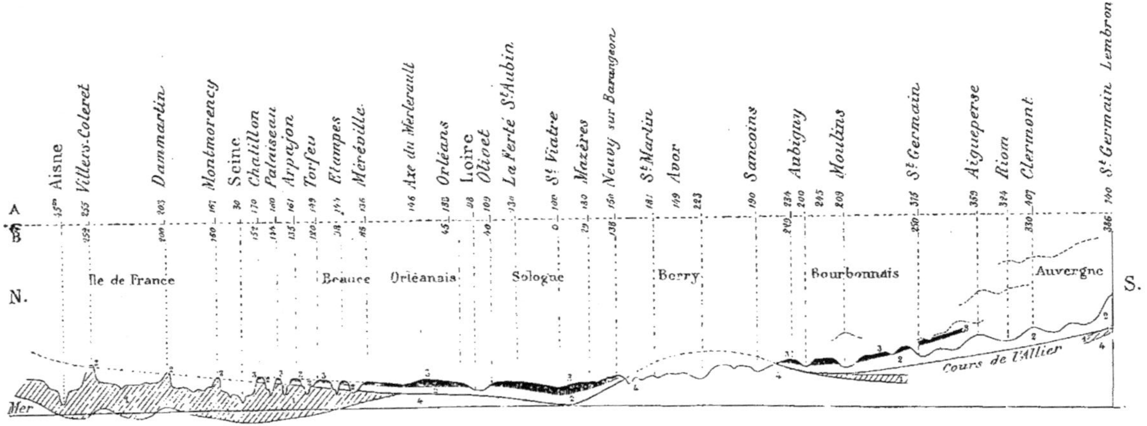

PROFIL DU CALCAIRE DE BEAUCE DANS LES BASSINS DE LA SEINE ET DE LA LOIRE

Les altitudes actuelles des dépôts lacustres de l'âge du Calcaire de Beauce (A. Altitude du sommet ; B. altitude de la base de ces dépôts), montrent les dénivellations subies par cette nappe, considérée comme déposée horizontalement à un niveau voisin du niveau inférieur de la coupe.

Échelle des longueurs $\frac{1}{4\ 000.000}$ des hauteurs $\frac{1}{4.000}$

Légende. — 3. Sables de la Sologne ; 2. Calcaire de Beauce ; 1. Oligocène et Eocène ; 4. Terrains Secondaires ou Primaires.

Voici, en effet, la cote de base du Calcaire de Beauce dans le bassin de Paris, du Nord au Sud, en choisissant des points moyens, situés sur la ligne axillaire la plus basse du bassin de Paris, autant que possible en dehors des limites extrêmes des perturbations locales créées par le passage des plis transversaux.

Altitude de la base du Calcaire de Beauce :

	Altitude	
Colline de Villers-Cotteret	252	mètres
» » Dammartin	200	—
» » Montmorency	166	—
Plateau de Châtillon (Paris) . . .	152	—
» » Palaiseau	144	—
» » Montlhéry.	135	—
Chamarande	120	—
Étampes (faubourg St-Pierre) . . .	98	—
Méréville.	85	—
Orléans (forage)	45	—
St-Viatre (Sologne, forage)	0	—
Nouan (Sologne, forage).	29	—
Theillay (Sologne, Nord de Vierzon).	90	—

La coupe ci-contre, montrera d'une manière frappante cette disposition générale.

Ainsi la pente régulière au sud des couches passe du bassin de la Seine dans celui de la Loire par une continuité parfaite. Il importe d'indiquer que les renseignements donnés sur la Sologne ont été fournis par divers forages qui n'ont pas percé entièrement le Calcaire de Beauce et nous commettons peut-être une erreur de quelques mètres dans l'altitude que nous indiquons pour sa base, mais cette erreur est très faible et n'a aucune influence sur le sens général et l'amplitude de nos informations.

Au sud de la Sologne le *Calcaire de Beauce* se relève vivement, il apparaît sous la forme d'une marne blanche, peu épaisse, pincée entre l'argile à silex de la craie, à la base, et les sables granitiques de la Sologne, au-dessus ; nous le connaissons maintenant sur une étendue transversale assez grande, d'après les travaux de M. Gauchery et suivant une ligne Est-Ouest, depuis Neuvy-sur-Barangeon (altitude : 138 mètres),

Theillay-le-Pailleux au Nord de Vierzon (altitude : 100 mètres), Romorantin (altitude : 71 mètres), jusque vers Thenay et Pontlevoy, à l'Ouest, où il se termine à l'altitude de 100 mètres. Il est calcaire à Pontlevoy et renferme Helix Ramondi, il est raviné tantôt par les sables de l'Orléanais, tantôt par les faluns.

Du point le plus extrême à l'est, il faut franchir à vol d'oiseau, dans la direction du Sud-Est, une distance de 90 kilomètres pour atteindre les premiers calcaires de la Limagne qui apparaissent au Sud de la ride transversale de Saint-Pierre-le-Moutiers vers l'altitude de 200 mètres, suivant un affleurement oblique de Decize-sur-Loire à Aubigny-sur-Allier. Au Sud de cette ligne, le Calcaire de Beauce plonge au Sud à nouveau ; sa base devient invisible et il se relève seulement vers Saint-Germain-des-Fossés, où il monte régulièrement au Midi en escaladant le plateau central, faillé, brisé, effondré, s'appuyant sur toutes sortes de roches anciennes et s'élevant jusqu'à une altitude qui dépasse actuellement un millier de mètres.

Le Sancerrois dépendait du Nivernais, il n'était encore ni surélevé, ni faillé ; toute cette région ne paraît pas cependant avoir été couverte par le lac de Beauce, car on n'en trouve aucune trace, elle paraît avoir été contournée par les dépôts aquitaniens.

Si nous considérons le dépôt de Beauce comme déposé horizontalement sur une vaste surface et à une altitude très peu considérable, ce qui est appuyé par le fait de la présence assez fréquente de quelques espèces fluvio-marines comme le Potamides Lamarcki, nous dégageons immédiatement cette conclusion qu'il s'est soulevé très sensiblement et inégalement depuis son dépôt, et qu'il s'est soulevé à la fois au Nord et au Sud, du côté de l'Ardenne et du côté du Plateau Central, la région intermédiaire solognaise étant restée sensiblement à son niveau primitif ou ayant subi un effondrement médiocre. Le soulèvement ardennais et celui du plateau central se placent ainsi comme contemporains et immédiatement postérieurs aux dépôts du calcaire de Beauce, ils sont, d'autre part, immédiatement antérieurs aux dépôts des sables de la Sologne et de l'Orléanais qui suivent stratigraphiquement le calcaire de Beauce dans le temps, et ces mouvements se trouvent étroitement fixés. C'est une transformation rapide et complète d'une grande partie de la France. Quand le Miocène commence, tout un régime haut, montagneux, remplace brusquement une vaste étendue de marécages; des sédiments arénacés, détritiques, torrentiels, prennent la place des boues calcaires, tranquilles; une faune d'animaux légers et coureurs remplace les lourds pachydermes aquatiques. L'examen des dépôts subséquents va nous montrer d'autres mouvements qui affecteront le Calcaire de Beauce, mais aucun ne présentera un caractère aussi important.

ETAGE BURDIGALIEN

Je désignerai sous le nom d'Etage Burdigalien ou Miocène inférieur la série suivante de couches qui s'observent dans la France centrale entre le Calcaire de Beauce et les Faluns de la Touraine. Ce nom créé par M. Depéret me paraît de beaucoup préférable à celui de Langhien (Pareto) dont on connaît mal la position stratigraphique et la faune.

MIOCÈNE INFÉRIEUR

5. — Sables quarzeux sans fossiles, de la Sologne.
4. — Calcaire de Chitenay, Chevenelles, Montabuzard à Helix Tristani et Anchitherium aurelianense.
3. — Marne blanche et verte de l'Orléanais à nodules calcaires.
2. — Sables quarzeux de l'Orléanais à Rhinoceros et Melania aquitanica.
1. — Marne grise et verte de Chaverny, argile plastique du sud de la Sologne.

Les sables quarzeux ossifères de l'Orléanais et les deux dépôts marneux qui les encadrent n'occupent qu'une étendue restreinte dans le Blaisois et l'Orléanais, ils sont, au point de vue minéralogique, indistinguables des sables de la Sologne. On peut croire même que c'est simplement par suite du rôle protecteur joué par les marnes, contre les infiltrations des eaux atmosphériques chargées d'acide carbonique, que les sables de l'Orléanais ont pu conserver leurs fossiles. D'autre part les sables de la Sologne seraient dépourvus de tout débris organique parce qu'ils n'ont pas eu de couverture imperméable et qu'ils ont été lentement traversés par les eaux météoriques sur toute leur épaisseur.

Les marnes et calcaires de Chevenelles renferment la

même faune que le calcaire de Montabuzard et que les marnes de Suèvre, mais dans ces deux dernières localités les sables de l'Orléanais manquent et les calcaires marneux reposent directement sur le Calcaire de Beauce, tout l'ensemble est puissamment raviné par les sables de la Sologne. Dans la région de Montargis les sables de la Sologne chargés de cailloux, de chailles jurassiques et de silex crétacés ravinent profondément le Calcaire de Beauce et entament même la craie sénonienne. On comprend d'après ces détails stratigraphiques que nous considérions les sables de l'Orléanais comme inséparables des sables de la Sologne et que nous n'en fassions qu'une même masse, de nature et d'étendue facilement reconnaissable, dont nous allons examiner les conditions hypsométriques actuelles.

Les sables granitiques touchent la mer au Hâvre, à Sainte-Adresse, où ils reposent à 100 mètres environ d'altitude, sur le Cénomanien. J'en ai étudié des lambeaux isolés, sur le versant de la Seine de tout le pays de Caux, à une altitude voisine.

Auprès de Rouen ils occupent les plateaux entre 130 et 140 mètres, en paquets ou dans des poches sur le Sénonien, ils suivent la direction de la Seine jusqu'à Paris, montrant des dépôts toujours isolés sur les plateaux des deux rives :

Rive droite. — Amfreville, 130 m. ; Bacqueville 135 m. ; Les Andelys, 130 m. ; Tourny, 140 m. ; Bois Gerôme, 135 m.

Rive gauche. — L'Essart de Rouvray, 120 m. ; Elbeuf, 130 m. ; Vironvay, 130 m. ; Heudebouville, 140 m. ; Gaillon 140 m. ; Vernon, 135 m. ; Perdreauville, 130 m. ; Jumeauville, 135 m. ; Les Alluets, 170 m. ; Ville d'Avray, 140 m. ; Chatillon, 155 m.

Ils ne s'éloignent guère de la Seine sur la rive droite et, en amont de Mantes, ne se trouvent plus que sur les plateaux de la rive gauche. Mais dans l'ouest leur extension est considérable, on les connaît sur les plateaux de la Rille à 120 m., aux environs d'Évreux (La Madeleine 140 m.), à Conches, 155 m., et jusqu'au pied des collines du Perche à Breteuil (170 m.) et vers La Ferté Vidame à 190 mètres.

A Paris, ils quittent la vallée de la Seine pour se diriger directement au sud ; Orsay, 155 m. ; Dourdan 165 m. ; Lardy 145 m. ; Étampes, 145 m. ; Méréville 140 m. ; Outarville, 130 m. ; Neuville-aux-Bois 130 m. ; Orléans, 120 m.

Leur extension à l'est jusqu'à Montargis est équivalente à leur étendue à l'ouest, jusqu'à Châteaudun, à droite et à gauche de la ligne axillaire que nous avons cotée.

Au sud d'Orléans, ils plongent rapidement pour remplir la cuvette de la Sologne, ils contournent le Sancerrois, suivant une courbe qui monte de 175 m. à Chatillon-sur-Loire, à 185 m. à Nancay ; ils pénétrèrent au sud, en suivant la vallée de la Loire, en couronnant les plateaux riverains de gauche : Beaulieu 174 m. ; Léré 176 m. ; Boulleret 178 m. ; St-Bouise 185 m. ; Cours les Barres 196 m. ; La Guerche sur l'Aubois 209 m. ; Mornay-sur-Allier 225 m. ; Le Veurdre 228 m. ; s'établissant à une trentaine de mètres au dessus du val de la Loire et de l'Allier, donnant la main au granit décomposé des premiers contreforts du plateau central.

Dans l'Ouest, les sables granitiques s'avancent jusqu'aux Faluns et cette mer s'est appropriée leurs débris. Ils se découvrent encore en une bande sur de rivage nord par Vendôme, Blois, Château-Lavallière, et une bande sud par Romorantin, Valençay, Buzençais, Mézières en Brenne, Tournon-sur-Creuse, se reliant à des dépôts analogues décrits aux environs de Poitiers. Il est enfin nécessaire d'indiquer que les Sables de la Sologne sont extrêmement difficiles à distinguer des Faluns sableux décalcifiés. Nous avons fait constater ce point important aux géologues du Congrès géologique (1900) international qui ont bien voulu nous accompagner en Touraine.

Il n'y a plus aucun doute aujourd'hui sur l'origine et la nature de ce vaste alluvionnement qui, parti du plateau central, s'est déversé dans la Manche. Sa marche au nord s'étend lorsque la dépression de la Sologne se trouve comblée et elle se trouve grandement facilitée par la faille de Sancerre en particulier, faille qui trace dès lors le régime de la Loire future. Le déversement dans le bassin de Paris n'est pas douteux, mais le courant n'y poursuit pas sa route jusqu'à la limite nord du bassin, il est arrêté à mi-chemin par le relèvement de la formation de Beauce vers l'Ardenne et il se détourne, à la hauteur de Paris, vers la Manche, en esquissant déjà le cours inférieur de la Seine. Ces sables granitiques ravinèrent profondément toute la région nord-ouest du bassin de Paris ; entre la Seine et l'Eure on constate des arrachements énormes, toute l'épaisseur même du Tertiaire est enlevée sur la surface de la Seine Inférieure, et, le sillon de Paris à la mer est ainsi préparé par la violence du courant des eaux de l'Allier avec son cortège de sables du plateau central.

Les événements marqués par ce déversement naturel avaient lieu sur une surface très différente de la surface actuelle, à une altitude très faible et suivant une pente régulière ; les couches du bassin de Paris n'étaient point encore bien plissées, les faibles ondulations qu'elles avaient subies s'étaient trouvées comblées et arasées pendant les périodes suivantes.

D'autre part il n'y a aucune trace de débris volcaniques dans les sables granitiques de la Sologne, le plateau central était bien soulevé, mais aucune éruption n'en avait encore surélevé la surface. Comme la Loire actuelle entraîne des débris basaltiques bien reconnaissables sur tout son cours, et que le Diluvien aux environs d'Orléans contient des fragments volumineux de roches volcaniques, on peut être assuré que si ces roches avaient existé en Auvergne au moment du transport des sables granitiques de la Sologne, nous en trouverions, sur leur passage, des débris caractéristiques. Il n'en existe pas davantage de traces dans les dépôts faluniens marins, ce qui reporte au Miocène supérieur, au plus tôt, la première apparition du vulcanisme en Auvergne.

Décrivons maintenant l'événement qui a mis fin à l'alluvionnement granitique dans le bassin de la Seine-Allier et qui a séparé ce bassin en deux parties pour en faire celui de Paris et celui de la Loire.

Étage Falunien d'Orbigny (1851)

Je ne puis me résoudre à employer le nom d'Helvétien pour nos faluns de la Touraine ; ce nom d'étage créé par Mayer, en 1857, est pour moi un très mauvais type. L'Helvétien de la plaine suisse commence dès l'Aquitanien et il se prolonge dans l'Oeningien, c'est une longue série de Mollasses dans laquelle les subdivisions sont très difficiles, les fossiles marins sont rares, irrégulièrement localisés et fort mal conservés, ce n'est un type, ni au point de vue stratigraphique, ni au point de vue paléontologique. Le nom de Falunien d'Orbigny est d'une autre valeur, il représente une faune typique, superbe, étroitement limitée au point de vue stratigraphique, c'est une courte invasion de la mer miocène moyenne en plein continent, les sables coquilliers ravinent les sables de la Sologne, le calcaire de Beauce ou la craie, ou même des couches plus anciennes jusqu'au Précambrien. Ils sont ravinés d'autre part, dans une région seulement de l'Ouest, par des sables rouges, d'une mer d'une toute autre étendue, renfermant une faune miocène supérieure distincte, à laquelle nous avons donné le nom d'*Etage Redonien*.

Quoi qu'il en soit, le Falunien vrai comporte deux faciès dans le bassin de la Loire : un faciès sableux grossier à gastéropodes et à coquilles roulées innombrables, en lits obliques, avec des débris d'ordre divers, cailloux, bois flottés, ossements de mammifères, ayant son type à Pontlevoy, Manthelan, Ferrières-l'Arçon, type dit *Pontiléoien*, et : un faciès marin plus profond, calcaire, à débris fins, nombreux Bryozoaires, Polypiers, Echinides, Pectinidæ, souvent endurci ; faciès qui occupe longitudinalement les points les plus profonds du golfe Falunien et qui a son type à Savigné, d'où le nom de *Savignien* donné à cet aspect, venant de Contres, Sambin et se dirigeant vers Beaugé, Rennes, Dinan.

L'ouverture de ce golfe profond était entre Dinan et Dol, il gagnait Rennes directement au sud pour épouser ensuite obliquement la direction du grand anticlinal Précambrien central de la Bretagne et de l'Anjou. C'est évidemment à la faveur d'un fléchissement, d'un effondrement de cette clé de voûte que la mer de l'Ouest s'est avancée jusqu'au centre du pays, jusqu'à Blois, Loches et Châtellerault.

Je grouperai les altitudes actuelles des Faluns comme suit :

Entrée du Golfe. — Saint-Juvat, Le Quiou, Saint-Judoce, 12 à 20 mètres, Trefumel, 20 à 40 mètres.

Ride transversale. — Guitté, Bécherel, 75 mètres ; Médréac, Landujan, La Chapelle-du-Lou, 80 mètres ; Feins, 95 mètres.

Environs de Rennes. — Saint Grégoire, 35 à 40 mètres ; Saint-Jacques, 40 à 45 mètres ; Noëllet, 50 mètres ; Noyant-la-Gravoyère, 60 mètres ; Chazé-Henry, 65 mètres ; Saint-Michel et Chanveaux, 66 mètres.

Ilots du nord. — Noyant-Méon, 87 mètres ; Genneteil, 78 mètres ; Auverse, 85 mètres ; Savigné, 92 mètres ; Rillé, 88 mètres.

Ilots du sud. — Tigné, 65 mètres ; Aubigné, 70 mètres ;

Saint-Saturnin, 70 mètres ; Doué, 70 mètres ; Ambillon, 75 mètres ; Noyant-la-Plaine, 78 mètres ; Gonnord, 80 mètres.

Fond du bassin sud. — Mirebeau, 110 mètres ; Charnizay, 134 mètres ; Paulmy, 114 mètres ; Manthelan, 108 mètres ; Bossé, 112 mètres.

Fond du bassin est. — Pontlevoy, 108 mètres ; Soings de 125 à 134 mètres ; Contres, 120 mètres ; Ville-Baron (Blois), 106 mètres ; Oisly (maximum connu), 138 mètres.

Ces altitudes qui sont régulièrement croissantes vers l'Est présentent une perturbation importante, c'est celle, à l'entrée du golfe, de l'accident transversal de Gahard-Laval, sur lequel les dépôts faluniens identiques à ceux de Dinan, d'une part et de Rennes de l'autre, se trouvent portés à une altitude exceptionnellement élevée et contrastante, plus élevée de 40 à 50 mètres que les dépôts latéraux. Comme il est impossible de supposer que toutes ces couches si voisines ne se sont pas déposées à une altitude uniforme et sous une profondeur d'eau égale, nous sommes conduits à admettre un mouvement important du pli de Gahard postérieurement au Miocène moyen. Ce vieux synclinal aurait ainsi rejoué à cette époque relativement récente et nous pensons qu'il s'est relevé encore postérieurement au Miocène supérieur ; c'est la seule manière d'expliquer les cours parallèles et contradictoires de la Rance et de l'Ille qui coupent perpendiculairement cet accident. Cette particularité écartée, nous observons que les couches des Faluns par une altitude régulièrement croissante vers l'Est, sont à leur maximum d'altitude (138^{m}), au fond du golfe. Comme elles offrent d'ailleurs un faciès identique entre elles depuis les îlots les plus occidentaux et que leur dépôt bathimétrique original a dû être identique aussi d'un bout à l'autre, nous pouvons en conclure à la nécessité d'un relèvement de 130 à 150 mètres au moins de la Sologne et de la France centrale depuis le dépôt des Faluns.

Nous observons en même temps que ce soulèvement est à peu près équivalent au soulèvement au-dessus de la mer des sables granitiques dans le bassin de Paris ; et nous constatons aussi que la mer des Faluns n'a pas gagné le bassin de Paris, arrêtée par le relèvement du Merlerault. Nous concevons l'époque des Faluns comme se terminant par un mouvement général de soulèvement de la France centrale combiné avec un autre de plissement dans le Bassin de Paris entraînant la retraite de la mer vers l'Ouest. Elle traçait dans son retrait le cours inférieur l'Allier-Loire et créait à l'écoulement des eaux une nouvelle voie vers l'Ouest, dans une région que les eaux n'auraient jamais pu suivre, sans le secours de l'invasion et de la dénudation marine.

Dès lors l'alluvionnement granitique cesse dans le bassin de Paris, il descend à la mer par le golfe de la Loire maritime, le sol se plisse et les sables de la Sologne participent à ce plissement ; tout le plateau se soulève et prend l'aspect et l'altitude que nous constatons aujourd'hui ; le travail de sculpture hydrographique recommence à nouveau en employant grossièrement les lignes principales que les mouvements antérieurs ont préparées.

Il est impossible d'accepter pour ces mouvements les idées de Suess qui suppose que tout s'est passé par affaissements régionaux, nous ne pouvons admettre que tout le Calcaire de Beauce se soit déposé dans un lac situé à plus de mille mètres d'altitude comme sont situés certains de ses lambeaux en Auvergne ; et l'alternance des dépôts marins et continentaux, nous oblige à croire à des mouvements alternatifs de soulèvement et d'affaissement d'ensemble, sur une vaste surface, pour toute la région neustrienne.

Étage Redonïen

J'ai été amené à créer l'an passé l'Étage Redonien, ou Miocène supérieur, pour y classer des sables calcareux, fossilifères, marins, renfermant une faune spéciale, et dont il ne nous reste plus que des îlots épars en Bretagne, dans l'Anjou, la Vendée et le Cotentin. Nous n'avons pas voulu employer l'expression de Tortonien parce que nous considérons ce type comme défectueux. On rencontre à Tortone un argile peu calcaire, bleuâtre, avec nombreux Pleurotomes, comme il s'en forme encore dans les mers profondes et qui se retrouve identique à plusieurs niveaux aussi bien dans le Miocène inférieur que dans le Miocène moyen et supérieur, même plus haut encore, ainsi que M. C. de Stéphani l'a démontré. Ce n'est pas un étage, c'est un faciès, et cette localité ne possède ni les caractères stratigraphiques, ni les preuves paléontologiques nécessaires pour désigner une des grandes étapes de la Géologie.

Bretagne. — Nous plaçons le type de notre étage à Rennes, où M. Lebesconte a découvert au hameau d'Apigné (altitude : 25 mètres) des sables rougeâtres bien fossilifères. Ces sables descendent jusqu'au niveau de la Vilaine (à 16 mètres) pour remonter au Temple-du-Cerisier et à la Chausseyrie, vers 40 mètres d'altitude, où ils reposent sur les Faluns Miocènes typiques qu'ils ravinent nettement et ils s'en distinguent aussi bien par leur constitution minéralogique que par leur faune.

Mayenne. — Nous classons à ce niveau le gîte de Beaulieu (altitude : 85 mètres) connu depuis longtemps et dont M. Œhlert a bien voulu nous communiquer une série de fossiles appartenant au Musée de Laval. Ce sont des sables argileux, rouges, reposant directement sur les schistes précambriens.

Anjou. — Au nord de la Loire l'ancien gisement de Sceaux (altitude : 45 mètres) repose sur les schistes précambriens dans une dépression contiguë à celle qui renferme des faluns miocènes typiques. A Thorigné les sables redoniens, mal visibles aujourd'hui, sont dans une position culminante (50 mètres) recouverts par un manteau épais de sable et graviers d'âge et de nature encore indéterminés. A Saint-Clément-de-la-Place, le gîte sur le granite, à 60 mètres, est extrêmement limité, mais il a fourni une faune abondante à M. Dumas, notre savant confrère de Nantes.

Loire-Inférieure. — Dans la région de la Loire-Inférieure, on ne trouve pas de vrais faluns ; tous les gisements signalés consistent en sable et graviers rougeâtres appartenant au Miocène supérieur et les sables rouges, étendus, fossilifères par places, signalés par M. Davy, de Châteaubriand, dans la forêt de Gâvre sont du même âge. Nous avons pu étudier la faune du Loroux-Bottereau (gîte de la Dixmerie) d'après les belles fouilles nouvelles de MM. L. Bureau et Dumas, de Nantes, et nous avons trouvé une faune identique à celle du Redonien, de Rennes et de Gourbesville dans le Cotentin. Ces dépôts de la Loire-Inférieure se relient à ceux de la Vendée, de Vieillevigne, de Montaigu, explorés par le docteur Mignen, de Palluau, Challans, et à celui de La Chapelle-Hermier, découvert par M. Wallerant.

Il faut, croyons-nous, classer encore, comme dépôts de la même mer, des sables rouges fort étendus, décalcifiés, en amas, sur le plateau du Bocage vendéen. L'Ouest de la Bretagne paraît avoir formé alors une île, on n'y connaît pas de dépôts analogues et la communication de l'Océan avec la Manche se faisait alors directement par Rennes et l'Ille-et-Vilaine. Il est vraisemblable que cette mer redonienne était fort irrégulière, qu'une plaine maritime n'avait pas pu encore s'établir, que de nombreux rochers, de nombreuses îles, encombraient les communications. Je ne crois pas cependant que cette formation se soit déposée dans quelques fjords, dans des golfes plus ou moins resserrés, occupant sensiblement l'emplacement actuel de nos vallées. Nous ne nous trouvons pas en présence des sédiments argileux, calmes qui caractérisent ces défilés profonds. Je ne puis admettre l'hypothèse des fjords que pour le Pliocène, que pour les dépôts argileux de Redon ou du Bosq d'Aubigny, qui contrastent avec les dépôts sableux et graveleux du Redonien, elle est inapplicable encore plus à l'Éocène et à l'Oligocène, de la même région, telle que M. Vasseur l'a préconisée, il y a longtemps déjà. Nous considérons l'Éocène et l'Oligocène de l'Ouest comme ayant été autrefois fort étendus et que ces mers ne nous ont laissé leurs traces que dans leurs plis synclinaux, dans leurs chenaux marins profonds, car les belles faunes que M. Cossmann est en train de décrire ne sauraient avoir fait partie que d'une mer fort vaste, bien ouverte, occupant un niveau élevé, entraînant la submersion de toutes les terres du voisinage.

La distinction des sables de Rennes et des Faluns de la Touraine est importante au point de vue spécial des mouvements du sol qui nous occupent. A la fin du Miocène moyen la mer a abandonné le Blaisois et la Touraine, elle s'est reportée au-delà du Loir et le Miocène supérieur arrive dans des conditions toutes nouvelles. Le faciès profond Savignéen quitte le territoire ; la région de la Loire-Inférieure, la Vendée s'affaissent, l'Océan Atlantique s'avance directement en Anjou, la communication au Nord par Dinan et Dol reste ouverte, car la faune du Cotentin est identique à celle de Rennes et la mer du Calvados par le grand Vey communique directement avec la baie du Mont Saint-Michel.

La connaissance de ces dépôts reporte à la fin du Miocène la disparition de la mer de la Bretagne et de la vallée de la Loire, elle n'y entrera plus au Pliocène qu'à l'état d'estuaire dans quelques larges vallées, jusqu'à Redon, jusqu'à

Périers par exemple ; nous arrivons à la conclusion que le Miocène se termine par une émersion continentale comme il avait commencé ; il s'encadre entre deux régressions, très générales dans l'Europe entière, et qui peuvent fournir un appui sérieux à la classification générale.

C'est ce relèvement d'une cinquantaine de mètres s'ajoutant à un relèvement moyen un peu supérieur du Miocène moyen qui nous conduit à la courbe de 110 à 120 mètres qui enclôt les dépôts miocènes tels que nous les connaissons et les avons figurés sur notre Carte, et jusqu'au soulèvement général de 130 à 150 mètres dont nous avons parlé.

L'état de choses actuel dans le bassin de Paris semble donc bien avoir pris naissance au cours du Miocène par une série d'événements que nous avons détaillés. Depuis, la surface continentale élevée et plissée paraît n'avoir subi que des modifications sculpturales provoquées par la marche normale de l'hydrographie.

Au Pliocène, la Seine occupait déjà sensiblement l'emplacement actuel comme le démontrent les hauts graviers que nous avons étudiés sur la carte géologique de Melun, sur celles de Paris, d'Evreux et de Rouen que nous avons levées, elle s'est approfondie sur place et aucun mouvement spécial du sol ne paraît être intervenu comme ayant modifié la position relative de ces dépôts continentaux.

Pendant la durée du Pléistocène la mer de la Manche s'est considérablement agrandie, le Pas-de-Calais s'est ouvert, le volume des précipitations atmosphériques s'est modifié et le régime torrentiel des grands cours d'eau a probablement régné jusqu'à la mer, il s'est reculé aujourd'hui jusque dans les régions montagneuses ; on peut signaler quelques mouvements du sol des régions côtières et diverses intercalations de dépôts marins et fluviatiles, diverses submersions et émersions partielles. Mais ces mouvements ont tous été d'importance secondaire et locaux ; il n'entre pas dans notre cadre de les rappeler ici.

SUR LE SILURIEN DE BELGIQUE

par M. **C. MALAISE**

Ce travail représente l'état de nos connaissances actuelles, sur le Système Silurien de la Belgique et, plus spécialement, le résultat de nos recherches dans le massif du Brabant et la bande de Sambre-et-Meuse. C'est le résumé et la coordination d'observations faites depuis plus de quarante années. Cet exposé me paraît d'autant plus utile, que la constitution du Silurien de Belgique est généralement peu connue et mal interprétée des géologues étrangers.

Le Système Silurien, dans sa plus large acception, comprenant le Silurien inférieur ou étage cambrien ; le Moyen ou étage ordovicien, et le Supérieur ou étage gothlandien, se trouve au sud et au centre de la Belgique.

SILURIEN DU SUD DE LA BELGIQUE

Massifs de l'Ardenne

Le Silurien inférieur ou Cambrien du sud de la Belgique, ou de l'Ardenne (Terrain ardennais de Dumont), constitue quatre massifs situés aux environs de Rocroy, de Stavelot, de Givonne, près de Sedan, et du moulin de Serpont, près de Recogne : les deux derniers sont peu développés.

Peu de fossiles ont été signalés en Ardenne et, parmi ceux qui ont une réelle valeur paléontologique, on ne peut guère citer que *Oldhamia radiata* et *Oldhamia antiqua*, trouvés dans les massifs de Rocroy et de Stavelot, dans les couches réputées inférieures ; et *Dictyonema sociale* (*D. flabelliformis*) dans le massif de Stavelot, dans des couches qui occupent une position relativement élevée dans le Cambrien.

J'ai signalé dans le même massif de Stavelot et dans des couches supérieures au *Dictyonema sociale*, des traces de *Lingulocaris lingulæcomes*. J'ai également rencontré des traces de Scolythes, dans les couches noires des massifs de Stavelot et de Rocroy, et dans ce dernier, *Protospongia fenestrata* à Laifour.

On a aussi signalé dans le Cambrien de l'Ardenne des fossiles, dont le genre seul a été indiqué et d'autres pour lesquels on a fait des assimilations qui ne paraissent pas justifiées, et dont quelques-unes sont même improbables.

Le Silurien inférieur ou Cambrien paraît exister seul en Ardenne, où il est entouré et recouvert en stratification, généralement discordante, par des couches que l'on considère comme constituant la base du Dévonien inférieur.

Voici la légende du Système Cambrien de l'Ardenne, adoptée par le Conseil de direction de la Commission géologique de Belgique, pour la carte au 40.000^e.

Etage salmien *(Sm)*.

SALMIEN SUPÉRIEUR *(Sm2)*.

Sm2. Phyllades ottrélitifères (o), manganésifères (mn), oligisteux ou oligistifères (fe), coticule (c).

SALMIEN INFÉRIEUR *(Sm1)*.

Sm1. Quarzophyllades et phyllades, *Dictyograptus flabelliformis* (*Dictyonema sociale*).

Étage revinien (*Rv*).

Rv. Quarzites gris bleu et phyllades noirs de Revin.

Etage devillien (*Dv*)

DEVILLIEN SUPÉRIEUR (*Dv2*).

Dv2. Quarzite vert et phyllade violet ou gris verdâtre de Deville et de Fumay, souvent avec magnétite. *Oldhamia*.

DEVILLIEN INFÉRIEUR (*Dv1*)

Dv1. Quarzite blanchâtre ou verdâtre (Hourt).

SILURIEN DU CENTRE DE LA BELGIQUE

Le Système Silurien forme, dans le centre de la Belgique, le massif du Brabant et la bande de Sambre-et-Meuse.

MASSIF DU BRABANT

Dans le centre de la Belgique, principalement dans le Brabant, le système silurien forme un massif d'une certaine étendue, dont la plus grande longueur est de cent et dix kilomètres, avec une largeur maxima de vingt-cinq kilomètres. Mais il est recouvert dans la plus grande partie de son étendue par des formations plus récentes, secondaires, tertiaires et quaternaires : il n'affleure guère que dans les vallées plus ou moins profondes, creusées par les cours d'eau : la Senne, la Sennette, la Samme, la Dyle, l'Orneau, etc., et leurs affluents. C'est l'ancien massif ardoisier du Brabant de d'Omalius d'Halloy et le massif rhénan de Dumont. Le Système Silurien y est représenté, par le Cambrien au nord, l'Ordovicien au centre, et le Gothlandien au sud, au voisinage du Système Dévonien.

La vallée de l'Orneau, de Gembloux à Mazy, par Grand-Manil, grâce à des affleurements convenables où des exploitations de pierres ont été faites, grâce aussi aux tranchées du chemin de fer de Gembloux à Tamines, montre une bonne coupe de l'Ordovicien et du Gothlandien, avec leurs différents niveaux fossilifères, à l'exception de celui à *Monograptus colonus*.

M. le professeur J. Gosselet avait trouvé, en 1860, à Grand-Manil, près Gembloux, dans le massif du Brabant, et à Fosse, dans la bande de Sambre-et-Meuse, des espèces fossiles caractéristiques de la faune seconde silurienne : je fis des explorations dans les mêmes massifs ou bandes, et trouvai de nombreux gisements et de nouvelles espèces siluriennes. On admit alors que ces formations, qui avaient été considérées par A. Dumont, comme appartenant à son terrain rhénan, c'est-à-dire comme Dévonien inférieur, devaient être rangées dans le Système Silurien.

En 1873, je publiai un « Mémoire sur le Silurien du centre de la Belgique ». Les cinquante-deux espèces que je fis connaître appartenaient presque toutes à la faune seconde, au Caradoc supérieur, et quelques-unes au Llandovery. Je considérai alors le massif du Brabant et la bande de Sambre-et-Meuse, comme appartenant au Silurien Moyen ou Ordovicien.

Ces formations ont été depuis lors, de ma part, l'objet de nombreuses recherches qui ont fait retrouver dans l'Ordovicien et le Gothlandien, la plupart des assises et des niveaux fossilifères, ou graptolitiques, reconnus dans les Iles Britanniques et la Scandinavie. Cette grande analogie justifie l'emploi que je fais, pour désigner les assises, des noms employés dans la région classique du pays de Galles.

En 1877, j'ai constaté la présence de *Oldhamia radiata* et *Oldhamia antiqua* dans différents endroits du massif du Brabant. Comme conséquence de cette découverte, j'ai assimilé la partie nord du dit massif, au Silurien inférieur ou Cambrien.

Les *Oldhamia* ont été rencontrés au même niveau dans des schistes verdâtres en deux points éloignés de vingt-cinq kilomètres, et également constatés dans des schistes supérieurs et dans des schistes inférieurs aux premiers. Quelles que soient les idées que l'on ait sur la nature des *Oldhamia*, ces traces caractéristiques n'ont été rencontrées que dans les couches inférieures du Cambrien.

Série inférieure ou Cambrien

On trouve, à Blanmont, des *Quarzites verdâtres et gris bleuâtre, devenant rougeâtres ou blanchâtres par altération.* Traces de *Oldhamia*, dans les joints schisteux. A Tubize, *Phyllades gris-bleuâtre ou gris-verdâtre aimantifères ; quarzites et phyllades quarzifères, avec magnétite, passant au quarzo-phyllade et au psammite, par altération : Oldhamia radiata, Oldhamia antiqua.*

A. Oisquercq, terminant le Cambrien ; *schistes gris ou bigarrés*, avec traces de *Oldhamia.*

Série moyenne ou Ordovicien

A la base, on rencontre, à Mousty, *Phyllades ou schistes noirs ou graphiteux, avec phtanite.* En l'absence de fossiles je ne sais à quoi les rapporter : Peut-être à l'Arenig ?

A Villers-la-Ville : *quarzophyllades gris-bleuâtre à fucoïdes, grès jaunâtres, grisâtres, plus ou moins pailletés, passant au psammite par altération.*

Les fucoïdes ont été rapportées par Eug. Coemans au genre *Licrophycus* et nommé *L. elongatus.* A la partie supérieure, j'ai trouvé *Lingula sp.* — Peut-être Llandeilo ?

On trouve à Gembloux, dans le Caradoc : *schiste ou phyllade quarzeux, plus ou moins psammitique et pailleté, bleuâtre, grisâtre, ou bigarré des deux teintes.*

A Grand-Manil, *schiste ou phyllade quarzeux, noirâtre ou bleuâtre, plus ou moins pailleté et pyritifère.*

Ces roches contiennent de nombreux fossiles caractéristiques du Caradoc : nous en donnons ci-après la liste, c'est le gîte le plus exploré. La plupart des espèces, tout au moins les caractéristiques, se retrouvent au même niveau à Fauquez (Ittre), à Hennuyères et en différents points aux environs de Rebecq.

CRUSTACÉS.

Lichas laxatus, Mc Coy.
Zethus verrucosus, Pand.
Cheirurus globosus, Barr.
— *juvenis*, Salt.
Phacops sp.
Illænus Bowmanni, Salt.
— *Davisii*, Salt.
Asaphus? sp. (hypostôme).
Homalonotus Omaliusi, Mal.
Calymene incerta, Barr.
Ampyx nudus, Murch.
Trinucleus seticornis, His.
Beyrichia complicata, Salt.
Primitia (Beyrichia) strangulata, Salt. *sp.*

CÉPHALOPODES

Lituites cornu-arietis, Sow.
Phragmoceras sp.
Cyrtoceras sp.
Gomphoceras sp.
Orthoceras attenuatum? Sow.
— *belgicum*, Mal.
— *bullatum?* Sow.
— *vagans*, Salt.
— *vaginatum?* Schloth.

PTÉROPODES

Hyolites sp.
— *sp.*
Tentaculites anglicus, Salt.
Conularia Sowerbyi, Defr.

GASTÉROPODES

Raphistoma lenticularis, Sow.
Holopea striatella, Sow. *sp.*
Cyclonema crebristria, Mc Coy.
Bellerophon acutus, Sow.
— *bilobatus*, Sow.
— *carinatus*, Sow.
Pleurotomaria latifasciata, Portl.

LAMELLIBRANCHES

Orthonota sp.
Grammysia sp.
Cypricardia sp.
Cucullella sp.
Nucula sp.
Ctenodonta sp.
Cardiola sp.
Modiolopsis orbicularis, Sow.
Myalina sp.
Avicula sp.

BRACHIOPODES

Atrypa marginalis, Dalm.
Leptæna sericea, Sow.
Strophomena antiquata, Sow.
— *corrugatella*, Dav.
— *euglypha*, Dalm.
— *imbrex*, Pand., *var. semiglobosa.*
— *rhomboidalis*, Wilk.
— *tenuistriata*, Sow.
Orthis Actoniæ, Sow.
— *biforata*, Schloth. *sp.*
— *calligramma*, Dalm.
— *flabellulum*, Sow.
— *grandis*, Sow.
— *hirnantensis*, Mc Coy.
— *porcata*, Mc Coy.
— *testudinaria*, Dalm.
— *vespertilio*, Sow.

BRYOZOAIRES

Retepora sp.
Ptilodyctia complanata, Mc Coy.

ANNÉLIDES

Serpulites longissimus, Murch.

CYSTIDÉES

Sphæronites stelluliferus, Salt.

CRINOÏDES

Tiges d'encrines.

HYDROÏDES

Climacograptus caudatus, Lapw.
— *styloideus*, Lapw.
— *tubuliferus*, Lapw.

ANTHOZOAIRES

Petraia elongata, Phill.
— *subduplicata*, Mc Coy.
Heliolites tubulatus, Lonsd.
— *favosus*, Mc Coy.

Un seul gîte, Fauquez (Ittre), nous a donné quelques espèces non rencontrées à Grand-Manil :

Lingula aff. semigranulata, Mc Coy
Echinosphærites (*Sphæronites*) *munitus*, Forbes.
Sphæronites punctatus, Forbes.
Favosites gothlandica, L. *sp.*

SÉRIE SUPÉRIEURE OU GOTHLANDIEN

On trouve à Grand-Manil au-dessus des roches fossilifères, contenant les espèces caractéristiques du Caradoc, du *schiste grisâtre, celluleux*, contenant les fossiles du Llandovery, et en même temps des traces d'une porphyroïde.

CRUSTACÉS

Lichas sp.
Acidaspis sp.
Cromus sp.
Zethus sp.
Amphion sp.
Sphærexochus mirus, Beyr.
Cheirurus insignis, Beyr.
— *sp.* (têtes et hypostômes)
Phacops Stokesii, Milne-Edw.
Illænus parvulus, Holm.
— *sp.*
Trinucleus sp.
Turrilepas sp.

CÉPHALOPODES

Orthoceras sp.

PTÉROPODES

Tentaculites sp.

GASTÉROPODES

Euomphalus trochostylus.
Diverses espèces très imparfaites.

BRACHIOPODES

Orthis lata, Sow.
Divers fragments en mauvais état.

BRYOZOAIRES

Ptilodictya scalpellum, Lonsd.

CYSTIDÉES

Plaques de *Sphæronites sp.*

CRINOÏDES

Tiges d'encrines.

A un niveau plus élevé, des *schistes noirâtres avec quarzites*, renferment des graptolithes caractéristiques du Llandovery :

Diplograptus modestus, Lapw.
— *vesiculosus?* Nich.
Climacograptus normalis, Lapw. (*Climacograptus scalaris*, L. *sp.* var.).
— *rectangularis*, Mc Coy.
Dimorphograptus elongatus, Lapw.
— *Swanstoni*, Lapw.
Monograptus gregarius, Lapw. (*Monograptus sagittarius*, His.).
— *leptotheca*, Lapw.
— *tenuis*, Portl. (*Monograptus discretus*, Nich.).

Des eurites ou rhyolithes anciennes apparaissent au milieu de ces schistes.

Ce niveau à graptolithes se retrouve également à Sombreffe, à Nivelles, à Fauquez (Ittre), à Cortil-Wodon, etc.

A quelques centaines de mètres plus au sud, on observe des *schiste, quarzite stratoïde et psammite feuilleté* avec des graptolithes du niveau de Tarannon ou Llandovery supérieur :

Monograptus bohemicus, Barr.	*Monograptus proteus*, Barr.
— *galaensis ?* Lapw.	— *cf. Sedgwicki*, Portl.
— *cf. personatus*, Tullb.	— *subconicus*, Törnq.
— *priodon*, Bronn.	*Protovirgularia dichotoma*, Mc Coy

Près de la poudrière, abandonnée, de Corroy-le-Château, des *schistes ou phyllades gris-bleuâtre, avec traces de calcite et d'aragonite*, montrent quelques espèces de Wenlock :

Retiolites Geinitzianus, Barr.
Monoclimacis (Monograptus) vomerina, Nich. *sp.*

A Monstreux, près Nivelles, des *schistes ou phyllades gris-bleuâtre et gris-noirâtre, et psammites*, contiennent : *Monograptus colonus*, Barr., espèce caractéristique du Ludlow.

Bande de Sambre-et-Meuse

Entre les massifs siluriens de l'Ardenne et celui du Brabant, se trouve une bande étroite de Silurien, la bande de Sambre-et-Meuse (massif rhénan du Condroz de Dumont) parallèle à ces deux cours d'eau. Elle divise, comme on le sait, le massif dévonien et carbonifère belge, en deux bassins, celui du nord ou de Namur et celui du sud ou de Dinant. Je n'y ai trouvé que l'Ordovicien et le Gothlandien.

La bande de Sambre-et-Meuse, parallèle d'abord à la Meuse, puis à la Sambre, se dirigeant de l'est à l'ouest, offre son extrémité orientale à Hermalle sous Huy, passe à Huy, Naninne, Dave, Fosse ; son extrémité occidentale finit à Champs-Borgniaux, près Acoz. Elle a une longueur de soixante-huit kilomètres avec une largeur d'environ quatre cent mètres, mais atteignant, parfois, douze cents mètres. Elle affleure presque partout et n'est recouverte que de ses propres débris.

La bande de Sambre-et-Meuse est intéressante par sa constitution et par les assises fossilifères qu'elle recèle.

Série moyenne ou Ordovicien

L'assise la plus inférieure est constituée par des *schistes noirs satinés, finement micacés, à cornets emboîtés (cone-in-cone) avec bancs de quarzite noirâtre veiné de blanc.* Nous y avons trouvé la faune de l'Arenig, entre Huy et Statte et à Sart-Bernard, près Naninne.

Accompagnant les graptolithes, dont nous donnons ici la liste, nous avons trouvé *Caryocaris Wrightii* Salt. et *Œglina binodosa*, Salt., parfois *Hyolites sp.*, *Lingula sp.*, restes de divers trilobites, excréments d'annélides, fucoïdes.

Phyllograptus angustifolius, Hall.
— *typus*, Hall.
Diplograptus foliaceus ? Murch.
— *pristiniformis*, Hall.
— (*Cryptograptus*) *tricornis*, Carr.
Climacograptus antennarius, Hall.
— *Scharenbergi*, Lapw.
Dichograptus hexabrachyatus, Mal.
— *multiplex* ? Nich.
— *octobrachyatus*, Hall.
Tetragraptus bryonoides, Hall.
Trichograptus ? sp.
Didymograptus indentus, Hall, var. *nanus*, Loven.
— *Murchisoni*, Beck.
— *Nicholsoni*, Lapw.
— *nitidus* ? Hall.
— *pseudo-elegans*, Mal.
Plumograptus sp
Thamnograptus ? sp.

L'assise suivante, que l'on observe au Fond d'Oxhe, près Ombret, est formée de *quarzite noirâtre micacé et de schiste noir*, que nous rapportons au Llandeilo. Nous y avons trouvé les fossiles suivants :

Illœnus sp., un hypostôme et divers fragments.
Homalonotus aff. bisulcatus, Salt.
Calymene sp., un pygidium.
Trinucleus aff. concentricus, Eat., var. *favus*.
Beyrichia complicata, Salt.
Orthoceras sp.
Orthis redux, Barr.

Une nouvelle assise surtout riche en fossiles aux environs de Fosse, représentant le Caradoc, est constituée par des *schistes quarzeux de différentes teintes, avec bancs d'arkose, nodules et bancs quarzeux et ferrugineux*. Voici la très riche faune que nous y avons rencontrée :

CRUSTACÉS

Lichas laxatus, Mc Coy.
Zethus verrucosus, Pand.
Sphærexochus mirus, Beyr.
Cheirurus juvenis, Salt.
Dalmanites conophthalmus, Boeck.
Illænus Bowmanni, Salt.
— *Davisii*, Salt.
Homalonotus Omaliusi, Mal.
Calymene incerta, Barr.
Trinucleus seticornis, His.

CÉPHALOPODES

Orthoceras belgicum, Mal.

GASTÉROPODES

Raphistoma lenticularis, Sow.

BRACHIOPODES

Leptæna sericea, Sow.
— *tenuicincta*, Mc Coy.
Strophomena rhomboidalis, Wilck.
Orthis Actoniæ, Sow.
Orthis biforata, Schloth, *sp.*
— *calligramma*, Dalm.
— *porcata*, Mc Coy.
— *testudinaria*, Dalm.
— *vespertilio*, Sow.

BRYOZOAIRES

Ptilodyctia dichotoma, Portl.
Glauconome disticha, Goldf.
Phyllopora (Retepora) Hisingeri, Mc Coy.
Fenestella Milleri, Lonsd.
— *subantiqua*, d'Orb.

CYSTIDÉES

Echinosphærites balticus, Eich.
Sphæronites stelluliferus, Salt.

CRINOÏDES

Glyptocrinus basalis, Mc Coy.
Tiges d'encrines.

ANTHOZOAIRES

Petraia subduplicata, Mc Coy.

SÉRIE SUPÉRIEURE OU GOTHLANDIEN

Des *schistes grisâtres*, *calcschistes avec calcaire et limonite*, que nous rapportons au Llandovery, renferment une faune assez intéressante à St-Roch (Fosse).

CRUSTACÉS

Sphærexochus mirus, Beyr.
Phacops Stokesii, Milne-Edw.
Illœnus aff. parvulus, Holm.
Calymene Blumenbachi, Brongn.

CÉPHALOPODES

Orthoceras sp.

BRACHIOPODES

Atrypa marginalis, Dalm.
Meristella subundata, Mc Coy.
Leptœna tenuicincta, Mc Coy.
— *transversalis*, Dalm.
Strophomena corrugatella, Dav.
— *pecten*, L. *sp.*
— *rhomboidalis*, Wilck
Orthis biloba, L.
— *crispa*, Mc Coy.
— *insularis*, Eichw.

ANTHOZOAIRES

Halysites catenularius, L. *sp.*
Favosites gothlandica, L.
— *multipora*, Sow.
Petraia bina, Sow.
Heliolites (Propora) tubulatus, Sow.

Puis viennent des schistes avec très mauvaises traces de graptolithes, eurites et rhyolithes anciennes.

Des schistes, calcschistes et calcaire crinoïdo-lamellaire, véritable petit-granite silurien, que l'on observe à Cocriamont, contiennent la faune de Wenlock.

CRUSTACÉS

Proetus Stokesii, Murch.
Phacops Stokesii, Milne-Edw.

CÉPHALOPODES

Orthoceras ibex, Sow.
— *sp.*

PTÉROPODES

Tentaculites anglicus, Schloth.

LAMELLIBRANCHES

Cardiola interrupta, Brod.

BRACHIOPODES

Rhynchonella borealis, Schloth.
Atrypa imbricata, Sow.
— *marginalis*, Dalm.
— *reticularis*, L. *sp.*
Retzia Salteri, Dav.
Meristella crassa, Sow. *sp.*
— *didyma*, Dav.
Meristella tumida, Dalm. *sp.*
Leptæna segmentum, Ang.
Strophomena antiquata, Sow.
— *pecten*, L. *sp.*
— *rhomboidalis*, Wilck.
Orthis biloba, L.
— *Edgelliana*, Salt.
Discina rugata, Sow.

ANNÉLIDES

Cornulites serpularius, Schl.

ANTHOZOAIRES

Halysites catenularius, L. *sp.*
Cœnites sp.
Favosites gothlandica, L.
— *Hisingeri*, Milne-Edw.
Petraia bina, Sow.
Heliolites (Propora) tubulatus, Sow.

Les *schistes et les psammites*, également de l'âge de Wenlock, montrent à Naninne, une faune, surtout graptolithique.

Retiolites Geinitzianus, Barr.
Cyrtograptus Murchisoni, Carr.
Monograptus bohemicus, Barr.
— *circinatus?* Törnq.
— *Nilssoni*, Barr.
— *priodon*, Bronn.
Monoclimacis (Monograptus) vomerina, Nich.
Orthoceras aff. attenuatum, Sow.
— — *gregarium*, Sow.
— — *primævum*, Forbes

On trouve à Naninne, dans des *calcschistes avec nodules calcaires*, au voisinage des schistes précédents à *Monoclimacis (Monograptus) vomerina* :

Orthoceras sp.
Cardiola interrupta, Brod.

Et dans des *schistes noirâtres* avec les mêmes *Monoclimacis* (Floreffe) :

Orthoceras sp.
Obolus Davidsoni, Salt. *var transversus.*

On rencontre à Thimensart (Sart-Saint-Laurent) l'assise de Wenlock, représentée par des *schistes et psammites*, à *Monograptus colonus*, Barr., et *Orthoceras mocktreense*, Sow.

Je possède actuellement plus de deux cents espèces, appartenant à l'Ordovicien et au Gothlandien, réparties dans le massif du Brabant et dans la bande de Sambre-et-Meuse.

Dans le massif du Brabant, le Caradoc m'a fourni soixante-dix-huit espèces pour l'Ordovicien. Dans le Gothlandien, j'ai trouvé, et rapporté au Llandovery, vingt espèces, constituant un niveau à trilobites et à brachiopodes. Il est surmonté d'un niveau avec neuf espèces de graptolithes ; au-dessus se trouve le Llandovery supérieur, représenté par huit espèces de graptolithes du Tarannon. J'ai reconnu enfin le niveau de Wenlock à *Monograptus vomerinus* avec deux autres espèces de graptolithes, et le niveau de Ludlow avec *Monograptus colonus*.

La bande de Sambre-et-Meuse m'a donné pour l'Ordovicien vingt-deux espèces dans l'Arenig, cinq dans le Llandeilo et trente-et-une dans le Caradoc. Dans le Gothlandien, j'ai récolté vingt espèces dans le Llandovery, vingt-sept dans le Wenlock, j'y ai observé un niveau à *Monograptus vomerinus* avec douze espèces de graptolithes, et le Ludlow avec deux espèces.

On a reconnu l'existence de différentes roches cristallines dans le Silurien de la Belgique.

Les roches cristallines observées dans le Cambrien de la vallée de la Meuse, dans le département des Ardennes, n'ont pas été, jusqu'à présent, retrouvées en Belgique dans le massif des Ardennes.

Dans le massif du Brabant, des diorites ou épidiorites existent à Lembecq, Quenast, Lessines, Lexhy (Hozémont). Des porphyroïdes ont été observées à Hennuyères, Fauquez (Ittre), Monstreux, Grand-Manil. Des eurites ou rhyolithes anciennes ont été exploitées à Grand-Manil, Sombreffe. Monstreux, Nivelles.

Dans la bande de Sambre-et-Meuse, on a trouvé la diorite aux Tombes (Faulx Mozet), l'eurite ou rhyolithe ancienne au Piroy (Malonne) et à Neuville-sur-Meuse : j'ai signalé l'existence d'une porphyroïde, également à Neuville-sur-Meuse.

Toutes ces *roches cristallines* ont été l'objet des recherches de MM. de la Vallée-Poussin et Renard.

LES VOIES NOUVELLES DE LA GÉOLOGIE BELGE

par M. **M. MOURLON**

Il semble qu'à notre époque, la principale manifestation du mouvement scientifique en géologie réside dans les travaux de levés, exécutés avec plus ou moins de détails, pour la confection de cartes du sol et du sous-sol, dans les différents pays du globe.

C'est ce dont la France nous fournit en ce moment la meilleure démonstration à l'occasion de la VIIIe Session du Congrès International de géologie, à Paris.

Combien n'est-il pas digne d'admiration cet élan spontané de tous les géologues français, conviant leurs collègues de l'étranger à parcourir les principales régions dont ils ont effectué les levés et pour lesquels ils ont publié de remarquables notices itinéraires qui, réunies en un superbe volume, constituent un véritable monument élevé à la science française. Seulement je me hâte d'ajouter que lorsque les levés exécutés pour dresser la carte géologique d'un pays sont terminés ou sur le point de l'être et que la géologie de ce pays est connue dans ses grandes lignes, il ne reste plus, à proprement parler, qu'à en étudier le détail. C'est le cas pour la Belgique, dont la situation exceptionnellement favorable où la place, d'une part, la variété et l'importance des assises de son sol, et, d'autre part, son exiguïté relative, vont nous permettre d'avoir, des premiers, terminé les levés géologiques qui nous incombent.

Or, les études de détails qu'il nous restera à poursuivre et dans lesquelles nos successeurs trouveront encore de bien amples moissons, nous sont fournies par les *applications* de la géologie.

Notre collègue, M. Van den Broeck, l'infatigable Secrétaire

général de la Socitié belge de Géologie, que j'ai l'honneur de présider depuis près de deux ans, vous dira ce qui a déjà été réalisé par notre Société dans la voie des applications.

Il ne sera peut-être pas inutile que, de mon côté, je vous retrace les mesures prises par notre Service géologique pour conjuguer nos efforts dans la même voie.

Ce service, institué par arrêté royal du 16 décembre 1896, a été rattaché à l'Administration des Mines et par un autre arrêté royal du 21 juillet 1897, je me suis vu appelé à l'honneur de le diriger.

C'était le commencement de la régularisation d'une institution qui, en réalité, fonctionnait depuis la réorganisation de la carte géologique en janvier 1890.

Seulement, avant de faire des propositions pour le personnel dévoué qui a tant contribué à la réussite de notre œuvre nationale, il fallait être en mesure d'arrêter un programme qui répondît à un réel besoin, non seulement dans le présent, mais plus encore dans l'avenir.

C'est ce programme que j'ai eu l'honneur de présenter à M. le Ministre et dont l'approbation en principe ne laisse plus de préoccupation que pour la régularisation administrative de certaines dispositions prises spontanément dans l'intérêt de l'œuvre.

Je me suis borné dans les développements de ce programme aux considérations qui ne se trouvaient pas déjà consignées dans mes publications antérieures : « Sur le service géologique de Belgique (1) » et « Sur l'avenir de la géologie en Belgique (2) », ainsi que dans le discours que je prononçai dans la séance publique, et en ma qualité de Directeur de la Classe des sciences de l'Académie royale de Belgique, le 15 décembre 1894 et qui est intitulé : « Le Service de la Carte géologique et les conséquences de sa réorganisation ».

Dans ces différentes publications, je ne faisais, pour ainsi dire, que pressentir les résultats qui, aujourd'hui, peuvent être considérés comme un fait accompli.

Il y a près de dix ans, lorsque le Gouvernement se décida à mettre fin aux discussions, parfois très irritantes, qui se produisaient périodiquement, tant aux chambres législatives, qu'au sein de nos sociétés scientifiques et dans la presse, pour réclamer une réorganisation de la carte géologique, ou

(1) *Bull. de la Soc. Belge de Géologie*, t. XII, 1898.
(2) *Ann. des Mines de Belg.*, t. II, 1897.

avait simplement en vue de confier l'exécution de celle-ci au plus grand nombre de géologues, au lieu d'en laisser le monopole exclusif à quelques fonctionnaires.

Mais, on ne se doutait certes pas alors des heureuses conséquences que devait amener la nouvelle organisation.

Non seulement la publication de la carte géologique, bien accueilie par le public, suivit son cours régulier et les résultats en furent proclamés dans les concours internationaux des expositions d'Anvers, de Paris (Exposition du Livre), de Bruxelles, et aujourd'hui encore par la grande Exposition de Paris, qui, toutes, lui décernèrent leurs plus hautes distinctions, mais on ne tarda pas à s'apercevoir qu'elle devait être considérée, non pas à proprement parler, comme un but à atteindre, mais bien plutôt comme formant le point de départ d'un grand mouvement économique autant que scientifique.

Et, en effet, non seulement le Service géologique, en mettant à la disposition du public tous les documents se rapportant à chacune des planchettes dont se compose la carte géologique du pays, se trouve en mesure de donner des solutions pratiques aux innombrables questions qui lui sont journellement posées, mais il en retire lui-même le plus souvent d'importantes données scientifiques.

Celles-ci, jointes à celles recueillies à l'occasion de la découverte de nouveaux affleurements résultant des grands travaux de terrassement, tels que ceux nécessités par l'exécution de puits artésiens, de tranchées de chemins de fer, de canaux et, en général, de projets comme ceux du Bocq ainsi que de Bruxelles et de Bruges ports de mer, permettent de tenir la carte géologique à jour, absolument comme le fait l'Institut cartographique militaire pour la carte topographique du pays,

Notre service devenant ainsi un véritable bureau de renseignements pour tout ce qui concerne la géologie et ses applications, il importait de pouvoir y réunir le plus grand nombre possible de documents.

C'est ce à quoi nous sommes arrivés d'une part à l'aide des échanges de notre carte géologique avec celles de l'étranger, et, d'autre part, en organisant notre bibliothèque sur un nouveau plan et en en dressant le catalogue d'après la classification décimale, en publiant sous le nom de « Bibliographia geologica » le répertoire universel des travaux géologiques.

Cette publication nous a fait entrer en relation avec les

services géologiques de tous les pays et parmi les 6000 géologues qui ont reçu les prospectus de notre publication ainsi que des notes analytiques de nos travaux, dont une fort importante. en allemand, et signée d'un membre du Service géologique de Berlin (R. Michaël : Die geologische Landesaufnahme Belgiens), il en est un grand nombre qui peuvent être considérés comme étant les véritables correspondants de notre service géologique belge.

Non seulement, comme la plupart des autres géologues, ils enrichissent notre bibliothèque de leurs publications, mais ils font, en outre, le meilleur accueil à nos demandes de renseignements, voire même parfois de collaboration. Ce fut le cas, notamment, pour maints de nos collègues des différents services géologiques qui, dans ces derniers temps, se mirent. sur notre simple recommandation, à l'entière disposition de ceux de nos compatriotes qui se rendirent dans leurs pays respectifs pour accomplir les missions scientifiques et d'applications qui leur étaient confiées.

Il y a là une entente et un échange de bons procédés qui, joints aux relations purement scientifiques déjà établies, peut avoir une influence des plus heureuses dans l'avenir.

On comprend déjà, par ce qui précède, combien notre service est un milieu favorable pour former des praticiens destinés à devenir des géologues-conseils capables de remplir les missions et d'occuper les situations pour lesquelles on s'adresse de plus en plus audit service. Malheureusement jusque dans ces derniers temps, nous ne pouvions guère les renseigner que parmi ceux des collaborateurs de la carte qui se trouvent en situation d'accepter ces positions le plus souvent à l'étranger.

Mais je suis heureux de pouvoir ajouter que l'appel que nous avons fait à la jeunesse universitaire a été entendu et déjà un certain nombre de jeunes gens munis d'un diplôme d'Ingénieur des mines ou même de Docteur en sciences minérales, se sont décidés à faire à notre service, un stage pour les applications de la géologie, comme un grand nombre le font maintenant pour les applications de l'électricité, à l'Institut Montefiore à Liège, à celui de Louvain ou dans les instituts correspondants plus importants encore en France et en Allemagne. Ce sera là incontestablement un nouveau débouché et des plus importants, pour la pléthore de notre jeunesse universitaire, et ceux qui, ayant les aptitudes nécessaires pour embrasser la pratique spéciale de la géologie, se décideront à suivre les travaux de notre service, pourront, comme certains le font, avec succès, en ce moment, partager leur temps entre les sections de stratigraphie et de bibliographie qui vont être passées successivement en revue.

Section de Stratigraphie

La section de stratigraphie comprend les matériaux réunis à l'occasion des travaux de la carte géologique, de la carte agronomique, de l'hydrologie et des mines et destinés à servir :

1° De pièces justificatives des levés ;

2° D'éléments d'études pour les travaux en cours et les progrès à réaliser ultérieurement :

3° De consultations pour toutes les applications de la géologie relatives au sol belge ;

4° De compléments à la collection des *matériaux utiles* commencés à l'occasion de l'Exposition internationale de Bruxelles en 1897, et qui ne peut manquer d'être rattaché au Service géologique lorsque celui-ci pourra disposer de locaux plus étendus.

Planchettes de levés. — Comme le stipule l'article 14 de l'arrêté royal du 31 décembre 1889, les planchettes de levé au 20.000e sont classées à mesure de leur achèvement de manière à pouvoir être mises à la disposition du public après la publication des feuilles correspondantes au 40.000e.

Collections. — Les collections de roches et de fossiles se rapportant aux travaux de levés de la carte sont disposés sur plus de cinq cents plateaux, comprenant chacun en moyenne soixante-dix échantillons, ce qui en porte, dès à présent, le nombre à plus de trente-cinq mille ; mais ce dernier sera considérablement augmenté lorsque nous serons mis en mesure de joindre à nos collections celles de l'ancien service de la carte, actuellement sans usage au Musée d'Histoire naturelle et qu'il est fort regrettable de n'avoir pu utiliser pour la confection de la carte.

Tous ces échantillons, bien étiquetés, sont classés par planchettes de levés au 20.000^{e} et dans l'ordre des numéros des notes de voyages auxquelles ils se rapportent.

Les plateaux sur lesquels reposent les dits échantillons se trouvent dans l'ordre des numéros du tableau d'assemblage des 226 feuilles de la carte géologique au 40.000^{e} et portent chacun sur le rebord, des étiquettes renseignant le nom des auteurs et celui de la planchette, ainsi que le numéro de la feuille correspondante, lequel se trouve aussi reproduit sur le meuble renfermant les plateaux.

Notes de voyages. — A chacune des 432 planchettes de levés au 20.000^{e} est attribuée une farde placée sur le meuble correspondant et renfermant les notes de voyages. Ces notes se présentant le plus souvent de manière que l'auteur seul puisse en tirer parti. le Conseil de Direction de la Carte a, sur ma proposition. décidé qu'elles seraient transcrites au net, sur papier demi-bristol, et que leurs numéros d'ordre seraient reportés sur un 20.000^{e}, en bistre, lequel est également joint aux notes de voyages dans la farde correspondante. On peut dire que dans ces conditions les notes de voyages acquièrent l'importance d'une véritable publication et sont d'une utilité plus grande que les anciens textes explicatifs, étant donné surtout qu'il est toujours loisible à chaque auteur de tirer de ses notes autant de mémoires originaux qu'elles le comportent.

Plusieurs collaborateurs et moi-même en avons du reste largement profité dans ces derniers temps.

Tables de travail. — Des tables avec microscopes. chalumeaux et tous autres appareils indispensables pour l'étude des échantillons de roches et de fossiles, se rapportant aux travaux du service, sont mises à la disposition des travailleurs dont la demande d'admission a reçu l'approbation ministérielle.

Sondages. — Les sondages pratiqués à l'aide d'appareils perfectionnés dont un personnel compétent a le maniement journalier, constituent peut-être la principale branche de l'activité du service. Non seulement trois équipes comprenant cinq hommes chacune, fonctionnent en ce moment pour tous les grands travaux d'utilité publique. réclamant la connaissance du sol et du sous-sol, ce qui nous procure des documents inestimables pour l'étude de nos terrains, mais des dispositions ministérielles vont être prises pour que les agents de l'État que la chose concerne, nous renseignent dans toute l'étendue du pays, sur les travaux projetés ou en voie d'exécution, de nature à justifier l'intervention du géologue.

Section de Bibliographie

La section de bibliographie comprend la bibliothèque et le répertoire international des sciences géologiques.

Bibliothèque. — En dehors des périodiques qui deviennent de plus en plus nombreux, les volumes, brochures et cartes, tant de ma bibliothèque personnelle dont j'ai fait abandon au Service que de ceux adressés directement à ce dernier, sont inscrits au registre d'entrée sous 6651 numéros. Il est à remarquer que les documents analogues de la bibliothèque de la Société belge de géologie qui ont été réunis aux nôtres, en doublent presque le nombre.

La mise en ordre définitive, à l'aide de la Classification décimale, de tous ces documents de la bibliothèque, et la publication du catalogue dans le répertoire, dont il sera parlé ci-après, avance rapidement.

Répertoire des sciences géologiques. — Ce répertoire désigné sous le nom de « Bibliographia geologica » comprend deux séries : la première ou série A, se rapportant aux publications antérieures à 1896 et la seconde ou série B, renseignant tout ce qui a paru à partir du 1er janvier 1896.

Ont paru jusqu'ici :

A) Pour la première série (antérieure à 1896) : le tome I (1899) et le tome II (1900) ; le tome III est à l'impression.

B) Pour la deuxième série (postérieure à 1896), le tome I (1897), le tome II (1899), le tome III (1900) ; le tome IV est à l'impression.

La « Bibliographia geologica » a reçu partout un excellent accueil, et les plus précieux concours lui sont acquis, dès à présent, en tous pays.

Seulement, en dehors du fait si intéressant de nous avoir fourni les meilleurs correspondants du service géologique, tant sous le rapport purement scientifique qu'au point de vue des applications qui occupent une si large place dans nos travaux, les concours dont il s'agit sont maintenant nettement définis et fort simplifiés. Ils consistent à nous faire connaître pour chaque région :

1° Les titres des périodiques, qui ne se trouvent pas déjà renseignés dans la liste que nous avons publiée au nombre de plus de treize cents, qui sont compulsés pour notre publication ; 2° les titres des ouvrages, relativement peu nombreux, paraissant séparément, en dehors des périodiques.

Une heureuse innovation nous a permis d'apporter une grande amélioration à l'économie de la « Bibliographia geologica », et les deux derniers tomes, dont je suis heureux de pouvoir offrir la primeur au Congrès, sont les premiers à en bénéficier.

Elles consistent en ce que, au lieu de n'affecter à chaque titre de publication qu'un indice bibliographique, celui qu'on peut appeler « idéologique », et qui résume le contenu de la publication, nous en avons renseigné en caractères un peu plus gras, un second se rapportant à la région correspondante et qui est l'indice « géographique ».

Cette mesure, en nous dispensant de reproduire les titres d'ouvrages au chapitre de la « géologie régionale », nous permet, pour le présent volume, comme pour tous ceux qui suivront, et qui comprennent chacun 3.000 titres de publications, de doubler le nombre des renseignements bibliographiques en le portant par conséquent à 6.000 par volume.

On voit, dès lors, l'importance qu'est appelé à prendre ce travail d'indexation qui ne tend à rien moins qu'à former de véritables encyclopédistes, et combien les jeunes gens qui suivent les travaux du service trouveront de plus en plus, par la suite, une occasion de s'instruire et de se tenir au courant de la littérature géologique en consacrant, chaque jour, quelques heures à ce grand travail d'indexation auquel ils seront conviés à prêter leur concours en échange des facilités qui leur seront données pour se perfectionner dans l'étude de la stratigraphie.

La tendance extra-utilitaire de notre époque pousse la jeunesse vers les carrières considérées comme étant les plus lucratives et pour le plus grand nombre, la géologie, en dehors des chaires d'universités et des musées, ne conduit à rien.

Eh bien, j'oserais presque affirmer que c'est le contraire qu'il faudrait dire et qu'aucun de nos collègues ayant suivi la marche du service placé sous ma direction ne me démentira lorsque je constaterai que ce ne sont ni les missions, ni les consultations, ni même les situations qui font défaut, mais bien ceux qui devraient en être gratifiés, c'est-à-dire les géologues vraiment dignes de ce nom, les géologues stratigraphes qui ont fait leur apprentissage sur le terrain, considérant la nature comme étant leur vrai laboratoire et leur principal champ d'action.

Au point de vue qui nous occupe, en ce moment, je ne puis m'empêcher d'établir un rapprochement entre la géologie et l'électricité qui a pris un si merveilleux développement dans ces derniers temps. Si, à l'époque qui n'est pas bien éloignée de nous, où l'on ne connaissait de l'électricité que ce que nous en enseignait le traité classique de Ganot et où l'on ne possédait point encore les admirables instituts spéciaux dont il a été fait mention plus haut, si à ce moment, dis-je, on était venu parler des carrières qu'allait ouvrir à la jeunesse universitaire les applications de l'électricité pour les communications téléphoniques, la traction et l'éclairage, de quel scepticisme cela n'eut-il pas été accueilli ?

Et cependant on sait à présent que les instituts en question doivent chaque année, faute de place, refuser un grand nombre d'élèves, et l'on sait aussi l'immense développement qu'ont pris les carrières d'électriciens et combien la science électrique réalise en ce moment de vertigineux progrès.

Ne peut-on pas se demander si ce qui s'accomplit ainsi sous nos yeux depuis quelques années dans le domaine des applications de l'électricité, ne peut également se produire dans le champ, pour ainsi dire sans limite, des applications de la géologie.

Celle-ci présente sur l'électricité cet immense avantage de pouvoir se passer d'installations coûteuses, la nature étant son vrai laboratoire et sa seule exigence au moins pour ce qui nous concerne en Belgique, consistant à posséder des locaux plus étendus que ceux dont dispose actuellement le service géologique.

Le sol exploitable de notre planète est immense et encore bien peu exploré si l'on en juge par ce simple fait que dans notre petite Belgique, qui est un des points les plus scrutés, il a suffi de quelques sondages exécutés à l'occasion des levés de la carte géologique pour faire la lumière sur le sous-sol resté jusque-là à peu près complètement inconnu, de la plus grande partie de la région campinoise, sous-sol qui nous réserve peut-être encore de bien importantes surprises.

Nos différents dépôts du sol et du sous-sol, dont l'étude est déjà poussée dans un si grand détail, donneront lieu de plus en plus, par la suite, à des résultats scientifiques qui seront en proportion des applications qu'il sera possible d'en tirer.

A la suite d'une communication que je fis à la séance du 15 mai dernier à la Société belge de Géologie, dans le but d'établir que l'étude des applications est le meilleur adjuvant du progrès scientifique en géologie, l'un de nos collaborateurs les plus distingués de la Carte géologique, notre ami M. Rutot, en adhérant à nos conclusions, ajoutait : « Les applications de la géologie sont essentiellement des études de détail qui, en raison des intérêts multiples qu'elles mettent en jeu, imposent au géologue une responsabilité autrement importante que celle de la constatation pure et simple de la connaissance approximative d'une superposition stratigraphique..... Elles ne sont donc, en réalité, qu'un nouveau mode de levé aussi détaillé que possible, de notre territoire, effectué avec des moyens autrement puissants que ceux mis en œuvre par les services gouvernementaux et ne coûtant rien aux contribuables ».

« Nul moyen d'action en faveur de la science pure ne peut donc être comparé à ceux utilisés pour la solution des questions pratiques, et l'on peut dire bien haut, sans risquer d'être contredit, que l'avenir de la science pure est entre les mains de l'application, qu'il faut multiplier et encourager autant que possible. C'est à elle seule que la géologie devra désormais ses plus belles conquêtes ».

Enfin, dans la communication précitée du 15 mai, je faisais remarquer que non seulement il ne vient plus à l'esprit de personne de contester la grande utilité pratique de notre science, mais lorsqu'il est possible de la mettre en doute pour une partie spéciale, c'est que l'étude de cette partie n'a point encore été suffisamment approfondie.

D'où la conclusion inéluctable qu'en s'occupant des applications de la géologie, on est tout naturellement amené à réclamer de celle-ci tout ce qu'il est possible d'en tirer par l'étude la plus complète de ses différentes parties et à l'aide des méthodes les plus perfectionnées.

Je citai comme exemple de cette manière de voir notre carte agronomique dont l'exécution, bien qu'ayant été décidée par les Chambres législatives belges dans la session de 1892-1893, ne pourra réellement être dressée pratiquement, de manière à rendre les services qu'on est en droit d'en attendre, que lorsque les dépôts superficiels quaternaires et modernes qui intéressent plus particulièrement l'agriculture auront été l'objet d'études encore plus approfondies. La mise au point de la légende d'ensemble du quaternaire belge constituera, au point de vue scientifique, l'une des bases de la carte agronomique, et elle ne sera possible qu'après étude critique et comparative des résultats partiels obtenus séparément par les divers exécutants de la carte travaillant isolément dans des régions différentes.

Il est vraiment surprenant de constater combien le géologue qui a les applications en vue, apporte plus de rigoureuse exactitude dans ses levés de carte, qu'il sait devoir être utilisées pour la construction de travaux gigantesques, tels que ceux qui viennent d'être décrétés par la Législature dans le but d'établir une voie souterraine avec gare au centre de Bruxelles et une ligne directe reliant cette ville à celle de Gand, en attendant celle non moins utile et désirable projetée entre la capitale et notre métropole commerciale.

J'ajouterai, enfin, que l'étude des applications de la géologie par le géologue de profession, outre qu'elle permet à celui-ci d'élargir son horizon et d'étendre son champ d'action au grand bénéfice de la science, donne le plus souvent des solutions fort simples aux questions en apparence les plus compliquées, et qui, par suite d'absence de compétence suffisante, de la part des personnes ou des commissions chargées de les élucider, ont entraîné souvent de véritables désastres.

A ce point de vue, le service géologique de Belgique, tant par l'organe des membres de son personnel que par celui des autres collaborateurs de la carte, auxquels de nombreuses et importantes missions et consultations ont été confiées en tous pays durant ces dernières années, pourrait, s'il n'était lié par le secret professionnel, fournir des données bien instructives et de nature à justifier la sollicitude du gouvernement pour le développement des études géologiques en Belgique.

On le voit par ce qui précède, nous sommes arrivés en Belgique à ce que notre chère science y soit en honneur et ce n'est pas sans quelque fierté de géologue que nous voyons s'élever sur nos places publiques, les statues de nos maîtres : celle de d'Omalius d'Halloy à Namur et celle d'André Dumont à Liège.

Nous sommes heureux aussi de la confiance que nous témoigne le Gouvernement en chargeant le service géologique de l'étude scientifique de tous ceux de ses grands travaux d'utilité publique pour lesquels la connaissance du sol et du sous-sol est indispensable et dont on appréciera l'importance lorsque l'on saura que le montant de la dépense qu'ils comportent s'élève en ce moment à plus de deux cents millions.

En agissant comme nous l'avons fait, nous croyons avoir servi les intérêts de la géologie, non seulement en Belgique, mais même en tous pays. Aussi, nos visées s'étendent-elles beaucoup plus loin encore, et en présence du mouvement colonial qui, depuis quelques années, a pris chez nous, comme un peu partout ailleurs, un développement qui ne fera que s'accentuer par la suite et qui réclame le concours d'un si grand nombre de géologues de profession, et malheureusement le plus souvent en vain, faute de préparation spéciale suffisante, je me demande s'il ne me serait point permis d'exprimer un vœu devant cette assemblée, aussi remarquable par le nombre que par la compétence des illustrations qui la composent.

Ce vœu serait de voir la session actuelle du Congrès International de Géologie nous donner par l'approbation du programme que nous nous sommes tracé et que nous nous efforçons de réaliser, la consécration qui nous est si nécessaire pour inspirer encore davantage la confiance en haut lieu et pour triompher des résistances et des difficultés qui ne manquent jamais de se produire lorsqu'on entre dans des voies nouvelles ou tout au moins peu explorées.

LA GÉOLOGIE APPLIQUÉE ET SON ÉVOLUTION

par M. **Ernest VAN DEN BROECK**.

C'est à la *Société géologique de France* que nous devons la notion initiale de l'importance et de l'utilité des études d'applications géologiques, et voici comment :

En 1829, *Constant Prévost*, dont le rôle et dont l'œuvre dans l'évolution de la Géologie française ont été, il y a peu de temps, si bien mis en lumière par son éminent disciple M. Gosselet, Constant Prévost, dis-je, venait d'être chargé du Cours de Minéralogie et de Géologie à l'Ecole centrale des Arts et Manufactures. C'est alors qu'il eut l'idée, exposée tout d'abord à ses amis Jules Desnoyers et Deshayes, de fonder, à Paris, une *Société de Géologie* ouverte à tous, aux débutants comme aux savants, aux maîtres comme aux élèves.

Cette idée fut consacrée dans une réunion d'amis et d'adhérents, présidée par *Ami Boué*. Dans cette séance, tenue le 17 mars 1830, fut voté le règlement de la nouvelle Société, règlement qui a servi de modèle à tant d'autres similaires et qui montre que les fondateurs de la Société avaient en vue, outre les progrès de la Géologie, ses *applications*.

Vivement influencé par l'idée des avantages matériels que les Arts et Manufactures pouvaient retirer de la géologie appliquée, Constant Prévost tenta de mettre en vedette, d'une manière peut-être un peu trop accentuée, ce côté pratique et utilitaire de la Science et, si on l'avait suivi trop à la lettre, il eût transformé la Société naissante en une sorte d'agence scientifique commerciale, se chargeant d'analyses et de consultations, donnant des avis motivés, des conseils, rédigeant des instructions, se chargeant de rapports, de traductions, communiquant des documents et faisant même commerce de ses doubles : bref, elle fût devenue un Office technique et commercial, où l'élément scientifique et de progrès des connaissances risquait de devenir secondaire.

Les savants qui se groupèrent autour de Constant Prévost comprirent l'écueil, et, dans le projet définitif, éliminèrent entièrement le côté commercial.

« Néanmoins, dit M. Gosselet, dans sa belle étude sur Constant Prévost, ils accédèrent à son désir d'indiquer les applications de la Géologie parmi les buts que devaient se proposer les études de la nouvelle Société. »

En effet, le procès-verbal de la première séance mentionne que la Société « aurait pour objet de contribuer au progrès de la Géologie, et de favoriser, spécialement en France, l'application de cette science aux arts industriels et à l'Agriculture. »

A plusieurs reprises, l'éminent fondateur de la Société insista sur l'importance qu'il y avait à ne pas séparer la science appliquée de la science théorique.

Dans son discours du 25 avril 1830, présentant la jeune Société au roi Louis-Philippe, Constant Prévost insista sur la thèse qui lui était chère et exposa nettement les avantages que devaient retirer des applications de la Science les ingénieurs, exploitants, hydrographes et agriculteurs.

Mais, en réalité, les temps n'étaient pas venus pour la réalisation de ce beau programme et le sagace mais trop zélé précurseur avançait de trois quarts de siècle !

Le sol de la France est si varié et si complexe dans sa vaste étendue, que l'œuvre de son étude détaillée est encore loin d'être terminée aujourd'hui. Les mystères et les problèmes de sa géologie commencent seulement, dans certaines régions, à se dévoiler à nos yeux.

Relativement à la multiplicité des problèmes que la science pure doit résoudre tout d'abord, le nombre des géologues adonnés à ces captivantes études a été, est trop minime encore.

La cartographie enfin n'avait eu, pendant longtemps, à leur offrir que des canevas non en rapport avec leurs études et avec leurs recherches de détail.

Sans de bonnes lumières scientifiques préalables, le domaine des applications devait fatalement rester dans l'ombre. En un mot, il fallait s'occuper de construire et d'élever le *phare* avant de songer à lui faire éclairer l'océan étendu des applications, où d'ailleurs les récifs et les écueils ne manquent pas et ont besoin d'être illuminés de *très haut* pour parvenir à être évités.

Il est intéressant de constater la corrélation qui existe entre le degré d'élaboration du *progrès géologique* régional et la phase d'apparition fructueuse de l'élément spécial constitué par l'étude des *applications géologiques*.

Où voyons-nous apparaître le plus rapidement les progrès de nos connaissances géologiques si ce n'est dans les régions minières, industrielles et agricoles, c'est-à-dire partout où la multiplicité des travaux publics et privés, des exploitations minérales, forages, puits artésiens, établissement de voies de communications terrestres et fluviales, partout où la recherche de phosphates, d'eaux industrielles et alimentaires et tant d'autres travaux intéressant le sol et le sous-sol donnent forcément naissance à un réseau serré d'observations, d'études, de résultats et parfois aussi de mécomptes, de fausses recherches et de méprises qui amènent peu à peu l'Ingénieur, l'Architecte, l'Exploitant, l'Hydrologue, la Municipalité, et le Cultivateur à s'adresser — assez souvent trop tard — au *géologue :* c'est-à-dire à celui qui, bien mieux qu'eux tous, est à même de prévoir, d'indiquer et de dissuader, lorsqu'il s'agit de travaux coûteux ou aléatoires, dont il est désirable de pouvoir évaluer d'avance les chances de succès.

Certes la Science pure n'est pas à même de tout prévoir, de tout indiquer et, elle aussi, doit scrupuleusement enregistrer ses mécomptes et ses insuccès dans le domaine des applications et y trouver, par cela même, d'utiles leçons pratiques pour l'avenir. Mais à quelles *sommes fantastiques* n'arriverait-on pas si l'on s'avisait d'additionner les *millions* engloutis dans des pays industriels comme la France et la Belgique, par les fausses recherches, par les tentatives vaines, rien que dans les domaines des recherches minérales et des travaux publics. Et de cette accumulation de millions combien n'eussent pas été sauvés d'un aveugle anéantissement si l'on s'était préalablement adressé à la *Géologie !*

Je disais tout à l'heure que l'on voyait évoluer rapidement le progrès des connaissances géologiques dans les régions industrielles. C'est une preuve frappante du rôle précieux de l'application — qui n'est en somme que de l'étude géologique locale ou régionale *détaillée* — dans les progrès des connaissances scientifiques.

Un exemple topique de ceci nous est fourni par le riche département du Nord, où les heureux hasards de l'enseignement ont depuis longtemps conduit un disciple fervent de Constant Prévost, rapidement devenu à son tour un des Maîtres dont s'honore la France : M. le Professeur Jules Gosselet.

Pénétré de la grande valeur pratique du programme utilitaire de Constant Prévost il eût, dans un merveilleux champ d'action, des plus propices à l'épanouissement complet de ce programme, la joie de pouvoir le réaliser dans ses multiples voies.

Mais aussi l'état des connaissances géologiques régionales de cette partie de la France, permettait, déjà 40 ans après la tentative forcément vaine, en 1830, de Constant Prévost, d'aborder avec fruit dans le Nord ce programme si vaste des applications géologiques, pour lequel une bonne partie de la France n'était pas mûre encore, dans l'évolution de ses connaissances géologiques.

Ai-je besoin de rappeler ici les lumières intenses que ces deux phares régionaux élevés par M. Gosselet : son *Enseignement universitaire* et sa *Société Géologique du Nord*, ont répandues, sous forme d'applications géologiques de toute espèce, à la riche contrée industrielle et agricole située sous leur bienfaisant rayonnement. La Belgique elle-même en a largement profité autant que de l'œuvre magistrale et purement géologique du savant auteur de « l'Ardenne ».

Non seulement nos collègues de France, de Belgique et de tous pays apprécient la valeur des services rendus par le Maître et ses disciples, mais ils savent aussi qu'il y a là de fructueux exemples qui s'étendront internationalement partout, conformément aux vues et aux aspirations du sagace fondateur de la Société Géologique de France et cela dès que la phase primordiale et indispensable du progrès géologique, aura régionalement, dans le domaine de la Science pure, accompli son cycle préliminaire et amené la géologie dans la voie de l'étude du détail.

Déjà sporadiquement en France, on voit apparaître dans les régions à richesses minérales industrielles ou agricoles développées, des tendances similaires à celles qui caractérisent l'œuvre de M. Gosselet dans le Nord. Il y a deux ans, les membres de la Société belge de Géologie, en excursion en Lorraine, y ont vu à l'œuvre MM. *Bleicher*, *Nicklès* et leurs vaillants collaborateurs, s'avançant rapidement et utilement dans la même voie féconde.

L'écueil à éviter est celui qui, en 1830, s'opposa à l'exécution et à l'épanouissement des vues de Constant Prévost. Il convient de ne suivre sérieusement et systématiquement cette voie des applications que lorsque l'étude de la *géologie détaillée* a pu commencer à succéder normalement aux études préliminaires. Celles-ci doivent conserver comme objectif unique et rationnel le seul progrès scientifique par l'étude de la géologie pure.

S'il est une région, modeste dans ses dimensions et par conséquent très accessible aux investigations, et dont le sol, riche et varié autant que productif en éléments d'exploitations minérales ; s'il est une région, dis-je, qui a été l'objet, depuis longtemps déjà, d'études géologiques approfondies, en même temps que d'innombrables recherches et exploitations minérales et industrielles, c'est bien la *Belgique*.

Déjà au milieu du siècle qui vit la naissance de la Science géologique moderne, notre pays et nos géologues étaient dotés, grâce aux travaux préliminaires et cependant déjà synthétiques de l'illustre d'Omalius d'Halloy, et surtout grâce à la déconcertante activité et au coup d'œil génial d'André Dumont, de deux superbes cartes géologiques du pays, à l'échelle du $\frac{1}{160.000}$: l'une consacrée au sol, l'autre au sous-sol. Ces chefs-d'œuvre, datés de 1851, sont toujours consultés et admirés de nos jours. Ils constituaient un progrès scientifique *bien en avance* sur l'état des connaissances géologiques dans la plupart des contrées d'Europe. L'élan fut ainsi donné ; puis, grâce à notre superbe canevas de cartographie topographique au 20.000, qui depuis longtemps englobe le pays entier, nous en sommes arrivés, depuis 1878, et sous les auspices de deux Services géologiques successifs, à élaborer des levés géologiques à l'échelle de 20.000, d'abord publiés partiellement à cette échelle, levés presque terminés aujourd'hui pour tout le pays et dont la publication, au 40.000, englobant les données du sol avec celles du sous-sol, sera achevée avant le prochain Congrès géologique international.

Faut-il s'étonner qu'avec l'œuvre des précurseurs rappelés plus haut, qu'avec le stimulant exemple de l'Ecole géologique de Lille, et qu'avec l'heureux concours de circonstances de la perfection de notre canevas topographique à grande échelle figurant, mètre par mètre, le relief de notre sol, si riche et si varié dans sa constitution géologique et dans ses productions minérales ; faut-il s'étonner, dis-je, que la Géologie belge soit rapidement entrée dans la phase indiquée et prévue par Constant Prévost comme *l'épanouissement naturel*, inévitable même, de la GÉOLOGIE DÉTAILLÉE, donnant fraternellement la main à la GÉOLOGIE APPLIQUÉE.

Depuis 1874 nous avons en Belgique, avec siège social à Liège, en plein pays de terrains primaires, une *Société géologique de Belgique*, s'occupant très activement de la géologie de la haute Belgique et de ses exploitations minérales. Sous cette forme, elle avait eu l'occasion d'aborder de temps à autre des problèmes d'applications géologiques et elle l'avait fait avec succès, sans toutefois prendre position dans cette voie *comme Société*, sauf cependant en organisant un concours relatif à l'étude des gîtes métallifères. Le terrain houiller, le gisement des phosphates de la Hesbaye, les eaux minérales et alimentaires, y ont fourni l'objet d'intéressantes recherches et d'études individuelles, publiées sous les auspices de la Société.

Lorsqu'en 1887 un très minime groupe de géologues belges prit la décision assez hardie de fonder à Bruxelles, au centre du bassin tertiaire de la moyenne et de la basse Belgique, une seconde Société géologique, dont les adhérents pouvaient paraître assez difficiles à recruter, le problème initial qui se posait consistait à rechercher une direction nouvelle, *inédite même*, comme *voie conductrice*, permettant à la fois d'éviter le redoutable problème d'éventuelles et stériles rivalités, de contribuer aux progrès de la Science et de l'étude de nos terrains, surtout post-primaires, et enfin de réunir des adhérents pouvant s'intéresser à ses travaux et par conséquent les utiliser.

Chose curieuse, paradoxale même, c'est en tournant nos yeux vers le Sud, c'est-à-dire vers nos amis de Lille, que nous constatâmes que c'était du « Nord » que devait nous venir la lumière.

L'exemple de la Société géologique du Nord et le programme de la Faculté des Sciences de Lille étaient là pour nous montrer la voie, et le rayonnement du phare lillois parvint jusqu'à nous pour nous montrer que dans notre champ d'action, limité et quelque peu difficile, il n'y avait qu'une voie à suivre, rationnelle en direction, féconde en résultats, tant pour la science que pour nos concitoyens. La situation centrale de notre quartier général de Bruxelles, dans les plaines et collines de la basse et de la moyenne Belgique, dont le sol est caractérisé par des récurrences régulières de dépôts meubles ou peu rocheux, perméables et imperméables, enserrant et distribuant diversement de nombreuses nappes aquifères ; l'importance d'une production agricole favorisée par d'épais limons appelant la culture intensive ; la nécessité pour les nombreuses villes et agglomérations du pays le plus peuplé d'Europe, d'avoir des eaux alimentaires abondantes et saines ; l'épanouissement d'industries de toute nature réclamant d'énormes afflux d'eau que seul pouvait fournir le sous-sol : tout cela nous indiquait combien, dans le domaine de l'*Hydrologie* comme dans celui de l'*Agriculture*, le rôle pratique et utilitaire d'une institution géologique telle que celle que nous voulions fonder pouvait devenir important, bienfaisant même pour les intérêts économiques de nos populations, de nos industries et de notre agriculture. Quant aux études scientifiques provoquées par la multiplicité des problèmes locaux que cette direction spéciale faisait forcément prévoir, on pouvait en espérer les meilleurs résultats pour les progrès de la science qui nous est chère.

C'est avec cette orientation assez spéciale que fut créée la *Société belge de Géologie, de Paléontologie et d'Hydrologie*, et c'est la première, je pense, dont les Statuts accordent aux *applications* de la Science une part qui de jour en jour paraît de plus en plus justifiée, s'il faut en croire le succès croissant, chez nous, comme ailleurs, des adeptes résolus de cette voie, poursuivie systématiquement et parallèlement au progrès et à l'avancement de la Science pure.

Déjà, de toutes parts, nous voyons, en Belgique, s'étendre et s'accroître en importance les voies multiples et si diverses des applications géologiques. Notre vaillante consœur et aînée, la Société géologique de Belgique, vient depuis peu d'entrer fructueusement dans la même voie d'une importance spéciale à donner aux applications de la Géologie. Elle a institué comme nous l'avions fait dès nos débuts, en 1887, d'intéressantes *séances spéciales d'applications* et nous avons vu avec joie qu'elle aussi se dispose à faire en sorte que la Science et l'Industrie retirent de précieux fruits de ces travaux spéciaux. Je n'en citerai comme exemple que les séances de ce genre qui viennent, sous l'impulsion active et savante de nos amis liégeois, MM. Lohest et Forir, d'aborder les beaux problèmes de l'*extension de nos richesses houillères* dans la Hesbaye orientale et dans le Limbourg, ainsi que le remarquable programme d'*études hydrologiques* élaboré, il y a peu de mois, sous l'influence des mêmes initiatives.

Les *Universités* elles-mêmes se sont émues de ce mouvement nouveau et, après une première manifestation, saluée avec plaisir par nos géologues, en faveur de l'enseignement si utile de la Géographie physique, elles ont compris que des débouchés d'avenir tout nouveaux sont prêts à surgir en faveur des jeunes gens chez qui le goût des sciences géologiques et minérales était jusqu'ici contrarié par l'impossibilité de sortir des limites, trop étroites chez nous, de la seule carrière de l'Enseignement.

L'expansion coloniale qui depuis peu fait sortir le Belge de son territoire trop étroit, à l'exemple de ses énergiques voisins des quatre points cardinaux, qui l'ont précédé dans cette voie ; l'attractive exploitation scientifique, minérale et industrielle que tant de centres d'outre-mer offrent comme but rémunérateur aux uns ; le perfectionnement des connaissances techniques de géologie que l'étude et l'exploration de nos propres régions présentent comme objectif aux autres ; tels sont les principaux motifs de la création, qui sera sous peu officiellement confirmée par le Gouvernement, du diplôme d'*Ingénieur-géologue* qui va bientôt être décerné par certaines de nos Universités, comme consécration de leurs cours de géologie appliquée, dont nous nous réjouissons de voir le brillant succès s'affirmer de jour en jour, spécialement à Liège.

Enfin, le *Service Géologique de Belgique*, installé aux côtés de la *Commission de la carte géologique*, service qui est dirigé par M. M. Mourlon, est venu depuis peu consacrer définitivement et officiellement en Belgique la démonstration du rôle important qu'ont peu à peu pris chez nous les études d'applications géologiques, dont la Société belge de géologie s'honore d'avoir, *la première*, formulé le programme systématique.

Lors de la dernière séance de notre 4e Section du Congrès notre Président, M. Mourlon, n'a pu, en sa qualité de directeur du service, exposer que très incomplètement, faute de temps disponible, le vaste panorama des horizons nouveaux qu'ouvre la voie de l'étude des applications géologiques. Le même motif et le désir de ne pas abuser des instants et de l'attention de mes auditeurs me forcent à rappeler, uniquement par son titre, le seul point qu'il a été donné à M. Mourlon de développer.

Je fais ici allusion à l'œuvre qui constitue en quelque sorte le *platform* technique et la base matérielle du succès des travaux d'application, j'ai nommé la *Bibliographie géologique générale*, et l'avenir montrera, après les tâtonnements inévitables de la première heure, quel puissant levier, quel précieux outil de travail, on est en droit d'en espérer, tant dans le domaine de la Science pure que dans celui de la Science appliquée.

Si nos géologues individuellement, si nos Sociétés géologiques, nos Universités, la Commission de la Carte géologique et la Science géologique sont arrivés en Belgique, à faire converger leurs efforts et leurs travaux respectifs vers ce noble et glorieux but commun de faire marcher de concert les progrès scientifiques et les applications de la géologie, réalisant ainsi les vues de l'éminent précurseur qui fonda, avec cette espérance, la belle Société géologique de France, notre aînée et notre modèle à tous, on le doit moins au mérite de ceux qui actuellement sont à même, chez nous, de diriger fructueusement ce mouvement utilitaire, sans que la Science pure en pâtisse, ou en prenne ombrage, qu'aux circonstances favorables énumérées tantôt, qui ont permis d'aborder très rapidement, en Belgique, la géologie de détail et les problèmes locaux et régionaux.

Une chose a frappé vivement mes nombreux confrères belges qui, soit comme membres de nos deux Sociétés géologiques, soit comme membres de la Commission de la Carte ou bien affiliés au Service, soit enfin comme géologues-conseils d'administrations, d'exploitants où d'industriels, ont eu l'occasion à titre purement personnel, de se livrer à ces études.

Cette chose a été, en peu de mots, fort bien exposée par mon collègue et ami M. A. Rutot à l'une des toutes dernières séances de la Société belge de Géologie.

Le fait si justifié qu'a mis en lumière M. Rutot, c'est que les études spéciales et détaillées auxquelles donnent forcément lieu les recherches provoquées par les applications géologiques contribuent pour une part considérable, et bien plus importante en tout cas qu'on pourrait le croire, *aux progrès de la Science pure*. Ces études spéciales consistent en effet dans la réunion de faits précis et détaillés, observés, interprétés et commentés avec l'esprit critique et pondéré auquel donne fatalement lieu le sentiment de la responsabilité. Des centaines d'exemples, des plus curieux, des plus suggestifs, pourraient être ici fournis à l'appui de cette affirmation, qui n'est que la synthèse de nombreuses et déjà longues expériences personnelles de beaucoup d'entre mes compatriotes.

On en pourrait tirer cette conclusion que, même en des contrées où la connaissance du détail géologique n'est pas encore à la hauteur de ce qu'elle est dans d'autres régions plus favorisées, il y aurait intérêt, au *seul point de vue du progrès de la Science pure*, à pousser graduellement les géologues et les Sociétés géologiques dans la voie, non exclusive bien entendu, des applications.

La tâche sera plus ardue qu'ailleurs assurément, mais en dehors des intérêts matériels en jeu et dont elle n'a cure, la Science pure y trouvera l'avantage de voir s'approcher plus rapidement qu'en son évolution normale, la phase d'une connaissance plus approfondie, *plus documentée*, de la géologie des régions considérées.

Dans une notice intitulée : *A propos du rôle de la Géologie dans les travaux d'intérêt public* et publiée à Bruxelles dans notre *Bulletin*, en décembre 1888, soit moins de deux ans après la fondation à Bruxelles de la *Société belge de Géologie*, j'ai déjà pu fournir, après ce court laps de temps, une nombreuse série de faits, parfois saisissants, mettant bien en relief les services que la Géologie peut rendre dans l'exploitation des richesses minérales, dans l'élaboration des projets de distribution d'eau potable, de recherches d'eaux souterraines à propriétés industrielles, de constructions d'édifices, de creusement de canaux, dans le choix de tracés de voies ferrées, de tranchées, barrages, etc., dans les questions d'emplacement et de devis de sondages, d'emplacement de cimetières et enfin en matière de travaux publics et privés de toute espèce.

Craignant d'abuser des instants et de l'attention de mes auditeurs, je me bornerai à renvoyer ceux d'entre eux que le détail de cet exposé intéresse à cette note de 1888, publiée dans le tome II de notre *Bulletin* bruxellois (Pr.-Verb., pp. 303-310).

C'est l'*Hydrologie* surtout qui, dans nos plaines à sous-sol non rocheux, ou seulement rocheux en profondeur, a pris une grande extension comme application des études géologiques. Aussi un programme complet d'hydrologie superficielle et souterraine a-t-il été élaboré au sein de la Société de géologie, depuis 1888.

Comme exécution de ce programme nous pouvons signaler en vedette la publication, sous ses auspices et par les soins de M. A. Lancaster, de la belle *carte pluviométrique de la Belgique*, jusqu'ici sans rivale par son degré d'élaboration.

De nombreuses communes de Belgique nous doivent d'avoir été éclairées sur la possibilité et sur les chances de succès ou d'insuccès de projets de distribution d'eau. Nous avons accordé une attention spéciale à l'importante question, à base si essentiellement géologique, de la *circulation de l'eau dans les calcaires* et de la *contamination éventuelle des sources* de ces régions. Les puits artésiens qui se multiplient de toutes parts, ont mis en relief les mutuels services que peuvent se rendre sondeurs et géologues ; enfin l'expérience acquise nous a mis à même de formuler, pour le plus grand bien des administrations communales et de leurs administrés, *comment il faut s'y prendre* pour aborder rationnellement et d'après des bases vraiment scientifiques, l'élaboration et la mise sur pied, souvent si fantaisistes, des projets de distribution d'eau.

Pour finir, je mentionnerai encore quelques têtes de chapitres riches chacun en faits, en données et en exemples de toute espèce ; telles que les applications de la Géologie à l'*Agriculture*, la recherche des *phosphates*, l'étude des *matériaux de construction* ; exposé qui, à lui seul, me prendrait au moins une heure pour être fait ici au complet ; l'étude du *grisou* dans ses rapports éventuels avec les phénomènes de la Météorologie endogène, etc., etc. (1).

(1) Tout récemment, la *Société belge de géologie* vient d'entreprendre une nouvelle étude dont les résultats permettent d'être des plus intéressants. C'est celle des « SABLES BOULANTS » qui offre en ce moment, en Belgique, un caractère de vive actualité par suite de grands travaux en cours ou en projet et dont l'exécution devra partiellement s'effectuer dans les terrains dont il s'agit. Les communications déjà faites à la Société et beaucoup d'autres, qui sont annoncées comme prochaines, promettent une ample moisson de données aussi utiles pour la science pure que pour la science appliquée

A la grande surprise de beaucoup, il a été constaté que *tout était à faire* dans cette voie de l'étude scientifique du « boulant », y compris la bibliographie elle-même de la question. Définition, caractères du sable boulant, différenciation éventuelle de ses divers types, relations avec la dynamique aquifère : bref le vaste programme qu'ouvre cette étude constitue pour ainsi dire un *terrain vierge*, surtout en Europe, où sont encore peu connues les récentes recherches américaines sur la matière.

Il est difficile de comprendre un tel état de choses lorsqu'on songe aux nombreux millions qui ont été engloutis, dans tant de pays, par ce tonneau des Danaïdes qui s'appelle le « sable boulant ».

(*Note ajoutée pendant l'impression*).

Bref, on le voit, le domaine de la Géologie appliquée est aussi vaste que fécond. C'est en France, à Paris, que ce programme a été pour la première fois énoncé, il y a 70 ans. C'est dans le département du Nord que, depuis 30 ans, il a été appliqué d'une manière systématique et persévérante. C'est en Belgique enfin que, grâce à un ensemble de circonstances favorables, il a pu s'épanouir largement et s'étendre à de nouvelles voies encore, qui promettent de se montrer fructueuses au-delà de bien des espérances. Nous avons vu que l'étude des applications, lorsqu'elle est entreprise au moment opportun, c'est-à-dire lorsque la géologie régionale est entrée dans la phase des études et des levés détaillés, n'est nullement préjudiciable à la science pure et à ses progrès. Au contraire, c'est elle surtout qui, dans la phase d'épanouissement des études géologiques détaillées, constitue à son tour *un facteur de ce même progrès.* Aussi puis-je, pour terminer cet exposé, me borner à répéter simplement le titre suggestif, et que l'expérience a montré être si vrai, d'une des dernières communications de notre Président de la Société belge de géologie, M. Mourlon, titre qui est : *L'étude des applications est, en géologie, le meilleur adjuvant du progrès scientifique.*

Le rôle de la Géologie dans l'étude rationnelle des projets de drainage en eaux potables

Je me permettrai, à propos du rôle si capital, et cependant si mal compris ou négligé jusqu'ici, de la *Géologie* dans l'élaboration des projets de distribution d'eau, surtout quand ils sont basés sur des travaux de drainage dans le sous-sol, de rappeler le programme de ces études tel que je le formulais dès 1890.

Voici comment débutait une Note intitulée : *Les sources de Modave et le projet du Hoyoux, considérés au point de vue géologique et hydrologique*, note publiée dans le procès-verbal de la séance du 15 juillet 1890 de la Société belge de Géologie (Bull., t. IV, Pr.-Verb., p. 180-191).

« L'étude d'un projet de drainage ou de captation d'eau comprend des points de vue très divers. La marche rationnelle consiste à s'adresser d'abord à la *Géologie*, qui détermine la structure et les relations générales des couches, ainsi que leurs relations avec les nappes ou ressources aquifères qu'elles contiennent, qui permet de dresser des coupes rationnelles des terrains, de déterminer leurs conditions de perméabilité ou d'imperméabilité, ainsi que les difficultés qu'elles offriront aux travaux de mine, de fouille, de construction, etc. Vient ensuite l'*Hydrologie*, qui précise le nivellement, le fractionnement des nappes, les quantités d'eau disponibles, le débit moyen, avec les minima. La *Chimie* et la *Bactériologie* doivent intervenir ensuite, pour déterminer la composition des eaux et les variations qu'elles peuvent présenter périodiquement, leur nocivité ou leur innocuité au point de vue hygiénique.

» C'est seulement lorsque ces éléments sont acquis que l'*ingénieur* devrait entrer en ligne pour rechercher les conditions d'établissement les plus favorables et les mieux appropriées aux données géologiques et hydrologiques. Son projet, établi alors sur des bases sûres, peut être livré ensuite aux *financiers*, aux *autorités compétentes* et aux conseils *juridiques*, dont le rôle est tout indiqué. »

J'ajoutai encore à la suite de cet exposé :

« Il est regrettable de constater que c'est généralement *la marche inverse* qui est suivie. Il en résulte — et la Société en a eu des exemples frappants sous les yeux — que des auteurs de projet ont consacré beaucoup de temps et d'argent à élaborer des projets dont la base rationnelle faisait défaut, alors que la marche normale indiquée ci-dessus leur eût permis de modifier leurs projets de manière à les rendre admissibles et aptes à faire l'objet d'un examen approfondi. »

Faisant allusion aux nombreux projets que des administrations communales et provinciales ont, à de multiples reprises, soumis à l'examen critique des membres de la Société belge de Géologie, particulièrement à ses adhérents spécialistes en matière de géologie, d'hydrologie et de chimie, j'ajoutais « qu'au sein de la Société belge de Géologie, il ne peut être question d'apprécier la valeur pratique d'un projet pris dans son ensemble » et je signalais que « seuls les points de vue *géologique*, *hydrologique* et *chimique* peuvent faire l'objet de nos études. »

Je terminais l'exposé de cette importante question d'intérêt général, si étroitement en rapport avec l'hygiène et la santé publique, en disant :

« Certes un projet satisfaisant aux desiderata correspondant à ces trois éléments fondamentaux peut techniquement et financièrement n'être pas exécutable ; c'est ce qu'il appartient éventuellement aux ingénieurs, administrateurs et financiers de vérifier ; mais l'étude rationnelle, telle qu'elle est ici proposée, aura toujours l'immense avantage d'éviter de soumettre à de longues et coûteuses études techniques, à la discussion publique — et parfois politique — ainsi qu'au choc d'intérêts personnels ou administratifs contradictoires, des projets inexécutables, auxquels la base scientifique ferait défaut. »

Reproduisant ces considérations dans sa brochure jubilaire de la fondation de la Société belge de Géologie (1887-1896), brochure intitulée : *A quoi peut servir une Société de Géologie ?* M. l'ingénieur *J. Hans* dit avec raison :

« Combien de difficultés et de controverses techniques, » administratives et autres pourraient être évitées, combien de » frais inutiles, d'études d'ingénieurs pourraient être épargnés » si la mise sur pied des projets de captation et de distribu- » tion d'eau étaient plus souvent *précédée* d'une étude spé- » cialement géologique et hydrologique des terrains à drainer » et des ressources aquifères qu'ils renferment ».

Cette thèse si naturelle et si justifiée à tous égards, que je défendais dès 1890, fut cependant loin de rallier tous les suffrages, même au sein de la Société belge de Géologie.

Certes elle trouva de chauds partisans parmi nos ingénieurs les plus compétents ; mais d'autres y trouvèrent le thème de critiques très vives, qui se sont renouvelées à plusieurs reprises. Il faut n'y voir que la force d'inertie de l'éternelle routine, et le reflet du manque de connaissances géologiques d'auteurs de projets, ne parvenant pas à se rendre compte de l'importance primordiale de *la donnée géologique* qu'un spécialiste est seul à même, dans certains cas, et surtout pour ce qui concerne le régime aquifère *des terrains calcaires fissurés*, d'apprécier comme il convient.

Aussi, est-ce avec un sentiment de vive satisfaction que j'ai vu tout récemment le *Gouvernement français*, après avoir pris l'initiative louable de faire étudier cette question de l'élaboration des projets d'eaux alimentaires par une Commission d'hommes distingués appartenant aux départements ministériels de la guerre, de l'instruction publique, de l'agriculture, des travaux publics et de l'intérieur (1), adopter et faire siennes les

(1) Ministère de l'Intérieur et des Cultes. Rapport à M. le Président du Conseil, Ministre de l'Intérieur et des Cultes, sur l'instruction des projets de captage et d'adduction d'eaux, sur le droit d'usage, l'acquisition et la propriété des sources (Rapporteur M. *Henri Monod*).

conclusions formelles de la Commission. La thèse formulée par la Commission gouvernementale, adoptée ensuite par le Président du Conseil, ministre de l'Intérieur et des Cultes, vient de faire l'objet d'une circulaire gouvermentale (1), adressée, le 10 décembre 1900, à tous les préfets, chargés de faire appliquer aux 36.170 communes de France, l'exécution des nouvelles mesures qui viennent d'être prises.

Lorsque j'aurai dit que le but de ces réglementations nouvelles, dans l'instruction des projets d'eaux alimentaires, consiste à faire mettre en première ligne et préalablement à toute autre recherche scientifique ou technique, l'*étude géologique*, confiée à un spécialiste, et à obtenir qu'une élaboration scientifique complète : bactérioscopique, chimique et hydrologique s'adjoigne à la donnée géologique pour *précéder* le travail technique de l'ingénieur, j'aurai fait comprendre les motifs de ma vive satisfaction. Cette nouvelle réglementation, qui, après certaines formalités administratives, va bientôt, sans doute, être rendue effective et obligatoire pour toute la France, n'est autre chose en effet que la stricte application de la thèse que j'ai exposée et défendue, dès 1890, comme constituant *la seule marche rationnelle* permettant d'établir des projets sur des bases sûres et d'assurer les garanties que réclament les intérêts de l'hygiène et de la santé publiques.

C'est là une victoire pour la *Géologie appliquée*, dont l'importance est appelée à ouvrir bien des yeux, il faut l'espérer, sur les innombrables autres avantages que l'on est encore en droit d'espérer de l'étude des multiples applications de la Géologie.

(1) Circulaire ministérielle du 10 décembre 1900, adressée par M. le Président du Conseil, ministre de l'Intérieur et des Cultes, à tous les préfets de France (Direction de l'Assistance et de l'hygiène publiques ; 4me bureau, Hygiène publique : *Instruction des projets pour l'alimentation en eau des Communes*.

OBSERVATIONS SUR LA STRUCTURE INTIME DU DILUVIUM DE LA SEINE

CONSÉQUENCES GÉNÉRALES SUR LES PHÉNOMÈNES DILUVIENS

par M. **Stanislas MEUNIER**

Planche V

Sous une apparence très spéciale et très locale, la question que je me propose de traiter ici en quelques pages est au contraire des plus larges, — des plus autorisées par conséquent à figurer parmi les sujets dont le Congrès international de Géologie doit s'occuper. Elle conduit en effet, par le moyen d'un examen minutieux de la structure du sol de sédimentation fluviaire, à préciser l'allure des cours d'eau pendant tout le temps de l'évolution des vallées et en conséquence à jeter du jour sur l'économie générale de la surface du sol à travers l'immense durée des temps quaternaires.

Je n'ai pas à rappeler à cette occasion que l'opinion généralement régnante sur la période dont il s'agit a été conclue de considérations toutes différentes ; mais on me permettra de souligner le caractère très particulier de la méthode que je vais adopter et qui consiste à ne laisser aucune place au sentiment personnel, à la préférence plus ou moins justifiée qu'on peut se sentir par telle ou telle solution définitive. Il s'agit de faire à peu près l'*histologie* du diluvium de la Seine, de rechercher quel mécanisme peut la reproduire sous nos yeux, quelles conditions générales elle suppose, et d'en conclure le régime que la rivière a présenté depuis les temps les plus reculés jusqu'au moment présent.

A cette occasion une première remarque s'impose et elle est bien originale : c'est que si on a beaucoup écrit et beaucoup discuté sur le diluvium de la Seine, on ne l'a pas beaucoup regardé et qu'à son égard comme dans bien d'autres occasions, des idées préconçues ont empêché les observateurs de voir correctement les faits. Il n'y a d'ailleurs aucune fausse honte à avoir en en convenant et, pour ma part, je ne fais pas de difficulté à reconnaître que jusqu'à ces dernières années la structure du diluvium de la Seine, que je croyais avoir étudiée à maintes reprises depuis plus de trente ans, m'avait complètement échappé. J'ai recueilli dans la même direction le témoignage de plus d'un géologue très distingué — de ceux qui ne craignent pas d'avouer leurs erreurs parce qu'elles ne tiennent qu'à la nature même des choses naturelles et au caractère si généralement trompeur des apparences qu'elles nous présentent.

Je pourrais faire ici une collection de citations empruntées aux auteurs les plus renommés et qui, malgré leur très grand nombre et la très grande diversité de leurs signataires, seraient absolument unanimes pour attribuer au diluvium de la Seine « un caractère torrentiel ». Je me contenterai, à cause de sa date toute récente, de transcrire celle-ci : « *Les éléments siliceux y dominent* en général à cause de leur dureté, et des zones de cailloux roulés, indice *d'inondations violentes*, y alternent souvent avec des veines de sable fin, où la présence de coquilles fluviales très délicates attestent que momentanément la vitesse de la rivière était assez amortie » (1).

Cette opinion si généralement admise sur le diluvium a une origine multiple ; elle tient surtout à ceci qu'on a été porté à attribuer au creusement des vallées une allure très rapide et une intensité en désaccord avec celle des phénomènes d'érosion dont ces localités sont de nos jours le théâtre. Contraint de renfermer dans un temps très court l'énorme travail d'ablation dont la vallée de la Seine est le résultat, on a dû nécessairement invoquer le concours d'eau torrentielle sillonnant le sol et abandonnant des traînées de matériaux le long de son itinéraire.

Toutefois on peut s'étonner que cette manière de voir ait universellement prévalu et y voir même un témoignage en faveur d'une doctrine toute différente. Car il eût été assez commode de faire du creusement un acte subit et violent puis du remplissage partiel du canal une fois ouvert le produit des phénomènes tranquilles de tous les jours : dénudation et sédimentation pluviaire et fluviaire.

On peut remarquer à cette occasion que malgré la réalité du point de vue tout d'abord indiqué, Belgrand et ses élèves

(1) De Lapparent. *Traité de Géologie*, 4e édition, p. 1603, 1900.

ont raisonné quelquefois comme si cette distinction s'était imposée à leur esprit : autrement on ne comprendrait en aucune façon les comparaisons établies par le célèbre ingénieur entre la disposition des diluviums et celle des matériaux déposés dans les égouts par les eaux de chasse.

Je n'ai du reste en aucune façon le projet de reprendre ici la discussion d'une doctrine qui a certainement fait son temps et que personne ne défendra plus d'ici fort peu de temps. Le point sur lequel je désire appeler l'attention et qui va nous ramener à une conception très satisfaisante des choses, est selon moi beaucoup plus curieux et tout à fait imprévu.

C'est qu'il suffit d'étudier soigneusement et impartialement la structure du diluvium pour reconnaître à l'instant l'inexactitude de toutes les théories violentes proposées à son égard. Et je répète que ce n'est pas un mince sujet d'étonnement que constater qu'en aucun pays du monde on n'a jusqu'à présent soumis le diluvium à l'étude par laquelle il eût fallu commencer, c'est-à-dire à celle de sa structure et de sa composition intimes.

Cette assertion peut paraître extraordinaire et plus d'un lecteur sera tenté de croire que j'exagère, et cependant comment concevoir les propositions rappelées plus haut sur le concours d'eaux violentes et tourbillonnantes dans la constitution des amas de matériaux dont il s'agit ?

On reconnaît en effet, en regardant avec soin le diluvium de la Seine, qu'au lieu d'être une collection confuse de matériaux quelconques mélangés sans ordre, c'est au contraire un véritable tissu d'une délicatesse extrême où chaque grain pierreux occupe une situation strictement réglée. Là où on s'attendait à trouver cette « disposition torrentielle » si souvent supposée on admire une histologie véritable.

Tout d'abord, et pour préciser, il importe de rappeler qu'on la connaît bien la structure des dépôts torrentiels : il est bien facile de l'étudier dans d'innombrables localités de nos montagnes où les torrents laissent l'été leur lit à peu près desséché et elle est d'autant plus facile à reconnaître que souvent des excavations y sont ouvertes pour l'extraction des sables propres aux constructions. Pour ma part j'en ai disséqué dans bien des pays et spécialement en Suisse, dans le canton de Vaud, au-dessus de Montreux et de Vevey.

Ce qui frappe à première vue c'est le mélange de blocs de

grosseurs très diverses, parfois énormes, jetés avec un apparent désordre et réunis par des grains beaucoup plus petits et même çà et là par de la boue. En faisant plus d'attention on voit que même dans le lit du torrent le triage, c'est-à-dire l'ordre, tend nettement à se manifester ; seulement il n'a pas eu le temps d'être complet. Il se reconnaît à la situation des parties les moins grosses par rapport aux autres : on voit que les blocs, quand ils se sont arrêtés, se sont constitués à l'état d'abri pour ce qui était immédiatement au dessous d'eux dans le courant et en ont ainsi prévenu l'enlèvement. Si l'eau avait continué de couler avec la même allure, mais sans apporter des matériaux nouveaux jetés pêle-mêle dans son lit, elle aurait lavé les gros morceaux de tout ce qui était plus léger et aurait exactement classé les débris. Cette étude que j'ai poussée très loin parce qu'elle m'a vivement intéressé, m'a conduit à reconnaître, même dans les cas les moins favorables, l'irrésistible tendance de l'eau en mouvement à séparer les diverses catégories de particules minérales au contact desquelles elle se meut.

Ceci posé, si l'on se transporte devant un front de taille d'exploitation convenablement choisi de diluvium de la Seine, voici ce que l'on constate :

La masse du diluvium exploité dans la très grande majorité des *grévières* des environs de Paris se divise en trois horizons superposés : le plus profond est formé de blocs et de gros galets dont le volume a presque fatalement inspiré aux premiers observateurs l'idée d'en rattacher le dépôt à l'action d'énergiques agents de transport. Le niveau moyen est composé de sables, de graviers et de galets à peu près, et même parfois tout à fait, dépourvus de limon. Et, tandis que cet horizon se signale par l'absence des particules fines, le niveau supérieur au contraire offre au regard une proportion plus ou moins considérable de substances argileuses.

Ces trois zones ne sont pas séparées mutuellement d'une manière absolue et l'on voit parfois des passages de l'une à l'autre, mais cela ne retire rien à leur netteté qui les fait distinguer à première vue. On les a souvent attribuées à un adoucissement progressif, dans l'allure de cours d'eau qui, à l'origine, auraient été capables de charrier de gros blocs, plus tard seulement des graviers de moyenne grosseur et enfin des sables et des limons. Mais une foule d'observations s'élèvent contre cette conception qui cependant a eu beaucoup de partisans et, parmi ces observations, il faudra faire une place tout à fait à part à celles qui ont pour objet la comparaison des graviers des bas niveaux comme ceux de Creteil, avec celles des graviers de hauts niveaux comme ceux de Bicêtre (Kremlin). Bien que ce dernier dépôt soit certainement de constitution beaucoup plus ancienne que les précédents, la structure en est cependant identique avec la leur et l'on ne voit nulle part dans son économie l'intervention d'un agent spécialement énergique. Ce point de vue est d'une éloquence décisive.

Il résulte de mes études que les différences constatées entre les trois horizons superposés de nos graviers, résultent avant tout des différences de conditions présentées au même moment par les divers points d'une vallée donnée.

En effet, pendant que dans certains points, le cours d'eau déplace des matériaux, dans d'autres points qui peuvent être très voisins des premiers, les matériaux exondés sont soumis à la réaction des eaux d'infiltration qui, en s'y insinuant, introduisent dans leurs interstices les limons d'origine atmosphérique en même temps qu'elles en modifient la structure primitive plus ou moins profondément.

D'un autre côté, le ruissellement des eaux sauvages et surtout les épanchements des inondations, en édifiant par *colmatage* une portion de la terre végétale, édifient au dessus du dépôt réellement fluviaire un revêtement qui peut acquérir une épaisseur sensible à la faveur d'un temps suffisant. Et ici le fait qu'il importe de retenir c'est qu'il peut toujours se constituer à un même moment, dans le fond d'une vallée, deux catégories de dépôts : 1° les sables et graviers charriés et déposés dans le lit fluviaire aux endroits d'*eau vive* et 2° les limons épanchés dans les régions d'*eau morte* et aussi, par une suite nécessaire, dans les terres inondées temporairement en dehors du lit.

Ajoutons que dans les points d'une vallée que le déplacement des méandres a laissés intacts depuis longtemps, le terrain de colmatage peut acquérir une épaisseur relativement très grande. Il s'accroît à chaque inondation par un mécanisme qui rappelle l'allure des alluvions actuelles de la vallée du Nil. Seulement, aux environs de Paris, les agents de production ne sont pas tous identiques à ceux qui interviennent en Égypte ; au lieu du Khamsin, ou vent du désert, qui apporte des pluies périodiques de sable, nous avons chez nous le déplacement des glaces d'hiver qui charrient des nappes entières de limon, de graviers et même des galets de toutes tailles.

Des trois horizons superposés dont se compose le diluvium de la Seine, il y en a un qui se signale immédiatement au regard par sa structure remarquable, en même temps que par la valeur industrielle des matériaux qu'il livre à l'exploitation. C'est l'horizon moyen, que nous pouvons appeler le *diluvium franc*, parce qu'il résulte d'un processus exclusivement fluviaire et qu'il possède, avec leur maximum, les caractères diluviens.

Il est constitué, par un contraste aussi complet que remarquable avec la plupart des formations sédimentaires, par des sortes de lentilles ou d'amandes sableuses, enchevêtrées les unes dans les autres d'une façon parfois compliquée. On est surpris de reconnaître que dans chacune des amandes dont il s'agit, les éléments sableux sont disposés en lits parfaitement réguliers, plus ou moins obliques à l'horizon, purs ou presque purs de matière limoneuse et toujours nettement parallèles les uns aux autres.

La dimension des lentilles, comme l'inclinaison de leurs lits constitutifs, varient beaucoup d'un point à un autre et quelques-unes sont si aplaties qu'elles figurent des couches proprement dites et cependant leur structure est toujours la même dans toutes les régions des balastières, quelle que soit leur orientation par rapport à celle de la vallée : ce qui veut dire que l'inclinaison des lits constitutifs de lentilles est elle-même variable non seulement par sa valeur angulaire mais par sa direction. Il arrive qu'en des points très voisins, voire sur la même verticale, le plongement de ces lits est mutuellement inverse, c'est-à-dire qu'une lentille à feuillets plongeant vers la droite de l'observateur peut être au voisinage, ou au dessus ou au-dessous, d'une lentille dont les feuillets plongent vers la gauche.

Mais le point essentiel à souligner, et sans crainte de répéter la même assertion fondamentale, c'est que cette variabilité s'associe à une régularité absolue et à une délicatesse extrême de structure.

Ajoutons à cette occasion que dans chaque lentille, les petits lits constitutifs se poursuivent parfois sur des longueurs de plusieurs mètres, se distinguant les uns des autres par de très faibles variations dans la grosseur de leurs grains, de telle sorte qu'on les compare tout naturellement aux lits sableux composant les dunes.

Cette ressemblance tient à ce que le mode de formation est le même dans les deux cas, substitution faite bien entendu de l'eau courante au vent, comme véhicule de la matière arénacée.

Mais si la structure de chaque lentille est aisée à expliquer, il semble devoir en être tout autrement de celle du terrain tout entier, formé, comme on vient de le dire, de lentilles enchevêtrées ; et ici, la comparaison avec les dunes, si exacte tout à l'heure, ne semble pas pouvoir se poursuivre.

C'est seulement en se mettant à l'école de l'observation des phénomènes actuels qu'on trouve la clef de ce problème si longtemps poursuivi, et sa découverte justifie à un tel point la légitimité de la doctrine actualiste qu'on en arrive à poser en fait qu'il suffit d'analyser l'histologie du diluvium franc pour en tirer la démonstration complète du processus progressif et lent du creusement tout entier des vallées. Voilà qui mérite évidemment de nous arrêter un instant.

La conclusion des études auxquelles à ce point de vue j'ai soumis le diluvium de la Seine, c'est qu'il représente une série très longue de remaniements successifs, opérés dans les mêmes points par le même cours d'eau que nous avons encore sous les yeux et qui, suivant les moments, est, dans la même région, animé de vitesses très différentes les unes des autres.

Cette variation de vitesse avec le temps sur un même point, s'explique d'ailleurs tout de suite par l'observation contemporaine de variations de volume des cours d'eau d'un jour à l'autre et surtout par la faculté dont jouissent les rivières de déplacer horizontalement leurs méandres.

Il résulte en effet de ces conditions diverses si universellement constatées, que les choses se passent, dynamiquement parlant, dans un point fixe de la rivière qui se déplace, comme si ce point, au contraire, se déplaçait progressivement dans le lit d'une rivière supposée constante dans sa situation et dans son allure. Il est évident qu'à ce prix, il sera tantôt le théâtre de phénomènes sédimentaires, s'il se trouve dans les régions relativement tranquilles de la rivière, tantôt de phénomènes érosifs s'il est dans les régions rapides — et avec toutes les intensités relatives possibles dans les deux cas (fig. 1).

Si nous supposons d'abord ce point dans une anse convexe du cours d'eau il pourra se garnir de sédiments en lits plus ou moins horizontaux et qui s'ajouteront les uns aux autres tant que le régime ne changera pas trop. Le lit perdra progressivement de sa profondeur et la berge pourra même s'exonder peu à peu par suite du recul progressif du courant, en conséquence de l'un des mille incidents de la *divagation des méandres*. Nous reviendrons tout à l'heure sur ce qui advient des régions exondées, perdues momentanément par la rivière et gagnées par la terre ferme; pour le moment supposons que nous avons choisi une région placée un peu plus bas (par rapport au fil de l'eau) et où la sédimentation n'admet que des matériaux moins fins que des limons, sableux et comparables à ceux que nous montraient précédemment nos coupes de graviers quaternaires.

Le déplacement des méandres a pour conséquence de changer très progressivement la condition dynamique du point que nous considérons et il va pouvoir se faire que les filets d'eau qui le traversent soient animés d'une vitesse de plus en plus rapide. Alors, non seulement la sédimentation cessera de s'y continuer, mais les matériaux déposés à cause de leur dimension en rapport avec la vitesse du courant qui les a engendrés, seront sollicités au déplacement. En d'autres termes, là où nous venons de voir des dépôts se constituer, il se déclare peu à peu un phénomène de dénudation. Celle-ci pourra en certains cas enlever tout ce qui s'était déposé tout à l'heure, mais il arrivera bien souvent aussi qu'une portion du sédiment échappera à l'érosion, durera jusqu'à ce que la distance aux berges du point considéré soit telle que des portions relativement lentes du cours s'y établissent et alors la soustraction de matière s'arrêtera (fig. 2).

Cette dénudation progressive sera d'ailleurs limitée par une surface supérieure des masses érodées dont la forme est une représentation exacte de l'état dynamique de l'eau en chaque point du fond. Elle pourra en outre être recouverte de matériaux trop lourds pour être entraînés et qui, pour des raisons que nous indiquerons dans un instant, se seraient trouvés enveloppés dans le dépôt attaqué ; et cette circonstance lui donnera une apparence très caractéristique et qui sera en même temps très significative. Les matériaux volumineux ou lourds dont il s'agit se retrouveront d'ordinaire dans la masse du dépôt non

Constitution progressive du Diluvium de la Seine

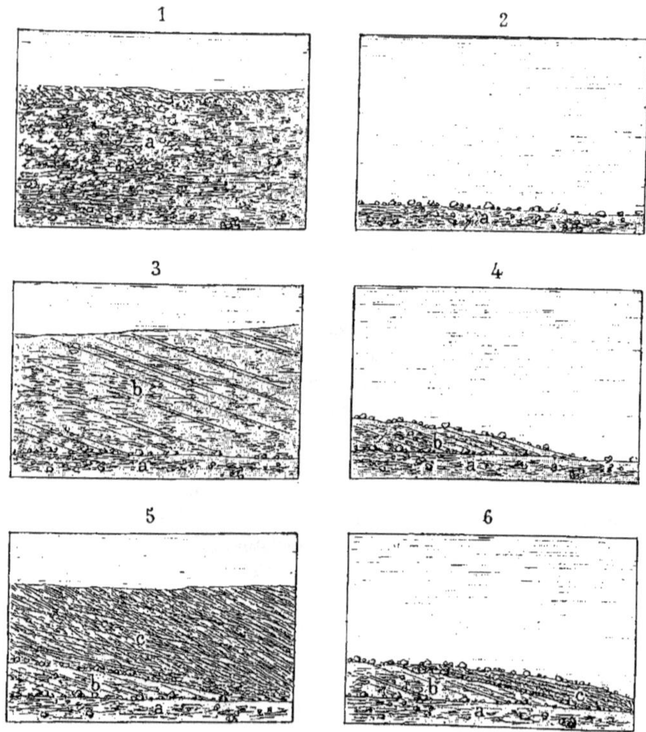

Légende des figures schématiques.

Fig. 1. — Dépôt du diluvium *a* sous le régime sédimentaire propre aux anses convexes des cours d'eau ;

Fig. 2. — Érosion du dépôt *a* par l'établissement du régime des anses concaves, déterminé par le déplacement transversal du méandre ;

Fig. 3. — Dépôts en lits inclinés du diluvium *b* sur le lambeau subsistant de la formation *a* ;

Fig. 4. — Érosion de *b* et d'une petite portion de *a* ;

Fig. 5. — Dépôt de *c* sur les résidus de *b* et de *a* ;

Fig. 6. — Érosion des dépôts précédents par le retour des conditions concaves.

encore raviné et c'est un fait qui rend leur origine tout spécialement évidente.

C'est à chaque pas que, dans les portions accessibles du lit des rivières, en temps de très basses eaux, on voit des traces de l'érosion que nous décrivons et spécialement dans les rivières qui se dessèchent tout à fait ; par des sections verticales à la brèche, il est facile de voir la disposition des lits constitutifs du fond et de constater la forme de l'érosion que le cours d'eau leur a infligée.

En tout cas et pour en revenir à l'histoire de notre diluvium parisien — le déplacement horizontal du fleuve continuant, et avec lui le déplacement des filets d'eau animés de diverses vitesses, le point considéré a pu se trouver en rapport avec de l'eau qui, loin de continuer l'œuvre d'érosion à laquelle nous venons d'assister, a, au contraire, apporté des matériaux de sédimentation. C'est toujours péniblement, à bout de force, que cette sédimentation se réalise, car autrement les matériaux qui se déposent iraient plus loin, et c'est l'occasion de répéter qu'on est émerveillé, et cela dans toute l'épaisseur du diluvium de la Seine, de la précision des séparations réalisées successivement par les courants d'eau.

Alors, la surface courbe dont nous venons de voir le mode de production est devenue la base d'appui d'un système de petits lits qui n'ont aucun lien de direction nécessaire avec celle des petits lits de l'origine. Cette fois ils peuvent être obliques (fig. 3), c'est-à-dire en discordance complète avec ce qui reste du dépôt *a*. Leur obliquité varierait d'ailleurs avec la direction de la coupe ; dans un certain sens ils pourraient être horizontaux, de même qu'à la rigueur les lits du dépôt *a* pourraient être obliques suivant une orientation convenablement choisie.

Ici encore, chaque feuillet du dépôt traduit par la grosseur de son grain l'énergie mécanique de l'eau qui lui a donné naissance.

Cependant les vicissitudes locales continuant au fur et à mesure des modifications de forme du fleuve lui-même, des érosions viennent de nouveau attaquer le fond, mordant sur le dépôt à la production duquel nous venons d'assister et parfois même jusqu'à celui qui le supporte et qui de nouveau peut perdre une partie de sa substance.

La figure 4 nous montre le résultat de cette nouvelle érosion et la forme nouvelle du lit fluviatile qui lui correspond. On y voit la surface recouverte encore de débris grossiers correspondant à ce que le courant dénudateur a rencontré dans le sol sous-fluviaire, de trop pesant pour qu'il l'emportât. Répétons que l'on verra dans un instant comment ces matériaux sont parvenus là où ils figurent.

Tous les sédiments fluviatiles pourraient ainsi disparaître dans le point considéré, mais il arrive aussi qu'une portion continue à en subsister et alors, par le retour des conditions convenables, elle sera recouverte par une nouvelle sédimentation. Ce sera le dépôt *c* de la figure 5 en lits inclinés un peu autrement que ceux de la formation *b*. Et cette sédimentation pourra elle-même être plus tard dénudée, comme le montre la fig. 6 dont l'analogie avec la figure 2 paraît assez caractérisée pour souligner le retour des conditions identiques avec un fond tout autrement constitué que la première fois puisqu'il conserve la trace d'une série de phénomènes qui se sont succédé les uns aux autres.

Évidemment nous pourrions arrêter là cette énumération de réactions alternatives. Mais on trouvera sans doute qu'il est utile pour la clarté de la démonstration de montrer comment, par leur continuation, une coupe réelle peut être expliquée jusque dans ses détails les plus intimes.

A cet égard j'ai choisi une grévière sise au Petit Créteil (Seine), près du confluent de la Marne et de la Seine, et dont un observateur très distingué, M. Aug. Dollot, correspondant du Muséum d'Histoire naturelle, a bien voulu prendre pour moi l'excellente photographie reproduite dans la planche jointe à la présente note (Voir Pl. V), où la règle verticale placée au premier plan mesure 2^m de hauteur. On y voit bien les lentilles et les surfaces onduleuses qui les séparent les unes des autres. J'ai affecté à ces lentilles, à partir du bas, des lettres qui correspondent à celles que présentent déjà les figures 1 à 6 qui viennent d'être décrites. On peut juger, par leur moyen, de la correspondance déjà réalisée entre les accidents naturels et les vicissitudes que nous avons rapportées. Il est facile de terminer la coupe en quelques lignes.

Pour cela, il nous faut, après la disposition présentée par la figure 6, admettre la sédimentation indiquée par la figure 7 et qui concerne le dépôt *d* en lits inclinés à peu près comme ceux des dépôts précédents, mais formés de matériaux plus grossiers, ce qui suppose une plus grande vitesse dans l'eau génératrice (fig. 7).

Ce dépôt *d* a d'ailleurs été érodé à son tour et a perdu une grande partie de sa substance constituante. Ce qui reste est comme pour les dépôts précédents, terminé par une surface courbe toute parsemée de pierrailles constituant des résidus de lavage (fig. 8). Puis s'est établie la sédimentation du dépôt *e* qui, par suite de l'orientation accidentelle de la coupe, montre ses feuillets avec une horizontalité approximative (fig. 9).

Une érosion nouvelle visible sur la fig. 10 a été suivie à son tour du dépôt (fig. 11) ; le sens des feuillets de ce nouveau est précisément inverse de celui des feuillets constitutifs du dépôt *d*. Enfin l'addition du dépôt *g* (fig. 12) est venue compléter la série observée, reproduite sur la planche V.

Cette disposition « entrelacée » du diluvium franc, loin comme on le voit, de supposer selon le sentiment de Belgrand, l'intervention d'agents très violents, serait évidemment toute brouillée par un semblable régime.

Et comme on serait sans doute peu disposé à croire sans preuve, qu'un observateur spécialisé dans l'étude du diluvium ait pu formuler une semblable opinion, on trouvera légitime que j'y insiste un instant. A la page 106 de l'ouvrage sur *La Seine*, l'auteur, constatant l'existence des lentilles sableuses dans la balastière Tarsieux, à Levallois, ajoute : « Ces bancs sont disposés en amandes ; *ils ont été amenés en masse et dans une seule crue par des eaux qui tourbillonnaient autour d'un axe vertical.* » Un peu plus loin, Belgrand ajoute que « cette coupe fait voir que le point du lit du fleuve était *le centre d'un tourbillonnement* lorsque se sont déposés les amas de sables et de graviers.

Du reste, l'auteur parle à beaucoup de reprises (par exemple, p. 244) de violents tourbillons qui, en même temps, auraient affouillé le sol et déposé des sables limoneux. Il y a là une assertion qui semble essentiellement contraire à l'observation journalière : si un courant dénude, il ne sédimente pas au même point, sauf, en laissant sur place, comme nous l'avons déjà vu, des résidus d'érosion. Il y a contradiction absolue entre la soustraction de matériaux grossiers et l'apport de matériaux plus fins. A chaque instant et dans chaque point, la grosseur maxima des grains, arrachée par le courant érosif, est rigoureusement réglée par la vitesse de l'eau ; de même

Constitution progressive du Diluvium de la Seine (Suite).

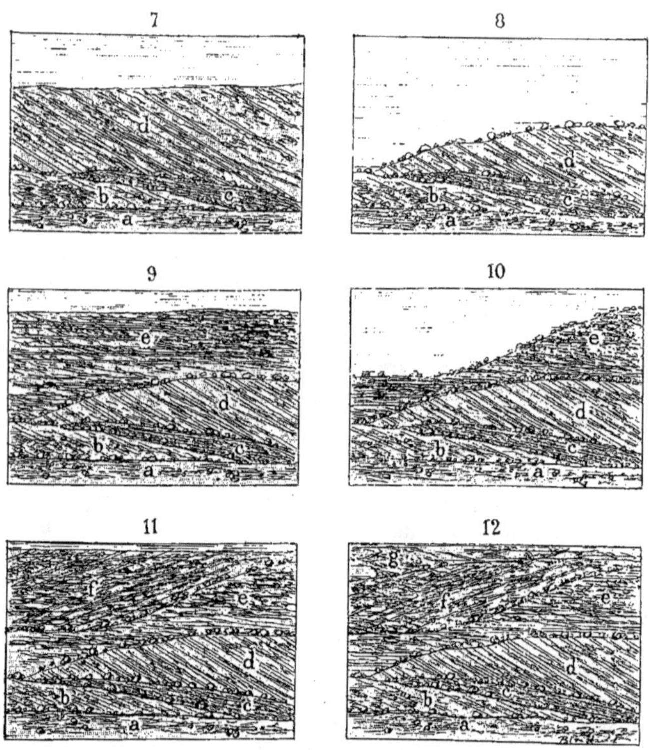

Légende des figures schématiques.

Fig. 7. — Dépôt du diluvium *d* à la suite du retour dans le point considéré, du régime convexe ;

Fig. 8. — Érosion partielle du dépôt précédent ;

Fig. 9. — Dépôt de lits peu obliques du diluvium *e* ;

Fig. 10. — Érosion de *e* qui ajoute une nouvelle « lentille » sableuse aux lentilles déjà formées ;

Fig. 11. — Dépôt de la zone *f* ;

Fig. 12. — Addition du dépôt *g* qui complète la série représentée dans la planche phototypique (Pl. V).

que, dans chaque point de sédimentation, le volume des grains déposés est exactement déterminé.

Répétons donc, d'une façon de plus en plus formelle, que la disposition lenticulaire du diluvium témoigne d'une allure essentiellement tranquille, quoique constamment changeante. C'est exactement le régime qui existe dans le lit de toutes les rivières actuelles, et il est facile de le constater, en temps de basses eaux ou de sécheresse dans des localités convenablement choisies. Les petits lits inclinés se voient parfaitement dans les excavations faites pour recueillir le sable actuel et j'en ai relevé, par exemple, dans le lit desséché de l'Allier, aux environs de Coudes (Puy-de-Dôme), qui étaient tout à fait identiques pour la disposition à ceux du diluvium de la Seine.

Reste à dire un mot des blocs relativement gros qui, comme nous l'avons dit et comme tous le monde le sait, sont associés à la masse du diluvium franc. L'observation démontre avec certitude qu'ils ont été amenés autrement que par l'intervention de l'eau courante agissant seule.

Bien souvent ils représentent des résidus, restés à peu près sur place de la dénudation subie par le sol sous l'influence de divers agents de dégradation et les éboulements des berges de la rivière doivent être spécialement mentionnés. Mais fréquemment aussi, ils ont été transportés, ainsi qu'on l'a remarqué bien des fois, par des glaces flottantes et nous pouvons observer le phénomène chaque hiver, toutes les fois que la rivière *charrie*, suivant l'expression vulgaire. En outre, des radeaux naturels constitués par les arbres arrachés des rives avec leurs racines sont également des agents de transport, sans parler des hommes qui, depuis le commencement des temps quaternaires, ont dû jeter bien des pierres dans la rivière, comme ils continuent de le faire de nos jours.

On est très frappé de la situation de ces blocs de toutes tailles et relativement volumineux comparés aux autres éléments du diluvium et j'ai réuni à cet égard des documents photographiques d'une haute signification. D'habitude, ils sont placés sur des ensembles de lits minces horizontaux ou obliques qui n'ont pas été notablement modifiés par eux et cela encore est essentiellement différent de l'état des choses dans les torrents où, comme nous le rappellions tout à l'heure, les gros blocs sont toujours à la tête de traînées de matériaux plus fins, disposition qui s'explique d'elle-même, puisque les blocs ont nécessairement constitué des obstacles au voisinage desquels l'allure de l'eau rapide a été toute particulière.

Dans nos grévières, la présence des gros blocs de toutes tailles, concentrés déjà, comme on le dit, en lits qui font la base des lentilles sableuses, conduit d'ailleurs à une remarque très importante sur la structure des régions inférieures des amas du diluvium de la Seine : — structure sur laquelle Belgrand a émis une opinion si insoutenable.

Cet auteur constate en effet que les gros galets, les blocs volumineux de toutes natures sont volontiers concentrés dans « le gravier du fond » et il en tire des conséquences quant à la violence spéciale des cours d'eau au début du remplissage de la vallée, remplissage qu'il semble toujours porté à comparer à l'engorgement d'un égout préalablement creusé. Frappé de l'abondance des silex taillés de main d'homme dans cette zone, il arrive à formuler (*La Seine*, p. 154) la supposition des *deux déluges successifs*. « En effet, ajoute-t-il, les eaux courantes ne rassemblent jamais les objets lourds de même origine, elles les dispersent ; les objets légers, ceux qui flottent sur l'eau, peuvent atterrir en abondance à certains points favorables, mais ceux qui sont entraînés en roulant au fond avec les graviers, sont dispersés comme les graviers eux-mêmes. » Sans discuter ces assertions, dont il serait très facile de montrer l'inexactitude, nous remarquerons que bien évidemment ces régions macrolithiques du diluvium de la Seine représentent les résidus progressivement accumulés de la dénudation successive dont nous indiquions tout à l'heure les différentes étapes.

Petit à petit, les parties relativement fines sont emportées et les fragments plus pesants subsistent de plus en plus seuls et descendent progressivement, constituant de haut en bas des nappes infralenticulaires de plus en plus profondes. Les progrès de ce lavage expliquent la liaison si intime que tout le monde a constatée entre les « graviers de fond » et le diluvium franc ou « sable gras ». Ces mêmes progrès manifestent en même temps la tendance à la concentration dans les lits les plus bas de tout ce qui est lourd : galets, éclats de roche, haches de pierre, gros ossements, etc. Chaque érosion du dépôt déjà fait et qui détermine la forme inférieure d'une lentille future, peut laisser, comme trop pesants de certains matériaux, et c'est pour cela que nous avons vu des surfaces d'érosion ainsi revêtues de nappes de galets. Dans le cas où le dépôt a été raviné totalement, les galets seuls peuvent subsister sur le fond. Mais jamais, dans aucune circonstance, le courant de la Seine ne semble avoir pu charrier, comme le pensait Belgrand, les gros éléments du diluvium.

Nous constatons toujours dans les coupes offertes à notre examen par les balastières, que les zones dont on vient d'avoir la description sont surmontées d'une épaisseur plus ou moins grande de sables et de graviers qui passent par le haut à des limons sableux ou même caillouteux ; Belgrand leur a donné le nom de « sables de débordement » qu'on peut leur conserver à la rigueur, quoique le mécanisme du débordement soit loin de coïncider exactement avec celui que supposait l'auteur.

Quoi qu'il en soit, ces lits supérieurs ont pour nous un intérêt très spécial, car ils constituent au propre, la terre végétale des plaines d'alluvion et il est fort utile de préciser leur mode de formation. A cet égard, il importe de remarquer que les portions limoneuses quoique caillouteuses, que recouvre la terre arable, se soudent par en bas d'une façon intime avec du diluvium dépourvu de la structure amygdaloïde et qui semble déjà indiquer un régime différent de celui qui a présidé à l'accumulation de notre « diluvium franc ».

Il est facile de s'expliquer cette circonstance en se reportant par la pensée au voisinage du fleuve, sur la berge convexe d'un méandre en voie de déplacement. Les sables viennent s'y déposer de plus en plus fins à mesure que la ligne de grande vitesse s'éloigne et les limons s'y superposent bientôt, constituant une avancée progressive de la terre ferme qui entoure la boucle de la rivière. Celle-ci n'a pas renoncé encore à la venir submerger de temps en temps ; à chaque inondation elle s'y épand, mais presque sans vitesse et seulement capable, bien loin de l'éroder, d'y déposer de fines particules limoneuses : c'est le « terrain de colmatage » qui vient se superposer à la nappe de sable diluvien correspondant au dernier régime de berge convexe.

Cette nappe de colmatage est loin d'être homogène ; elle contient, et parfois en abondance, des sables, des galets, et même des blocs de roche plus ou moins volumineux. Mais cette particularité s'explique d'elle-même par le rôle des glaces flottantes et il suffit par exemple d'avoir visité la plaine d'Alfort dans des conditions convenables, c'est-à-dire, lors des inondations d'hiver, pour y avoir observé, au moment du dégel, des plaques de glace paresseusement charriées dans tous les sens et éparpillant, sur tout le fond inondé, de la boue, des sables, des pierrailles de toutes natures, qui s'incorporent bientôt dans le sol. Alors que les travaux d'endiguement et de régulation des lits n'entravaient point comme aujourd'hui le phénomène, il devait se développer sur une échelle considérable qui explique bien la constitution constatée du sol alluvionnaire.

En résumé, on voit d'après ce qui précède que le diluvium de la Seine se divise de lui-même en trois niveaux superposés qui ont été distingués du premier coup d'œil par tous les observateurs, mais qui, contrairement à l'opinion que ceux-ci ont généralement défendue, ne supposent quant à leur origine, aucune action différente par sa cause ou par son intensité de celles qui interviennent encore sous nos yeux.

Chacun des types caractéristiques de ces trois niveaux continuent à se produire à l'époque présente : *les graviers de fond*, dans les régions d'érosion active au milieu du lit, où le lavage successif des matériaux a été poussé jusqu'à l'isolement des éléments les plus gros et les plus pesants ; — les *amandes* sableuses, limoneuses ou caillouteuses, dans les divers points du lit à circulation compatible avec la sédimentation active : — les *nappes limoneuses*, arénifères et caillouteuses supérieures, hors du lit, dans les régions accessibles aux eaux d'inondations.

Ces nappes peuvent du reste, à la faveur du déplacement des méandres, être destinées à subir les lavages décrits plus haut, qui les réduiront à l'état de dépôts lenticulaires, qui eux-mêmes passeront peu à peu à la condition de gravier de fond par une véritable évolution tranquille dont l'allure est bien faite pour frapper l'esprit.

Et l'on pourrait résumer toute cette série de transformations successives en constatant que le dépôt du diluvium s'est poursuivi sans interruption, avec la même allure, pendant tout le temps du creusement de la vallée, durant lequel il n'y a nulle place pour un phénomène violent. D'un côté nous retrouvons identiquement la même structure avec les mêmes dimensions en largeur comme en épaisseur, des masses constituantes dans le diluvium des « hauts niveaux » comme au

Kremlin (Gentilly) et à Montreuil, — dans celui des « bas niveaux » comme au Petit Créteil et à Grenelle — dans les « dépôts actuels » de la rivière ; et d'un autre côté, nous constatons la liaison intime des divers niveaux superposés dans la formation diluvienne.

A ce dernier égard Belgrand (p. 108) remarque à propos d'une sablière de Grenelle, que les zones de sable fin, de gravier et de gros cailloux y alternent de haut en bas de la carrière et il ajoute qu'il est « absolument impossible d'établir stratigraphiquement la limite des graviers de fond et de l'alluvion, limite qui, il faut bien le dire, *est presque toujours incertaine dans les sablières de Paris* ».

Comme on le voit, il y a dans toute cette intéressante histoire, une simplicité et une continuité qui contrastent singulièrement avec la première conclusion d'observations trop hâtives. Là, où tout d'abord on ne voyait que des témoignages de courants monstrueux par leur volume et par leur violence, nous ne trouvons au contraire que la preuve de la longue persistance du régime encore en vigueur sous nos yeux. A notre sens, l'analyse attentive de la structure intime du diluvium suffit à elle seule, et sans le secours d'aucune autre considération, pour faire repousser toutes les hypothèses diluviennes successivement présentées, même avec les modifications par lesquelles, depuis Belgrand, on a essayé tant de fois de les amender.

L'histoire de la sédimentation fluviaire est une de celles où la légitimité de la doctrine actualiste apparaît avec le plus d'évidence.

ÉTUDE STRATIGRAPHIQUE ET EXPÉRIMENTALE SUR LA SÉDIMENTATION SOUTERRAINE

par M. **Stanislas MEUNIER**

Pour éviter tout malentendu dans un sujet où déjà quelques confusions ont été commises, il convient tout d'abord de bien définir la question. Sous le nom de *Sédimentation souterraine* je désigne un mode spécial de constitution de couches géologiques qui a passé jusqu'ici à peu près inaperçu et qui joue cependant, en certaines conditions, un rôle de très grande importance.

Nous pouvons le définir en disant que les assises auxquelles il donne naissance sont constituées par les résidus d'une dissolution partielle de couches préexistantes soumises sous le sol à une action convenablement corrosive.

Pour l'ordinaire, ces couches préexistantes sont surtout calcaires et leur résidu n'a qu'un faible volume par rapport au leur ; l'agent de dissolution est l'eau d'infiltration provenant des pluies et chargé, en conséquence, d'acide carbonique; — mais on peut rattacher au même type de réaction, quoique relativement exceptionnelle. l'attaque partielle des matériaux différents sous des influences spéciales.

Dans l'immense majorité des cas le phénomène ne peut prendre naissance que dans le sol des régions exondées, continentales ou insulaires ; les fonds de mer en sont exempts et dès lors la recherche et la découverte de certains faciès pourront être facilitées par la considération des faits qui vont suivre.

On concevra à cette occasion mon souci de bien distinguer les faits que je vais étudier de ceux qui sont maintenant connus comme dérivant de l'action dénudatrice de la pluie et qui ont produit par exemple la latérite des pays chauds ou les arènes granitiques de nos régions tempérées ainsi qu'une série de formations qualifiées souvent d'*éluviennes* et qui ne présentent en aucune façon l'allure stratifiée. même quand elles ont une épaisseur considérable.

Au contraire, le dépôt des résidus qui nous occupent se

fait successivement de haut en bas, c'est-à-dire dans le sens inverse des sédimentations ordinaires ; les progrès en sont accompagnés d'affaissements du sol ; ils s'accomplissent avec une régularité qui se traduit par la persistance d'une apparence stratifiée tout à fait normale.

Avant d'insister sur ces phénomènes dont il va être bien facile de faire ressortir toute l'importance, j'ajouterai que leur annonce a provoqué quelque résistance chez plus d'un géologue ; — mais je vais montrer que les objections présentées se résolvent de la manière la plus satisfaisante.

Afin de fixer les idées, je décrirai en quelques mots une région où le phénomène a acquis une ampleur suffisante et où, par conséquent, on peut observer les traits les plus caractéristiques des formations de sédimentation souterraine. Je choisirai la localité de Prépotin, située à peu de distance de Mortagne (Orne), où j'ai eu l'occasion de poursuivre pendant plusieurs années des études détaillées.

En nous bornant ici aux faits les plus essentiels il suffira de rappeler que la région dont il s'agit est considérée comme crétacée et que les assises turoniennes y sont exploitées en bien des points comme craies de différentes qualités, marneuse, sableuse, micacée, etc.

La coupe ci-jointe (fig. 1) fait voir comment à Prépotin la colline de la Bruyère est, sur une épaisseur de plus de 4 mètres, composé de couches fort régulières d'argile recouvrant des couches de sables. Il convient du reste d'ajouter que cette coupe n'est pas visible et a été conclue des résultats fournis par trois puits poussés jusqu'à 15 mètres de profondeur avec un diamètre de 1^m^50 et un écartement réciproque de 60 à 80 mètres. La figure montre donc comme une interpolation raccordant les données procurées par les trois puits.

Au dessous de la terre végétale, se présente une argile à silex ocreuse et très impure, exactement semblable à celle qu'on rencontre dans d'innombrables localités dont le sol est constitué par la craie blanche. C'est l'argile à silex de Dreux, le *terrain superficiel de la craie*, et tout le monde est d'accord maintenant pour y voir un résidu de la décalcification subaérienne des couches crayeuses.

A Prépotin, son épaisseur est fort variable ; tandis qu'elle manque totalement dans le puits A, elle atteint dans le puits B une épaisseur de 4 mètres et ces inégalités s'expliquent

Fig. 1. — Coupe de Prépotin, près Mortagne (Orne).

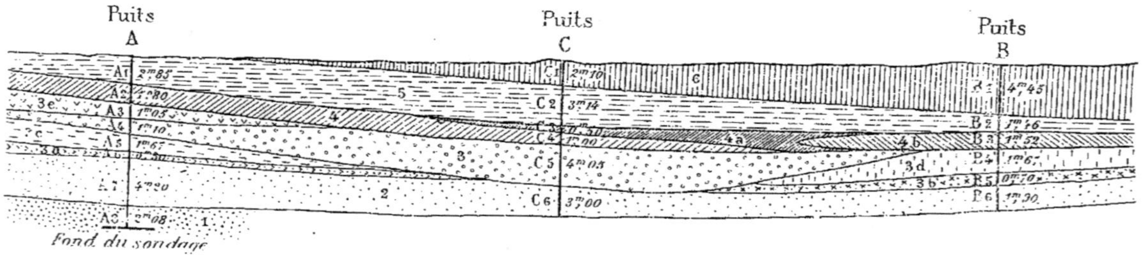

Légende :

1. Sable roux ;
2. Sable jaune à Inoceramus problematicus ;
3. Sable très blanc ;
3a. Sable blanc jaunâtre ;
3b. Grès ocreux ;
3c. Sable jaunâtre à Ostrea columba gigas ;
3d. Sable jaunâtre ;
3e. Sable jaunâtre ;
4a. Terre de pipe jaunâtre ;
4b. Argile rosée ;
5. Argile blanchâtre mélangée de silex ;
6. Argile ocreuse à silex.

Longueur approximative de la coupe 100 mètres.

Les lettres $A_1 A_2 \ldots B_1 B_2 \ldots$, etc., se rapportent aux échantillons conservés au laboratoire de géologie du Muséum d'Histoire Naturelle, à Paris.

tout de suite comme on va voir par l'inclinaison générale des couches qui sont restées sensiblement parallèles entre elles. Le n° 6 est affecté à cette argile à silex dans la coupe, bien qu'on doive la regarder comme de formation plus ancienne que les masses sous-jacentes, la décalcification de la roche d'où elle dérive ayant eu lieu avant celle des masses situées plus profondément. Nous allons revenir sur ce point capital.

Sous l'argile à silex qui vient d'être mentionnée, se présente une autre formation qui se distingue très nettement de la précédente, mais par un caractère dont l'importance absolue est évidemment assez faible : par sa couleur. C'est en effet une argile blanchâtre et non plus une argile ocreuse ; mais, à cela près, elle ressemble à la couche n° 6 d'une façon tout à fait intime. C'est la même composition générale et le même mélange avec des rognons siliceux qui, ici comme plus haut, sont *épuisés*, c'est-à-dire devenus spongieux par la dissolution d'une partie de leur substance par les eaux d'infiltration. Aussi en présence d'une semblable identité ne saurait-on se refuser à voir, dans cette couche n° 5, un produit des mêmes actions qui ont déterminé la production de la couche n° 6. C'est évidemment encore une assise de craie qui a perdu son calcaire, qui s'est réduite à ses seules parties insolubles et qui, étant moins ferrugineuse que la craie génératrice de la couche n° 6, a donné un produit moins coloré.

Mais cette constatation a déjà de quoi contrarier bien des préjugés. Cette deuxième argile à silex atteint trois mètres d'épaisseur et les dépasse même en bien des points et elle est réglée comme une formation normale, de sorte qu'à l'examen ordinaire elle se présente comme plus ancienne que la couche n° 6, qui repose sur elle.

Et cependant, son mode de génération va rigoureusement à l'encontre de cette interprétation, elle n'a pu commencer à prendre naissance, cela est évident, qu'après la décalcification de la couche supérieure productrice de la couche n° 6 et dès lors cette couche n° 5 n'a commencé à apparaître, par isolement progressif, qu'après la complète constitution de la couche n° 6. La couche n° 5, quoique plus profonde, est plus récente que la couche n° 6; elle dérive d'une couche de craie plus ancienne que celle qui a engendré la couche n° 6 et appartenant cependant sans doute elle aussi à l'horizon sénonien.

Si l'on veut bien y faire attention, on reconnaîtra que

cet âge divers de résidus de désagrégation de formations stratifiées à l'état de couches parfaitement réglées, fait coïncider le processus de la sédimentation souterraine avec celui de la sédimentation ordinaire. Ces argiles isolées en profondeur de la craie blanche se comportent en somme comme les argiles que la mer isole des falaises crayeuses et va sédimenter dans son bassin à une distance plus ou moins grande de la roche qui l'a engendrée.

Pour en revenir à Prépotin, constatons qu'au-dessous de ces niveaux argileux qui viennent d'être mentionnés, commencent des lits sableux dont l'examen est encore bien plus instructif.

En effet, ce sont d'abord des sables quarzeux qui, en certains points (3 de la coupe) sont d'une blancheur parfaite et se présentent comme du cristal de roche en poudre plus ou moins mélangée de mica, mais qui, en d'autres points comme 3 *d* et 3 *e* sont plus ou moins ferrugineux et même ailleurs (3 *b*) transformés en grès ocracés désignés dans le pays sous le nom de *Grignards*.

Ce qui leur donne un intérêt considérable, c'est que parfois et spécialement en 3 *c*, ils sont pétris de fossiles, circonstance qui réclame que nous nous y arrêtions un instant. Ces fossiles se signalent avant tout par leur apparence corrodée qui n'empêche d'ailleurs en aucune façon leur détermination spécifique : ce sont des tests de *Gryphæa (Ostrea) columba* de la variété *gigas*, tout à fait spéciale à certaines couches turoniennes.

En le regardant de plus près, on reconnaît que ces valves de coquilles sont entièrement silicifiées, ce qui suppose une modification profonde dans leur composition, subie depuis l'époque de leur enfouissement. Leur surface est fréquemment toute couverte de tubercules aplatis, à couches concentriques, qui ont été décrits souvent sous le nom d'*Orbicules* et qui manifestent les traits essentiels des concrétions. Souvent, une valve est réduite à l'état de deux plaques siliceuses correspondant aux deux surfaces primitives, interne et externe, du test et comprenant entre elles un vide qui s'est constitué souvent à l'état de véritable géode où le quarz a cristallisé. Quelquefois dans cet intervalle des deux épidermes silicifiés on observe comme des stalactites et des stalagmites en miniature de substance quarzeuse ayant alors une apparence fort singulière.

Ces particularités ne sont d'ailleurs aucunement étrangères à notre sujet, car elles concernent, sans doute possible, un chapitre de la sédimentation souterraine. La constitution du quarz par voie de concrétion et au travers des étapes caractérisées par l'opale et la calcédoine est un phénomène dont l'importance est bien plus grande peut-être qu'on ne le croit généralement. En effet, comme on va le voir, une partie des sables dont nous allons parler a certainement cette origine primitive par voie de concrétion et d'un autre côté, les grains siliceux et quarzeux trouvés dans les diverses variétés de roches calcaires ont quelquefois fourni un appui apparent et que nous pouvons contester maintenant à la théorie terrigène de leur génération.

Fig. 2. — Test d'*Inoceramus Cuvieri*, attaqué par l'acide chlorhydrique et montrant les concrétions siliceuses et insolubles dont il est rempli.
1/2 de la grandeur naturelle.

Cette remarque s'applique tout spécialement à la craie qui malgré sa ressemblance si remarquable avec les dépôts actuels des abîmes sous-marins a été considérée quelquefois comme une production de faible profondeur à cause des grains de quarz et d'autres minéraux que les acides permettent d'en dégager. Pour le quarz, nous voyons qu'il peut être engendré dans l'épaisseur même des tests de coquilles et je pourrais donner à cette occasion de longs développements qui m'ont été procurés par l'examen approfondi de certains fossiles et spécialement des coquilles du grand *Inoceramus Cuvieri* et de l'*Ananchytes gibba*. J'ai trouvé en étudiant ces fossiles chimiquement et au microscope que l'épaisseur de

Fig. 3. — Test d'*Ananchytes gibba*, attaqué par l'acide chlorhydrique et montrant les concrétions siliceuses dont il est rempli.
1/2 de la grandeur naturelle.

leur test a procuré au quarz un milieu spécialement favorable à sa concrétion et que la structure organique est intervenue pour faciliter inégalement la production minérale dans les différents points. Il en est résulté que des rosettes siliceuses et quarzeuses jalonnent pour ainsi dire dans certains cas l'anatomie du mollusque ou de l'oursin et c'est ce qu'on peut mettre en évidence d'une façon très élégante en attaquant les fossiles avec un acide étendu (Voyez les fig. 2 et 3).

Fig. 4. — Coupe mince d'*Inocérame*, taillée parallèlement aux fibres et vue au microscope avec un grossissement de 80 diamètres.

La relation de la production quarzeuse avec l'histologie des Inocérames s'est révélée d'une façon spécialement frappante dans des coupes minces, taillées les unes parallèlement et les autres perpendiculairement aux fibres constitutives des coquilles et examinées dans la lumière polarisée (Voyez les fig. 4 et 5). A ce titre on peut dire que l'origine même de certaines variétés minéralogiques du quarz sur lesquelles l'attention a été appelée dans ces dernières années est en définitive du domaine biologique dérivant de la structure de produits animaux.

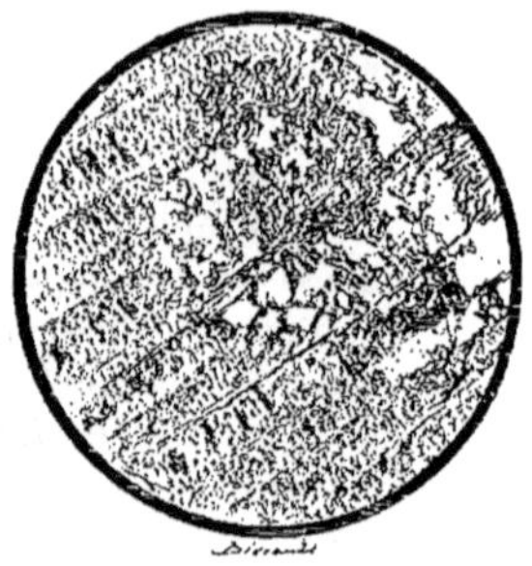

Fig. 5. — La coupe de la figure précédente, vue dans la lumière polarisée entre les nicols croisés. On y voit que la portion qui paraissait vide dans la lumière naturelle, est en réalité occupée par du quarz qui a *épigénisé* d'une manière complète le test de la coquille. — Grossissement de 80 diamètres.

Dans tous les cas on comprend très bien que les coquilles très partiellement silicifiées subissant dans le sol des actions mécaniques consécutives, par exemple, aux affaissements locaux, se désagrègent, se concassent, pour prendre notamment l'apparence des débris d'Inocérames dans la couche de craie dite « banc des Soies » dans le département du Nord, qui n'est qu'un acheminement vers la libération de grains ayant l'apparence arénacée (1).

(1) J'ai étudié des silicifications aussi remarquables quoique d'âge plus récent dans certaines coquilles du calcaire grossier (banc vert) récemment recoupées par un sondage dans le Parc de l'École d'Agriculture de Grignon.

Ajoutons qu'à Prépotin et malgré son apparence stratifiée et sa richesse en fossiles, la formation sableuse qui vient d'être si rapidement décrite, vient se ranger à son tour dans la série des masses dont l'origine constitue un phénomène de sédimentation souterraine : elle est le résidu pur et simple de la décalcification lente d'une épaisse assise de craie turonienne, dont les *Ostrea columba*, en partie silicifiées avant la dissolution du calcaire, ont en conséquence laissé des traces non équivoques de leur présence.

Le sable quarzeux lui-même, par le mica qu'il contient en notable proportion, décèle sa descendance de la craie micacée si fréquente à ce niveau dans cette région de la France et il se montre, en outre, augmenté de débris siliceux et quarzeux concrétionnés ou cristallisés dont l'origine et le mode de formation sont éclairés, comme on vient de le voir, par les phénomènes de silicification dont l'épaisseur du test des mollusques a été le théâtre.

Il suffit de supposer que ces tests, extrêmement friables, ont été brisés par les tassements du sol pour comprendre, dans le niveau qui nous occupe, la présence d'innombrables grains d'apparence sableuse et qui se sont pour ainsi dire constitués sur place en vertu de phénomènes maintenant bien connus.

Le sable à débris d'*Ostrea columba* n'a pu se former comme on le voit, qu'après l'isolement déjà réalisé des assises argileuses superposées. Il est donc géologiquement plus récent qu'elles et il faut d'autant plus y insister que cette conséquence a provoqué des résistances chez quelques naturalistes.

On a dit d'abord que l'argile des assises 4, 5 et 6 étant imperméable, l'attaque des craies sous-jacentes par l'eau d'infiltration était impossible et que, par conséquent, toute la théorie sédimentaire souterraine était fausse. Mais il y a simplement là une assertion inexacte de la part de mes contradicteurs : l'argile, malgré sa réputation, est loin d'être *absolument* imperméable et il suffit d'un temps plus ou moins long pour que l'eau la traverse sur des épaisseurs illimitées.

Je me suis assuré de ce fait important par des expériences spéciales répétées sur des variétés très diverses de roches argileuses : il faudra revenir ailleurs avec détail sur ces essais. Du reste les sortes d'argiles qui ont été citées tout à l'heure au-dessus des sables à *Ostrea columba* sont très loin de compter parmi les plus imperméables, et la présence de rognons siliceux, de même que celle d'innombrables grains sableux, contribue sans doute à leur grande porosité relative.

Quant aux autres objections qui m'ont été opposées sur ces mêmes sujets, j'en réserve la réponse pour un peu plus loin, voulant avant tout terminer la description de la coupe de Prépotin.

Au dessous des sables à huîtres, on trouve l'assise n° 2 de la figure 1, qui a fourni quelques tests silicifiés, parfaitement reconnaissables, de l'*Inoceramus problematicus*, c'est-à-dire de l'un des mollusques les plus caractéristiques de la craie marneuse.

Il est évident, d'après ce que nous venons de voir, que cette nouvelle assise résulte de la décalcification lente d'un massif de craie turonienne à inocérames, toute pareille à celle qui est restée intacte dans maintes contrées voisines et que cette décalcification n'a pu se déclarer et se poursuivre qu'après la dissolution de la craie superposée et qui renfermaient les restes des huîtres précédemment mentionnées.

Donc ce sable est, considéré comme sable isolé et stratifié à part, plus récent que les masses qui le recouvrent et qui se sont isolées avant lui ; conclusion dont la répétition indéfinie est dans l'espèce tout à fait nécessaire.

Au dessous des lits précédemment énumérés et à 15 m. au dessous de la surface du sol, on rencontre dans la coupe de Prépotin des sables rouges non fossilifères : c'est ce que nous trouvons de plus récent dans le pays ; ils représentent les produits de la décalcification progressive de couches non déterminées mais qui étaient évidemment plus anciennes que la craie à *I. problematicus*.

Répétons que tous ces détails, dans lesquels il pourrait sembler que nous avons laissé s'introduire des redites, ne sont pas de trop certainement dans un sujet aussi nouveau et surtout aussi dissident aux idées reçues que celui qui nous occupe ; — et la preuve c'est que tout récemment encore on a opposé aux conclusions auxquelles il conduit les objections les plus imprévues et les plus violentes.

Par exemple, un géologue belge de haute valeur est allé jusqu'à prétendre que des matériaux aussi correctement déposés les uns sur les autres que ceux qui viennent d'être énumérés, ne résultent pas d'une sédimentation ! A propos d'un cas comparable à celui de Prépotin, et qui concerne une localité où la craie grise est surmontée de dépôts tertiaires (sables considérés comme landéniens) il a écrit : » En supposant que le landénien et le quaternaire soient d'anciens sables calcareux décalcifiés, on devrait se borner à dire que le quaternaire a été altéré avant le landénien et le landénien avant la craie grise ; mais l'ordre de formation de dépôt de sédimentation de ces dernières assises est bien celui qu'indique l'ordre de superposition de bas en haut. Si leur altération subséquente, sous l'influence des eaux météoriques, s'est fait en sens inverse, il n'y a pas lieu d'introduire ici la notion nouvelle de sédimentation souterraine avec succession de haut en bas. Je le repète, *il n'y a pas là sédimentation* ; on ne peut appeler sédimentation un enlèvement de substance. »

Ce sont là des critiques sans base, car il suffit d'un instant de réflexion pour reconnaître qu'il n'y a aucune différence essentielle entre le cas dont il s'agit et celui de sable siliceux déposé actuellement par la mer dans une foule de localités, où personne ne songe à leur contester leur disposition stratifiée.

Ainsi, à Dieppe, que nous pouvons choisir presque au hasard, au pied de la falaise crayeuse, le sable quarzeux qui est abandonné par le flot est un simple résidu de la craie soumise à une « altération » dont l'artisan est la mer : Ce sable peut être regardé comme de la craie décalcifiée. Le déplacement que subit ce résidu avant son dépôt est horizontal, tandis que dans le cas de la sédimentation souterraine il est vertical, mais là se borne la différence et, dans les deux cas il y a *dépôt* de ce résidu sur un support sous-jacent et par conséquent *sédimentation.*

Comme on le concevra sans peine, il m'a paru très utile de soumettre le résultat de mes études sur la sédimentation souterraine au contrôle toujours si décisif de la méthode expérimentale et les produits que j'en ai obtenus m'ont paru absolument satisfaisants. Je me bornerai d'ailleurs pour ne pas abuser de la patience du lecteur à n'en retenir ici, que ce qui est directement applicable à l'interprétation des faits précédents.

Des expériences très décisives ont été réalisées à l'aide de l'appareil représenté dans la figure 6 ci-jointe : On y voit une éprouvette à dessécher dont l'étranglement a été occupé par un tampon d'amiante et qui a reçu successivement : 1° une couche A d'un mélange gris très clair de carbonate de chaux précipité et de fer oxydulé très fin ; 2° une couche B d'un mélange de carbonate de chaux précipité et de très fins grains de quarz ; 3° une nouvelle couche C du mélange à fer oxydulé qui vient d'être indiqué ; 4° du sable quarzeux D jusqu'au goulot.

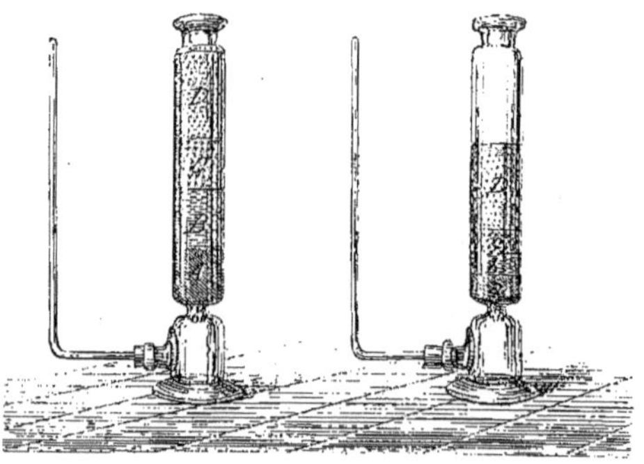

Fig. 6.— Reproduction expérimentale des phénomènes de la sédimentation souterraine. A gauche, éprouvette disposée pour l'expérience et contenant des lits superposés A, B, C, de poussières formées d'une petite proportion de grains insolubles et d'un grand excès de carbonate de chaux précipité ; D, recouvrement de sable inerte. A droite, résultat de l'expérience : l'attaque des poussières à l'aide d'eau faiblement acidulée, arrivant au travers de la couche inerte D, en a réduit les couches aux minces lits *a*, *b*, *c*, de résidus insolubles, isolés successivement de haut en bas.

La colonne de substances diverses étant ainsi préparée, avec les précautions nécessaires et par exemple en n'opérant qu'avec des ingrédients saturés d'eau et en conséquence dépourvue d'air qui gênerait beaucoup, on l'arrose avec un peu d'eau aiguisée du 1/30 de son poids d'acide chlorhydrique. Au bout d'un temps convenable on voit la portion supérieure du mélange indiqué sous le signe C se garnir par en haut d'un fin liseré noir entièrement composé de fer oxydulé débarrassé par dissolution du carbonate de chaux auquel on l'avait mêlé. L'attaque s'est faite si doucement qu'il fallait la loupe pour apercevoir quelques fines bulles d'acide carbonique se dégager entre les grains de sable supérieur. Au bout de cinq jours la couche de mélange qui avait 2 centimètres d'épaisseur était entièrement réduite à un lit de 2 millimètres environ de fer oxydulé parfaitement régulier *c* et ayant tout à fait l'allure d'une couche qu'on aurait placée dans l'éprouvette avant de la recouvrir du sable S. En même temps, le niveau supérieur de ce dernier sable s'est abaissé de 18 millimètres sans perdre son horizontalité et a maintenu par son poids la régularité du petit lit noir de magnétite.

Si l'on continue d'arroser la colonne sableuse avec de l'eau acidulée, pour remplacer la solution de chlorure de calcium qui vient se réunir dans le réservoir inférieur de l'éprouvette et qu'on peut évacuer par le tube de l'ouverture latérale, on voit le mélange de carbonate de chaux et de sable quarzeux auquel nous avons attribué le signe B commencer à être attaqué par le haut.

Cette attaque est rendue sensible par l'apparition d'un très mince lit de grains cristallins tranchant fortement sur le blanc mat des parties restées encore intactes. Progressivement ce lit va en s'épaississant ; mais la couche qui le fournit s'amincit bien davantage et le niveau du sable D descend peu à peu. Bientôt, les 3 centimètres du mélange primitif sont réduits à 1 centimètre environ de grains quartzeux marqué *b* sur la figure et on voit le mélange A qui commence à s'attaquer lui-même de façon à se limiter par le petit lit noir *a* de fer oxydulé.

Cette expérience suffit pour montrer comment un observateur non prévenu pourrait avoir du mode de production des lits superposés dans l'éprouvette une opinion tout à fait inexacte.

Il penserait certainement que l'éprouvette a reçu les lits qu'elle contient dans un ordre de succession représenté par la série ascendante des superpositions ; c'est-à-dire *a* tout d'abord, puis *b*, puis *c*, et enfin D. Tandis que l'ordre d'ancienneté relative de ces petites couches est comme on vient de le constater D, *c*, *b* et enfin *a* ; ce qui est tout à fait différent et comporte des conséquences tout autres, quant aux vicissitudes de régime subies successivement par le point sédimentaire.

De semblables expériences, modifiées convenablement, ont permis d'imiter un grand nombre de formes de sédimentations souterraines et par exemple la production de certaines *poches* remplies de substances variées telles que des argiles, des sables, ou des matériaux phosphatés. L'appareil représenté dans la figure 7 montre comment en certains cas, l'attaque de l'eau acidulée agissait au travers de sable dont la perméabilité n'est pas la même partout, au lieu de se faire sentir également se porte de préférence en certains points plus perméables. Ceux-ci s'excavent alors et le commencement de l'action est une raison suffisante pour qu'elle se continue et pour qu'elle s'accentue. Les formes prises par ces poches sont remarquablement analogues à celles des poches naturelles. C'est comme conséquence de ces expériences que se sont dégagées des notions sur l'origine de certains amas de substances exploitables telles que les lits de rognons phosphatés (coquins des Ardennes) (1). Les *bone beds* de tous les âges sont bien souvent aussi des produits comparables ; les sables phosphatés qui couronnent la craie et remplissent ses poches, bien d'autres formations encore, sont dans le même cas.

Fig. 7. — Reproduction expérimentale des poches souterraines remplies de phosphate ou d'autre substance. S, sable quarzeux ; M, mélange de carbonate de chaux précipité et de grains de phosphate de chaux, reposant sur un lit de gravier ; P, poche produite par l'arrosage du sable à l'aide d'eau faiblement acidulée.

Mais il est une conséquence de ces études beaucoup plus importante encore au point de vue de la Géologie générale et que je tiens à signaler en un mot. C'est la notion qui peut

(1) J'ai développé ce sujet à la page 188 de mon ouvrage intitulé: la *Geologie expérimentale*, 1899.

résulter de l'observation des sédiments souterrains en ce qui concerne la détermination du *faciès continental*.

Tout le monde a présent à la mémoire l'énergie avec laquelle Constant Prévost, dans un mémoire qui en son temps fit une forte impression parmi les naturalistes, insista sur ce fait qu'aucune couche du sol ne présenterait des preuves du régime continental, interrompant le régime marin ou lacustre, c'est-à-dire aqueux. L'illustre promoteur de la doctrine des Causses actuelles énumère les traits de la surface aujourd'hui exondée pour montrer qu'on ne les observe jamais en profondeur : ce qui d'ailleurs pourrait s'expliquer parfois par *l'écroutement* que la mer fait assez ordinairement subir aux régions continentales qu'el.e submerge.

Or, les observations précédentes nous montrent que le régime continental ne se borne pas à donner à la surface du sol un caractère particulier : il imprime souvent au sous-sol et successivement à des régions de plus en plus profondes, et à l'aide du concours des eaux météoriques qui s'y infiltrent, des traits facilement reconnaissables et dont l'un des plus frappants est la décalcification.

Par conséquent, si l'on retrouve à des niveaux quelconques des assises manifestant les effets de cette soustraction de calcaire avec concentration des résidus insolubles, on sera autorise à y rechercher des indices du régime continental et à en faire des documents utilisables pour la paléogéographie.

Sans insister davantage sur ce sujet que je soumets en ce moment à une étude spéciale, il sera permis de remarquer en terminant que les phénomènes presque occultes de la dénudation et de la sédimentation souterraines donneront la clé d'une série de dispositions stratigraphiques qui, jusqu'ici, paraissent avoir été comprises d'une manière très incorrecte.

SUR LES RECOUPEMENTS ET ÉTOILEMENTS DE PLIS OBSERVÉS DANS LES ALPES-MARITIMES

par M. **Adrien GUÉBHARD**

Planche VI.

Origine de cette étude. — C'est témérité grande à un simple géologue amateur, transfuge d'une science tout autre, d'oser venir parler d'un pays qui a déjà fourni à tant de grands maîtres tant de grands exemples. Si néanmoins, après douze années, à peine interrompues, d'études sur place presque quotidiennes, dans lesquelles j'ai essayé d'apporter, par habitude professionnelle, l'esprit de précision méthodique et de documentation méticuleuse des sciences physiques, je me risque enfin à signaler à l'attention un morceau de la Provence qui n'avait pu jamais encore être étudié avec autant de détail, c'est que, stimulé par la bienveillance des encouragements les plus autorisés, il m'a paru qu'à côté des grandes théories qui ont, dans ces dernières années, soulevé tant de fructueux débats, pouvaient prendre place, dans un cadre voisin, mais distinct, et sans prétention aucune à la généralisation, des observations plus modestes, faites en dehors de toute autre école que celle de la nature, et sans autre but, comme sans autre guide, que la recherche de la vérité.

Lorsque je me trouvai pour la première fois, le marteau à la main, en face du bassin crétacé de Saint-Vallier-de-Thiey (Alpes-Maritimes) et que je m'essayai d'abord, très prosaïquement, à en délimiter le contour jurassique, ce ne fut pas sans un certain étonnement que je trouvai à celui-ci presque exactement la forme d'une croix (1), due au recoupement orthogonal de deux synclinaux perpendiculaires, l'un principal, dont je devais, plus tard, suivre les prolongements fort loin vers l'est et l'ouest, l'autre évidemment secondaire, qui semblait s'arrêter court, soit au nord, soit au sud.

(1) Voir A. F. A. S., XX (1), 208 (1891) et XXIII (2), 409 (1894), avec carte en couleurs et coupes au 1/50.000.

Puis, étudiant en détail le remplissage de chaque branche, je découvris que celle du nord n'était pas simple, mais formée par la juxtaposition convergente *en patte d'oie* (on dirait mieux *en éventail*, si ce terme n'avait reçu déjà une spécialisation différente), de plusieurs petits plis-failles, s'irradiant tous d'un sommet commun, où je vis encore, ultérieurement, passer d'autres plis, plus atténués, du Jurassique seul.

Ainsi le hasard, à mes premiers pas sur un sol plein d'énigmes, à peine entr'ouvert le livre indéchiffré d'une nature mystérieuse, m'offrait, en guise de préface, longtemps incomprise, une sorte de sommaire condensé, d'image réduite des deux types d'accidents tectoniques, de *recoupement cruciforme* et de *fasciation palmaire*, dont je devais peu à peu rencontrer des exemples si nombreux et si importants qu'à la fin je n'hésiterais plus à les présenter comme un des détails les plus originaux de l'ensemble cartographique condensé dans la planche au 1/80 000 qui accompagne cette notice.

Les recoupements synclinaux. — Autrefois j'avais lu quelque part cette affirmation d'un maître de la Tectonique (1) que « les plis ne paraissent jamais se croiser directement. » Il est vrai qu'il s'agissait, sans doute, en l'espèce, des plis anticlinaux, tandis que j'ai été amené, de mon côté, à considérer toujours de préférence le pli synclinal, dans une région où l'axe anticlinal aérien est presque toujours disparu par déversement, étirement ou rupture, tandis que la trace visible de la surface axiale synclinale est, au contraire, terrestrement jalonnée, au milieu de la carcasse jurassique, par des lambeaux subsistants de terrains plus récents. Et il est non moins vrai que, dans toute la portion de pays dont j'ai à parler, ne saurait être cité un exemple bien net de croisement d'anticlinaux. Mais cela tient précisément à la prédominance du recoupement des synclinaux, soit entre eux, — ce qui, dans certaines régions, comme le sud-est de la curieuse feuille de Castellane, et bien plus encore que ne le montre la carte publiée, produit le curieux effet d'un réticule compliqué de mailles crétacées enserrant, telles les boursouflures d'une surface chagrinée, les saillies des îlots jurassiques — soit avec les anticlinaux, qui, tantôt profondément découpés, semblent perdre leur individualité et se résoudre en chapelets

(1) Heim. Les dislocations de l'Écorce terrestre, p. 81.

irréguliers de dômes polygonaux, tantôt, au contraire, à peine entamés par une déflexion que ne peut révéler qu'une observation des plus minutieuses, semblent avoir coupé en deux tronçons indépendants un axe synclinal, en réalité parfaitement continu de part et d'autre d'un court soubresaut vertical.

Continuité des synclinaux. — La continuité des synclinaux, malgré les petites inflexions verticales ou les grandes ondulations horizontales de leurs axes, la persistance prolongée de leur individualité sur de très grandes étendues, leur constant effort à traverser tous les obstacles, voilà ce qui frappe *a fortiori* dans les simples croisements de synclinaux entre eux.

De quelque manière que se fasse la rencontre, perpendiculaire ou oblique, ou même tout à fait latérale, apparaît la résistance à la disparition de chacun d'eux, sa vive tendance à l'au-delà. Si disproportionné que soit l'un des deux par rapport à l'autre, il est tout à fait exceptionnel qu'il se laisse absorber et trouve dans sa conjonction sa fin ; tout à fait ordinaire, au contraire, qu'il marque par un signe visible, en face de son débouché, sa force de survie et, à défaut de son passage, au moins sa tentative de passage en travers, sans changement notable de direction.

Recoupement orthogonal et recoupement oblique. — Dans le bassin cruciforme de St-Vallier-de-Thiey, où le recoupement se fait orthogonalement, il ne saurait y avoir de comparaison, comme importance, entre le long synclinal fortement déversé qui s'étend sur des dizaines de kilomètres, soit à l'est, soit à l'ouest, et le petit pli local descendu du nord : celui-ci traverse cependant celui-là et la courte branche sud de la croix n'a évidemment pas d'autre raison d'être que de prolonger le mouvement de l'autre.

Les deux synclinaux plus ou moins nord-sud, qu'on voit descendre des environs d'Escragnolles (Fig. 1), sont évidemment d'ordre secondaire par rapport aux grands synclinaux et anticlinaux qui les recoupent d'est à ouest : ils n'en continuent pas moins, imperturbés, leur chemin par-dessus les uns et les autres.

L'un des deux, se dirigeant sur Mons, croise, au lieu dit les Aubarèdes, le grand synclinal venu de St-Vallier : celui-ci, à peine dérangé, n'en continue pas moins à filer par la tangente

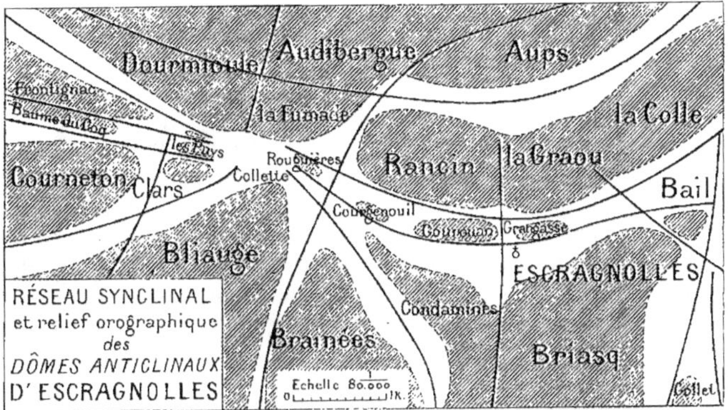

Fig. 1.

à sa direction dernière, en escaladant, pour cela, de 800 à 1300 mètres, la haute montagne de Bliauge. Dans ce trajet. sur le bord de la feuille, on le voit rencontrer lui-même, bien à angle droit, un petit pli, d'apparence insignifiante, à peine jalonné sur le Jurassique par d'infimes lambeaux crétacés, et qui, néanmoins, après s'être jeté très obliquement dans le large synclinal de Clars, prolonge visiblement son action jusque dans la barre jurassique opposée, pour y déterminer à la fois un passage de ravin et une frontière de communes.

Ce n'est, à la vérité qu'une satisfaction très relative et toute platonique que de trouver ainsi après coup, dans une donnée tectonique presque toujours chèrement achetée, l'explication, dont on pouvait se passer, d'un accident superficiel d'orographie locale. Mais quel profit, au contraire, si celui-ci peut faire prévoir l'autre et mettre sur la bonne piste le chasseur de synclinaux !

Encoches synclinales. — J'avais bien remarqué, lors de la confection de ma *Carte géologique de Mons* (Var) (1), en parcourant l'important synclinal nord-sud qui longe exactement, en dehors du cadre, le bord ouest de ma carte actuelle, une profonde encoche oblique des bancs tithoniques presque verticaux, du flanc gauche du Vallon du Fil, au lieu dit Camp

(1) Bulletin de la Soc. d'Et. scient. de Draguignan, t. XX, p. 225 à 320; avec carte en couleurs au 1/50.000 et planche de coupes superposables (1895).

de Lèbre, paraissant répondre, sur l'autre rive, au débouché d'un synclinal de très faible creux, venu des plateaux supérieurs. Mais faute d'avoir pu augmenter suffisamment le nombre, pourtant respectable, des journées de parcours de la partie la plus élevée de Bliauge, je n'avais trouvé à cette encoche aucune suite, et m'étais finalement résigné à n'y voir qu'une tentative avortée de passage du synclinal incident, une attaque vaincue de l'anticlinal opposé, le dernier effort insuffisant d'un faible pli à bout de course ; quelque chose, en plus petit, quoique en plus accidenté, et pour un recoupement oblique, au lieu d'un recoupement orthogonal, comme le pendant de la branche sud écourtée de la croix de Saint-Vallier-de-Thiey.

Tels, me disais-je, se voient dans le monde organique, des rudiments paradoxaux d'organes inutiles, simples témoins sans fonction d'une fonction disparue, réapparitions ataviques, ou legs documentaires d'un passé se survivant, signes persistants, preuves tangibles de l'ordinaire prolongation d'effet des forces de la nature à travers les âges, comme de leur fréquent dépassement d'action à travers l'espace.

N'en avais-je pas, sur Bliauge même, un autre exemple, dans cette petite languette néocomienne qu'on voit venir expirer sur le dos du bombement anticlinal, en prolongation de l'un des grands plis venus de La Roque à travers le large bassin crétacé, en étoile à six branches, des châteaux d'Esclapon ?

Écornures des angles anticlinaux. — Cependant l'importance de l'éraflure du Jurassique de Camp de Lèbre, faisant bayer son intérieur jusqu'aux dolomies bathoniennes au-dessus du Crétacé, rappelait invinciblement à ma pensée ces écornures angulaires des pointes anticlinales, avec projection des niveaux inférieurs, que montrent presque toujours les caps jurassiques à la confluence de deux branches crétacées ; telles les crevures d'un coussin dont le contenu sous pression cherche à s'échapper de préférence aux angles.

Observé d'abord en petit. mais d'une manière que rend excessivement nette la courbure des bancs oxfordiens faisant hernie au-dessus du Tertiaire dans l'angle nord-ouest de la croix de Saint-Vallier, cet accident si naturel est remarquable par son intensité au croisement des Aubarèdes, où c'est le gypse même du Trias ou l'Infralias, qui viennent saillir en bordure du Crétacé.

L'accident du Camp de Lèbre devait-il donc avoir une signification moindre, et ne pas se rattacher à un croisement complet? On a vu comme, à la suite de recherches nouvelles, j'en avais eu la conscience nette, et comment, même, une fois retrouvé le fil du synclinal, celui-ci m'avait mené plus loin au nord pour m'y ouvrir, sur Clars, des perspectives inattendues.

Lambeaux interférentiels. — Mais il y a plus, en revenant à la traversée même du Vallon du Fil, — cette traversée oblique, exactement à 45°, — et fouillant le plus profond du vallon, on peut trouver comme la signature interférentielle du passage, la preuve matérielle de la combinaison additive des deux mouvements de dépression ondulatoire, au point exact du croisement axial des vagues creuses, sous la forme de grands bancs sableux de Poudingue supérieur, allongés de biais au travers du vallon, dans l'alignement exact des lambeaux crétacés qui, sur les deux rives, à quelque cent mètres haut perchés, confirment l'existence de ce pli, surtout révélée par les perturbations de son passage à travers un autre.

Et il n'y a pas là un simple fait du hasard : cela est parce que cela devait être, et qu'il n'est pas possible que se rencontrent deux axes simples de dépression sans que tendent à s'ajouter autour du point commun, les forces communes, de manière à produire une fosse où auront chance de se conserver, au ras des autres, des terrains plus récents. Tel est le cas de Saint-Vallier-de-Thiey, des Aubarèdes, et, sur la feuille de Castellane, d'une foule de lambeaux qui, exactement délimités, justifient mathématiquement une loi mathématique.

Jalons synclinaux. — Lorsque, au lieu de synclinaux à peu près réguliers et complets de leurs deux flancs, il s'agit de plis refermés à lèvres primitivement collées et étirées, que tend à froncer un pli transversal, les choses peuvent être un peu plus compliquées, mais pour aboutir à un résultat analogue.

Au fond de la poche tubulée, à section en losange curviligne, que tend à former la fronce, comme quand on rapproche deux mains serrant, à petite distance, un pli d'étoffe, il y a chance que se trouvent enfermés, même après obstruction du goulot, et pour peu que leur plasticité s'y prête, des fragments de la croûte supérieure, qui, renfoncés jusqu'au niveau de la première couche résistante non éprouvée par le plissement superficiel, s'y verront ensuite en pseudo-contact avec elle, entourés d'une ceinture à peine visible des niveaux intermédiaires, arasés à fond, après décollement, en vertu de leur plus grande friabilité.

C'est ainsi, du moins, qu'à défaut de toute autre explication conciliable avec les faits, et après avoir constaté cette double coïncidence, avec de grands axes synclinaux, d'abord, puis souvent avec de petites rides transversales, j'avais essayé de comprendre les nombreuses taches de poudingue tertiaire dont les alignements en plein Jurassique inférieur n'avaient pu faire autrement que de me frapper dès mes premières explorations géologiques (1) à cause de leur haute signification interprétative, comme jalons synclinaux.

C'est parfois presque uniquement par leur recherche que, dans certaines régions, comme l'extrême angle sud-ouest de ma carte, a pu être obtenue une notion quelconque de structure à travers la monotonie de plateaux où l'œil cherche en vain l'accident topographique révélateur des vicissitudes de l'écorce superficielle disparue. Mais aussi, quand, de l'un de ces lambeaux à peine découvert, on est conduit presque fatalement à un autre ; quand, de l'un des côtés de la gorge de trois cents mètres au fond de laquelle coule la Siagne, on arrive à prévoir à coup sûr l'existence et jusqu'à la position des petites taches qu'à peine, sur place, révèleront quelques galets roulés de silex au milieu de la platitude du Bathonien horizontal, quelle confiance nouvelle n'acquiert-on pas dans une méthode d'observation qui, sortie invinciblement des faits, arrive à en faire prévoir d'autres, par un contrôle perpétuel et presque infaillible d'elle-même !

Dans le coin sud-est de la carte, des pochettes éparses de labradorite, lambeaux de la grande nappe éruptive de Biot-Villeneuve-Loubet, viennent ajouter leurs indications à celles des lambeaux plus rares du poudingue, et, un peu plus à l'ouest, dans le grand triangle triasique qui a pour sommet le coude inférieur de la rivière du Loup et pour base la bordure de la carte, le rôle est repris par de petits fuseaux résiduels de calcaire à silex bajocien.

Et partout, pour peu qu'on sache s'astreindre à la recherche de ces infiniment petits, on acquiert par eux la preuve de la persistance, sur des longueurs insoupçonnées, de l'axe synclinal et la compréhension rationnelle de tous les détails

(1) A. F. A. S., XXIII, 492, 1894.

de configuration du sol, où le hasard de l'érosion, si souvent invoqué, ne joue, en réalité presque aucun rôle.

Aires synclinales ou anticlinales. — Arrive-t-on ainsi au bord de quelque grande dépression, où semble devoir se perdre enfin, comme un fleuve à la mer, le synclinal incident? S'agit-il même d'un large bassin, bien tourmenté, comme celui de La Colle, au remplissage pliocène, ou celui de Vence, miocène, qui forment le coin sud-est de la Carte ? Eh bien, pour peu qu'on ait silhouetté strictement leur pourtour, et relevé, au milieu, les crêtes et les îles, une correspondance impossible à ne pas remarquer s'établit d'un bord à l'autre, de cap à cap, de golfe à estuaire. Par dessous la mer pliocène on retrouve tous les mouvements antérieurs, et la vaste *aire synclinale*, pour employer l'heureuse expression de M. Léon Bertrand, n'est qu'une déflexion transversale est-ouest d'un faisceau serré de plis parallèles nord-sud... c'est-à-dire, une fois de plus, un croisement, non plus individuel, mais fascial, de synclinaux en bande, de *Synclinal Schaaren.*

Un exemple, en quelque sorte, inversement semblable, est fourni par la plus haute montagne de la région, le massif du Cheiron, sur la limite nord-est de la carte, au pied du versant occidental duquel semblent venir mourir en autant de fiords effilés, les cinq plis parallèles de la Vallée des Thorenc, dont on voit le large ruban régulier représenté par une étroite amorce dans l'angle nord-ouest de mon cadre. Ce faisceau, en effet, après avoir traversé tout droit *l'aire synclinale*, véritable dépression, du Plan du Peiron, d'un seul ensemble se relève en *aire anticlinale*, de 1100 mètres à près de 1800, sans que ni cette grande ondulation verticale, ni les recoupements horizontaux de petits plis perpendiculaires, qui font de cet ensemble un beau type de pli plissé... et replissé, empêchent de suivre individuellement chacun des axes constituants, au moyen de jalons néocomiens, d'abord, sur le Tithonique, et puis par la variété très accentuée des pendages à travers l'Oxfordien superbement fossilifère de l'Hubac (versant nord) jusqu'à Bezaudun.

Mais si, dans tout ce système, semble être réalisée géodynamiquement, sur de grandes étendues, la définition euclidienne du parallélisme des lignes qui se suivent et ne se rencontrent pas, une apparence différente se remarque dans la grande vallée voisine qui s'allonge de Caille à Gréolières, où deux synclinaux cheminant de conserve semblent assez souvent s'anastomoser par confluence latérale et se réduire à un seul.

D'ailleurs, en ce qui concerne les axes, il apparaît, non moins évidemment, que fusion n'est pas confusion, et que chaque rapprochement momentané, dû soit à l'influence d'un pli recoupant, soit à une simple plongée locale de l'anticlinal séparatif, n'empêche pas celui-ci de reparaître bientôt, sur la même ligne, pour redisparaître, peut-être, un peu plus loin, mais assez pour montrer à tous les yeux, par un alignement médian de dômes étroits, courts ou longs, surgissant en crêtes jurassiques au milieu de la bande crétacée, comme des îles au milieu d'un courant, la séparation réelle, la persistante indépendance, l'individualité toujours renaissante de chacune des deux branches, parfois réunies, jamais unies.

Comment finissent les synclinaux. — Faut-il donc conclure de là, et de tout ce que nous avons dit avec tant d'insistance sur l'extension lointaine et la remarquable continuité des axes synclinaux à travers tous les obstacles, que nous irions jusqu'à leur attribuer cette autre vertu géométrique de la ligne, qui est, si elle ne se referme sur elle-même, de n'avoir pas de bouts, ou de les avoir à l'infini ? Certes je suis en droit et en devoir de dire que, *dans l'intérieur de mon cadre* (je souligne, en les répétant ici, ces mots dont la restriction formelle s'applique également à *tout* ce que j'écris n'ayant aucune prétention à conclure de ce que j'ai vu à ce que je n'ai pas vu, ni la moindre qualité pour des généralisations témérairement lointaines), dans mon cadre, donc, doublé d'une surface à peu près égale que j'ai pu étudier déjà sur son pourtour, je n'ai presque pas souvenir d'avoir vu jamais un synclinal tant soit peu important mourir tout doucettement de sa belle mort, sans résurrection ultérieure, par simple atténuation progressive et disparition finale de tout creux. Peut-être sera-ce le sort de quelques-uns de ceux que je n'ai pu encore poursuivre assez loin. Pour les autres, nous avons vu que la confluence deux à deux n'était que rarement une raison d'arrêt : reste à étudier la confluence à plusieurs, c'est-à-dire la fasciation palmaire ou radiée, la patte d'oie, ou l'étoilement complet.

Centres étoilés de plissement. — Dès le début de l'extension de mes recherches à quelque distance de mon clocher de Saint-Vallier-de-Thiey, j'avais été extrêmement frappé de voir venir converger de très loin, au sud, en se contournant, pour cela, d'une manière caractérisée, et l'un, même, en décrivant tout un quart de cercle autour de l'extrémité périclinale du large dôme entr'ouvert coté 660 sur la carte d'État-major, un grand nombre de plis qui, tous, semblaient s'arrêter net, au pied de l'enceinte préhistorique de Mauvans, à la limite des communes de St-Vallier et St-Cézaire, contre une grande ligne de discontinuité d'est à ouest, qui semblait leur barrer le passage (1). Depuis lors, j'ai vu se diriger vers le même point, ou son proche voisinage, d'autres plis, du plateau supérieur, lesquels, quoique sans correspondance marquée avec les précédents, complètent un exemple curieux de plissement étoilé, recouvrant le plan tout entier et non plus seulement deux cadrans comme je l'avais noté d'abord, ou un seul, comme me l'avait montré depuis longtemps le petit éventail plan de St-Vallier. Et plus j'étudiai minutieusement, sur cette donnée une fois acquise, tous les détails des alentours, plus je vis peu à peu se résoudre toutes les complications apparentes du terrain et se ramener à des tracés de plus en plus simples, se fondre dans une lumineuse harmonie, les incohérences les plus déconcertantes des contours relevés, en minute, à très grande échelle.

Cependant la forme contournée des rayons de l'étoile, le manque de symétrie de leur répartition angulaire et le caractère, enfin, simplement approximatif de leur homocentricité ne pouvaient me permettre de prévoir le cas d'une régularité quasi-géométrique qu'il m'était réservé de découvrir dans une région voisine, autour d'un point depuis longtemps connu des touristes, le Saut du Loup, entre les communes de Courmes et de Gourdon.

L'ombilic central. — Théoriquement, ne semble-t-il pas évident que si plusieurs axes synclinaux viennent se croiser exactement en un même point, on doit voir là, par simple sommation de toutes les forces dépressives, se produire une fosse, non plus simplement cruciale, comme dans le cas de deux synclinaux seuls, mais en ombilic véritable, entouré d'une couronne de petits froncements anticlinaux remontants ? Rien de pareil n'est observable à Mauvans où, dans le conflit incoordonné des saillies et des creux, ce sont les premières qui, le

(1) On peut voir sur le *globe orogénique* de M. Sacco (1897), à la pointe N.E. de la Sibérie, une convergence curviligne très analogue des lignes de « zones orogéniques » récentes.

plus souvent, l'ont emporté pour déterminer l'orographie des lieux. Tandis qu'au Saut du Loup, au point exact où se recoupent à angles droits deux immenses plis, dont l'un, sans qu'on aperçoive ses bouts, traverse avec de légères ondulations toute la carte en longueur, depuis l'extrémité occidentale de l'Audibergue jusqu'à la combe triasique de Vescagne, tandis que l'autre, absolument rectiligne, venu d'encore plus loin au sud, du cap d'Antibes même, après avoir découpé dans les barres du haut pays la terrasse de Courmettes, va dessiner encore le long plateau de Cipières, pour peu que l'on restitue par la pensée les parois démolies du vaste cirque de Courmes, les flancs rompus des plis déversés du nord de Gourdon, et surtout enfin les deux voûtes triangulaires, opposées par leurs pointes, dont la rivière continue à suivre, après effondrement, l'axe anticlinal, on aura la vision nette d'un ombilic géant au fond duquel viennent se jeter de tous côtés soit les larges et profondes ondulations du quadrant nord-ouest, soit les petits plis nombreux et serrés du quadrant nord-est, soit les énormes discontinuités de toute la moitié sud.

Regarde-t-on, simplement, telles que les a faites l'intensité des fractures et érosions, les parois actuelles, presque à pic, du vaste amphithéâtre ? on y lira, gravés en creux par les ravinements, dessinés en zig-zags sur les crêtes, ou en arcades sur les pentes, tous les détails de cette réunion de plis qui, avec la seule part de schématisation que commandent les nécessités du dessin et que légitiment les déductions géométriques et mécaniques tirées d'un ensemble de points de repère relevés sur le terrain, rend si extraordinaire le coin de carte où elle a été pourtant figurée sans artifice, en asservissant toujours strictement le raisonnement et la plume aux données de l'observation.

Si l'on trace sur le papier la figure d'ensemble de la vingtaine d'axes synclinaux qu'a révélés l'étude de tous les plateaux environnants, on obtient une étoile véritable à centre unique qui rappelle aussitôt la figure des lignes de fracture rayonnantes produites dans une plaque rigide par un choc central (Fig. 2). Le mode de divergence et de répartition des lignes, la courbure de quelques-unes et la rectitude des autres, et jusqu'aux différences apparentes d'intensité, tout complète une ressemblance, qui, tout en autorisant un rapprochement naturel entre les champs de plis rayonnés et les champs de fractures rayonnantes, ne saurait impliquer en aucune façon, pour ceux-là, ni même pour les grandes lignes de fractures réelles qu'ils comportent, une genèse identique.

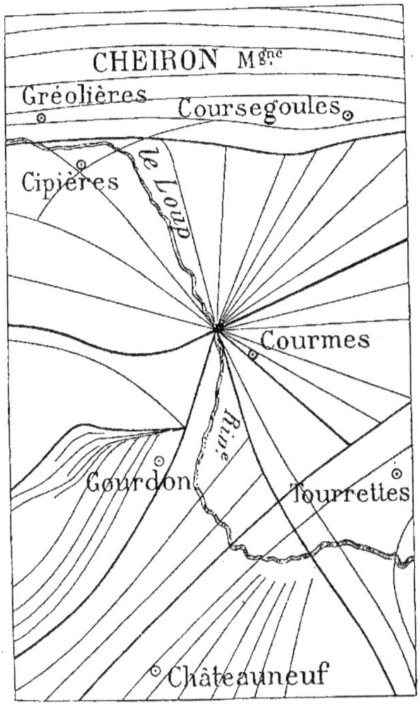

Fig. 2. — Schéma des axes synclinaux de la région du Loup. Échelle : 1/18.000.

Mécanisme de production des plis radiaires. — Évidemment, ce n'est point à une force centrale brusque et unique, agissant suivant la verticale, que doit son origine le centre affaissé du Saut-du-Loup. Mais si, réellement, il a commencé à se former sous l'influence du croisement de deux plis orthogonaux, il ne saurait être surprenant qu'il soit devenu le point de convergence — ou, bien plutôt, de divergence — d'une foule d'autres, par un mécanisme que nous pouvons, pour ainsi dire, prendre sur le fait, à un stade moindre d'évolution, en un point curieux de la commune de Brovès (Var), où viennent, près du lieu dit Paresse, se recouper presque à angle droit, deux synclinaux de moyenne importance.

L'angle nord-est est exactement bissecté d'abord par un synclinal moindre, puis l'angle de 45° lui-même par un autre encore plus petit, le tout représentant tout à fait bien, en travers du dôme anticlinal peu saillant, limité lui-même en rectangle, les fronces de coin d'un coussin mal tendu, c'est-à-dire exactement le contraire de ce que nous avons déjà vu sous forme de crevure près des pointes d'un bombement gonflé avec excès. Que le même mécanisme se répète avec précision à l'intérieur de chaque angle, et voilà formée une étoile complète, comme au Saut du Loup.

Arrêt brusque d'un faisceau parallèle. — Mais quelle que soit la régularité visible des phénomènes de la nature dès qu'on en dissèque à fond le mécanisme, il y a des réactions naturelles, des perturbations locales, qui en compliquent les manifestations. S'il était un pli qui semblât par sa direction devoir aller finir au centre commun de tous les autres, c'est assurément celui qui descend des hauteurs de La Malle, sur le village de Gourdon. Pourquoi, arrivé au niveau de celui-ci, change-t-il brusquement sa direction de sud-ouest à nord-est, pour piquer franchement à l'est, ce qui le jette obliquement par dessus plusieurs autres, d'abord parallèles, qu'il traverse, pour aller, de l'autre côté de la profonde vallée du Loup, marquer une encoche dans un des synclinaux miocènes de Courmettes ? Pourquoi l'anticlinal qui le borde au nord en pli-faille et qui, jusque-là, par la rupture de sa tête déversée, laissait paraître le Bajocien ou même l'Infralias de son noyau au-dessus du Crétacé, s'abaisse-t-il tout d'un coup en voûte oxfordienne régulière, en jetant en avant une nappe dont les plissottements, remplis par les bavures du Crétacé, font suite à d'autres descendus du col de l'Embarnier et semblent bien recouverts plutôt que recouvrants ? Autant de questions qui restent à résoudre, mais qui n'empêchent pas de remarquer le rôle d'arrêt que joue par sa déviation un pli important sur quatre autres qui le suivaient parallèlement dans son mouvement de courbure, et qui se voient ainsi barrer net le chemin de la grande convergence. Pris de court, ils n'ont même plus la ressource de se dévier, et vont tout droit se noyer dans le Crétacé de Gourdon, par autant de petites languettes, dont l'ensemble, exactement relevé sur le terrain, donne, sur le papier, la curieuse figure en dents de peigne, que nous citons moins à cause de son originalité graphique que comme exemple à noter d'un mode curieux de terminaison d'un faisceau de plis atténués, par butée contre un autre plus important.

Convergence au pied d'une barre. — Si le faisceau, au lieu de conserver son parallélisme, a une tendance à la convergence au pied d'une *barre* formant barrage, on obtient la figure en *patte d'oie* que réalisent en grand, d'une manière tout à fait remarquable, les plis de la région d'Escragnolles.

J'ai expliqué ailleurs (1) comment cette constatation, progressivement amenée par l'étude des régions circonvoisines, a éclairci sur place de la manière la plus simple tous les paradoxes stratigraphiques observables autour du célèbre gisement de Gault de la Collette de Clars, placé presque exactement à l'extrémité de l'une des interdigitations anticlinales de la palme synclinale. Plus tard j'ai vu se résoudre presque aussi simplement le problème des apparitions au milieu du bassin de confluence crétacé, d'îles jurassiques proéminentes, dans lesquelles il faut voir, non pas, suivant une explication facile à invoquer, mais inconciliable avec les particularités du terrain, des lames ou paquets de recouvrement posés sur le Crétacé, mais bien des réapparitions ondulatoires *per ascensum* d'axes anticlinaux près du point de butée, provoquées par le défaut d'homocentricité rigoureuse de la convergence et l'éparpillement sur une zone assez étendue du conflit de forces diverses et diversement dirigées (2).

Dernièrement enfin, une campagne spécialement faite dans ce but, m'a permis de démontrer la réalité du dédoublement du synclinal proprement dit d'Escragnolles, à partir de son élargissement, et la nature vraiment anticlinale, — ni tombée, ni charriée, mais réellement surgie, — de l'avant-chaîne de monticules qui suit parallèlement la courbure de l'anticlinal septentrional, en divisant en deux le synclinal crétacé et ajoutant ainsi un rayon de plus à la demi-étoile de plis (3).

Sans doute resterait-il à rechercher sur le versant nord de l'Audibergue, en plus du pli bien constaté que j'ai déjà relevé, si d'autres ne viendraient pas, de ce côté, compléter l'étoile entière. Mais, telle qu'elle est, et à cause de ses irrégularités mêmes, la convergence palmaire de Clars nous offre plus d'enseignements peut-être que la superbe mais trop géométrique convergence stellaire du Saut-du-Loup. Par son détail, elle nous éclaire sur le rôle des petits accidents anticlinaux, et par son ensemble elle nous confirme ce mode de terminaison des synclinaux qui consiste à se confondre en se heurtant à la discontinuité d'un grand anticlinal.

Terminaison en cascade. — Mais si cette dernière constatation se présente ici avec un caractère tout aussi naturellement

(1) B. S. G. F. (3) XXVII, 256. — 1899.
(2) A. F. A. S., XXXIX (1900).
(3) B. S. G. F. (3), XXVIII, 910. — 1900.

évident qu'à Gourdon, parce que la rencontre se fait par en en bas, au pied de la barre, il faut avouer que c'est d'une manière assez inattendue qu'en regardant tout le haut plateau qui domine au nord-ouest le synclinal de Mons, on voit s'arrêter net, après s'être jetés du haut de la barre, comme en cascade, dans ce synclinal inférieur, tous les plis dont l'axe vient recouper celui-ci à angles droits, à la fois dans le sens vertical et horizontal. Chacun marque bien, à travers la barre, cette véritable chute, par un accident local, mais en face, c'est à peine si la nappe inférieure du synclinal largement étalée accentue par une vague ondulation, l'incidence d'un mouvement orthogone épuisé sur place.

Résumé et conclusion. — On me fera sûrement remarquer que c'est là une exception caractérisée à la règle sur laquelle j'ai tant insisté, de la persistance des axes à travers tous les recoupements. Certes, opinerai-je ; mais l'exception, comme toujours, confirme la règle, et d'ailleurs je n'ai point du tout l'ambition de donner ce titre à la simple constatation personnelle, étroitement restreinte au champ de mes études, de ce fait matériel, que, presque toujours, pour peu que j'en prisse la peine, j'ai pu suivre presque indéfiniment un axe synclinal, et rarement en apercevoir, autrement que dans les cas spécialement décrits, la vraie fin. Évidemment tous ces plis qu'on voit sortir du cadre de la carte ont un aboutissement quelque part, et il est probable que le grand massif cristallin en doit arrêter plus d'un de ceux qui piquent droit au sud. Mais, pour beaucoup d'autres, je les ai vus d'ores et déjà s'élancer assez loin à l'ouest, pour aller rejoindre, en continuité certaine, ceux qui, à l'autre extrémité de la feuille de Castellane, remontent au nord tout le long de la Durance. Presque tous, par leurs relais en anses, autour de points de recoupement plus ou moins analogues à ceux dont nous avons pris quelques-uns en exemple, font mine de ne point du tout rester en arrière. Certes, je ne voudrais me permettre aucune prévision sur les régions que je n'ai point vues, soit à l'est, soit à l'ouest, mais on ne saurait m'empêcher d'exprimer la conviction que cette analyse détaillée d'un fouillis, en apparence inextricable, autorisera sans doute un jour de plus vastes synthèses, et l'espoir qu'elle permettra aux maîtres éminents de la géologie de rattacher à leurs vues d'ensemble l'humble effort local d'un ami désintéressé de la nature.

DU RÔLE DE QUELQUES BACTÉRIACÉES FOSSILES AU POINT DE VUE GÉOLOGIQUE

par M. B. RENAULT

Planches VII-IX.

La plupart des formes de Bactériacées vivantes, Micrococques, Bacilles, Streptocoques, Streptothryx... ont été retrouvées à l'état fossile, réparties dans les différentes assises sédimentaires, récentes ou anciennes, au sein de tissus animaux et végétaux, mais seulement lorsque ces tissus ont été protégés contre une altération complète par divers modes de fossilisation. Les Bactériacées ne se rencontrent dans les fragments d'os, de carapaces, d'écailles, de végétaux, etc., que lorsque ces débris ont été pénétrés d'une substance minéralisante telle que, par exemple : silice, phosphate ou carbonate de chaux, etc. On conçoit facilement que toute substance demeurée poreuse, exposée pendant quelque temps à l'action de l'eau et de l'air, a dû perdre peu à peu les traces des microorganismes qui y étaient accumulés. On est donc assuré que ceux qu'on observe dans une substance imperméable ont été emprisonnés lors de la fossilisation et qu'ils n'y ont pas été introduits, depuis, accidentellement.

Nous avons examiné des ossements fossiles (1) dévoniens non minéralisés il nous a été impossible de trouver aucune trace de Bactériacées ; des restes végétaux presqu'aussi anciens, pétrifiés par du carbonate de chaux, nous ont montré au contraire de nombreux Micrococques moulés et conservés par la roche calcaire. Parmi les substances qui nous ont transmis le plus nettement le moulage, quelquefois l'enveloppe plus ou moins altérée des Bactériacées, on peut citer le phosphate de chaux. Les coprolithes des schistes permiens, houillers, et anthracifères, nous ont fourni de nombreuses espèces de Bacilles dont quelques formes se rapprochent beaucoup de celles qui

(1) *Ctenacanthus* du Dévonien inférieur obligeamment mis à notre disposition par M. Œhlert, auquel nous adressons nos vifs remerciements.

provoquent actuellement la carie des os et des dents ; les Bactériacées disposées en chaînettes ou en chapelets occupent la cavité, les canalicules, des cellules osseuses, ou bien sont réparties dans les résidus pétrifiés de la digestion (1).

Bactériacées conservées par la silice

La silice nous a conservé fidèlement un grand nombre de ces infiniment petits emprisonnés dans les tissus végétaux, nous en citerons quelques exemples.

Sur la figure 1, pl. VII, on voit les restes d'un réseau polygonal représentant les sections des cellules d'une moelle d'*Arthropitus*, plante du terrain houiller supérieur ; à l'intérieur des mailles du réseau, se trouvent des masses sphériques composées d'un amas de Micrococques, ou zooglées bactériennes. Dans la portion de moelle représentée, ces cellules sont réduites à leurs membranes communes, ces minces cloisons disparues, les zooglées devenaient libres, déterminant autour d'elles le dépôt de la silice sous forme d'aiguilles cristallines (fig. 1, *a*), les sphérolithes se sont déposées successivement en même temps que d'autres débris, entre autres, des grains de pollen, mais qui n'ont pas déterminé autour d'eux la cristallisation de la silice sous forme d'aiguilles. Le tout a été cimenté par de la silice amorphe et constitue actuellement une roche dure et compacte, formant des bancs fragmentés dans les gisements permiens des Thélots, Margennes, près Autun. Les zooglées bactériennes ont donc donné naissance comme beaucoup d'autres corps solides microscopiques en

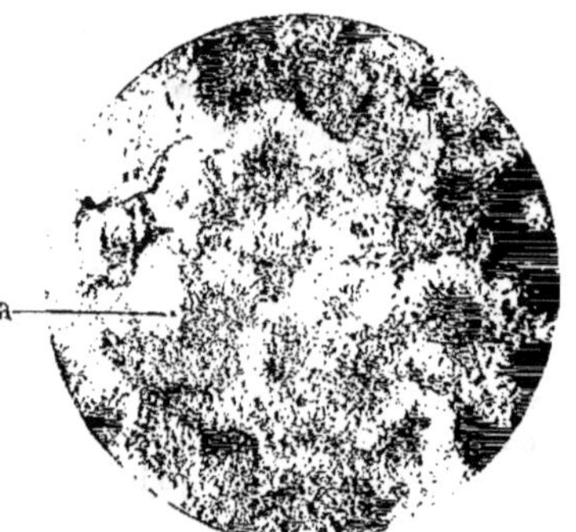

Fig 1. — Sphérolithes bactériennes. Grossissement $\frac{200}{1}$

(1) Les Bactériacées contenues dans les écailles et les os sont différentes de celles contenues dans les résidus de la digestion. Voir *Microorganismes des combustibles fossiles*. Bulletin de la Société de l'Industrie minérale, 1899-1900.

suspension dans des eaux minérales, à des roches de nature oolithique. Nous avons suivi tous les passages de la zooglée renfermée dans la cellule végétale, à celle incluse dans le sphérolithe radié de la roche siliceuse.

Ces Bactériacées ne se réunissaient en zooglées qu'après avoir détruit complètement les parois épaissies des vaisseaux et des cellules; avant cette destruction, elles étaient réparties à peu près uniformément à la surface interne. Nous donnons fig. 2, pl. VII, une colonie de *Bacillus ozodeus* fixée à la paroi interne d'un sporange de *Pecopteris asterotheca* provenant du terrain houiller de Grand'Croix, près St-Etienne. Ce Bacille se présente sous la forme de Bâtonnets, longs de 4 à 5 μ, à membrane très mince, le protoplasme de couleur foncée, se divise en masses distinctes qui forment des spores. Ce Bacille ne se rencontre qu'à l'intérieur des sporanges de Fougères.

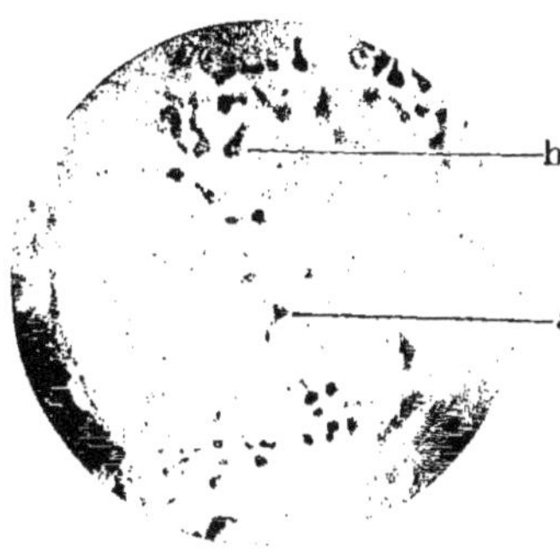

Fig. 2. — *Bacillus gomphosoideus*, pris dans un sporange de Fougère : *a*, Bacille terminé par deux spores; *b*, Bacille terminé en tête de clou Gross. : $\frac{600}{1}$

Le *Bacillus gomphosoideus* (fig. 2), se trouve également dans les fructifications de Fougères; il mesure 5 μ environ de longueur, l'enveloppe est mince, à peine distincte, le protoplasme se divise de bonne heure en masses irrégulières destinées peut-être, dans certains cas, à constituer des spores très petites mesurant 0 μ 4. L'une d'elles qui est à l'extrémité prend généralement aux dépens des autres un développement plus considérable et atteint 1 μ 8 à 2 μ; le Bacille rappelle sous cette forme le Bacille du tétanos.

Quelquefois deux spores se développent côte à côte, *a* fig. 2; ces spores peuvent germer et produire une Bactérie bifurquée.

Une troisième espèce de Bacille n'a été rencontrée comme les deux précédentes que dans les sporanges de Fougères et nullement dans les tissus avoisinants.

C'est le *Bacillus Gramma*, fig. 3, pl. VII. Les bâtonnets longs de 4 μ environ restent généralement groupés par deux, trois ou quatre ; comme ils sont repliés sous des angles variables, ils produisent des figures rappelant des lettres de l'alphabet, de là le nom spécifique de *Gramma*. Le protoplasme se divise de bonne heure en sphérules qui deviennent autant de spores mesurant o μ 5. Cette espèce a été rencontrée dans les silex permiens d'Autun et dans les silex houillers de Saint-Etienne. Nous pouvons considérer ces trois espèces comme ayant pour fonctions spéciales la destruction des épidermes résistants et des cuticules des fructifications de Fougères.

Mais avant la destruction totale de la paroi cellulaire, des groupes plus ou moins importants de cellules, de vaisseaux, quelquefois même d'organes, se séparaient et se déposaient pêle-mêle, de sorte que les magmas fossilifères des environs d'Autun, de Saint-Hilaire, de Grand' Croix, etc., qui représentent des fragments de la masse pétrifiés par la silice, réduits en plaques minces, montrent une grande variété de débris organiques dont l'aspect rappelle celui qu'offre un peu de tourbe délayée dans l'eau, et montée en préparations. Les débris organiques n'appartiennent plus aux mêmes genres ni souvent aux mêmes familles de plantes, mais l'état de division est analogue et paraît être le résultat, de part et d'autre, d'une action microbienne, ayant déterminé la destruction des membranes communes et la facile désunion des divers tissus.

La fig. 4, pl. VII, représente un petit fragment d'un magma de Grand'Croix réduit en plaque mince. En *a*, on aperçoit un sporange ouvert détaché d'une pinnule de *Pecopteris asterotheca*. En *b*, un macrosporange de *Sphenophyllum* détaché également de son sporangiophore, mais dont il a entraîné une partie, l'ensemble est vu sous un grossissement de 25 diam. Entre ces débris à structure reconnaissable il s'en trouve beaucoup d'autres complètement désorganisés et amorphes, d'aspect mucilagineux, plus ou moins colorés, provenant d'un travail microbien plus complet. Les cuticules, les enveloppes des spores, des grains de pollen, les cellules de l'épiderme, du liège, résistent davantage que les autres tissus. Les macrospores de *Sphenophyllum* vues sous un grossissement de 200 diamètres, fig. 6, pl. VII, sont arrondies ou polyédriques (1), leur enveloppe examinée avec un grossissement suffisant est réticulée, le

(1) Cette dernière forme provient de ce que les macrospores étant *jeunes* et en contact dans le sporange, leur pression mutuelle les a empêchées de prendre la forme définitive qui est sphérique quand elles sont à maturité.

même échantillon renfermait un fragment d'épi de *Sphenophyllum*. La fig. 5, pl. VII, montre une portion de paroi de microsporange grossie 200 fois, les microspores encore réunies en tétrades, mesurent 27 à 30 μ de diamètre, tandis que les macrospores citées en premier lieu atteignent près de 60 à 80 μ. Les *Sphenophyllum* sont des Cryptogames à microspores et à macrospores, c'est-à-dire hétérosporées.

L'exemple que nous venons de rappeler, entre bien d'autres, montre qu'à l'époque de la houille les fragments de plantes divers, réunis dans des marais ou des sortes de tourbières, ont pu être envahis par des eaux siliceuses, pétrifiés et conservés jusqu'à nous dans l'état où ils se trouvaient au moment de la minéralisation. Cet état accuse une décomposition souvent très avancée due au travail microbien dont on retrouve les auteurs nombreux et variés sur les fragments non encore détruits, il est vraisemblable que si les eaux minéralisantes n'étaient pas survenues la destruction aurait été complète.

Bogheads

2° On sait que les Bogheads sont dus à l'accumulation d'Algues d'eau douce au fond de lacs de faible superficie, répartis depuis le Permien jusque dans le Culm, souvent les genres varient avec l'étage et la région, de sorte que des prépararations faites dans le combustible permettent de reconnaître sa provenance exacte.

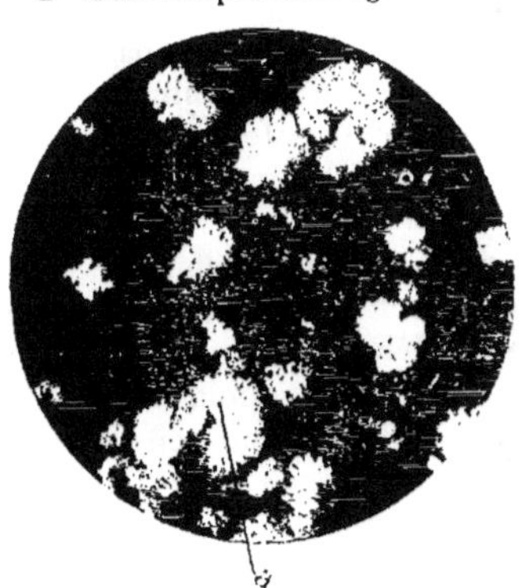

Fig. 3. — Boghead Armadale. *Pila scotica* et quelques jeunes *Thylax*. Gross. : 210 diam.

Le genre Pila, fig. 1 pl. VIII, se rencontre principalement dans l'hémisphère boréal.

Le Boghead d'Autun est formé par le *Pila bibractensis* algues sphériques creuses mesurant en moyenne à l'état adulte 170 μ de diamètre. Cette forme est très répandue et est représentée par huit ou dix espèces entre autres : par le *Pila scotica*, fig. 3, *a* dont les dimensions linéaires sont moitié moindres : le *Pila kentuckiana*, fig. 5, pl. VIII, encore plus petit et dont le diamètre atteint à peine 50 μ : par le *Pila Karpinskyi b*, fig. 4, pl. VIII, etc., qui accompagne d'autres Algues dans les charbons *lignitoïdes* du Culm du Bassin houiller de Moscou.

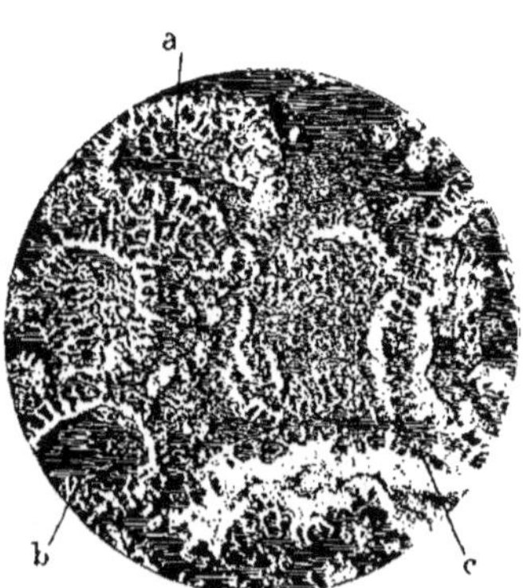

Fig. 4. — *Reinschia australis.*
Gross : 100 diam.
a, grand thalle avec une invagination ;
b, thalle moyen coupé diamétralement.

Différents genres sont caractéristiques pour les bogheads d'autres régions, les bogheads australiens et du sud de l'Afrique qui appartiennent au terrain permien, sont constitués par des Algues également globuleuses, mais de plus grandes dimensions, les thalles moyens mesurent 200 μ de diamètre, les grandes thalles plus du double. Comme les Pilas, ces Algues flottaient à la surface des eaux soutenues par les gaz qui se rassemblaient dans leur cavité, puis tombaient après leur mort au fond du lac.

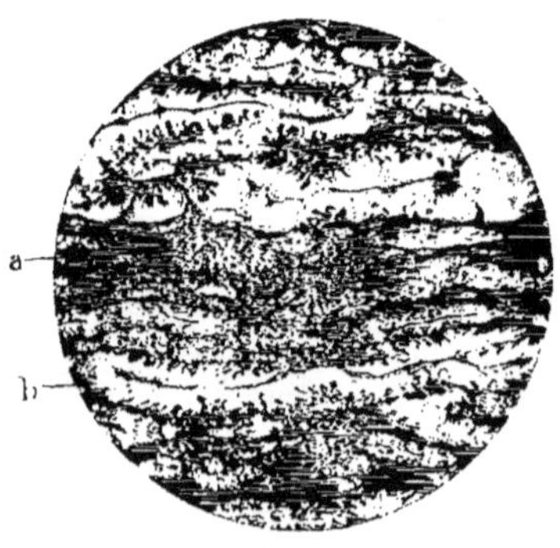

Fig. 5. — *Reinschia australis.*
Gross. : 100 diam.
a, très jeunes thalles ; *b*, grand thalle aplati, coupé perpendiculairement.

La fig. 4 du texte, représente une coupe faite parallèlement aux lits de stratification ; quoique les thalles soient aplatis on distingue la rangée de cellules qui composent l'enveloppe, la figure 5 se rapporte à une section perpendiculaire aux strates.

Certains bogheads anglais se reconnaissent à la présence d'Algues, *Thylax britannicus*, beaucoup plus petites, dont le diamètre moyen ne dépasse guère 42 μ., elles sont sphériques, *a*, fig. 3, pl. VIII, la cavité communique avec l'extérieur au moyen d'un assez grand nombre d'ouvertures. Au milieu des thalles adultes on en distingue d'autres beaucoup plus petits, globuleux, composés de quatre, huit... cellules, le *Thylax britannicus* associé au *Pila scotica* distingue le boghead Armadale d'Angleterre.

Nous pourrions multiplier les exemples, montrant que les bogheads se montrent partout composés de l'accumulation d'Algues plus ou moins altérées sous l'influence d'une macération prolongée, cette macération a déterminé l'apparition et la multiplication d'un nombre infini de Bactériacées que l'on retrouve dans la pulpe des parois des cellules et dans la matière de couleur brun foncé *phytozyme* plus altérée qui les entoure, cette matière provient sans doute, en grande partie, de la décomposition des Algues et des menus débris végétaux entraînés en même temps au fond des eaux tranquilles. Les Bactériacées sont surtout représentées par des Micrococques mesurant 0,4 et 0,9 les plus petits ayant porté leur action sur les membranes communes et les plus gros sur les épaississements. Ils ont été désignés sous le nom de *Micrococcus petrolei*.

L'analyse de plusieurs bogheads conduit à la formule approchée $C^2 H^3$, la transformation de la cellulose $C^6 H^{10} O^5$ en boghead est donc le résultat d'une déshydrogénation partielle, accompagnée d'une désoxygénation à peu près complète. On pourrait exprimer les réactions qui se sont produites par la formule suivante :

$$\underset{\text{Cellulose}}{C^{12} H^{20} O^{10}} = \underset{\text{Boghead}}{2\,(C^2 H^3)} + \underset{\text{A. carbonique}}{5\ CO^2} + \underset{\text{H. protocarboné}}{3\ CH^4} + \underset{\text{Hydrogène}}{2\,H.}$$

Tous les corps éliminés sont gazeux et se dégagent dans un certain nombre de fermentations actuelles.

Cannels coals.

Le microscope nous a appris que les Bogheads étaient dus à l'accumulation d'Algues diverses plus ou moins décomposées par le travail microbien. Soumis à la même méthode d'observation, les Cannels ont montré que leur constitution était due à une sélection différente portant non plus sur des Algues seulement, mais sur des fructifications de Lycopodiacées, de Fougères. microspores, macrospores, spores, plus rarement sur des spores et des grains de pollen, pour les cannels récents.

Les Algues sont peu nombreuses dans les cannels, elles ont été entraînées en même temps que les organes de reproduction que nous venons de citer, et n'ont pas vécu à la surface d'eaux tranquilles recouvrant les lieux mêmes où on exploite les couches de cannels, comme cela est arrivé pour les Algues qui ont prospéré là où se rencontrent les bancs de boghead.

Fig. 6. — Cannel Caney Creek (Kentucky). Gross. : 180 diam.
a, Microspore de Lycopodinée les angles sont arrondis.

Nous donnons fig. 6 du texte, une coupe faite dans un cannel du Kentucky dans laquelle on voit un nombre considérable de fructifications de Cryptogames, les unes à angles arrondis, les autres à peu près triangulaires. La plupart peuvent être considérées comme des microspores, provenant de la division de tétrades de Lycopodinées, nous avons rencontré fréquemment de ces tétrades, encore entières, rappelant celles des Lépidodendrées

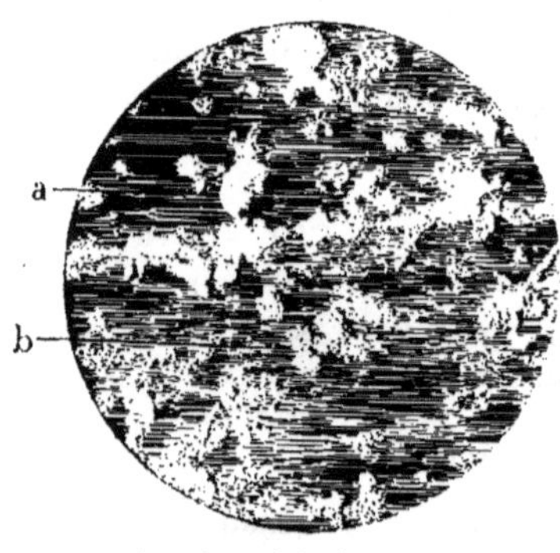

Fig. 7. — Cannel de Commentry. Gross. : 180 diam.
a, grain de pollen ; *b*, spores de Fougère.

Les macrospores sont également nombreuses, et souvent dans l'épaisseur des parois on découvre des mycéliums de champignons microscopiques. Presque tous les fragments contiennent en outre, des légions de microcoques.

La matière fondamentale, phytozyme, n'en laisse voir que difficilement, à cause de son opacité.

On sait que quelques combustibles de terrains plus récents

(houiller supérieur) présentent quelques analogies d'aspect et de propriétés avec les cannels du terrain houiller moyen, les préparations de ces charbons montrent la présence de nombreuses spores de Fougères, des grains de pollen de Cordaïtes. Les tétrades de microspores de Lycopodinées y sont assez rares, et nous n'y avons rencontré aucune Algue, mais les Bactériacées y sont très nombreuses.

Fig. 8. — *Cladiscothallus Wardi.* Gross. : 250 diam.

Les Algues qui accompagnent les fructifications de Cryptogames dans les cannels varient suivant les régions, le plus souvent ce sont des espèces du genre Pila, le cannel Bryant, par exemple, avec de nombreuses macrospores et microspores, contient une petite quantité de *Pila scotica* ; celui de Téberga (Espagne) avec des microspores de Lépidodrendrées, présente des *Pila lusitanica.*

Mais quelquefois on observe d'autres genres mélangés en petite quantité aux Pila ; dans la Cannel Davis Creek (Nouvelle Virginie) entre autres, l'Algue nouvelle appartient au genre *Cladiscothallus*, les thalles, au lieu d'être sphériques, sont aplatis, discoïdes, mesurent 81 μ de diamètre et se composent de plusieurs rameaux partant d'un centre commun, ces rameaux sont plusieurs fois dichotomes. Le plus souvent le corps de l'Algue, fig. 8 et 9 du texte, est réduit à l'état de pulpe, les cellules qui le formaient sont devenues indistinctes, mais la pulpe amorphe contient un nombre considérable de micro-

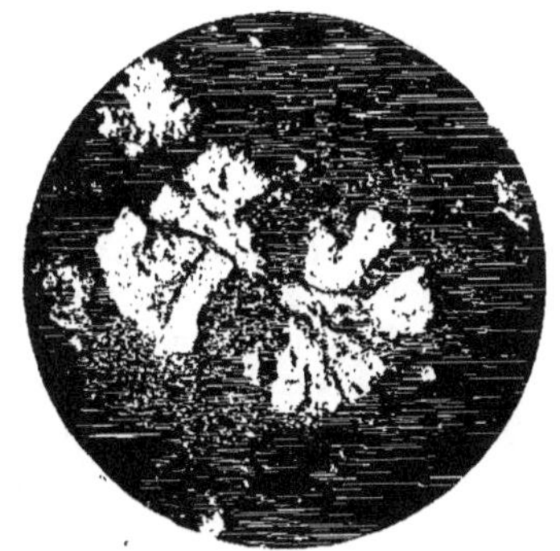

Fig. 9. — *Cladiscothallus Wardi.* Gross. : 250 diam.. Le thalle se divise en rameaux dichotomes.

coques visibles sous un grossissement de 600 diamètres.

La composition de quelques cannels conduit aux rapports suivants entre le carbone, l'hydrogène et l'oxygène $\frac{C}{H} = 14,4$, $\frac{C}{O} = 11$ la cellulose comme on le sait donne $\frac{C}{H} = 7,2$, $\frac{C}{O} = 0,9$, il y a eu déshydrogénation et désoxygénation.

Comparativement aux bogheads, les cannels renferment une proportion d'hydrogène deux fois plus faible et une quantité d'oxygène plus grande, puisque les bogheads tendent vers une élimination complète de cet élément.

La présence de nombreuse Bactériacées indique que la disparition de l'hydrogène et de l'oxygène à dû s'effectuer sous l'influence de fermentations microbiennes.

Les Bactériacées existent dans les tourbes et les lignites, comme l'a montré l'étude d'un grand nombre de tourbières, et de charbons lignitoïdes tels que ceux d'Advent-Bay (Spitzberg), de la Zsily (Transylvanie), des terrains liasiques du Turkestan, de Madagascar, de Tovarkowo, des mines d'Alexandrewski (Russie), etc.

Les charbons lignitoïdes de Tovarkowo et d'Alexandrewski, prouvent que les lignites se sont formés aux époques les plus anciennes aussi bien que la houille, et que la transformation de la cellulose en ces deux espèces de combustibles a pu être contemporaine, mais s'effectuer dans des milieux différents, c'est à dire pour les charbons lignitoïdes dans des marais, pour la houille, en eau profonde.

Le milieu paraît avoir eu plus d'influence que la nature des organes végétaux. En effet, le combustible de Tovarkowo débarrassé d'acide ulmique donne les rapports :

$$\frac{C}{H} = 7,6 : \frac{C}{O} = 5,1$$

celui d'Alexandrewski $\frac{C}{H} = 8,5 : \frac{C}{O} = 5$. C'est sensiblement le même rapport que fournit l'analyse des cuticules des plantes vivantes, Agave, Aloës, Lierre : $\frac{C}{H} = 7,2 : \frac{C}{O} = 5,1$.

C'est la limite que semble devoir atteindre dans certains marais, l'élimination de l'hydrogène et de l'oxygène par rapport au carbone, et cependant la composition organographique des charbons d'Alexandrewski rappelle en tous points celle des cannels ; ils sont formés essentiellement de fructifications de Cryptogames telles que des macrospores, des microspores, etc., mélangées à des *Pila Karpinskyi b*, fig. 4, pl. VIII, et à des *Cladiscothallus Keppeni*. Cette espèce d'Algue est composée de rameaux plusieurs fois dichotomes partant d'une souche commune et formant une touffe à peu près hémisphérique de 140 μ de rayon.

La figure 10 du texte, représente quelques thalles aplatis, la fig. 4, pl. VIII, un rameau détaché plusieurs fois dichotome, chaque rameau est formé de cellules, dont les parois ne sont plus guère visibles que grâce aux Micrococques qui les occupent, les Pilas sont également peuplés de corps coccoïdes et réduits à une sorte de pulpe où on ne distingue plus de structure ; comme on le voit, les éléments organiques qui ont donné naissance à ces charbons lignitoïdes sont de même nature que ceux des cannels, et cependant ces deux espèces de combustibles ont une composition chimique très différente ; particularité due, comme nous le croyons, à ce que les Bactériacées pouvaient, dans des eaux peu profondes, emprunter partiellement l'oxygène dont elles avaient besoin, à celui qui sature les couches superficielles en contact permanent avec l'atmosphère.

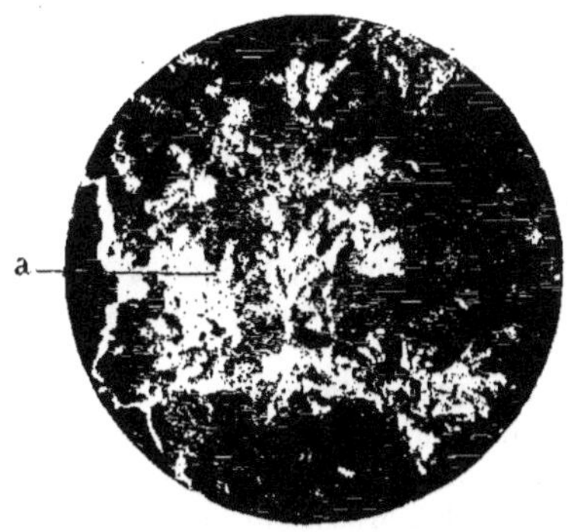

Fig. 10. — Thalles de *Cladiscothallus Keppeni*. Gross. : 140 diam.
a, les rameaux des thalles sont écrasés.

Houille.

Si les Bogheads paraissent différenciés par la prédominance d'Algues diverses, les Cannels par l'accumulation de fructifications de Cryptogames variés mélangés de quelques Algues qui ont été entraînées et se sont disposées en même temps, les Houilles du terrain houiller supérieur semblent résulter de l'accumulation, des différents organes végétaux, il n'y a pas eu une sorte de sélection, de triage dans les éléments organiques qui les constituent. Les feuilles, rameaux, bois, écorce, racines, quelques fructifications, etc., ont concouru à sa formation, nos préparations justifient la théorie de M. Fayol relative au transport des plantes, amenées pêle-mêle dans des lacs ou des estuaires et enfouies dans des eaux profondes, ces plantes, comme nous le verrons, ont pu être arrachées des rives et entraînées directement dans des lacs, ou séjourner quelque temps dans des marais avant d'y être transportées.

Dans beaucoup de préparations de houille l'altération des organes est assez complète pour qu'il soit impossible de reconnaître les tissus et d'en établir la provenance, la fig. 6, pl. VIII, représente une section faite dans un caillou de houille de Commentry, on n'y distingue que des zones ondulées entre lesquelles se trouvent des colonies de *Micrococcus Carbo a. b*, l'aspect de cette houille prouve qu'à un certain moment elle a joui d'une certaine plasticité qui a permis aux bandes stratifiées de se contourner sous l'influence de pressions latérales, sans être brisée.

D'autres fois la déformation a été moins complète, les différents fragments de plantes, quoique encore indéterminables, sont moins fusionnés, leur contour est souvent distinct, les uns laissent voir à leur intérieur des Microcoques, *a*, *c*, fig. 1, pl. IX, les autres des bacilles *b* ; beaucoup n'ont pas une transparence suffisante pour permettre d'apercevoir les Bactériacées ; ce rapide examen permet de conclure que les fragments ont été envahis par ces microorganismes indépendamment les uns des autres, et qu'ils se sont déposés déjà infectés et plus ou moins altérés.

Cette déduction est d'ailleurs confirmée par l'état de désorganisation fort différent qu'ils présentent dans un même morceau de houille, à côté de débris complètement amorphes, il en est d'autres dans lesquels on peut distinguer des vestiges de structure.

La fig. 11 du texte montre, en effet, un fragment de feuille coupé perpendiculairement au limbe, le contour de la feuille est indiqué par la cuticule *a*, qui se détache sous la forme d'une ligne incolore, immédiatement au-dessous se trouvent les cellules à parois sclérifiées de l'épiderme *b*.

En *c* on distingue moins nettement les cellules du mésophylle. Le grossissement n'est pas suffisant pour que les Micro-coques soient visibles, ils apparaissent sous un grossissement de 650 diam., principalement dans l'épaisseur des membranes communes qui sont incolores. Les fragments de bois houillifiés sont fréquents, mieux conservés et peuvent être très souvent rapportés à leur genre respectif.

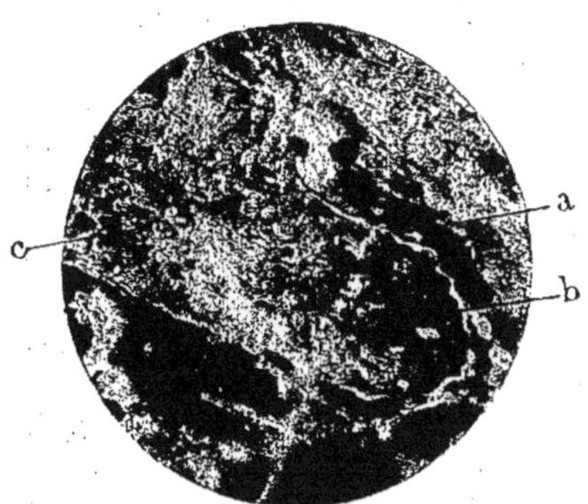

Fig. 11. — Fragment de feuille houillifiée, houille de Firmy, Decazeville. Gross. : 180 diam. *a*, cuticule · *b*, cellules en palissade et épiderme ; *c*, cellules du mésophylle.

La fig. 12 du texte représente une section transversale d'un bois de *Calomodendron striatum* de Saint-Etienne, la partie inférieure de la figure se rapporte aux bandes prosenchymateuses qui séparent les coins ligneux, la partie supérieure, un peu plus claire, aux vaisseaux ligneux. Les divers éléments du bois ont conservé leur disposition en bandes rayonnantes inclinées de gauche à droite sur la figure. Les cellules prosenchymateuses ont produit les bandes de houille *a*. Ces bandes sont séparées par des lignes plus claires représentant les rayons cellulaires ligneux, les Bactériacées sont visibles dans ces lignes plus claires et forment quelquefois des amas *b*. Ces Microcoques fossiles sont incolores comme l'on sait, et distincts seulement sous un éclairage spécial ; les bandes de houille *a*, provenant des épaississements des cellules, montrent également des Bactériacées

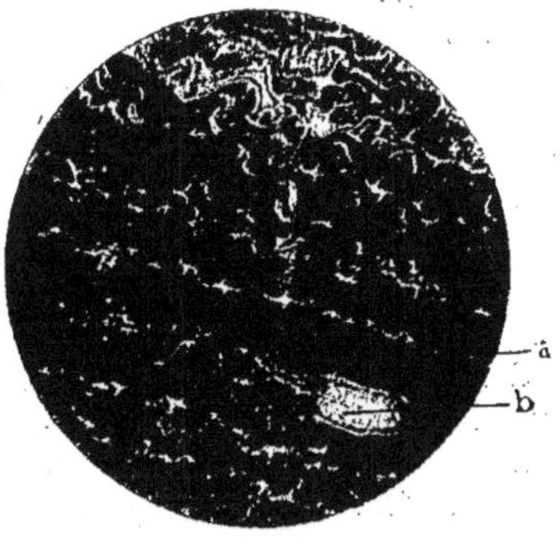

Fig. 12. — Coupe transversale d'un bois houillifié de Calamodendron. Gross. : 600 diam. *a*, houille provenant des épaississements ; *b*, lacune où se trouvent des colonies de Microcoques.

quand on parvient à leur donner une transparence suffisante.

Un examen attentif des préparations montre que les Bactériacées après leur pénétration dans les cellules ont transformé les épaississements en houille de couleur foncée qui remplit chacune d'elles sous forme de cylindre ; elles se sont arrêtées aux membranes communes, ou bien la houille de ces membranes est incolore et forme une sorte d'enveloppe claire qui limite la houille provenant des épaississements ; c'est à cette particularité que les divers tissus peuvent être reconnus.

La remarque sur la manière d'opérer des Bactériacées est d'ailleurs confirmée par les coupes longitudinales suivantes, la fig. 3, pl. IX, représente une section d'un fragment de bois houillifié d'*Arthropitus major*, grossie 650 fois, elle passe à la fois par les membranes communes *a*, des vaisseaux, et les cylindres de houille *b*, occupant l'intérieur des vaisseaux, comme la houille a joui d'une certaine mollesse pendant sa formation, il est arrivé assez fréquemment qu'une légère pression a déterminé la rupture des enveloppes formées par les membranes moyennes et déterminé la réunion et le mélange des cylindres de houille noire, sous forme de plages obscures plus ou moins étendues fig. 3.

Lorsque la section est dirigée de façon à comprendre, dans la préparation, plusieurs membranes communes comme dans la coupe radiale représentée fig. 5, pl. IX, le nombre des Micrococques que l'on peut découvrir est considérable, ils occupent, serrés, souvent en contact, l'épaisseur des membranes moyennes. Chaque micrococque se détache comme une sphérule blanche, mesurant 0,μ 4 à 0,μ 5 de diamètre, entourée de la houille noire provenant des épaississements. Le nombre des Bactériacées est tellement grand que ceux qui sont en contact forment des sortes de chaînettes et simulent des Streptocoques.

Au lieu d'être répartis presqu'uniformément dans les membranes communes, il peut arriver que les Micrococques forment des colonies extrêmement peuplées au milieu de la houille des épaissements *b*, fig. 12, du texte, et fig. 4, pl. IX ; dans cette dernière figure représentant un bois d'*Arthropitus* houillifié, sous un grossissement de 650 diam., on voit plusieurs colonies de Micrococques ; à la loupe au milieu de petites plages noires on aperçoit facilement les Micrococques incolores qui les ont produites et au milieu desquelles ils sont en quelque sorte restés emprisonnés.

L'absence de coloration des Micrococques au milieu d'une substance fortement colorée en brun foncé, est évidemment un fait remarquable qui prouve qu'ils ont eu un rôle plutôt actif que passif dans le phénomène de la houillification.

On peut se demander dans quelles circonstances les micro-organismes ont envahi en aussi grande quantité les divers fragments de végétaux. En outre de ceux répandus à profusion dans les rivières et les fleuves, dont la température, à cette époque, était des plus favorable et facilitait leur multiplication, il y avait les marais littoraux des deltas dans lesquels un grand nombre de plantes ont séjourné; ce séjour est prouvé par la présence de nombreux mycéliums de Champignons qui y ont vécu et *fructifié*. Nous donnons, fig. 2, pl. IX, une coupe longitudinale d'un bois houillifié, dans le tissu duquel s'est développé un mycélium d'Hyphomycète, *c*, dont les rameaux portent des conidies *b*, il est évident que ces mycéliums ne se sont pas développés dans les tissus depuis leur houillification, mais, lorsque les fragments de bois ont séjourné dans un milieu approprié ; or, actuellement les bois recueillis dans les marais, dans les tourbières, sont fréquemment envahis par des *Hyphomycètes*, il est logique d'attribuer la présence de Champignons dans les bois houillifiés, à leur séjour préalable dans des marais, où ils ont pu être infectés par des Champignons et des Bactériacées, entraînés ensuite par les crues et les inondations si fréquentes aux époques primaires, les Bactériacées ont continué de prospérer en eau profonde, et d'y déterminer une houillification plus ou moins complète.

L'analyse d'une houille pure provenant d'un bois de Cordaïte ou d'*Arthropitus* conduit sensiblement à la formule $C^9 H^6 O$, le rapport $\frac{C}{O} = 7$ et le rapport $\frac{C}{H} = 17$. Pour la cellulose, les mêmes rapports sont $\frac{C}{O} = 0{,}9$, $\frac{C}{H} = 1{,}2$.

En transformant la matière végétale en houille, les Bactériacées lui ont fait perdre les 4/5 de sa substance primitive, perte due à la production de produits gazeux tels que acide carbonique, hydrogène protocarboné et eau ; le cinquième restant est de la houille.

On pourrait exprimer à peu près par la formule suivante, la nature des réactions qui se sont produites :

$$(C^6H^{10}O^5)^8 = 2\,(C^9H^6O) + 14\,(CH^4) + 16\,CO^2 + 6\,H^2O.$$

Cellulose — Houille — Méthane — A. carbonique — Eau

Le composé solide C^9H^6O est la formule d'une houille pure, les produits gazeux ou liquides énumérés se forment dans un grand nombre de fermentations actuelles. En se transformant en houille les différents tissus végétaux ont subi suivant leur nature et la compression éprouvée ultérieurement, une diminution considérable comprise entre les $\frac{11}{12}$ et $\frac{29}{30}$ du volume primitif. La présence de produits gazeux encore retenus dans la houille par *affinité capillaire* et sous l'influence d'une certaine pression est rendue malheureusement trop certaine par les accidents qui se produisent si fréquemment dans les mines.

Un centimètre cube de la houille de la Bouble (Puy-de-Dôme), par exemple, contient 6,94 cent. cubes de gaz composés de 95,04 de méthane, 3,70 d'acide carbonique et 1,25 d'azote ; une partie de ces gaz se dégagent par simple pulvérisation, une autre par diminution de pression, une troisième qnand on chauffe au-dessus de 100° mais bien au-dessous, cependant, de la température de décomposition du charbon.

Le méthane et l'acide carbonique sont maintenus dans la houille non seulement par affinité capillaire, mais occupent, sous une certaine pression, de nombreuses vacuoles qui y sont creusées, les fig. 6, pl. IX, et 13 du texte montrent des préparations faites dans un bois d'*Arthropitus*, on voit en *a* et en *b* des *Micrococcus Carbo* isolés ou disposés en chaînettes, en *b* ou en *c* des *Bacillus Carbo*, et çà et là en *c* ou en *d* par exemple des vacuoles, les unes sphériques, les autres elliptiques ou plus ou moins irrégulières. L'intérieur de ces vacuoles est transparent et ne renferme que des gaz ; ceux-ci produits lors

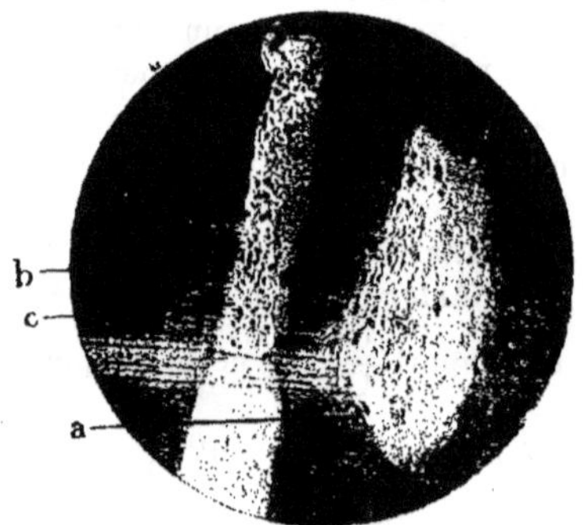

Fig. 13. — Houille d'*Arthropitus*. Gross. : 600 diam. *a*, *b*, *Bacillus Carbo*, *Micrococcus Carbo*.

de la fermentation provoquée par les Bactériacées que l'on distingue encore dans la houille qu'ils ont formée, n'ont pu se dégager entièrement à cause de la viscosité de la matière, et ils sont restés emprisonnés lors de sa dessiccation. On ne doit pas s'étonner, dès lors, que la pulvérisation de la houille mette en liberté une certaine quantité du méthane et de l'acide carbonique contenus dans ces cavités.

Les préparations faites dans la houille ordinaire laissent bien discerner également de nombreuses vacuoles, mais elles sont généralement comprimées et tellement déformées qu'on peut hésiter à y voir des poches à grisou microscopiques. La houille des troncs ligneux plus compacte, moins aplatie, plus homogène, permet, au contraire, de constater nettement à l'intérieur des cellules dont on devine les contours, la houille qui les remplit tenant en suspension des bulles gazeuzes et des Bactériacées.

L'analogie de formation existant entre la houille et les composés lignitoïdes, analogie portant sur la désoxygénation et la déshydrogénation de la cellulose sous l'influence microbienne, est confirmée par l'examen de préparations faites dans des pétioles de palmiers de l'étage tongrien; ici ce n'est plus de la houille qui remplit les cellules, mais la phytozyme des lignites; au milieu de la substance provenant de l'altération des parois, on remarque des vacuoles de formes variées, incolores, contenant ou ayant contenu des produits gazeux issus de la fermentation microbienne. Dans le cas présent, il semble que ce sont des Micrococques plutôt que des Bacilles qui l'ont provoquée, car on distingue dans et entre les bulles gazeuses un nombre considérable de ces organismes.

L'allure est sensiblement la même, qu'on l'observe dans les tourbes de notre époque, dans les lignites, ou que l'on s'adresse aux combustibles plus anciens. Le travail bactérien a pour résultat de part et d'autre, la déshydrogénation et la désoxygénation.

Le tableau suivant que nous rappelons confirme cette déduction.

Pour la cellulose et ses polymères :	$\frac{C}{H} = 7{,}2$;	$\frac{C}{O} = 0{,}9.$
Tourbes	$\frac{C}{H} = 9{,}8$;	$\frac{C}{O} = 1{,}8.$
Lignites	$\frac{C}{H} = 12{,}6$;	$\frac{C}{O} = 3{,}6.$
Cannels	$\frac{C}{H} = 14{,}0$;	$\frac{C}{O} = 11{,}0.$

Houille pure $\frac{C}{H} = 17,0 ; \frac{C}{O} = 7,2.$

Anthracite $\frac{C}{H} = 32,0 ; \frac{C}{O} = 32,0.$

Le terme final, s'il était atteint, serait la production du carbone.

Dans les quelques lignes qui précèdent nous avons exposé le rôle important que les infiniment petits ont joué dans la formation de quelques-unes des couches du globe, où on les rencontre en abondance :

1° en déterminant sous forme de zooglées, issues de la décomposition de plantes, la formation de roches oolithiques siliceuses à structure cristalline radiée.

2° en provoquant la décomposition *partielle* des végétaux dans des marais ou en eau profonde. Dans le premier cas, ils ont contribué à la formation des tourbes des lignites et des charbons lignitoïdes. Dans le second ce sont des Bogheads, des Houilles, des Cannels et des Anthracites qui se sont formés ; de part et d'autre. il y eu perte d'oxygène et d'hydrogène en plus grande proportion que de carbone, sous forme d'hydrogène proto-carboné et d'acide carbonique.

3° La nature des végétaux paraît avoir eu une certaine influence sur la qualité des combustibles produits.

a. — Les Bogheads ont été formés par l'accumulation d'Algues d'eau douce ;

b. — les Cannels, par une sorte de sélection portant sur des fructifications de Cryptogames et d'Algues d'eau douce, mais ce mélange n'a pas fourni nécessairement un produit identique ; dans les marais ce sont des Cannels lignitoïtes qui ont pris naissance (Charbons russes de Kourakino, d'Alexandrewski, etc.) ; en eau profonde, au contraire, ce sont les Cannels ordinaires (cannels anglais, espagnols, américains, etc.), qui se sont formés, se rapprochant plus des houilles que des lignites.

c. — Les Houilles résultent de l'assemblage de tous les organes des plantes, bois, écorce, feuilles, fructifications variées, etc... leur composition dépend de l'altération plus ou moins profonde que la fermentation microbienne leur a fait subir ; pour *certains* anthracites une autre intervention a eu lieu : celle de divers phénomènes de métamorphisme.

DES GISEMENTS DE MINERAIS DE FER OOLITHIQUES DE L'ARRONDISSEMENT DE BRIEY (Meurthe-et-Moselle)

ET DE LEUR MODE DE FORMATION

par M. **Georges ROLLAND**

Planches X et XI.

J'ai signalé en 1898 (1) la découverte de l'extension imprévue des gisements de minerais de fer oolithiques qui affleurent et sont depuis longtemps exploités sur une grande échelle dans l'ancien département de la Moselle, gisements dont le prolongement souterrain dans l'arrondissement de Briey et jusque dans la Meuse venait d'être constaté par de nombreux sondages d'exploration.

Une première partie de ces sondages fut exécutée de 1882 à 1886 sur les conseils de M. Genreau, alors Ingénieur en Chef des Mines à Nancy ; la seconde série principale date de 1892 et se termine à peine à ce jour. Au total, le nombre des sondages exécutés dans l'arrondissement de Briey s'élève actuellement à 161.

A ma communication de 1898 à l'Académie des Sciences, était jointe une première carte de la Topographie souterraine des gisements de minerais de fer oolithiques de l'arrondissement de Briey, réduction de celle que j'ai dressée pour le service de la Carte géologique détaillée de la France, et qui doit prochainement paraître sur les feuilles de Metz et de Longwy.

D'autre part, j'ai fait figurer à l'Exposition Universelle de 1900 (classe 63) un plan en relief ayant pour objet de représenter à plus grande échelle et d'une manière parlante aux yeux ces gisements souterrains, tant au point de vue géologique qu'en prévision des exploitations projetées, et de bien montrer leur allure, leurs pendages et leurs ondulations, leur puissance et leurs limites d'exploitabilité, les accidents qu'ils présentent, leurs affleurements à la surface et les sondages qui les ont explorés en profondeur, etc. Les éléments de ce plan en relief sont les mêmes que ceux de la carte précitée, et j'y ai coordonné d'une manière semblable, mais avec plus de détails, les indications que me fournissaient,

(1) Comptes-rendus de l'Académie des Sciences, Paris, 17 Janvier 1898.

d'une part, les terrains de la surface, dont j'avais étudié la géologie pour le service de la Carte, et, d'autre part, les coupes des sondages de recherches, au sujet desquels de nombreux renseignements m'ont été obligeamment fournis par les ingénieurs des Mines de Nancy, M. Cousin d'abord, puis M. Villain, ainsi que par les industriels.

Depuis lors, M. Villain, dans le service duquel rentre l'arrondissement de Briey et qui a pu étudier d'une manière particulièrement complète les sondages exécutés dans cette région, a fait, le 27 juin dernier, devant la Société Industrielle de l'Est, une conférence très documentée sur les gisements de minerais de fer en Meurthe-et-Moselle, à la connaissance desquels ses travaux apportent une importante contribution. A ce propos, il a développé une théorie déjà soutenue par lui pour expliquer le mode de formation des minerais de fer oolithiques de Lorraine, théorie dite des *failles-nourricières*.

Je crois intéressant de résumer à nouveau, devant le Congrès géologique international, les traits caractéristiques des nouveaux gisements dont la découverte dans l'arrondissement de Briey fut un véritable événement pour la métallurgie française, et d'examiner ensuite ce que, dans l'état actuel de la science et avec toutes les données dont on dispose ici, l'on peut induire quant à leur mode de formation.

I. — Description des gisements

On me permettra de me référer à la description que j'avais donnée des gisements en question dans ma communication à l'Académie des Sciences, et il me suffira d'ajouter quelques indications complémentaires, également succinctes, pour mettre à jour mon exposé.

« On sait que la formation ferrugineuse de la Lorraine se
» place en haut du Lias supérieur, au dessous de l'étage
» des calcaires du Bajocien, dont elle est séparée par un
» petit massif de Marnes dites micacées, et au dessus des
» Grès et Marnes supraliasiques avec pyrites.

» Elle affleure à la surface suivant une large zone, qui
» s'étend d'abord de l'Ouest à l'Est au travers de la région de
» Longwy, ainsi que sur la bordure limitrophe de la Belgique
» et dans le Luxembourg, puis qui, tournant à angle droit et se
» dirigeant du Nord au Sud, règne en Lorraine annexée le
» long de la frontière jusqu'au delà de Metz, et se retrouve
» plus loin dans la région de Nancy. Les couches de minerai

» y sont exploitées soit au moyen de galeries ouvertes à » flanc de coteau, soit à ciel ouvert. La formation offre une » allure lenticulaire ; elle varie, tant comme puissance totale » que comme nombre de couches et composition. Sa plus » grande puissance se rencontre entre Hussigny, Villerupt, » Ottange et Esch ; à la Côte Rouge, elle atteint 27 mètres, et » l'on peut y voir cinq couches, toutes exploitées, représentant » ensemble 16 mètres de minerai. A l'autre extrémité du bas- » sin de Longwy, près de Gorcy, elle n'a plus que $4^{m}65$, avec » une seule couche. Les minerais sont siliceux dans l'Ouest de » ce bassin et calcarifères dans l'Est.

» La formation ferrugineuse, dont les affleurements forment » ainsi une demi-ceinture dans le Nord et à l'Est de l'arron- » dissement de Briey, plonge vers l'intérieur avec un pendage » général à l'Ouest-Sud-Ouest et s'enfonce, en augmentant de » puissance, à des profondeurs croissantes sous le Bajocien et » le Bathonien. Les épaisseurs de terrains superposés appro- » chent de 300 mètres vers l'Ouest, où la formation pénètre » dans la Meuse. De proche en proche, les sondages ont » démontré son extension souterraine sur près de 40 kilom. » du Nord au Sud et sur 7 à 24 kilomètres de l'Est à l'Ouest. » La superficie totale sous laquelle les gisements ont été jus- » qu'ici reconnus exploitables peut être évalué à 54.000 hectares. » J'ai tracé approximativement sa limite à l'Ouest ».

A vrai dire, j'ai été large dans l'appréciation de ce qui pouvait être considéré comme, un jour ou l'autre, *exploitable*. J'y ai classé toute région qui possède au moins une couche de $1^{m}75$ d'épaisseur avec 30 pour 100 de fer (avec quelque latitude en plus ou en moins suivant les proportions de chaux ou de silice). Pour le moment et en l'état actuel de l'art d'exploitation des mines et des procédés de la métallurgie, les régions réellement utilisables ne semblent guère atteindre que le chiffre, déjà fort considérable, de 40.000 hectares, et c'est dans ces environs, en effet, que se tient le total des superficies aujourd'hui concédées (avec un reliquat restant à concéder). Néanmoins j'ai cru intéressant de maintenir la limite d'exploitabilité telle que je l'avais conçue, ne fût-ce qu'à titre d'indication éventuelle pour l'avenir.

« Elle figure, en grand, trois promontoires allongés vers » l'Ouest et le Sud-Ouest. Au Nord, c'est l'ancien *bassin de* » *Longwy*, où existe un premier groupe de concessions, dont une

» grande partie des minerais a déjà été extraite, et qui, en y » adjoignant quelques concessions récentes au Sud-Est, représente » 10.622 hectares. Au centre et au Sud, c'est le nouveau *bassin* » *de Briey* (pl. X et XI), où l'on peut distinguer deux régions. » La région méridionale de Briey, Conflans, Batilly, est dite » parfois *bassin de l'Orne* ; elle possède un second groupe de » concessions, accordées à la suite des sondages de 1882 à 1886 » et comprenant 16.147 hectares; on y trouve déjà deux sièges » d'extraction par puits, à Jœuf (1) et près d'Homécourt (2) » et trois autres en préparation à Auboué (3), Homécourt (4) et » Moutiers (5). La région centrale enfin, que j'appellerai *bassin* » *d'entre-Moselle-et-Meuse,* entièrement nouvelle et découverte » depuis 1892. » Celle-ci s'étend, d'une part, le long de la frontière d'Alsace-Lorraine, d'Avril à Audun-le-Roman et au-delà, et d'autre part, vers l'Ouest-Sud-Ouest sous forme d'un promontoire allongé, dont l'axe passe aux environs de Landres et qui se termine vers Eton, dans la Meuse, par une sorte de cap étroit.

Le troisième groupe de concessions qui viennent d'être instituées dans ce bassin central, en 1899 et 1900, offre une superficie de 13.010 hectares, et l'administration des Mines considère qu'il y reste encore un millier d'hectares à concéder. Un sixième siège d'extraction s'y trouve en préparation à Tucquegnieux (6), et d'autres y sont d'ores déjà décidés par divers concessionnaires.

Quant aux trois nouveaux sièges que je citais en 1898 comme en voie de création dans le bassin de l'Orne, les travaux s'y poursuivent activement.

Avant peu d'années, les exploitations souterraines du bassin de Briey fourniront sans aucun doute des quantités considérables d'excellents minerais de fer à l'industrie française.

« Sous le bassin de Briey, la formation présente jusqu'à six » couches distinctes de minerai, savoir, de haut en bas : deux » couches dites *rouges*, la *jaune*, la *grise*, la *noire* et la *verte.* » Mais habituellement il n'y a qu'une couche rouge; la jaune » peut manquer, et souvent la verte et la noire. Il ne faut » donc compter que sur quatre couches ou même trois, dont une » ou deux exploitables. La couche grise est la plus régulière; » normalement c'est la plus épaisse, la plus riche, la meilleure

(1) MM. de Vendel et Cie.
(2) Société de Vezin-Aulnoye.
(3) Société des hauts-fourneaux et fonderies de Pont-à-Mousson.
(4) Société de Vezin-Aulnoye.
(5) Société métallurgique de Gorcy.
(6) Société des Aciéries de Longwy.

» comme qualité, avec gangue calcarifère (sauf vers le nord).

» La puissance totale de la formation, y compris le toit » (en sables ou calcaires ferrugineux) et les stériles entre les » couches de mine, varie entre 19 à 53 mètres. Quant à la » couche grise, elle a 1m80 à 9m60 (1) (épaisseur maxima vers » Landres); elle renferme généralement de 30 à 40 pour 100 » de fer, sur 2 à 4 mètres (avec 3 à 14 pour 100 de chaux); » on y rencontre parfois des niveaux plus riches, mais ce » sont des exceptions. »

Sur la carte jointe à ma communication de 1898 à l'Académie des Sciences, j'avais choisi le mur de la couche grise pour figurer la topographie souterraine du gisement. Depuis lors, sur la carte géologique de France au $\frac{1}{80.000}$. (feuilles de Metz et de Longwy), j'ai jugé préférable, tout bien pesé, de représenter le toit de la formation ferrugineuse (au dessous des Marnes micacées) (2); de même sur mon plan en relief de l'Exposition (échelle du $\frac{1}{25.000}$ pour les bases) (2). Mais sur les cartes au $\frac{1}{160.000}$. jointes au présent mémoire (pl. X et XI), j'ai dû revenir au mur de la couche grise (3), eu égard à l'étude qui va suivre concernant la genèse des minerais.

A l'inspection de ces cartes et aussi des coupes géologiques que j'ai dressées (4), on jugera bien de l'allure de la formation. « Non seulement celle-ci est lenticulaire, mais, loin » d'être plane, elle offre des alternances fort intéressantes de » ploiements synclinaux et anticlinaux à faible courbure.

» De distance en distance, le bassin de Briey est traversé » par des failles importantes, qui se poursuivent en Lorraine » annexée. Leur direction oscille du N 29° E au N 52° E... » Les failles principales sont accompagnées d'un système » parallèle de failles secondaires et de lignes de cassures. Les » terrains sont traversés, en outre, par un second système de » cassures sensiblement perpendiculaires. Le bassin de Briey » se trouve ainsi divisé en compartiments plus ou moins » grands; certaines parties sont littéralement hachées. »

(1) Chiffre modifié d'après un nouveau sondage près de Landres.

(2) Les altitudes y sont indiquées au moyen de courbes de niveau équidistantes de 10 mètres.

(3) Vu leur petite échelle, les courbes de niveau n'y sont tracées que tous les 20 mètres.

(4) Sur la carte géologique de France (feuille de Longwy), on trouvera quatre grandes coupes géologiques, l'une longitudinale et les trois autres transversales, des bassins miniers de l'arrondissement de Briey.

Je citerai les failles de Crusnes (100 mètres de rejet un peu au Sud-Ouest de Crusnes) et de Bonvillers (75 mètres de rejet un peu au Sud-Ouest de Mont), la faille d'Audun-le-Roman, la faille d'Avril (60 mètres de rejet un peu au Sud-Ouest d'Avril), la faille de l'Orne, etc. Comme pour tout ce qui concerne cette topographie souterraine, en général, les failles ne sont représentées sur mes cartes que dans la partie française. Ainsi on n'y voit pas la faille de Fontoy, en Alsace-Lorraine ; d'ailleurs celle-ci « meurt à la frontière, mais » sur son prolongement, on remarque un fond de bateau, » passant par Tucquegnieux. »

« Les sondages ont rencontré l'eau à des profondeurs très » variables sous la surface ($0^{m}60$ à 70 mètres). Le plus sou- » vent son niveau est resté stationnaire. Parfois il a baissé. » Plus souvent il a monté, par suite de la rencontre de nappes » ascendantes (principalement dans la formation). A signaler » enfin huit sondages et un puits jaillissants, situés soit vers » l'aval pendage de la formation, soit à proximité de failles. »

« La question de l'épuisement des eaux ne laisse pas que de » préoccuper vivement pour les futures exploitations du bassin » de Briey. Règle générale, le gisement ferrugineux est plus ou » moins aquifère. Toutefois, quand on pourra choisir des massifs » de terrain non disloqués, on aura chance de ne rencontrer que » peu d'eau dans les travaux ; mais des mesures devront être » prises pour faire face à des venues d'eau brusques et abon- » dantes, toujours à craindre dans des terrains aussi fissurés ».

II. — Mode de formation

Je voudrais maintenant, sur le conseil de géologues éminents, MM. Marcel Bertrand, de Lapparent, Munier-Chalmas, mettre à profit les éléments exceptionnellement nombreux d'appréciation que l'on possède au sujet des régions considérées, pour voir quelles conclusions l'on peut en tirer relativement au mode de formation de ces gisements de minerais de fer oolithiques de Lorraine et des minerais analogues.

M. F. Villain, ai-je dit, a cherché à l'expliquer par la théorie des failles nourricières. Prenant comme exemple la couche grise, il admet qu'au moment de son dépôt, le relief du fond de la mer liasique affectait déjà une configuration se rapprochant sensiblement de celle que nous trouvons actuellement au mur de cette couche. Il suppose que des sources ferrugineuses, où le fer était surtout à l'état de carbonate, débouchaient dans le fond de la mer en certains points des failles qui sillonnent la contrée (le carbonate de fer se décomposant ensuite en oxyde, etc.). D'où formation de dépôts ferrugineux, d'allure lenticulaire, sinon au voisinage immédiat des sources, du moins sur les parties déclives ou situées en contre-bas des points d'émission (avec enrichissement au bas des pentes rapides et appauvrissement vers les points relativement surélevés).

Au premier abord, cette théorie peut paraître séduisante ; mais elle ne cadre guère avec les idées régnantes en géologie, où le mode de formation geysérienne est peu en faveur pour de semblables gisements ferrugineux, surtout depuis les observations de M. Munier-Chalmas sur les bords du plateau central. D'une manière générale, les minerais de fer oolithiques sont considérés comme sédimentaires et contemporains des couches qui les renferment, comme des formations littorales dont les divers matériaux étaient apportés par des eaux continentales dans des estuaires maritimes ; leurs oolithes ferrugineuses ont dû être formées (à la manière des oolithes calcaires) par la précipitation du carbonate de fer se trouvant en dissolution dans les eaux marines ; les sels qui leur ont donné naissance provenaient de continents voisins et résultaient soit de la décomposition de pyrites de fer, soit de la décalcification de calcaires ferrugineux.

Il est invraisemblable que la topographie actuelle de ces couches souterraines représente les reliefs du fond de la mer contemporaine de leur dépôt ; elles doivent plutôt s'être déposées horizontalement ou à peu près, leurs variations d'épaisseurs s'expliquant par des affaissements locaux, par des mouvements de descente plus rapide en certains points du bassin, ainsi que M. Munier-Chalmas l'a montré pour le bassin de Paris (1). Les plissements synclinaux et anticlinaux à faible courbure que présente actuellement l'ensemble de la formation, sont dus à des modifications d'équilibre bien postérieures (à des pressions dont les failles ont pu être les corollaires). Les failles qui affectent ces couches de minerais du Lias supérieur de Lorraine, en même temps que le Bajocien et le Bathonien superposés, sont d'âge sans doute tertiaire et en tout cas post-jurassique. Elles peuvent avoir joué à des époques successives,

(1) Sur les plissements du pays de Bray (*Comptes rendus de l'Académie des Sciences*, t. CXXX, p. 955).

mais jamais l'on n'a démontré stratigraphiquement leur préexistence par rapport à la formation des minerais (1).

A l'appui de sa thèse cependant, M. Villain donne une série d'arguments basés sur la répartition des minerais. Certains exemples cités par lui semblent *a priori* lui donner raison ; mais sa démonstration est loin d'être générale, et l'on peut lui objecter qu'il fait un choix quelque peu arbitraire entre les failles qui auraient été nourricières ou non.

De mon côté, je me suis proposé, suivant l'avis de M. Marcel Bertrand, d'étudier méthodiquement, sans hypothèse préalable, le mode de distribution des minerais de fer en question, afin de voir s'il s'en dégage vraiment un semblant de loi. A cet effet, j'ai considéré spécialement aussi une phase déterminée, la principale, dans la formation de l'Oolithe ferrugineuse de Lorraine, savoir celle qui correspond au dépôt de la *couche grise.* Avec les renseignements que M. Villain lui-même a eu l'obligeance de me communiquer, j'ai tenu compte, à chaque sondage, de son épaisseur et de sa teneur moyenne en fer, et j'ai pu tracer les courbes approximatives d'égales *épaisseurs*, d'égales *teneurs* et d'égales *richesses* (en entendant par richesse la quantité totale de fer par mètre carré sur toute l'épaisseur de la couche) ; puis j'ai appliqué successivement ces trois genres de courbes sur la carte où figuraient déjà les courbes d'*altitudes* du *mur de la couche*, ainsi que les *failles*.

J'ai l'honneur de soumettre en réduction au Congrès géologique international deux de ces cartes comparatives (pl. X et XI) (1). Or, en les examinant, on n'aperçoit nullement que ni l'épaisseur, ni la répartition du fer offrent aucune relation générale, régulière, ni avec la topographie souterraine, ni avec l'emplacement des failles.

Ainsi, par exemple, considérons le bassin central d'entre-Moselle-et-Meuse. On y observe bien, entre les failles d'Avril et d'Audun-le-Roman, une augmentation graduelle d'épaisseur et de richesse qui coïncide avec un thalweg souterrain, sur le prolongement de la faille de Fontoy. Par contre, rien de semblable ne se constate à l'Ouest, dans la région des plus grandes épaisseurs et des plus fortes teneurs (épaisseur maxima, 9m60, à Landres ; teneur maxima, 45 %, à Joudre-

(1) D'ailleurs, même si elles avaient préexisté, les grandes épaisseurs de marnes sous-jacentes (Marnes à *Posidonies*, Marnes irisées) n'eussent guère offert des conditions favorables pour l'émission et la circulation d'importantes quantités d'eaux geysériennes.

ville) ; on y voit les zones de plus grande épaisseur chevaucher sur un pli anticlinal des couches ; pourquoi et comment les dépôts ferrugineux de cette remarquable région auraient-ils été alimentés par la faille soit disant « nourricière » de Bonvillers ? on ne s'en rend pas compte. A cette région riche on peut opposer la région pauvre située au Nord-Est, que traverse cependant la faille encore plus importante de la Crusne.

Mais les cartes comparatives dont il s'agit sont assez parlantes aux yeux pour qu'il semble inutile d'entrer dans une critique détaillée à leur sujet, et il est évident qu'aucune loi, même apparente, ne s'en dégage. Elles n'en sont pas moins instructives.

Les variations d'épaisseur montrent que, pendant le dépôt des minerais, il s'est formé de petites cuvettes synclinales aux endroits où la descente du bassin était plus rapide, et résulte de la superposition des couches que la topographie ancienne était complètement différente de la topographie actuelle. D'autre part, les zones de plus grandes richesses semblent, règle générale, indépendantes des failles. A mon sens, les failles recoupent, sauf exception, d'une manière quelconque les gisements ferrugineux (soit dit sans contester que certaines puissent se placer en bordure de bassins locaux de plus grande épaisseur, abaissés par rapport aux régions latérales). Je crois également qu'en principe, et sauf preuve du contraire, les couches de minerais de la formation, quand elles sont recoupées par une faille avec dénivellation, se correspondent sur les deux lèvres de la cassure (sauf phénomènes d'enrichissement du côté abaissé, sous l'influence de la circulation des eaux souterraines drainées par cette faille).

Que si l'on compare les courbes d'épaisseur et de teneur en fer, on trouve souvent entre elles une concordance grossière, permettant de dire alors que l'épaisseur et la teneur varient dans le même sens d'une région à l'autre. Mais ailleurs on observe l'inverse, et il n'y a plus de relation quand on entre dans les détails ; en effet, les oolithes ferrugineuses ayant dû être distribuées par des courants marins, on comprend que de légères variations dans l'intensité de ceux-ci aient amené par places une plus grande quantité de matières stériles ou inversement.

Ma conclusion générale est que ces minerais de fer oolithiques sont bien de nature sédimentaire et d'origine continentale.

(1) Les courbes d'épaisseur y sont tracées de mètre en mètre. Les courbes de richesse indiquent les tonnes de fer par mètre carré.

PLANCHES

CONGRÈS GÉOLOGIQUE INTERNATIONAL

VIIIe Sess. 1900

Planche I

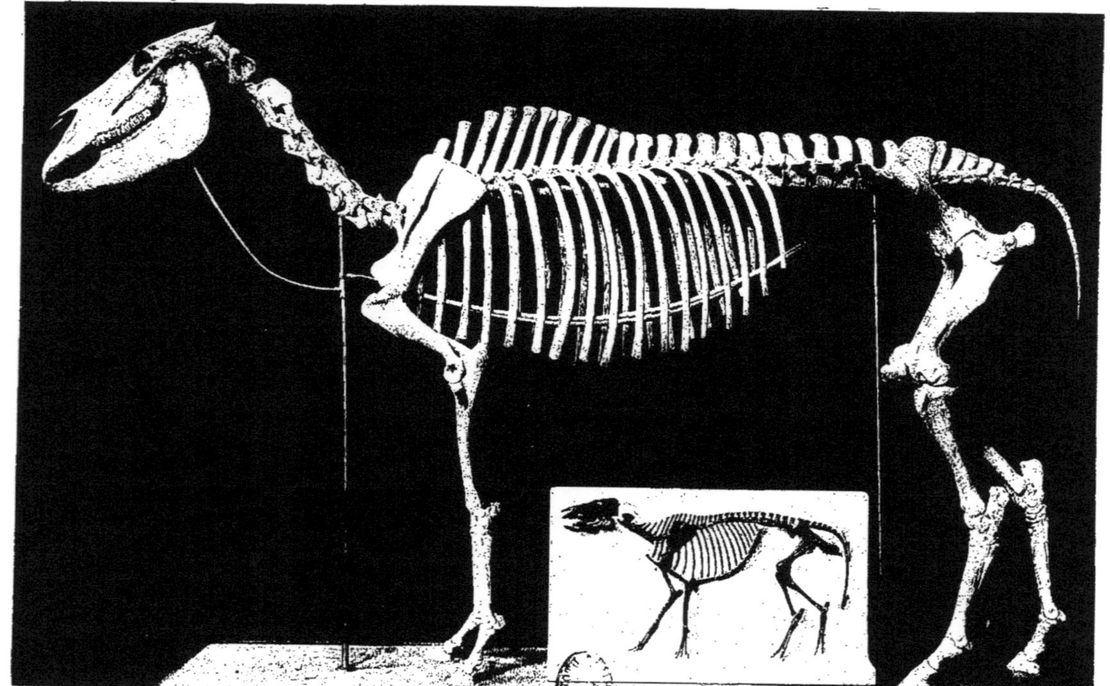

Phototypie Pilarski

Paris

SQUELETTE DU PROTOROHIPPUS

On a placé au-dessus, pour la comparaison, le squelette de l'EQUUS SCOTTI

C. Knight pinxit. — Osborn direxit

Phototypie Pilarski à Paris

RESTAURATION DU PROTOROHIPPUS

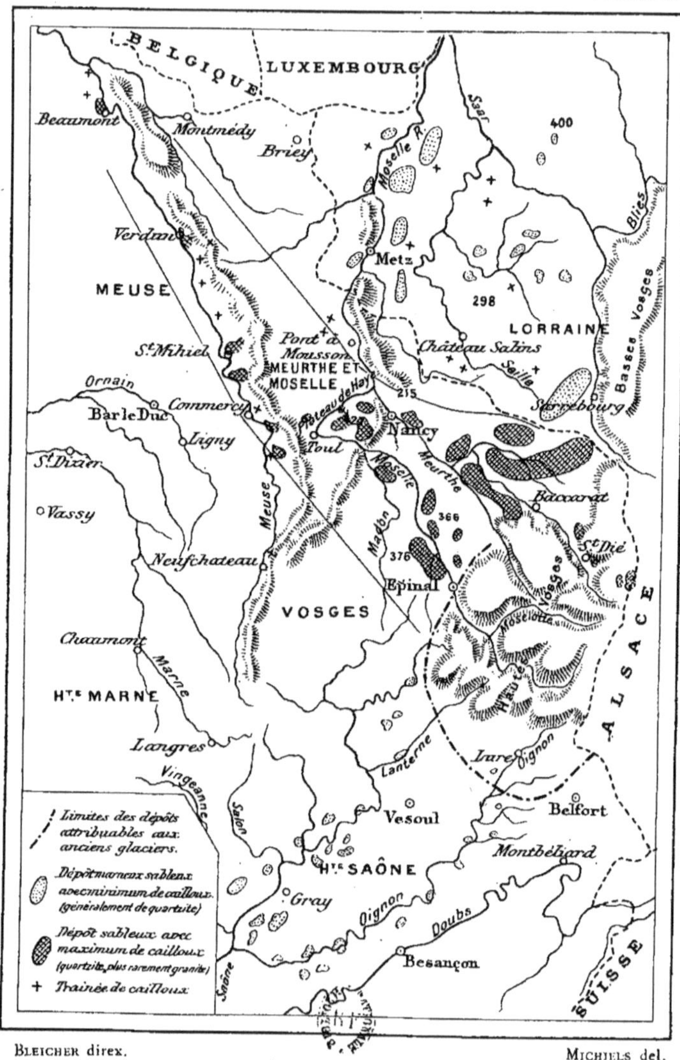

BLEICHER direx. MICHIELS del.

RÉPARTITION DES ÉLÉMENTS DE DESTRUCTION DES VOSGES

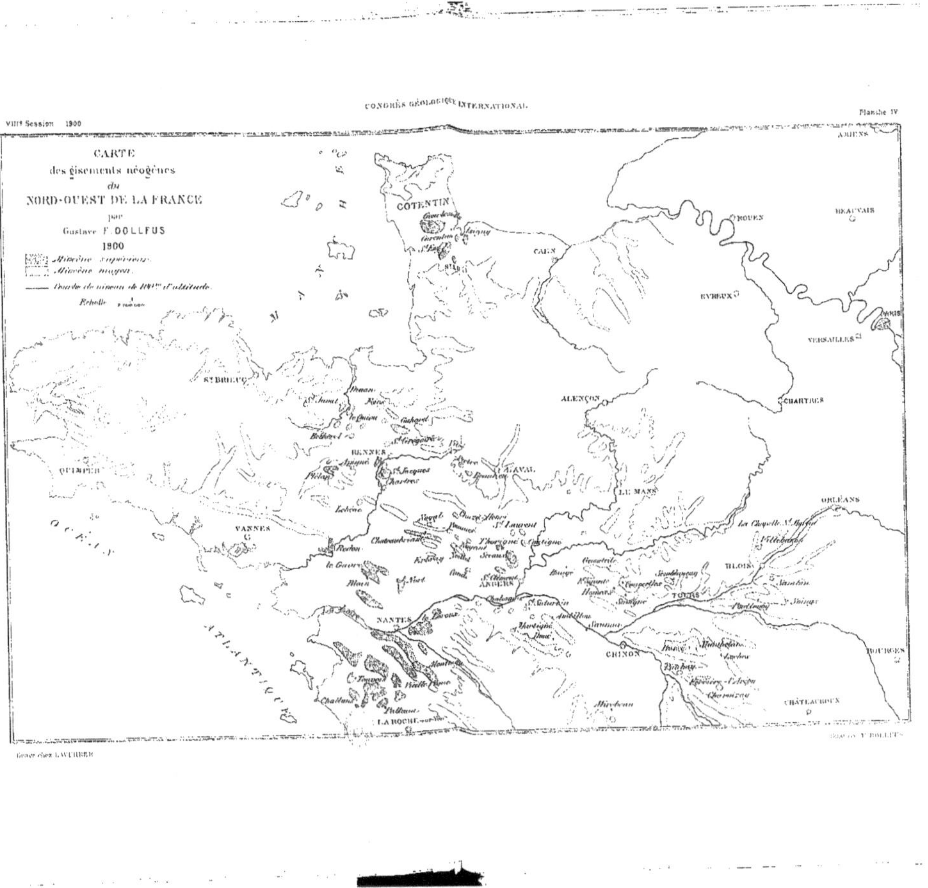
CONGRÈS GÉOLOGIQUE INTERNATIONAL
VIIIe Session 1900
Planche IV
CARTE
des gisements néogènes
du
NORD-OUEST DE LA FRANCE
par
Gustave F. DOLLFUS
1900
Miocène supérieur.
Miocène moyen.
Echelle
COTENTIN
CAEN
ROUEN
BEAUVAIS
AMIENS
EVREUX
PARIS
VERSAILLES
CHARTRES
ALENÇON
ST BRIEUC
RENNES
QUIMPER
VANNES
LAVAL
LE MANS
ORLÉANS
BLOIS
TOURS
ANGERS
NANTES
CHINON
BOURGES
CHÂTEAUROUX
LA ROCHE-sur-Yon
Gravé chez L. WUHRER

PLANCHE V

Grévière du Petit Créteil, près du confluent de la Marne et de la Seine, d'après une photographie de M. Aug. Dollfus.

Les lettres affectées aux formations lenticulaires superposées, à limites onduleuses, qui constituent ce dépôt, correspondent à celles qui sont indiquées sur les figures théoriques 1 à 12 (p. 605-611). On peut juger, par ce moyen, de la correspondance remarquable réalisée entre les accidents naturels, observés au Petit Créteil, et les vicissitudes progressives représentées dans les figures schématiques, construites par l'auteur.

PLANCHE V

Grévière du Petit Créteil, près du confluent de la Marne et de la Seine, d'après une photographie de M. Aug. Dollot.

Les lettres affectées aux formations lenticulaires superposées, à limites onduleuses, qui constituent ce dépôt, correspondent à celles qui sont indiquées sur les figures théoriques 1 à 12 (p. 607-611). On peut juger, par ce moyen, de la correspondance remarquable réalisée entre les accidents naturels, observés au Petit Créteil, et les vicissitudes progressives représentées dans les figures schématiques, construites par l'auteur.

Cliché Aug. Dollot.

Phototpyie Pilarski

DILUVIUM de la SEINE à PETIT CRÉTEIL (Seine)

CARTE GEOLOGIQUE

au 1 : 80000

DU SUD-OUEST DU

DÉPARTEMENT DES ALPES-MARITIMES

par

M. Adrien GUÉBHARD

LÉGENDE

A_E Eboulis des pentes.
A_B Brèche récente.
a² Alluvions modernes.
𝔗 Tuf.
P^1_B Brèche pliocène.
P^1 Poudingue du Var.
P^s_1 Panchina sableuse de Biot.
P_1 Argile de La Colle.
m⁴ Conglomérat impressionné.
Argile ligniteuse.
λ Labradorite.
m³ Marne sableuse de Vence.
m² Calcaire blanc oolithique à *Pecten restitutensis*.
Mollasse à *P. prœscabriusc.*
Congl. bréchoïde à *P. Tournali.*
e³ Calcaire argilo-gréseux à petites numm., *Rotul. spir.*, *Orbit. sella*, *Echinanthus scutella*.
Marne de *Costéou d'Infer*.
e² Grès à *Num. perforata*.
e_{III} Calcaire et silex à Joncs.
Sable et argile bigarrés.
Poudingue supra-crétacé.
c^{6-1} Calc. siliceux à *O. columba maj.*
Calc. argileux à *O. columba minor* et *Orbitolina concava*.
Marnes à plicatules et calc. glauconieux rubigineux.
c_{II-IV} Gault sableux.
Calcaires argileux barrêmiens et hauteriviens.
J^{8-6} Calcaire à Nérinées.
Calc. blanc récifal à *Rh. Astieri.*
J^5 Calcaire à silex virgulien.
J^{4-3} Calcaire gris marneux à *Ter. insignis*, *Rh. trilobata.*
Calcaire à *Perisphinctes subfascicularis*, *lictor*, etc.
J^2 Oxfordien calcaire, argileux, dolomitique, glauconieux ou à silex.
J^1 Callovien calcaire ou dolomitique en plaquettes.
J_I Dolomie tabulaire ruiniforme.
J_{II} Calcaire ocreux à *Rh. decorata.*
J_{III} Calcaire argileux à bivalves.
J_{IV} Oolithe bajocienne.
Calcaire ou dolomie à silex.
J^{5D}_1 Dolomitisation générale du Jurassique en hauteur.
l^D_1 Dolomie à délit prismatique.
l_1 Argile et calcaire lumachelle à *Avicula contorta.*
t³ ² Cargneules et marnes bariolées.
t^{2-1} Dolomie blanche à facettes.
Marnes vertes, Lignite, Gypse.
t_1 Muschelkalk.

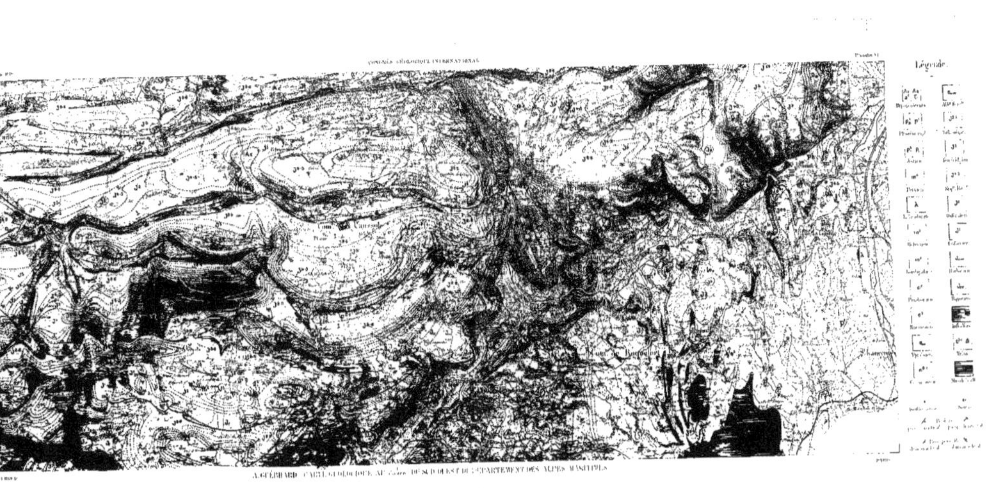

A. GUÉBHARD. CARTE GÉOLOGIQUE AU [illegible] DU SUD OUEST DU DÉPARTEMENT DES ALPES MARITIMES

PLANCHE VII

Fig. 1. — Portion d'une roche sphérolithique des Thélots, près Autun, représentant une moelle silicifiée d'*Arthropitus*; on distingue le réseau polygonal *b*, formé par les membranes primaires des cellules et les zooglées microbiennes sphériques incluses, *a*. — Gross. : 200 diamètres.

Fig. 2. — Colonie de *Bacillus ozodeus*, *a*, parfaitement caractérisée prise à la surface d'un sporange de Fougère, *Pecopetris asterotheca*, du terrain houiller de Grand'Croix, — Gross.: 300 diamètres.

Fig. 3. — Colonie de *Bacillus Gramma* prise à l'intérieur d'un sporange de *Pecopteris cuneura*. Les spores *b*, ornées de piquants, se voient très nettement, elles sont entourées d'un grand nombre de Bacilles *a*, réunis en forme de v, de z, d'u, etc... — Gross. : 300 diamètres.

Fig. 4. — Coupe faite dans un magma silicifié de Grand'Croix, représentant une portion de tourbe houillère en *a*, un sporange de *Pecopteris asterotheca* ouvert; en *b*, un macrosporange de *Sphenophyllum*; en *c*, des macrospores, et divers débris n'ayant conservé aucune structure. — Gross. : 25 diamètres.

Fig. 5. — Portion de microsporange de *Sphenophyllum* vue sous le même grossissement, 200 diam.; en *a*, sont des amas de microspores, elle ne mesurent que 27 à 30 μ de diamètré, les macrospores qui n'ont pas encore atteint leur grosseur finale mesurent de 60 à 80 μ, plusieurs de ces microspores paraissent pluricellulaires, comme la plupart des microspores anciennes, *b*, cellules formant la paroi du microsporange.

Fig. 6. — Figure plus grossie (200 diam.), représentant des macrospores de *Sphenophyllum*, quelques-unes montrent leurs trois lignes de déhiscence, leur enveloppe est munie d'un réseau réticulé très net *a*, quand on l'examine avec un grossissement suffisant, ces macrospores sorties d'un jeune sporange écrasé, n'ont pas leur grosseur définitive.

CONGRÈS GÉOLOGIQUE INTERNATIONAL

VIIIe Sess. 1900

Planche VII.

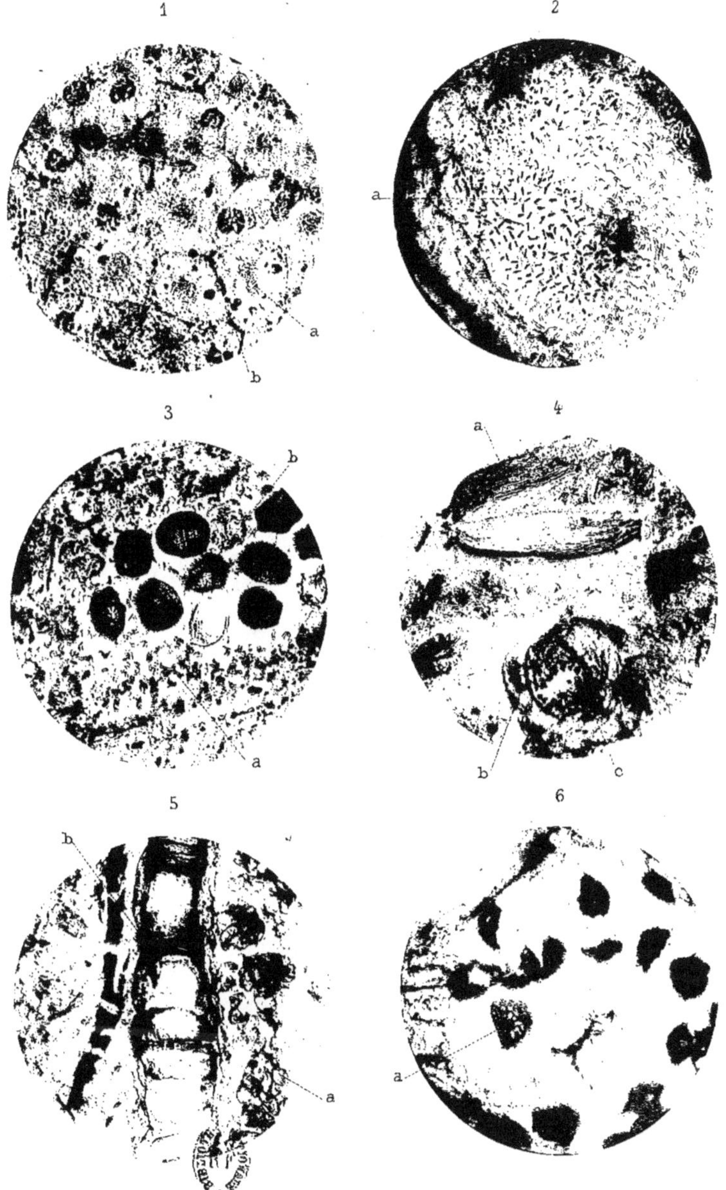

Clichés MONPILLARD

Phototypie LE DELEY

BACTÉRIACÉES SILICIFIÉES

Montillard

BACTÉRIACÉES DU BOG[illegible] ET DU [illegible]NNEL-COA[illegible]

PLANCHE VIII

Fig. 1. — *Pila bibractensis*. *a*, Algues constituant le boghead d'Autun. Les cellules sont profondément altérées, la coupe passe par le milieu d'un thalle, on voit des traînées de Micrococques au milieu de la pulpe provenant de la destruction du tissu *b*, *c*. — Gross. : 600 diam. Echamps, près Autun.

Fig. 2. — *Pila bibractensis* de la même localité. La désorganisation est encore plus complète, les Bactériacées, *Micrococcus petrolei*, sont réunies en colonie au lieu d'occuper les parois communes, comme cela arrive fréquemment. — Gross. : 600 diamètres.

Fig. 3. — *Thylax britannicus*. Algues composant le boghead anglais Armadale. Autour des thalles *a*, représentant l'état adulte, s'en trouvent d'autres beaucoup plus petits composés de quatre, huit.... cellules, d'abord pleins, mais qui en grosisssant se creusent d'une cavité communiquant avec l'extérieur. — Gross. : 250 diamètres.

Fig. 4. — *Cladiscothallus Keppeni* constituant, avec le *Pila Karpinskyi* les cannels lignitoïtes du culm de Kourakino (Gouvernement de Toula). Le thalle *a* n'est pas globuleux mais formé d'une série de branches dichotomes avec un grossissement de 650 diam., on distingue de nombreux Micrococques répartis dans les restes des parois des cellules, les Pilas *b*, qui les accompagnent sont également occupés par de nombreux Micrococques. — Gross. : 140 diamètres.

Fig. 5. — *Pila Kentuckiana*. Algues du boghead de Beaver Dam de l'Ohio (Kentucky). Ces Algues, plus petites que le *Pila bibractensis*, sont peuplées de Micrococques, elles se trouvent quelquefois associées à des fragments d'Algues? *a*, *b*, contenant des spores. — Gross. : 180 diamètres.

Fig. 6. — Section verticale faite dans un fragment de houille d'un galet de Commentry; de nombreux microcoques. *Micrococus Carbo*, occupent les bandes stratifiées, *a*, *b*, qui se sont contournées sous des pressions latérales. — Gross. : 650 diamètres.

CONGRÈS GÉOLOGIQUE INTERNATIONAL.

VIIIe Sess 1900

Planche VIII

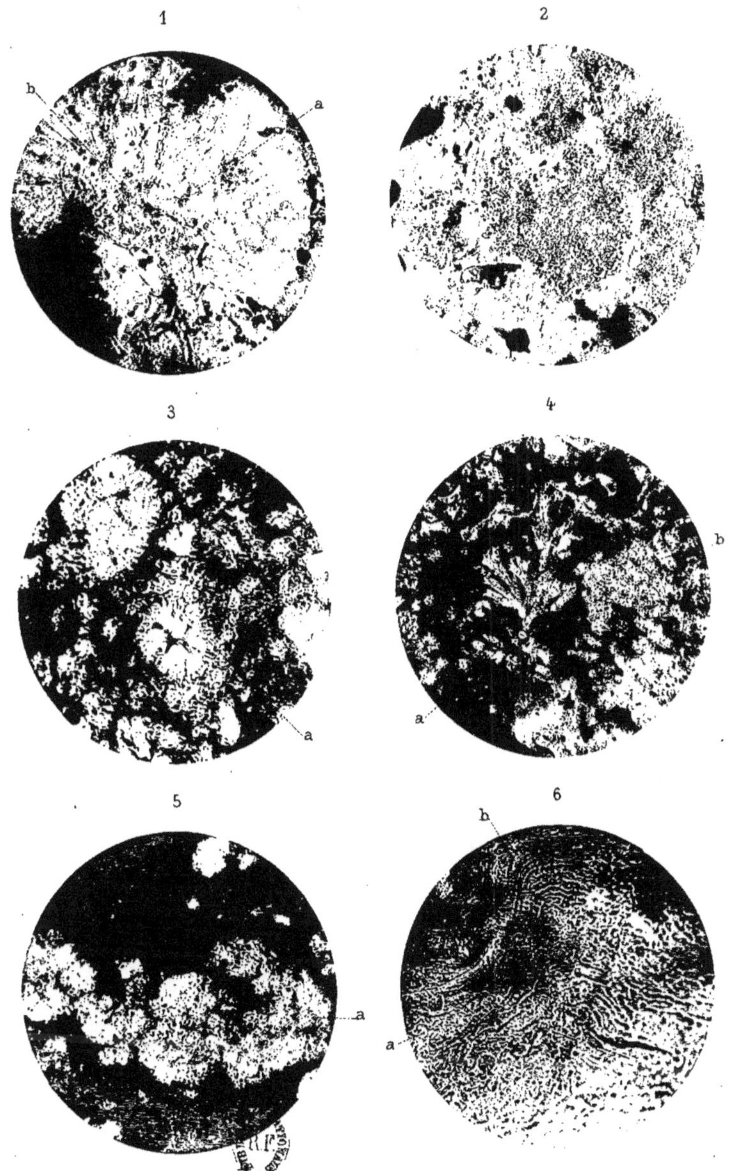

Clichés MONPILLARD

Phototypie LE DELEY

BACTÉRIACÉES DU BOGHEAD ET DU CANNEL-COAL

PLANCHE IX

Fig. 1. — Coupe transversale de houille de Firmy, Decazeville ; les débris végétaux constituant cette houille sont désorganisés et forment des masses irrégulières, certaines de ces masses plus transparentes contiennent des microcoques *a* ou des bacilles *b*. — Gross. : 600 diamètres.

Fig. 2. — Coupe longitudinale faite dans un bois houillifié, on distingue quelques parois des vaisseaux mal conservées, en *c*, se voit un thalle de Champignon qui a émis un mycélium dont quelques branches portent des conidies, *b*, nous l'avons désigné sous le nom de *Hyphomycetes stephanensis*. En *d*, on découvre une autre variété de conidies disposées en chapelet. — Gross. : 180 diamètres.

Fig. 3. — Section faite dans un bois houillifié d'*Arthropitus major* de Commentry, en *a* la coupe passe par une paroi commune de deux vaisseaux contigus, on y remarque de nombreux Microcoques ; en *b*, des bandes noires résultant de la houillification des épaississements des vaisseaux. Quand on parvient à rendre ces bandes transparentes, on y distingue des Microcoques. — Gross. : 650 diamètres.

Fig. 4. — Section faite dans un bois houillifié d'*Arthropitus bistriata*, on voit plusieurs colonies importantes de *Micrococcus Carbo*, les Bacilles sont en petit nombre. — Gross. : 650 diam. *a*, Microcoques ; *b*, membrane commune ; *c*, cylindre de houille.

Fig. 5. — Coupe faite dans un caillou de houille, passant, dans un bois houillifié, par quelques membranes communes de vaisseaux et montrant un nombre considérable de *Micrococcus Carbo*. Les Microcoques incolores sont entourés par la matière brune de la houille. — Gross. : 650 diam. *a*, Microcoques ; *b*, restes de membranes communes.

Fig. 6. — Coupe tangentielle faite dans un bois d'*Arthropitus bistriata* de Saint-Étienne ; contre les parois incolores des membranes communes on distingue en *a*, *b*, des Microcoques ; en *b*, et en *c* des Bacilles ; en *c*, *d*, des vacuoles renfermant des gaz. — Gross. : 650 diamètres.

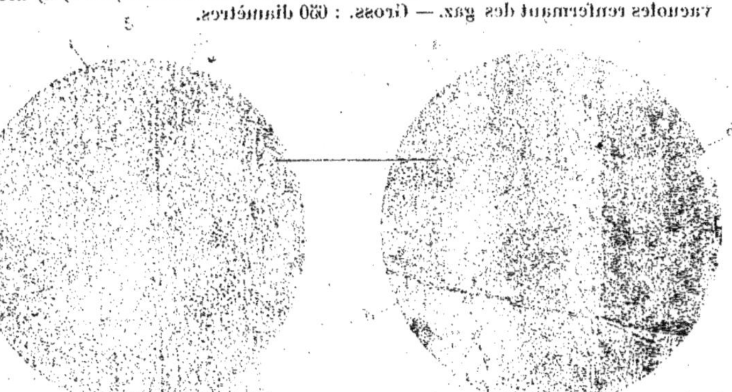

PLANCHE IX

Fig. 1. — Coupe transversale de houille de Firmy, Decazeville ; les débris végétaux constituant cette houille sont désorganisés et forment des masses irrégulières, certaines de ces masses plus transparentes contiennent des microcoques *a* ou des bacilles *b*. — Gross. : 600 diamètres.

Fig. 2. — Coupe longitudinale faite dans un bois houillifié, on distingue quelques parois des vaisseaux mal conservées, en *c*, se voit un thalle de Champignon qui a émis un mycélium dont quelques branches portent des conidies, *b*, nous l'avons désigné sous le nom de *Hyphomycetes stephanensis*. En *d*, on découvre une autre variété de conidies disposées en chapelet. — Gross. : 180 diamètres.

Fig. 3. — Section faite dans un bois houillifié d'*Arthropitus major* de Commentry, en *a* la coupe passe par une paroi commune de deux vaisseaux contigus, on y remarque de nombreux Micrococques ; en *b*, des bandes noires résultant de la houillification des épaississements des vaisseaux. Quand on parvient à rendre ces bandes transparentes, on y distingue des Microcoques. — Gross. : 650 diamètres.

Fig. 4. — Section faite dans un bois houillifié d'*Arthropitus bistriata*, on voit plusieurs colonies importantes de *Micrococcus Carbo* ; les Bacilles sont en petit nombre. — Gross. : 650 diam. *a*, Microcoques ; *b*, membrane commune ; *c*, cylindre de houille.

Fig. 5. — Coupe faite dans un caillou de houille, passant, dans un bois houillifié, par quelques membranes communes de vaisseaux et montrant un nombre considérable de *Micrococcus Carbo*. Les Microcoques incolores sont entourés par la matière brune de la houille. — Gross. : 650 diam. *a*, Microcoques ; *b*, restes de membranes communes.

Fig. 6. — Coupe tangentielle faite dans un bois d'*Arthropitus bistriata* de Saint-Étienne ; contre les parois incolores des membranes communes on distingue en *a*, *b*, des Microcoques ; en *b*, et en *c* des Bacilles ; en *c*, *d*, des vacuoles renfermant des gaz. — Gross. : 650 diamètres.

CONGRÈS GÉOLOGIQUE INTERNATIONAL

VIIIe Sess. 1900

Planche IX

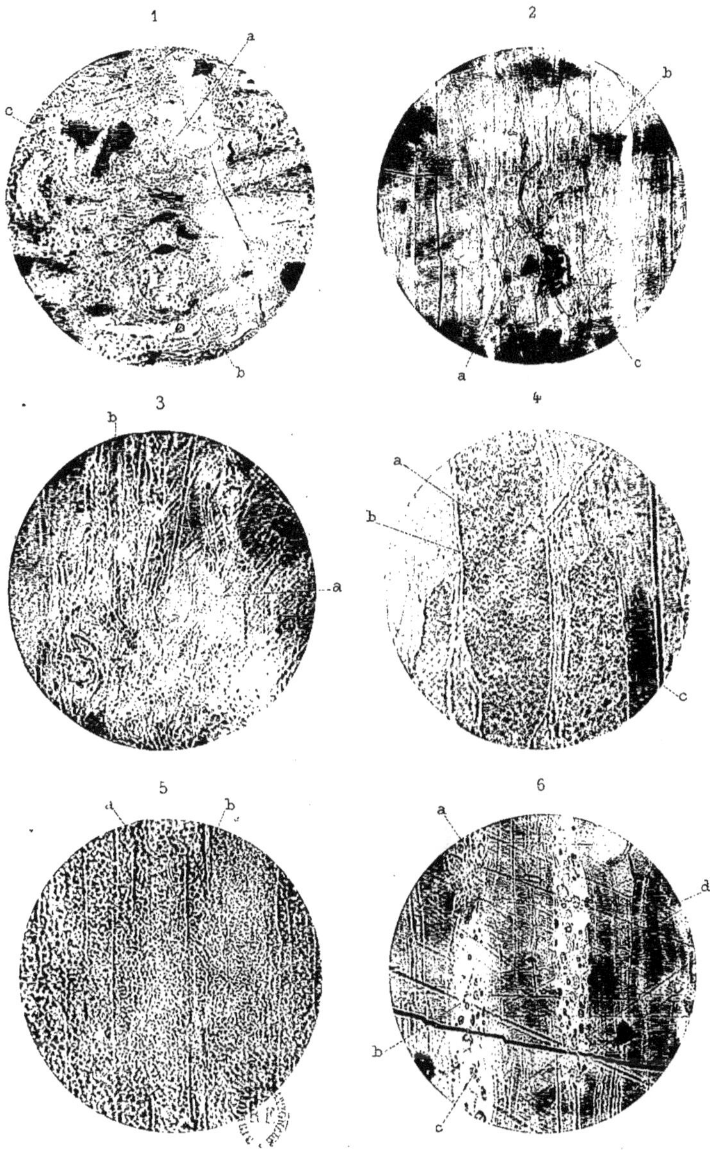

Clichés MONPILLARD

Phototypie LE DELEY

BACTÉRIACÉES DE LA HOUILLE

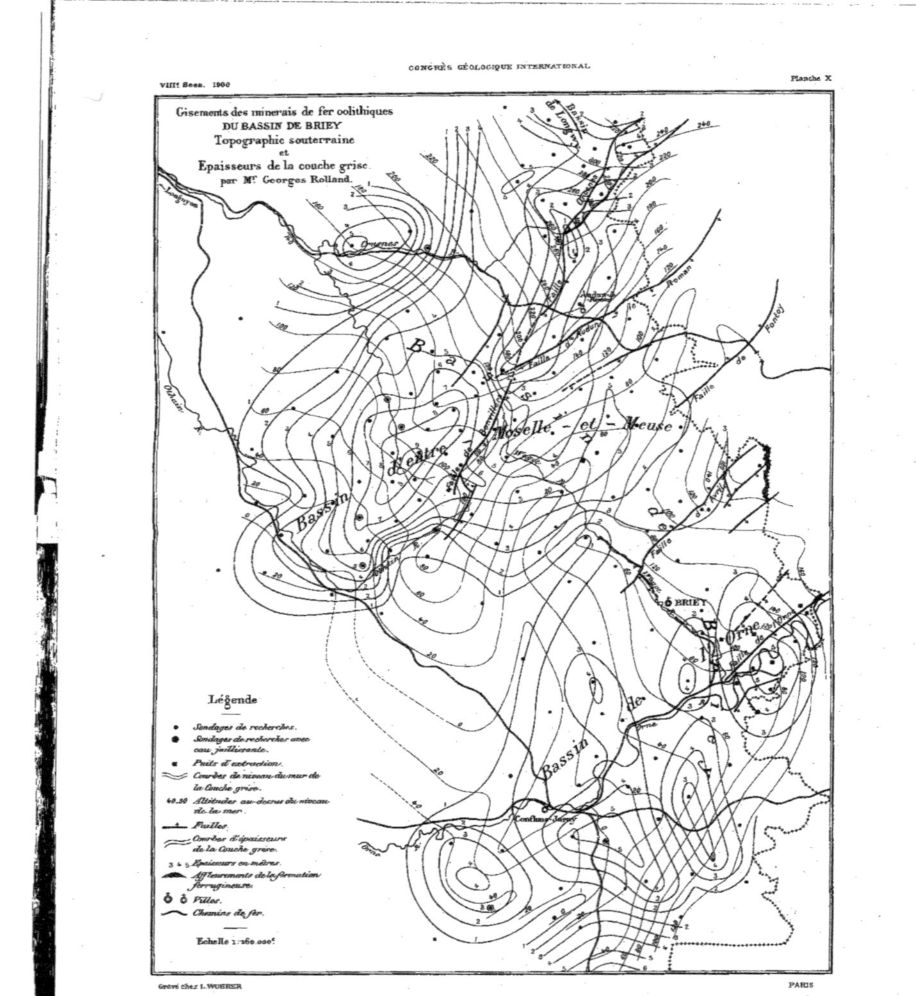
Gisements des minerais de fer oolithiques
DU BASSIN DE BRIEY
Topographie souterraine
et
Epaisseurs de la couche grise
par Mr Georges Rolland
Bassin de Longwy
Bassin d'entre Moselle-et-Meuse
Bassin de l'Orne
Bassin de Briey
BRIEY
Conflans-Jarny
Othain
Orne
Faille de Fontoy
Légende
Sondages de recherches.
Sondages de recherches avec eau jaillissante.
Puits d'extraction.
Courbes de niveau du mur de la Couche grise.
40.30 Altitudes au-dessus du niveau de la mer.
Failles.
Courbes d'épaisseur de la Couche grise.
3 4 5 Epaisseurs en mètres.
Affleurements de la formation ferrugineuse.
Villes.
Chemins de fer.
Echelle 1:160.000e

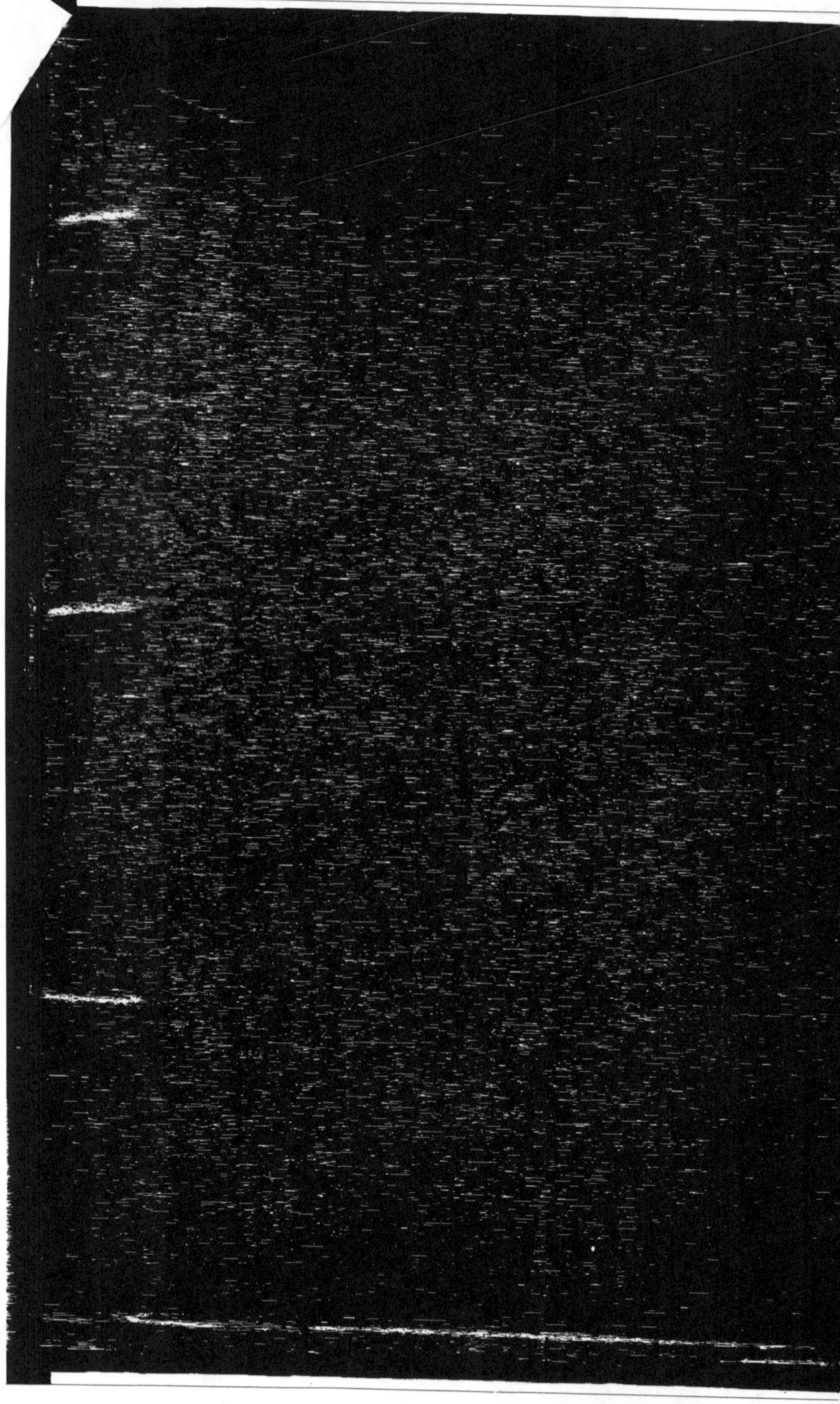

www.ingramcontent.com/pod-product-compliance
Lightning Source LLC
Chambersburg PA
CBHW031541210326
41599CB00015B/1969

* 9 7 8 2 0 1 9 6 0 3 3 3 5 *